中国科学技术经典文库·数学卷

可剖形在欧氏空间中的实现问题

吴文俊 著

科学出版社

北京

内 容 简 介

一个空间嵌入另一空间(例如欧氏空间)是否可能以及这些嵌入所依据的同痕的分类问题, 已成为拓扑学中重要的中心问题之一, 也是许多拓扑学家从各种不同角度用各种不同方法研究的对象之一. 本书是作者从 1954 年以来在这方面研究工作的一个总结报告, 它的方法在于研究空间的去核 p 重积, 即将 p 重积除去对角以后所余的空间, 这一概念可追溯到 Van Kampen 早在 1932 年的一篇重要论文. 其次再应用 P. A. Smith 有关周期变换的理论以获得若干作为 Smith 特殊群中上类的不变量, 它们之为 0 是嵌入的必要条件而在某些极端情形又同时为充分条件. 关于嵌入的许多已知结果以及一些新的结果, 虽有着种种不同的来源, 都可用这一统一的方法得出. 浸入与同痕也可用同样办法处理并得出相应的类似结果.

图书在版编目(CIP)数据

可剖形在欧氏空间中的实现问题/吴文俊著. —北京: 科学出版社, 2010

(中国科学技术经典文库 · 数学卷)

ISBN 978-7-03-028507-2

Ⅰ. 可… Ⅱ. 吴… Ⅲ. 嵌入 (数学) Ⅳ. O189.3

中国版本图书馆 CIP 数据核字(2010) 第 150052 号

责任编辑: 赵彦超 / 责任校对: 刘小梅
责任印制: 徐晓晨 / 封面设计: 王 浩

科学出版社出版
北京东黄城根北街 16 号
邮政编码: 100717
http://www.sciencep.com
北京建宏印刷有限公司 印刷
科学出版社发行 各地新华书店经销
*
1978 年 5 月第 一 版 开本: B5(720 × 1000)
2018 年 5 月第二次印刷 印张: 19
字数: 375 000

定价: 128.00 元

(如有印装质量问题, 我社负责调换)

目　　录

绪　　论

0.1　实现或嵌入问题

依照 F. Klein 的经典的理论, 几何学研究某种类型图像的某种类型的性质, 而且也正由于所考虑的图像与性质各不相同, 相应地形成了种种不同的几何学分支. 如果细加分析, 那么各种几何图像, 尽管来源有别, 归根到底往往归结为位于某一欧氏空间中的 "具体" 的图像, 这个欧氏空间可以是有限维的, 也可以是无限维的, 即 Hilbert 空间, 特别是当图像来源导自分析时是如此. 另一方面, 为了要研究这些图像的内在的特性, 也就是属于图像本身而与所在空间无关的那种特性, 就有必要从一开始就以抽象而独立的形式来加以定义, 例如从 Cantor 关于欧氏空间中点集的研究逐渐发展成的拓扑空间的概念, 以及根据欧氏空间中光滑曲线、曲面等引申而成的 Riemann 流形或微分流形的概念等. 一个自然引起的问题是: 如何能把 "抽象" 概念与 "具体" 事物恒同起来, 或更明确地说, 决定是否一个 "抽象" 的事物可 "实现" 为在某一有限维或无限维欧氏空间中 "具体" 的事物, 这样一个问题的正面的答案我们称之为 "实现" 定理或 "嵌入" 定理. 许多几何学中的基本定理正是属于这样一种性质, 仅从拓扑学方面来说, 就可以提到下面两个例子：

1° Urysohn 定理：Hilbert 空间中的子空间, 即正则而有可数基的那种拓扑空间.

2° Menger-Nöbeling 定理：欧氏空间中的闭囿集, 即维数有限、有可数基而紧致的那种拓扑空间.

这些定理给予了某种类型的图像以一个总的概括. 所谓空间的正则性、紧致性等等本来是对于欧氏空间中图像观察分析而抽象出来的, 上面的两条定理说明, 在某种类型图像所具有的无数的拓扑性质里面, 这些性质是具有代表意义的, 因此它们在拓扑中占据着重要地位乃是当然的.

对于这一类问题, 我们还可进一步提出, 在一特定维数的欧氏空间中所能容纳的图像, 例如平面中所有可能的线性图, 三维空间中所有可能的 Riemann 曲面等. 就拓扑学而论, 我们将特别从事于以下问题：

问题 I (空间的拓扑实现)　一个拓扑空间可实现为 N 维欧氏空间中的拓扑子空间的条件为何?

问题 II (复形的半线性实现)　一个复形具有剖分可实现为一 N 维欧氏空间中的欧氏复形的条件为何?

问题III (微分流形的微分实现)　一个微分流形可实现为一 N 维欧氏空间中的光滑流形的条件为何?

这样的问题要求完全解决，自然希望是极少的．如果与 Riemann 流形在 N 维欧氏空间中的实现问题相比较，后者自 E. Cartan 以来即使在"局部实现"问题上成果也不多，由此就可以想到前述问题的困难程度如何，事实上，我们的工作也只限于提供一些方法，对上述问题 I — III (主要是问题 II) 求得部分成果而已.

这就是本书的目的.

0.2　已知的成果及其分析

在文献中曾经出现过研讨问题 I — III的几种比较一般的方法，它们对于在 N 维欧氏空间中实现的可能性问题都曾提供了重要的知识，以下我们将逐一叙述这些方法中的三个方法.

方法 I　假设一个紧致空间 X 已实现为一 N 维欧氏空间 R^N 中的子空间，那么考虑 R^N-X 与 X 的性质间的关系，即将给出 X 可实现于这样一个 R^N 中的某些条件．这一方法可以追溯到 Alexander 的早期工作，例如，由 Alexander 对偶定理可知在整系数或 mod 2 Betti 数间有以下关系：$p^i(R^N-X)=p^{N-i-1}(X)$，$i\neq 0$，$p^0(R^N-X)=p^{N-1}(X)+1$．由此即得 $p^N(X)=p^{-1}(R^N-X)=0$，而这给出了 X 可实现于 R^N 中的一个必要条件，特别是一个 n 维闭流形不能在 R^n 中实现．Hantzsche 应用了同样的方法，研究了当一个 n 维闭流形 X 实现于 R^{n+1} 中时，在 X 与 $R^{n+1}-X$ 的下同调群之间的对偶关系，由此推得了 X 可实现于 R^{n+1} 中时用 Betti 数与挠系数来表达的一些必要条件．同样，在 X 是 n 维投影空间时，Hopf 通过对于 X 与 $R^{n+1}-X$ 间同调环的对偶关系以证明了一个 n 维投影空间不能在 R^{n+1} 中实现这一定理．与 Hopf 同样的想法使 Thom 获得了更一般的结果：一个 n 维闭流形 X 实现于 R^{n+1} 中时用 X 的同调环表达的某些必要条件．近年来 Peterson 更研究了 X 与 R^N-X(或更正确些说 S^N-X，这里 S^N 是假定 X 已在其中实现的一个 n 维球) 间同调运算的关系，由此而获得若干有趣的实现定理.

方法 II　假设 X 已实现于 R^N 中，与第 I 方法有所不同，我们可以不考虑 X 与其余集 R^N-X 的性质间的关系，而考虑 X 与它在 R^N 中的邻域的性质之间的关系，这个方法似乎是首先由 Whitney 用之于微分流形在欧氏空间中的微分实现这一问题上的，依据这种思考 Whitney 又创立了球纤维丛理论并引入了微分流形 M 的所谓 Stiefel-Whitney 示性类 $W^i\in H^i(M,\text{mod }2)$，以及对偶 Whitney 示性类 $\overline{W}^i\in H^i(M,\text{mod }2)$，这些类在拓扑学以及微分几何中都起了重要的作用，就仅与实现问题有关者而论，我们暂时可以提到下面已成经典的 Whitney 定理：

定理 1(Whitney)　一个 n 维微分流形 M^n 若能微分实现于一 N 维欧氏空间中，则必须有

$$\overline{W}^k(M^n)=0,\quad k\geqslant N-n. \tag{1}$$

微分流形上 Stiefel-Whitney 示性类这一概念曾被 Pontrjagin 推广为更一般的示性类. 其中除 Stiefel-Whitney 示性类外, 最重要者为所谓 Pontrjagin 示性类 $P^{4k} \in H^{4k}(M)$ 与对偶 Pontrjagin 示性类 $\bar{P}^{4k} \in H^{4k}(M)$, 与上面的 Whitney 定理同样, 我们也有下面的

定理 2 一个 n 维微分流形 M^n 如果能微分实现于一 N 维欧氏空间 R^N 中, 必须有

$$\bar{P}^{4k}(M^n) = 0, \quad 2k > N - n. \tag{2}$$

Thom 依据了同一原则但应用拓扑空间的拓扑实现, 研究了实现于 R^N 中的空间 X 的 Steenrod 平方运算以及它在 R^N 中邻域的 Steenrod 平方运算间的关系, 获得了下面的

定理 3 一个局部可缩紧 Hausdorff 空间 X 如果可在 R^N 中拓扑实现, 必须有

$$Sm^i H^r(X, \mathrm{mod}2) = 0, \quad 2i + r \geqslant N, \tag{3}$$

这里

$$Sm^i : H^r(X, \mathrm{mod}2) \to H^{r+i}(X, \mathrm{mod}2)$$

是由 Steenrod 平方运算从以下关系所确定的某种同态:

$$\sum_{i+j=k} Sm^i Sq^j = \begin{cases} 0, & k > 0 \text{ 时}, \\ \text{恒同同态}, & k = 0 \text{ 时}. \end{cases} \tag{4}$$

同一原则还曾被不少学者用以研究微分流形的微分实现问题, 例如 Massey 研究了流形实现于欧氏空间中时它的“管形”的上同调环, Atiyah 则把这一管形作为所谓流形的 Grothenthick 环的一个元素来研究它, 等等, 似乎循着这一方向还有着广阔的前景.

方法Ⅲ 在 1932 年时 Van Kampen 发表了一篇非常有趣的论文, 其内容是关于复形在欧氏空间中的半线性实现, 而所用方法的原则则与前二者完全不同. 由于它的重要性我们将在以下作较详细的描述.

很早以前就已经知道, 一个 n 维单纯复形 K^n 必可在一 $2n+1$ 维欧氏空间中线性实现, Van Kampen 进一步从事了 K^n 在 $2n$ 维欧氏空间 R^{2n} 中线性实现的问题并依下面的想法来进行:

设想把一个 n 维有限单纯复形 K^n“尽量可能” 地线性实现于 R^{2n} 中, 一般说来, 我们自然不可能期望得到一个真正的实现, 但将得到一个几乎近似于真正的实现, 换言之, 只有有限多个 “奇点” 的近似真正实现, 这些奇点乃是 K^n 中两个本不相遇的 n 维单形放入 R^{2n} 中后可能有的交点. 现在的问题是: (i) 从这些奇点的探

讨是否可以导出一些只与 K^n 有关但与放法无关的不变量? (ii) 有什么方法以及在什么条件之下可以除去这些奇点以得到一个真正的 (半线性) 实现?

为此设 K^n 中的 k 维单形为 S_i^k. K^n 中两个没有公共顶点的单形将称为是分离的. 命 A 为所有无序指数偶 (i,j) 的集合. 对应于分离的 n 维单形 S_i^n 与 S_j^n 所成的偶, 作一整数环上的向量空间 L, 其维数恰为 A 中元素的个数. 于是 L 中任一向量可表作一组整数 (α_{ij}), 这里 $(i,j) \in A$. 对 K^n 中每一对分离的单形 S_α^{n-1} 与 S_l^n 可作一 L 中的向量 $V_{l\alpha} = (\alpha_{ij})$ 如下: 如果 i,j 都 $\neq l$, 或其中之一, 例如 $j=l$, 但 S_α^{n-1} 非 S_i^n 的面时, 即置 $\alpha_{ij}=0$, 否则置 $\alpha_{il}=\pm 1$(符号适当地选取). 如果 $P-P'$ 是上面这种向量 $V_{l\alpha}$ 间的一个整系数线性组合, 则 L 中的两个向量 P, P' 将称为等价的. 于是 L 中的向量分成了若干等价类, 任一 K^n 到 R^{2n} 中依前面所说的那种近似真正实现, 将确定一 L 中的向量 $P=(\alpha_{ij})$, 其中 α_{ij} 为 S_i^n 与 S_j^n 在确定定向 R^{2n} 中的交截数. Van Kampen 的工作指出, 不论 K^n 到 R^{2n} 中的近似真正实现为何, 相应向量 P 的等价类总是相同的, 因之是复形 K^n 的一个不变量, 而这给出了上面问题 (I) 的一个答案, 记此不变量为 $V(K^n)$, 则显然有下面的定理.

定理 4(Van Kampen) 一个 n 维有限单纯复形 K^n 如能在 R^{2n} 中线性实现 (或甚至半线性实现), 必须有

$$V(K^n)=0 \tag{5}$$

(即等价类 $V(K^n)$ 含有 L 中的 0 向量).

由 $V(K^n)$ 的定义可见由一 K^n 到 R^{2n} 中的近似真正实现 f 所确定的向量 P, 可以视为是 f 成为一个真正实现的某种 "阻碍", 它体现了 f 与一真正实现之间差距的某种度量, 因此自然地引起这样的猜测, 即 $V(K^n)$ 之为 0 将使奇点的除去成为可能, 以致条件 (5) 不仅是 K^n 可线性或半线性地实现于 R^{2n} 中的必要条件, 同时也是充分条件. 在 $n>2$ 时, Van Kampen 也曾发表了这样的一个证明, 但其中一个根本性的错误使这一证明本身不能成立, 这一问题因之虚悬直至晚近始获解决, 这在下面还将论及.

如果 Van Kampen 只考虑了复形在欧氏空间中的线性或半线性实现的问题. 那么 Whitney 与 Pontrjagin 在考虑微分流形在欧氏空间中的微分实现问题时, 也使用了与之有某种类似的 "阻碍" 方法. 例如, 早在 1936 年时, Whitney 就证明了一个 n 维微分流形 M^n 必可微分实现于一 $2n+1$ 维欧氏空间中. 如果我们尝试把 M^n 尽可能地微分实现于某一 N 维欧氏空间中, 而 $N \leqslant 2n$ 时, 一般说来将出现一些奇点, 而像 Pontrjagin 所证明的那样, 这些奇点将负载某些下闭链, 它们的对偶上同调类将与合理地选择的近似真正实现无关而为流形不变量, 在后来被称为流形的示性类, 它们包括了在方法Ⅱ中已经提到过的 Stiefel-Whitney 示性类与 Pontrjagin 示性类. 从这一点也可平凡地得出定理 1 与定理 2 来, 再者, 在 $N=2n$ 时, M^n 到

R^{2n} 中一个合理的近似真正实现将只有一些孤立的奇点, 而除去这些奇点的一些方法使 Whitney 获得下面的且同样已成为经典的定理:

定理 5(Whitney) 任一 n 维微分流形必可微分实现于 R^{2n} 中.

像由 Shapiro 与作者所指出的那样, 在 $n>2$ 时这一 Whitney 的方法也可用在某些情况下移去一个 n 维复形到 R^{2n} 中一近似真正半线性实现中所出现的奇点, 而这恰好弥补了 Van Kampen 原证中的缺陷, 从而回答了在上述情形下的问题 (II):

定理 6(Van Kampen-Shapiro- 吴文俊) 一个维数 $n>2$ 的有限单纯复形 K^n 如果有

$$V(K^n)=0,$$

则必可半线性地实现于 R^{2n} 中.

应该提到, 像上面所描述的由 Van Kampen 与 Whitney 所建立的基本想法, 已被 Haefliger 用之于微分流形微分实现问题上而且推广甚远, Haefliger 有关流形的这一理论, 在什么程度上可以推广到可剖形或复形的实现问题上, 乃是一个极有意义的课题.

0.3 本书中的方法

本书中用以处理实现问题的方法, 奠基于下面简单的观察. 一个空间 X 到另一空间 Y 中的 (拓扑) 实现, 需要存在一个一对一的 X 到 Y 中的映象 f, 以致 $f(X)$ 在 f 下与 X 拓扑等价, 这样一个实现映象 f, 因之是一个"拓扑"的连续映象, 其主要的特征之一是一对一的, 因此所谓实现问题是一"拓扑性"的问题, 而与流形于代数拓扑中大部分问题, 主要是属于"同伦性"的问题有别. 对后者, 由于主要是"同伦性"的, 故代数拓扑中的强有力的"同伦"方法, 往往直接可以应用上去, 而对前者则否. 为了要克服这一潜在于实现问题中的困难, 必须找到合适的方法把映象 f 的一对一性显露出来, 然后再使用通常的同伦方法.

为此我们引入了空间 $\tilde{X}^*$ 与 X^*, 各由 X 的所有有序与无序点偶 (x_1,x_2) 与 $[x_1,x_2]=[x_2,x_1]$ 所组成, 这里 $x_1,x_2\in X$ 而 $x_1\neq x_2$. 试考虑从 Y 依同样方式导出的空间 $\tilde{Y}^*$ 与 Y^*, 于是一个实现映象 $f:X\to Y$ 将自然地引出实现映象 $\tilde{F}:\tilde{X}^*\to\tilde{Y}^*$ 与 $F:X^*\to Y^*$, 这里 $\tilde{F}(x_1,x_2)=(f(x_1),f(x_2))$ 与 $F[x_1,x_2]=[f(x_1),f(x_2)]$, 如果估计到映象 f 的一对一性在定义 $\tilde{F}$ 与 F 时即已用到, 就不难引导到这样一个猜测: 即使我们只考虑 $\tilde{F}$ 与 F 的连续性, 也要比只考虑 f 的连续性者为多, 而这仅仅是"同伦"方法在 $\tilde{F}$ 与 F 上的应用, 这就可给出 X 到 Y 中实现可能性的一些实质性的线索. 不出所料, 真正的情况确是这样.

事实上, 试记 $\tilde{X}^*$ 到 X^* 以及 $\tilde{Y}^*$ 到 Y^* 的自然投影各为 π_X 与 π_Y, 则有以下作为连续映象的可交换图像, 其中 $\tilde{F}$ 与 F 的一对一性我们已置诸不顾:

$$\begin{array}{ccc} \tilde{X}^* & \xrightarrow{\tilde{F}} & \tilde{Y}^* \\ \downarrow{\scriptstyle \pi_X} & & \downarrow{\scriptstyle \pi_Y} \\ X^* & \xrightarrow{F} & Y^* \end{array} \qquad (*)$$

现在的问题是: 从这样一个可交换图像能得出些什么结论呢?

对于这样的问题是有现成的工具可用的, 显然 $\tilde{X}^*$ 是 X^* 上的一个二叶覆迭空间, 其覆迭变换是一在 $\tilde{X}^*$ 中没有定点而周期等于 2 的拓扑变换, 于是 P. A. Smith 的著名理论指出对这样一对空间 $(\tilde{X}^*, X^*)$ 可配以一组上类 $A^m(\tilde{X}^*, X^*) \in H^m(X^*, I_{(m)}), m \geqslant 0$, 这里 $l_{(m)}$ 等于整数群或模 2 整数加法群, 视 m 为偶数或奇数而定. 由于 $\tilde{X}^*$, X^* 与 π_X 都完全依赖于空间 X, 故这些类 $A^m(\tilde{X}^*, X^*)$ 实际上是 X 自身的拓扑不变量而可合理地使用下面的记号

$$\varPhi^m(X) = A^m(\tilde{X}^*, X^*) \in H^m(X^*, I_{(m)}).$$

容易证明 $\varPhi^m(X) = 0$ 将蕴含不论 $i \geqslant 0$ 如何都有 $\varPhi^{m+i}(X) = 0$, 因之可引进一整数 $I(X)$ 或 $+\infty$ 使其为使 $\varPhi^n(X) = 0$ 的最小整数, 同样对 Y 也可定义 $\varPhi^m(Y)$ 与 $I(Y)$, 于是依 P. A. Smith 的理论从可交换图像 $(*)$ 应可得

$$F^* \varPhi^m(Y) = \varPhi^m(X).$$

由此即得

定理 1 一个空间 X 如果能拓扑实现于一空间 Y 中, 则必须有

$$I(X) \leqslant I(Y).$$

特别在 Y 等于一 N 维欧氏空间 R^N 时, 可证 $I(R^N) = N - 1$. 因之有以下定理作为推论:

定理 2 一个空间 X 如果可在 N 维欧氏空间 R^N 中拓扑实现, 则必须有

$$I(X) \leqslant N - 1,$$

或即

$$\varPhi^N(X) = 0.$$

这两定理虽然是 P. A. Smith 理论的直接推论, 却是我们整个理论的核心, 值得注意的是, 这些定理, 尽管如此不足道, 却还包含了像 0.2 节所叙述的 Whitney,

Thom, Van Kampen 等人的主要结果作为它们的特款. 更精确言之, 我们有以下诸定理 (ρ_2 表模 2 约化):

定理 3 如果 X 是一局部可缩的紧 Hausdorff 空间, 且有 $\rho_2\Phi^N(X)=0$, 则有

$$Sm^iH^r(X,\mathrm{mod}2)=0,\quad 2i+r\geqslant N.$$

定理 4 如果 M^n 是一 n 维微分流形, 且有 $\rho_2\Phi^N(M^n)=0$, 则

$$W^k(M^n)=0,\quad k\geqslant N-n \text{ 时}.$$

定理 5 一个 n 维有限单纯复形 K^n 的 Van Kampen 不变量 $V(K^n)$, 如果适当地给以诠释, 即为上类 $\Phi^{2n}(|K^n|)$.

最后一个定理说明 n 维复形 K^n 的上类 $\Phi^{2n}(|K^n|)$ 可以诠释为 K^n 到 R^{2n} 中线性或半线性实现的某种阻碍, 对于其他的那些类 $\Phi^m(|K^n|)$ 也同样, 而这给出了这些 Φ 类的一个阻碍理论, 这一理论由作者也由 Shapiro 所建立, 特别是, 像在 0.2 节中及其末所叙述的那样, Van Kampen 的方法配合着 Whitney 的一个方法, 足以移去 Van kampen 原证中的一个缺陷而与 0.2 节的定理 5 相结合时, 可用以证明下面的

定理 6 一个维数 $n>2$ 的有限可剖形 K^n 在 R^{2n} 中可拓扑实现的充要条件是 $\Phi^{2n}(|K^n|)=0$.

应该提到上面的简要理论可以循着种种不同的方向加以推广. 首先, 不仅可以考虑实现或嵌入问题, 还可用同样方法来考虑局部实现或浸入以及同痕等问题, 并可获得与定理 6 相当的类似结果. 其次, 与空间 X 相配的空间 $\tilde{X}^*$ 可视为由一两个点组成的标准空间 Z 到 X 中所有拓扑映象所构成的一个空间 $T(Z,X)$. 于是不用这一 Z 以及 Z 到 X 中的拓扑映象作为标准空间与标准映象, 我们也可使用其他的标准空间作为 Z 也可用其他类型比拓扑映象更灵活的映象来定义 $T(Z,X)$. 例如在本书中我们即考虑了对任意质数 p, Z 是由 p 个点所成的空间以及 Z 等于碟形等这些情形. 最后, 在某些 $\Phi^m(X)=0$ 时并可发展一个二阶阻碍的理论, 这在 X 等于微分流形的情形已证实是富有成果的, 但由于这一理论正处于发展过程中, 故本书不得不割爱. 对此有兴趣的读者, 可参看在《中国科学》1964 年度中发表的岳景中与作者的有关短文.

0.4 本书的结构

本书共分 7 章, 其逻辑上的联系如下图所示:

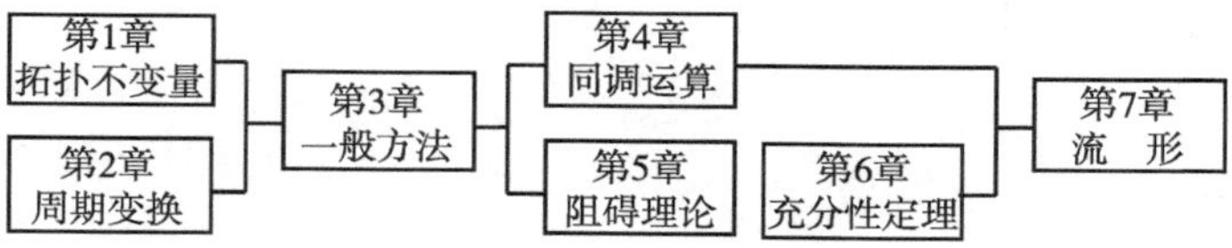

第 3 章在全书中占据着中心的位置. 它叙述了所使用的一般方法, 说明了有关的基本概念, 并提出了研究各类问题的基本不变量, 即研究嵌入问题的 $\tilde{\Phi}_p$- 类, 研究浸入问题的 $\tilde{\Psi}_p$- 类以及研究同痕的 $\tilde{\Theta}$- 类等. 第 1, 2 两章比较说来是属于准备性质的, 前者指出了在第 3 章中所引进的那种基本不变量的特性, 即拓扑不变但非同伦不变的那种性质, 并叙述了构成具有这种特性的不变量的一个一般方法, 后者则介绍了关于周期变换在没有奇点情形下的 P.A.Smith 的理论, 它给出了工具以构成对我们来说是重要的那些基本不变量.

最后 4 章中主要介绍第 3 章所述一般方法的应用, 第 4 章引进了同调运算, 与通常方法不同而仍然依据于 P. A. Smith 关于周期变换的理论, 通过这些运算表达出嵌入与浸入的某些条件, 特别是因此证明了 0.2 节中 Thom 的定理 3 以及 0.3 节中的定理 3. 第 5 章包括了 Van Kampen 阻碍理论在嵌入、浸入与同痕方面的推广, 依据这一阻碍理论将在第 6 章中证明, 在一般情形时用我们的基本不变量来表达的那些必要条件, 在某些临界情形下同时也是充分的. 最后一章则致力于流形的嵌入、浸入与同痕问题, 我们不仅证明了 Whitney 的那些定理 (0.2 节的定理 1 与定理 2), 并证明了各种条件, 即像第 3 章中用本书的基本不变量所表达的条件, 像第 4 章中用同调运算表达的条件, 以及在末一章中用示性类来表达的那些条件, 在组合流形的情形下恰恰是彼此等价的.

应该提出, 我们所考虑的问题主要是 0.1 节的问题 I 与 II, 而问题 III 实际上并未触及, 即使是 Whitney 的定理以及各种条件的等价关系, 我们也是就组合流形的拓扑嵌入与线性嵌入等等这些情形下来考虑的, 而不是考虑微分流形的微分嵌入等等情形, 因此整个处理方式可以说是初等性质的, 唯一的例外或许是第 6 章的片段以及 7.5 节. 事实上, 微分流形的微分嵌入等问题需用的方法与工具和本书中所使用者相距甚远, 也因为这一原因我们完全把它略去了.

在本书之末又附入了一些历史性注释, 对于有关的历史发展以及与其他理论的联系作了一些说明.

作者非常感谢许多同志的帮助, 特别应该提到北京大学的廖山涛教授与中国科学院数学研究所已故岳景中同志. 对于前者, 作者曾借用他不少重要的想法并贯穿于全书之中, 而且在第 7 章中占着重要地位的吴振德的工作, 是在廖先生的协助指导下完成的; 对于后者, 作者曾与他有过不少可贵的讨论, 而且第 5 章中一个重要定理由他给出了一个简单漂亮的证明, 并得到他的允许而插入本书中. 此外, 作者还愿意提到李培信、江嘉禾、熊金城与虞言林等同志, 他们都是在中国科学院数学研究所工作, 与作者共事.

吴文俊
中国科学院数学研究所

第 1 章　有限可剖形的非同伦性不变量

1.1　复形的概念

为了避免可能有所混乱, 我们将叙述一些本书中所采用的名词与符号, 它们有时与常用者略有不同.

所谓 "复形", 系指 "抽象复形" 而言, 像通常那样, 它们定义为某些胞腔的集体, 具有非负维数函数 (dim), 面关系 ($\prec$) 与关联数 ([,]), 其详可参阅例如 Lefschetz [6], 3.1 节只是除了原有的那些公理之外, 我们将再加上一个：闭包有限性. 复形将称为可扩的, 如果对任意一维胞腔 σ 有 $\sum[\sigma,\sigma']=0$, 这里的和号展开在复形的所有顶点 σ 上. 对任意复形 K 我们置①

$$Cl_K\sigma=\{\sigma'/\sigma'\in K,\sigma'\prec\sigma\},$$

$$St_K\sigma=\{\sigma'/\sigma'\in K,\sigma\prec\sigma'\},$$

$$Cl_KL=\sum_{\sigma\in L}Cl_K\sigma,$$

$$St_KL=\sum_{\sigma\in L}St_K\sigma(\text{对任意子集 } L\subset K).$$

在不致引起混乱时, 我们常简写 $Cl_K\sigma$ 为 $Cl\sigma$, 余类推.

我们称复形 K 到复形 K' 的一个胞腔间的对应 f 为一集对应, 如果它是有限值的, 且保持了闭包关系：$fCl_K=Cl_{K'}f$. 如果这个集对应也保持了维数, 则将称为一胞腔对应. 如果又是单值的, 且保持了面关系与关联数②, 则将称为一胞腔映象. 假设两个复形 K 与 K' 是由同样那些胞腔所组成的集体, 也有同样的维数函数与面关系, 只是在关联数上有所不同, 但也恒有关系 $[\sigma,\sigma']_K=\alpha(\sigma)\alpha(\sigma')[\sigma,\sigma']_{K'}$, 这里 $\alpha(\sigma)=\pm1,\sigma\in K$, 而在 σ 是 K 的顶点时 $\alpha(\sigma)=\pm1$. 这时我们就说 K 与 K' 只有定向上的差别, 而称其一为另一的重新定向. 复形 K 到复形 K' 的一个胞腔对应将称为一广义胞腔映象, 如果 K 与 K' 适当地重新定向后, 它变成一个胞腔映象.

对任意复形 K 与系数群 G, 像通常那样可确定一组下链群 $C_q(K,G)$ 与一组上链群 $C^q(K,G)=\mathrm{Hom}(C_q(K),G)$, 也确定了一个 Mayer下链复形

$$C(K,G):\cdots\to C_q(K,G)\xrightarrow{\partial}C_{q-1}(K,G)\xrightarrow{\partial}\cdots\to C_0(K,G)\xrightarrow{\partial}0,$$

---

① 对于集合的并集, 我们常用记号 $\sum$ 而不用 $\cup$.

② 即对任意 $\sigma\in K$ 与 $\sigma'\in K'$, 有 $[f\sigma,\sigma']=\sum\limits_{\tau\in f^{-1}\sigma'}[\sigma,\tau]$.

与一个 Mayer上链复形

$$C^*(K,G): 0 \xrightarrow{\delta} C^0(K,G) \xrightarrow{\delta} \cdots \to C^q(K,G) \xrightarrow{\delta} C^{q+1}(K,G) \to \cdots,$$

其中下边缘同态 ∂ 与上边缘同态 δ 为明确起见, 有时也记作 ∂_K, δ_K 或 $\partial_q: C_q(K,G) \to C_{q-1}(K,G)$, $q \geqslant 0$(规约 $C_{-1}=0$) 与 $\delta^q: C^q(K,G) \to C^{q+1}(K,G)$, $q \geqslant -1$(规约 $C^{-1}=0$). 像通常那样, 我们采用记号 $Z_q(K,G)=\mathrm{Ker}\partial_q$, $B_q(K,G)=\mathrm{Im}\partial_{q+1}$, $Z^q(K,G)=\mathrm{Ker}\delta_q$, $B^q(K,G)=\mathrm{Im}\delta^{q-1}$, $H_q(K,G)=Z_q(K,G)/B_q(K,G)$, $H^q(K,G)=Z^q(K,G)/B^q(K,G)$, 而称之为在相应维数对相应系数群而言的下闭链群、下边缘群、上闭链群、上边缘群与下同调群、上同调群. 在这些记号中, 如果 $G=I$, 这里 I 以后总是指整数加法群, 则符号 G 常略去不写.

有时我们也常需考虑有限或紧致上链所成的群, 这些上链只在 K 的有限多个胞腔上才取非 0 的值, 这些群我们将记之为 $\bar{C}^q(K,G)$, $q \geqslant 0$. 如果 K 是局部有限的, 即对任意 $\sigma \in K, St_K\sigma$ 是一个有限集, 则 $\delta\bar{C}^q(K,G) \subset \bar{C}^{q+1}(K,G)$ 而有一 Mayer 上链复形 ($\bar{\delta}=\delta$ 的限制).

$$\bar{C}^*(K,G): 0 \to \bar{C}^0(K,G) \to \cdots \to \bar{C}^q(K,G) \xrightarrow{\bar{\delta}} \bar{C}^{q+1}(K,G) \to \cdots.$$

因之对于局部有限的复形 K, 通过 $\bar{C}^*(K,G)$ 还可引入紧致上闭链群、紧致上边缘群与紧致上同调群等概念, 各依以下诸式来定义

$$\bar{Z}^q(K,G)=\mathrm{Ker}\bar{\delta}^q, \quad \bar{B}^q(K,G)=\mathrm{Im}\bar{\delta}^{q-1},$$

$$\bar{H}^q(K,G)=\bar{Z}^q(K,G)/\bar{B}^q(K,G).$$

当 K 是局部有限时, 我们将以 j_K 或径直以 j 表上链复形的恒同同态

$$j: \bar{C}^*(K,G) \to C^*(K,G)$$

与上链群之间的恒同同态

$$j: \bar{C}^q(K,G) \to C^q(K,G).$$

由此引出的上同调群间的同态将记为

$$j_K^* \text{ 或 } j^*: \bar{H}^q(K,G) \to H^q(K,G).$$

在 K 的一切顶点上都取值 1 的 0 维整系数上链将记为 1_K, 于是 K 是可扩的条件等价于说 1_K 是一上闭链, 在这时 1_K 将称为 K 的单位闭链而它的上同调类称为 K 的单位类, 记作 $\mathbf{1}_K$.

对 K 的任意 q 维胞腔 σ, 在 σ 上取值 1, 而在其他 q 维胞腔上都取值 0 的这一整系数上链有时也记作 $\{\sigma\}$.

任一从复形 K 到复形 L 的胞腔映象 (或广义胞腔映象)f 将引出相应 Mayer 下链与上链复形的同态, 记作 $f_\#: C(K,G)\to C(L,G)$ 与 $f^\#: C^*(L,G)\to C^*(K,G)$. 这些同态是指下链映象组$f_\#: C_q(K,G)\to C_q(L,G)$ 与上链映象组$f^\#: C^q(L,G)\to C^q(K,G)$ 而言, 它们都是同态且各与下边缘与上边缘运算可交换. 由此引出下同调群与上同调群间的同态, 将记为

$$f_*: H_q(K,G)\to H_q(L,G) \text{ 与 } f^*: H^q(L,G)\to H^q(K,G).$$

胞腔映象 f 将称为**正常的**, 如果对每一 $\tau\in L$, $f^{-1}(\tau)$ 只有有限多个 K 的胞腔. 这时 f 也将引出 Mayer 紧致上链复形 (假定 K,L 都是局部有限的) 间的同态 $\bar f^\#: \bar C^*(L,G)\to \bar C^*(K,G)$, 也就是一组同态 $\bar f^\#: \bar C^q(L,G)\to \bar C^q(K,G)$, 与 $\bar\delta_K,\bar\delta_L$ 相交换. 由此引出的紧致上同调群的同态将记为 $\bar f^*: \bar H^q(L,G)\to \bar H^q(K,G)$. 如果 f 是 K 到 L 的一个广义胞腔映象而在 K,L 都重新定向后相应从 K' 到 L' 的胞腔映象 f' 是正常的, 则我们就说 f 是**正常的**. 由于同构关系 $C^*(K,G)\approx C^*(K',G)$ 是确定形式的, 因之我们将把 $f'^\#: C^*(K',G)\to C^*(L',G)$ 等等径直写成 $f^\#: C^*(K,G)\to C^*(L,G)$, 余类推.

一个复形将称为*无循环的*, 如果它在下述意义上是同调平凡的, 即 $H_q(K)=0, q>0$ 时, 而任一 0 维下闭链 $z=\sum n_i\sigma_i^0$(n_i 为整数, σ_i^0 为 K 的 0 维胞腔) 只需 $\sum n_i=0$ 即为一下边缘. 复形将称为*局部无循环的*, 如果对任意 $\sigma\in K, Cl\sigma$ 都是无循环的.

设 L 是复形 K 的一个闭子集 L, 即对任意 $\sigma\in L$ 有 $Cl\sigma\subset L$ 的子集 $L\subset K$. 这时若赋予子集 L 与 $K-L$ 以原来 K 中的维数函数、面关系与关联数, 即可将 L 与 $K-L$ 都变为复形. 这样我们可应用以下诸式来引进所谓相对理论

$$C(K-L,G)=C(K,L;G),$$

$$C^*(K-L,G)=C^*(K,L;G),$$

又在 K 因之 $K-L$ 是局部有限时

$$\bar C^*(K-L,G)=\bar C^*(K,L;G).$$

同样也可引入**相对的**下链与上链群, 下同调与上同调群等, 例如

$$H^q(K-L,G)=H^q(K,L;G).$$

这给出了通常引进的相对理论在 (抽象) 复形这一情形下的另一等价方式.

所谓 n 维欧氏空间 R^n 中的一个 q 维*欧氏胞腔*($q\geqslant 0$), 意指 R^n 中的一个紧 q 维点集, 它由 R^n 中有限多个闭半空间的交所构成, 于是 σ 是一紧闭凸集且 σ 的边

界是 R^n 中有限多个互不相遇 r 维欧氏胞腔的内部的并集, 这里, $r \leqslant q-1$. 每个这样的 r 维欧氏胞腔都称为 σ 的一个正规面, 而 σ 自己也称为 σ 的一个 (非正规的) 面. 为了要强调 σ 是一个点集这件事, 我们有时采用记号 $|\sigma|$.

所谓欧氏空间 R^n 中的一个欧氏(胞腔)复形K, 是指 R^n 中可数个欧氏胞腔 $\{\sigma_i/i \in \vartheta\}$ 的集体, 满足以下诸条件: (i) 集体 K 中任两胞腔 $|\sigma_i|, |\sigma_j|$ 的交, 只需不是空集, 也就是 K 中的一个胞腔 $|\sigma_k|$, 且这时 σ_k 是 σ_i 也是 σ_j 的正规面; (ii) 对 K 中任一 σ_i, K 中使 $|\sigma_j| \subset |\sigma_i|$ 的 σ_j 只有有限多个; (iii) 对 K 中任意 σ_i, K 中使 $|\sigma_j| \not\supset |\sigma_i|$ 的一切 σ_j 的并集的点集闭包与 $\mathrm{Int}|\sigma_i|$ 无公共点 (Int 指点集的内部). 这时, K 中一切 $|\sigma_i|$ 的并集称为欧氏复形 K 的空间, 记作 $|K|$. 欧氏胞腔复形 K 称为是单纯的, 如果 K 中每一胞腔 σ_i 都是欧氏闭单形.

每个 q 维欧氏胞腔在 $q>0$ 都恰可依两个方式定向. 将一个欧氏胞腔复形 K 中每个维数 $q>0$ 的胞腔 σ 都依一定方式定向, 即可得一抽象复形 K', 由 K 中维数 $q>0$ 的定向胞腔与 K 的 0 维胞腔所组成. 所有这些复形 K' 彼此都只有定向上的差别因而群 $C_q(K',G)$, $H_q(K',G)$ 等等都是彼此以确定方式同构的, 因此我们可径直地用 $C_q(K,G), H_q(K,G)$ 等等来表记这些群.

一个拓扑空间 P 称作一个可剖形, 如果有某一欧氏空间 R^N 中的一个欧氏胞腔复形 $K=\{\sigma_i\}$ 与 P 到 K 的空间 $|K|$ 上的一个拓扑映象 T, 这时 P 中诸子集 $\{\mathrm{T}^{-1}|\sigma_i|\}$ 的集体将称为 P 的一个胞腔剖分, 以 $\mathrm{T}^{-1}\sigma_i$ 为胞腔, 并将记之为 $\mathrm{T}^{-1}K$. 我们也称 T 是剖分 $\mathrm{T}^{-1}K$ 到 R^N 中复形 $K =_{\mathrm{T}} (\mathrm{T}^{-1}K)$ 上的一个欧氏实现. 空间 P 也称为剖分 $\mathrm{T}^{-1}K$ 的空间, 记作 $P=|\mathrm{T}^{-1}K|=\mathrm{T}^{-1}|K|$.

更一般地说, 一个可剖形 P 如果有 K 一组闭子集 τ_i, $\quad i\in\vartheta$, 并有一上述意义下的胞腔剖分 $L=\{\sigma_j\}$, $\quad j\in\mathscr{J}$, 满足以下诸条件, 则 $\{\tau_i\}$, $i\in\vartheta$, 所成的集体也将称为 P 的一个胞腔剖分, 以 τ_i 为胞腔. 这些条件是: (i) 对任一 $\tau_i\in K$, 点集 $|\tau_i|-\sum|\tau_i|$ 与一个欧氏空间同拓, 这里 $\sum$ 展开于所有使 $|\tau_j|\subset|\tau_i|$, $|\tau_j|\neq|\tau_i|$ 的 $\tau_j\in K$ 上; (ii) 对每一 $\tau_i\in K|\tau_i|-\mathrm{Int}|\tau_i|$ 是 K 中有限多个 $|\tau_j|$ 的并集; (iii)K 中每一 $|\tau_i|$ 是 L 中有限多个 $|\sigma_j|$ 的并集.

对于这样较一般的可剖形 P 的一个剖分 $K=\{\tau_i\}$, P 也将称 K 的空间, 记作 $P=|K|$, 且每一胞腔 τ_i 在维数 >0 时恰可以两种方式定向. 将这些胞腔任意定向, 即得一抽象复形 $K'=\{\tau_i'\}$, 它是由相应的那些定向胞腔以及 K 中的 0 维胞腔所组成. 这些复形 K' 仍只有定向上的差别, 与前同我们将径直书写 $C_q(K',G)=C_q(K,G)$, 等等.

可剖形 P 称为是有限的, 如果它有一个有限的胞腔剖分 K, 这时 P 的任一胞腔剖分也是有限的而且 P 事实上是紧致的.

设 E 是一拓扑空间, 一个顶点排成一定次序的 p 维欧氏单形 σ 与一 $|\sigma|$ 到 E 的连续映象 φ 所成的偶叫做 E 的一个 p 维奇异单形, 我们有时也将它记作 $\varphi\sigma$.

两个 p 维奇异单形 (σ,φ) 与 (σ',φ') 当作是等价的, 如果有一个保持顶点次序的 σ 到 σ' 上的重心映象 f, 使 $\varphi=\varphi' f$. 像通常那样, 等价的奇异单形将恒同为一, 而且奇异单形和它们的等价类在叙述时也不再加以区别. E 的子集 $\varphi|\sigma|$ 将称为奇异单形 (σ,φ) 的**支柱**, E 的一切奇异单形 (更准确地说是一切奇异单形的等价类) 的集合, 在维数、面关系与关联数自然地定义之下, 成为 1.1 节意义下的 "复形"$S(E)$, 叫做 E 的**奇异复形**. 我们将把 $C^r(S(E),G),H^r(S(E),G)$, 等等径直地写作 $C^r(E,G),H^r(E,G)$, 等等. 它们称作 E 的 r 维奇异上链群、奇异上同调群, 等等.

一个 E 的奇异单形 (σ,φ) 与 E 的一个子集 F 将称为**相离的**, 如果 $\varphi|\sigma|\cap F=\varnothing$. 在 $C^r(E,G)$ 中的一个上链 u 将称为是**紧致的**, 如果 E 有一个紧致子集 F(依赖于 u), 使得对任意与 F 相离的 r 维奇异单形 (σ,φ), 有 $u(\sigma,\varphi)=0$. 因为 E 的两个紧致子集的并集也是 E 的一个紧致子集, 以 G 为系数的 r 维紧致上链构成了 $C^r(E,G)$ 中的一个子群 $\bar{C}^r(E,G)$. 因为 E 的一个奇异单形如果与一子集 F 相离, 它的面也就都与 F 相离, 所以一个紧致上链的上边缘也是一个紧致上链. 因之 δ 在 $\bar{C}^r(E,G)$ 上的限制引出了一个同态 $\bar{\delta}_r:\bar{C}^r(E,G)\to\bar{C}^{r+1}(E,G)$. 于是群 $\bar{C}^r(E,G)$ 与同态 $\bar{\delta}_r$ 的集体构成了一个上链复形 $\bar{C}^*(E,G)$, 它的上同调群将称为空间 E 的**紧致奇异上同调群**, 记作 $\bar{H}^r(E,G)$. 如果 E' 是 E 的一个**开集**, 则存在一组紧致上同调群间的标准同态

$$\bar{j}^*:\bar{H}^r(E',G)\to\bar{H}^r(E,G).$$

它们可定义如下: 命 u' 是 $\bar{U}'\in\bar{H}^r(E',G)$ 的一个代表元素, 它在与 E' 的某一紧致子集 F' 相离的一切 E' 的 r 维奇异单形上取值 0. 试考虑 E 中由开集 $E-F'$ 与 E' 所组成的开覆盖 V. 在 $S(E)$ 中由那些支柱全在覆盖 V 的某一个集合中的那些奇异单形构成了一个子复形 $S_V(E)$. 已知 $S_V(E)$ 到 $S(E)$ 中的注入引导出紧致上同调群间的同构. 对 u' 试定义一 $S_V(E)$ 中的 r 维上链 u, 它在 $E-F'$ 的奇异单形上取值 0 而在 E' 的奇异单形上取与 u' 相同的值, 则 u 是 $S_V(E)$ 的一个上闭链, 它在上述同构之下对应着 $S(E)$ 的一个上同调类, 这个类即可定义作 $\bar{j}^*\bar{U}'\in\bar{H}^r(E,G)$, 更详细的论述可参阅 H. Cartan[2].

设 G_1,G_2,G 都是可交换群而 $G_1\cdot G_2\subset G$ 是这些群之间的一个配对, 任给两个奇异上链 $u\in C^r(E,G_1)$ 与 $v\in C^s(E,G_2)$ 对于任意 $r+s$ 维奇异单形 (σ,φ), 这里 $\sigma=(b_0\cdots b_{r+s})$, 命 $\sigma_1=(b_0\cdots b_r),\sigma_2=(b_r\cdots b_{r+s})$, 则 $w(\sigma,\varphi)=u(\sigma_1,\varphi)\cdot v(\sigma_2,\varphi)$ 定义了一个 $r+s$ 维奇异上链 $w\in C^{r+s}(E,G)$ 即 u 与 v 的上积, 记作 $u\cup v$. 由于 $\delta(u\cup v)=\delta u\cup v+(-1)^{\dim u}\cdot u\cup\delta v$, 这个积引出了一个上积$H^r(E,G_1)\cup H^s(E,G_2)\subset H^{r+s}(E,G)$, 使得对任一系数环 $R,H^*(E,R)=\sum H^r(E,R)$(直和) 在这个乘积下成为一环. 如果有 $u\in\bar{C}^r(E,G_1)$ 或 $v\in\bar{C}^s(E,G_2)$, 即有 $u\cup v\in\bar{C}^{r+s}(E,G)$. 因

之同一乘积也引出了上积$\bar{H}^r(E,G_1)\cup H^s(E,G_2)\subset\bar{H}^{r+s}(E,G)$ 与 $H^r(E,G_1)\cup\bar{H}^s(E,G_2)\subset\bar{H}^{r+s}(E,G)$ 以及 $\bar{H}^r(E,G_1)\cup\bar{H}^s(E,G_2)\subset\bar{H}^{r+s}(E,G)$. 于是对于一系数环 R 来说, $\bar{H}^*(E,R)=\sum\bar{H}^r(E,R)$(直和) 在这个乘积下也成为一环, 以这个上积为乘积的环 $H^*(E,R)$ 与 $\bar{H}^*(E,R)$ 各称为空间 E 以 R 为系数环的奇异上同调环与紧致奇异上同调环.

E 的任一紧致奇异上链也是 E 的一个奇异上链, 因而注入定义了一个同态 $j:\bar{C}^r(E,G)\to C^r(E,G)$ 并由此引出一个同态

$$j^*:\bar{H}^r(E,G)\to H^r(E,G).$$

显然我们有

$$j^*(U_1\cup\bar{U}_2)=U_1\cup j^*\bar{U}_2,$$

$$j^*(\bar{U}_1\cup U_2)=j^*\bar{U}_1\cup U_2,$$

$$j^*(\bar{U}_1\cup\bar{U}_2)=j^*\bar{U}_1\cup j^*\bar{U}_2,$$

这里 $U_i\in H^*(E,G_i)$, $\bar{U}_i=\bar{H}^*(E,G_i)$, $i=1,2$, 而 $G_1\cdot G_2\subset G$ 如前是一个配对.

$S(E)$ 的单位上闭链和它的上同调类, 也就是在 E 的任意 0 维奇异单形上取整数值 1 的整系数维 0 奇异上闭链和它的奇异上同调类各称为 E 的奇异单位上闭链和奇异单位类, 它们将各记做 1_E 和 $\mathbf{1}_E$. 对于通常的配对 $I\cdot G\subset G$ 与 $G\cdot I\subset G$, 这里 I 是整数加法群, 我们有

$$\begin{cases}\mathbf{1}_E\cup U=U\cup\mathbf{1}_E=U,\\ \mathbf{1}_E\cup\bar{U}=\bar{U}\cup\mathbf{1}_E=\bar{U},\end{cases}\tag{1}$$

这里 $U\in H^*(E,G)$ 而 $\bar{U}\in\bar{H}^*(E,G)$.

如果 P 是一个可剖形而 K 是 P 的一个前述广义的胞腔剖分使 P 是 K 的空间: $P=|K|$, 则有标准同构

$$H_r(P,G)\approx H_r(K,G),$$

$$H^r(P,G)\approx H^r(K,G),$$

$$\bar{H}^r(P,G)\approx\bar{H}^r(K,G).$$

这些同构蕴含了一个胞腔复形的各个下同调与上同调群等的拓扑不变性, 而且, 如果 P 是一个可剖形, K 是一个广义的胞腔剖分而 L 是 K 的一个有限闭子复形, 则有标准同构

$$\lambda^*:H^r(K,L;G)\approx\bar{H}^r(|K|-|L|,G).$$

更详细的论述可仍参看 H. Cartan [2].

1.2 胞腔复形与可剖形的正则偶

定义 1 命 K 为一欧氏胞腔复形, 而 L 为 K 的闭子复形. 若以下条件满足, 则 (K,L) 将称为一正则偶或谓 L正则嵌入于 K(记作 $L \Subset K$):

(A) K 中任一使 $|\sigma|\cap|L|\neq\varnothing$ 与 $|\sigma|\cap(|K|-|L|)\neq\varnothing$ 的胞腔必为两个胞腔 $\sigma_0\in L$ 与 $\sigma_1\in K-L$ 的联合 (join) : $\sigma=\sigma_0\circ\sigma_1$, 且 $|\sigma_0|=|\sigma|\cap|L|$.

注 若 K,L 都是单纯复形, 则 (A) 显与以下条件等价:

(B) 任一 K 中顶点都属于 L 的单形必属于 L.

设 (K,L) 是欧氏胞腔复形所成的正则偶. 我们将引入以下诸 K 的子复形. 这些子复形在我们的整个理论中占据着重要的地位.

K 中使 $|\sigma|\cap|L|=\varnothing$ 的胞腔 σ 成一 K 的子复形, 记作 $K_L^{(+)}$.

K 中使 $|\sigma|\cap|L|\neq\varnothing$ 的胞腔 σ 以及它们的面成一 K 的闭子复形, 记作 $K_L^{(-)}$.

K 中既在 $K_L^{(+)}$ 又在 $K_L^{(-)}$ 中的胞腔 σ, 即使 $|\sigma|\cap|L|=\varnothing$, 但又有 $\sigma\prec\sigma'$, 而 $|\sigma'|\cap|L|\neq\varnothing$ 的那些胞腔 σ 成一 K 的闭子复形, 记作 $K_L^{(0)}$.

命 x 为 $|K_L^{(-)}|$ 中但不在 $|L|$ 与 $|K_L^{(0)}|$ 中的一点, 于是 x 为 K 中某一胞腔 σ 的点, 而 σ 既有 $|L|$ 的点也有不在 $|L|$ 中的点. 由条件 (A), σ 必作 $\sigma=\sigma_0\circ\sigma_1$ 形状, 此处 $\sigma_0\in L$, $|\sigma_0|=|\sigma|\cap|L|$, 而 $\sigma_1\in K-L$. 显然 $\sigma_1\in K_L^{(0)}$, $|\sigma_1|=|\sigma|\cap|K_L^{(0)}|$, 故 x 可表作 $x=(x_0,x_1,r)=rx_1+(1-r)x_0$, 这里 $x_1\in|\sigma_1|$, $x_0\in|\sigma_0|$, $0<r<1$. 若 x 也在另一胞腔 $\sigma'\in K$ 中, $\sigma'=\sigma_0'\circ\sigma_1$, $\sigma_0'\in L$, $\sigma_1'\in K_L^{(0)}$, $|\sigma_0'|=|\sigma'|\cap|L|$, $|\sigma_1'|=|\sigma'|\cap|K_L^{(0)}|$, 而 x 记作 $x'=(x_0',x_1',r')$, $x_1'\in|\sigma_1'|$, $x_0'\in|\sigma_0'|$, $0<r'<1$, 则易见 $x_1'=x_1\in|\sigma_1|\cap|\sigma_1'|(\neq\varnothing)$, 而 $r'=r>0$ 且 <1. 今对 $x_1\in|K_L^{(0)}|$ 与 $x_0\in|L|$ 置

$$(x_0,x_1,r)=\begin{cases}x_0, & 若\ r=0,\\ x_1, & 若\ r=1,\end{cases}$$

并规定即使 $|K_L^{(0)}|$ 为空集时, 只需 $x_0\in|L|$ 即置 $(x_0,x_1,0)=x_0$, 则有

1° $|K_L^{(-)}|$ 的每一点 x 都可记作

$$x=(x_0,x_1,r)=rx_1+(1-r)x_0,$$

其中 $x_1\in|K_L^{(0)}|$, $x_0\in|L|$, $0\leqslant r\leqslant 1$.

2° 对 $x\in|K_L^{(-)}|-|L|-|K_L^{(0)}|$, 这一表示式是唯一的, 且有 $0<r<1$. 对 $x\in|L|$, 有 $x_0=x$ 而 $x_1\in|K_L^{(0)}|$ 可任意并有 $r=0$. 对 $x\in|K_L^{(0)}|$, 有 $x_1=x$ 而 $x_0\in|L|$ 可任意并有 $r=1$.

3° 在以上表示式下, 映象 $x\to r$ 在 $|K_L^{(-)}|$ 上是连续的. 同样映象 $x\to x_1$ 在 $|K_L^{(-)}|-|L|$ 上也是连续的, 而映象 $x\to x_0$ 则在 $|K_L^{(-)}|-|K_L^{(0)}|$ 上连续.

今设 r 为一 $\geqslant 0$ 而 $\leqslant 1$ 的定数.

对任一 $\sigma \in K_L^{(-)}$, 这里 $\sigma \in L$ 或 $\sigma = \sigma_0 \circ \sigma_1$, $\sigma_0 \in L$, $\sigma_1 \in K_L^{(0)}$, 命 $\sigma_r^{(+)} = [\sigma_0, \sigma_1]_r^{(+)}$, $\sigma_r^{(-)} = [\sigma_0, \sigma_1]_r^{(-)}$ 与 $\sigma_r^{(0)} = [\sigma_0, \sigma_1]_r^{(0)}$ 各为 (有定义时) 点 $x = (x_0, x_1, r') \in |\sigma|$, 其中 $r' \geqslant r$, $r' \leqslant r$ 与 $r' = r$ 的集合. 这些点集都是凸胞腔. 我们将引入以下诸 K 的闭子复形:

由 $K_L^{(+)}$ 的所有胞腔与所有 $\sigma_r^{(+)} = [\sigma_0, \sigma_1]_r^{(+)}$ 以及它们的面所成的复形 $K_{L,r}^{(+)}$, 这里 $\sigma = \sigma_0 \circ \sigma_1 \in K_L^{(-)}, \sigma_0 \in L, \sigma_1 \in K_L^{(0)}$.

由 L 的所有胞腔与所有 $\sigma_r^{(-)} = [\sigma_0, \sigma_1]_r^{(-)}$ 以及它们的面所成的复形 $K_{L,r}^{(-)}$, 这里 $\sigma = \sigma_0 \circ \sigma_1 \in K_L^{(-)}$ 同前.

由所有胞腔 $\sigma_r^{(0)} = [\sigma_0, \sigma_1]_r^{(0)}$ 所成的复形 $K_{L,r}^{(0)}$, 这里 $\sigma = \sigma_0 \circ \sigma_1 \in K$ 同前.

由所有 $K_L^{(+)}$ 与 L 的胞腔以及所有 $\sigma_r^{(+)} = [\sigma_0, \sigma_1]_r^{(+)}, \sigma_r^{(-)} = [\sigma_0, \sigma_1]_r^{(-)}$ 与 $\sigma_r^{(0)} = [\sigma_0, \sigma_1]_r^{(0)}$ 所成的复形 $K_{L,r}$, 这里 $\sigma = \sigma_0 \circ \sigma_1 \in K_L^{(-)}$ 同前. 这时 $K_{L,r}$ 是 K 的一个剖分.

注意复形 $K_{L,r}^{(+)}, K_{L,r}^{(-)}$ 与 $K_{L,r}^{(0)}$ 在 $r = 1$ 时, 各与 $K_L^{(+)}, K_L^{(-)}$ 与 $K_L^{(0)}$ 相合, 而在 $r = 0$ 时各与 K, L 及 L 相合. 又对一切 $r \geqslant 0$ 与 $\leqslant 1$, $K_{L,r}^{(0)}$ 显为 $K_{L,r}^{(+)}$ 与 $K_{L,r}^{(-)}$ 的 "交", 而 $K_{L,r}$ 为 $K_{L,r}^{(+)}$ 与 $K_{L,r}^{(-)}$ 的 "和". 由 3°, 以下诸命题亦甚显然:

命题 1　对任两 > 0 而 $< l$ 的 r, r', 复形 $K_{L,r}^{(+)}$, $K_{L,r}^{(-)}$ 以及 $K_{L,r}^{(0)}$ 各与 $K_{L,r'}^{(+)}$, $K_{L,r'}^{(-)}$ 以及 $K_{L,r'}^{(0)}$ 同构.

命题 2　对任意 > 0 而 $< l$ 的 r, $|K_L^{(+)}|$ 为 $|K| - |L|$ 亦为 $|K_{L,r}^{(+)}|$ 的收缩核, 而 $|L|$ 为 $|K_{L,r}^{(-)}|$ 的收缩核.

今设 K 中胞腔都已定向. 至多经过重行定向, 不妨设下一条件已告满足: 对任一 $\sigma_0 \in L$ 与 $\sigma_1 \in K_L^{(0)}$ 的胞腔 $\sigma = \sigma_0 \circ \sigma_1 \in K_L^{(-)}, \sigma$ 的定向与定向胞腔 σ_0, σ_1 在此次序下联合的定向相同, 于是有代数式

$$\partial \sigma = \partial \sigma_0 \circ \sigma_1 + (-1)^{\dim \sigma_0 + 1} \cdot \sigma_0 \circ \partial \sigma_1.$$

于是对任意 $r > 0$ 与 $r < 1, K_{L,r}$ 的胞腔将如下定向. 对 $K_L^{(+)}$ 与 L 中的胞腔的定向将与 K 中定向相同. 设 $\sigma = \sigma_0 \circ \sigma_1 \in K_L^{(-)}$ 而 $\sigma_0 \in L, \sigma_1 \in K_L^{(0)}$. 于是 $\sigma_r^{(0)} = [\sigma_0, \sigma_1]_r^{(0)}$ 与积胞腔 $\sigma_0 \times \sigma_1$ 同拓, 故可依常法定向如定向胞腔 σ_0 与 σ_1 在此次序下的乘积的定向. 胞腔 $\sigma_r^{(+)} = [\sigma_0, \sigma_1]_r^{(+)}$ 与 $\sigma_r^{(-)} = [\sigma_0, \sigma_1]_r^{(-)}$ 各为 $\sigma = \sigma_0 \circ \sigma_1$ 的子胞腔, 故将依 σ 协合定向. 将线性组合 $\sum c_i [\sigma_0, \sigma_{1i}]_r^{(+)}$ 简记 $[\sigma_0, \sum c_i \sigma_{1i}]_r^{(+)}$, 这里 $\sigma_0 \circ \sigma_{1i} \in K_L^{(-)}, \sigma_0 \in L, \sigma_{1i} \in K_L^{(0)}$, 余类推. 于是 $K_{L,r}$ 中的边界关系, 除 $\sigma \in K_L^{(+)}$ 或 $\in L$ 时 $\partial \sigma$ 的关系式与 K 中者相同外, 其余给出如下:

$$\begin{aligned}\partial [\sigma_0, \sigma_1]_r^{(+)} =& [\partial \sigma_0, \sigma_1]_r^{(+)} + (-1)^{\dim \sigma_0 + 1} \cdot [\sigma_0, \partial \sigma_1]_r^{(+)} \\ &+ (-1)^{\dim \sigma_0 + 1} \cdot [\sigma_0, \sigma_1]_r^{(0)},\end{aligned} \tag{1}$$

$$\partial[\sigma_0,\sigma_1]_r^{(-)} = [\partial\sigma_0,\sigma_1]_r^{(-)} + (-1)^{\dim\sigma_0+1}\cdot[\sigma_0,\partial\sigma_1]_r^{(-)} + (-1)^{\dim\sigma_0}\cdot[\sigma_0,\sigma_1]_r^{(0)}, \tag{2}$$

$$\partial[\sigma_0,\sigma_1]_r^{(0)} = [\partial\sigma_0,\sigma_1]_r^{(0)} + (-1)^{\dim\sigma_0}\cdot[\sigma_0,\partial\sigma_1]_r^{(0)}, \tag{3}$$

其中采取下述规约:

$$\left.\begin{array}{l}[\partial\sigma_0,\sigma_1]_r^{(+)} = \sigma_1,\\ [\partial\sigma_0,\sigma_1]_r^{(-)} = 0, \quad [\partial\sigma_0,\sigma_1]_r^{(0)} = 0\end{array}\right\}\dim\sigma_0 = 0, \tag{4}$$

$$\left.\begin{array}{l}[\sigma_0,\partial\sigma_1]_r^{(-)} = \sigma_0,\\ [\sigma_0,\partial\sigma_1]_r^{(+)} = 0, \quad [\sigma_0,\partial\sigma_1]_r^{(0)} = 0\end{array}\right\}\dim\sigma_1 = 0. \tag{5}$$

附注 为符号简化起见, 在 $[\sigma_0,\sigma_1]_r^{(+)}$ 等 $(0<r<1)$ 中右下角指数 r 都将略而不写, 只需不致引起混乱.

定义 2 设 P,Q 为两有限可剖形. 而 $P\subset Q$. 若 P,Q 有胞腔剖分 L,K 使 L 为 K 的子复形而 K 有欧氏实现 $_{\mathrm{T}}$ 使 $_{\mathrm{T}}L \Subset_{\mathrm{T}} K$, 则我们将称 (Q,P) 为一可剖形的正则偶或谓 P正则地嵌入Q, 记作 $P\Subset Q$, 并称 (K,L) 为 (Q,P) 的一个正则剖分.

我们的一项主要工作是从正则剖分 (K,L) 以导出正则偶 (Q,P) 的拓扑不变量来, 即导出由 (K,L) 所定但并不依赖于 (K,L) 的选择的 (Q,P) 的性质来, 为此首先需要引入一些空间组的概念, 此将于下一节说明之.

作为有限可剖形的非正则偶的实例, 可提出三维欧氏空间中的一个方体与位于其中的熟知的 Alexander 角这一空间偶.

1.3 有限可剖形所成正则偶的拓扑不变量

定义 1 一组空间 $(Q_1,\cdots,Q_m)$, $m\geqslant 1$, 将称为一空间系, 如果 $Q_{ij}=Q_i\cap Q_j\neq\varnothing$ 时, Q_i 与 Q_j 在 Q_{ij} 上导出同样拓扑. 两个空间系 $\mathbf{Q}=(Q_1,\cdots,Q_m)$ 与 $\mathbf{R}=(R_1,\cdots,R_n)$ 将称为相似的, 如果 $m=n$ 且可建立一对应 $Q_i\leftrightarrow R_i$ 使任一关于 $\mathbf{Q}$ 中空间的余、和与交之间的包含或相等关系, 在上述对应之下 $\mathbf{R}$ 中的空间也有同样的关系. 特别, 有 $Q_i\cap Q_j=\varnothing$ 时 $R_i\cap R_j=\varnothing$, 反之亦然.

定义 2 设 $\mathbf{P}=(P_1,\cdots,P_m),\mathbf{Q}=(Q_1,\cdots,Q_m)$ 与 $\mathbf{R}=(R_1,\cdots,R_m)$ 在对应 $P_i\leftrightarrow Q_i\leftrightarrow R_i, i=1,\cdots,m$ 之下是相似的空间系. 设 $f_i:Q_i\to R_i(i=1,\cdots,m)$ 是一组连续映象使 $Q_{ij}=Q_i\cap Q_j\neq\varnothing$ 时, 恒有 $f_i(x)=f_j(x)\in R_{ij}=R_i\cap R_j(\neq\varnothing)$, $x\in Q_{ij}$. 于是 $\mathbf{f}=(f_1,\cdots,f_m)$ 将称为系 $\mathbf{Q}$ 到系 $\mathbf{R}$ 中的一个连续映象. 特别若每一 R_i 与 Q_i 重合而 f_i 是 Q_i 的恒同映象 1_i, 则 $\mathbf{1}=(1_1,\cdots,1_m)$ 是一系 $\mathbf{Q}$ 到系 $\mathbf{Q}$ 的连续映象, 称为系 $\mathbf{Q}$ 的恒同映象.

显然若 $\mathbf{f}:\mathbf{P}\to\mathbf{Q},\mathbf{g}:\mathbf{Q}\to\mathbf{R}$ 都是连续映象, 这里 $\mathbf{f}=(f_1,\cdots,f_m),\mathbf{g}=(g_1,\cdots,g_m)$, 则命 $\mathbf{h}=(h_1,\cdots,h_m)$, $\quad h_i=g_if_i$ 时, $\mathbf{h}:\mathbf{P}\to\mathbf{R}$ 也是连续映象, 记作 $\mathbf{h}=\mathbf{gf}$.

定义 3　对任意固定空间 T, 空间系 $(Q_1\times T,\cdots,Q_m\times T)$ 与空间系 $\mathbf{Q}=(Q_1,\cdots,Q_m)$ 在对应 $Q_i\times T\leftrightarrow Q_i$ 之下显然相似, 我们将记为 $\mathbf{Q}\times T$. 设 T 为线段 [0, 1] 并设对任意 $t\in T$, 有一连续映象 $\mathbf{d}_t=(d_{t,1},\cdots,d_{t,m}):\mathbf{Q}\to\mathbf{R}$ 满足以下条件：定义 $d_i:Q_i\times T\to R_i$ 为 $d_i(x_i,t)=d_{t,i}(x_i)$, 这里 $x_i\in Q_i,t\in T$ 时, $\mathbf{d}=(d_1,\cdots,d_m):\mathbf{Q}\times T\to\mathbf{R}$ 为一连续映象. 这时映象 $\mathbf{d}_t,t\in T$, 将称为连续映象 $\mathbf{d}_0$ 与 $\mathbf{d}_1$ 间的一个伦移. 若对两连续映象 $\mathbf{f},\mathbf{g}:\mathbf{Q}\to\mathbf{R}$ 有一伦移 $\mathbf{d}_t:\mathbf{Q}\to\mathbf{R},t\in T$ 使 $\mathbf{d}_0=\mathbf{f},\mathbf{d}_1=\mathbf{g}$, 则 $\mathbf{f}$ 与 $\mathbf{g}$ 称为是同伦的, 记作 $\mathbf{f}\simeq\mathbf{g}$.

定义 4　若 $\mathbf{f}:\mathbf{Q}\to\mathbf{R}$ 与 $\mathbf{g}:\mathbf{R}\to\mathbf{Q}$ 都是连续映象且有

$$\mathbf{fg}\simeq\mathbf{1_R},\quad \mathbf{gf}=\mathbf{1_Q},$$

这里 $\mathbf{1_Q},\mathbf{1_R}$ 各为空间系 $\mathbf{Q}$ 与 $\mathbf{R}$ 的恒同映象, 则 $\mathbf{Q}$ 与 $\mathbf{R}$ 将称为有相同的同伦型, 或简称 $\mathbf{Q}$ 与 $\mathbf{R}$ 是同伦的, 记作 $\mathbf{Q}\simeq\mathbf{R}$. 这一关系显然规定了一个等价关系, 而其相应的不变量将称为空间系的同伦不变量.

作为特例, 空间系 $\mathbf{Q}=(Q_1,\cdots,Q_m)$ 中每一 Q_i 的任意同伦不变量也是系 $\mathbf{Q}$ 的同伦不变量, 但自然也有系 $\mathbf{Q}$ 的同伦不变量是只是由于 $\mathbf{Q}$ 中诸空间相互间的关系才产生的.

定理 1　设 (Q,P) 为一有限可剖形所成的正则偶, 以 (K,L) 为一正则剖分, 而 $_{\mathrm{T}}$ 为 K 在一欧氏空间中的欧氏实现, 使 $({}_{\mathrm{T}}K,{}_{\mathrm{T}}L)$ 为一欧氏复形所成的正则组. 置 $\overset{-1}{\mathrm{T}}({}_{\mathrm{T}}K)^{(+)}_{TL,r}=K^{(+)}_{L,r}$, 余类推; 则空间系 $(Q,|K^{(+)}_{L,r}|,|K^{(-)}_{L,r}|,|K^{(0)}_{L,r}|,P)$ 在 $r>0$ 而 <1 时的同伦型与剖分 (K,L) 的选择无关, 且为正则偶 (Q,P) 的拓扑不变量.

附注　对于一个固定的正则剖分 (K,L) 与欧氏实现 $_{\mathrm{T}}({}_{\mathrm{T}}K=K',{}_{\mathrm{T}}L=L')$, 空间系 $(Q,|K^{(+)}_{L,r}|,|K^{(-)}_{L,r}|,|K^{(0)}_{L,r}|,P)$ 的同伦型与 $r(0<r<1)$ 无关一事, 易见之如下.

设 $0<r_1<r_2<1$. 由 1.1 节, $K'^{(-)}_{L'}$ 的每一点 x 可表作 $x=(x_0,x_1,r)$, 这里 $x_1\in|K'^{(0)}_{L'}|$, $x_0\in|L'|$, $0\leqslant r\leqslant 1$, 而在 $0<r<1$ 时, 这种表法是唯一的. 今用 ${}_{\mathrm{T}}f:{}_{\mathrm{T}}Q\to{}_{\mathrm{T}}Q$ 定义一映象 $f:Q\to Q$ 如下:

$$f:\begin{cases} x\to x, x\in|K'^{(+)}_{L'}|,\\ (x_0,x_1,r)\to\left(x_0,x_1,\dfrac{1-r_2}{1-r_1}\cdot r+\dfrac{r_2-r_1}{1-r_1}\right),1\geqslant r\geqslant r_1,\\ (x_0,x_1,r)\to\left(x_0,x_1,\dfrac{r_2}{r_1}\cdot r\right),r_1\geqslant r\geqslant 0.\end{cases}$$

于是 f 将空间系 $\mathbf{Q}_1=(Q,|K^{(+)}_{L,r_1}|,|K^{(-)}_{L,r_1}|,|K^{(0)}_{L,r_1}|,P)$ 的每一空间拓扑地映象于

$\mathbf{Q}_2 = (Q, |K_{L,r_2}^{(+)}|, |K_{L,r_2}^{(-)}|, |K_{L,r_2}^{(0)}|, P)$ 的相应空间上, 这自然蕴涵了 $\mathbf{Q}_1 \simeq \mathbf{Q}_2$.

上述定理特别蕴涵了每一可剖形 $|K_{L,r}^{(+)}|, |K_{L,r}^{(-)}|$ 与 $|K_{L,r}^{(0)}|$, $0<r<1$ 的同伦型, 因而它们的所有已知的那种同伦同调不变量, 都是正则偶 (Q,P) 的拓扑不变量. 因为 $|K_{L,r}^{(-)}| \simeq P$ 与 $|K_{L,r}^{(+)}| \simeq |K_L^{(+)}| \simeq Q-P$, 所以对 $K_{L,r}^{(+)}$ 与 $K_{L,r}^{(-)}$ 而言这种不变性是显然的, 但对 $K_{L,r}^{(0)}(0<r<1)$ 而言, 则远非显然. 如果 P 只是 Q 的一点, 那么 (Q,P) 必然是一正则偶, 而这时 $K_{L,r}^{(0)}$ 的同调群已知为 (Q,P) 的拓扑不变量, 称为点 P 在 Q 中的*局部同调群*(参阅 Seifert-Threlfall [9], 第五章). 事实上, 下面所给出的定理的证明, 即是这一特殊情形的证明的模拟.

定理 1 的证明 命 (K,L) 与 (K',L') 为所给可剖形正则组的两个剖分, ${}_{\mathrm{T}}$ 与 ${}'_{\mathrm{T}}$ 是它们在欧氏空间中的欧氏实现. 置 ${}_{\mathrm{T}}^{-1}({}_{\mathrm{T}}K)_{\mathrm{T}L,s}^{(+)} = K_{L,s}^{(+)}$, ${}_{\mathrm{T}}{}'^{-1}({}'_{\mathrm{T}}K')_{\mathrm{T}'L',s}^{(+)} = K'^{(+)}_{L',s}$, 余类推. 于是定理同义于下述: 对任意 $s, 0<s<1$, 有

$$(Q, |K_{L,s}^{(+)}|, |K_{L,s}^{(-)}|, |K_{L,s}^{(0)}|, P) \simeq (Q, |K_{L',s}^{'(+)}|, |K_{L',s}^{'(-)}|, |K_{L',s}^{'(0)}|, P). \qquad (\mathrm{I})$$

特别有

$$|K_{L,s}^{(0)}| \simeq |K_{L',s}^{'(0)}|. \qquad (\mathrm{II})$$

我们先来证要简单得多的 (II) 式. 为此置

$$N = |K_L^{(-)}| - |K_L^{(0)}| - P, \qquad (1)$$

$$N' = |K_{L'}^{'(-)}| - |K_{L'}^{'(0)}| - P. \qquad (1')$$

在 N 与 N' 中每一点可表作 ${}_{\mathrm{T}}{}^{-1}(x_0, x_1, r)$ 与 ${}_{\mathrm{T}'}{}^{-1}(x_0', x_1', r')$, 这里 $x_1 \in |({}_{\mathrm{T}}K)_{\mathrm{T}L}^{(0)}|$, $x_0 \in |{}_{\mathrm{T}}L|$, $0<r<1$ 与 $x_1' \in |({}_{\mathrm{T}'}K')_{\mathrm{T}',L'}^{(0)}|, x_0' \in |{}_{\mathrm{T}'}L'|, 0<r<1, N\cup P$ 与 $N'\cup P$ 都是 P 在 Q 中的邻域. 因 K, K' 为有限复形, 故有数 r_0', r_1' 与 r_0 使

$$0<r_0'<r_1'<1, \quad 0<r_0<1 \qquad (2)$$

与

$$|K_{L',r_0'}^{'(-)}| \subset |K_{L,r_0}^{(-)}| \subset |K_{L',r_1'}^{'(-)}| \subset N \cup P. \qquad (3)$$

定义映象 $(t \in T = [0,1])$

$$F_t : N \to N, \quad F_t' : N' \to N'$$

为

$$F_{t\mathrm{T}}^{-1}(x_0, x_1, r) = {}_{\mathrm{T}}^{-1}(x_0, x_1, tr_0 + \overline{1-t}\cdot r), \qquad (4)$$

$$F_{t\mathrm{T}'}^{'-1}(x_0', x_1', r') = {}_{\mathrm{T}'}^{-1}(x_0', x_1', tr_0' + \overline{1-t}\cdot r'). \qquad (4')$$

于是 F_t 与 F'_t 各定义了一个 N 到 $|K^{(0)}_{L,r_0}|$ 上与 N' 到 $|K'^{(0)}_{L',r'_0}|$ 上的伦移使

$$F_0 = \text{恒同}, \quad F_1/|K^{(0)}_{L,r_0}| = \text{恒同}, \quad F_1(N) \subset |K^{(0)}_{L,r_0}|, \tag{5}$$

$$F'_0 = \text{恒同}, \quad F'_1/|K'^{(0)}_{L',r'_0}| = \text{恒同}, \quad F'_1(N') \subset |K'^{(0)}_{L',r'_0}|. \tag{5'}$$

又由 (1), (1′), (2) 与 (3), 有

$$\begin{aligned}
&F_t(|K'^{(0)}_{L',r'_0}|) \subset F_t(|K^{(-)}_{L,r_0}| - P) \subset |K^{(-)}_{L,r_0}| - P \subset |K'^{(-)}_{L',r'_1}| - P \subset N', \\
&F'_t(|K^{(0)}_{L,r_0}|) \subset F'_t(|K'^{(-)}_{L',r'_0}| - P) \subset |K'^{(-)}_{L',r'_1}| - P \subset N.
\end{aligned}$$

今定义映象

$$f : |K^{(0)}_{L,r_0}| \to |K'^{(0)}_{L',r'_0}|,$$

$$f' : |K'^{(0)}_{L',r'_0}| \to |K^{(0)}_{L,r_0}|$$

与

$$D_t : |K^{(0)}_{L,r_0}| \to |K^{(0)}_{L,r_0}|,$$

$$D'_t : |K'^{(0)}_{L',r'_0}| \to |K'^{(0)}_{L',r'_0}|$$

为 $x \in |K^{(0)}_{L,r_0}|, x' \in |K'^{(0)}_{L',r'_0}|$ 时,

$$f(x) = F'_1(x), \quad f'(x') = F_1(x'),$$

$$D_t(x) = \begin{cases} F_1F'_{2t}(x), & 0 \leqslant t \leqslant \dfrac{1}{2}, \\ F_1F'_1(x), & \dfrac{1}{2} \leqslant t \leqslant 1, \end{cases}$$

$$D'_t(x') = \begin{cases} F'_1F_{2t}(x'), & 0 \leqslant t \leqslant \dfrac{1}{2}, \\ F'_1F_1(x'), & \dfrac{1}{2} \leqslant t \leqslant 1. \end{cases}$$

于是有

$$D_0 = \text{恒同}, \quad D_1 = f'f,$$

$$D'_0 = \text{恒同}, \quad D'_1 = ff',$$

因而

$$f'f \simeq \text{恒同}, \quad ff' \simeq \text{恒同},$$

故

$$|K^{(0)}_{L,r_0}| \simeq |K'^{(0)}_{L',r'_0}|,$$

而这与 (II) 式等价.

为证 (I) 式试取 $r_i, r'_i (i=0,1,2)$ 使

$$1 > r_0 > r_1 > r_2 > 0, \quad 1 > r'_0 > r'_1 > r'_2 > 0, \tag{6}$$

$$\begin{aligned}|K_L^{(+)}| &\subset |K'^{(+)}_{L',r'_0}| \subset |K^{(+)}_{L,r_0}| \subset |K'^{(+)}_{L',r'_1}| \\ &\subset |K^{(+)}_{L,r_1}| \subset |K'^{(+)}_{L',r'_2}| \subset |K^{(+)}_{L,r_2}|,\end{aligned} \tag{6'}$$

即

$$\begin{aligned}|K_L^{(-)}| &\supset |K'^{(-)}_{L',r'_0}| \supset |K^{(-)}_{L,r_0}| \supset |K'^{(-)}_{L',r'_1}| \\ &\supset |K^{(-)}_{L,r_1}| \supset |K'^{(-)}_{L',r'_2}| \supset |K^{(-)}_{L,r_2}|.\end{aligned} \tag{7}$$

对任意 $t \in T = [0,1]$ 与 $i, j = 0,1,2$ 而 $i \neq j$ 定义

$$F_{ij,t}, F'_{ij,t} : Q \to Q$$

如下 $((x_0, x_1, r) \in |({}_{\mathrm{T}}K)^{(-)}_{\mathrm{T}L}|, (x'_0, x'_1, r') \in |({}'_{\mathrm{T}}K')^{(-)}_{\mathrm{T}'L'}|)$:

1° $r_i > r_j$ 因而 $i < j$ 时,

$$F_{ij,t}: \begin{cases} \overset{-1}{\mathrm{T}}(x_0, x_1, r) \to \overset{-1}{\mathrm{T}}\left(x_0, x_1, (1-t)r + t\left(\dfrac{1-r_j}{1-r_i} \cdot r - \dfrac{r_i - r_j}{1-r_i}\right)\right), & r_i \leqslant r \leqslant 1, \\ \overset{-1}{\mathrm{T}}(x_0, x_1, r) \to \overset{-1}{\mathrm{T}}\ (x_0, x_1, (1-t)r + tr_j), & r_j \leqslant r \leqslant r_i, \\ x \to x, \quad x \in |K_L^{(+)}| 或 |K^{(-)}_{L,rj}|. \end{cases}$$

2° $r_i < r_j$ 因而 $i > j$ 时,

$$F_{ij,t}: \begin{cases} \overset{-1}{\mathrm{T}}(x_0, x_1, r) \to \overset{-1}{\mathrm{T}}\left(x_0, x_1, (1-t)r + t\dfrac{r_j}{r_i} r\right), & 0 \leqslant r \leqslant r_i, \\ \overset{-1}{\mathrm{T}}(x_0, x_1, r) \to \overset{-1}{\mathrm{T}}\ (x_0, x_1, (1-t)r + tr_j), & r_i \leqslant r \leqslant r_j, \\ x \to x, \quad x \in |K^{(+)}_{L,rj}|. \end{cases}$$

3° $r'_i > r'_j$ 因而 $i < j$ 时,

$$F'_{ij,t}: \begin{cases} \overset{-1}{\mathrm{T}'}(x'_0, x'_1, r') \to \overset{-1}{\mathrm{T}'}\left(x'_0, x'_1, (1-t)r' + t\left(\dfrac{1-r'_j}{1-r'_i} r' - \dfrac{r'_i - r'_j}{1-r'_i}\right)\right), & r'_i \leqslant r' \leqslant 1, \\ \overset{-1}{\mathrm{T}'}(x'_0, x'_1, r') \to \overset{-1}{\mathrm{T}'}\ (x'_0, x'_1, (1-t)r' + tr'_j), & r'_j \leqslant r' \leqslant r'_i, \\ x' \to x', \quad x' \in |K'^{(+)}_{L'}| 或 |K'^{(-)}_{L',r'_j}|. \end{cases}$$

4° $r'_i < r'_j$ 因而 $i > j$ 时,

$$F'_{ij,t}: \begin{cases} \overset{-1}{\mathrm{T}'}(x'_0, x'_1, r') \to \overset{-1}{\mathrm{T}'}\left(x'_0, x'_1, (1-t)r' + t\dfrac{r'_j}{r'_i} r'\right), & 0 \leqslant r' \leqslant r'_i, \\ \overset{-1}{\mathrm{T}'}(x'_0, x'_1, r') \to \overset{-1}{\mathrm{T}'}\ (x'_0, x'_1, (1-t)r' + tr'_j), & r'_i \leqslant r' \leqslant r'_j, \\ x' \to x', \quad x' \in |K'^{(+)}_{L',r'_j}|. \end{cases}$$

注意这些映象都是连续的也连续地依赖于 $t \in T$, 且有

$$F_{ij,0} = \text{恒同}, \quad F'_{ij,0} = \text{恒同}. \tag{8}$$

今再定义映象 $(t \in T)$

$$f, f', D_t, D'_t : Q \to Q$$

如下：

$$f = F'_{12,1} F_{01,1}, \quad f' = F_{10,1} F'_{21,1},$$

$$D_t = \begin{cases} F_{20,6t}, & 0 \leqslant t \leqslant \frac{1}{6}, \\ F_{20,1} F_{01,6t-1}, & \frac{1}{6} \leqslant t \leqslant \frac{1}{3}, \\ F_{20,1} F'_{12,6t-2} F_{01,1}, & \frac{1}{3} \leqslant t \leqslant \frac{1}{2}, \\ F_{20,1} F'_{21,6t-3} f, & \frac{1}{2} \leqslant t \leqslant \frac{2}{3}, \\ F_{20,1} F_{10,6t-4} F'_{21,1} f, & \frac{2}{3} \leqslant t \leqslant \frac{5}{6}, \\ F_{20,6-6t} f' f, & \frac{5}{6} \leqslant t \leqslant 1. \end{cases}$$

$$D'_t = \begin{cases} F'_{02,6t}, & 0 \leqslant t \leqslant \frac{1}{6}, \\ F'_{02,1} F'_{21,6t-1}, & \frac{1}{6} \leqslant t \leqslant \frac{1}{3}, \\ F'_{02,1} F_{10,6t-2} F'_{21,1}, & \frac{1}{3} \leqslant t \leqslant \frac{1}{2}, \\ F'_{02,1} F_{01,6t-3} f', & \frac{1}{2} \leqslant t \leqslant \frac{2}{3}, \\ F'_{02,1} F'_{12,6t-4} F_{01,1} f', & \frac{2}{3} \leqslant t \leqslant \frac{5}{6}, \\ F'_{02,6-6t} f f', & \frac{5}{6} \leqslant t \leqslant 1. \end{cases}$$

由于 (8), 这些映象都是连续的且 D_t, D'_t 连续地依赖于 $t \in T$.

由直接验证知

$$f(|K^{(+)}_{L,r_0}|) \subset |K'^{(+)}_{L',r'_2}|,$$

$$f(|K^{(-)}_{L,r_0}|) \subset |K'^{(-)}_{L',r'_2}|,$$

$$f(|K^{(0)}_{L,r_0}|) \subset |K'^{(0)}_{L',r'_2}|,$$

$$f(P) \subset P.$$

换言之, f 定义了一个空间系的连续映象

$$\mathbf{f}:\mathbf{Q}_0\to\mathbf{Q}_2',$$

这里我们简记

$$\mathbf{Q}_i=(Q,|K_{L,r_i}^{(+)}|,|K_{L,r_i}^{(-)}|,|K_{L,r_i}^{(0)}|,P)$$

与

$$\mathbf{Q}_i'=(Q,|K_{L',r_i'}^{'(+)}|,|K_{L',r_i'}^{'(-)}|,|K_{L',r_i'}^{'(0)}|,P).$$

同样, 经过繁长但容易的验证可知 f',D_t,D_t' 各定义了以下诸空间系的连续映象:

$$\begin{aligned}\mathbf{f}':\mathbf{Q}_2'\to\mathbf{Q}_0,\\ \mathbf{D}_t:\mathbf{Q}_0\to\mathbf{Q}_0,\\ \mathbf{D}_t':\mathbf{Q}_2'\to\mathbf{Q}_2'.\end{aligned}$$

又有

$$\begin{aligned}\mathbf{D}_0=\text{恒同},\quad \mathbf{D}_1=\mathbf{f}'\mathbf{f},\\ \mathbf{D}_0'=\text{恒同},\quad \mathbf{D}_1'=\mathbf{f}\mathbf{f}'.\end{aligned}$$

故

$$\mathbf{f}\mathbf{f}'\simeq\text{恒同},\quad \mathbf{f}'\mathbf{f}\simeq\text{恒同},$$

即

$$\mathbf{Q}_0\simeq\mathbf{Q}_2',$$

由此定理得证.

定理 2 设 (Q,P) 与 (K,L) 与定理 1 同, 则 $N=|K_L^{(-)}|-|K_L^{(0)}|-P$ 的同伦型为正则偶 (Q,P) 的拓扑不变量. 且若 (K',L') 是 (Q,P) 的一个充分小的正则剖分使 $|K_{L'}^{'(-)}|\subset|K_L^{(-)}|-|K_L^{(0)}|$, 则 $N'=|K_{L'}^{'(-)}|-|K_{L'}^{'(0)}|-P$ 到 N 中的恒同映象是这两空间的一个同伦等价.

证 由定理 1 中的证明可见, 对任意 >0 与 <1 的 r 与 r', N 与 N' 各与 $|K_{L,r}^{(0)}|$, $|K_{L',r'}^{'(0)}|$ 有相同同伦型. 又恒同映象 $i:|K_{L,r}^{(0)}|\to N$ 与某一伦缩 $k:N'\to|K_{L',r'}^{'(0)}|$ 都是同伦等价映象. 取 r 充分近于 1 使 $|K_{L'}^{'(-)}|\subset|K_{L,r}^{(-)}|$, 则由定理 1 证明的第一部分, 有一连续映象

$$f'(\equiv F_1):|K_{L',r'}^{'(0)}|\to|K_{L,r}^{(0)}|,$$

而 f' 为一同伦等价映象. 从 f' 的定义 (参阅 (4)) 显有 $if'k:N'\to N$ 同伦于恒同映象 j. 因之 j 是一同伦等价映象.

为本书中的应用起见, 需将某些概念稍作推广如次.

定义 5 设 $\mathbf{P}=(P_1,\cdots,P_m)$, $\mathbf{Q}=(Q_1,\cdots,Q_m)$, $\tilde{\mathbf{P}}=(\tilde{P}_1,\cdots,\tilde{P}_m)$, $\tilde{\mathbf{Q}}=(\tilde{Q}_1,\cdots,\tilde{Q}_m)$ 都是相似的空间系而 $\boldsymbol{\pi}=(\pi_1,\cdots,\pi_m):\tilde{\mathbf{P}}\to\mathbf{P}$, $\boldsymbol{\omega}=(\omega_1,\cdots,\omega_m):\tilde{\mathbf{Q}}\to\mathbf{Q}$, $\tilde{\mathbf{f}}=(\tilde{f}_1,\cdots,\tilde{f}_m):\tilde{\mathbf{P}}\to\tilde{\mathbf{Q}}$, $\boldsymbol{f}=(f_1,\cdots,f_m):\mathbf{P}\to\mathbf{Q}$ 都是空间系的连续映象. 于是 $(\tilde{\mathbf{f}},\mathbf{f})$ 将称为仨组$(\tilde{\mathbf{P}},\mathbf{P},\pi)$ 到仨组$(\tilde{\mathbf{Q}},\mathbf{Q},\omega)$ 的连续映象, 如果对每一 $i=1,\cdots,m$, 有 $\omega i\tilde{f}_i=f_i\pi_i:\tilde{P}_i\to Q_i$. 这时采用记号 $(\tilde{\mathbf{f}},\mathbf{f}):(\tilde{\mathbf{P}},\mathbf{P},\boldsymbol{\pi})\to(\tilde{\mathbf{Q}},\mathbf{Q},\boldsymbol{\omega})$. 命 $\tilde{\mathbf{d}}=(\tilde{d}_1,\cdots,\tilde{d}_m):\tilde{\mathbf{P}}\times[0,1]\to\tilde{\mathbf{Q}}$ 与 $\mathbf{d}=(d_1,\cdots,d_m):\mathbf{P}\times[0,1]\to\mathbf{Q}$ 各为 $\tilde{\mathbf{d}}_0$ 与 $\tilde{\mathbf{d}}_1$ 以及 $\mathbf{d}_0$ 与 $\mathbf{d}_1$ 间的伦移 (见定义 3) 使 $\omega_i\tilde{d}_i=d_i(\pi_i\otimes$恒同$):\tilde{P}_i\times[0,1]\to Q_i, i=1,\cdots,m$, 则 $(\tilde{\mathbf{d}},\mathbf{d})$ 将称为仨组的连续映象 $(\tilde{\mathbf{d}}_0,\mathbf{d}_0)$ 与 $(\tilde{\mathbf{d}}_1,\mathbf{d}_1)$ 间的一个伦移而记作 $(\tilde{\mathbf{d}}_0,\mathbf{d}_0)\simeq(\tilde{\mathbf{d}}_1,\mathbf{d}_1)$. 若 $(\tilde{\mathbf{f}},\mathbf{f}):(\tilde{\mathbf{P}},\mathbf{P},\boldsymbol{\pi})\to(\tilde{\mathbf{Q}},\mathbf{Q},\boldsymbol{\omega})$ 与 $(\tilde{\mathbf{g}},\mathbf{g}):(\tilde{\mathbf{Q}},\mathbf{Q},\boldsymbol{\omega})\to(\tilde{\mathbf{P}},\mathbf{P},\boldsymbol{\pi})$ 都是仨组间的连续映象而有 $(\tilde{\mathbf{g}}\tilde{\mathbf{f}},\mathbf{gf})\simeq$ 恒同: $(\tilde{\mathbf{P}},\mathbf{P},\boldsymbol{\pi})\to(\tilde{\mathbf{P}},\mathbf{P},\boldsymbol{\pi})$ 与 $(\tilde{\mathbf{f}}\tilde{\mathbf{g}},\mathbf{fg})\simeq$ 恒同: $(\tilde{\mathbf{Q}},\mathbf{Q},\boldsymbol{\omega})\to(\tilde{\mathbf{Q}},\mathbf{Q},\boldsymbol{\omega})$, 则仨组 $(\tilde{\mathbf{P}},\mathbf{P},\boldsymbol{\pi})$ 与 $(\tilde{\mathbf{Q}},\mathbf{Q},\boldsymbol{\omega})$ 将称为有相同同伦型, 或简称同伦, 记作 $(\tilde{\mathbf{P}},\mathbf{P},\boldsymbol{\pi})\simeq(\tilde{\mathbf{Q}},\mathbf{Q},\boldsymbol{\omega})$.

1.4 由一有限可剖形所定的正则偶

记号 以下 X 是一拓扑空间而 p 是一整数>1. X 与自身的 p 重积 $\underbrace{X\times\cdots\times X}_{p}$ 将记作 $\tilde{X}_p$. $\tilde{X}_p$ 中的对角形, 即由一切点 $(x_1,\cdots,x_p)$(这里 $x_1=\cdots=x_p\in X$) 所成的子空间将记作 $\tilde{\Delta}_p(X)$ 或 $\tilde{\Delta}_p$ 或 $\tilde{\Delta}_X$. 由 $x\to(x_1,\cdots,x_p)(x_1=\cdots=x_p=x\in X)$ 所定的对角映象$X\to\tilde{X}_p$ 将记作 $\tilde{d}_p$ 或 $\tilde{d}_X$.

定义 1 空间

$$\tilde{X}_p^*=\tilde{X}_p-\tilde{\Delta}_p$$

将称为 X 的去核 p 重积.

定义 2 $\tilde{X}_p$ 中由

$$(x_1,\cdots,x_p)\to(x_2,x_3,\cdots,x_p,x_1),\quad x_i\in X$$

所定的变换将称为 $\tilde{X}_p$ 中的巡回变换, 记作 $t_p(X)$ 或 t_X 或 t_p. 这是一个把 $\tilde{X}_p$ 变为自身并把 $\tilde{\Delta}_p$ 的每一点都保持不变的周期为 p 的拓扑变换.

定义 3 $\tilde{X}_p$ 对 t_p 的商空间将称为 X 的 p 重巡回积, 记作 X_p. $\tilde{X}_p$ 到 X_p 的自然投影将记作 $\pi_p(X)$ 或 π_p 或 π_X.

定义 4 X_p 中的子空间 $\Delta_p=\pi_p\tilde{\Delta}_p$ 将称为 X_p 中的对角形. 子空间

$$X_p^*=\pi_p\tilde{X}_p^*=X_p-\Delta_p$$

将称为 X 的去核 p 重巡回积. X 到 X_p 中的映象 $d_p=\pi_p\tilde{d}_p$ 也将称为对角映象.

本节的主要目的在证明下面的

定理 1 设 X 是一有限可剖形, 则 $(\tilde{X}_p, \tilde{\Delta}_p)$ 对任意整数 $p > 1$ 都是正则偶, 而 (X_p, Δ_p) 对任意质数 p 都是正则偶.

在证明之先, 将对复形的乘积与它们的标准剖分预作一些准备.

设 L 是欧氏空间 R^N 中的一个欧氏单纯复形, 则 L 的 p 重积 $\underbrace{L \times \cdots \times L}_{p}$ 是在 $\underbrace{R^N \times \cdots \times R^N}_{p}$ 中的一个欧氏胞腔复形, 由一切形如 $\sigma_1 \times \cdots \times \sigma_p, \sigma_i \in L$ 的胞腔所组成, 我们将记之为 $\tilde{L}_p$. 对任意 $\sigma \in L$, 集合 $\tilde{d}_p|\sigma|$ 是一欧氏单形, 将记为 $\tilde{\Delta}_\sigma$. 一切单形 $\tilde{\Delta}_\sigma (\sigma \in L)$ 的集体成一与 L 同构的复形, 将记作 $\tilde{\Delta}_L$.

试考察 L 中的 p 个单形 $\sigma_1, \cdots, \sigma_p$, 假设恰有 $r+1$ 个顶点 $a_0, \cdots, a_r$ 公共:

$$\sigma_j = a_0 \cdots a_r b_1^{(j)} \cdots b_{kj}^{(j)}, \quad j = 1, \cdots, p. \tag{1}$$

置

$$I = \{0, 1, \cdots, r\}, \quad J = \{1, \cdots, p\}, \quad K_j = \{1, \cdots, k_j\}, \quad j \in J. \tag{1'}$$

对 I 的任意子集 $I'(I'$ 也可以是空集 $\varnothing)$, 命 σ'_I 为由 $i \in I'$ 的诸顶点 a_i 所张成的单形. 特别, 对 $I' = \varnothing, \sigma'_I$ 将指维数为 -1 的假想单形 ε. 置

$$\sigma'_j = b_1^{(j)} \cdots b_{kj}^{(j)}, \quad j \in J. \tag{2}$$

特别, 在 $K_j = \varnothing$ 时 $\sigma'_j = \varepsilon$. 于是恒有

$$\sigma_j = \sigma_I \circ \sigma'_j, \quad j \in J. \tag{3}$$

一组 I, K_j 的子集 $(I_1, \cdots, I_p; K'_1, \cdots, K'_p)$, 这里 $I_j \subset I$, 且对每一 $j \in J$, $K'_j \subset K_j$, 将暂称为 $(1')$ 中诸集合 $\{I, J, K_j\}$ 的一个分割, 如果有 $I_1 \cap \cdots \cap I_p \neq \varnothing$, 且对每一 $j \in J$, I_j 与 K'_j 不同时为 $\varnothing$. 对每一这样的分割可对应一 $\tilde{L}_p$ 中的凸胞腔

$$\xi = (\sigma_{I_1} \circ \sigma'_{K'_1}) \times \cdots \times (\sigma_{I_p} \circ \sigma'_{K'_p}), \tag{4}$$

其中 $\sigma'_{K'_j}$ 指由使 $k \in K'_j$ 的一切顶点 $b_k^{(j)}$ 所张成的单形, 在 $K'_j = \varnothing$ 时, 则规定 $\sigma'_{K'_j} = \varepsilon$. 所有这些胞腔 ξ 显然构成一复形 $E = E(\sigma_1, \cdots, \sigma_p)$. 再者, 所有使 $I' \subset I, I' \neq \varnothing$ 的单形 $\tilde{\Delta}_{\sigma I'}$ 也构成一与 L 中由 σ_1 所定子复形同构的复形 $D = D(\sigma_1, \cdots, \sigma_p)$. 于是我们有下面的引理

引理 设 $\sigma_i \in L$ 形如 (1) 式, 则胞腔 $\sigma_1 \times \cdots \times \sigma_p$ 以联合复形 $D \circ E$ 为一胞腔剖分.

证 试考察任意点

$$z = (z_1, \cdots, z_p) \in |\sigma_1 \times \cdots \times \sigma_p|, \tag{5}$$

这里在重心坐标下有

$$z_j = \sum_{i \in I} \alpha_i^{(j)} a_i + \sum_{k \in Kj} \beta_k^{(j)} b_k^{(j)} \in |\sigma_j|, \quad j \in J. \tag{5'}$$

$$\begin{cases} \sum_{i \in I} \alpha_i^{(j)} + \sum_{k \in Kj} \beta_k^{(j)} = 1, \\ 1 \geqslant \alpha_i^{(j)}, \quad \beta_k^{(j)} \geqslant 0. \end{cases} \tag{6}$$

置

$$\alpha_i^* = \operatorname*{Min}_{j \in J} \alpha_i^{(j)}, \quad i \in I, \tag{7}$$

又命 $I_j (j \in J)$ 为 $I = \{0, 1, \cdots, r\}$ 的子集合, 使

$$\begin{cases} i \in I_j, & \text{若} \alpha_i^{(j)} > \alpha_i^*, \\ i \notin I_j, & \text{若} \alpha_i^{(j)} = \alpha_i^*. \end{cases} \tag{8}$$

于是

$$I_1 \cap \cdots \cap I_p = \varnothing. \tag{9}$$

因

$$\sum_{i \in I} \alpha_i^{(j)} + \sum_{k \in K_j} \beta_k^{(j)} = \sum_{i \in I} \alpha_i^{(l)} + \sum_{k \in K_l} \beta_k^{(l)} (= 1),$$

故可得

$$\sum_{i \in I_j} (\alpha_i^{(j)} - \alpha_i^*) + \sum_{k \in K_j} \beta_k^{(j)} = \sum_{i \in I_l} (\alpha_i^l - \alpha_i^*) + \sum_{k \in K_l} \beta_k^{(l)}. \tag{10}$$

记此公共值为

$$\sum_{i \in I_j} (\alpha_i^{(j)} - \alpha_i^*) + \sum_{k \in K_j} \beta_k^{(j)} = \lambda, \quad j \in J. \tag{11}$$

则有

$$0 \leqslant \lambda \leqslant 1. \tag{12}$$

情形 I $\lambda = 0$.

$\lambda = 0$ 的充要条件是

$$I_j = \varnothing, \beta_k^{(j)} = 0, \quad k \in K_j, j \in J.$$

由此得

$$\alpha_i^{(j)} = \alpha_i^*, \quad i \in I, j \in J$$

与

$$z_j = \sum_{i \in I} \alpha_i^* a_i \in |\sigma_I| = a_0 \cdots a_r, \quad j \in J.$$

故有

$$z=(z_1,\cdots,z_p)\in|\tilde{\Delta}_{\sigma_I}|.$$

情形 II $\lambda=1$.

这时有

$$z_j=\sum_{i\in Ij}(\alpha_i^{(j)}-\alpha_i^*)a_i+\sum_{k\in Kj}\beta_k^{(j)}b_k^{(j)}\in\sigma_{Ij}\circ\sigma'_{Kj}.$$

由 (9), $(I_1,\cdots,I_p,K_1',\cdots,K_p')$ 是 $\{I,J,K_j\}$ 的一个分割而 $z=(z_1,\cdots,z_p)\in|\xi|$, 这里 $\xi=(\sigma_I\circ\sigma'_{K_1})\times\cdots\times(\sigma_{I_p}\circ\sigma'_{K_p})$ 是 E 的一个胞腔.

情形III $0<\lambda<1$.

这时可由下式定义 $\lambda_i^{(j)}$, $\mu_k^{(j)}$, δ_i 诸数:

$$\lambda\lambda_i^{(j)}=\alpha_i^{(j)}-\alpha_i^*,\quad i\in I,j\in J,\tag{13$_1$}$$

$$\lambda\mu_k^{(j)}=\beta_k^{(j)},\quad k\in K_j,j\in J,\tag{13$_2$}$$

$$(1-\lambda)\delta_i=\alpha_i^*,\quad i\in I.\tag{13$_3$}$$

由 (6), (8) 得

$$\mu_k^{(j)},\delta_i\geqslant 0.\tag{14$_1$}$$

$$\begin{cases}\lambda_i^{(j)}>0, & i\in I_j,j\in J,\\ \lambda_i^{(j)}=0, & i\notin I_j,j\in J.\end{cases}\tag{14$_2$}$$

由 (11) 与 (13) 得

$$\lambda=\sum_{i\in I_j}(\alpha_i^{(j)}-\alpha_i^*)+\sum_{k\in K_j}\beta_k^{(j)}=\lambda\sum_{i\in I_j}\lambda_i^{(j)}+\lambda\sum_{k\in K_j}\mu_k^{(j)},\quad j\in J.$$

故

$$\sum_{i\in I_j}\lambda_i^{(j)}+\sum_{k\in K_j}\mu_k^{(j)}=1.\tag{15}$$

从 (14), (15) 知

$$y_j=\sum_{i\in I_j}\lambda_i^{(j)}a_i+\sum_{k\in K_j}\mu_k^{(j)}b_k^{(j)}\in\sigma_{I_j}\circ\sigma'_{K_j},\quad j\in J.\tag{16}$$

故

$$y=(y_1,\cdots,y_p)\in|\xi|,\tag{16$'$}$$

这里

$$\xi=(\sigma_{I_1}\circ\sigma'_{K_1})\times\cdots\times(\sigma_{I_p}\circ\sigma'_{K_p})\in E.\tag{16$''$}$$

由 (13) 与 (14) 得

$$\begin{cases} \lambda\lambda_i^{(j)} + (1-\lambda)\delta_i = a_i^{(j)}, & i \in I_j, j \in J, \\ (1-\lambda)\delta_i = \alpha_i^{(j)}, & i \notin I_j, j \in J. \end{cases} \tag{17}$$

将此诸式相加并应用 (6), (13_2) 与 (15) 得

$$\begin{aligned} (1-\lambda)\sum_{i\in I}\delta_i &= \sum_{i\in I}\alpha_i^{(j)} - \lambda\sum_{i\in I_j}\lambda_i^{(j)} \\ &= 1 - \sum_{k\in K_j}\beta_k^{(j)} - \lambda\sum_{i\in I_j}\lambda_i^{(j)} \\ &= 1 - \lambda\sum_{k\in K_j}\mu_k^{(j)} - \lambda\sum_{i\in I_j}\lambda_i^{(j)} \\ &= 1-\lambda. \end{aligned}$$

因之 $\sum\limits_{i\in I}\delta_i = 1$ 与 $0 \leqslant \delta_i \leqslant 1, i \in I$, 而有

$$x_j = \sum_{i\in I}\delta_i a_i \in \sigma_I = a_0 \cdots a_r, \quad j \in J, \tag{18}$$

$$x = (x_1, \cdots, x_p) \in |\tilde{\Delta}_{\sigma I}|. \tag{18'}$$

由 (5), (5′), (13_2), (16), (16′), (16″), (17), (18) 与 (18′) 得

$$z = (1-\lambda)x + \lambda y \in |\tilde{\Delta}_{\sigma I} \circ \xi|, \quad \tilde{\Delta}_{\sigma I} \circ \xi \in D \circ E.$$

由以上知 $|\sigma_1 \times \cdots \times \sigma_p|$ 的任一点都至少属于复形 $D \circ E$ 的一个胞腔. 反之 $|D \circ E|$ 的任一点也是 $|\sigma_1 \times \cdots \times \sigma_p|$ 的点. 由此易知 $D \circ E$ 是可剖形 $|\sigma_1 \times \cdots \times \sigma_p|$ 也是积复形 $\sigma_1 \times \cdots \times \sigma_p$ 的一个剖分, 而引理得证.

从上述引理容易导出以下的定理:

定理 2　若 K 是有限单纯复形, 则其 p 重积复形 $\tilde{K}_p$ 有一胞腔剖分系由以下三种类型的胞腔所组成:

1° 形如 $\sigma_1 \times \cdots \times \sigma_p$ 的胞腔, 这里 K 没有为所有 $\sigma_j (j = 1, \cdots, p)$ 所公共的顶点.

2° 形如 $\tilde{\Delta}_\sigma$ 的胞腔, 这里 $\sigma \in K$.

3° 形如 $[\tilde{\Delta}_\sigma, \sigma_1 \times \cdots \times \sigma_p] = \tilde{\Delta}_\sigma \circ (\sigma_1 \times \cdots \times \sigma_p)$ 的胞腔, 这里 $\sigma, \sigma_j \in K$ 有以下性质: K 中没有为所有 $\sigma_j (j = 1, \cdots, p)$ 所公共的顶点, 且对每一 j, σ 与 σ_j 张成一 K 中的单形.

定义 5　由类型 1°, 2° 与 3° 的胞腔所组成的 $\tilde{K}_p$ 的胞腔剖分将称为 $\tilde{K}_p$ 的第一标准剖分, 且记作 $\omega_1 \tilde{K}_p$.

因 $\tilde{\Delta}_K$ 是 $\omega_1\tilde{K}_p$ 的子复形而 $(\omega_1\tilde{K}_p,\tilde{\Delta}_K)$ 显然是 1.1 节意义下的正则偶, 故 $\omega_1\tilde{K}_p$ 对每一 $r>0$ 与 <1 有一更精致的剖分, 由类型 1°, 2° 与下面的 4° 那些胞腔所组成.

4° 形如 $[\tilde{\Delta}_\sigma,\sigma_1\times\cdots\times\sigma_p]_r^{(+)},[\tilde{\Delta}_\sigma,\sigma_1\times\cdots\times\sigma_p]_r^{(-)}$ 与 $[\tilde{\Delta}_\sigma,\sigma_1\times\cdots\times\sigma_p]_r^{(0)}$ 的胞腔, 这里 $\sigma,\sigma_j\in K$ 具有 3° 中所说的那些性质 $(0<r<1)$.

定义 6 由类型 1°, 2° 与 4° 的胞腔所组成 $\tilde{K}_p$ 的胞腔剖分将称为 $\tilde{K}_p$ 的第二标准剖分, 且记作 $\omega_2\tilde{K}_p$. 这里 $\omega_2\tilde{K}_p$ 的同构型显与 >0 与 <1 的 r 无关.

定义 7 设 K 是有限单纯复形. K 的一组没有公共顶点的单形 (即没有为所有组中单形所公共的 K 的顶点) 将称为一个分离组或非对角性组. $\omega_1\tilde{K}_p$ 的子复形 $(\omega_1\tilde{K}_p)^{(+)}_{\tilde{\Delta}K}$ 系由形如 $\sigma_1\times\cdots\times\sigma_p$ 的一切胞腔所组成, 这里 $\sigma_j\in K$ 且 $(\sigma_1,\cdots,\sigma_p)$ 是一分离组或非对角性组. 我们将称之为 K 的去核 p 重积, 并记之为 $\tilde{K}_p^*$. $\omega_2\tilde{K}_p$ 的子复形 $(\omega_2\tilde{K}_p)^{(0)}_{\tilde{\Delta}K}\approx(\omega_1\tilde{K}_p)^{(0)}_{\tilde{\Delta}K,r}$ 系由一切形如 $[\tilde{\Delta}_\sigma,\sigma_1\times\cdots\times\sigma_p]_r^{(0)}$ 的胞腔所组成, 这里 $0<r<1$ 而 σ,σ_j 具有 3° 中所说的那些性质. 我们将称之为 K 的 p重管形而记之为 $\tilde{K}_p^{(0)}$, 它的同构型显然与 >0 且 <1 的 r 无关. 再者 $\omega_2\tilde{K}_p$ 的子复形 $(\omega_2\tilde{K}_p)^{(+)}_{\tilde{\Delta}K}\approx(\omega_1\tilde{K}_p)^{(+)}_{\tilde{\Delta}K,r}$(又$(\omega_2\tilde{K}_p)^{(-)}_{\tilde{\Delta}K}\approx(\omega_1\tilde{K}_p)^{(-)}_{\tilde{\Delta}K,r}$) 由类型 1° 的胞腔 (又类型 2°) 与形如 $[\tilde{\Delta}_\sigma,\sigma_1\times\cdots\times\sigma_p]_r^{(+)}$ 与 $[\tilde{\Delta}_\sigma,\sigma_1\times\cdots\times\sigma_p]_r^{(0)}$(又 $[\tilde{\Delta}_\sigma,\sigma_1\times\cdots\times\sigma_p]_r^{(-)}$ 与 $[\tilde{\Delta}_\sigma,\sigma_1\times\cdots\times\sigma_p]_r^{(0)}$) 的胞腔所组成. 这些子复形将简记为 $\tilde{K}_p^{(+)}$(又 $\tilde{K}_p^{(-)}$).

今设 p 为一质数, 则 $|\tilde{K}_p|$ 中的巡回变换 t_p 交换 $\omega_1\tilde{K}_p$(也交换 $\omega_2\tilde{K}_p$) 中的胞腔使唯一的固定胞腔只是 $\tilde{\Delta}_\sigma,\sigma\in K$, 且任一包含一 t_p 的固定点而维数最小的那种胞腔必然也是 t_p 的一个固定胞腔, 因而是一个 $\tilde{\Delta}_\sigma,\sigma\in K$. 若将在 t_p 下可互相交换的胞腔恒同为一, 可从 $\omega_1\tilde{K}_p$ 与 $\omega_2\tilde{K}_p$ 得两新复形, 此后将记之为 ω_1K_p 与 ω_2K_p, 记 $\omega_1\tilde{K}_p$(又 $\omega_2\tilde{K}_p$) 到 ω_1K_p(又 ω_2K_p) 上的投影为 π_1(又 π_2). 于是所有单形 $\Delta_\sigma=\pi_1\tilde{\Delta}_\sigma$(又 $\pi_2\tilde{\Delta}_\sigma$), $\sigma\in K$, 成一 ω_1K_p 与 ω_2K_p 的子复形 Δ_K, 而 $(\omega_1K_p,\ \Delta_K)$ 与 $(\omega_2K_p,\ \Delta_K)$ 都是正则偶. 复形 $(\omega_1K_p)^{(+)}_{\Delta K,r}$, $(\omega_1K_p)^{(-)}_{\Delta K,r},(\omega_1K_p)^{(0)}_{\Delta K,r}$ 与 $(\omega_1K_p)^{(+)}_{\Delta K}(0<r<1)$, 各与 $\pi_2(\tilde{K}_p^{(+)})$, $\pi_2(\tilde{K}_p^{(-)}),\pi_2(\tilde{K}_p^{(0)})$ 与 $\pi_2(\tilde{K}_p^*)$ 重合, 我们将各记之为 $K_p^{(+)}$, $K_p^{(-)}$, $K_p^{(0)}$ 与 K_p^*.

定义 8 复形 K_p^* 与 $K_p^{(0)}$ 将各称为复形 K 的去核p重巡回积与 p重巡回管形, 这里 p 是任意质数.

现在回到定理 1 的证明. 设 K 是可剖形 X 的单纯剖分, 而 $_{\mathrm{T}}$ 是 K 在某一充分高维数欧氏空间 R^N 中的欧氏实现, 则 p 重积 $({}_{\mathrm{T}}\tilde{K})_p=\underbrace{{}_{\mathrm{T}}K\times\cdots\times{}_{\mathrm{T}}K}_{p}$ 是空间 $\tilde{X}_p$ 一个胞腔剖分的欧氏实现. 由此知空间偶 $(\tilde{X}_p,\tilde{\Delta}_p)$ 有一正则剖分 $(\omega_1\tilde{K}_p,\tilde{\Delta}_K)$ 或 $(\omega_2\tilde{K}_p,\tilde{\Delta}_K)$, 因而是正则的. 同样在 p 是质数时, (X_p,Δ_p) 也有正则剖分 (ω_1K_p,Δ_K) 或 (ω_2K_p,Δ_K), 因而也是正则偶. 这证明了定理 1.

附注 对于任意整数 $p>1$, 也可证明 (X_p,Δ_p) 是正则偶. 但其证明过于烦琐而在本书中将局限于考虑 p 是一质数的情形.

作为上述定理 1 与 1.3 节定理 1 的直接推论, 我们有

定理 3 设 X 是一有限可剖形而 K 是 X 的一个单纯剖分, 则对任意整数 $p>1$, 以下空间组

$$\tilde{\boldsymbol{K}}_p=(\tilde{X}_p,|\tilde{K}_p^{(+)}|,|\tilde{K}_p^{(-)}|,|\tilde{K}_p^{(0)}|,\tilde{\Delta}_p) \tag{19}$$

的同伦型以及对任意质数 p, 以下空间组

$$\boldsymbol{K}_p=(X_p,|K_p^{(+)}|,|K_p^{(-)}|,|K_p^{(0)}|,\Delta_p) \tag{20}$$

的同伦型都与剖分 K 无关因而是可剖形 X 自身的拓扑不变量. 特别有: 对任意 p 时 $|\tilde{K}_p^{(+)}|$(也就是 $\tilde{X}_p^*$) 与 $|\tilde{K}_p^{(0)}|$ 的同伦型以及对任意质数 p 时 $|K_p^{(+)}|$(也就是 X_p^*) 与 $|K_p^{(0)}|$ 的同伦型都是 X 的拓扑不变量.

引用 1.3 节中定义 5 所引进的概念, 定理 3 也可加强成下面的形式:

定理 4 设 X 是一有限可剖形, 而 K 是 X 的任意单纯剖分. 定义 $\tilde{\boldsymbol{K}}_p$, $\boldsymbol{K}_p$ 如 (19), (20), 又命 $\pi:\tilde{X}_p\to X_p$ 为自然投影 (p 是质数) 而 $t_p:\tilde{X}_p\to\tilde{X}_p$ 是 $\tilde{X}_p$ 中的巡回变换 (p 是任意整数), 则对任意质数 p 的 $(\tilde{\boldsymbol{K}}_p,\boldsymbol{K}_p,\boldsymbol{\pi})$ 以及对任意整数的 $(\tilde{\boldsymbol{K}}_p,\boldsymbol{K}_p,\mathbf{t}_p)$ 的同伦型都与剖分 K 无关而为 X 自身的拓扑不变量, 其中 $\boldsymbol{\pi}=(\pi,\cdots,\pi)$, 而 $\mathbf{t}_p=(t_p,\cdots,t_p)$.

1.5 补 充

对任意有限可剖形 X, 它的一个单纯剖分 K 与 K 的一个欧氏实现 $_\mathrm{T}$, 命

$$\tilde{\boldsymbol{K}}_p=(\tilde{X}_p,|\tilde{K}_p^{(+)}|,|\tilde{K}_p^{(-)}|,|\tilde{K}_p^{(0)}|,\tilde{\Delta}_X),$$

$$\boldsymbol{K}_p=(X_p,|K_p^{(+)}|,|K_p^{(-)}|,|K_p^{(0)}|,\Delta_X)$$

与

$$\pi:\tilde{\boldsymbol{K}}_p\to\boldsymbol{K}_p$$

定义如 1.4 节. 在同节中我们证明了 p 是 >1 的任意整数时 $\tilde{\boldsymbol{K}}_p$ 的同伦型以及 p 是任意质数时 $(\tilde{\boldsymbol{K}}_p,\boldsymbol{K}_p,\boldsymbol{\pi})$ 的同伦型都是 X 的拓扑不变量. 对我们重要的是: 与通常空间的同伦同调不变量不同, 这种拓扑不变量一般说来是拓扑不变但不是同伦不变的. 作为这种不变量中最简单的一个, 试考察 $\tilde{K}_p^{(+)}$ 的 Euler-Poincaré 示性数 $\chi_p^{(+)}(X)$. 以 $a_{i_1\dots i_p}(K)$ 表 p 个维数依次为 $i_1,\cdots,i_p$ 的有序的分离的单形组的个数, 则有

$$\chi_p^{(+)}(X)=\chi(\tilde{K}_p^{(+)})=\chi(\tilde{K}_p^*)=\sum_{i_1,\cdots,i_p=0}^{n}(-1)^{i_1+\cdots+i_p}a_{i_1\cdots i_p}(K), \tag{1}$$

其中 n 是 K 的维数. 试考察下面两个显然有相同同伦型的一维复形 K' 与 K'':

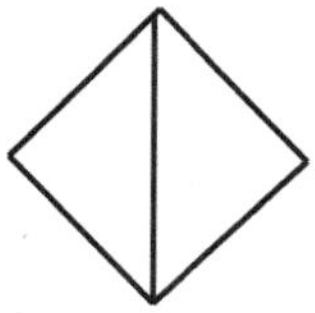

(K')

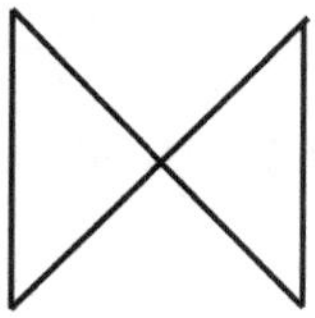

(K'')

我们有

$$\begin{aligned} &a_{00}(K')=12, && a_{00}(K'')=20,\\ &a_{01}(K')=a_{10}(K')=10, && a_{01}(K'')=a_{10}(K'')=18,\\ &a_{11}(K')=4, && a_{11}(K'')=10, \end{aligned}$$

故有

$$\begin{aligned} \chi_2^{(+)}(|K'|)&=12-20+4=-4,\\ \chi_2^{(+)}(|K''|)&=20-36+10=-6. \end{aligned}$$

由此得 $\chi_2^{(+)}(|K'|)\neq\chi_2^{(+)}(|K''|)$, 从而知 $\chi_2^{(+)}(X)$ 不是 X 的同伦不变量, 虽然由 1.4 节的定理可知它是 X 的拓扑不变量.

因为绝大多数的经典不变量 (同调群、同伦群, 等等) 都不仅是拓扑的而且也是同伦的不变量, 对于拓扑性但非同伦性的问题的探讨上, 一般说来是并不合适也不太够的, 可是这种拓扑性而非同伦性的问题, 不仅在代数拓扑的早期发展中占据着中心位置, 而且在近年来还得到新的推动, 前面几节给出了一个一般的方法, 可以导出拓扑性, 但一般说来不是同伦性的不变量, 而且这些不变量还是可以计算的, 这种不变量在研究拓扑性但非同伦性的问题时, 自然会起作用. 本书从这个一般方法导出了某些特殊的不变量, 并应用于研究某些特殊问题: 空间主要是可剖形在欧氏空间中的嵌入、浸入与同痕的问题. 可是很可能另外一些问题, 例如透镜空间的分类问题, 除了在维数等于 3 时以外, 长期以来一切尝试都遭到了失败, 但应用我们的一般性的不变量对此问题或不无裨益.

对于可剖形 $X=|K|$, 由 (1) 式给出的 $\chi_p^{(+)}(X)$ 是 X 的拓扑不变量, 因之自然也是复形 K 的组合不变量, 这里及以下 K 将都假定是有限单纯的. 直到现在还没有一个系统的方法来研究, 由一个复形的组合构造导出组合不变量来. 作为这种系统研究的第一步, 我们提出下面的办法. 一个单纯复形的组合构造是由复形中诸单形间的面的关系来确定的, 作为这种面的关系最简单的刻画, 我们可以引进以下一些数字:

$a_i(K)=K$ 中 i 维单形的个数,

$a_{ij,k}(K)=K$ 中有序单形偶的个数, 这对单形的维数依次是 i,j,

而恰有 k 维单形公共, 这里 $-1\leqslant k\leqslant \mathrm{Min}(i,j)$,

$$a_{i_1\cdots i_p}(K)= \text{由以前所定义的数}.$$

自然我们还可引进同样类型但更为复杂的数. 于是我们可提出一个一般的问题如下:

问题 这种数 $a_i(K), a_{ij,k}(K), a_{i_1\cdots i_p}(K)$, 等等之间的什么样的函数形 (如多项式, 线性组合等) 会给出复形 K 的组合不变量来?

已经知道的这种不变量可提到:

$$\chi(K)=\sum_{i\geqslant 0}(-1)^i a_i(K), \tag{2}$$

$$\chi(K)=\sum_{i\geqslant 0}(-1)^i a_{ii,i}(K), \tag{3}$$

$$[\chi(K)]^2=\sum_{i,j\geqslant 0}(-1)^{i+j}a_{ij,k}(K), \tag{4}$$

$$\chi_2^{(+)}(K)=\sum_{i,j\geqslant 0}(-1)^{i+j}a_{ij,-1}(K)=\sum_{i,j\geqslant 0}(-1)^{i+j}a_{ij}(K) \tag{5}$$

以及 (1) 式中的 $\chi^{(+)}(K)$, 可是这个一般问题还只是开始有些探索, 在这一方向上的最早工作似乎是 W. Mayer 的, 近来则有李克群的工作. 他们的结果可叙述如下:

定理 1(W. Mayer [37]) 如下形式 (α_i 为实数)

$$\varphi(K)=\sum_{i\geqslant 0}\alpha_i a_i(K),$$

K 的唯一组合不变量是 Euler-Poincaré 示性数 $\chi(K)$ 的倍数.

定理 2(李克群 [30] 与 [31]) 如下形式 ($a_{ij,k}=$ 实数)

$$\psi(K)=\sum_{\substack{i,j\geqslant 0\\ k\geqslant -1}}\alpha_{ij,k}a_{ij,k}(K),$$

K 的唯一组合不变量必是已知不变量 $\chi(K), [\chi(K)]^2$ 与 $\chi_2^{(+)}(K)$ 的线性组合:

$$\psi(K)=\alpha\chi(K)+\beta[\chi(K)]^2+\gamma\chi_2^{(+)}(K).$$

我们将给出定理 1 的证明, 但为了避免不必要的繁复计算起见, 我们将不证定理 2 而只证明它的一个特殊情形, 对于说明一般论证所遵循的原则已经很够了. 这个特殊情形可以简洁陈述如下:

定理 3(李克群, 同上) 如下形式 ($\alpha_{ij}=$ 实数)

$$\theta(K)=\sum_{i,j\geqslant 0}\alpha_{ij}a_{ij}(K),$$

K 的唯一组合不变量必为 $\chi_2^{(+)}(K)$ 的倍数.

顺便指出, 这些定理正好说明了不变量 $\chi(K)$ 与 $\chi_2^{(+)}(K)$ 的内在含义, 因为它们可以看作除了复形的维数以外, 从组合构造所导出的两个最简单的不变量.

定理 1 的证明[①] 试考虑由一个维数 $n>0$ 的单形 σ 所确定的复形 K. 在 σ 的一个棱上引入一新顶点以作 K 的一个初等剖分 SdK. 对任意复形 L 以 $L^{(r)}$ 表它的 r 维骨架, 则从 φ 的定义得

$$\begin{aligned}&\varphi(K)=\varphi(K^{(n-1)})+\alpha_n,\\&\varphi(SdK)=\varphi((SdK)^{(n-1)})+2\alpha_n,\\&\varphi((SdK)^{(n-1)})=\varphi(Sd(K^{(n-1)}))+\alpha_{n-1}.\end{aligned}$$

依假定 φ 是组合不变量, 因而有

$$\begin{aligned}&\varphi(K)=\varphi(SdK),\\&\varphi(K^{(n-1)})=\varphi(Sd(K^{(n-1)})).\end{aligned}$$

从这些方程推得

$$\alpha_n=-\alpha_{n-1}.$$

因之 $a_0=-a_1=+a_2=\cdots$ 而有

$$\varphi(K)=\alpha_0\sum_{i\geqslant 0}(-1)^i a_i(K)=a_0\chi(K).$$

定理 3 的证明 定理在 $\dim K=0$ 时是显然的, 故可归纳地假定定理在维数 $\leqslant n-1$ 的情形已成立而来考虑一个 n 维的复形 K, 于是归纳假设蕴涵了

$$\sum_{i,j=0}^{n-1}\alpha_{ij}a_{ij}(K)=r\sum_{i,j=0}^{n-1}(-1)^{i+j}a_{ij}(K),$$

或即 $(-1)^{i+j}a_{ij}=r$ 与 $\geqslant 0$ 及 $\leqslant n-1$ 的 i,j 无关. 由此得

$$\begin{aligned}\theta(K)&=\sum_{i,j=0}^{n}\alpha_{ij}a_{ij}(K)\\&=r\sum_{i,j=0}^{n-1}(-1)^{i+j}a_{ij}(K)+\sum_{i=0}^{n-1}(\alpha_{in}+\alpha_{ni})\alpha_{in}(K)+\alpha_{nn}a_{nn}(K)\\&=r\chi_2^{(+)}(K)+\sum_{i=0}^{n-1}(\alpha_{in}+\alpha_{ni}-2(-1)^{i+n}r)a_{in}(K)+(\alpha_{nn}-r)a_{nn}(K).\end{aligned}$$

① W. Mayer 的原证不必要的过于繁复.

由于 $\chi_2^{(+)}(K)$ 的已知不变性以及 $\theta(K)$ 的假定不变性可知: 对于复形 K 与它的任一剖分 SdK, 应有

$$\sum_{i=0}^{n}\lambda_{in}[a_{in}(K)-a_{in}(SdK)]=0, \tag{6}$$

其中

$$\lambda_{in}=\begin{cases}\alpha_{in}+\alpha_{ni}-2(-1)^{i+n}r, & 0\leqslant i<n,\\ \alpha_{nn}-r, & i=n.\end{cases} \tag{7}$$

要证明定理, 显然只需证明 $\lambda_{in}=0, 0\leqslant i\leqslant n$ 即可. 为此试考虑复形 $K_{r,n}$, 由两分离的 r 维单形 σ 与一 n 维单形 τ 所确定, 这里 $-1\leqslant r\leqslant n$①. 在 n 维单形 τ 的一个棱上引入一新顶点以作 $K_{r,n}$ 的一个初等剖分 $SdK_{r,n}$. 简单的计算指出②

$$a_{in}(SdK_{r,n})-a_{in}(K_{r,n})=\begin{cases}\begin{pmatrix}r+1\\1\end{pmatrix}+2, & i=0,\\ \begin{pmatrix}r+1\\i+1\end{pmatrix}, & i\geqslant 1,\end{cases}\quad r<n,$$

$$a_{in}(SdK_{n,n})-a_{in}(K_{n,n})=\begin{cases}\begin{pmatrix}n+1\\1\end{pmatrix}+3, & i=0,\\ 2\begin{pmatrix}n+1\\i+1\end{pmatrix}-\begin{pmatrix}n\\i+1\end{pmatrix}, & i\geqslant 1.\end{cases}$$

命 K 与它的剖分依次取为 $K_{r,n}$ 与 $SdK_{r,n}$, 则从 (6) 式得

$$\sum_{i=0}^{r}\begin{pmatrix}r+1\\i+1\end{pmatrix}\lambda_{in}+2\lambda_{0n}=0,\quad n>r\geqslant 0,$$

$$\sum_{i=1}^{n}\left[2\begin{pmatrix}n+1\\i+1\end{pmatrix}-\begin{pmatrix}n\\i+1\end{pmatrix}\right]\lambda_{in}+\left[\begin{pmatrix}n+1\\1\end{pmatrix}+3\right]\lambda_{0n}=0.$$

由此逐步得出 $\lambda_{0n}=0, \lambda_{1n}=0,\cdots,\lambda_{nn}=0$, 如所欲证.

---

① $K_{-1,n}$ 意指只由 τ 所定的那个复形.

② 在 $a<b$ 时, 二项式系数 $\begin{pmatrix}a\\b\end{pmatrix}$ 规定为 0.

第 2 章 空间在周期变换下无定点时的 Smith 理论

2.1 带有变换群的复形

在以下, 所谓 "复形" 系指 1.1 节意义下的 "抽象" 复形而言.

定义 1 一个乘法群 T 将称为复形 $\tilde{K}$ 的一个变换群, 如果对每一 $t \in T$ 有一 $\tilde{K}$ 到自身的一对一胞腔映象与之对应; 仍记之为 t, 使:

1° 对任意 $\tilde{\sigma} \in \tilde{K}$, $t_1, t_2 \in T$, 有 $t_2(t_1\tilde{\sigma}) = (t_2t_1)\tilde{\sigma}$.

2° $1\tilde{\sigma} = \tilde{\sigma}$, 这里 1 表 T 的幺元素. 而 $\tilde{\sigma} \in \tilde{K}$ 任意.

组 $(\tilde{K}, T)$ 将称为简单的, 如果更有

3° 对任意 T 中 $t \neq 1$ 与 $\tilde{\sigma} \in \tilde{K}$, 有 $t\tilde{\sigma} \neq \tilde{\sigma}$.

组 $(\tilde{K}, T)$ 将称为强简单的, 如果除 1° 与 2° 外, 并有

4° 对任意 $\tilde{\tau} \in \tilde{K}$ 与 T 中 $t \neq 1$, 不存在 $\tilde{\sigma} \in \tilde{K}$ 既与 $\tilde{\tau}$ 有公共面, 又与 $t\tilde{\tau}$ 有公共面.

注 显然 4° 蕴涵 3°. 下述条件 5° 则在 3° 与 4° 之间, 即 4° 蕴涵 5° 而 5° 蕴涵 3°.

5° 对任意 $\tilde{\sigma} \in \tilde{K}$, 诸胞腔 $t\tilde{\sigma}$, $t \in T$, 彼此分离, 即每两者都无公共面.

例 命 $\tilde{K}$ 为由 n 个顶点 a_i 与 n 个线段 a_ia_{i+1}, $i = 1, \cdots, n(a_{n+1} = a_1)$ 所成的单纯复形, 这里 $n \geqslant 3$. 设 k 为一 $\neq n$ 而能除尽 n 的正整数而 T_k 为由 $\tilde{K}$ 的单纯映象 t_k 所生成阶数为 n/k 的群, 这里 t_k 巡回地把 a_i 变为 $a_{i+k}(a_i = a_{n+i}, i$ 任意). 于是组 $(\tilde{K}, T_k)$ 是简单的, 在 $k = 1$ 时则 5°, 因之 4° 都不成立, 在 $k = 2$ 时则 5° 成立但 4° 不成立, 在 $k \geqslant 3$ 时, 则 5° 与 4° 都成立, 即为强简单的.

规约 如果 $\tilde{K}$ 经重新定向为 $\tilde{K}'$ 后, T 是 $\tilde{K}'$ 的变换群, 则 T 也将称为 $\tilde{K}$ 的变换群. 这时组 $(\tilde{K}, T)$ 将称为简单的或强简单的, 视 $(\tilde{K}', T)$ 是否如此而定.

记号: —— 对任意 (加法) 可交换群 G 与任意 (乘法) 群 T 将以 $G(T)$ 表所有有限和 $\sum g_it_i(g_i \in G, t_i \in T)$ 在自然加法之下所成的群, 而以 $g \in G$ 恒同为 $g \cdot 1 \in G(T)$, 这里 1 是 T 的幺元素. 置

$$n\left(\sum g_it_i\right) = \sum g_i \in G.$$

若 I 为整数群, $I(T)$ 与 $G(T)$(以及 G 与 $I(T)$) 将依自然方式相乘, 即对 $\alpha = \sum n_it_i \in I(T)$,$\beta = \sum g_jt_j \in G(T)$ 与 $g \in G$, 有

$$\alpha\beta = \sum n_i g_j (t_i t_j) \in G(T),$$
$$g\alpha = \sum (n_i g) t_i \in G(T).$$

若 T 是有限的, 则命

$$s(T) = \sum_{t \in T} t \in I(T).$$

显然有

$$\begin{cases} n(\alpha+\beta) = n(\alpha) + n(\beta), & \alpha, \beta \in G(T), \\ n(\alpha\beta) = n(\alpha) \cdot n(\beta), & \alpha \in I(T), \beta \in G(T), \\ s\alpha = n(\alpha) \cdot s, & \alpha \in G(T), s = s(T), T\text{有限}. \end{cases} \tag{1}$$

定义 2 设 $\tilde{K}$ 是一复形带有一变换群 T. 对任意系数群 G 与任意 $\alpha = \sum n_i t_i \in I(T)$, 定义

$$\alpha_{\#} : C(\tilde{K}, G) \to C(\tilde{K}, G)$$

为

$$\alpha_{\#} = \sum n_i t_{i\#},$$

又定义

$$\alpha^{\#} : C^*(\tilde{K}, G) \to C^*(\tilde{K}, G).$$

为 $\alpha_{\#} : C(\tilde{K}) \to C(\tilde{K})$ 的对偶同态, 其中 $t_{i\#}$ 为由与 $t_i \in T$ 对应的胞腔映象 t_i 所引起的链映象. 注意有

$$\alpha^{\#} = \sum n_i t_i^{\#}$$

与

$$\alpha^{\#} \bar{C}^*(\tilde{K}, G) \subset \bar{C}^*(\tilde{K}, G).$$

命题 1 设 $\tilde{K}$ 是一复形, 带有变换群 T, 而 $(\tilde{K}, T)$ 是一简单组. 对 $\tilde{\sigma}, \tilde{\tau} \in \tilde{K}$, 如有 $t \in T$ 使 $t\tilde{\sigma} = \tilde{\tau}$, 即记作 $\tilde{\sigma} \sim \tilde{\tau}$, 于是 $\sim$ 是一等价关系. 命 $K = \{\sigma\}$ 是这些等价类的集体. 对 $\sigma, \sigma' \in K$ 任取 $\tilde{\sigma} \in \sigma$ 与 $\tilde{\sigma}' \in \sigma'$. 若有 $t \in T$ 使 $t\tilde{\sigma}' \prec \tilde{\sigma}$ 即定义为 $\sigma' \prec \sigma$. 又定义 $\dim \sigma = \dim \tilde{\sigma}$ 而在 $\dim \sigma = \dim \sigma' + 1$ 时, 定义 $[\sigma, \sigma'] = \sum\limits_{t \in T} [\tilde{\sigma}, t\tilde{\sigma}']$(由于 $\tilde{K}$ 是闭包有限且定义 1 中的 3° 满足, 这个等式的右边是有意义的), 于是这些定义与 $\tilde{\sigma} \in \sigma, \tilde{\sigma}' \in \sigma'$ 的选择无关, 且使 K 成为一复形. 如果 $\tilde{K}$ 是局部有限或可增的, 则 K 亦然.

证 $\sim$ 之为等价关系, 可从定义 1 的条件 1° 与 2° 直接得出, 同样可知面关系 $\prec$ 与维数函数都与 $\tilde{\sigma}, \tilde{\sigma}'$ 在 σ, σ' 中的选择无关, 若在 $\tilde{\sigma}, \tilde{\sigma}'$ 中另择 $t_1\tilde{\sigma}, t_2\tilde{\sigma}'$, 则由定义 1 的条件 1° 与 2° 有

$$\sum_{t \in T} [t_1\tilde{\sigma}, t(t_2\tilde{\sigma}')] = \sum_{t \in T} [\tilde{\sigma}, t_1^{-1} t\, t_2\tilde{\sigma}'] = \sum_{t \in T} [\tilde{\sigma}, t\tilde{\sigma}'],$$

因之关联数 $[\sigma,\sigma']$ 也与 $\tilde{\sigma},\tilde{\sigma}'$ 的选择无关. 试证对于任意 $\sigma,\sigma''\in K$, 这里 $\dim\sigma=\dim\sigma''+2$, 有

$$\sum_{\sigma'}[\sigma,\sigma']\cdot[\sigma',\sigma'']=0,$$

其中和号展开在所有使 $\dim\sigma'=\dim\sigma-1$ 的 $\sigma'\in K$ 上. 为此试取 $\tilde{\sigma}\in\sigma,\tilde{\sigma}''\in\sigma''$, 又对每一上述 $\sigma'\in K$ 取一 $\tilde{\sigma}'\in\sigma'$. 由于定义 1 的 $1^\circ\sim 3^\circ$, $\tilde{K}$ 中维数为 $\dim\sigma-1$ 的胞腔全体恰为 $t\tilde{\sigma}'$ 的全体, 这里 $t\in T,\sigma'\in K,\dim\sigma'=\dim\sigma-1$. 因之有

$$\begin{aligned}\sum_{\sigma'}[\sigma,\sigma']\cdot[\sigma',\sigma'']&=\sum_{\sigma'}\left(\sum_{t\in T}[\tilde{\sigma},t\tilde{\sigma}']\cdot\sum_{t'\in T}[\tilde{\sigma}',t\tilde{\sigma}'']\right)\\&=\sum_{\sigma',t}\sum_{t'}[\tilde{\sigma},t\tilde{\sigma}']\cdot[t\tilde{\sigma}',tt'\tilde{\sigma}'']\\&=\sum_{t''}\sum_{t,\sigma'}[\tilde{\sigma},t\tilde{\sigma}']\cdot[t\tilde{\sigma}',t''\tilde{\sigma}'']\\&=0,\end{aligned}$$

如所欲证. 在 $\tilde{K}$ 是可增时. K 的可增条件 $\sum\limits_{\sigma'}[\sigma,\sigma']=0$, 这里 $\dim\sigma=1$ 而 $\sum$ 展开于所有 $\dim\sigma'=0$ 的 $\sigma'\in K$ 上, 也同样证明. 当 $\tilde{K}$ 为局部有限时 K 亦然, 这一点也是显然的.

定义 3 设 $\tilde{K}$ 是带有变换群 T 的复形而 $(\tilde{K},T)$ 是简单组. 依命题 1 所作的复形 K 将称为组 $(\tilde{K},T)$ 的模复形, 记作 $K=\tilde{K}/T$. 若对每一 $\sigma\in K$ 任取一确定的 $\tilde{\sigma}\in\sigma$, 则胞腔集 $\{\tilde{\sigma}\}$ 将称为组 $(\tilde{K},T)$ 的一个基本域. 对每一 $\tilde{\sigma}\in\tilde{K}$, 命它的等价类与之对应, 由此所得的胞腔对应 $\pi:\tilde{K}\to K$ 称为组的投影. 若 T 是有限的, 则由 $\bar{\pi}(\sigma)=\{\tilde{\sigma}/\pi(\tilde{\sigma})=\sigma\}$ 所定的胞腔对应 $\bar{\pi}:K\to\tilde{K}$ 将称为组的反投影, 记作 $\pi=\mathrm{Proj}(\tilde{K},T)$, 而在 T 为有限时, $\bar{\pi}=\mathrm{Proj}^{-1}(\tilde{K},T)$.

设 $(\tilde{K},T)$ 是简单组, 其中 $\tilde{K}$ 是复形而 T 是 $\tilde{K}$ 的变换群, 命 $K=\tilde{K}/T$ 与 $\pi,\bar{\pi}$(T 有限时) 如前. 任选一组基本域, 其中 q 维胞腔的全体为 $\{\tilde{\sigma}_i^q\}$, $i\in\vartheta^q$, 于是 $\tilde{K}$ 中 q 维胞腔的全体为 $\{t\tilde{\sigma}_i^q\}$, 其中 t 跑过 T, i 跑过 ϑ^q. 命 $\sigma_i^q=\pi(\tilde{\sigma}_i^q)$, 则 $C_q(\tilde{K},G)$ 的任意链可写作 $\sum\limits_{i\in\vartheta^q}\alpha_i\tilde{\sigma}_i^q,\alpha_i\in G(T)$, 而 $\tilde{K}$ 与 K 中的边界关系各可写作

$$\left\{\begin{aligned}\partial\tilde{\sigma}_i^q&=\sum_{i\in\vartheta^{q-1}}\alpha_{ij}^q\tilde{\sigma}_j^{q-1}, &(2)\\ \partial\sigma_i^q&=\sum_{j\in\vartheta^{q-1}}n(\alpha_{ij}^{q-1})\sigma_j^{q-1}, &(3)\end{aligned}\right.\quad i\in\vartheta^q,\alpha_{ij}^q\in I(T).$$

易见对任意 $\alpha\in I(T)$, 由 α 与 π 所引出的同态

$$a_{\#}:C_q(\tilde{K},G)\to C_q(\tilde{K},G)$$

与

$$\pi_\# : C_q(\tilde{K}, G) \to C_q(K, G)$$

各为

$$\begin{cases} \alpha_\# \left(\sum_{i \in \vartheta^q} \alpha_i \tilde{\sigma}_i^q \right) = \sum_{i \in \vartheta^q} (\alpha \alpha_i) \tilde{\sigma}_i^q, & \qquad (4) \\ & \alpha_i \in G(T), \alpha \in I(T). \\ \pi_\# \left(\sum_{i \in \vartheta^q} \alpha_i \tilde{\sigma}_i^q \right) = \sum_{i \in \vartheta^q} n(\alpha_i) \sigma_i^q, & \qquad (5) \end{cases}$$

若 T 是有限的, 则 $\bar{\pi}$ 有定义且引出同态

$$\bar{\pi}_\# : C_q(K, G) \to C_q(\tilde{K}, G)$$

如下式所示:

$$\bar{\pi}_\# \left(\sum g_i \sigma_i^q \right) = \sum (g_i s) \tilde{\sigma}_i^q, \quad s = s(T), g_i \in G. \tag{6}$$

注意由 (5) 与 (6) 所给出的同态 $\pi_\#$ 与 $\bar{\pi}_\#$ 事实上是与基本域 $\{\tilde{\sigma}_i^q\}$ 的选择无关的.

命题 2 设 $\tilde{K}$ 是一复形, 带有变换群 T, 使 $(\tilde{K}, T)$ 成一简单组, 则其投影 π 引出对任意系数群 G 上 $C(\tilde{K}, G)$ 到 $C(K, G)$ 的链映象 $\pi_\#$, 如 (5) 所示. 如果 $(\tilde{K}, T)$ 是简单组而 T 是有限的, 则反投影 $\bar{\pi}$ 也引出对任意 G 上 $C(K, G)$ 到 $C(\tilde{K}, G)$ 的链映象 $\bar{\pi}_\#$, 如 (6) 所示. 我们有

$$\bar{\pi}_\# \pi_\# = s_\#, \quad \pi_\# \bar{\pi}_\# = n(s) \cdot 1, \tag{7}$$

其中 1 表恒同同态而 $s = s(T)$. 对偶说来有

$$\pi^\# \bar{\pi}^\# = s^\#, \quad \bar{\pi}^\# \pi^\# = n(s) \cdot 1. \tag{8}$$

此外又有

$$\pi_\# C_q(\tilde{K}, G) = C_q(K, G), \tag{9}$$

$$\bar{\pi}^\# C^q(\tilde{K}, G) = C^q(K, G) \tag{10}$$

与

$$\bar{\pi}^\# \bar{C}^q(\tilde{K}, G) = \bar{C}^q(K, G). \tag{11}$$

证 (7)~(9) 直接可自 (1)~(6) 得出. 为证 (10) 与 (11), 试考虑任意 $u \in C^q(K, G)$. 定义 $\tilde{u} \in C^q(\tilde{K}, G)$ 如 $\tilde{u}(t\tilde{\sigma}_i^q) = \begin{cases} 0, & t \neq 1, \\ u(\sigma_i^q), & t = 1, \end{cases}$ 这里 $\{\tilde{\sigma}_i^q\}$ 为 $(\tilde{K}, T)$ 的一个基本域. 则 $\bar{\pi}^\# \tilde{u} = u$. 如果 $u \in \bar{C}^q(K, G)$, 并有 $\tilde{u} \in \bar{C}^q(\tilde{K}, G)$, 因而 (10) 与 (11) 得证.

定义 4 设复形 $\tilde{K}$ 与 $\tilde{K}'$ 带有相同的变换群 T, 而 $(\tilde{K},T)$ 与 $(\tilde{K}',T)$ 都是简单的, 其模复形与投影各为 K, K' 与 π,π'. 胞腔映象 $\tilde{f}:\tilde{K}\to\tilde{K}'$ 将称为一组映象, 记成 $\tilde{f}:(\tilde{K},T)\to(\tilde{K}',T)$, 如果对每一 $t\in T$, 有 $t\tilde{f}=\tilde{f}t$. 于是唯一使 $f\pi=\pi'\tilde{f}$ 的胞腔对应 $f:K\to K'$ 将称为是组映象 $\tilde{f}$ 所导出的对应.

命题 3 设 $\tilde{f}:(\tilde{K},T)\to(\tilde{K}',T)$ 是带有相同变换群 T 的简单组间的组映象. 于是相应模复形 $K=\tilde{K}/T$ 与 $K'=\tilde{K}'/T$ 间导出的胞腔对应 $f:K\to K'$ 是一胞腔映象.

证 对任意使 $\dim\sigma=\dim\tau'+1$ 的 $\sigma\in K,\tau'\in K'$, 任取 $\tilde{\sigma}\in\sigma$ 与 $\tilde{\tau}'\in\tau'$, 则 $\tilde{f}\tilde{\sigma}\in f\sigma$ 而有 $[f\sigma,\tau']=\sum\limits_{t\in T}[\tilde{f}\tilde{\sigma},t\tilde{\tau}]=\sum\limits_{t\in T}[\tilde{\sigma},\tilde{f}^{-1}t\tilde{\tau}']=\sum\limits_{t\in T}[\tilde{\sigma},\tilde{f}^{-1}\tilde{\tau}']=[\sigma,f^{-1}\tau']$, 故 f 是一胞腔映象.

命题 4 设简单组间的组映象 $\tilde{f}:(\tilde{K},T)\to(\tilde{K}',T)$ 导出胞腔映象 $f:K\to K'(K=\tilde{K}/T,K'=\tilde{K}'/T)$. 则对任意系数群上的链群有 $(\pi=\operatorname{Proj}(\tilde{K},T),\pi'=\operatorname{Proj}(\tilde{K}',T))$

$$f_{\#}\pi_{\#}=\pi'_{\#}\tilde{f}_{\#}:C(\tilde{K},G)\to C(K',G). \tag{12}$$

若 T 是有限的, 则又有

$$\tilde{f}\bar{\pi}_{\#}=\bar{\pi}'_{\#}f_{\#}:C(K,G)\to C(\tilde{K}',G) \tag{13}$$

或

$$\bar{\pi}^{\#}\tilde{f}^{\#}=f^{\#}\bar{\pi}'^{\#}:C^*(\tilde{K}',G)\to C^*(K,G), \tag{13*}$$

这里 $\bar{\pi}=\operatorname{Proj}^{-1}(\tilde{K},T)$, $\bar{\pi}'=\operatorname{Proj}^{-1}(\tilde{K}',T)$. 再者, 若 T 有限而 $\tilde{f}$ 是正常的因而 $\tilde{f}^{\#}\bar{C}^q(\tilde{K}',G)\subset\bar{C}^q(\tilde{K},G)$ 时, f 也是正常的而有 $f^{\#}\bar{C}^q(K',G)\subset\bar{C}^q(K,G)$, 且此时有

$$\bar{\pi}^{\#}\tilde{f}^{\#}=f^{\#}\bar{\pi}'^{\#}:\bar{C}^*(\tilde{K}',G)\to\bar{C}^*(K,G). \tag{$\overline{13}$}$$

证 直接自 (5) 与 (6) 推得.

一个复形 L 称作是一复形 K 的一个剖分, 如果有一 K 到 L 的集对应 Sd, 使 Sd^{-1} 是单值的, 有一以 Sd 与 Sd^{-1} 为载子的链映象 $Sd_{\#}:C_q(K)\to C_q(L)$ 与 $Sd'_{\#}:C_q(L)\to C_q(K)$, 使 $Sd'_{\#}Sd_{\#}=$ 恒同, 又有一同伦算子 $D:C_q(L)\to C_{q+1}(L)$ 以 $SdSd^{-1}$ 为载子, 而使 $\partial D+D\partial=Sd_{\#}Sd'_{\#}$ 一恒同. 我们将称 $(Sd,Sd_{\#},Sd'_{\#},D)$ 为 K 剖分为 L 的定义集. 当 K 是局部无循环时, K 的一个特殊的剖分可以所谓诱导的方法获得. 这个称作 K 的第一诱导的复形, 记作 $\operatorname{Der}K$, 为一单纯复形, 其顶点即为 K 中的胞腔 σ, 而 q 维单形为所有使 $\sigma_0\prec\sigma_1\prec\cdots\prec\sigma_q$, $\sigma_i\in K$, $i\neq j$ 时 $\sigma_i\neq\sigma_j$ 的形式 $\sigma_0\sigma_1\cdots\sigma_q$. 所谓 K 的第 n 诱导Der^nK 则依逐次诱导来定义.

定义 5 设 T 是一局部有限复形 $\tilde{K}$ 的变换群而 $\tilde{K}'$ 是 $\tilde{K}$ 的一个剖分, 以 $(\widetilde{Sd},\widetilde{Sd}_{\#},\widetilde{Sd}'_{\#},\tilde{D})$ 为定义集, 使对任意 $\tilde{\sigma}\in\tilde{K}$ 与 $t\in T$, 子复形 $Cl\widetilde{Sd}\tilde{\sigma}$ 与 $Cl\widetilde{Sd}(t\tilde{\sigma})$ 在

对应 $I_{\tilde{\sigma},t}$ 之下同构, 而这些同构 $I_{\tilde{\sigma},t}$ 首先与 $\tilde{K}$ 中的面关系协调, 即当 $\tilde{\tau} \prec \tilde{\sigma}$ 时, $I_{\tilde{\tau},t} = I_{\tilde{\sigma},t}$ 的限制, 其次对 t 传递, 即对任意 $t_1, t_2 \in T$, 有 $I_{\tilde{\sigma},t_2t_1} = I_{t_1\tilde{\sigma},t_2} \cdot I_{\tilde{\sigma},t_1}$, 且当 t 是 T 的幺元素时, $I_{\tilde{\sigma},t}=$ 恒同, 此时令 $t\tilde{\sigma}' = I_{\tilde{\sigma},t}(\tilde{\sigma}')$ 时, T 即自然地成为 $\tilde{K}'$ 的一个变换群, 这里 $\tilde{\sigma} = \widetilde{Sd}^{-1}\tilde{\sigma}'$, $\tilde{\sigma}' \in \tilde{K}'$. 我们将称组 $(\tilde{K}', T)$ 是 $(\tilde{K}, T)$ 的一个剖分, 以 $(\widetilde{Sd}, \widetilde{Sd}_{\#}, \widetilde{Sd}'_{\#}, \tilde{D})$ 为定义集, 如果以下诸关系

$$\widetilde{Sd}_{\#}t_{\#} = t_{\#}\widetilde{Sd}_{\#} : C_q(\tilde{K}) \to C_q(\tilde{K}'),$$

$$\widetilde{Sd}'_{\#}t_{\#} = t_{\#}\widetilde{Sd}'_{\#} : C_q(\tilde{K}') \to C_q(\tilde{K}),$$

$$\tilde{D}t_{\#} = t_{\#}\tilde{D} : C_q(\tilde{K}') \to C_{q+1}(\tilde{K}')$$

能满足.

从定义易得 $t\widetilde{Sd}\tilde{\sigma} = \widetilde{Sd}t\tilde{\sigma}$ 对任意 $\tilde{\sigma} \in \tilde{K}$ 成立. 盖从定义有

$$I_{\tilde{\sigma},t}\widetilde{Sd}\tilde{\sigma} = I_{\tilde{\sigma},t}[\widetilde{Sd}Cl\tilde{\sigma} - \sum \widetilde{Sd}Cl\tilde{\tau}],$$

其中 $\sum$ 展开于所有 $\prec \tilde{\sigma}$ 而 $\neq \tilde{\sigma}$ 的 $\tilde{\tau} \in \tilde{K}$ 上. 由此得

$$\begin{aligned}
t\widetilde{Sd}\tilde{\sigma} = I_{\tilde{\sigma},t}\widetilde{Sd}\tilde{\sigma} &= I_{\tilde{\sigma},t}[Cl\widetilde{Sd}\tilde{\sigma} - \sum Cl\widetilde{Sd}\tilde{\tau}] \\
&= I_{\tilde{\sigma},t}(Cl\widetilde{Sd}\tilde{\sigma}) - \sum I_{\tilde{\tau},t}(Cl\widetilde{Sd}\tilde{\tau}) \\
&= Cl\widetilde{Sd}(t\tilde{\sigma}) - \sum Cl\widetilde{Sd}(t\tilde{\tau}) \\
&= \widetilde{Sd}Cl(t\tilde{\sigma}) - \sum \widetilde{Sd}Cl(t\tilde{\tau}) \\
&= \widetilde{Sd}(t\tilde{\sigma}).
\end{aligned}$$

由此又可得 $t\widetilde{Sd}^{-1}\tilde{\sigma}' = \widetilde{Sd}^{-1}t\tilde{\sigma}'$ 对任意 $\tilde{\sigma}' \in \tilde{K}'$ 成立.

命题 5　设 $(\tilde{K}, T)$ 是一简单组, 其中 $\tilde{K}$ 是局部有限复形, 又设 $(\tilde{K}', T)$ 是 $(\tilde{K}, T)$ 的一个剖分, 则 $(\tilde{K}', T)$ 也是简单组, 且在 $(\tilde{K}, T)$ 是强简单时, $(\tilde{K}, T)$ 亦然.

证　这可从 $\widetilde{Sd}t = t\widetilde{Sd}$ 与 $\widetilde{Sd}^{-1}t = t\widetilde{Sd}^{-1}$ 推得. 盖设 $(\tilde{K}', T)$ 不是简单的, 则有 $\tilde{\sigma}' \in \tilde{K}'$ 与 $\neq 1$ 的 $t \in T$ 使 $t\tilde{\sigma}' = \tilde{\sigma}'$. 于是 $t\widetilde{Sd}^{-1}\tilde{\sigma}' = \widetilde{Sd}^{-1}t\tilde{\sigma}' = \widetilde{Sd}^{-1}\tilde{\sigma}'$, 而 $(\tilde{K}, T)$ 也不是简单的. 强简单的情形也同样证明.

命题 6　设 $(\tilde{K}, T)$ 是简单组, 而 $(\tilde{K}', T)$ 是 $(\tilde{K}, T)$ 的剖分, 则模复形 $K' = \tilde{K}'/T$, 也是模复形 $K = \tilde{K}/T$ 的剖分, 且若 $(\widetilde{Sd}, \widetilde{Sd}_{\#}, \widetilde{Sd}'_{\#}, \tilde{D})$ 是 $(\tilde{K}', T)$ 作为 $(\tilde{K}, T)$ 剖分的定义集时, 可取 K' 作为 K 的剖分的定义集 $(Sd, Sd_{\#}, Sd'_{\#}, D)$, 使

$$Sd\pi = \pi'\widetilde{Sd},$$

$$Sd_{\#}\pi_{\#} = \pi'_{\#}\widetilde{Sd}_{\#},$$

而在 T 有限时, 更有

$$\widetilde{Sd}_{\#}\bar{\pi}_{\#}=\bar{\pi}'_{\#}\widetilde{Sd}_{\#},$$

这里 $\pi=\mathrm{Proj}(\tilde{K},T)$, $\pi'=\mathrm{Proj}(\tilde{K}',T)$, $\bar{\pi}=\mathrm{Proj}^{-1}(\tilde{K},T)$, $\bar{\pi}'=\mathrm{Proj}^{-1}(\tilde{K}',T)$.

证 取 $(\tilde{K},T)$ 的一个基本域 $\{\tilde{\sigma}_i^q\}$, 而命 $\pi\tilde{\sigma}_i^q=\sigma_i^q\in K$. 则 $(Sd,Sd_{\#},Sd'_{\#},D)$ 可如下定义

$$\begin{aligned}&Sd\sigma_i^q=\{\pi'\tilde{\sigma}'/\tilde{\sigma}'\in\widetilde{Sd}\tilde{\sigma}_i^q\},\\&Sd_{\#}\sigma_i^q=\pi'_{\#}\widetilde{Sd}_{\#}\tilde{\sigma}_i^q,\\&Sd'_{\#}(\pi',\tilde{\sigma}')=\pi_{\#}\widetilde{Sd}'_{\#}\tilde{\sigma}',\end{aligned}$$

与

$$(\tilde{\sigma}'\in\widetilde{Sd}\tilde{\sigma}_i^q),D(\pi'\tilde{\sigma}')=\pi'_{\#}\tilde{D}(\tilde{\sigma}').$$

命题 7 设 $(\tilde{K},T)$ 是一简单组而 $\tilde{K}$ 是局部无循环的, 则简单组 $(\mathrm{Der}\tilde{K},T)$ 是 $(\tilde{K},T)$ 的一个剖分且是强简单的.

证 第一个论断是显然的, 因为 t 引出 $Cl\tilde{\sigma}$ 与 $Clt\tilde{\sigma}$ 的一个同构, $\tilde{\sigma}\in\tilde{K}$ 任意, 且通常使 $\mathrm{Der}\tilde{K}$ 作为 $\tilde{K}$ 剖分的定义集, 也使 $(\mathrm{Der}\tilde{K},T)$ 成为 $(\tilde{K},T)$ 的剖分. 第二个论断则是以下诸结果的推论: 如果简单组 $(\tilde{K},T)$ 满足定义 1 中的条件 3°(或 5°), 则 $(\mathrm{Der}\tilde{K},T)$ 满足该定义中的 5°(或 4°). 为此例如假设 $(\mathrm{Der}\tilde{K},T)$ 不满足 4°, 则将有 $\neq 1$ 的 $t\in T$, 有 $\tilde{\tau}'=\tilde{\tau}_0\cdots\tilde{\tau}_q\in\mathrm{Der}\tilde{K}(\tilde{\tau}_0\prec\tilde{\tau}_1\prec\cdots\tilde{\tau}_q\in\tilde{K})$, 以及 $\tilde{\sigma}'\in\mathrm{Der}\tilde{K}$, 使对某 $\tilde{\tau}_i$ 与 $\tilde{\tau}_j$ 而言, $\tilde{\tau}_i$ 与 $t\tilde{\tau}_j$ 都是 $\tilde{\sigma}'$ 的顶点. 如果 $\tilde{\tau}_i\prec\tilde{\tau}_j$ 而有 $\dim\tilde{\tau}_i\leqslant\dim\tilde{\tau}_i$ 时, 应有 $\tilde{\tau}_i\prec t\tilde{\tau}_j$ 因而 $\tilde{\tau}_j$ 与 $t\tilde{\tau}_j$ 将有顶点公共而条件 5° 对 $(\tilde{K},T)$ 不再满足. 同样若 $\tilde{\tau}_j\prec\tilde{\tau}_i$, 则有 $t\tilde{\tau}_j\prec\tilde{\tau}_i$, 因而 $\tilde{\tau}_j\prec t^{-1}\tilde{\tau}_i$, 这时 $\tilde{\tau}_i$ 与 $t^{-1}\tilde{\tau}_i$ 将有顶点公共而条件 5° 仍不能满足.

附注 强简单组的作用可从上命题 5~ 命题 7 与下述命题略见一斑.

命题 8 如果 $(\tilde{K},T)$ 是强简单组而 $\tilde{K}$ 是单纯复形, 则 $K=\tilde{K}/T$ 也是单纯复形.

证 由于 $(\tilde{K},T)$ 是强简单的, $\tilde{K}$ 的任两单形 $\tilde{\sigma}$ 与 $t\tilde{\sigma}$ 只需 $t\neq 1$, 即无公共顶点且 $\tilde{K}$ 的任一一维单形不能由 $\tilde{\sigma}$ 与 $t\tilde{\sigma}$ 的各一顶点所张成. 设 $\tilde{\sigma}=\tilde{a}_0\cdots\tilde{a}_q\in\tilde{K}$ 而 $a_i=\pi(\tilde{a}_i)$, $\sigma=\pi(\tilde{\sigma})\in K$, 这里 π 是 $(\tilde{K},T)$ 的投影. 这时 $\{t\tilde{\sigma}\}$, $t\in T$, 是投影为 σ 的胞腔的全体且 σ 是 K 中以诸 a_i 为顶点的唯一 q 维胞腔. 盖设有另一这样的 q 维胞腔 τ 而 $\tau=\pi(\tilde{\tau})$, 则将有 $t_1\neq t_2\in T$ 使 $\tilde{\tau}$ 与 $t_1\tilde{\sigma},t_2\tilde{\sigma}$ 两者都有公共顶点, 而前面已见到这与 $(\tilde{K},T)$ 的强简单性不合, 由此可知 K 也是单纯复形.

2.2 在周期变换下的复形

在本节中, p 将是一个固定的 >1 的整数, $T\approx$ 模 p 整数群 I_p, 而 t 是 T 的一

个母元素. 如果 t 是复形 $\tilde{K}$ 的一个一对一的胞腔映象, 则 $(\tilde{K},t)$ 将称为简单的, 如果 $(\tilde{K},T)$ 是简单的, 在这时模复形 $\tilde{K}/T$ 将写作 $\tilde{K}/t$, 余同.

对于这样的组 $(\tilde{K},t)$ 我们将置 ($1=T$ 的幺元素):

$$s_k=\begin{cases} s=1+t+\cdots+t^{p-1}\in I(T), & k=\text{偶数},\\ d=1-t\in I(T), & k=\text{奇数},\end{cases} \tag{1}$$

$$s'=1+2t+3t^2+\cdots+(p-1)t^{p-2}\in I(T), \tag{2}$$

于是有

$$s_ks'=\begin{cases} \dfrac{(p-1)p}{2}\cdot s, & k=\text{偶数},\\ s-pt^{p-1}, & k=\text{奇数}.\end{cases} \tag{2$'$}$$

我们并将依照惯例以 ρ 表 s 或 d, 而这时以 $\bar{\rho}$ 表 d 或 s. 因而不论何时总有

$$\rho\bar{\rho}=\bar{\rho}\rho=0. \tag{3}$$

我们又用记号

$$\rho_k=\begin{cases} \rho, & k=\text{偶数},\\ \bar{\rho}, & k=\text{奇数}.\end{cases} \tag{3$'$}$$

命题 1 设 $(\tilde{K},t)$ 是简单组, 这里 t 是 $T\approx I_p$ 的母元素, 则以下诸序列都是正合的

$$\cdots\to C_q(\tilde{K},G)\xrightarrow{s_{k+1\#}}C_q(\tilde{K},G)\xrightarrow{s_{k\#}}C_q(\tilde{K},G)\to\cdots \tag{4}$$

$$\cdots\to C^q(\tilde{K},G)\xrightarrow{s^{\#}_{k+1}}C^q(\tilde{K},G)\xrightarrow{s^{\#}_{k}}C^q(\tilde{K},G)\to\cdots \tag{4*}$$

$$\cdots\to \bar{C}^q(\tilde{K},G)\xrightarrow{s^{\#}_{k+1}}\bar{C}^q(\tilde{K},G)\xrightarrow{s^{\#}_{k}}\bar{C}^q(\tilde{K},G)\to\cdots \tag{$\bar{4}$}$$

证 任选 $(\tilde{K},t)$ 的一个基本域, 其中 q 维胞腔的全体是 $\{\tilde{\sigma}^q_i\}$, $i\in\vartheta^q$, 则任一 $\tilde{x}\in C_q(\tilde{K},G)$ 可写作

$$\tilde{x}=\sum_{i\in\vartheta^q}\sum_{j=0}^{p-1}g^j_it^j\tilde{\sigma}^q_i,\quad g^j_i\in G.$$

由于 $(\tilde{K},t)$ 是简单的, 这样的表示是唯一的. 今

$$s_{k\#}(\tilde{x})=\begin{cases} \displaystyle\sum_{i\in\vartheta^q}\sum_{j=0}^{p-1}g^j_is\tilde{\sigma}^q_i, & k=\text{偶数},\\ \displaystyle\sum_{i\in\vartheta^q}\sum_{j=0}^{p-1}(g^j_i-g^{j-1}_i)t^j\tilde{\sigma}^q_i, & k=\text{奇数},\end{cases}$$

其中 $g^{-1}_i=g^{p-1}_i$. 因之 $s_{k\#}(\tilde{x})=0$ 各等价于

$$\sum_{j=0}^{p-1} g_i^j = 0, \quad k = \text{偶数}$$

或

$$g_i^0 = g_i^1 = \cdots = g_i^{p-1}, \quad k = \text{奇数}.$$

在第一情形可置 $g_i^j = \bar{g}_i^j - \bar{g}_i^{j-1}(\bar{g}_i^{-1} = \bar{g}_i^{p-1})$ 而有 $\tilde{x} = s_{k+1\#}\tilde{y}$, 这里 $\tilde{y} = \sum_{i \in \vartheta^q} \bar{g}_i^j t^j \tilde{\sigma}_i^q$. 在第二情形可置 $g_i^j = g_i, 0 \leqslant j \leqslant p-1$ 而有 $\tilde{x} = s_{k+1\#}\tilde{y}$, 这里 $\tilde{y} = \sum_{i \in \vartheta^q} g_i \tilde{\sigma}_i^q$. 故不论何时恒有 $\mathrm{Ker} s_{k\#} \subset \mathrm{Im} s_{k+1\#}$. 因对任意 k 有 $s_{k+1}s_k = 0$, 故又有 $\mathrm{Im} s_{k+1\#} \subset \mathrm{Ker} s_{k\#}$, 而知 (4) 是正合序列.

次设 $\tilde{u} \in C^q(\tilde{K}, G)$ 而 $\tilde{u}(t^j \tilde{\sigma}_j^q) = g_i^j \in G$, 则有 $(g_i^p = g_i^0)$

$$s_k^{\#}\tilde{u}(t^j \tilde{\sigma}_i^q) = \begin{cases} \sum_{j=0}^{p-1} g_i^j, & k = \text{偶数}, \\ g_i^j - g_i^{j+1}, & k = \text{奇数}. \end{cases}$$

如果 $s_k^{\#}\tilde{u} = 0$, 则如前在 $k =$ 偶数时可置 $g_i^j = \bar{g}_i^j - \bar{g}_i^{j+1}, 0 \leqslant j \leqslant p-1 (\bar{g}_i^p = \bar{g}_i^0)$ 而在 $k =$ 奇数时可置 $g_i^0 = g_i^1 = \cdots = g_i^{p-1} = g_i$. 于是不论何时恒有 $\tilde{u} = s_{k+1}^{\#}\tilde{v}$, 这里

$$\tilde{v}(t^j \tilde{\sigma}_i^q) = \bar{g}_i^j, \qquad k = \text{偶数},$$

$$\tilde{v}(t^j \tilde{\sigma}_i^q) = \begin{cases} g_i, & j = 0, \\ 0, & 0 < j \leqslant p-1, \end{cases} \qquad k = \text{奇数}.$$

这证明了 $\mathrm{Ker} s_k^{\#} \subset \mathrm{Im} s_{k+1}^{\#}$. 由于 $\mathrm{Im} s_{k+1}^{\#} \subset \mathrm{Ker} s_k^{\#}$ 是显然的, 故知 (4*) 是正合序列. 在上面证明中如有 $\tilde{u} \in \bar{C}^q(\tilde{K}, G)$, 则所取的 $\tilde{v}$ 也 $\in \bar{C}^q(\tilde{K}, G)$. 因之知 $(\bar{4})$ 也是正合序列.

由于有上述命题我们将置

$$\begin{aligned} C_q^{(\rho)}(\tilde{K}, t; G) &= \mathrm{Ker}[\rho_{\#} : C_q(\tilde{K}, G) \to C_q(\tilde{K}, G)] \\ &= \mathrm{Im}[\bar{\rho}_{\#} : C_q(\tilde{K}, G) \to C_q(\tilde{K}, G)], \end{aligned} \tag{5}$$

$$\begin{aligned} C_{(\rho)}^q(\tilde{K}, t; G) &= \mathrm{Ker}[\rho^{\#} : C^q(\tilde{K}, G) \to C^q(\tilde{K}, G)] \\ &= \mathrm{Im}[\bar{\rho}^{\#} : C^q(\tilde{K}, G) \to C^q(\tilde{K}, G)], \end{aligned} \tag{5*}$$

以及

$$\begin{aligned} \bar{C}_{(\rho)}^q(\tilde{K}, t; G) &= \mathrm{Ker}[\rho^{\#} : \bar{C}^q(\tilde{K}, G) \to \bar{C}^q(\tilde{K}, G)] \\ &= \mathrm{Im}[\bar{\rho}^{\#} : \bar{C}^q(\tilde{K}, G) \to \bar{C}^q(\tilde{K}, G)]. \end{aligned} \tag{$\bar{5}$}$$

显然有 (依规约 $C_{-1}^{(\rho)}=0$)

$$\partial C_q^{(\rho)}(\tilde{K},t;G)\subset C_{q-1}^{(\rho)}(\tilde{K},t;G), \tag{6}$$

$$\delta C_{(\rho)}^q(\tilde{K},t;G)\subset C_{(\rho)}^{q+1}(\tilde{K},t;G), \tag{6*}$$

且在 $\tilde{K}$ 局部有限时, 并有

$$\delta\bar{C}_{(\rho)}^q(\tilde{K},t;G)\subset \bar{C}_{(\rho)}^{q+1}(\tilde{K},t;G). \tag{$\bar{6}$}$$

因之我们有下面的 Mayer 上下链复形:

$$\begin{aligned} C^{(\rho)}(\tilde{K},t;G):\cdots\to C_q^{(\rho)}(\tilde{K},t;G)&\xrightarrow{\partial} C_{q-1}^{(\rho)}(\tilde{K},t;G)\\ &\xrightarrow{\partial}\cdots\xrightarrow{\partial} C_0^{(\rho)}(\tilde{K},t;G)\xrightarrow{\partial}0, \end{aligned} \tag{7}$$

$$\begin{aligned} C_{(\rho)}^*(\tilde{K},t;G):0\to C_{(\rho)}^0(\tilde{K},t;G)&\xrightarrow{\partial}\cdots\xrightarrow{\partial} C_{(\rho)}^q(\tilde{K},t;G)\\ &\to C_{(\rho)}^{q+1}(\tilde{K},t;G)\to\cdots, \end{aligned} \tag{7*}$$

以及在 $\tilde{K}$ 局部有限时,

$$\begin{aligned} \bar{C}_{(\rho)}^*(\tilde{K},t;G):0\to \bar{C}_{(\rho)}^0(\tilde{K},t;G)&\xrightarrow{\delta}\cdots\xrightarrow{\delta} \bar{C}_{(\rho)}^q(\tilde{K},t;G)\\ &\xrightarrow{\delta} \bar{C}_{(\rho)}^{q+1}(\tilde{K},t;G)\to\cdots. \end{aligned} \tag{$\bar{7}$}$$

定义 1 诸 Mayer 链复形 $C^{(\rho)}(\tilde{K},t;G)$, $C_{(\rho)}^*(\tilde{K},t;G)$ 以及 $\tilde{K}$ 局部有限时的 $\bar{C}_{(\rho)}^*(\tilde{K},t;G)$, 将各称为简单组 $(\tilde{K},t)$ 的 Smith下链复形, Smith上链复形与 Smith紧上链复形. 它们的链将各称为 $(\tilde{K},t)$ 的 ρ_-下链, ρ_-上链与紧ρ_-上链. 记这些链复形的闭链群与边缘群为 $Z_q^{(\rho)}(\tilde{K},t;G), Z_{(\rho)}^q(\tilde{K},t;G), \bar{Z}_{(\rho)}^q(\tilde{K},t;G), B_q^{(\rho)}(\tilde{K},t;G)$, $B_{(\rho)}^q(\tilde{K},t;G)$ 与 $\bar{B}_{(\rho)}^q(\tilde{K},t;G)$. 这些群中的元素将各称为组 $(\tilde{K},t)$ 的 ρ_-下闭链, ρ_-上闭链, 紧ρ_-上闭链, ρ_-下边缘, ρ_-上边缘与紧ρ_-上边缘. 这些复形同调群则各记为

$$H_q^{(\rho)}(\tilde{K},t;G)=Z_q^{(\rho)}(\tilde{K},t;G)/B_q^{(\rho)}(\tilde{K},t;G), \tag{8}$$

$$H_{(\rho)}^q(\tilde{K},t;G)=Z_{(\rho)}^q(\tilde{K},t;G)/B_{(\rho)}^q(\tilde{K},t;G), \tag{8*}$$

又在 $\tilde{K}$ 局部有限时,

$$\bar{H}_{(\rho)}^q(\tilde{K},t;G)=\bar{Z}_{(\rho)}^q(\tilde{K},t;G)/\bar{B}_{(\rho)}^q(\tilde{K},t;G). \tag{$\bar{8}$}$$

所有这些群都将称为组 $(\tilde{K},t)$ 的特殊群, 而它们的元素都将称为 $(\tilde{K},t)$ 的特殊类. 更明确地说, 这些群将各称为 $(\tilde{K},t)$ 的 ρ_-下同调群, ρ_-上同调群, 与紧ρ_-上同调群,

而它们的元素各称为 ρ_-下同调类, ρ_-上同调类, 与紧ρ_-上同调类. 对于 $z, z_1, z_2 \in C_q^{(\rho)}(\tilde{K}, t; G)$ 而 $z, z_1 - z_2 \in B_q^{(\rho)}(\tilde{K}, t; G)$, 同样对于 $u, u_1, u_2 \in C^q_{(\rho)}(\tilde{K}, t; G)$(或$\bar{C}^q_{(\rho)}(\tilde{K}, t; G)$) 而 $u, u_1 - u_2 \in B^q_{(\rho)}(\tilde{K}, t; G)$(或$\bar{B}^q_{(\rho)}(\tilde{K}, t; G)$), 有时也将采用记号 $z\widetilde{\rho}0$, $z_1\widetilde{\rho}z_2, u\widetilde{\rho}0$ 与 $u_1\widetilde{\rho}u_2$. 这时我们说 z(或 u)ρ_-下(上)同调于0, 而 z_1, z_2(或 u_1, u_2)ρ_-下(上)同调.

命题 2 设 $(\tilde{K}, t)$ 是简单组, 其中 t 是 $T \approx I_p$ 的母元素. 设 $C(\tilde{K}, G)$(或 $C^*(\tilde{K}, G)$ 与 $\tilde{K}$ 局部有限时 $\bar{C}^*(\tilde{K}, G)$) 是 $\tilde{K}$ 在系数群 G 上的 Mayer 下链复形 (或 Mayer 上链复形或紧上链复形), 则有复形间的正合序列如下

$$0 \to C^{(\bar{\rho})}(\tilde{K}, t; G) \xrightarrow{\tilde{\nu}^\rho} C(\tilde{K}, G) \xrightarrow{\tilde{\lambda}^\rho} C^{(\rho)}(\tilde{K}, t; G) \to 0, \tag{9}$$

$$0 \to C^*_{(\bar{\rho})}(\tilde{K}, t; G) \xrightarrow{\tilde{\nu}_\rho} C^*(\tilde{K}, G) \xrightarrow{\tilde{\lambda}_\rho} C^*_{(\bar{\rho})}(\tilde{K}, t; G) \to 0. \tag{9*}$$

又在 $\tilde{K}$ 局部有限时,

$$0 \to \bar{C}^*_{(\bar{\rho})}(\tilde{K}, t; G) \xrightarrow{\bar{\tilde{\mu}}_\rho} \bar{C}^*(\tilde{K}, G) \xrightarrow{\bar{\tilde{\lambda}}_\rho} \bar{C}^*_{(\rho)}(\tilde{K}, t; G) \to 0. \tag{$\bar{9}$}$$

诸同态, 例如 (9)* 中的 $\tilde{\lambda}_\rho$ 与 $\tilde{\nu}_\rho$ 可定义如下: $\tilde{\lambda}_\rho$ 为由对应 $u \to \bar{\rho}^\# u, u \in C^*(\tilde{K}, G)$, 所引起, 而 $\tilde{\nu}_\rho$ 为由恒同对应所引起.

证 以上定义的 $\tilde{\lambda}_\rho$, $\tilde{\nu}_\rho$ 等都是 Mayer 复形间的同态一事是显然的. 试证例如 (9)* 是正合的. 对任意 $u \in C^*_{(\bar{\rho})}$, 由命题 1 有 $v \in C^*(\tilde{K}, G)$ 使 $u = \rho^\# v$, 因而 $\tilde{\lambda}_\rho \tilde{\nu}_\rho(u) = \tilde{\lambda}_\rho(\rho^\# v) = \bar{\rho}^\# \rho^\# v = 0$, 而有 $\mathrm{Im}\tilde{\nu}_\rho \subset \mathrm{Ker}\tilde{\lambda}_\rho$, 设 $u \in C^*(\tilde{K}, G)$ 而 $\tilde{\lambda}_\rho u = 0$, 即 $\bar{\rho}^\# u = 0$. 则 $u \in C^*_{(\bar{\rho})}$ 而有 $\mathrm{Ker}\tilde{\lambda}_\rho \subset \mathrm{Im}\tilde{\nu}_\rho$, 又由命题 1, $\tilde{\lambda}_\rho$ 显然是上同态而 $\tilde{\nu}_\rho$ 是无核同态, 因而定理得证.

从命题 2 与关于复形正合序列的一般理论可得

命题 3 设 $(\tilde{K}, t)$ 是一简单组, t 是 $T \approx \mathrm{I}_p$ 的母元素, 则有以下诸正合序列

$$\begin{aligned} \cdots \to H_q(\tilde{K}, G) \xrightarrow{\tilde{\lambda}^\rho_*} H_q^{(\rho)}(\tilde{K}, t; G) \xrightarrow{\tilde{\mu}^\rho_*} H_{q-1}^{(\bar{\rho})}(\tilde{K}, t; G) \\ \xrightarrow{\tilde{\nu}^\rho_*} H_{q-1}(\tilde{K}, G) \to \cdots \to H_0^{(\bar{\rho})}(\tilde{K}, t; G) \to H_0(\tilde{K}, G) \to H_0^{(\rho)}(\tilde{K}, t; G), \end{aligned} \tag{10}$$

$$\begin{aligned} H^0_{(\bar{\rho})}(\tilde{K}, t; G) \to H^0(\tilde{K}, G) \to H^0_{(\rho)}(\tilde{K}, t; G) \to \cdots \to H^q(\tilde{K}, G) \\ \xrightarrow{\tilde{\lambda}^*_\rho} H^q_{(\rho)}(\tilde{K}, t; G) \xrightarrow{\tilde{\mu}^*_\rho} H^{q+1}_{(\bar{\rho})}(\tilde{K}, t; G) \xrightarrow{\tilde{\nu}^*_\rho} H^{q+1}(\tilde{K}, G) \to \cdots \end{aligned} \tag{10*}$$

又在 $\tilde{K}$ 局部有限时,

$$\begin{aligned} \bar{H}^0_{(\rho)}(\tilde{K}, t; G) \to \bar{H}^0(\tilde{K}, G) \to \bar{H}^0_{(\rho)}(\tilde{K}, t; G) \to \cdots \to \bar{H}^q(\tilde{K}, G) \\ \xrightarrow{\bar{\tilde{\lambda}}^*_\rho} \bar{H}^q_{(\rho)}(\tilde{K}, t; G) \xrightarrow{\bar{\tilde{\mu}}^*_\rho} \bar{H}^{q+1}_{(\bar{\rho})}(\tilde{K}, t; G) \xrightarrow{\bar{\tilde{\nu}}^*_\rho} \bar{H}^{q+1}(\tilde{K}, G) \to \cdots \end{aligned} \tag{$\overline{10}$}$$

其中诸同态例如 $(10)^*$ 中的 $\tilde{\lambda}_\rho^*$, $\tilde{\mu}_\rho^*$ 与 $\tilde{\nu}_\rho^*$, 可如下定义: $\tilde{\lambda}_\rho^*$ 为对应 $u \to \bar{\rho}^{\#}u$ 所引出, 这里 $u \in Z^*(\tilde{K}, G), \nu_\rho^*$ 为由恒同同态 $\nu \to v$ 所引出, $v \in Z_{(\bar{\rho})}^*(\tilde{K}, t; G)$, 又 $\tilde{\mu}_\rho^*$ 为由对应 $\bar{\rho}^{\#}w \to \delta w \ \mathrm{mod} B_{(\bar{\rho})}^*(\tilde{K}, t; G)$ 所引出, 这里 $\bar{\rho}^{\#}w \in Z_{(\rho)}^*(\tilde{K}, t; G)$.

定义 2 命题 3 中的诸正合序列将称为简单组 $(\tilde{K}, t)$ 的 Smith-Richardson正合序列.

定义 3 同态

$$\tilde{\mu}_{k*}^{(\rho)} = \tilde{\mu}_{k*}^{(\rho)}(\tilde{K}, t) = \tilde{u}_{*k-1}^{\rho} \cdots \tilde{\mu}_{*1}^{\rho}\tilde{\mu}_*^{\rho} : H_q^{(\rho)}(\tilde{K}, t; G) \to H_{q-k}^{(\rho_k)}(\tilde{K}, t; G),$$
$$\tilde{\mu}_{k,(\rho)}^* = \tilde{\mu}_{k,(\rho)}^*(\tilde{K}, t) = \tilde{\mu}_{\rho_{k-1}}^* \cdots \tilde{\mu}_{\rho_1}^*\tilde{\mu}_\rho^* : H_{(\rho)}^q(\tilde{K}, t; G) \to H_{(\rho_k)}^{q+k}(\tilde{K}, t; G),$$

又在 $\tilde{K}$ 局部有限时,

$$\bar{\tilde{\mu}}_{k,(\rho)}^* = \bar{\tilde{\mu}}_{k,(\rho)}^*(\tilde{K}, t) = \bar{\tilde{\mu}}_{\rho_{k-1}}^* \cdots \bar{\tilde{\mu}}_{\rho_1}^*\bar{\tilde{\mu}}_\rho^* : \overline{H}_{(\rho)}^q(\tilde{K}, t; G) \to \overline{H}_{(\rho_k)}^{q+k}(\tilde{K}, t; G)$$

将称为简单组 $(\tilde{K}, t)$ 的 Smith特殊同态. 在不致引起混乱时, $\bar{\mu}_{k,*}^{(\rho)}, \bar{\mu}_{k,(\rho)}^*$ 与 $\bar{\tilde{\mu}}_{k,(\rho)}^*$ 将各简记为 $\tilde{\mu}_{k*}, \tilde{\mu}_k^*$ 与 $\bar{\tilde{\mu}}_k^*$.

定义 4 设 $\tilde{K}$ 是可增的, 则在 $\tilde{K}$ 的每一顶点上取值 1 的整系数上闭链 $\tilde{\mathbf{I}}_{\tilde{R}}$ 显然是一 $d-$ 上闭链, 它的 $d-$ 上同调类将记作 $\tilde{\mathbf{I}}_{(d)}$. 于是

$$\tilde{A}^k(\tilde{K}, t) = \tilde{\mu}_{k,(d)}^*(\tilde{K}, t) \cdot \mathbf{1}_{(d)} \in H_{(d_k)}^k(\tilde{K}, t)$$

将称作简单组 $(\tilde{K}, t)$ 的 Smith特殊上类, 其中 d_k 如 (4) 与 (2) 所示. 如果有最小整数 $n > 0$ 使 $\tilde{A}^n(\tilde{K}, t) = 0$, 则这个最小整数将称为组 $(\tilde{K}, t)$ 的 Smith特殊指数而记作 $\tilde{I}(\tilde{K}, t)$. 如果这样的整数不存在, 则置 $\tilde{I}(\tilde{K}, t) = +\infty$. 因而

$$\tilde{A}^k(\tilde{K}, t) \begin{cases} = 0, & k \geqslant \tilde{I}(\tilde{K}, t), \\ \neq 0, & k < \tilde{I}(\tilde{K}, t). \end{cases}$$

设 $K = \tilde{K}/t$ 是简单组 $(\tilde{K}, t)$ 的模复形, t 是 $T \approx I_p$ 的母元素, 则 $(\tilde{K}, t)$ 的特殊同调群与 K 在适当系数群上通常同调群之间的关系, 如下面命题 4 与命题 5 所示:

命题 4 设 $(\tilde{K}, t)$ 是简单组, t 是 $T \approx I_p$ 的母元素, 而 $\pi = \mathrm{Proj}(\tilde{K}, t), \bar{\pi} = \mathrm{Proj}^{-1}(\tilde{K}, t), K = \tilde{K}/t$. 则 $\bar{\pi}$ 将引出 Mayer 复形间的同构如下

$$\bar{\pi}_{\#}^{(d)} : C(K, G) \approx C^{(d)}(\tilde{K}, t; G), \tag{11}$$

$$\bar{\pi}_{(d)}^{\#} : C_{(d)}^*(\tilde{K}, t; G) \approx C^*(K, G), \tag{11*}$$

又在 $\tilde{K}$ 局部有限时, 又有

$$\bar{\pi}_{(d)}^{\#} : \bar{C}_{(d)}^*(\tilde{K}, t; G) \approx \bar{C}^*(K, G). \tag{$\overline{11}$}$$

由此知 $\bar{\pi}_{\#}$ 与 $\bar{\pi}^{\#}$ 将引出同构

$$\bar{\pi}_*^{(d)}: H_q(K,G) \approx H_q^{(d)}(\tilde{K},t;G), \tag{12}$$

$$\bar{\pi}_{(d)}^*: H_{(d)}^q(\tilde{K},t;G) \approx H^q(K,G), \tag{12*}$$

又在 $\tilde{K}$ 局部有限时,

$$\bar{\pi}_{(d)}^*: \bar{H}_{(d)}^q(\tilde{K},t;G) \approx \bar{H}^q(K,G). \tag{$\overline{12}$}$$

证 试取 $(\tilde{K},t)$ 的一个基本域 $\{\tilde{\sigma}_i^q, i\in\vartheta^q\}$, 因而 K 的 q 维胞腔的全体是 $\{\sigma_i^q, i\in\vartheta^q\}$, 这里 $\pi(\tilde{\sigma}_i^q)=\sigma_i^q$. 对任意 $x\in\sum g_i\sigma_i^q\in C_q(K,G)$ 有 $\bar{\pi}_{\#}x=\sum(g_i s)\tilde{\sigma}_i^q= s_{\#}\sum g_i\tilde{\sigma}_i^q\in C_q^{(d)}(\tilde{K},t;G)$, 于是 $\bar{\pi}_{\#}x=0$ 等价于 $g_i=0, i\in\vartheta^q$ 或 $x=0$. 另一面, 任一下链 $\tilde{x}\in C_q^{(d)}(\tilde{K},t;G)$ 必在 $C_q(\tilde{K},G)$ 在 $s_{\#}$ 下的象集中, 因而形如 $(g_i\in G)$

$$\tilde{x}=s_{\#}\sum g_i\tilde{\sigma}_i^q=\sum(g_i s)\tilde{\sigma}_i^q=\bar{\pi}_{\#}x,$$

这里 $x=\sum g_i\sigma_i^q\in C_q(K,G)$, 由此 (11) 得证. (11)* 与 $(\overline{11})$ 也可同样证明, 而 (12) 等则从 (11) 等得出①. 附带注意 (11), (12), $\cdots$ 中的同构, 显然不依赖于基本域的选择.

关于 $(\tilde{K},t)$ 的 s- 同调群与 K 的通常同调群面的关系要比 d- 同调群的情形复杂得多. 首先, 对任意可交换群 G, 记 G 与自身的 p 重直和为 $\oplus_p G=G\oplus\cdots\oplus G(p次)$. 在 $\oplus_p G$ 中由满足 $\sum\limits_{i=1}^{p} g_i=0$ 的所有元素 $(g_1,\cdots,g_p)$所组成的子群将记作 $\oplus_p^0 G$. 选择 $(\tilde{K},t)$ 的一个基本域 $\{\tilde{\sigma}_i^q\}$ 如前. 对任意 $x=\sum h_i\sigma_i^q\in C(K,\oplus_p^0 G)$, 这里 $h_i=(g_{i1},\cdots,g_{ip})\in\oplus_p^0 G$, 试置 $\tilde{\pi}_{\#}^0 x=\sum\limits_{i,j} g_{ij}t^j\tilde{\sigma}_i^q$, 于是易见 $\tilde{\pi}_{\#}^0 x\in C_q^{(s)}(\tilde{K},t;G)$, 且在每一维数 $q\geqslant 0$, $\tilde{\pi}_{\#}^0$ 都建立了一个同构

$$\tilde{\pi}_{\#}^0: C_q(K,\oplus_p^0 G)\approx C_q^{(s)}(\tilde{K},t;G).$$

定义一边缘运算

$$\partial^0: C_q(K,\oplus_p^0 G)\to C_{q-1}(K,\oplus_p^0 G)$$

为 $\partial^0=(\tilde{\pi}_{\#}^0)^{-1}\partial\tilde{\pi}_{\#}^0$, 其中 ∂ 为 Smith s- 链复形 $C^{(s)}(\tilde{K},t;G)$ 的边缘运算, 于是 $\{C_q(K,\oplus_p^0 G),\partial^0\}$ 成一 Mayer 链复形 $\check{C}(K,\oplus_p^0 G)$, 在 $\tilde{\pi}_{\#}^0$ 下与 $C^{(s)}(\tilde{K},t;G)$ 同构. 因之 s- 下同调群 $H_q^{(s)}(\tilde{K},t;G)$ 在 $\tilde{\pi}_{\#}^0$ 所引出的同态 $\tilde{\pi}_*^0$ 下, 与链复形 $\check{C}(K,\oplus_p^0 G)$ 的同调群 $\check{\mathrm{H}}_q(K,\oplus_p^0 G)$ 同构. s- 上同调群与紧 s- 上同调群也可以同样处理. 这里需注意这些引入的 Mayer 链复形与同构依赖于基本域的选择, 尽管它们之间互相同构, 但这此同构并不是确定的. 总述之, 我们有

---

① (11)* 中的 $\bar{\pi}_{(d)}^{\#}$ 由 $\bar{\pi}_{(d)}^{\#}\tilde{u}=\pi^{\#}\tilde{v}$ 来定义, 这里 $\tilde{u}=s^{\#}\tilde{v}\in C_{(d)}^*$.

命题 5　对任意可交换群 G, 命 $\oplus_p^0 G$ 为 p 重直和 $\oplus_p G = G \oplus \cdots \oplus G(p$次) 中由满足 $\sum g_i = 0$ 的元素 $(g_1, \cdots, g_p)$ 所组成的子群, 则在适当定边缘运算 ∂^0 与 δ^0 时, 可得 Mayer 链复形 $\check{C}(K, \oplus_p^0 G) = \{C_q(K, \oplus_p^0 G), \partial^0\}$, $\check{C}^*(K, \oplus_p^0 G) = \{C^q(K, \oplus_p^0 G), \delta^0\}$, 且在 $\tilde{K}$ 局部有限时并有 $\check{\bar{C}}^*(K, \oplus_p^0 G) = \{C^q(K, \oplus_p^0 G), \delta^0\}$, 此外并有复形间的同构

$$\check{\pi}_{\#}^0 : \check{C}(K, \oplus_p^0 G) \approx C^{(s)}(\tilde{K}, t; G),$$

$$\check{\pi}_0^{\#} : C_{(s)}^*(\tilde{K}, t; G) \approx \check{C}^*(K, \oplus_p^0 G),$$

以及 $\tilde{K}$ 局部有限时,

$$\check{\bar{\pi}}_0^* : \bar{C}_{(s)}^*(\tilde{K}, t; G) \approx \check{\bar{C}}^*(K, \oplus_p^0 G).$$

此复形的同构又引出同调群间的同构

$$\check{\pi}_*^0 : \check{\mathrm{H}}_q(K, \oplus_p^0 G) \approx H_q^{(\rho)}(\tilde{K}, t; G),$$

$$\check{\pi}_0^* : H_{(s)}^q(\tilde{K}, t; G) \approx \check{H}^q(K, \oplus_p^0 G),$$

以及 $\tilde{K}$ 局部有限时,

$$\check{\bar{\pi}}_0^* : \bar{H}_{(s)}^q(\tilde{K}, t; G) \approx \check{\bar{H}}^q(K, \oplus_p^0 G).$$

为避免系数群 $\oplus_p^0 G$ 与复形 $\check{C}$ 的使用, 我们将引入以下诸同态, 对任意下闭链 $x \in X \in H_q(K, G)$ 下链 $\bar{x}_{\#} x$ 是一在系数群 $G_p = G/pG$ 上的 s- 下闭链, 这可从取 $\tilde{x} \in C_q(\tilde{K}, G)$ 使 $\pi_{\#} \tilde{x} = x$ 时, 有 $s_{\#}(\bar{\pi}_{\#} x) = s_{\#} \bar{\pi}_{\#} \pi_{\#} \tilde{x} = s_{\#} s_{\#} \tilde{x} = p s_{\#} \tilde{x}$ 这一式看出, 记 G 到 G_p 的模 p 约化为 r_p, 则 $r_p \bar{\pi}_{\#} x$ 在 G_p 上的 s- 类与 $x \in X$ 的选择无关. 盖设另取一 $x' \in X$, 则有 y 使 $x - x' = \partial y$. 于是取 $\tilde{y} \in C_{q-1}(\tilde{K}, G)$ 使 $\pi_{\#} \tilde{y} = y$ 时, 由 (1), (2), (2)$'$ 可得 $r_p \bar{\pi}_{\#} x - r_p \bar{\pi}_{\#} x' = r_p \bar{\pi}_{\#} \partial y = \partial(r_p \bar{\pi}_{\#} \pi_{\#} \tilde{y}) = \partial(r_p s_{\#} \tilde{y}) = \partial d_{\#}(r_p s'_{\#} \tilde{y})$, 因而 $r_p \bar{\pi}_{\#} x$ 与 $r_p \bar{\pi}_{\#} x'$ 属于 G_p 上的同一 s- 类. 同样, 对任意 s- 上闭链 $d^{\#} \tilde{u} \in \tilde{U} \in H_{(s)}^q(\tilde{K}, t; G)$, 在 G_p 上的上闭链 $r_p \bar{\pi}^{\#} \tilde{u}$ 的通常上同调类, 既与 $\tilde{U}$ 中 s- 上闭链的选择无关, 也与它的表示 $d^{\#} \tilde{u}$ 无关, 再者, 如果 $\bar{U} \in \bar{H}_{(s)}^q(\tilde{K}, t; G)$, 而选择 $d^{\#} \tilde{u} \in \tilde{U}$ 使 $\tilde{u} \in \bar{C}^q(\tilde{K}, t; G)$, 则也有 $r_p \bar{\pi}^{\#} \tilde{u} \in \bar{C}^q(K, G_p)$. 总述之有

命题 6　有同态

$$\bar{\pi}_*^{(s)} : H_q(K, G) \to H_q^{(s)}(\tilde{K}, t; G_p), \tag{13}$$

$$\bar{\pi}_{(s)}^* : H_{(s)}^q(\tilde{K}, t; G) \to H^q(K, G_p), \tag*{(13)*}$$

以及 $\tilde{K}$ 局部有限时,

$$\bar{\pi}_{(s)}^* : \bar{H}_{(s)}^q(\tilde{K}, t; G) \to \bar{H}^q(K, G_p). \tag*{$(\overline{13})$}$$

这些同态都是满同态且各由以下诸对应所引出：对于 $x \in X \in H_q(K, G)$ 取对应 $x \to r_p \bar{\pi}_{\#} x$, 对于 $d^{\#} \tilde{u} \in Z_{(s)}^q(\tilde{K}, t; G)$ 或 $\bar{Z}_{(s)}^q(\tilde{K}, t; G)$ 取对应 $d^{\#} \tilde{u} \to r_p \bar{\pi}^{\#} \tilde{u}$.

与 $\pi_*^{(\rho)}$ 类似, 亦可定义同态 $\pi_*^{(\rho)}$ 如下:

命题 6′ 有同态

$$\pi_{\rho *} = \pi_*^{(\rho)} : H_q^{(\rho)}(\tilde{K}, t; G) \to H_q(K, G'). \tag{13′}$$

这些同态可由对应 $\pi_\# : \bar{\rho}_\# \tilde{x} \to r'\pi_\# \tilde{x}$ 引出, 其中 $G' = G$ 或 G_p, 视 $\rho = d$ 或 s 而定, 又 $r' =$ 恒同或 r_p, 也视 $\rho = d$ 或 s 而定.

注 符号 $\pi_{\rho *}$ 与 $\pi_{(\rho)*}$ 将同样使用, 余同.

命题 7 设 $(\tilde{K}, t)$ 与 $(\tilde{K}', t)$ 都是简单组, 这里 t 既是 $\tilde{K}$ 又是 $\tilde{K}'$ 的变换群 $T \approx I_p$ 的母元素. 又设 $\tilde{f} : (\tilde{K}, t) \to (\tilde{K}', t)$ 是组映象, 导出胞腔映象 $f : K \to K'$, 这里 $K = \tilde{K}/t$, $K' = \tilde{K}'/t$, 则 $\tilde{f}$ 引出同态

$$\tilde{f}_*^{(\rho)} : H_q^{(\rho)}(\tilde{K}, t; G) \to H_q^{(\rho)}(\tilde{K}', t; G),$$

$$\tilde{f}_{(\rho)}^* : H_{(\rho)}^q(\tilde{K}', t; G) \to H_{(\rho)}^q(\tilde{K}, t; G).$$

如果 $\tilde{K}, \tilde{K}'$ 都是局部有限且 $\tilde{f}$ 是正常的, 因而 $\tilde{f}^\# \bar{C}^q(\tilde{K}', G) \subset \bar{C}^q(\tilde{K}, G)$ 时, 也将引出同态

$$\bar{\tilde{f}}_{(\rho)}^* : \bar{H}_{(\rho)}^q(\tilde{K}', t; G) \to \bar{H}_{(\rho)}^q(\tilde{K}, t; G).$$

这些同态 $\tilde{f}_*^{(\rho)}$, $\tilde{f}_{(\rho)}^*$ 以及有定义时的 $\bar{\tilde{f}}_{(\rho)}^*$ 都与命题 3 中的同态 λ_*^ρ, μ_*^ρ, ν_*^ρ 等可交换, 也与 Smith 特殊同态 $\tilde{\mu}_{k*}^{(\rho)}$, $\tilde{\mu}_{k,(\rho)}^*$ 以及有定义时的 $\bar{\tilde{\mu}}_{k,(\rho)}^*$ 可交换. 特别, 当 $\tilde{K}$ 与 $\tilde{K}'$ 可增时, 有

$$\tilde{f}_{(d_k)}^* \tilde{A}^k(\tilde{K}', t) = \tilde{A}^k(\tilde{K}, t) \tag{14}$$

与

$$\tilde{I}(\tilde{K}, t) \leqslant \tilde{I}(\tilde{K}', t). \tag{15}$$

注记 一个简单组 $(\tilde{K}, t)$, 这里 t 是 $T \approx I_p$ 的母元素时, Smith 特殊同调群的定义依赖于 T 中母元素 t 的选择, 但这种对 t 的依赖只是表面上如此, 事实上我们有

命题 8 设简单组 $(\tilde{K}, t)$, t 是 $T \approx I_p$ 的母元素, 则组的 Smith 特殊同调群与 T 中母元素 t 的选择无关.

证 设 t' 是 T 的另一母元素, 则有整数 α, β 使 $t' = t^\alpha, t = t'^\beta$, 而这里 $\alpha\beta \equiv 1 \bmod p$. 置 $s' = 1 + t' + \cdots + t'^{p-1}$ 与 $d' = 1 - t'$, 则 $s' = 1 + t^\alpha + \cdots + t^{\alpha(p-1)} = s$, $d' = 1 - t^\alpha = d \cdot (1 + t + \cdots + t^{\alpha-1}), d = 1 - t'^\beta = d' \cdot (1 + t' + \cdots + t'^{\beta-1})$. 因而对 $\rho = s$ 或 d 以及 $\rho' = s'$ 或 d', 对于特殊 Smith 复形而言, 同态

$$\rho_\# : C_q(\tilde{K}, G) \to C_q(\tilde{K}, G)$$

与

$$\rho^{\#}: C^q(\tilde{K}, G) \to C^q(\tilde{K}, G)$$

的核与象各与同态

$$\rho'_{\#}: C_q(\tilde{K}, G) \to C_q(\tilde{K}, G)$$

与

$$\rho'^{\#}: C^q(\tilde{K}, G) \to C^q(\tilde{K}, G)$$

的核与象重合. 因之有

$$C^{(\rho)}(\tilde{K}, t; G) = C^{(\rho)}(\tilde{K}, t'; G),$$

$$C^*_{(\rho)}(\tilde{K}, t; G) = C^*_{(\rho)}(\tilde{K}, t'; G).$$

自然应有

$$H_q^{(\rho)}(\tilde{K}, t; G) = H_q^{(\rho')}(\tilde{K}, t'; G),$$

$$H^q_{(\rho)}(\tilde{K}, t; G) = H^q_{(\rho')}(\tilde{K}, t'; G).$$

同样在 $\tilde{K}$ 局部有限时, 也应有

$$\bar{H}^q_{(\rho)}(\tilde{K}, t; G) = \bar{H}^q_{(\rho')}(\tilde{K}, t'; G),$$

如所欲证.

对于同态 $\tilde{\mu}_{k*}^{(\rho)}$ 等来说, 情况就不一样, 事实上这些同态与 T 中母元素 t 的选择确实有关, 关于这个问题的讨论我们将延搁至 2.3 节的命题 2.

下述命题说明简单组 $(\tilde{K}, t)$(如前 t 是 $T \approx I_p$ 的母元素) 的特殊同调群以及命题 3 中所引入的同态 $\lambda^*_\rho, \mu^*_\rho, \nu^*_\rho$ 等, 都在组的剖分下不变. 与 2.1 节中命题 5~ 命题 7 联合, 可见在讨论特殊群时, 基本上只要考虑强简单组就已够了.

命题 9 设 $(\tilde{K}, t)$ 是一简单组, t 是 $T \approx I_p$ 的母元素, 而 $\tilde{K}$ 是局部有限的. 设 $(\tilde{K}', t)$ 是 $(\tilde{K}, t)$ 的一个剖分, 则有确定的同构

$$\begin{aligned}
\widetilde{Sd}_*^{(\rho)} &: H_q^{(\rho)}(\tilde{K}, t; G) \approx H_q^{(\rho)}(\tilde{K}', t; G), \\
\widetilde{Sd}^*_{(\rho)} &: H^q_{(\rho)}(\tilde{K}', t; G) \approx H^q_{(\rho)}(\tilde{K}, t; G), \\
\widetilde{\widetilde{Sd}}{}^*_{(\rho)} &: \bar{H}^q_{(\rho)}(\tilde{K}', t; G) \approx \bar{H}^q_{(\rho)}(\tilde{K}, t; G).
\end{aligned}$$

对此有

$$\widetilde{Sd}_*^{(\rho)} \bar{\pi}_*^{(\rho)} = \bar{\pi}_*'^{(\rho)} Sd_* : H_q(K', G) \to H_q^{(\rho)}(\tilde{K}, t; G_p) \tag{16}$$

等等. 再者, 这些同态又都与命题 3 中所引入的 $(\tilde{K}, t)$ 的同态 $\lambda^\rho_*, \mu^\rho_*$ 等以及 $(\tilde{K}', t)$ 的同态 $\lambda'^\rho_*, \mu'^\rho_*$ 等可交换.

证 设 $(\widetilde{Sd},\widetilde{Sd}_{\#},\widetilde{Sd}'_{\#},\tilde{D})$ 是使 $(\tilde{K}',t)$ 成为 $(\tilde{K},t)$ 的剖分的定义集, 则有 $\widetilde{Sd}_{\# t_{\#}}=t_{\#}\widetilde{Sd}_{\#}$, $\widetilde{Sd}_{\#}t_{\#}=t_{\#}\widetilde{Sd}'_{\#}$, 与 $\tilde{D}t_{\#}=t_{\#}\tilde{D}$. 因之引出同态

$$
\begin{aligned}
\widetilde{Sd}_{\#}^{(\rho)} &: C_q^{(\rho)}(\tilde{K},t;G)\to C_q^{(\rho)}(\tilde{K}',t;G),\\
\widetilde{Sd}_{\#}^{\prime(\rho)} &: C_q^{(\rho)}(\tilde{K}',t;G)\to C_q^{(\rho)}(\tilde{K},t;G)
\end{aligned}
$$

与

$$
\tilde{D}^{(\rho)}: C_q^{(\rho)}(\tilde{K}',t;G)\to C_q^{(\rho)}(\tilde{K}',t;G),
$$

于是由定义推得正合序列的同态

$$
\begin{array}{ccccccccc}
0\to & C_q^{(\bar\rho)}(\tilde{K},t;G) & \xrightarrow{\tilde\nu^{\rho}} & C_q(\tilde{K},G) & \xrightarrow{\tilde\lambda^{\rho}} & C_q^{(\rho)}(\tilde{K},t;G) & \to 0\\
 & \Big\downarrow \widetilde{Sd}_{\#}^{(\delta)} & & \Big\downarrow \widetilde{Sd}_{\#} & & \Big\downarrow \widetilde{Sd}_{\#}^{(\rho)} & \\
0\to & C_q^{(\bar\rho)}(\tilde{K}',t;G) & \xrightarrow{\tilde\nu'^{\rho}} & C_q(\tilde{K}',G) & \xrightarrow{\tilde\lambda'^{\rho}} & C_q^{(\rho)}(\tilde{K}',t;G) & \to 0,
\end{array}
$$

$$
\begin{array}{ccccccccc}
0\to & C_q^{(\bar\rho)}(\tilde{K},t;G) & \xrightarrow{\tilde\nu^{\rho}} & C_q(\tilde{K},G) & \xrightarrow{\tilde\lambda^{\rho}} & C_q^{(\rho)}(\tilde{K},t;G) & \to 0\\
 & \Big\uparrow \widetilde{Sd}_{\#}^{\prime(\bar\rho)} & & \Big\uparrow \widetilde{Sd}'_{\#} & & \Big\uparrow \widetilde{Sd}_{\#}^{(\rho)} & \\
0\to & C_q^{(\bar\rho)}(\tilde{K}',t;G) & \xrightarrow{\tilde\nu'^{\rho}} & C_q(\tilde{K}',G) & \xrightarrow{\tilde\lambda'^{\rho}} & C_q^{(\rho)}(\tilde{K}',t;G) & \to 0
\end{array}
$$

由此又引出下述正合序列间的同态

$$
\begin{array}{ccccccccc}
\cdots\to & H_q^{(\bar\rho)}(\tilde{K},t;G) & \xrightarrow{\tilde\nu_*^{\rho}} & H_q(\tilde{K},G) & \xrightarrow{\tilde\lambda_*^{\rho}} & H_b^{(\rho)}(\tilde{K},t;G) & \xrightarrow{\tilde\mu_*^{\rho}} & H_{q-1}^{(\bar\rho)}(\tilde{K},t;G) & \to\cdots\\
 & \Big\downarrow \widetilde{Sd}_*^{(\bar\rho)} & & \Big\downarrow \widetilde{Sd}_* & & \Big\downarrow \widetilde{Sd}_*^{(\rho)} & & \Big\downarrow \widetilde{Sd}_*^{(\bar\rho)} & \\
\cdots\to & H_q^{(\bar\rho)}(\tilde{K}',t;G) & \xrightarrow{\tilde\nu_*^{\rho}} & H_q(\tilde{K}',G) & \xrightarrow{\tilde\lambda_*'^{\rho}} & H_q^{(\rho)}(\tilde{K}',t;G) & \xrightarrow{\tilde\mu_*'^{\rho}} & H_{q-1}^{(\bar\rho)}(\tilde{K}',t;G) & \to\cdots
\end{array}
$$

$$
\begin{array}{ccccccccc}
\cdots\to & H_q^{(\bar\rho)}(\tilde{K},t;G) & \xrightarrow{\tilde\nu_*^{\rho}} & H_q(\tilde{K},G) & \xrightarrow{\tilde\lambda_*^{\rho}} & H_q^{(\rho)}(\tilde{K},t;G) & \xrightarrow{\tilde\mu_*^{\rho}} & H_{q-1}^{(\bar\rho)}(\tilde{K},t;G) & \to\cdots\\
 & \Big\uparrow \widetilde{Sd}_*^{\prime(\rho)} & & \Big\uparrow \widetilde{Sd}'_* & & \Big\uparrow \widetilde{Sd}_*^{\prime(\rho)} & & \Big\uparrow \widetilde{Sd}_*^{\prime(\bar\rho)} & \\
\cdots\to & H_q^{(\bar\rho)}(\tilde{K}',t;G) & \xrightarrow{\tilde\nu_*'^{\rho}} & H_q(\tilde{K}',G) & \xrightarrow{\tilde\lambda_*'^{\rho}} & H_b^{(\rho)}(\tilde{K}',t;G) & \xrightarrow{\tilde\mu_*'^{\rho}} & H_{q-1}^{(\bar\rho)}(\tilde{K}',t;G) & \to\cdots
\end{array}
$$

由于 $\widetilde{Sd}_{\#}^{\prime(\rho)}\widetilde{Sd}_{\#}^{(\rho)}=$ 恒同, 以及 $\partial\tilde{D}^{(\rho)}+\tilde{D}^{(\rho)}\partial=\widetilde{Sd}_{\#}^{(\rho)}\widetilde{Sd}_{\#}^{\prime(\rho)}$ 恒同, 故对引出的同态有 $\widetilde{Sd}_*^{\prime(\rho)}\widetilde{Sd}_*^{(\rho)}=$ 恒同与 $\widetilde{Sd}_*^{(\rho)}\widetilde{Sd}_*^{\prime(\rho)}=$ 恒同, 因之 $\widetilde{Sd}_*^{(\rho)}$ 与 $\widetilde{Sd}_*^{\prime(\rho)}$ 都是同构, 其余诸论断也同样容易推得.

命题 10 设 $(\tilde{K},t)$ 是简单组, t 是 $T\approx I_p$ 的母元素, 对任意 $\tilde{x}\in C_q^{(\rho)}(\tilde{K},t;G)$ 与 $\tilde{u}\in C^q_{(\rho)}(\tilde{K},t;G)$, 其中 G 是一域, 显然值

$$KI(\bar{\rho}_{\#}\tilde{y},\tilde{v})=KI(\tilde{y},\bar{\rho}^{\#}\tilde{v}) \tag{17}$$

与 $\tilde{x},\tilde{u}$ 的表示 $\tilde{x}=\bar{\rho}_{\#}\tilde{y}$, $\tilde{u}=\bar{\rho}^{\#}\tilde{\nu}$ 无关. 记此值为 $KI_\rho(\tilde{x},\tilde{u})$, 则 KI_ρ 将引出对偶配合

$$KI_\rho(C_q^{(\rho)}(\tilde{K},t;G),C^q_{(\rho)}(\tilde{K},t;G))\subset G \tag{18}$$

与

$$KI_\rho(H_q^{(\rho)}(\tilde{K},t;G),H^q_{(\rho)}(\tilde{K},t;G))\subset G. \tag{19}$$

证 设 $\tilde{u}\in C^q_{(\rho)}(\tilde{K},t;G)$ 使对任意 $\tilde{x}\in C_q^{(\rho)}(\tilde{K},t;G)$ 有 $KI_\rho(\tilde{x},\tilde{u})=0$, 则对任意 $\tilde{y}\in C_q(\tilde{K},G)$ 有

$$KI(\tilde{y},\tilde{u})=KI_\rho(\bar{\rho}_{\#}\tilde{y},\tilde{u})=0,$$

因而 $\tilde{u}=0$. 这证明了配对 (18) 是对偶性的, 由直接验证知 $KI_\rho(\partial\tilde{x},\tilde{u})=KI_\rho(\tilde{x},\delta\tilde{u})$, 这里 $\tilde{x}\in C_{q+1}^{(\rho)}(\tilde{K},t;G)$ 与 $\tilde{u}\in C^q_{(\rho)}(\tilde{K},t;G)$ 任意. 由此知 $Z_q^{(\rho)}(\tilde{K},t;G)$ 是 $B^q_{(\rho)}(\tilde{K},t;G)$ 在 $C_q^{(\rho)}(\tilde{K},t;G)$ 的零化群, 而 $Z^q_{(\rho)}(\tilde{K},t;G)$ 是 $B_q^{(\rho)}(\tilde{K},t;G)$ 在 $C^q_{(\rho)}(\tilde{K},t;G)$ 中的零化群, 反之 $B^q_{(\rho)}(\tilde{K},t;G)$ 也是 $Z_q^{(\rho)}(\tilde{K},t;G)$ 在 $C^q_{(\rho)}(\tilde{K},t;G)$ 中的零化群, 而 $B_q^{(\rho)}(\tilde{K},t;G)$ 又是 $Z^q_{(\rho)}(\tilde{K},t;G)$ 在 $C_q^{(\rho)}(\tilde{K},t;G)$ 中的零化群, 由此知配对 (19) 也是对偶性的.

命题 11 对于命题 10 中的配对 (19) 有

$$KI_d(\tilde{X},\tilde{U})=KI(\pi_*^{(d)}\tilde{X},\bar{\pi}^*_{(d)}\tilde{U}), \tag{20}$$

这里 $\tilde{X}\in H_q^{(d)}(\tilde{K},t;I_p)$ 与 $\tilde{U}\in H^q_{(d)}(\tilde{K},t;I_p)$ 任意.

证 任取 $\tilde{x}\in\tilde{X},\tilde{u}\in\tilde{U}$ 且命 $\tilde{x}=s_{\#}\tilde{y},\tilde{u}=s^{\#}\tilde{v}$. 则有 $\pi_{\#}\tilde{y}\in\pi_*^{(d)}\tilde{X},\bar{\pi}^{\#}\tilde{v}\in\bar{\pi}^*_{(d)}\tilde{U}$, 因而

$$\begin{aligned}KI_d(\tilde{X},\tilde{U})&=KI_d(s_{\#}\tilde{y},s^{\#}\tilde{v})=KI(s_{\#}\tilde{y},\tilde{v})\\&=KI(\bar{\pi}_{\#}\pi_{\#}\tilde{y},\tilde{v})=KI(\pi_{\#}\tilde{y},\bar{\pi}^{\#}\tilde{v})\\&=KI(\pi_*^{(d)}\tilde{X},\bar{x}^*_{(d)}\tilde{U}),\end{aligned}$$

如所欲证.

命题 12 对于命题 10 中的配对 (19) 有

$$KI_\rho(\tilde{X},\tilde{\mu}^*_{\bar{\rho}}\tilde{U})=KI_{\bar{\rho}}(\tilde{\mu}_{\rho*}\tilde{X},\tilde{U}), \tag{21}$$

其中 $\tilde{X}\in H_q^{(\rho)}(\tilde{K},t;G),\tilde{U}\in H^{q-1}_{(\bar{\rho})}(\tilde{K},t;G)$ 任意, 而 G 是一域.

证 任取 $\tilde{x} \in \tilde{X}, \tilde{u} \in \tilde{U}$ 并设 $\tilde{x} = \bar{\rho}_{\#}\tilde{y}, \tilde{u} = \rho^{\#}\tilde{v}, \partial\tilde{y} = \rho_{\#}\tilde{z}, \delta\tilde{v} = \bar{\rho}_{\#}\tilde{w}$, 因而 $\rho_{\#}\tilde{z} \in \tilde{\mu}_{\rho*}\tilde{X}, \bar{\rho}^{\#}\tilde{w} \in \tilde{\mu}^*_{\bar{\rho}}\tilde{U}$. 于是有

$$\begin{aligned} KI_{\rho}(\tilde{X}, \tilde{\mu}^*_{\bar{\rho}}\tilde{U}) &= KI_{\rho}(\bar{\rho}_{\#}\tilde{y}, \bar{\rho}^{\#}\tilde{w}) \\ &= KI(\tilde{y}, \bar{\rho}^{\#}\tilde{w}) = KI(\tilde{y}, \delta\tilde{v}) \\ &= KI(\partial\tilde{y}, \tilde{v}) = KI(\rho_{\#}\tilde{z}, \tilde{v}) \\ &= KI_{\bar{\rho}}(\rho_{\#}\tilde{z}, \rho^{\#}\tilde{v}) \\ &= KI_{\bar{\rho}}(\bar{\mu}_{\rho*}\tilde{X}, \tilde{U}), \end{aligned}$$

如所欲证.

2.3 Smith 同态及其性质

设 $(\tilde{K}, t)$ 是一简单组, 如前节, 其中 $t^p = 1, t$ 是 $T \approx I_\rho$ 的一个特定的母元素, 而 p 是 > 1 的整数. 记号 s, d, s' 与 s_k 都将同 2.2 节.

对任意可交换群 G 我们将置

$$G_{(k)} = \begin{cases} G, & k = \text{偶数}, \\ G/pG = G_p, & k = \text{奇数}. \end{cases} \tag{1}$$

在 k 为奇数时的模 p 约化 $r_p : G \to G_{(k)}$, 在 k 为偶数时的恒同同态以及它们所引起的链映象 $C_q(L, G) \to C_q(L, G_{(k)})$ 与 $C^q(L, G) \to C^q(L, G_{(k)})(L = \text{任意复形})$ 将一概记作 $r_{(k)} : r_{(k)} = $ 恒同或 r_p, 视 $k =$ 偶数或奇数而定.

在 2.2 节中我们对任一简单组 $(\tilde{K}, t)$ 引入了 Smith 特殊群及其同态, 由于经常遇到这种情况, 需要通过模复形 $K = \tilde{K}/t$ 而不是通过 $\tilde{K}$ 来研讨组 $(\tilde{K}, t)$ 的性质, 因此值得将所有这些群与同态在 K 中表达出来, 2.2 节中的命题 4 与命题 5 实际上已给出了这种表达, 因为 s- 下同调与 s- 上同调在这种通过 K 的表达形式上是比较别扭的, 如果依照 2.2 节命题 6 那样变换这些群为较简单 (自然因此而有所损失) 的群而直接在 K 中考虑, 就会方便得多.

整个的起点仍是 2.2 节的命题 1. 对于 K 的任意下闭链 $x \in Z_q(K, G)$ 任取一下链 $\tilde{x}_0 \in C_q(\tilde{K}, G)$ 使 $\pi_{\#}\tilde{x}_0 = x_0$. 因 $s_{0\#}\partial\tilde{x}_0 = \partial s_{0\#}\tilde{x}_0 = \partial\bar{\pi}_{\#}\pi_{\#}\tilde{x}_0 = \bar{\pi}_{\#}\partial x = 0$, 故依 2.2 节命题 1 有一下链 $\tilde{x}_1 \in C_{q-1}(\tilde{K}, G)$ 使 $s_{1\#}\tilde{x}_1 = \partial\tilde{x}_0$, 因 $s_{1\#}\partial\tilde{x}_1 = \partial s_{1\#}\tilde{x}_1 = \partial\partial\tilde{x}_0 = 0$, 故又有 $\tilde{x}_2 \in C_{q-2}(\tilde{K}, G)$ 使 $s_{2\#}\tilde{x}_2 = \partial\tilde{x}_1$, 依此进行, 得一下链序列 $\tilde{x}_k \in C_{q-k}(\tilde{K}, G)$ 使

$$\pi_{\#}\tilde{x}_0 = x, \quad \partial\tilde{x}_k = s_{k+1\#}\tilde{x}_{k+1}, \quad q > k \geqslant 0. \tag{2}$$

同样, 对任意上闭链 $u \in Z^q(K, G)$ 有一上链序列 $\tilde{u}_k \in C^{q+k}(\tilde{K}, G)$, 使

$$\pi^{\#}\tilde{u}_0 = u, \quad \delta\tilde{u}_k = s_{k+1}^{\#}\tilde{u}_{k+1}, \quad k \geqslant 0. \tag{2)^*$$

如果 $\tilde{K}$ 是局部有限的, 而 $u \in \bar{Z}^q(K,G)$, 则 $\tilde{u}_k$ 并可取自 $\bar{C}^{q+k}(\tilde{K},G)$, 而使 (2)* 仍然成立.

定义 1 满足 (2) 的下链序列 $\tilde{x}_k \in C_{q-k}(\tilde{K},G), q \geqslant k \geqslant 0$(或满足 (2)* 的上链序列 $\tilde{u}_k \in C^{q+k}(\tilde{K},G)$[或 $\in \bar{C}^{q+k}(\tilde{K},G)$, 如果 $\tilde{K}$ 局部有限]) 将称为下闭链 $x \in Z_q(K,G)$(或上闭链 $u \in Z^q(K,G)$[或 $\in \bar{Z}^q(K,G)$ 如果 $\tilde{K}$ 局部有限]) 的一个分解.

命题 1 对任意简单组 $(\tilde{K},t)$, 其中 t 是 $T \approx I_p$ 的母元素, $K = \tilde{K}/t$, 设 (2)(或 (2)*) 是下闭链 $x \in X \in H_q(K,G)$(或上闭链 $u \in U \in H^q(K,G)$ 或在 $\tilde{K}$ 局部有限时, $u \in \bar{U} \in \bar{H}^q(K,G)$) 的一个分解, 则 $r_{(k)}\pi_{\#}\tilde{x}_k$ 的下同调类 (或 $r_{(k)}\pi^{\#}\tilde{u}_k$ 的上同调类或紧上同调类) 既与 X 中的 x(或 U 或 $\bar{U}$ 中的 u) 的选择无关, 也与 x(或 u) 的分解无关, 记这些类为 $\mu_k(X)$(或 μ_k^*U 以及 $\tilde{K}$ 局部有限时 $\bar{\mu}_k^*U$), 则 μ_k(或 μ_k^* 或 $\bar{\mu}_k^*$) 定义了一个同态

$$\mu_k = \mu_k(\tilde{K},t) : H_q(K,G) \to H_{q-k}(K,G_{(k)}), \quad q \geqslant k \geqslant 0 \tag{3}$$

或

$$\mu_k^* = \mu_k^*(\tilde{K},t) : \bar{H}^q(K,G) \to \bar{H}^{q+k}(K,G_{(k)}), k \geqslant 0, \quad \text{或}\tilde{K}\text{局部有限时}, \tag{3*}$$

$$\bar{\mu}_k^* = \bar{\mu}_k^*(\tilde{K},t) : \bar{H}^q(K,G) \to \bar{H}^{q+k}(K,G_{(k)}), \quad k \geqslant 0, \tag{$\bar{3}$}$$

特别 μ_0, μ_0^*, 与 $\bar{\mu}_0^*$ 是相应的恒同同态, 再者, 在 $\tilde{K}$ 局部有限时, 对于标准同态 $j^* : \bar{H}^q(K,G) \to H^q(K,G)$ 有

$$j^*\bar{\mu}_k^* = \mu_k^* j^*. \tag{4}$$

证 设 $\tilde{x}'_k \in C_{q-k}(\tilde{K},G), q \geqslant k \geqslant 0$ 是另一下闭链 $x' \in X$ 的任一分解, 因而有

$$\pi_{\#}\tilde{x}'_0 = x', \partial\tilde{x}'_k = s_{k+1\#}\tilde{x}'_{k+1}, \quad q > k \geqslant 0.$$

命 $x - x' = \partial y, y \in C_{q+1}(K,G)$, 而 $\tilde{y}_0$ 是一下链 $\in C_{q+1}(\tilde{K},G)$ 使 $\pi_{\#}\tilde{y}_0 = y$, 应用 2.1 节的命题 1 与 2.2 节的命题 1, 对 k 用归纳法可得出一下链序列 $\tilde{y}_k \in C_{q-k+1}(\tilde{K},G), q \geqslant k \geqslant 0$, 使 $\tilde{x}_k - \tilde{x}'_k = \partial\tilde{y}'_k + s_{k+1\#}\tilde{y}_{k+1}$ 由此得

$$\pi_{\#}\tilde{x}_k - \pi_{\#}\tilde{x}'_k = \partial(\pi_{\#}\tilde{y}_k) + \begin{cases} 0, & k = \text{偶数}, \\ p(\pi_{\#}\tilde{y}_{k+1}), & k = \text{奇数}. \end{cases}$$

因之 $r_{(k)}\pi_{\#}\tilde{x}_k, r_{(k)}\pi_{\#}\tilde{x}'_k$ 属于 $H_{q-k}(K,G_{(k)})$ 的同一下同调类, 至于 μ_k 为同态, 则是显然的.

关于 μ_k^* 与 $\bar{\mu}_k^*$ 的对偶情形也可同样证明, (4) 直接可自定义得出

定义 2 对简单组 $(\tilde{K},t)$(其中 t 是 $T\approx I_p$ 的母元素, $K=\tilde{K}/t$) 而言, 在命题 1 中证明了存在的同态 μ_k,μ_k^* 以及 $\tilde{K}$ 局部有限时的 $\bar{\mu}_k^*$ 将称为组 $(\tilde{K},t)$ 的 Smith同态, 设 $\mathbf{1}_K\in H^0(K)$ 是 K 的单位上类, 这里设 $\tilde{K}$, 因而 K 都是可增的, 则

$$\mu_k^*\mathbf{1}_K=A^k(\tilde{K},t)\in H^k(K,I_{(k)}),\quad k\geqslant 0 \tag{5}$$

将称为组 $(\tilde{K},t)$ 的 Smith上类, 特别有

$$\mu_0^*\mathbf{1}_K=\mathbf{1}_K. \tag{6}$$

注记 Smith 同态与 Smith 上类的定义, 依赖于 $T\approx I_p$ 中母元素 t 的选择. 事实上, 假设在 $T\approx I_p$ 中另选一母元素 $t^\alpha(1<\alpha<p,\alpha与p互质)$, 则有

命题 2 对 $T\approx I_p$ 的任两母元素 $t,t^\alpha(1<\alpha<p,\alpha与p互质)$, 简单组 $(\tilde{K},t)$ 与 $(\tilde{K},t^\alpha)$ 的 Smith 同态与 Smith 上类间有如下关系

$$\mu_k(\tilde{K},t)=\alpha^{k'}\cdot\mu_k(\tilde{K},t^\alpha), \tag{7}$$

$$\mu_k^*(\tilde{K},t)=\alpha^{k'}\cdot\mu_k^*(\tilde{K},t^\alpha), \tag{7*}$$

$$\bar{\mu}_k^*(\tilde{K},t)=\alpha^{k'}\cdot\bar{\mu}_k^*(\tilde{K},t^\alpha)\qquad(\tilde{K}局部有限), \tag{7}$$

$$A^k(\tilde{K},t)=\alpha^{k'}\cdot A^k(\tilde{K},t^\alpha)\qquad(\tilde{K}可增), \tag{8}$$

其中 $k'=[(k+1)/2]$ 为 $\leqslant(k+1)/2$ 的最大整数.

证 命

$$s_k'=\begin{cases}1+t^\alpha+t^{2\alpha}+\cdots+t^{\alpha(p-1)}=s', & k=偶数,\\ 1-t^\alpha=d', & k=奇数.\end{cases}$$

$$d_k'=\begin{cases}1, & k=偶数,\\ 1+t+\cdots+t^{\alpha-1}, & k=奇数.\end{cases}$$

有 $s_k'=s_k\bar{d}_k'$, 显然 $(\tilde{K},t)$ 与 $(\tilde{K},t^\alpha)$ 有相同的模复形 K 与投影 π, 设 $(\tilde{x}_k')$ 是一下闭链 $x\in X\in H_q(K,G)$ 对组 $(\tilde{K},t^\alpha)$ 而言的分解, 因而

$$\pi_\#\tilde{x}_0'=x,\quad \partial\tilde{x}_k'=s_{k+1\#}'\tilde{x}_{k+1}'.$$

则有

$$\begin{aligned}&\partial\tilde{x}_0'=s_{1\#}(\bar{d}_{1\#}'\tilde{x}_1'),\\&\partial(\bar{d}_{1\#}'\cdots\bar{d}_{k\#}'\tilde{x}_k')=s_{k+1\#}(\bar{d}_{1\#}'\cdots\bar{d}_{k+1\#}'\tilde{x}_{k+1}'),\\&\pi_\#(\bar{d}_{1\#}'\cdots\bar{d}_{k\#}'\tilde{x}_k')=\alpha^{k'}\cdot\pi_\#\tilde{x}_k'.\end{aligned}$$

由此知 $\{\bar{d}_{1\#}'\cdots\bar{d}_{k\#}'\tilde{x}_k'\}$ 是 x 对于组 $(\tilde{K},t)$ 而言的一个分解, 而有 $r_{(k)}\alpha^{k'}\cdot\pi_\#\tilde{x}_k'\in\mu_k(\tilde{K},t)\cdot X$. 因 $r_{(k)}\pi_\#\tilde{x}_k'\in\mu_k(\tilde{K},t^\alpha)\cdot X$, 故有 $\mu_k(\tilde{K},t)=\alpha^{k'}\cdot\mu_k(\tilde{K},t^\alpha)$. 其余诸关系也同样验证.

命题 3 任意系数群的同态 $h: G \to G'$ 将引出同态

$$h_*: H_q(K, G) \to H_q(K, G'),$$

$$h^*: H^q(K, G) \to H^q(K, G'),$$

以及 K 局部有限时,

$$\bar{h}^*: \bar{H}^q(K, G) \to \bar{H}^q(K, G').$$

对简单组 $(\tilde{K}, t)$(t是$T \approx I_p$的母元素而$K = \tilde{K}/t$) 而言有

$$h_* \mu_k = \mu'_k h_*. \tag{9}$$

同样对 μ_k^* 以及 $\tilde{K}$ 局部有限时对 $\bar{\mu}_k^*$ 也有类似关系.

证 对任意 $X \in H_q(K, G)$ 取 $x \in X, \tilde{x}_0 \in C_q(\tilde{K}, G)$ 使 $\pi_\# \tilde{x}_0 = x$. 取一 x 的分解如 (2) 所示, 于是有

$$hx \in h_* X, \quad \pi_\# h\tilde{x}_0 = hx, \quad \partial(h\tilde{x}_k) = s_{k+1\#}(h\tilde{x}_{k+1}),$$

以及 $r_{(k)}\pi_\#(h\tilde{x}_k) = hr_{(k)}\pi_\#\tilde{x}_k \in \mu_k h_* X = h_* \mu_k X$, 如所欲证.

对于 Smith 同态 μ_k 以及 Smith 特殊同态 $\bar{\mu}_k$ 等之间的关系, 犹如

命题 4 设

$$\bar{\pi}_*^{(d)}: H_q(K, G) \approx H_q^{(d)}(\tilde{K}, t; G).$$

等为 2.2 节命题 4 中的同构, 则有交换关系

$$\bar{\pi}_*^{(d)} \mu_{2k} = \tilde{\mu}_{2k*}^{(d)} \bar{\pi}_*^{(d)}: H_q(K, G) \to H_{q-2k}^{(d)}(\tilde{K}, t; G). \tag{10}$$

同样, 命

$$\bar{\pi}_*^{(s)}: H_q(K, G) \to H_q^{(s)}(\tilde{K}, t; G_p)$$

等为 2.2 节命题 6 中所引入的同态, 则有交换关系

$$\bar{\pi}_*^{(d)} \mu_{2k+1} = \bar{\mu}_{2k+1*}^{(s)} \bar{\pi}_*^{(s)}: H_q(K, G) \to H_{q-2k-1}^{(d)}(\tilde{K}, t, G_p), \tag{10$'$}$$

对于上同调以及 $\tilde{K}$ 局部有限时的紧上同调也有类似的关系, 例如

$$\bar{\pi}_{(dk)}^* \bar{\mu}_{k(d)}^* = \mu_k^* \bar{\pi}_{(d)}^*: H_{(d)}^q(\tilde{K}, t; G) \to H^{q+k}(K, G_{(k)}). \tag{10*}$$

证 设 $\{\tilde{x}_k\}$ 是 $x \in X \in H_q(K, G)$ 的一个分解, 因而 (2) 式成立, 由定义有 $s_\# \tilde{x}_0 \in \bar{\pi}_*^{(d)} X \in H_q^{(d)}(\tilde{K}, t; G)$, 于是依次有

$$\partial \tilde{x}_i = s_{i+1\#} \tilde{x}_{i+1} \in \tilde{\mu}_{i+1\#}^{(d)}(\bar{\pi}_*^{(d)} X) \in H_{q-i-1}^{(s_i)}(\tilde{K}, t; G),$$

在 $i=2k-1$ 是奇数时有 $\pi_{\#}\tilde{x}_{2k}=x_{2k}\in\mu_{2k}X$, 而 $\bar{\pi}_{\#}x_{2k}=s_{\#}\tilde{x}_{2k}\in\bar{\pi}_{*}^{(d)}\mu_{2k}X$, 因之有 (10), (10)′ 以及上同调与紧上同调情形的证明也相仿.

命题 5 对于简单组 $(\tilde{K},t)$(t 是 $T\approx I_p$ 的母元素) 的 Smith 同态有关系

$$\mu_{2k}=(\mu_2)^k,\quad \mu_{2k+1}=(\mu_2)^k\mu_1=\mu_1(\mu_2)^k,\quad (\mu_1)^2=a_p\cdot r_p\mu_2, \tag{11}$$

$$\mu_{2k}^*=(\mu_2^*)^k,\quad \mu_{2k+1}^*=(\mu_2^*)^k\mu_1^*=\mu_1^*(\mu_2^*)^k,\quad (\mu_1^*)^2=a_p\cdot r_p\mu_2^*, \tag{11*}$$

又在 $\tilde{K}$ 局部有限时,

$$\bar{\mu}_{2k}^*=(\bar{\mu}_2^*)^k,\quad \bar{\mu}_{2k+1}^*=(\bar{\mu}_2^*)^k\bar{\mu}_1^*=\bar{\mu}_1^*(\bar{\mu}_2^*)^k,\quad (\bar{\mu}_1^*)^2=a_p\cdot r_p\bar{\mu}_2^*, \tag{$\overline{11}$}$$

其中

$$a_p=\begin{cases}0, & p=\text{奇数},\\ -p/2, & p=\text{偶数}.\end{cases} \tag{11′}$$

证 这易从命题 4 与 Smith 特殊同态的定义推得, 但也可如下证明. 设 $x\in X\in H_q(K,G), u\in U\in H^q(K,G)$(或 $\in\bar{H}^q(K,G)$, 当 $\tilde{K}$ 与 K 局部有限时), 而 $\{\tilde{x}_k\}$, $\{\tilde{u}_k\}$ 为 x,u 的分解, 使 (2) 与 (2)* 成立 ($\tilde{x}_k\in C_{q-k}(\tilde{K},G),\tilde{\mu}\in C^{q+k}(\tilde{K},G)$ 或 $\bar{C}^{q+k}(\tilde{K},G)$). 由定义

$$x_k=r_{(k)}\pi_{\#}\tilde{x}_k\in\mu_kX,\quad u_k=r_{(k)}\bar{\pi}^{\#}\tilde{u}_k\in\mu_k^*U\ \text{或}\ \bar{\mu}_k^*U. \tag{12}$$

应用 2.2 节的 (1), (2) 与 (2)′, 可得 x_1 或 x_2 的一个分解如下

$$\pi_{\#}(r_p\tilde{x}_1)=x_1, \partial(r_p\tilde{x}_{2j+1})=s_{2j+1\#}(r_ps'_{\#}\tilde{x}_{2j+2}),$$

$$\partial(r_ps'_{\#}\tilde{x}_{2j})=s_{2j\#}(r_p\tilde{x}_{2j+1}),$$

$$\pi_{\#}\tilde{x}_2=x_2,\quad \partial\tilde{x}_{2j}=s_{2j-1\#}\tilde{x}_{2j+1},\quad \partial\tilde{x}_{2j+1}=s_{2j\#}\tilde{x}_{2j+2}.$$

由定义得

$$\pi_{\#}(r_ps'_{\#}\tilde{x}_{2j+2})=\frac{(p-1)p}{2}\cdot r_px_{2j+2}\in\mu_{2j+1}(\mu_1X),$$
$$\pi_{\#}(r_p\tilde{x}_{2j+1})=x_{2j+1}\in\mu_{2j}(\mu_1X).$$

$$r_p\pi_{\#}\tilde{x}_{2j+1}=x_{2j+1}\in\mu_{2j-1}(\mu_2X),\quad \pi_{\#}\tilde{x}_{2j+2}=x_{2j+2}\in\mu_{2j}(\mu_2X).$$

以此与 (12) 比较, 即得

$$\mu_{2j+1}\mu_1=\frac{(p-1)p}{2}\cdot r_p\mu_{2j+2}, \mu_{2j}\mu_1=\mu_{2j+1}=\mu_{2j-1}\mu_2,\quad \mu_{2j+2}=\mu_{2j}\mu_2.$$

对 μ_k^* 与 $\bar{\mu}_k^*$ 也有同样关系, 由此即得 (11), (11)* 与 ($\overline{11}$).

命题 6　简单组 $(\tilde{K}, t)$(t 是 $T \approx I_p$ 的母元素) 的 Smith 同态 (3)* 有以下诸性质:

$$\pi^*\mu_k^* = 0, \quad \text{特别有} \tag{13}$$

$$\pi^* A^k(\tilde{K}, t) = 0, \quad \tilde{K} \text{ 可增}. \tag{13'}$$

设 $\beta^* : H^k(K, G_p) \to H^{k+1}(K, G)$ 为由正合序列 $0 \to G \to G \to G_p \to 0$ 所定的 Bockstein 同态, 这里 G 没有阶数为 p 的元素, 则

$$\beta^*\mu_{2k-1}^* = \mu_{2k}^*, \quad \text{特别有} \tag{14}$$

$$\beta^* A^{2k-1}(\tilde{K}, t) = A^{2k}(\tilde{K}, t), \quad \tilde{K}\text{可增}. \tag{14'}$$

再者对任意 G 有

$$p\mu_{2k}^* = 0, \quad \text{特别有} \tag{15}$$

$$pA^{2k}(\tilde{K}, t) = 0, \quad \tilde{K} \text{ 可增}. \tag{15'}$$

如果 $\tilde{K}$, 因而 K 都是局部有限而使 $\bar{\mu}_k^*$ 有定义时, 我们同样也有

$$\pi^*\bar{\mu}_k^* = 0, \tag{$\overline{13}$}$$

$$\bar{\beta}^*\bar{\mu}_{2k-1}^* = \bar{\mu}_{2k}^*, \tag{$\overline{14}$}$$

这里 $\bar{\beta}^* : \bar{H}^k(K, G_p) \to \bar{H}^{k+1}(K, G)$ 是相应的 Bockstein 同态, 以及

$$p\bar{\mu}_{2k}^* = 0. \tag{$\overline{15}$}$$

对于 μ_k 也有类似的一些关系

证　设 $\{\tilde{\mu}_k\}$ 是上闭链 $u \in U \in H^q(K, G)$ 的一个分解而有 (2)*, 其中 $u_k = r_{(k)}\bar{\pi}^{\#}\tilde{u}_k \in \mu_k^* U$. 在 $u \in U \in \bar{H}^q(K, G)$, 并取 $\tilde{u}_k$ 使 $\in \bar{C}^{q+k}(\tilde{K}, G)$, 于是 $\pi^*\mu_k^* U$ 或 $\pi^*\bar{\mu}_k^* U$ 含有上闭链

$$\pi^{\#}u_k = r_{(k)}\pi^{\#}\bar{\pi}^{\#}\tilde{u}_k = r_{(k)}s^{\#}\tilde{u}_k = \begin{cases} \delta\tilde{u}_{k-1}, & k = \text{偶数}, \\ r_p s'^{\#} s_k^{\#}\tilde{u}_k = \delta(r_p s'^{\#}\tilde{u}_{k-1}), & k = \text{奇数}, \end{cases}$$

其中 s' 由 2.2 节的 (2) 式给出, 这证明了 (13) 与 $(\overline{13})$.

为确定 $\beta^*\mu_{2k-1}^* U$, 这里 $U \in H^q(K, G)$(或 $\in \bar{H}^q(K, G)$, 设 $\tilde{K}$ 与 K 局部有限), 试取 $u, \tilde{u}_k$ 如前, 令 $u'_{2k-1} = \bar{\pi}^{\#}\tilde{u}_{2k-1}$. 于是有 $\delta u'_{2k-1} = \delta\bar{\pi}^{\#}\tilde{u}_{2k-1} = \bar{\pi}^{\#}\delta\tilde{u}_{2k-1} = \bar{\pi}^{\#}s_{2k}^{\#}\tilde{u}_{2k} = p\bar{\pi}^{\#}\tilde{u}_{2k} = pu_{2k}$, 因 $u_{2k} \in \mu_{2k}^* U$ 或 $\bar{\mu}_{2k}^* U$, 而 $r_p u'_{2k-1} = r_p\bar{\pi}^{\#}\tilde{u}_{2k-1} = u_{2k-1} \in \mu_{2k-1}^* U$ 或 $\bar{\mu}_{2k-1}^* U$, 故 (14) 与 $(\overline{14})$ 得证, 关系 $pu_{2k} = \delta u'_{2k-1}$ 则又证明了 (15) 与 $(\overline{15})$.

命题 7　设 $(\tilde{K}, t)$ 与 G, β^* 如命题 6, 则对任意 $U \in H^q(K, G_p)$ 有

$$r_p\beta^*\mu^*_{2k-1}U+\mu^*_{2k-1}\beta^*U=\mu^*_{2k}U, \tag{16}$$

$$\beta^*\bar{\mu}^*_{2k}U=\mu^*_{2k}\beta^*U. \tag{17}$$

证 任取 $u\in U$, 并取 $\tilde{u}\in C^q(\tilde{K},G_p),\tilde{v}\in C^q(\tilde{K},G)$ 使 $\bar{\pi}^{\#}\tilde{u}=u,r_p\tilde{v}=\tilde{u}$, 则对 $v=\bar{\pi}^{\#}\tilde{v}$ 有 $r_pv=u$ 与 $\delta v=pw$, 而 $w\in W=\beta^*U$. 取 $\tilde{w}\in C^{q+1}(\tilde{K},G)$ 使 $\bar{\pi}^{\#}\tilde{w}=w$, 于是 $s^{\#}(\delta\tilde{v}-p\tilde{w})=\pi^{\#}\bar{\pi}^{\#}(\delta\tilde{v}-p\tilde{w})=\pi^{\#}(\delta v-pw)=0$, 因而有 $\tilde{x}\in C^{q+1}(\tilde{K},G)$, 使 $\delta\tilde{v}-p\tilde{w}=d^{\#}\tilde{x}$. 又 $s^{\#}\delta\tilde{w}=\pi^{\#}\bar{\pi}^{\#}\delta\tilde{w}=\pi^{\#}\delta w=0$, 因而有 $\tilde{y}\in C^{q+2}(\tilde{K},G)$ 使 $\delta\tilde{w}=d^{\#}\tilde{y}$. 于是 $d^{\#}(\delta\tilde{x}+p\tilde{y})=\delta d^{\#}\tilde{x}+pd^{\#}\tilde{y}=0$, 故有 $\tilde{z}\in C^{q+2}(\tilde{K},G)$, 使

$$\delta\tilde{x}+p\tilde{y}=s^{\#}\tilde{z}. \tag{18}$$

由此得

$$\delta\bar{\pi}^{\#}\tilde{x}=p\bar{\pi}^{\#}\tilde{z}-p\bar{\pi}^{\#}\tilde{y}. \tag{19}$$

又 $\delta\tilde{u}=\delta r_p\tilde{v}=d^{\#}r_p\tilde{x}$, 故 $r_p\bar{\pi}^{\#}\tilde{x}\in\mu_1^*U$. 将 (18) 模 p 约化得 $\delta r_p\tilde{x}=s^{\#}r_p\tilde{z}$, 因而 $r_p\bar{\pi}^{\#}\tilde{z}\in\mu_2^*U$. 又有 $r_p\bar{\pi}^{\#}\tilde{y}\in\mu_1^*w=\mu_1^*\beta^*U$. 从 (19) 知 $r_p\beta^*\mu_1^*U$ 为含 $r_p\bar{\pi}^{\#}\tilde{z}-r_p\bar{\pi}^{\#}\tilde{y}$ 的上类, 故得

$$r_p\beta^*\mu_1^*U+\mu_1^*\beta^*U=\mu_2^*U. \tag{20}$$

因 $\beta^*U\in H^{q+1}(K,G)$, 故从命题 6 的 (14) 式得

$$\begin{aligned}\mu^*_{2k}\beta^*U&=\beta^*\mu^*_{2k-1}\beta^*U=\beta^*\mu^*_{2k-2}\mu^*_1\beta^*U &&(\text{由}(11^*))\\&=\beta^*\mu^*_{2k-2}(\mu^*_2U-r_p\beta^*\mu^*_1U) &&(\text{由}(20))\\&=\beta^*\mu^*_{2k}U-\beta^*r_p\mu^*_{2k-2}\beta^*\mu^*_1U &&(\text{由}(9),(11^*))\\&=\beta^*\mu^*_{2k}U,\end{aligned}$$

这证明了 (17). 其次又有

$$\begin{aligned}r_p\beta^*\mu^*_{2k-1}U&=r_p\beta^*\mu^*_{2k-2}\mu^*_1U &&(\text{由}(11)^*)\\&=r_p\mu^*_{2k-2}\beta^*\mu^*_1U &&(\text{由}(17))\\&=\mu^*_{2k-2}(\mu^*_2U-\mu^*_1\beta^*U) &&(\text{由 }(9),(20))\\&=\mu^*_{2k}U-\mu^*_{2k-1}\beta^*U &&(\text{由}(11)^*)\end{aligned}$$

这证明了 (16).

命题 8 设 $U\in H^q(K,I_p)$, 而 $X\in H_{q+k}(K,I_p)$, 则

$$KI(X,\mu_k^*U)=KI(\mu_kX,U). \tag{21}$$

证 试取 $u\in U,x\in X$ 以及它们的分解 $\{\tilde{u}_k\}$ 与 $\{\tilde{x}_k\}$, 各满足 (2) 与 (2)*(但 $\tilde{x}_i\in C_{q+k-i}(\tilde{K},I_p)$). 设 s' 如 2.2 节的 (2) 式, 因而由 2.2 节的 (2)′ 有 $ds'=s \bmod p$. 于是在 k 为奇数时, 有

$$KI(X,\mu_k^*U)=KI(x,\bar{\pi}^{\#}\tilde{u}_k)=KI(\bar{\pi}_{\#}x,\tilde{u}_k)$$

$$
\begin{aligned}
&= KI(s_{\#}\tilde{x}_0, \tilde{u}_k) = KI(s'_{\#}\tilde{x}_0, d^{\#}\tilde{u}_k)\\
&= KI(s'_{\#}\tilde{x}_0, \delta\tilde{u}_{k-1}) = KI(\partial'_{s\#}\tilde{x}_0, \tilde{u}_{k-1})\\
&= KI(d_{\#}s_{\#}\tilde{x}_1, \tilde{u}_{k-1}) = KI(s_{\#}\tilde{x}_1, \tilde{u}_{k-1})\\
&\qquad\cdots\cdots\\
&= KI(s_{\#}\tilde{x}_k, \tilde{u}_0) = KI(\bar{\pi}_{\#}\pi_{\#}\tilde{x}_k, \tilde{u}_0)\\
&= KI(\pi_{\#}\tilde{x}_k, \bar{\pi}^{\#}\tilde{u}_0) = KI(\pi_{\#}\tilde{x}_k, u)\\
&= KI(\mu_k X, U).
\end{aligned}
$$

在 k 为偶数的情形也类似, 这证明了 (21).

命题 9　设 $(\tilde{K}, t)$ 是一简单组, 这里 t 是 $T \approx I_p$ 的母元素, 又 $(\tilde{K}', t)$ 是 $(\tilde{K}, t)$ 的一个剖分因而依 2.1 节命题 6, $K' = \tilde{K}'/t$ 也是 $K = \tilde{K}/t$ 的一个剖分. 于是由剖分所引起的同构

$$Sd_* : H_q(K, G) \approx H_q(K', G), \tag{22}$$

$$Sd^* : H^q(K', G) \approx H^q(K, G), \tag{22*}$$

各与 Smith 同态可交换, 即有

$$Sd_*\mu_k(\tilde{K}, t) = \mu_k(\tilde{K}', t) \cdot Sd_*, \tag{23}$$

$$\mu_k^*(\tilde{K}, t) \cdot Sd^* = Sd^*\mu_k^*(\tilde{K}', t), \tag{23*}$$

又在 $\tilde{K}$ 局部有限时,

$$\bar{\mu}_k^*(\tilde{K}, t) \cdot Sd^* = Sd^*\bar{\mu}_k^*(\tilde{K}, t). \tag{$\overline{23}$}$$

特别, 在 $\tilde{K}$ 可增时, 对于 Smith 上类有

$$Sd^*A^k(\tilde{K}', t) = A^k(\tilde{K}, t). \tag{24}$$

证　这可从 2.1 节命题 6, 2.2 节命题 9 与本节命题 3、命题 4 推出

命题 10　设对于简单组 $(\tilde{K}, t)$(t 是 $T \approx I_p$ 的母元素)$\tilde{K}$ 与 $K = \tilde{K}/t$ 都是可增局部有限且局部无循环的复形, 以致 $\tilde{K}$ 与 K 中都可定义上积, 使自然配对 $I_{(k)} \cup G \subset G_{(k)}$ 引出 $\tilde{K}$ 与 K 的上同调间的唯一上积, 对 Smith 同态 $\mu_k^* = \mu_k^*(\tilde{K}, t)$ 以及 $\bar{\mu}_k^* = \bar{\mu}_k^*(\tilde{K}, t)$, 此时有

$$\mu_k^* U = \mu_k^* \mathbf{1}_K \cup U, U \in H^q(K, G) \tag{25}$$

与

$$\bar{\mu}_k^* \bar{U} = \mu_k^* \mathbf{1}_K \cup \bar{U}, \bar{U} \in \bar{H}^q(K, G). \tag{$\overline{25}$}$$

证　假设 $K, \tilde{K}$ 都是顶点有一定次序的单纯复合形, 而投影保持顶点的次序, 依 Whitney 方法在 K 与 $\tilde{K}$ 中定义 $\cup$- 积, 则对任意 $\tilde{y} \in C^r(\tilde{K}, I_{(k)}), \tilde{z} \in C^s(\tilde{K}, G)$, 将有

$$\bar{\pi}^{\#}(\tilde{y} \cup s^{\#}\tilde{z}) = \bar{\pi}^{\#}\tilde{y} \cup \bar{\pi}^{\#}\tilde{z}, \tag{26}$$

$$s_k^{\#}(\tilde{y} \cup s^{\#}\tilde{z}) = s_k^{\#}\tilde{y} \cup s^{\#}\tilde{z}, \quad k \geqslant 0. \tag{27}$$

试证, 例如 (26) 如次. 对任意 $r+s$ 维单形 $(a_0 \cdots a_{r+s}) \in K$, 可取一 $r+s$ 维单形 $(\tilde{a}_0 \cdots \tilde{a}_{r+s}) \in \tilde{K}$ 使 $\pi(\tilde{a}_i) = a_i, 0 \leqslant i \leqslant r+s$. 命 $t^j\tilde{a}_i = \tilde{a}_i^j$, 因而 $(\tilde{a}_0^j \cdots \tilde{a}_{r+s}^j) = t^j(\tilde{a}_0 \cdots \tilde{a}_{r+s}) \in \tilde{K}$, 于是

$$\begin{aligned}
\bar{\pi}^{\#}(\tilde{y} \cup s^{\#}\tilde{z})(a_0 \cdots a_{r+s}) &= (\tilde{y} \cup s^{\#}\tilde{z})(\bar{\pi}_{\#}(a_0 \cdots a_{r+s})) \\
&= (\tilde{y} \cup s^{\#}\tilde{z})(s_{\#}(\tilde{a}_0 \cdots \tilde{a}_{r+s})) \\
&= \sum_{j=0}^{p-1}(\tilde{y} \cup s^{\#}\tilde{z})(\tilde{a}_0^j \cdots \tilde{a}_{r+s}^j) \\
&= \sum_{j=0}^{p-1}[\tilde{y}(\tilde{a}_0^j \cdots \tilde{a}_r^j) \cdot s^{\#}\tilde{z}(\tilde{a}_r^j \cdots \tilde{a}_{r+s}^j)] \\
&= \left[\sum_{j=0}^{p-1}\tilde{y}(\tilde{a}_0^j \cdots \tilde{a}_r^j)\right] \cdot \tilde{z}(s_{\#}(\tilde{a}_r \cdots \tilde{a}_{r+s})) \\
&= \tilde{y}(s_{\#}(\tilde{a}_0 \cdots \tilde{a}_r)) \cdot \tilde{z}(s_{\#}(\tilde{a}_r \cdots \tilde{a}_{r+s})) \\
&= \tilde{y}(\bar{\pi}_{\#}(a_\theta \cdots a_r)) \cdot \tilde{z}(\bar{\pi}_{\#}(a_r \cdots a_{r+s})) \\
&= \bar{\pi}^{\#}\tilde{y}(a_0 \cdots a_r) \cdot \bar{\pi}^{\#}\tilde{z}(a_r \cdots a_{r+s}) \\
&= (\bar{\pi}^{\#}\tilde{y} \cup \bar{\pi}^{\#}\tilde{z}) \cdot (a_0 \cdots a_{r+s}).
\end{aligned}$$

因 $(a_0 \cdots a_{r+s})$ 是任意的, 故得 (26), 同样可得 (27).

今设 $\mathbf{1}_K$ 是 K 的单位上闭链, 即在 K 的所有顶点上都取值 1 的上闭链, 试考虑$\mathbf{1}_K$ 与 $u \in U$ 或 $\bar{U}$ 的分解 $\{\tilde{v}_k\}$ 与 $\{\tilde{u}_k\}$, 以致

$$\begin{aligned}
&\bar{\pi}^{\#}\tilde{u}_0 = u, \quad \delta\tilde{u}_k = s_{k+1}^{\#}\tilde{u}_{k+1}, \quad k \geqslant 0, \\
&\bar{\pi}^{\#}\tilde{v}_0 = \mathbf{1}_K, \quad \delta\tilde{v}_k = s_{k+1}^{\#}\tilde{v}_{k+1}, \quad k \geqslant 0,
\end{aligned}$$

这里 $\tilde{u}_k \in \bar{C}^{q+k}(\tilde{K}, G)$, 如果 $u \in \bar{U}$. 于是从 (21) 与 (22) 可得

$$\begin{aligned}
\bar{\pi}^{\#}(\tilde{v}_0 \cup s^{\#}\tilde{u}_0) &= \bar{\pi}^{\#}\tilde{v}_0 \cup \bar{\pi}^{\#}\tilde{u}_0 = \mathbf{1}_K \cup \bar{\pi}^{\#}\tilde{u}_0 \\
&= \bar{\pi}^{\#}\tilde{u}_0 = u \in U \text{ 或 } \bar{U}, \\
\delta(\tilde{v}_k \cup s^{\#}\tilde{u}_0) &= \delta\tilde{v}_k \cup s^{\#}\tilde{u}_0 + (-1)^k\tilde{v}_k \cup \delta s^{\#}\tilde{u}_0 \\
&= s_{k+1}^{\#}\tilde{v}_{k+1} \cup s^{\#}\tilde{u}_0 + (-1)^k\tilde{v}_k \cup s^{\#}s_1^{\#}\tilde{u}_1 \\
&= s_{k+1}^{\#}(\tilde{v}_{k+1} \cup s^{\#}\tilde{u}_0), \\
\bar{\pi}^{\#}(\tilde{v}_k \cup s^{\#}\tilde{u}_0) &= \bar{\pi}^{\#}\tilde{v}_k \cup \bar{\pi}^{\#}\tilde{u}_0 = \bar{\pi}^{\#}\tilde{v}_k \cup u.
\end{aligned}$$

由此知 $\{\tilde{v}_k \cup s^{\#}\tilde{u}_0\}$ 是 u 的一个分解, 因而

$$r_{(k)}\bar{\pi}^{\#}(\tilde{v}_k \cup s^{\#}\tilde{u}_0) = r_{(k)}(\bar{\pi}^{\#}\tilde{v}_k \cup u) \in \mu_k^*U \text{ 或 } \mu_k^*\bar{U},$$

因 $r_{(k)}\bar{\pi}^{\#}\tilde{v}_k \in \mu_k^* \mathbf{1}_K$, 故得 (25) 与 $(\overline{25})$.

在一般情形, 如果考虑 $\tilde{K}$ 与 K 的导出复形, 并应用本节命题 8 与 2.1 节命题 6、命题 7, 即可归结为上述特殊情形.

从命题 5、命题 6 与命题 9 可得

命题 11　设 $(\tilde{K},t)$ 是简单组 (t 是 $T \approx I_p$ 的母元素), 其中 $\tilde{K}$ 与 $K=\tilde{K}/t$ 都是可增局部有限且局部无循环的, 则对 Smith 上类 $A^k = A^k(\tilde{K},t) \in H^k(K, I_{(k)})$ 有

$$A^{2k} = \cup^k(A^2), \quad A^{2k+1} = A^1 \cup A^{2k} = A^{2k} \cup A^1, \tag{28}$$

$$\cup^2(A^1) = \begin{cases} 0, & p = \text{奇数} \\ -p/2 \cdot r_p A^2, & p = \text{偶数} \end{cases} \tag{28$'$}$$

其中 $\cup^k$ 指对自然配对 $I_p \cup I \subset I_p$ 等等的上积的 k 次幂而言, 特别有

$$\cup^k(A^1) = r_2 A^k, \quad p = 2. \tag{28$''$}$$

定义 3　设 $(\tilde{K},t)$ 是一简单组, 这里 t 是 $T \approx I_p$ 的母元素, $K = \tilde{K}/t$, 而 $\tilde{K}$ 是可增的. 则由于前面命题, 引入下面的名称将是合理的: 使 $A^n(\tilde{K},t) = 0$(或$r_pA^n(\tilde{K},t)=0$) 的最小整数 $n>0$ 如果存在, 将称为 $(\tilde{K},t)$ 的 Smith指数(或约化 Smith指数), 并将记作 $I(\tilde{K},t)$(或$I^0(\tilde{K},t)$). 如果这样的整数不存在, 则将置 $I(\tilde{K},t)=+\infty$(或$I^0(\tilde{K},t)=+\infty$).

命题 12　对简单组 $(\tilde{K},t)$ 的 Smith 上类有以下诸关系

$$\bar{\pi}^*_{(s_{k+1})}\tilde{A}^k(\tilde{K},t) = A^k(\tilde{K},t), \tag{29}$$

其中 $\bar{\pi}^*_{(\rho)}$ 如 2.2 节的命题 4 与命题 6 所示. 特别有

$$\tilde{I}(\tilde{K},t) - 1 \leqslant I(\tilde{K},t) \leqslant \tilde{I}(\tilde{K},t), \tag{29$'$}$$

$$I(\tilde{K},t) = \tilde{I}(\tilde{K},t), \quad \text{如果 } I(\tilde{K},t) \text{ 是偶数}. \tag{29$''$}$$

证　这从命题 4 与定义立即得出.

下述命题只限于 $p=2$.

命题 13　设 $p=2$ 而 $(\tilde{K},t)$ 是简单组, 同时 $t^2=1$. 设 G 是可交换群, 而 $2G=0$, 即 $G=G_2$, 则以下诸序列都是正合的

$$\cdots \to H_q(\tilde{K},G) \xrightarrow{\pi_*} H_q(K,G) \xrightarrow{\mu_1} H_{q-1}(K,G) \xrightarrow{\bar{\pi}_*} H_{q-1}(\tilde{K},G) \to \cdots \tag{30}$$

$$\cdots \to H^q(\tilde{K},G) \xrightarrow{\bar{\pi}^*} H^q(K,G) \xrightarrow{\mu_1^*} H^{q+1}(K,G) \xrightarrow{\pi^*} H^{q+1}(\tilde{K},G) \to \cdots \tag{30*}$$

在 $\tilde{K}$ 局部有限时,

$$\cdots \to \bar{H}^q(\tilde{K}, G) \xrightarrow{\bar{\pi}^*} \bar{H}^q(K, G) \xrightarrow{\bar{\mu}_1^*} \bar{H}^{q+1}(K, G) \xrightarrow{\pi^*} \bar{H}^{q+1}(\tilde{K}, G) \to \cdots \tag{30}$$

证 试证 (30) 如次, 由 2.2 节的命题 3, 有下述正合序列

$$\cdots \to H_q(\tilde{K}, G) \xrightarrow{\lambda_*^\rho} H_q^{(\rho)}(\tilde{K}, t; G) \xrightarrow{\mu_*^\rho} H_{q-1}^{(\bar{\rho})}(\tilde{K}, t; G \xrightarrow{\nu_*^\rho} H_{q-1}(\tilde{K}, G) \to \cdots \tag{31}$$

由于 $2G = 0$, 故 $d_\# C_q(\tilde{K}, G) = s_\# C_q(\tilde{K}, G)$, 因而有 $C_q^{(d)}(\tilde{K}, t; G) = C_q^{(s)}(\tilde{K}, t; G)$ 与 $H_q^{(d)}(\tilde{K}, t; G) = H_q^{(s)}(\tilde{K}, t; G)$. 试考虑以下图像

$$
\begin{array}{ccccccc}
\cdots \to H_q(\tilde{K}, G) & \xrightarrow{\lambda_*^d} & H_q^{(d)}(\tilde{K}, t; G) & \xrightarrow{\mu_*^d} & H_{q-1}^{(d)}(\tilde{K}, t; G) & \xrightarrow{\nu_*^d} & H_{q-1}(\tilde{K}, G) \to \cdots \\
& \pi_* \searrow & \approx \uparrow \bar{\pi}_*^{(d)} & & \approx \uparrow \bar{\pi}_*^{(d)} & & \nearrow \bar{\pi}_* \\
& & H_{q-1}(K, G) & \xrightarrow{\mu_1} & H_{q-1}(K, G) & &
\end{array}
$$

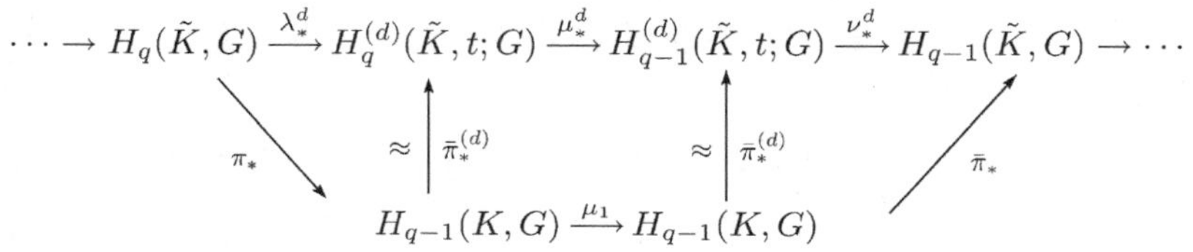

其中第一行即正合序列 (31), 而两纵向同态 $\bar{\pi}_*^{(d)}$ 为 2.2 节命题 4 中的同构, 从 λ_*^d, ν_*^d 的定义与关系 $\pi_\# \bar{\pi}_\# = s_\#$ 两个三角形都是可交换的, 从命题 4 又知中间方形也是可交换的, 因之得正合序列 (30).

命题 14 设 $(\tilde{K}, t)$ 与 $(\tilde{K}', t)$ 都是简单组, t 是 $T \approx I_p$ 的母元素, 而 $\tilde{f}: (\tilde{K}, t) \to (\tilde{K}', t)$ 是组映象, 导出胞腔映象是 $f: K \to K'$, 这里 $K = \tilde{K}/t$, $K' = \tilde{K}'/t$, 则有

$$f_* \mu_k(\tilde{K}, t) = \mu_k(\tilde{K}', t) f_*, \tag{32}$$

$$\mu_k^*(\tilde{K}, t) f^* = f^* \mu_k^*(\tilde{K}', t). \tag{32}^*$$

若 $\tilde{K}, \tilde{K}'$ 都是局部有限, 且 $\tilde{f}$ 因而也有 f 都是正常的, 则又有

$$\bar{\mu}_k^*(\tilde{K}, t) f^* = f^* \bar{\mu}_k^*(\tilde{K}', t), \tag{32}$$

特别在 $\tilde{K}$ 与 $\tilde{K}'$ 都是可增的时, 有

$$f^* A^k(\tilde{K}', t) = A^k(\tilde{K}, t), \tag{33}$$

因而

$$I(\tilde{K}, t) \leqslant I(\tilde{K}', t). \tag{34}$$

证 这从上面的命题 4, 2.2 节的命题 7 以及 $\tilde{f}_*^{(\rho)} \bar{\pi}_*^{(\rho)} = \pi_*^{'(\rho)} f_*$ 等诸明显事实可立即推出, 这里 $\pi_*^{(\rho)}, \bar{\pi}_*^{'(\rho)}$ 是简单组 $(\tilde{K}, t)$ 与 $(\tilde{K}', t)$ 依 2.2 节命题 4、命题 6 所引入的相应同态.

2.4 带有变换群的空间

定义 1 一个乘法群 T 将称为空间 $\tilde{X}$ 的一个变换群, 如果对每一 $t \in T$, 对应一 $\tilde{X}$ 到自身上的拓扑变换, 仍记之为 t, 具有以下诸性质

1° 对任意 $\tilde{x} \in \tilde{X}, t_1, t_2 \in T$, 有 $t_2(t_1\tilde{x}) = (t_2t_1)\tilde{x}$.

2° 对任意 $\tilde{x} \in \tilde{X}$ 有 $1\tilde{x} = \tilde{x}$, 这里 1 是 T 的幺元素.

组 $(\tilde{X}, T)$ 将称为简单的, 如果更有

3° 对任意点 $\tilde{x} \in \tilde{X}$ 有一 $\tilde{x}$ 的邻域 $\tilde{U}$ 使 $\tilde{U}$ 与任一 $t(\tilde{U})$ 无公共点, 这里 t 是 T 中任意 $\neq 1$ 的元素.

注 如同 2.1 节定义 1 下的注那样, 3° 蕴涵下面的 4°, 而在条件 1° 与 2° 下, 等价于下面形式上似较强的 5°.

4° 对任意 $\tilde{x} \in \tilde{X}$ 与 T 中 $t \neq 1$, 有 $t\tilde{x} \neq \tilde{x}$.

5° 对任意 $\tilde{x} \in \tilde{X}$, 有一 $\tilde{x}$ 的邻域 $\tilde{U}$ 是诸集 $t(\tilde{U}), t \in T$, 彼此无公共点.

定义 2 设 $\tilde{X}$ 是一空间, 而 T 是 $\tilde{X}$ 的一个变换群, 分 $\tilde{X}$ 的点成等价类, 使 $\tilde{X}$ 中两点 $\tilde{x}_1, \tilde{x}_2$ 属于同一类与否, 视是否有 $t \in T$ 使 $t\tilde{x}_1 = \tilde{x}_2$ 而定. 于是可定义 $\tilde{X}$ 对 T 的商空间 X 为上述等价类的空间, 所取拓扑使 $U \subset X$ 之为开集与否, 视 $\tilde{X}$ 中所有在 U 的某一等价类的点的集合是否为 $\tilde{X}$ 中开集而定. 这个空间 X 将称为组 $(\tilde{X}, T)$ 的模空间而记作 $X = \tilde{X}/T$. 从 $\tilde{X}$ 到 X 上的自然投影映 $\tilde{X}$ 中的任一点为它所属的等价类是一连续映象, 将称为组 $(\tilde{X}, T)$ 的投影, 并记作 $\text{Proj}(\tilde{X}, T)$.

命题 1 设 $\tilde{X}$ 是 Hausdorff 空间, T 是 $\tilde{X}$ 的一个有限的交换群, 满足定义 1 中的条件 1°, 2° 与 4°, 则 $(\tilde{X}, T)$ 是一简单组, 而 $\tilde{X}$ 是模空间 $X = \tilde{X}/T$ 的一个覆迭空间, 且 X 也是 Hausdorff 空间.

证 设 $\tilde{x}$ 是 $\tilde{X}$ 的任一点, 由定义 1 的 4°, 对 T 中 $t \neq 1$ 有 $t\tilde{x} \neq \tilde{x}$. 因 $\tilde{X}$ 是 Hausdorff 空间, 故对 $t \neq 1$ 有 $\tilde{x}$ 与 $t\tilde{x}$ 的邻域 $\tilde{U}_t$ 与 $\tilde{V}_t$, 使 $\tilde{U}_t \cap \tilde{V}_t = \varnothing$. 于是集合 $\tilde{W}_t = \tilde{U}_t \cap t^{-1}\tilde{V}_t$ 是 $\tilde{x}$ 的一个邻域与 $t\tilde{W}_t$ 无公共点, 只需 $t \neq 1$. 因 T 是有限的, 故诸 $\tilde{W}_t, t \neq 1$ 的交是 $\tilde{x}$ 的一个邻域, 满足定义 1 中的条件 3°, 因而 $(\tilde{X}, T)$ 是一简单组, 而 $\tilde{X}$ 是 X 的一个覆迭空间.

其次试考虑 X 的任意两点 $x \neq y$. 选择 $\tilde{X}$ 中两点 $\tilde{x}, \tilde{y}$ 使 $\pi(\tilde{x}) = x, \pi(\tilde{y}) = y$, 这里 $\pi : \tilde{X} \to X$ 是组 $(\tilde{X}, T)$ 的投影. 因对任意 $t, t' \in T$, 有 $\tilde{x} \neq t\tilde{y}$ 与 $\tilde{y} \neq t'\tilde{x}$, 故与上面同样的推理可给出 $\tilde{x}$ 与 $\tilde{y}$ 的邻域 $U_{\tilde{x}}$ 与 $U_{\tilde{y}}$, 都满足定义 1 的条件 3°, 且使 $U_{\tilde{x}}$ 与所有 $tU_{\tilde{y}}$ 以及 $U_{\tilde{y}}$ 与所有 $tU_{\tilde{x}}$ 都无公共点, $t, t' \in T$ 任意, 于是投影 $U_x = \pi U_{\tilde{x}}$ 与 $U_y = \pi U_{\tilde{y}}$ 各为 x, y 的邻域而彼此无公共点, 因之 X 是一 Hausdorff 空间.

设 $(\tilde{X}, T)$ 是一简单组, 其中 $\tilde{X}$ 是一 Hausdorff 空同, 如果 $T \approx I_p$, 则在 2.2 节和 2.3 节中发展了的对复形在变换群 $T \approx I_p$ 下所成简单组的特殊同调理论也极易

推广到这一情形, 就本书当前目的而论, 我们特较详地阐述应用奇异同调情形下的这一理论, 虽然应用 Eilenberg-Steenrod 意义下的别种同调系统, 例如 Cêch 同调系统, 也同样可以.

设 $(\tilde{X},T)$ 是一拓扑空间与一交换群 T 所成的简单组, 则任意 $t\in T$ 将引起一奇异复形 $S(\tilde{X})$ 到自身的胞腔映象, 仍记之为 t, 使 $(S(\tilde{X}),T)$ 变成 2.1 节意义下的简单组. 特别若 $T\approx I_p$, 而 t 是 T 的一个指定的母元素时, 我们将记 $(\tilde{X},T)$ 为 $(\tilde{X},t)$, 余类推, 这时我们可通过 $(S(\tilde{X}),t)$ 来讨论 $(\tilde{X},t)$, 应用 2.2 节中 $d,s,\rho,\bar{\rho}$ 等记号, 我们首先建立下面的

定义 3 设 $(\tilde{X},t)$ 是简单组, 其中 $\tilde{X}$ 是一拓扑空间, t 是 $T\approx I_p$ 的母元素, 而 p 是 >1 的整数, 则组 $(S(\tilde{X}),t)$ 的 Smith 特殊群将径称为组 $(\tilde{X},t)$ 的 Smith特殊群, 并采用以下符号

$$\begin{aligned}
H_q^{(\rho)}(\tilde{X},t;G)&=H_q^{(\rho)}(S(\tilde{X}),t;G),\\
H^q_{(\rho)}(\tilde{X},t;G)&=H^q_{(\rho)}(S(\tilde{X}),t;G),\\
\tilde{\mu}_{k*}^{(\rho)}(\tilde{X},t)&=\tilde{\mu}_{k*}^{(\rho)}(S(\tilde{X}),t):H_q^{(\rho)}(\tilde{X},t;G)\to H_{q-k}^{(\rho)}(\tilde{X},t;G),\\
\tilde{\mu}_{k,(\rho)}^{*}(\tilde{X},t)&=\tilde{\mu}_{k,(\rho)}^{*}(S(\tilde{X}),t):H^q_{(\rho)}(\tilde{X},t;G)\to H^{q+k}_{(\rho)}(\tilde{X},t;G),\\
\tilde{A}^k(\tilde{X},t)&=\tilde{A}^k(S(\tilde{X}),t),\\
\tilde{I}(\tilde{X},t)&=\tilde{I}(S(\tilde{X}),t).
\end{aligned}$$

此外, 我们并将置

$$C_q^{(\rho)}(\tilde{X},t;G)=C_q^{(\rho)}(s(\tilde{X}),t;G),$$

余类推.

命题 2 设 $(\tilde{X},T)$ 是一简单组, 其中 $\tilde{X}$ 是一 Hausdorff 空间, 而 T 是有限的. 设 $X=\tilde{X}/T$ 是它的模空间, 则 $S(X)$ 确定地同构于复形 $S(\tilde{X})/T$.

证 从命题 1 知 $\tilde{X}$ 是 X 的覆迭空间, 而 $\mathrm{Proj}(\tilde{X},T)$ 是相应的覆迭投影, 由此立得本命题.

定义 4 设 $(\tilde{X},t)$ 是一简单组, 其中 $\tilde{X}$ 是一 Hausdorff 空间, 而 t 是 $T\approx I_p$ 的一个指定的母元素. 设 $X=\tilde{X}/t$ 是它的模空间, 则 $(S(\tilde{X}),t)$ 的 Smith 同态将称为 $(\tilde{X},t)$ 的 Smith同态, 余类推. 我们并采用以下符号

$$\begin{aligned}
&\mu_k(\tilde{X},t):H_q(X,G)\to H_{q-k}(X,G_{(k)}),\\
&\mu_k^*(\tilde{X},t):H^q(X,G)\to H^{q+k}(X,G_{(k)}),\\
&A^k(\tilde{X},t)=\mu_k^*(\tilde{X},t)\cdot\mathbf{1}_X\in H^k(X,I_{(k)}).
\end{aligned}$$

设 $(\tilde{X},t)$ 如前, 由于 $S(\tilde{X})$ 除在毫无意义的例外情形以外, 总是非局部有限的, 它的紧上链复形是无意义的, 可是, 如果依照 1.1 节那样来定义 $\bar{C}^q(\tilde{X},G)\subset C^q(\tilde{X},G)$, 以及 $\bar{\delta}:\bar{C}^q(\tilde{X},G)\to\bar{C}^{q+1}(\tilde{X},G)$ 作为 δ 的限制, 则显然有 $t^{\#}\bar{C}^q(\tilde{X},G)\subset\bar{C}^q(\tilde{X},G)$, 且 $t^{\#}\bar{\delta}=\bar{\delta}t^{\#}$. 与 2.2 节的命题 1 同样, 并可证明下述序列

$$\cdots \to \bar{C}^q(\tilde{X},G) \xrightarrow{s_{k+1}^\#} \bar{C}^q(\tilde{X},G) \xrightarrow{s_k^\#} \bar{C}^q(\tilde{X},G) \to \cdots$$

是正合的. 因之, 如果置

$$\begin{aligned}\bar{C}^q_{(\rho)}(\tilde{X},G) &= \mathrm{Ker}[\rho^\# : \bar{C}^q(\tilde{X},G) \to \bar{C}^q(\tilde{X},G)]\\ &= \mathrm{Im}[\bar{\rho}^\# : \bar{C}^q(\tilde{X},G) \to \bar{C}^q(\tilde{X},G)],\end{aligned}$$

则有一 Mayer 上链复形

$$\bar{C}^*_{(\rho)}(\tilde{X},G): 0 \to \bar{C}^0_{(\rho)}(\tilde{X},G) \to \cdots \to \bar{C}^q_{(\rho)}(\tilde{X},G) \xrightarrow{\bar{\delta}_\rho} \bar{C}^{q+1}_{(\rho)}(\tilde{X},G) \to \cdots,$$

其中 $\bar{\delta}_\rho$ 是 $\bar{\delta}$ 在 $\bar{C}^q_{(\rho)}(\tilde{X},G)$ 上的限制, 再者, 下面这一 Mayer 上链复形间的序列

$$0 \to \bar{C}^*_{(\bar{\rho})}(\tilde{X},G) \xrightarrow{\tilde{\nu}_\rho} \bar{C}^*(\tilde{X},G) \xrightarrow{\tilde{\lambda}_\rho} \bar{C}^*_{(\rho)}(\tilde{X},G) \to 0 \qquad (*)$$

也容易验证是正合的, 其中 $\tilde{\nu}_\rho$ 是恒同同态, 而 $\tilde{\lambda}_\rho$ 定义如 $\tilde{\lambda}_\rho\tilde{u} = \bar{\rho}^\#\tilde{u}, \tilde{u} \in \bar{C}^*(\tilde{X};G)$ 任意, 据此可作下面的

定义 5　设 $(\tilde{X},t)$ 是简单组, t 是 $T \approx I_p$ 的母元素, 则 Mayer 上链复形 $\bar{C}^*_{(\rho)}(\tilde{X},G)$ 的上同调群将称为组 $(\tilde{X},t)$ 的特殊紧 ρ-上同调群, 并将记为 $\bar{H}^q_{(\rho)}(\tilde{X},t;G)$, 正合序列 $(*)$ 将给出同态

$$\tilde{\bar{\mu}}^*_{(\rho)}(\tilde{X},t): \bar{H}^q_{(\rho)}(\tilde{X},t;G) \to \bar{H}^{q+1}_{(\bar{\rho})}(\tilde{X},t;G),$$

以及同态

$$\tilde{\bar{\mu}}^*_{k,(\rho)}(\tilde{X},t): \bar{H}^q_{(\rho)}(\tilde{X},t;G) \to \bar{H}^{q+k}_{(\rho_k)}(\tilde{X},t;G),$$

如下式所定义

$$\tilde{\bar{\mu}}^*_{k,(\rho)}(\tilde{X},t) = \tilde{\bar{\mu}}^*_{(\rho_{k-1})}(\tilde{X},t)\cdots\tilde{\bar{\mu}}^*_{(\rho_1)}(\tilde{X},t)\ \tilde{\bar{\mu}}^*_{(\rho)}(\tilde{X},t),$$

它们将称为组 $(\tilde{X},t)$ 的紧特殊 Smith同态.

设 $(\tilde{X},t)$ 如前, 而 $\tilde{X}$ 是一 Hausdorff 空间, 则 $\pi = \mathrm{Proj}(\tilde{X},t): \tilde{X} \to X$ 也可看作是简单组 $(S(\tilde{X}),t)$ 的投影 $S(\tilde{X}) \to S(X)$, 显然有

$$\pi^\#\bar{C}^q(\tilde{X},G) = \bar{C}^q(X,G),$$

因而像 2.3 节那样, 可引入以下

定义 6　设 $(\tilde{X},t)$ 是一简单组, 其中 $\tilde{X}$ 是一 Hausdorff 空间, 而 t 是 $T \approx I_p$ 的一个指定的母元素. 设 $X = \tilde{X}/t$, 而 $\pi = \mathrm{Proj}(\tilde{X},t)$, 这里 π 也同时看作是 $\mathrm{Proj}(S(\tilde{X}),t)$. 对每一紧奇异上闭链 $u \in \bar{C}^q(X,G)$, 可取一组上闭链 $\tilde{u}_k \in \bar{C}^{q+k}(\tilde{X},G)$, 使

$$\pi^\#\tilde{u}_0 = u, \quad \delta\tilde{u}_k = \rho^\#_{k+1}\tilde{u}_{k+1}, \quad k \geqslant 0.$$

这样的一个序列 $\{\tilde{u}_k\}$ 将称作是 u 的一个分解. 与 2.3 节同样, 对应 $u \to r_{(k)}\bar{\pi}^{\#}\tilde{u}_k$ 将引出同态

$$\bar{\mu}_k^*(\tilde{X},t):\bar{H}^q(X,G)\to\bar{H}^{q+k}(X,G_{(k)}),$$

它们将称为组 $(\tilde{X},t)$ 的紧Smith同态.

定义 7 设 $(\tilde{X},T)$ 与 $(\tilde{X}',T)$ 是具有相同变换群 T 的简单组, 如果 $\tilde{f}$ 是空间 $\tilde{X}$ 到空间 $\tilde{X}'$ 的一个连续映象, 使对任意 $t\in T$ 有 $\tilde{f}t=t\tilde{f}$, 则 $\tilde{f}$ 将称为 $(\tilde{X},T)$ 到 $(\tilde{X}',T)$ 的一个组映象, 记作 $\tilde{f}:(\tilde{X},T)\to(\tilde{X}',T)$, 记这些组的投影为 π 与 π', 而模空间为 $X=\tilde{X}/T$ 与 $X'=\tilde{X}'/T$, 则这样的一个组映象 $\tilde{f}$ 将导出一个唯一的连续映象 $f:X\to X'$, 使 $f\pi=\pi' f$.

命题 3 设 $(\tilde{X},t)$ 与 $(\tilde{X}',t)$ 都是简单组, 其中 t 是 $T\approx I_p$ 的一个母元素, 而 $\tilde{X}$, $\tilde{X}'$ 都是 Hausdorff 空间, 设 $\tilde{f}:(\tilde{X},t)\to(\tilde{X}',t)$ 是一组映象, 导出映象为 $f:X\to X'$, 这里 $X=\tilde{X}/t, X'=\tilde{X}'/t$. 则 $\tilde{f}$ 与 f 将引出同态

$$\tilde{f}_*^{(\rho)}:H_q^{(\rho)}(\tilde{X},t;G)\to H_q^{(\rho)}(\tilde{X}',t;G),$$
$$\tilde{f}_{(\rho)}^*:H_{(\rho)}^q(\tilde{X}',t;G)\to H_{(\rho)}^q(\tilde{X},t;G).$$

如果 $\tilde{f}$ 因而 f 都是正常的, 即 $\tilde{X}'$(或 X') 的每一紧子集在 $\tilde{f}$(或 f) 下的逆象也是 $\tilde{X}$(或 X) 的一个紧子集, 则 $\tilde{f}$ 也将引出同态

$$\tilde{f}_{(\rho)}^*:\bar{H}_{(\rho)}^q(\tilde{X}',t;G)\to\bar{H}_{(\rho)}^q(\tilde{X},t;G)$$

与

$$\tilde{f}^*:\bar{H}^q(X',G)\to\bar{H}^q(X,G).$$

这些同态各与相应的 Smith 同态也与 $\pi_*^{(\rho)}$ 等同态可交换, 特别有

$$\tilde{f}_{(d_k)}^*\tilde{A}^k(\tilde{X}',t)=\tilde{A}^k(\tilde{X},t),$$

$$f^*A^k(\tilde{X}',t)=A^k(\tilde{X},t).$$

证 这由以下这些事实容易推出: $\tilde{f}$ 将自然地引出一仍记之为 $\tilde{f}$ 的组映象 $\tilde{f}:(S(\tilde{X})),t)\to(S(\tilde{X}'),t)$. 再者, 如果 $\tilde{f}$ 是正常的, 则 $\tilde{f}$ 也将自然地引出紧奇异上链复形间的同态

$$\bar{\tilde{f}}^{\#}:\bar{C}^*(S(\tilde{X}'),t;G)\to\bar{C}^*(S(\tilde{X}),t;G).$$

命题 4 设 $(\tilde{X},t)$ 是一简单组, 其中 $\tilde{X}$ 是一 Hausdorff 空间, 而 t 是 $T\approx I_p$ 的一个指定的母元素. 设 $\tilde{Y}$ 是 $\tilde{X}$ 的一个开集, 满足条件 $t\tilde{Y}=\tilde{Y}$, 因而 $(\tilde{Y},t)$ 也是一个简单组, 且 $Y=\tilde{Y}/t$ 是 $X=\tilde{X}/t$ 的一个开集, 对确定的同态 (见 1.1 节定义)

$$\bar{j}^*:\bar{H}^q(Y,G)\to\bar{H}^q(X,G)$$

来说, 有

$$\bar{\mu}_i^* \bar{j}^* = \bar{j}^* \bar{\mu}_i'^*,$$

其中 $\bar{\mu}_i^*$ 与 $\bar{\mu}_i'^*$ 是组 $(\tilde{X},t)$ 与 $(\tilde{Y}',t)$ 的紧 Smith 同态.

证　这由定又直接得出.

附注　对于简单组$(\tilde{X},t)$, 其中 $\tilde{X}$ 只要牵涉到 $X=\tilde{X}/t$ 时, 就假定是 Hausdorff 的, 如果依定义 3~ 定义 7 来引人它的特殊群, Smith 同态以及组映象等, 则 2.2 节和 2.3 节中所发展了的那些结论都将适用于此处, 这些命题的叙述我们不再重复, 但在下面将引入另一些概念, 它们是只对带变换群的空间所成的组才是有意义的;

定义 8　设 $(\tilde{X},T)$ 与 $(\tilde{X}',T)$ 都是简单组, 具有相同的变换群 T 两个组映象 $\tilde{f}_i:(\tilde{X},T)\to(\tilde{X}',T), i=0,1$, 将称作是组同伦的, 如果下面的条件满足：记 $(\tilde{X}\times I,T)$ 为这一简单组, 这里 $t(\tilde{x},\lambda)=(t\tilde{x},\lambda), x\in\tilde{X}$ 与 $\lambda\in I$ 任意, I 是单位线段 [0,1], 于是有一组映象 $\tilde{F}:(\tilde{X}\times I,T)\to(\tilde{X}',T)$, 使 $\tilde{F}(\tilde{x},0)=f_0(\tilde{x}),\tilde{F}(\tilde{x},1)=f_1(\tilde{x}),\tilde{x}\in\tilde{X}$ 任意. 这时映象 $\tilde{F}$ 将称为组映象 $\tilde{f}_0$ 与 $\tilde{f}_1$ 间的一个组同伦, 并将采用记号 $\tilde{f}_0\simeq\tilde{f}_1:(\tilde{X},T)\to(\tilde{X}',T)$. 显然 $\tilde{f}_0,\tilde{f}_1$ 将导出相应模空间 $X=\tilde{X}/T$ 与 $X'=\tilde{X}'/T$ 间互相同论的映象 $f_0\simeq f_1:X\to X'$.

定义 9　简单组 $(\tilde{X},T)$ 将称为简单组 $(\tilde{X}',T)$ 的一个子组, 如果 $\tilde{X}$ 是 $\tilde{X}'$ 的子空间, 且对每一 $t\in T, t$ 在 $\tilde{X}$ 中的变换, 即为 t 在 $\tilde{X}'$ 中的变换在 $\tilde{X}$ 上的限制, $(\tilde{X}',T)$ 的子组 $(\tilde{X},T)$ 将称为 $(\tilde{X}',T)$ 的组伦移收缩核, 如果有一组映象 $\tilde{F}:(\tilde{X}'\times I,T)\to(\tilde{X}',T)((\tilde{X}'\times I,T)$ 见定义 8) 满足下面的条件: 定义 $\tilde{f}_\lambda:\tilde{X}'\to\tilde{X}'$ 为 $\tilde{f}_\lambda(\tilde{x}')=\tilde{F}(\tilde{x}',\lambda),\lambda\in I,\tilde{x}'\in\tilde{X}'$, 则 $\tilde{f}_0$ 是恒同映象, 而 $\tilde{f}_1(\tilde{X}')\subset\tilde{X}$ 且对任意 $\lambda\in I$, 有 $\tilde{f}_\lambda(\tilde{X})\subset\tilde{X}$. 这时映象 $\tilde{F}$ 将称为 $(\tilde{X}',T)$ 到 $(\tilde{X},T)$ 的一个组伦移收缩.

定义 10　设 $(\tilde{K},T)$ 是一个在 2.1 节定义 1 意义下的简单组, 其中 $\tilde{K}$ 是一局部有限的单纯复形. 设 $|\tilde{K}|=\tilde{X}$ 是由点 $\sum\lambda_i\tilde{a}_i$ 所成的空间, 赋予自然拓扑, 这里 $\lambda_i\geqslant 0,\sum\lambda_i=1$, 而其中只有有限多个与 $\tilde{K}$ 一单形诸顶点 $\tilde{a}_i$ 相当的 $\lambda_i\neq 0$, 于是 T 可自然地作成 $\tilde{X}$ 的一个交换群, 只需对 $t\in T$ 定义 $t(\sum\lambda_i\tilde{a}_i)$ 为 $\sum\lambda_i(t\tilde{a}_i)$ 即可, 这里 $\tilde{a}_i$ 是 $\tilde{K}$ 的顶点, 而 $\sum\lambda_i\tilde{a}_i\in\tilde{X}$. 这样 $(\tilde{X},T)$ 将成一简单组, 我们称之为 $(\tilde{K},T)$ 的相关组. 设 $\tilde{f}:(\tilde{K},T)\to(\tilde{K}',T)$ 是在 2.1 节定义 4 意义下简单组间的组映象, 其中 $\tilde{K},\tilde{K}'$ 都是局部有限的单纯复形, 设 $(\tilde{X},T)$ 与 $(\tilde{X}',T)$ 是它们的相关组. 定义 $\tilde{F}:\tilde{X}\to\tilde{X}'$ 为 $\tilde{F}(\sum\lambda_i\tilde{a}_i)=\sum\lambda_i\tilde{f}(\tilde{a}_i)$, 这里 $\sum\lambda_i\tilde{a}_i\in\tilde{X}$ 如前. 则对任意 $t\in T$ 有 $\tilde{F}t=t\tilde{F}$, 故 $\tilde{F}$ 是一组映象 $\tilde{F}:(\tilde{X},T)\to(\tilde{X}',T)$, 我们将称之为 $\tilde{f}$ 的相关映象.

附注　如果组 $(\tilde{K},T)$ 是在 2.1 节定义 1 下强简单的, 其中 $\tilde{K}$ 是局部有限的单纯复形, 则 $K=\tilde{K}/T$ 依 2.1 节命题 8 也是单纯复形, 这时相关组 $(\tilde{X},T)$(其中 $\tilde{X}=|\tilde{K}|$) 的模空间 $X=\tilde{X}/T$, 易见与模复形 K 的空间确定地拓扑等价. 因而在今后 X 与 $|K|$ 将恒同为一. 再者, 如果 $\tilde{f}:(\tilde{K},T)\to(\tilde{K}',T)$ 是强简单组间

的组映象, 这里 $\tilde{K}, \tilde{K}'$ 都是局部有限的单纯复形, 以 $\tilde{X} = |\tilde{K}|, \tilde{X}' = |\tilde{K}'|$ 为其空间, 而 $\tilde{F} : (\tilde{X}, T) \to (\tilde{X}', T)$ 是 $\tilde{f}$ 的相关映象, 则 $\tilde{F}$ 的导出映象 $F : X \to X'$ 显然也与 $\tilde{f}$ 的导出映象 $f : K \to K'$ 相关, 这里 $K = \tilde{K}/T$, $K' = \tilde{K}'/T$, 而 $X = \tilde{X}/T = |K|, X' = \tilde{X}'/T = |K'|$.

下面诸命题, 可遵循着与通常空间的同调群间的相应命题完全相仿的道路来证明, 因此我们将略去证明, 而仅把结论叙述于下.

命题 5　设 $(\tilde{X}, t)$ 与 $(\tilde{X}', t)$ 都是简单组, 其中 t 是 $T \approx I_p$ 的母元素, 如果组映象 $\tilde{f}_0, \tilde{f}_1 : (\tilde{X}, t) \to (\tilde{X}', t)$ 是组同伦的, 则有

$$\tilde{f}_{0*}^{(\rho)} = \tilde{f}_{1*}^{(\rho)} : H_q^{(\rho)}(\tilde{X}, t; G) \to H_q^{(\rho)}(\tilde{X}', t; G),$$

$$\tilde{f}_{0(\rho)}^{*} = \tilde{f}_{1(\rho)}^{*} : H^q_{(\rho)}(\tilde{X}', t; G) \to H^q_{(\rho)}(\tilde{X}, t; G).$$

如果 $\tilde{f}_0, \tilde{f}_1$ 以及组伦移 $\tilde{F} : (\tilde{X} \times I, t) \to (\tilde{X}', t)$ 都是正常映象, 则又有

$$\bar{\tilde{f}}_{0(\rho)}^{*} = \bar{\tilde{f}}_{1(\rho)}^{*} : \bar{H}^q_{(\rho)}(\tilde{X}', t; G) \to \bar{H}^q_{(\rho)}(\tilde{X}, t; G).$$

命题 6　设 $(\tilde{X}, t)$ 与 $(\tilde{X}', t)$ 都是简单组, t 是 $T \approx I_p$ 的母元素, 而 $\tilde{X} \subset \tilde{X}'$, 且 $(\tilde{X}, t)$ 是 $(\tilde{X}', t)$ 的一个组伦移收缩核, 则恒同映象 $\tilde{i} : \tilde{X} \subset \tilde{X}'$, 使 $\tilde{i} : (\tilde{X}, t) \to (\tilde{X}', t)$, 且将引出同构

$$\tilde{i}_*^{(\rho)} : H_q^{(\rho)}(\tilde{X}, t; G) \approx H_q^{(\rho)}(\tilde{X}', t; G)$$

与

$$\tilde{i}_{(\rho)}^* : H^q_{(\rho)}(\tilde{X}', t; G) \approx H^q_{(\rho)}(\tilde{X}, t; G).$$

如果 $\tilde{X}$ 是 $\tilde{X}'$ 的闭子集, 且实现组伦移收缩的映象 $\tilde{F} : (\tilde{X}' \times I, t) \to (\tilde{X}', t)$ 是正常的, 则又有

$$\bar{\tilde{i}}_{(\rho)}^* : \bar{H}^q_{(\rho)}(\tilde{X}', t; G) \approx \bar{H}^q_{(\rho)}(\tilde{X}, t; G).$$

命题 7　设 $(\tilde{K}, t)$ 是一强简单组, 其中 t 是 $T \approx I_p$ 的母元素, 而 $\tilde{K}$ 是局部有限的单纯复形. 设 $(\tilde{X}, t)$ 是它的相关组. 这里 $\tilde{X} = |\tilde{K}|$, 而 $X = \tilde{X}/t$ 将与 $|K|$ 恒同为一, $K = |\tilde{K}|/t$. 于是有确定同构

$$\tilde{\alpha}_*^{(\rho)} : H_q^{(\rho)}(\tilde{K}, t; G) \approx H_q^{(\rho)}(\tilde{X}, t; G),$$

$$\tilde{\alpha}_{(\rho)}^* : H^q_{(\rho)}(\tilde{X}, t; G) \approx H^q_{(\rho)}(\tilde{K}, t; G)$$

与

$$\bar{\tilde{\alpha}}_{(\rho)}^* : H^q_{(\rho)}(\tilde{X}, t; G) \approx \bar{H}^q_{(\rho)}(\tilde{K}, t; G).$$

这些同构都与 Smith 特殊同态 $\tilde{\mu}_k(\tilde{K}, t), \tilde{\mu}_k(\tilde{X}, t)$ 等可交换, 同样, 确定同构

$$\alpha_* : H_q(K, G) \approx H_q(X, G)$$

等等也与 Smith 同态 $\mu_k(\tilde{K},t),\mu_k(\tilde{X},t)$ 等可交换, 特别有

$$\tilde{\alpha}^*_{(sk)}\tilde{A}^k(\tilde{X},t)=\tilde{A}^k(\tilde{K},t),$$
$$\alpha^*A^k(\tilde{X},t)=A^k(\tilde{K},t).$$

再者, 同态 $\tilde{\alpha}^{(\rho)}_*,\alpha_*$ 等又与组 $(\tilde{K},t)$ 与组 $(\tilde{X},t)$ 的同态 $\pi_{(\rho)*}$ 等可交换.

附注 鉴于 2.1 节的命题 5~ 命题 8, 以上诸命题可径直推广至这样的组 $(\tilde{X},T)$, 其中 $\tilde{X}$ 是一可剖形, 具有剖分 $\tilde{K}$ 使每一 $t\in T$ 引出一 $\tilde{K}$ 到自身的胞腔映象. 这些推广了的命题提供了在某些具体情况下计算 Smith 上类与 Smith 指数的方法, 参阅下面的 2.5 节.

2.5 实 例

例 1 设 X 是任意 Hausdorff 空间, 而 $\tilde{X}$ 是 X 的 p 个彼此不相遇模型 X_i 的和空间, 这里 X_i 在 ω_i 下与 X 拓扑等价, $i=1,\cdots,p$. 定义一变换 $t:\tilde{X}\equiv\tilde{X}$ 为 $t(x_i)=\omega_{i+1}^{-1}\omega_i(x_i)$, $x_i\in X_i, i=1,\cdots,p(\omega_{p+1}=\omega_1)$. 则 $(\tilde{X},t)$ 是一简单组, $t^p=1$ 模空间 $\tilde{X}/t$, 将确定地拓扑等价于 X, 而投影 $\pi:\tilde{X}\to X$ 由 $\pi/X_i\equiv\omega_i$ 给出. 对这个组有

$$A^m(\tilde{X},t)=0,\quad m>0.$$

例 2 设 $\tilde{X}$ 是 $n+1$ 维欧氏空间 R^{n+1} 中的 n 维单位球, 而 $t:\tilde{X}\equiv\tilde{X}$ 是对极映象, 映任一 $\tilde{x}\in\tilde{X}$ 为它的直径相对的点 $-\tilde{x}=t(\tilde{x})$. 于是 $(\tilde{X},t)$ 是一简单组, $t^2=1$. 模空间 $\tilde{X}/t=X$ 是一 n 维投影空间. 已知 ($I_{(i)}=I$ 或 I_2, 视 i 偶或奇而定)

$$H^i(X,I_{(i)})\approx I_2,\quad 0<i\leqslant n,$$

其母元素设为 $U^i\in H^i(X,I_{(i)})$. 于是有

$$A^i(\tilde{X},t)=U^i,\quad 0<i\leqslant n,\tag{1}$$

特别有

$$A^m(\tilde{X},t)\begin{cases}=0, & m>n,\\ \neq 0, & m\leqslant n,\end{cases}\tag{2}$$

或

$$I(\tilde{X},t)=n+1.\tag{2'}$$

证 在 R^{n+1} 中取直角坐标系统 $(x^{(1)},\cdots,x^{(n+1)})$, 则 $\tilde{X}$ 有一胞腔剖分 $\tilde{K}$ 由以下诸胞腔组成:

$$\tilde{\sigma}^i_+:x^{(1)}=\cdots=x^{(n-i)}=0,\quad x^{(n-i+1)}>0,$$

$$\tilde{\sigma}_-^i : x^{(1)} = \cdots = x^{(n-i)} = 0, \quad x^{(n-i+1)} < 0,$$

其维数为 $i(0 \leqslant i \leqslant n)$, 取适当定向可得

$$\partial\tilde{\sigma}_+^i = (-1)^i \partial\tilde{\sigma}_-^i = \tilde{\sigma}_+^{i-1} + (-1)^i \tilde{\sigma}_-^{i-1},$$

而 $\tilde{X}$ 中的 t 所引出 $\tilde{K}$ 的胞腔映象将引出一链映象如下式所示

$$t_\# \tilde{\sigma}_+^i = \tilde{\sigma}_-^i, \quad t_\# \tilde{\sigma}_-^i = \tilde{\sigma}_+^i.$$

设 K 是组 $(\tilde{K}, t)$ 的模复形, 投影为 π, 则 K 由以下诸胞腔

$$\sigma^i = \pi\tilde{\sigma}_+^i = \pi\tilde{\sigma}_-^i$$

所组成, 且有

$$\partial\sigma^i = \begin{cases} 0, & i = \text{奇数}, \\ 2\sigma^{i-1}, & i = \text{偶数}. \end{cases}$$

于是 K 是投影空间 X 的一个胞腔剖分, 而 $U^i \in H^i(X, I_{(i)})$ 在复形 K 中有一代表上闭链

$$u_i = r_{(i)} \{\sigma^i\}, \quad 0 \leqslant i \leqslant n,$$

其中 $\{\sigma^i\}$ 指在 σ^i 取值 1 的上链, 记组 $(\tilde{K}, t)$ 的反投影为 $\bar{\pi}$, 并考虑上链

$$\tilde{u}_i = \{\tilde{\sigma}_+^i\} \in C^i(\tilde{K}), \quad 0 \leqslant i \leqslant n,$$

可见

$$\bar{\pi}^\# \tilde{u}_0 = u_0 = \{\sigma^0\} = K \text{ 的单位上闭链},$$
$$\delta\tilde{u}_i = s_{i+1}^\# \tilde{u}_{i+1},$$

其中 $s_i = 1 + (-1)^i t$, 而

$$r_{(i)} \bar{\pi}^\# \tilde{u}_i = u_i,$$

因之

$$A^i(\tilde{K}, t) = \mu_i^*(\tilde{K}, t) \cdot \mathbf{1}_K = U^i,$$

这证明了 (1).

因 $\tilde{A}^i(\tilde{K}, t)$ 作为 $s_{i+1}-$ 特殊上同调类含有 $s_{i+1}-$ 上闭链 $s_i^\# \tilde{u}_i$, 而这在 $i \leqslant n$ 时显然不能 s_i- 上同调于 0, 故有

$$\tilde{A}^m(\tilde{X}, t) \begin{cases} = 0, & m > n, \\ \neq 0, & m \leqslant n \end{cases} \tag{$\tilde{2}$}$$

或

$$\tilde{I}(\tilde{X}, t) = n + 1. \tag{$\tilde{2}'$}$$

例 3 设 p 是一奇质数, $q=(p-1)/2$, 而 $\varepsilon = e^{2\pi i/p}$ 又设 C^n 是复维数为 n 的酉空间, 有复坐标系统 $(z_1, \cdots, z_n)$ 而 L 是 C^n 中的 $2n-1$ 维单位球, 由 $\sum\limits_{i=1}^{n} z_i\bar{z}_i = 1$ 所定义, 这里 $\bar{z}$ 是复数 z 的共轭, 对任意与 p 互质而满足 $l_i m_i \equiv 1 \bmod p$ 的整数组 $l_i, m_i, 1 \leqslant i \leqslant n$,

$$t : (z_1, \cdots, z_n) \to (\varepsilon^{m_1} z_1, \cdots, \varepsilon^{m_n} z_n)$$

是 $\tilde{L}$ 到自身上的一个保持定向的拓扑变换, 其周期是 p, 而使 $(\tilde{L}, t)$ 成一简单组, 模空间 $L = \tilde{L}/t$ 是一 $2n-1$ 维的可定向流形, 将称为型为 $(l_1, \cdots, l_n)$ 的透镜空间, 并称组 $(\tilde{L}, t)$ 具有型$(l_1, \cdots, l_n)$. 于是有

$$A^m(\tilde{L}, t) \begin{cases} = 0, & m > 2n-1, \\ \neq 0, & m \leqslant 2n-1 \end{cases} \tag{3}$$

或

$$I(\tilde{L}, t) = 2n. \tag{4}$$

证 试考虑 $\tilde{L}$ 的子集 $[k]_j^*(0 \leqslant k \leqslant 2n-1, j$ 任意), 定义如下

$$[2k+1]_j^* : \frac{2\pi}{p} \cdot j \leqslant \arg z_{k+1} \leqslant \frac{2\pi}{p} \cdot (j+1), \quad z_{k+2} = \cdots = z_n = 0,$$

$$[2k]_j^* : \arg z_{k+1} = \frac{2\pi}{p} \cdot j, \quad z_{k+2} = \cdots = z_n = 0.$$

于是

$$[k]_j = [k]_j^* - \sum_{j=1}^{p} [k-1]_i^*$$

是一 k 维开胞腔, 而诸胞腔 $[k]_j, 0 \leqslant k \leqslant 2n-1, 1 \leqslant j \leqslant p$, 构成 $\tilde{L}$ 的一个胞腔剖分, 所有这些胞腔都可给以自然定向, 特别是 $[2n-1]_i^*$ 可取定向使与球 $\tilde{L}$ 的自然定向相协合, 于是有代数关系

$$\partial[2k]_j = [2k-1]_1 + \cdots + [2k-1]_p,$$
$$\partial[2k+1]_j = [2k]_{j+1} - [2k]_j.$$

对 $\tilde{L}$ 中变换 t 所引起 $\tilde{K}$ 的胞腔映象, 则有

$$t_\#[2k+1]_j = [2k+1]_{j+m_{k+1}},$$
$$t_\#[2k]_j = [2k]_{j+m_{k+1}},$$

因而

$$t_{\#}^{l_{k+1}}[2k+1]_j = [2k+1]_{j+1},$$
$$t_{\#}^{l_{k+1}}[2k]_j = [2k]_{j+1}.$$

记组 $(\tilde{K}, t)$ 的模复形为 K, 它的投影与反投影为 π 与 $\bar{\pi}$, 并命 $\pi[k]_1 = \pi[k]_2 = \cdots = \pi[k]_p = [k], 0 \leqslant k \leqslant 2n-1$, 则诸 $[k], 0 \leqslant k \leqslant 2n-1$ 构成透镜空间 L 的一个胞腔剖分, 而 $[2n-1]$ 的定向与流形 L 的自然定向切合, 且

$$\partial[2k] = p[2k-1],$$
$$\partial[2k+1] = 0.$$

由此得 ($I_{(i)} = I$ 或 I_p 视 i 为偶或奇而定)

$$H^i(L, I_{(i)}) \approx I_p,$$

以含有上闭链 $r_{(i)}\{[i]\}$ 的上类 U^i 为它的一个母元素. 今置

$$t_j = 1 + t + \cdots + t^{l_j - 1}, \quad 1 \leqslant j \leqslant n,$$
$$\tilde{u}_{2k-1} = (-1)^k \cdot t_1^{\#} \cdots t_k^{\#}\{[2k-1]_p\},$$
$$\tilde{u}_{2k} = (-1)^k \cdot t_1^{\#} \cdots t_k^{\#}\{[2k]_1\},$$

而如前置 $s_i = 1 + t + \cdots + t^{p-1}$ 或 $1 - t$ 视 i 为偶数或奇数而定, 则有

$$\delta\tilde{u}_k = s_{k+1}^{\#}\tilde{u}_{k+1},$$
$$\bar{\pi}^{\#}\tilde{u}_0 = \{[0]\} = L \text{ 的单位上闭链},$$
$$\bar{\pi}^{\#}\tilde{u}_{2k} = (-1)^k \cdot l_1 \cdots l_k\{[2k]\} \in (-1)^k \cdot l_1 \cdots l_k U^{2k},$$
$$r_p\bar{\pi}^{\#}\tilde{u}_{2k-1} = (-1)^k \cdot l_1 \cdots l_k r_p\{[2k-1]\} \in (-1)^k \cdot l_1 \cdots l_k U^{2k-1}.$$

这证明了 $\{\tilde{u}_k\}$ 是 L 的单位上闭链的一个分解, 而有

$$A^{2k-1}(\tilde{L}, t) = (-1)^k \cdot l_1 \cdots l_k U^{2k-1}, \quad 0 < k \leqslant n,$$
$$A^{2k}(\tilde{L}, t) = (-1)^k \cdot l_1 \cdots l_k U^{2k}, \quad 0 \leqslant k < n.$$

特别可得 (3), 因之也得 (4). 同样, $\tilde{A}^{2k}(\tilde{L}, t)$ 或 $\tilde{A}^{2k-1}(\tilde{L}, t)$ 各含 d- 上闭链 $s^{\#}\tilde{u}_{2k}$ 与 s- 上闭链 $d^{\#}\tilde{u}_{2k-1}$, 它们在 $2k$ 或 $2k-1 \leqslant 2n-1$ 时, 都不能 d- 或 s- 上同调于 0, 因之又有

$$\tilde{A}^m(\tilde{L}, t)\begin{cases} = 0, & m > 2n-1, \\ \neq 0, & m \leqslant 2n-1 \end{cases} \tag{$\tilde{3}$}$$

或

$$\tilde{I}(\tilde{L}, t) = 2n. \tag{$\tilde{4}$}$$

例 4 试考虑欧氏空间 R^n, 向量 $x \in R^n$ 的长度将记为 $|x|$, 对任意质数 p, 命 $\tilde{S}$ 为 R^n 中所有 p 个向量的组 $(x_1, \cdots, x_p)$ 所成的空间, 这里

$$\sum_{i=1}^{p} |x_i|^2 = 1, \tag{5}$$

$$\sum_{i=1}^{p} x_i = 0. \tag{6}$$

于是 $\tilde{S}$ 是一 $(p-1)n-1$ 维的球, 且

$$t : (x_1, \cdots, x_p) \to (x_2, \cdots, x_p, x_1) \tag{7}$$

定义了 $\tilde{S}$ 到自身的一个拓扑交换, 周期为 p, 并使 $(\tilde{S}, t)$ 成一简单组, 对此组有

$$A^m(\tilde{S}, t) \begin{cases} = 0, & m > (p-1)n-1, \\ \neq 0, & m \leqslant (p-1)n-1, \end{cases} \tag{8}$$

或

$$I(\tilde{S}, t) = (p-1)n. \tag{9}$$

再者有

$$\tilde{A}^m(\tilde{S}, t) \begin{cases} = 0, & m > (p-1)n-1, \\ \neq 0, & m \leqslant (p-1)n-1, \end{cases} \tag{$\tilde{8}$}$$

或

$$\tilde{I}(\tilde{S}, t) = (p-1)n. \tag{$\tilde{9}$}$$

证 先设 $p=2$, 则 (5) 与 (6) 变为

$$x_1 = -x_2$$

与

$$|x_1|^2 = 1/4.$$

因而 $\tilde{S}$ 可视作 R^n 中以原点为中心、1/2 为半径的球, 而 t 为 $\tilde{S}$ 的对极变换, 故在这一情形 (8) 与 (9) 以及 ($\tilde{8}$) 与 ($\tilde{9}$) 直接自例 2 得出.

次设 p 是一奇质数, 置 $q = (p-1)/2$ 与 $\varepsilon = e^{2\pi i/p}$. 在 R^n 中选择一坐标系统 $(x^{(1)}, \cdots, x^{(n)})$ 而命 C^n 为一复维数为 n 的酉空间, 以 $(z^{(1)}, \cdots, z^{(n)})$ 为一组复坐标系统, 定义一映象 $f : R^n \to C^n$ 如 $f(x^{(1)}, \cdots, x^{(n)}) = (z^{(1)}, \cdots, z^{(n)})$, 这里 $z^{(i)} = x^{(i)}$, 对任一点 $(x_1, \cdots, x_p) \in \tilde{S}(x_i \in R^n)$ 命

$$z'_i = \sum_{j=1}^{p} \varepsilon^{(j-1)i} \cdot f(x_j), \quad 0 \leqslant i \leqslant p-1, \tag{10}$$

则 z_i' 与 z_{p-i}' 为 C^n 中的共轭向量

$$z_{p-i}' = \bar{z}_i', \quad 1 \leqslant i \leqslant q, \tag{11}$$

而

$$pf(x_j) = \sum_{i=1}^{p-1} \varepsilon^{-(j-1)_i} \cdot z_i', \quad 1 \leqslant j \leqslant p. \tag{12}$$

由此知 (6) 式等价于

$$z_0' = 0. \tag{13}$$

从 (5), (11) 与 (12) 可得

$$2\sum_{i=1}^{q} |z_i'|^2 = \sum_{i=1}^{p-1} |z_i'|^2 = p \cdot \sum_{j=1}^{p} |x_j|^2 = p.$$

故有

$$\sum_{i=1}^{q} |z_i|^2 = 1, \tag{14}$$

这里已置

$$z_i = \sqrt{\frac{2}{p}} \cdot z_i'. \tag{15}$$

设 $\tilde{S}'$ 是所有 C^n 中 q 个向量组 $(z_1, \cdots, z_q)(z_i \in C^n)$ 所成的空间, 这里 z_i 满足 (14), 则 $\tilde{S}$ 在下述变换

$$h: (x_1, \cdots, x_p) \to (z_1, \cdots, z_q)$$

下拓扑等价于 $\tilde{S}'$, 其中 z_i 由 (10) 与 (15) 所给出. 在 h 下, $\tilde{S}$ 中的变换 t 将变为 $\tilde{S}'$ 中的一个变换 t', 由下式给出

$$t' = hth^{-1}: (z_1, \cdots, z_q) \to (\varepsilon^{-1} z_1, \cdots, \varepsilon^{-i} z_i, \cdots, \varepsilon^{-q} z_q).$$

今在积空间 $C^{nq} = C^n \times \cdots \times C^n (q$ 次) 中取一坐标系统

$$(z_1^{(1)}, \cdots, z_1^{(n)}, \cdots, z_q^{(1)}, \cdots, z_q^{(n)}),$$

这里 $z_i = (z_i^{(1)}, \cdots, z_i^{(n)}) \in C^n$, 则可见 $\tilde{S}'$ 是 C^{nq} 中的单位球, 而 $(\tilde{S}', t)$ 是一简单组, 其模空间 $\tilde{S}'/t$ 是一型为

$$(1', \cdots, 1', \cdots, i', \cdots, i', \cdots, q', \cdots, q')$$

的透镜空间, 其中

$$ii' \equiv -1 \bmod p, \quad i = 1, \cdots, q.$$

而每一 i' 出现 n 次, 由例 3 即得本情形的 (8) 与 (9) 以及 $(\tilde{8})$ 与 $(\tilde{9})$.

例 5　设 S^{N-1} 是一 $N-1$ 维球, 而 t 是将 S^{N-1} 变为自身的一个周期为 p 而无固定点的拓扑变换, 以致 (S^{N-1},t) 是一简单组, 于是

(a) 如果 p 是奇数, 则 N 是偶数, 而 t 是保持定向的.

(b) 如果 p 是偶数, 而 N 是奇数, 则 t 逆转定向, 如果 p 是偶数, 而 N 是偶数, 则 t 保持定向.

证　设 Σ^{N-1} 是 $H^{N-1}(S^{N-1})$ 的两个母元素之一, 则

$$t^*\Sigma^{N-1}=\varepsilon\Sigma^{N-1},\quad \varepsilon=\pm 1. \tag{16}$$

因 $t^p=1$, 故有 $(t^p)^*\Sigma^{N-1}=\varepsilon^p\Sigma^{N-1}=\Sigma^{N-1}$, 因之 $\varepsilon^p=1$. 另一面由于 t 无定点, t 的 Lefschetz 数是

$$L(t)=1+(-1)^{N-1}\varepsilon=0, \tag{17}$$

(a) 与 (b) 即由此两关系获得.

例 6　设 S^{N-1} 是一 $N-1$ 维球, 这里 $N>1$, 而 t 是 S^{N-1} 上周期为 p 且无固定点的拓扑交换, 则有

$$\begin{aligned}H^1_{(s)}(S^{N-1},t)&\approx H^2_{(d)}(S^{N-1},t)\approx H^3_{(s)}(S^{N-1},t)\approx\cdots\approx H^{N-2}_{(d_N)}(S^{N-1},t)\\&\approx H^{N-1}_{(\bar{d}_N)}(S^{N-1},t)\approx I_p,\end{aligned} \tag{18_1}$$

$$H^0_{(d)}(S^{N-1},t)\approx I, \tag{18_2}$$

$$H^0_{(s)}(S^{N-1},t)=H^1_{(d)}(S^{N-1},t)=H^2_{(s)}(S^{N-1},t)=\cdots=H^{N-2}_{(\bar{d}_N)}(S^{N-1},t)=0, \tag{18_3}$$

$$H^{N-1}_{(d_N)}(S^{N-1},t)\approx I, \tag{18_4}$$

$$H^r_{(\rho)}(S^{N-1},t)=0,\quad r\geqslant N, \tag{18_5}$$

其中 I 为整数群, I_k 为模 k 整数群, 而

$$d_N=\begin{cases}d, & N=\text{偶数},\\ s, & N=\text{奇数},\end{cases}$$

$$\bar{d}_N=\begin{cases}s, & N=\text{偶数},\\ d, & N=\text{奇数}.\end{cases}$$

特别在 $p=2$ 时,

$$d_N=1-(-1)^Nt,\quad \bar{d}_N=1+(-1)^Nt.$$

再者, (18) 中的同构可由 Smith 特殊同态 μ^*_ρ 来实现.

证　由 2.2 节的命题 3, 有以下 Smith-Richardson 正合序列

$$H^0_{(\bar\rho)}(S^{N-1},t) \to H^0(S^{N-1}) \to H^0_{(\rho)}(S^{N-1},t) \to \cdots \to H^r(S^{N-1})$$
$$\xrightarrow{\lambda^*_\rho} H^r_{(\rho)}(S^{N-1},t) \xrightarrow{\mu^*_\rho} H^{r+1}_{(\bar\rho)}(S^{N-1},t) \xrightarrow{\nu^*_\rho} H^{r+1}(S^{N-1}) \to \cdots.$$

设 z^0 是 S^{N-1} 的单位上闭链, 在它的所有点上都取值 1, 则 z^0 是一 $d-$ 上闭链, 且产生 $H^0_{(d)}(S^{N-1},t) = Z^0_{(d)}(S^{N-1},t) \approx I$, 而 $H^0_{(s)}(S^{N-1},t) = 0$, 同态 $\lambda^*_d : H^0(S^{N-1}) \to H^0_{(d)}(S^{N-1},t)$ 变 z^0 的通常上同调类为 $p\{z^0\}_d$, 这里 $\{z^0\}_d$ 为含有 $d-$ 上闭链 z^0 的 $d-$ 上同调类.

暂设 $N > 2$, 则由下序列的正合性

$$H^0_{(s)}(=0) \to H^0 \xrightarrow{\lambda^*_d} H^0_{(d)} \xrightarrow{\mu^*_d} H^1_{(s)} \xrightarrow{\nu^*_d} H^1 = 0$$

($H^r_{(\rho)}, H^r$ 等都是 $H^r_{(\rho)}(S^{N-1},t)$ 与 $H^r(S^{N-1})$ 的简省) 以及已知同态 λ^*_d 得 $H^1_{(s)} \approx I_p$.

由下序列

$$H^0_{(s)}(=0) \xrightarrow{\mu^*_s} H^1_{(d)} \xrightarrow{\nu^*_s} H^1 = 0$$

的正合性得 $H^1_{(d)} = 0$, 最后, 由序列

$$H^r \to H^r_{(\rho)} \xrightarrow{\mu^*_\rho} H^{r+1}_{(\bar\rho)} \to H^{r+1}$$

的正合性得 $\mu^*_\rho : H^r_{(\rho)} \approx H^{r+1}_{(\bar\rho)}, 0 < r < N-2$ 联合这一些即得 (18_1)~(18_3)(其中 (18_1) 的最后同构除外), 这里 $N \geqslant 2$($N = 2$ 的情形是显然的).

由序列 $H^{N-1}(\approx I) \to H^{N-1}_{(\rho)} \to H^N_{(\bar\rho)}(=0)$ 的正合性可见 $H^{N-1}_{(\rho)}$ 只能为 0, 或 I, 或某一 $k > 1$ 的 I_k, 再设 $N > 2$, 并考虑正合序列

$$H^{N-2}(=0) \to H^{N-2}_{(d_N)}(\approx I_p) \xrightarrow{\mu^*_{d_N}} H^{N-1}_{(\bar d_N)} \xrightarrow{\nu^*_{d_N}} H^{N-1}(\approx I) \xrightarrow{\lambda^*_{d_N}} H^{N-1}_{(d_N)} \to H^N_{(\bar d_N)}(=0).$$

因 $\mu^*_{d_N}$ 是无核同态, 故知 $H^{N-1}_{(\bar d_N)}$ 只能为某一 $k > 1$ 的 I_k, 于是必须有 $\nu^*_{d_N} = 0$, 由此得 $\mu^*_{d_N} : H^{N-2}_{(d_N)} \approx H^{N-1}_{(\bar d_N)} \approx I_p$, 而 $\lambda^*_{d_N} : H^{N-1} \approx H^{N-1}_{(d_N)} \approx I$, 这证明了 $N > 2$ 时的 (18_4) 与 (18_1). 今设 $N = 2$, 而考虑正合序列

$$H^0(\approx I) \xrightarrow{\lambda^*_d} H^0_{(d)}(\approx I) \xrightarrow{\mu^*_d} H^1_{(s)} \xrightarrow{\nu^*_d} H^1(\approx I) \xrightarrow{\lambda^*_d} H^1_{(d)} \to H^2_{(s)}(=0).$$

因 $H^1_{(s)}$ 包含一子群 $\approx H^0_{(d)}/\lambda^*_d H^0 \approx I_p$, 故只能为某一 $k > 1$ 的 I_k, 与前同样可得 $\nu^*_d = 0$ 与 $\nu^*_d : H^1 \approx H^1_{(d)} \approx I, H^1_{(s)} \approx H^0_{(d)}/\lambda^*_d H^0 \approx I_p$, 这又证明了 $N = 2$ 时的 (18_4) 与 (18_1).

因 (18_5) 是显然的, 故命题已完全证明.

注 1　由证明可看出

$$\lambda^* = \lambda^*_{d_N} : H^{N-1}(S^{N-1}) \approx H^{N-1}_{(d_N)}(S^{N-1},t) \approx I.$$

因此, 如果 S^{N-1} 具有定向, 并以 Σ^{N-1} 表与此定向相当的 $H^{N-1}(S^{N-1})$ 的母元素, 则 $\lambda^*(\Sigma^{N-1})$ 为 $H^{N-1}_{(d_N)}(S^{N-1},t)$ 的一个确定的母元素, 在 S^{N-1} 改变定向时, 这一母元素改变符号.

注 2 例 2 与例 3 的结果也可从本例推出, 因之它们的证明可避免使用胞腔剖分. 但应用胞腔剖分也有一有利之处, 即它可给出 Smith 上类的一些具体的代表上闭链, 因之也给出了这些上类的 "几何实现".

例 7 设 $\tilde{X}$ 是 n 维球 S^n 的单位切向量所成的流形, 而 $t:\tilde{X}\to\tilde{X}$ 是这样的一个变换, 它把在 S^n 某一点的单位切向量, 变为在同一点的反向单位切向量, 于是 $t^2=1$, 而 $(\tilde{X},t)$ 是一简单组. 对此有

$$I(\tilde{X},t)=\begin{cases} n, & n=\text{奇数},\\ n+1, & n=\text{偶数}.\end{cases} \tag{19}$$

证 首先注意组 $(\tilde{X},t)$ 的模空间 $X=\tilde{X}/t$, 即 S^n 上所有无定向线性元素所成的空间, 它的同调群已由江泽涵 [28] 所完全定出

$$n\text{ 为奇数时},\begin{cases} H_0(X)\approx H_n(X)\approx I,\\ H_r(X)\approx I_2, \quad r=1,3,\cdots,n-2;n+1,n+3,\cdots,2n-2,\\ H_r(X)=0,\ \text{其他情形}.\end{cases} \tag{20}$$

$$n\text{ 为偶数时},\begin{cases} H_0(X)\approx H_{2n-1}(X)\approx I,\\ H_{n-1}(X)\approx I_4,\\ H_r(X)\approx I_2, \quad r=1,3,\cdots,n-3;n+1,n+3,\cdots,2n-3,\\ H_r(X)=0,\ \text{其他情形}.\end{cases} \tag{21}$$

试先考虑 $n=$ 奇数这一情形.

这时在 S^n 上有一连续向量场, 在每一点 $x\in S^n$ 处有一单位切向量 v_x. 设 $\tilde{Y}$ 为 $\tilde{X}$ 的子空间, 由一切切向量 v_x 以及一 $v_x=tv_x, x\in S^n$ 所组成, 而 Y 为 X 的子空间, 由 v_x 所定一切无定向线性切素所组成, 记 $\tilde{i}$(或 i) 为 $\tilde{Y}$ 在 $\tilde{X}$(或 Y 在 X 中) 的恒同映象, 则 $\tilde{i}:(\tilde{Y},t)\to(\tilde{X},t)$ 为一组映象, 其导出映象即为 i, 由例 1, 有 $A^m(\tilde{Y},t)=0, m>0$. 因之, 若记 Y 的模 2 下同调群的 n 维母元素为 $[Y]$, 则有

$$A^n(\tilde{X},t)\cdot i_*[Y]=i^*A^n(\tilde{X},t)\cdot[Y]=A^n(\tilde{Y},t)\cdot[Y]=0$$

或

$$A^n(\tilde{X},t)\cdot i_*[Y]=0. \tag{22}$$

但 $i_*[Y]$ 为 $H_n(X,I_2)\approx I_2$ 的母元素, 故从 (22) 得

$$A^n(\tilde{X},t)=0. \tag{23}$$

另一面, 试考虑 $\tilde{X}$ 的子空间 $\tilde{S}_0$, 由在同一点 $0 \in S^n$ 的一切单位切向量所组成, 以及 X 的子空间 S_0, 由在 $0 \in S^n$ 的一切无定向线性切素所组成, 记 $\tilde{i}: \tilde{S}_0 \subset \tilde{X}, i: S_0 \subset X$ 为相应的包含映象, 则 $\tilde{i}: (\tilde{S}_0, t) \to (\tilde{X}, t)$ 为一组映象, 而其导出映象即为 i. 今 $\tilde{S}_0$ 可视为一 $n-1$ 维球, t 为其对极映象, 而 $S_0 = \tilde{S}_0/t$ 为一 $n-1$ 维投影空间, 故由例 2 有

$$A^{n-1}(\tilde{S}_0, t) \neq 0,$$

即

$$i^* A^{n-1}(\tilde{X}, t) \neq 0,$$

于是更应有

$$A^{n-1}(\tilde{X}, t) \neq 0,$$

联合 (23), 即得在 n 为奇数时关于 $I(\tilde{X}, t)$ 的 (19) 一式.

今考虑 n 为偶数这一情形, 此时在 S^n 上有一切向量场, 以 $0 \in S^n$ 为唯一奇点, 因而在每一 $x \neq 0$ 的 $x \in S^n$, 有一唯一的单位切向量 v_x. 命 $\tilde{Y}$ 为 $\tilde{X}$ 的子空间, 由所有 $v_x, -v_x = tv_x$, $x \in S^n, x \neq 0$, 以及在 $0 \in S^n$ 的所有单位切向量所组成, 又命 Y 为 X 的子空间, 由 $\tilde{Y}$ 中切向量所定的一切无定向线性切素所组成, 记 $\tilde{Y}, Y$ 在 $\tilde{X}, X$ 中的恒同映象为 $\tilde{i}, i$, 则 $\tilde{i}: (\tilde{Y}, t) \to (\tilde{X}, t)$ 为一组映象, 而以 i 为其导来映象. 今命 $\tilde{Z}$ 是 $\tilde{Y}$ 的子空间, 由在 $0 \in S^n$ 的一切单位切向量所组成, 而 Z 是 Y 的子空间, 由在 0 的一切无定向线性切素所组成, 则 $\tilde{Y}$, $\tilde{Z}$, Y, Z 各为一些奇异下链的负载, 仍以 $\tilde{Y}$ 等记之, 于是命 $\tilde{Y}_0$ 为由一切 $v_x, x \in S^n$, $x \neq 0$ 以及在 0 的一切单位切向量所负载的奇异下链时, 应有

$$\begin{cases} \partial \tilde{Y}_0 = 2\tilde{Z}, \quad \partial Y = 4Z, \\ \pi_{\#} \tilde{Y}_0 = Y, \quad \pi_{\#} \tilde{Z} = 2Z, \end{cases} \tag{24}$$

其中 $\pi: \tilde{X} \to X$ 是组 $(\tilde{X}, t)$ 的投影. 因 Z 是一奇数 $n-1$ 维的投影空间, 而 $\tilde{Z}$ 是一覆盖 Z 的 $n-1$ 维球, 以 π 为覆盖投影, 故可找到 $\tilde{Z}$ 的一组子空间, 各代表模 4 奇异下链 $\tilde{Z}_i$ 与 Z_i, 以 $n-i$ 为维数, $1 \leqslant i \leqslant n$, 使 $\tilde{Z}_n$ 为由 $\tilde{Z}$ 中唯一一点所代表 0 维下闭链的 2 倍, 而有

$$\begin{cases} d_{\#} \tilde{Z}_1 = 2\tilde{Z}, \\ \partial \tilde{Z}_i = s_{i+1\#} \tilde{Z}_{i+1}, \quad 1 \leqslant i \leqslant n (\mathrm{mod} 4), \end{cases} \tag{25}$$

其中 $s_i = 1 + t = s$, 或 $1 - t = d$, 视 i 为偶数或奇数而定 (参阅例 2), 由 (24) 与 (25) 可知, 对含有模 4 奇异下闭链 Y 的奇异下同调类 $[Y] \in H_n(Y, I_4)$ 有

$$\mu_n(\tilde{Y}, t) \cdot [Y] = [Z_n] \neq 0 \bmod 4,$$

这里 $[Z_n]$ 为 Y 中含有一点, 但计算两次的奇异下闭链的模 4 下同调类, 对偶说来, 由 2.3 节命题 8, 即得

$$A^n(\tilde{Y},t)=\mu_n^*(\tilde{Y},t)\cdot\mathbf{1}_Y\neq 0. \tag{26}$$

今记 $\tilde{i}$ 与 i 为包含映象 $\tilde{Y}\subset\tilde{X}, Y\subset X$, 则 $\tilde{i}:(\tilde{Y},t)\to(\tilde{X},t)$ 为一组映象, 而 (26) 给出

$$i^*A^n(\tilde{X},t)=A^n(\tilde{Y},t)\neq 0,$$

于是更应有

$$A^n(\tilde{X},t)\neq 0. \tag{27}$$

今视 $S^n(n=\text{偶数})$ 为一 $n+1$ 维球 S^{n+1} 的赤道球面, 并命 $\tilde{X}', X'$ 各为 S^{n+1} 上所有单位切向量与无定向线性切素所组成的子空间, 考虑恒同映象 $j:X\subset X'$ 和 $\tilde{j}:\tilde{X}\subset\tilde{X}'$, 并应用 $n+1$ 等于奇数时的 (19) 一式, 即得

$$A^{n+1}(\tilde{X},t)=j^*A^{n+1}(\tilde{X}',t)=0,$$

与 (27) 联合, 即得 $n=$ 偶数时关于 $I(\tilde{X},t)$ 的 (19) 一式的证明.

例 8　设 S^n 是一 n 维球, 而 $\theta(x,y)$ 是两点 $x,y\in S^n$ 间的角距离, 对任意 $\alpha>0$ 与 $<\pi$, 命 $\tilde{X}_\alpha$ 为拓扑积 $S^n\times S^n$ 的子空间, 由全部点 (x,y) 所组成, 这里 $x,y\in S^n$, 而 $\theta(x,y)=\alpha$. 命 t_α 为 $\tilde{X}_\alpha$ 中的变换, 变 (x,y) 为 (y,x), 于是 $(\tilde{X}_\alpha,t_\alpha)$ 是一简单组, 对此有

$$I(\tilde{X}_\alpha,t_\alpha)=\begin{cases} n, & n=\text{奇数},\\ n+1, & n=\text{偶数}.\end{cases}$$

证　设对 $(x,y)\in\tilde{X}_\alpha, x,y\in S^n$, 命 $c(x,y)$ 为 S^n 上过 x,y 大圆的小弧的中点, 并命 $v(x,y)$ 为 S^n 在 $c(x,y)$ 的单位切向量, 沿 x 至 y 的方向与小弧相切, 于是 $\tilde{f}(x,y)=v(x,y)$ 定义了一个组映象 $\tilde{f}:(\tilde{X}_\alpha,t_\alpha)\to(\tilde{X},t)$, 这里 $(\tilde{X},t)$ 与例 7 中者相同, 显然 $\tilde{f}:\tilde{X}_\alpha\equiv\tilde{X}$ 是一拓扑变换, 而作为组映象 $\tilde{f}$ 的导出映象 f 也是相应模空间的一个拓扑变换, 因之结论 (28) 直接从 (19) 得出.

第 3 章 研究嵌入、浸入与同痕的一个一般方法

3.1 基本概念

定义 1 一个拓扑空间 X, 将称作是可实现(或可嵌入) 于另一拓扑空间 Y 中的, 如果有一 X 到 Y 中的拓扑映象 f 存在, 这时映象 f 将称为是 X 到 Y 中的一个实现(或嵌入).

定义 2 一个拓扑空间 X 将称作是可局部实现(或可浸入) 于另一拓扑空间 Y 中, 如果 X 有一开覆盖 $\{U_i\}$, 又有一 X 到 Y 中的连续映象 f, 使 f 在每一 U_i 上的限制是一拓扑映象, 这时映象 f 将称为是 X 到 Y 中的一个局部实现(或浸入).

记号

$f: X \subset Y$(或 $f: X \propto\!\!\subset Y$) 意指 f 是 X 到 Y 中的一个实现 (或局部实现).

$X \subset Y$(或 $X \propto\!\!\subset Y$) 意指 X 可实现 (或可局部实现) 于 Y 中.

$X \not\subset Y$(或 $X \propto\!\!\subset Y$) 意指 X 不能实现 (或局部实现) 于 Y 中.

例

1° 设 X 是 Y 的子空间, 则 X 到 Y 中的恒同映象是一 X 到 Y 中的实现.

2° 任一空间 X 到空间 Y 中的实现, 也是 X 到 Y 中的一个局部实现.

3° 设 X 是空间 Y 的一个覆迭空间, 以 $f: X \to Y$ 为覆迭映象, 则 f 是 X 到 Y 中的一个局部实现.

4° 设 C 是复数 z 所成的 Gauss 平面 P 上的一个单位圆 $|z| = 1$, 则对任意整数 n, $f(z) = z^n$ 是 C 到 P 中 (也是 C 到 C 中) 的一个局部实现.

5° 设 C 是复投影平面 P 中的一个代数曲线, 而 M 是 C 的 Riemann 面. 把 M 看作是 C 的所有位 (place) 所成的空间, 而设 $f: M \to C \subset P$ 是把 C 的位映成它的中心的映象, 则 f 是 M 到 P 中 (也是 M 到 C 中) 的一个局部实现.

6° 设 f 映半开线段 $[0, 1)$ 到平面中, 使其象成一形如数字 6 的图形, 则 f 是一局部实现但非实现, 虽然它是一对一的.

问题 1 已给空间 X 与 Y, 试求 X 可实现或局部实现于 Y 中的条件.

在实际上, 几何学中所考虑的具有中心意义的图像, 例如代数簇与微分流形之类, 都是比较简单的空间, 例如欧氏空间或投影空间的子空间, 而且尽管各种空间可由于种种个别的考虑而出现, 在几何与拓扑中占据中心位置的仍是那些可作为欧氏空间子空间的那些空间, 或者应用我们的词汇来说, 正是那些可以实现在某一适

当维数的欧氏空间中的空间, 举例来说, 我们可以提到著名的 Menger-Nöbeling 定理: 任一 n 维的紧致统可实现于 $2n+1$ 维的欧氏空间中.

因之欧氏空间乃是在几何与拓扑中有意义的大部分. 即使不能说是全部空间的一个 "大熔炉". 问题 1 中的空间 Y 如果限制为一个欧氏空间, 也将因此而赋有特殊的意义, 为此我们重述

问题 2 已给空间 X, 试求 X 可实现或可局部实现于某一给定维数 N 的欧氏空间中的条件.

问题 1 或问题 2 的完全的解答, 实质上等于是给出已设空间 Y, 特别是一已设欧氏空间中所有可能的子空间的一个全貌, 这样的目标自然是无法达到的, 事实上, 我们的研究也是很粗浅的, 它只在于给出这些问题的解答的一个初始步骤而已, 详言之, 在于给出空间可以实现或局部实现于一欧氏空间中的必要条件, 而这些条件在某些极端情况又恰好是充分的, 只需对空间加以合情合理的某些限制, 例如限制为可剖形或流形之类.

为叙述我们从事这些问题的方法, 试先回忆一下在第 1 章中就已提到的某些定义与符号.

下面命 p 表一质数, 并设所有空间除非另有声明都是 Hausdorff 的, 对任意空间 $X, \tilde{X}_p$ 是 X 对自身的 p 重拓扑积, $\tilde{d}_X : X \to \tilde{X}_p$ 是对角映象, 而 $t_X : \tilde{X}_p \to \tilde{X}_p$ 是由下式

$$t_X(x_1, \cdots, x_p) = (x_2, x_3, \cdots, x_p, x_1), \quad x_i \in X \tag{1}$$

定义在 $\tilde{X}_p$ 中的巡回变换, $\tilde{X}_p$ 对 t_X 的模空间是 X 的 p 重巡回积 X_p, 相应投影是 π_X, 而对角映象是 $d_X = \pi_X \tilde{d}_X : X \to X_p$, 空间 $\tilde{X}_p - \tilde{d}_X X$ 前已称为 X 的*去核* p *重积*, 并记作 $\tilde{X}_p^*$. 由于 p 是质数, 且 X 是 Hausdorff 空间, 故 $(\tilde{X}_p^*, t_X)$ 是一依 2.4 节意义下的简单组, 且模空间 $\tilde{X}_p^*/t_X = X_p^*$ 也是 Hausdorff 空间, 与 $X_p - d_X X$ 确定地拓扑等价, 因而二者将从此恒同为一, 并称为 X 的*去核* p *重巡回积*.

我们的方法基于下面这一观察: 如果 X 可实现在 Y 中, 且 $f : X \subset Y$ 是这样的一个实现, 则由于 f 是拓扑映象, 由 f 所引出, 并由 $\tilde{f}_p(x_1, \cdots, x_p) = (f(x_1), \cdots, f(x_p))$ 所定义的映象 $\tilde{f}_p : \tilde{X}_p \to \tilde{Y}_p$ 将具有性质 $\tilde{f}_p(\tilde{X}_p^*) \subset \tilde{Y}_p^*$, 且 $\tilde{f}_p$ 与 t_X 及 t_Y 可交换, 即 $t_Y \tilde{f}_p = \tilde{f}_p t_X$. 应用第 2 章的词汇, f 引起了对每一质数 p 的一个组映象

$$\tilde{f}_p : (\tilde{X}_p^*, t_X) \to (\tilde{Y}_p^*, t_Y). \tag{2}$$

关于 X 可实现于 Y 中的一些必要条件, 即可应用第 2 章中所发展了的 P.A.Smith 的理论来得出. 同样的方法也可用之于空间的局部实现问题, 虽然要比较复杂一些. 为了把这一意图付诸实施, 将先引入一些概念如下

定义 3 简单组 $(\tilde{X}_p^*, t_X)$ 的 Smith 上类 (或特殊 Smith 上类)$A^k(\tilde{X}_p^*, t_X) \in H^k(X_p^*, I_{(k)})$(或 $\tilde{A}^k(\tilde{X}_p^*, t_X) \in H^k_{(d_k)}(\tilde{X}_p^*, t_X)$) 将称为 X 的 Φ_p 类 (或 $\tilde{\Phi}_p$ 类), 并将记作 $\Phi_p^k(X)$(或 $\tilde{\Phi}_p^k(X)$), 即

$$\Phi_p^k(X) = A^k(\tilde{X}_p^*, t_X) \tag{3}$$

(或

$$\tilde{\Phi}_p^k(X) = \tilde{A}^k(\tilde{X}_p^*, t_X)).$$

定义 4 对 $\tilde{X}_p$ 中对角形 $\tilde{d}_X X$ 的任一邻域 $\tilde{U}, \tilde{U} - \tilde{d}_X X = \tilde{U}^*$ 将称为 X 在 $\tilde{X}_p$ 中的一个去核邻域, 这个去核邻域将称作是不变的, 如果 $t_X \tilde{U} = \tilde{U}$. 对任一去核不变邻域 $\tilde{U}^*$ 组 $(\tilde{U}^*, t_X)$ 是简单的, 而 $U^* = \tilde{U}^*/t_X$ 将称为 X 在 X_p 中的一个巡回去核邻域.

定义 5 对任意系数群 G, 当 U^* 跑过 X 在 X_p 中的所有巡回去核邻域时, 群 $H^k(U^*, G)$ 以及由包含映象 $V^* \subset U^*$ 所引起的同态 $j_{U^*}^{V^*}: H^k(U^*, G) \to H^k(V^*, G)$ 构成一群的直向系统, 它的极限群 $\mathrm{Lim}\{H^k(U^*, G), j_{U^*}^{V^*}\}$ 将记作 $H^k(X_p^*/X, G)$, 而极限同态 $H^k(U^*, G) \to H^k(X_p^*/X, G)$ 将记作 j_{U^*}. 特别, 若视 X_p^* 为一 X 的巡回去核邻域, 则有同态

$$j^* = j_{X_p}^* : H^k(X_p^*, G) \to H^k(X_p^*/X, G). \tag{4}$$

如果 G 是一个环, 则因每一 $j_{U^*}^{V^*}$ 是 $H^*(U^*, G)$ 到 $H^*(V^*, G)$ 的一个环同态, 故直和

$$H^*(X_p^*/X, G) = \Sigma H^k(X_p^*/X, G)$$

也成一环, 且每一 j_{U^*} 是一环同态.

定义 6 对于每一对有 $\tilde{V}^* \subset \tilde{U}^*$ 关系的 X 在 $\tilde{X}_p$ 中的不变去核邻域, 包含映象 $\tilde{V}^* \subset \tilde{U}^*$ 必与 t_X 可交换, 因之而引出特殊上同调群间的同态

$$\tilde{j}_{\tilde{U}^*(\rho)}^{\tilde{V}^*} : H^k_{(\rho)}(\tilde{U}^*, t_X; G) \to H^k_{(\rho)}(\tilde{V}^*, t_X; G).$$

于是组 $\{H^k_{(\rho)}(\tilde{U}^*, t_X; G), \tilde{j}_{\tilde{U}^*,(\rho)}^{\tilde{V}^*}\}$ 构成一直向系统, 它的极限群将记作

$$\mathrm{Lim}\{H^k_{(\rho)}(\tilde{U}^*, t_X; G), \tilde{j}_{\tilde{U}^*,(\rho)}^{\tilde{V}^*}\} = H^k_{(\rho)}(\tilde{X}_p^*/X.t_X; G), \tag{5}$$

而极限同态记作

$$\tilde{j}_{\tilde{U}^*,(\rho)}^* : H^k_{(\rho)}(\tilde{U}^*, t_X; G) \to H^k_{(\rho)}(\tilde{X}_p^*/X, t_X; G). \tag{6}$$

特别有同态

$$\tilde{j}_{(\rho)}^* = \tilde{j}_{\tilde{X}^*p,(\rho)}^* : H^k_{(\rho)}(\tilde{X}_p^*, t_X; G) \to H^k_{(\rho)}(\tilde{X}_p^*/X, t_X; G). \tag{7}$$

附注 当 $\tilde{U}^*$ 跑过 X 在 $\tilde{X}_p^*$ 中的所有不变去核邻域时, 诸群 $H^k(\tilde{U}^*, G)$ 以及由包含映象 $\tilde{V}^* \subset \tilde{U}^*$ 所引起的同态 $j_{\tilde{U}^*}^{\tilde{V}^*}: H^k(\tilde{U}^*, G) \to H^k(\tilde{V}^*, G)$ 将构成一直向系统, 它的极限群将记作 $H^k(\tilde{X}_p^*/X, G)$, 而极限同态记作

$$\tilde{j}_{\tilde{U}^*}^*: H^k(\tilde{U}^*, G) \to H^k(\tilde{X}_p^*/X, G).$$

定义 7 对任一对 X 在 $\tilde{X}_p$ 中的不变去核邻域 $\tilde{V}^*, \tilde{U}^*$, 这里 $\tilde{V}^* \subset \tilde{U}^*$, 命 $U^* = \tilde{U}^*/t_X, V^* = \tilde{V}^*/t_X$, 则包含映象 $\tilde{V}^* \subset \tilde{U}^*$ 与 t_X 的可交换性蕴涵了 $j_{\tilde{U}^*,(dk)}^{\tilde{V}^*} \tilde{A}^k(\tilde{U}^*, t_X) = \tilde{A}^k(\tilde{V}^*, t_X)$ 与 $j_{U^*}^{V^*} A^k(\tilde{U}^*, t_X) = A^k(\tilde{V}^*, t_X)$. 因之类[①] $A^k(\tilde{U}^*, t_X) \in H^k(U^*, I_{(k)})$ (或 $\tilde{A}^k(\tilde{U}^*, t_X) \in H_{(dk)}^k(\tilde{U}^*, t_X)$) 在 $H^k(X_p^*/X, I_{(k)})$(或 $H_{(dk)}^k(\tilde{X}_p^*/X, t_X)$) 中有相同的极限, 它们将称为 X 的 Ψ_p类(或 $\tilde{\Psi}_p$类) 并将记作 $\Psi_p^k(X)$(或 $\tilde{\Psi}_p^k(X)$), 同样, Smith 同态 (或特殊 Smith 同态)

$$\mu_k^*(\tilde{U}^*, t_X): H^q(U^*, G) \to H^{q+k}(U^*, G_{(k)})$$

(或 $\tilde{\mu}_k^*(\tilde{U}^*, t_X): H_{(\rho)}^q(\tilde{U}^*, t_X; G) \to H_{(\rho_k)}^{q+k}(\tilde{U}^*, t_X; G)$) 与同态 $j_{U^*}^{V^*}$(或 $\tilde{f}_{\tilde{U}^*,(\rho)}^{\tilde{V}^*}$) 可交换, 因而将在极限群间引出同态记作

$$\mu_k^*(\tilde{X}_p^*/X, t_X): H^q(X_p^*/X, G) \to H^{q+k}(X_p^*/X, G_{(k)}) \tag{8}$$

(或 $\tilde{\mu}_k^*(\tilde{X}_p^*/X, t_X): H_{(\rho)}^q(\tilde{X}_p^*/X, t_X; G) \to H_{(\rho_k)}^{q+k}(\tilde{X}_p^*/X, t_X; G)$). $(\bar{8})$

定义 8 使 $\Phi_p^n(X) = 0$(或 $\tilde{\Phi}_p^n(X) = 0, \Phi_p^n(X) = 0, \tilde{\Phi}_p^n(X) = 0$) 的最小整数 n, 如果存在将称为空间 X 的 Φ_p 或 I_p指数(以及 $\tilde{\Phi}_p$ 或 $\tilde{I}_p$指数, Ψ_p 或 J_p指数, $\tilde{\Psi}_p$ 或 $\tilde{J}_p$指数), 并将记作 $I_p(X)$(或 $\tilde{I}_p(X), J_p(X), \tilde{J}_p(X)$). 同样也定义 X 的约化Φ_p 与 Ψ_p指数为使 $r_p\Phi_p^n(X) = 0$ 或 $r_p\Psi_p^n(X) = 0$ 的最小整数 n(如果存在的话), 如果这样的整数 n 不存在, 则将置 $I_p(X) = \infty$(或 $\tilde{I}_p(X) = \infty, J_p(X) = \infty, \tilde{J}_p(X) = \infty$).

在 $\Phi_p^k(X), \Psi_p^k(X)$, 等等之间, 除了在第 2 章中已指出从 Smith 类一般理论所得出的那些关系, 例如

$$\Phi_p^{2i}(X) \cup \Phi_p^{2j}(X) = \Phi_p^{2i+2j}(X), \tag{9}$$

$$\Psi_p^{2i}(X) \cup \Psi_p^{2j}(X) = \Psi_p^{2i+2j}(X), \tag{10}$$

等等, 我们还可提出下面这一极为显然的定理

定理 1 Hausdorff 空间的 Φ_p 类与 Ψ_p 类之间有关系

$$j^*\Phi_p^k(X) = \Psi_p^k(X), \tag{11}$$

---

① 与第 2 章相同, I 指整数群, 而 $G_{(k)} = G$ 或 G/pG, 视 k 为偶或奇而定.

这里 j^* 如定义 5 中那种意义. 由此得

$$J_p(X) \leqslant I_p(X). \tag{12}$$

对 $\tilde{\varPhi}_p$ 类, $\tilde{\varPsi}_p$ 类以及其指数间也有类似关系.

应用像上面所描述的那种方法, 即可得以下有关空间实现与局部实现的两个定理, 这些定理, 尽管它们的证明是完全不足道的, 但却在本书中起着中心的作用, 而可看作是我们全部理论的基本定理.

定理 2 如果一个 Hausdorff 空间 X 可在另一 Hausdorff 空间中实现, 则对任一质数 p, 有

$$\begin{cases} \tilde{I}_p(X) \leqslant \tilde{I}_p(Y), \\ I_p(X) \leqslant I_p(Y). \end{cases} \tag{13}$$

证 设 $f: X \subset Y$ 是 X 到 Y 中的一个实现, 像早已指出的那样, f 将引出一映象 $\tilde{f}_p: \tilde{X}_p^* \to \tilde{Y}_p^*$, 定义如 $\tilde{f}_p(x_1, \cdots, x_p) = (f(x_1), \cdots, f(x_p))$, 使 $\tilde{f}_p: (\tilde{X}_p^*, t_X) \to (\tilde{Y}_p^*, t_Y)$ 成一组映象, 于是从 2.4 节的命题 3 立得本定理.

定理 3 如果 Hausdorff 空间 X 可局部实现于 Hausdorff 空间 Y 中, 则对任意质数 p 有

$$\begin{cases} \tilde{J}_p(X) \leqslant \tilde{J}_p(Y), \\ J_p(X) \leqslant J_p(Y). \end{cases} \tag{14}$$

证 设 $\{U_i\}$ 是 X 的一个开覆盖, 而 $f: X \to Y$ 是一连续映象, 它在每一 U_i 上的限制都是一个拓扑映象. 命 $\tilde{U}^*$ 是 X 在 $\tilde{X}_p$ 中的这样一个不变去核邻域, 由所有点 $(x_1, \cdots, x_p) \in \tilde{X}_p^*$ 所组成, 而诸 $x_1, \cdots, x_p$ 都位于对某指数 i 而言的同一 U_i 中, 于是 f, 由于在每一 U_i 上是拓扑映象, 将引出一映象 $\tilde{f}_p = \tilde{F}: \tilde{U}^* \to \tilde{Y}_p^*$, 定义如 $\tilde{F}(x_1, \cdots, x_p) = (f(x_1), \cdots, f(x_p))$. 今设 $\tilde{\varPsi}_p^N(Y) = 0$(或 $\varPsi_p^N(Y) = 0$), 则将有 Y 在 $\tilde{Y}_p$ 中的不变去核邻域 $\tilde{V}^*$, 使 $\tilde{A}^N(\tilde{V}^*, t_Y) = 0$(或 $A^N(\tilde{V}^*, t_Y) = 0$). 置 $\tilde{W}^* = \tilde{F}^{-1}(\tilde{V}^*)$, 则 $\tilde{W}^*$ 显然是 X 在 $\tilde{X}_p$ 中的一个不变去核邻域, 因 $\tilde{F}(\tilde{W}^*) \subset \tilde{V}^*$ 且 $t_Y\tilde{F} = \tilde{F}t_X$, 故有 $\tilde{A}^N(\tilde{W}^*, t_X) = \tilde{F}^*_{(d_N)}\tilde{A}^N(\tilde{V}^*, t_Y) = 0$(或 $A^N(\tilde{W}^*, t_X) = F^*A^N(\tilde{V}^*, t_Y) = 0$, 这里 F 是 $\tilde{F}$ 所导出的映象). 于是趋于极限, 即得 $\tilde{\varPsi}_p^N(X) = \tilde{j}^*_{\tilde{W}^*,(d_N)}\tilde{A}^N(\tilde{W}^*, t_X) = 0$(或 $\varPsi_p^N(X) = j_W^* * A^N(\tilde{W}^*, t_X) = 0$, 这里 $W^* = \tilde{W}^*/t_X$). 这证明了 (14).

为了要从上面的一般定理导出一个空间可实现或局部实现于一个 N 维欧氏空间 R^N 中的条件, 必须先研究简单组 $((\tilde{R}^N)_p^*, t_N)$, 其中 $t_N = t_R^N$, 为此试考虑 $(R^N)_p = R^N \times \cdots \times R^N$($p$ 次) 中的子空间 $\tilde{L}_{p,N}$, 由所有 R^N 中 p 个向量所成的组 $(x_1, \cdots, x_p)$ 构成, 这里 $x_i \in R^N$ 而 $\sum\limits_{i=1}^{p} x_i = 0$, $\sum\limits_{i=1}^{p} |x_i|^2 = 1$, 其中 $|x|$ 表 R^N 中一个向量 x 的长度, 于是显然 $\tilde{L}_{p,N} \subset (\tilde{R}^N)_p^*$ 是一 $(p-1)N-1$ 维球, 而 t_N 也是 $\tilde{L}_{p,N}$

到它自身的一个拓扑变换, 致使 $(\tilde{L}_{p,N}, t_N)$ 成为 $((\tilde{R}^N)^*_p, t_N)$ 的一个子简单组, 不但如此, 我们还有

命题 1 $(\tilde{L}_{p,N}, t_N)$ 是组 $((\tilde{R}^N)^*_p, t_N)$ 的一个组伦移收缩核.

证 视积空间 $R^N \times \cdots \times R^N$($p$ 次) 为一 pN 维欧氏空间 R^{pN}, 而以 O 为其原点, $\tilde{\Delta}^N$ 为其对角形, 由下方程组

$$x_1 = x_2 = \cdots = x_p, \quad (x_1, \cdots, x_p) \in R^{pN}$$

所确定. 对任一点 $x \in \tilde{\Delta}^N$, 命 P_x 为 R^{pN} 中过点 x 而完全垂直于线性子空间 $\tilde{\Delta}^N$ 的 $(p-1)N$ 维线性子空间. 设 $S_x^{(p-1)N-1}$ 是 P_x 中以 x 为中心的单位球, 而 U 是所有这些球 $S_x^{(p-1)N-1}, x \in \tilde{\Delta}^N$ 的并集. 显然对每一 $x \in \Delta^N$ 有 $t_N(S_x^{(p-1)N-1}) \subset S_x^{(p-1)N-1}$, 且 $(S_x^{(p-1)N-1}, t_N)$ 与 $(\tilde{U}, t_N)$ 都是组 $((\tilde{R}^N)^*_p, t_N)$ 的子组, 易见组 $(S_0^{(p-1)N-1}, t_N)$ 与组 $(\tilde{L}_{p,N}, t_N)$ 完全重合. 盖设任一点 $x = (x_1, \cdots, x_p) \in S_0^{(p-1)N-1}$, 这里 $x_i \in R^N$, 于是有 $\sum\limits_{i=1}^{p} |x_i|^2 = 1$, 且对任意点 $y = (e, \cdots, e) \in \tilde{\Delta}^N$, 这里 $e \in R^N$, 有数积 $x \cdot y = 0$. 由此得 $x_1 + \cdots + x_p = 0$, 因而 $x \in \tilde{L}_{p,N}$. 其逆也同样成立, 因而 $\tilde{L}_{p,N} = \mathrm{S}_0^{(p-1)N-1}$, 而两组 $(\tilde{L}_{p,N}, t_N), (S_0^{(p-1)N-1}, t_N)$ 相重合.

对任意点 $x \in (\tilde{R}^N)^*_p$ 命 $\pi(x)$ 为 x 在线性子空间 $\tilde{\Delta}^N$ 上的正交投影. 命 $g(x)$ 为从 $\pi(x)$ 到 x 的半射线与 $S_{\pi(x)}^{(p-1)N-1}$ 的交点, 线性地将每一点 x 沿自 x 至 $g(x)$ 的线段上伦移, 即见组 $(\tilde{U}, t_N)$ 是 $((\tilde{R}^N)^*_p, t_N)$ 的一个组伦移收缩核.

今在对应 $y \to y - x$ 之下, 这里 $y \in S_x^{(p-1)N-1}$, 而 $x = \pi(y)$, 可见所有球 $S_x^{(p-1)N-1}$ 都拓扑等价于 $S_0^{(p-1)N-1}$. 今对所有 $x \in \tilde{\Delta}^N$ 将任一点 $y \in S_x^{(p-1)N-1}$ 沿 y 至 $y - x \in S_0^{(p-1)N-1}$ 的线段线性地伦移, 于是这显然给出了一个 $(\tilde{U}, t_N)$ 到 $(S_0^{(p-1)N-1}, t_N)$ 的组伦移收缩, 因而后者是前者的一个组伦移收缩核, 联合前面两个伦移, 即知 $(S_0^{(p-1)N-1}, t_N)$ 亦即 $(\tilde{L}_{p,N}, t_N)$ 乃是 $((\tilde{R}^N)^*_p, t_N)$ 的一个组伦移收缩核, 如所欲证.

命题 2 在 $X = R^N$ 时, 由 (7) 式所给出的确定同态 $\tilde{j}^*_{(\rho)}$ 都是同构, 即

$$\tilde{j}^*_{(\rho)} : H^k_{(\rho)}((\tilde{R}^N)^*_p, t_N; G) \approx H^k_{(\rho)}((\tilde{R}^N)^*_p / R^N, t_N; G). \tag{15}$$

证 试考一特别形状的 R^N 在 $(\tilde{R}^N)_p$ 中的不变去核邻域如此, 应用命题 1 证明中的符号, 并设 $\varepsilon(x), x \in \tilde{\Delta}^N$ 是任一 $\tilde{\Delta}^N$ 上的正值连续函数. 命 $\tilde{U}^*_\varepsilon$ 为 R^{pN} 中到 $\tilde{\Delta}^N$ 中的 x 有垂直距离 >0 且 $< 2\varepsilon(x)$ 的所有那些点的集合. 显然当 ε 取所有这种函数时, 邻域 $\tilde{U}^*_\varepsilon$ 所成的组在 R^N 在 $(\tilde{R}^N)^*_p$ 的所有不变去核邻域组中是同尾的. 因而在确定特殊群 $H^k_{(\rho)}((\tilde{R}^N)^*_p / R^N, t_N)$ 时, 只需考虑这种特殊形状的邻域 $\tilde{U}^*_\varepsilon$ 就够了. 命 $S_{\varepsilon(x)}^{(p-1)N-1}$ 为以 $x \in \tilde{\Delta}^N$ 为中心 $\varepsilon(x)$ 为半径而位于过 x 且垂直于 $\tilde{\Delta}^N$ 的 $(p-1)N$ 维线性子空间 P_x 中的 $(p-1)N-1$ 维球. 又命 $\tilde{\Sigma}_\varepsilon$ 为所有这些球的并

集. 对任意 $x \in (\tilde{R}^N)_p^*$, 命 $\pi(x)$ 为 x 到线性子空间 $\tilde{\Delta}^N$ 的垂直投影, 而命 $g(x)$ 为从 $\pi(x)$ 到 x 的半射线与 $S_{\varepsilon(\pi(x))}^{(p-1)N-1}$ 的交点. 今将每一点 x 沿从 x 到 $g(x)$ 的线段作线性伦移, 即可见 $((\tilde{R}^N)_p^*, t_N)$ 与 $(\tilde{U}_\varepsilon^*, t_N)$ 两者都以同一组 $(\tilde{\Sigma}_\varepsilon, t_N)$ 为一组伦移收缩核. 由 2.4 节的命题, 即知 $H_{(\rho)}^k((\tilde{R}^N)_p^*, t_N)$ 与 $H_{(\rho)}^k(\tilde{U}_\varepsilon^*, t_N)$ 在 (6) 式的 $j_{\tilde{U}_\varepsilon *}, (\rho)$ 下确定地同构. 趋于极限即得确定同构 (15).

组 $(\tilde{L}_{p,N}, t_N)$ 已在 2.6 节的例 4 中讨论过, 在那里的例 1～ 例 6 给出 ($H_{(\rho)}^k$ 表 $H_{(\rho)}^k(\tilde{L}_{p,N}, t_N)$) :

$$\begin{cases} H_{(s)}^0 = H_{(d)}^1 = H_{(s)}^2 = \cdots = H_{(\rho_{N,p})}^{(p-1)N-2} = 0, \\ H_{(\rho)}^q = 0, \quad q \geqslant (p-1)N. \end{cases} \tag{16}$$

所有其他 $H_{(\rho)}^q$ 都 $\neq 0$, 特别有

$$H_{(\rho_{N,p})}^{(p-1)N-1} \approx I, \quad H_{(\bar{\rho}_{N,p})}^{(p-1)N-1} \approx I_p. \tag{16'}$$

其中

$$\rho_{N,p} = \begin{cases} d, & (p-1)N = \text{偶数时}, \\ s, & (p-1)N = \text{奇数时}, \end{cases} \tag{17}$$

$$\bar{\rho}_{N,p} = \begin{cases} s, & (p-1)N = \text{偶数时}, \\ d, & (p-1)N = \text{奇数时}. \end{cases} \tag{$\tilde{17}$}$$

此外又有

$$A^k(\tilde{L}_{p,N}, t_N) \begin{cases} = 0, & k \geqslant (p-1)N\text{时}, \\ \neq 0, & k < (p-1)N\text{时}, \end{cases} \tag{18}$$

$$\tilde{A}^k(\tilde{L}_{p,N}, t_N) \begin{cases} = 0, & k \geqslant (p-1)N\text{时}, \\ \neq 0, & k < (p-1)N\text{时}. \end{cases} \tag{$\tilde{18}$}$$

再者, $L_{p,N} = \tilde{L}_{p,N}/t_N$ 的模 p 上同调环又由

$$U = A^1(\tilde{L}_{p,N}, t_N), \quad V = r_p A^2(\tilde{L}_{p,N}, t_N)$$

所产生, 二者间有关系

$$U \cup V = \begin{cases} V, & p = 2\text{时}, \\ 0, & p > 2\text{时} \end{cases} \tag{19'}$$

与

$$\begin{cases} U \cup V = V \cup U, \quad \cup^{(p-1)N/2} V = 0, \quad p > 2\text{时}, \\ \cup^N U = 0, \quad p = 2\text{时}, \end{cases} \tag{19''}$$

对于组 $((\tilde{R}^N)_p^*, t_N)$ 也有同样关系 (参阅 2.4 节命题 6), 特别有

定理 4　对 N 维欧氏空间 R^N 有

$$I_p(R^N) = \tilde{I}_p(R^N) = (p-1)N \tag{20}$$

或

$$\Phi_p^k(R^N)\begin{cases} = 0, & k \geqslant (p-1)N\text{时}, \\ \neq 0, & k < (p-1)N\text{时} \end{cases} \tag{21}$$

以及

$$\tilde{\Phi}_p^k(R^N)\begin{cases} = 0, & k \geqslant (p-1)N\text{时}, \\ \neq 0, & k < (p-1)N\text{时}, \end{cases} \tag{$\tilde{21}$}$$

同样也有 (16) 与 (16′), 其中 $\rho_{N,p}$ 仍由 (17) 给出, 而 $H^q_{(\rho)}$ 代表 $H^q_{(\rho)}((\tilde{R}^N)^*_p, t_N)$.

由定理 2 又可得

定理 5　如果 Hausdorff 空间 X 可实现于欧氏空间 R^N 中, 则对任意质数 p 有

$$I_p(X) \leqslant \tilde{I}_p(X) \leqslant (p-1)N \tag{22}$$

或

$$\Phi_p^k(X) = 0, \quad k \geqslant (p-1)N\text{时} \tag{23}$$

与

$$\tilde{\Phi}_p^k(X) = 0, \quad k \geqslant (p-1)N\text{时}. \tag{$\tilde{23}$}$$

为考虑在一欧氏空间中的局部实现问题, 首先从命题 2 得到:

定理 6　对于一个 N 维欧氏空间 R^N 而言, 对任意质数 p 有

$$J_p(R^N) = \tilde{J}_p(R^N) = (p-1)N \tag{24}$$

或

$$\Psi_p^k(R^N)\begin{cases} = 0, & k \geqslant (p-1)N\text{时}, \\ \neq 0, & k < (p-1)N\text{时} \end{cases} \tag{25}$$

以及

$$\tilde{\Psi}_p^k(R^N)\begin{cases} = 0, & k \geqslant (p-1)N\text{时}, \\ \neq 0, & k < (p-1)N\text{时}. \end{cases} \tag{$\tilde{25}$}$$

此外并有 (16) 与 (16)′, 其中 $\rho_{N,p}$ 与 $\bar{\rho}_{N,p}$ 仍如 (17) 与 ($\tilde{17}$) 所示, 而 $H^k_{(\rho)}$ 这时代表

$$H^k_{(\rho)} = H^k_{(\rho)}((\tilde{R}^N)^*_p/R^N, t_N). \tag{26}$$

证　这从命题 2、定理 4 与定理 1 立即得出.

作为定理 3 与定理 6 的推论又有

定理 7 如果 Hausdorff 空间 X 可局部实现于 N 维欧氏空间 R^N 中, 则对任意质数 p 有

$$J_p(\mathrm{X}) \leqslant \tilde{J}_p(X) \leqslant (p-1)N$$

或

$$\tilde{\Psi}_p^k(\mathrm{X}) = 0, k \geqslant (p-1)N\text{时}$$

与

$$\Psi_p^k(\mathrm{X}) = 0, k \geqslant (p-1)N\text{时}.$$

3.2 有限可剖形的 $\tilde{\Phi}_p$ 与 $\tilde{\Psi}_p$ 类

在第 1 章中, 对任一有限单纯复形曾引入了积复形 $K \times \cdots \times K$(p 次) 的某些标准剖分 $\omega_1\tilde{K}_p$ 与 $\omega_2\tilde{K}_p$, 以及某些复形 $\tilde{K}_p^*, \tilde{K}_p^{(+)}, \tilde{K}_p^{(0)}$ 与 $\tilde{K}_p^{(-)}$. 在空间 $|\tilde{K}|_p$ 中的巡回变换 $t:(x_1,\cdots,x_p) \to (x_2,\cdots,x_p,x_1)$ 也将在这些复形中引出相应的胞腔映象, 这些都仍将记之为 t. 假设 p 是一质数, 则 $(\tilde{K}_p^*,t),(\tilde{K}_p^{(+)},t)$ 与 $(\tilde{K}_p^{(0)},t)$ 将都是简单组, 而它们的模复形已曾记作 $K_p^* = \tilde{K}_p^*/t, K_p^{(+)} = \tilde{K}_p^{(+)}/t$ 与 $K_p = \tilde{K}_p^{(0)}/t$.

定义 1 简单组 $(\tilde{K}_p^*,t)$ 与 $(\tilde{K}_p^{(0)},t)$ 的 Smith 上类

$$\Phi_p^k(K) = A^k(\tilde{K}_p^*,t) \in H^k(K_p^*, I_{(k)}), \quad k \geqslant 0$$

与

$$\Psi_p^k(K) = A^k(\tilde{K}_p^{(0)},t) \in H^k(K_p^{(0)}, I_{(k)}), \quad k \geqslant 0$$

将各称为有限单纯复形 K 的 Φ_p类与 Ψ_p类. 简单组 $(\tilde{K}_p^*,t)$ 与 $(\tilde{K}_p^{(0)},t)$ 的特殊 Smith 上类也将同样地定义为 K 的 $\tilde{\Phi}_p$类与 $\tilde{\Psi}_p$类, 而各记为 $\tilde{\Phi}_p^k(K)$ 与 $\tilde{\Psi}_p^k(K)$.

之所以要考虑这些复形与这些类 $\Phi_p^k(K), \Psi_p^k(K)$ 的原因, 可从下述定理看出.

定理 1 设 K 是一有限单纯复形, 而 $X = |K|$ 是它的空间, 则有确定同构

$$i^*: H^m(K_p^*, G) = H^m(|K_p^*|, G) \approx H^m(X_p^*, G), \tag{1}$$

$$i_0^*: H^m(K_p^{(0)}, G) = H^m(|K_p^{(0)}|\,, G) \approx H^m(X_p^*/X, G), \tag{2}$$

且使 K 与 X 的 Φ_p 类以及 Ψ_p 类各在这些同构之下互相对应. 再者又有一确定的胞腔映象 $j_0: K_p^{(0)} \to K_p^*$ 使在上述同构之下同态

$$j_0^*: H^m(K_p^*, G) \to H^m(K_p^{(0)}, G) \tag{3}$$

与 3.1 节定义 4 中引入的确定同态

$$j_{x_p^*}^* = j^*: H^m(X_p^*, G) \to H^m(X_p^*/X, G) \tag{3'}$$

重合, 换言之, 即有

$$j_0^* = i_0^{*-1} j^* i^*, \tag{4}$$

特别有

$$j_0^* \Phi_p^m(K) = \Psi_p^m(K). \tag{5}$$

对 $\tilde{\Phi}_p$ 类与 $\tilde{\Psi}_p$ 类也有类似的结果, 与 (1)~(5) 相当的关系将各记为 $(\tilde{1}) \sim (\tilde{5})$.

证 像 1.4 节中所证明的那样, 对 $\tilde{X}_p^* - |\tilde{K}_p^*|$ 中的任一点 x, 可找到唯一的一点 $x_0 \in |\tilde{\Delta}_K|$ 与唯一的一点 $x_1 \in |\tilde{K}_p^*|$ 使所给点 x 在线段 x_0x_1 上, 今将每一点 $x \in \tilde{X}_p^* - |\tilde{K}_p^*|$ 沿 x 到 x_1 的线段作线性伦移, 而使 $|\tilde{K}_p^*|$ 中的点保持不动, 即可见 $|\tilde{K}_p^*|$ 是 $\tilde{X}_p^*$ 的一个伦移收缩核, 由于这个伦移显然是与变换 t 可交换的, 故组 $(|\tilde{K}_p^*|, t)$ 同时是组 $(\tilde{X}_p^*, t)$ 的一个组伦移收缩核, 因之 $|\tilde{K}_p^*|$ 也是 $\tilde{X}_p^*$ 的一个伦移收缩核. 今定义映象

$$\tilde{i} : \tilde{X}_p^* \to |\tilde{K}_p^*|,$$

$$i : X_p^* \to |K_p^*| ,$$

使对 $x \in \tilde{X}_p^* - |\tilde{K}_p^*|$ 时, $\tilde{i}(x) = x_1$, 而 $\tilde{i}/|\tilde{K}_p^*| =$ 恒同, 而 i 为组映象 $\tilde{i} : (\tilde{X}_p^*, t) \to (|\tilde{K}_p^*| , t)$ 的导出映象, 则将有同构

$$\tilde{i}_{(p)}^* : H_{(\rho)}^m(\tilde{K}_p^*, t; G) = H_{(\rho)}^m(|\tilde{K}_p^*| , t; G) \approx H_{(\rho)}^m(X_p^*, t; G) \tag{6}$$

以及 (1) 式中的 i^*. 再者, $\tilde{i}$ 在 $|\tilde{K}_p^{(0)}|$ 上的限制 $\tilde{j} = \tilde{i}/|\tilde{K}_p^{(0)}|$ 也是一个 $(|\tilde{K}_p^{(0)}|, t)$ 到 $(|\tilde{K}_p^*|, t)$ 的组映象而将导出一映象 $j_0 : |K_p^{(0)}| \to |K_p^*|$. 这些映象给出了 (3) 与 (5).

同样, 将 $\tilde{X}_p^* - |\tilde{K}_p^*|$ 的任一点 x 沿着线段 x_0x_1 从 x 到 $x_{1/2}$ 作线性伦移, 这里 x_α 指 x_0x_1 上分之成比 $\alpha : 1-\alpha$ 的那一点, 即可见组 $(|\tilde{K}_p^{(0)}| , t)$ 也是组 $(\tilde{X}_p^* - |\tilde{K}_p^*| , t)$ 的一个组伦移收缩核, 而映象 $\tilde{i}_K : x \to x_{1/2}$ 将引出一映象 $i_K : X_p^* - |K_p^*| \to |K_p^{(0)}|$, 使

$$i_{K}^* : H^m(K_p^{(0)}, G) \approx H^m(X_p^* - |K_p^*| , G), \tag{7}$$

$$i_{K(\rho)}^* : H_{(\rho)}^m(\tilde{K}_p^{(0)}, t; G) \approx H_{(\rho)}^m(\tilde{X}_p^* - |\tilde{K}_p^*| , t; G), \tag{$\tilde{7}$}$$

$$i_{K}^* \Psi_p^m(K) = i_{K}^* A^m(\tilde{K}_p^{(0)}, t) = A^m(\tilde{X}_p^* - |\tilde{K}_p^*|, t), \tag{8}$$

$$\tilde{i}_{K,(dm)}^* \tilde{\Psi}_p^m(K) = \tilde{i}_{K,(dm)}^* \tilde{A}^m(\tilde{K}_p^{(0)}, t) = \tilde{A}^m(\tilde{X}_p^* - |\tilde{K}_p^*| , t), \tag{$\tilde{8}$}$$

今 $\tilde{X}_p^* - |\tilde{K}_p^*|$ 是 X 在 $\tilde{X}_p$ 中的一个不变去核邻域, 而 $X_p^* - |K_p^*|$ 是与它相应的巡回去核邻域. 像 1.1 节定理 2 与 1.4 节定理 4 中所证明的那样, 对于 X 的任意其他充分小的单纯剖分 K', 应有确定映象 $\tilde{i}'_{K,K'} : \tilde{X}_p^* - |\tilde{K}_p^*| \to \tilde{X}_p^* - |\tilde{K}_p'^*|$ 与 t' 可交换, 因而引出一映象 $\tilde{i}'_{K,K'} : X_p^* - |K_p^*| \to X_p^* - |K_p'^*|$ 而且, 这些映象将引出同构

$$\tilde{i}'^*_{K,K',(\rho)} : H_{(\rho)}^m(\tilde{X}_p^* - |\tilde{K}_p'^*|, t; G) \approx H_{(\rho)}^m(\tilde{X}_p^* - |\tilde{K}_p^*|, t; G)$$

与

$$\tilde{i'}^*_{K,K',(\rho)}: H^m(X_p^* - |K_p^{'*}|, G) \approx H^m(X_p^* - |K_p^*|\ , G),$$

它们的逆同构各由包含映象所引出, 由于这些去核邻域 $\tilde{\mathrm{X}}_p^* - |\tilde{\mathrm{K}}_p^*|$ 与 $\mathrm{X}_p^* - |\mathrm{K}_p^*|$ 在 X 的所有不变与巡迴去核邻域所成的组中, 显然各个是同尾的. 因之知 $\tilde{i'}^*_{K,K'}$ 与 $i'^*_{K,K'}$ 将各引出确定同构

$$\tilde{i'}^*_{K(\rho)}: H^m_{(\rho)}(\tilde{X}_p^* - |\tilde{K}_p^*|, t; G) \approx H^m_{(\rho)}(\tilde{X}_p^*/X, t; G),$$

与

$$i'^*_K: H^m(X_p^* - |K_p^*|, G) \approx H^m(X_p^*/X, G), \tag{9}$$

而这些各是 3.1 节定义 4 中所引入的相应直向群组的极限同态. 再者, 又有

$$i'^*_K A^m(\tilde{X}_p^* - |\tilde{K}_p^*|, t) = \varPsi_p^m(X) \tag{10}$$

与

$$\tilde{i'}^*_{K(d_m)} \tilde{A}^m(\tilde{X}_p^* - |\tilde{K}_p^*|, t) = \tilde{\varPsi}_p^m(X). \tag{$\tilde{10}$}$$

联 (7), (8) 以及 (9) 与 (10) 等, 即见有确定同构

$$i_0^* = i'^*_K i^*_K : H^m(K_p^{(0)}, G) \approx H^m(X_p^*/X, G), \tag{11}$$

$$\tilde{i}^*_{0,(\rho)} = \tilde{i'}^*_{K(\rho)} \tilde{i}^*_{K,(\rho)} : H^m_{(\rho)}(\tilde{K}_p^{(0)}, t; G) \approx H^m(\tilde{X}_p^*/X, t; G), \tag{$\tilde{11}$}$$

恰如 (2) 与 $(\tilde{2})$ 所示, 致有

$$i_0^* \varPsi_p^m(K) = \varPsi_p^m(X), \tag{12}$$

$$\tilde{i}^*_{0(\rho)} \tilde{\varPsi}_p^m(K) = \tilde{\varPsi}_p^m(X). \tag{$\tilde{12}$}$$

今记 $X_p^* - |K_p^*|$ 到 X_p^* 中的恒同映象为 j_K, 则有 $ij_K = j_0 i_K$, 因之 $j_0^* = i_K^{*-1} j_K^* i^*$. 因 $j^* = i'^*_K j^*_K$, 故从 (11) 可得 (4) 式, 同样也可得出与 (4) 类似的 $(\tilde{4})$ 一式, 本定理因而全部证明.

上面的定理指出要决定一今有限可剖形 X 的 $\varPhi_p$ 类与 $\varPsi_p$ 类 (或 $\tilde{\varPhi}_p$ 类与 $\tilde{\varPsi}_p$ 类), 只需决定 X 的任一单纯剖分的这些类就行, 而后者在原则上可在有限多步骤中完成. 在 $p=2$ 的情形, 我们甚至可以给出在 $\varPhi_2$ 类与 $\varPsi_2$ 类 (或 $\tilde{\varPhi}_2$ 类与 $\tilde{\varPsi}_2$ 类) 中某些上闭链的明显表达式, 为此, 试先给出 $\omega_1\tilde{K}_2$ 等复形中的边界关系如下. 依 1.4 节定理 2, $\omega_1\tilde{K}_2$(或 $\omega_2\tilde{K}_2$) 系由以下 1°, 2°, 3°(或 1°, 2°, 4°) 三种类型的胞腔所组成:

类型 1° $\sigma_1 \times \sigma_2$, 这里 $\sigma_1, \sigma_2 \in K$ 是分离的.

类型 2° $\tilde{\Delta}_\sigma$, 这里 $\sigma \in K$.

类型 3° $[\sigma, \sigma_1 \times \sigma_2]$, 这里 $\sigma_1, \sigma_2 \in K$ 是分离的, 而 σ, σ_1(以及 σ, σ_2) 各张成一 K 中的单形.

类型 4° $[\sigma, \sigma_1 \times \sigma_2]^{(+)}$, $[\sigma, \sigma_1 \times \sigma_2]^{(-)}$ 与 $[\sigma, \sigma_1 \times \sigma_2]^{(0)}$, 这里 $\sigma, \sigma_1, \sigma_2 \in K$ 满足与 3° 中同样的条件.

今设 K 中诸单形都已定向, 并设 $K \times K$ 中的胞腔已依积复形定向, 因 $[\sigma, \sigma_1 \times \sigma_2] \in \omega_1 \tilde{K}_2$ 是 $\tilde{\Delta}_\sigma$ 与 $\sigma_1 \times \sigma_2$ 的联合, 而 $[\sigma, \sigma_1 \times \sigma_2]^{(0)} \in \tilde{K}_2^{(0)}$, 按拓扑说来是 $\tilde{\Delta}_\sigma$ 与 $\sigma_1 \times \sigma_2$ 的拓扑积, 故可依常法将它们作为两个定向胞腔的联合或积那样来给以定向. 这里 $\tilde{\Delta}_\sigma$ 定向如 σ, 最后胞腔 $[\sigma, \sigma_1 \times \sigma_2]^{(+)}$ 与 $[\sigma, \sigma_1 \times \sigma_2]^{(-)}$ 可以给以与 $[\sigma, \sigma_1 \times \sigma_2]$ 相协合的定向, 于是有以下诸代数关系 (参阅 1.2 节的 (1)~(5)):

$$\partial(\sigma_1 \times \sigma_2) = \partial\sigma_1 \times \sigma_2 + (-1)^{\dim \sigma_1} \cdot (\sigma_1 \times \partial\sigma_2), \tag{13_1}$$

$$\partial\tilde{\Delta}_\sigma = \tilde{\Delta}_{\partial\sigma}, \tag{13_2}$$

$$\partial[\sigma, \sigma_1 \times \sigma_2] = [\partial\sigma, \sigma_1 \times \sigma_2] + (-1)^{\dim \sigma + 1} \cdot [\sigma, \partial(\sigma_1 \times \sigma_2)], \tag{13_3}$$

$$\partial\,[\sigma, \sigma_1 \times \sigma_2]^{(0)} = [\partial\sigma, \sigma_1 \times \sigma_2]^{(0)} + (-1)^{\dim \sigma} \cdot [\sigma, \partial(\sigma_1 \times \sigma_2)]^{(0)}, \tag{13_4}$$

$$\begin{aligned}\partial\,[\sigma, \sigma_1 \times \sigma_2]^{(+)} = {} & [\partial\sigma, \sigma_1 \times \sigma_2]^{(+)} + (-1)^{\dim \sigma + 1} \cdot [\sigma, \partial(\sigma_1 \times \sigma_2)]^{(+)} \\ & + (-1)^{\dim \sigma + 1} \cdot [\sigma, \sigma_1 \times \sigma_2]^{(0)},\end{aligned} \tag{13_5}$$

$$\begin{aligned}\partial\,[\sigma, \sigma_1 \times \sigma_2]^{(-)} = {} & [\partial\sigma, \sigma_1 \times \sigma_2]^{(-)} + (-1)^{\dim \sigma + 1} \cdot [\sigma, \partial(\sigma_1 \times \sigma_2)]^{(-)} \\ & + (-1)^{\dim \sigma} \cdot [\sigma, \sigma_1 \times \sigma_2]^{(0)}.\end{aligned} \tag{13_6}$$

在这些公式中的符号遵守着下面的规约, 首先, 每一项都理解为一线性和, 例如, 如果 $\partial\sigma = \sum a_i \tau_i (a_i = \text{整数})$, 则 $[\partial\sigma, \sigma_1 \times \sigma_2]$ 即代表和 $\sum a_i\,[\tau_i, \sigma_1 \times \sigma_2]$, 余类推. 其次,

$$\left.\begin{aligned}&[\partial\sigma, \sigma_1 \times \sigma_2] = [\partial\sigma, \sigma_1 \times \sigma_2]^{(+)} = \sigma_1 \times \sigma_2, \\ &[\partial\sigma, \sigma_1 \times \sigma_2]^{(-)} = 0, \\ &[\partial\sigma, \sigma_1 \times \sigma_2]^{(0)} = 0,\end{aligned}\right\} \dim\sigma = 0\text{时}, \tag{14_1}$$

$$\left.\begin{aligned}&[\sigma, \partial(\sigma_1 \times \sigma_2)] = [\sigma, \partial(\sigma_1 \times \sigma_2)]^{(-)} = \tilde{\Delta}_\sigma, \\ &[\sigma, \partial(\sigma_1 \times \sigma_2)]^{(+)} = 0, \\ &[\sigma, \partial(\sigma_1 \times \sigma_2)]^{(0)} = 0,\end{aligned}\right\} \dim\sigma_1 = \dim\sigma_2 = 0\text{时}. \tag{14_2}$$

今设 K 的空间是 X, 则 $t_X : (x, y) \to (y, x), x, y \in X$, 将在 $\omega_1\tilde{K}_2$ 与 $\omega_2\tilde{K}_2$ 中引出一 (广义) 的胞腔映象 $t = t_K$, 使

$$t_\#(\sigma_1 \times \sigma_2) = (-1)^{\dim \sigma_1 \dim \sigma_2} \cdot (\sigma_2 \times \sigma_1), \quad \sigma_1 \times \sigma_2 \in \tilde{K}_2^*, \tag{15_1}$$

$$t_\#\tilde{\Delta}_\sigma = \tilde{\Delta}_\sigma, \tag{15_2}$$

$$t_\#\,[\sigma, \sigma_1 \times \sigma_2] = (-1)^{\dim \sigma_1 \dim \sigma_2} \cdot [\sigma, \sigma_2 \times \sigma_1], \tag{15_3}$$

$$t_{\#}[\sigma,\sigma_1\times\sigma_2]^{(+)}=(-1)^{\dim\sigma_1\dim\sigma_2}\cdot[\sigma,\sigma_2\times\sigma_1]^{(+)}, \tag{15_4}$$

$$t_{\#}[\sigma,\sigma_1\times\sigma_2]^{(-)}=(-1)^{\dim\sigma_1\dim\sigma_2}\cdot[\sigma,\sigma_2\times\sigma_1]^{(-)}, \tag{15_5}$$

$$t_{\#}[\sigma,\sigma_1\times\sigma_2]^{(0)}=(-1)^{\dim\sigma_1\dim\sigma_2}\cdot[\sigma,\sigma_2\times\sigma_1]^{(0)}. \tag{15_6}$$

今将简单组 $(\tilde{K}_2^*,t),(\tilde{K}_2^{(+)},t)$ 与 $(\tilde{K}_2^{(0)},t)$ 的投影都记作 π_K, 又记空间胞腔 $\pi_K(\sigma_1\times\sigma_2),(\sigma_1\times\sigma_2\in\tilde{K}_2^*),\pi_K[\sigma,\sigma_1\times\sigma_2]$, 等等, 各为 $\sigma_1*\sigma_2,[\sigma,\sigma_1*\sigma_2]$, 等等, 则有代数关系

$$\pi_K(\sigma_1\times\sigma_2)=\sigma_1*\sigma_2,\quad \sigma_1\times\sigma_2\in\tilde{K}_2^*, \tag{16_1}$$

$$\pi_K[\sigma,\sigma_1\times\sigma_2]^{(+)}=[\sigma,\sigma_1*\sigma_2]^{(+)}, \tag{16_2}$$

$$\pi_K[\sigma,\sigma_1\times\sigma_2]^{(0)}=[\sigma,\sigma_1*\sigma_2]^{(0)}, \tag{16_3}$$

$$\sigma_1*\sigma_2=(-1)^{\dim\sigma_1\dim\sigma_2}\cdot\sigma_2*\sigma_1,\quad \sigma_1*\sigma_2\in\tilde{K}_2^*, \tag{17_1}$$

$$[\sigma,\sigma_1*\sigma_2]^{(+)}=(-1)^{\dim\sigma_1\dim\sigma_2}\cdot[\sigma,\sigma_2*\sigma_1]^{(+)}, \tag{17_2}$$

$$[\sigma,\sigma_1*\sigma_2]^{(0)}=(-1)^{\dim\sigma_1\dim\sigma_2}\cdot[\sigma,\sigma_2*\sigma_1]^{(0)}, \tag{17_3}$$

$$\partial(\sigma_1*\sigma_2)=\partial\sigma_1*\sigma_2+(-1)^{\dim\sigma_1}\cdot\sigma_1*\partial\sigma_2,\sigma_1*\sigma_2\in K_2^*. \tag{18_1}$$

$$\begin{aligned}\partial[\sigma,\sigma_1*\sigma_2]^{(+)}=&[\partial\sigma,\sigma_1*\sigma_2]^{(+)}+(-1)^{\dim\sigma+1}\cdot[\sigma,\partial(\sigma_1*\sigma_2)]^{(+)},\\&+(-1)^{\dim\sigma+1}\cdot[\sigma,\sigma_1*\sigma_2]^{(0)},\end{aligned} \tag{18_2}$$

$$\partial[\sigma,\sigma_1*\sigma_2]^{(0)}=[\partial\sigma,\sigma_1*\sigma_2]^{(0)}+(-1)^{\dim\sigma}\cdot[\sigma,\partial(\sigma_1*\sigma_2)]^{(0)}. \tag{18_3}$$

这些公式中的符号仍遵守着前面所定的规约, 最后, 依定理 1 与它的证明所引入的组映象 $\tilde{j}_0:(|\tilde{K}_2^{(0)}|,t)\to(|\tilde{K}_2^*|,t)$ 将引出映象 $j_0:|\tilde{K}_2^{(0)}|\to|\tilde{K}_2^*|$, 由此又引出链映象如下

$$\tilde{j}_{0\#}[\sigma,\sigma_1\times\sigma_2]^{(0)}=\begin{cases}0, & \dim\ \sigma>0\text{时},\\ \sigma_1\times\sigma_2, & \dim\ \sigma=0\text{时},\end{cases} \tag{19_1}$$

$$j_{0\#}[\sigma,\sigma_1*\sigma_2]^{(0)}=\begin{cases}0, & \dim\sigma>0\text{时},\\ \sigma_1*\sigma_2, & \dim\sigma=0\text{时}.\end{cases} \tag{19_2}$$

至此我们将证明下述定理, 它给出了一个单纯复形 K 在 $p=2$ 时所有 Φ_p 类与 Ψ_p 类 (以及 $\tilde{\Phi}_p$ 类与 $\tilde{\Psi}_p$ 类) 的明显公式.

定理 2 对于顶点已排成一定次序 $a_0<a_1<\cdots<a_N$ 的一个有限单纯复形 K, 它的 $\tilde{\Phi}_2$ 类 $\tilde{\Phi}_2^m(K)$ 中将含有下述特殊上闭链为其代表元素 $(s=1+t_K,d=1-t_K)$:

$$m=2m'\text{时}:\tilde{\varphi}^m(K)=\varepsilon_m\cdot\Sigma_1 s^{\#}\left\{(a_{i_0}\cdots a_{i_{m'}})\times(a_{j_0}\cdots a_{j_{m'}})\right\}, \tag{$\tilde{20}$}$$

$$m=2m'+1\text{时}:\tilde{\varphi}^m(K)=\varepsilon_m\cdot\Sigma_2 d^{\#}\left\{(a_{i_0}\cdots a_{i_{m'}})\times(a_{j_0}\cdots a_{j_{m'}+1})\right\}, \tag{$\tilde{20}'$}$$

其中 $\sum\limits_1$ 与 $\sum\limits_2$ 各展开在所有满足以下条件的指数组 (i,j) 上,

$$\left(\sum_1\right): i_0 < j_0 < i_1 < \cdots < i_{m'} < j_{m'},$$
$$\left(\sum_2\right): j_0 < i_0 < j_1 < \cdots < i_{m'} < j_{m'+1}.$$

又其中 $\varepsilon_m = +1$, 如果 $m \equiv -1,\ 0,\ 1$ 或 $2 \bmod 8$, 而在其他情形 $\varepsilon_m = -1$.

至于 Φ_2 类 $\Phi_2^m(K)$ 则各含有以下上闭链为其代表元素

$$m = 2m'\text{时}: \varphi^m(K) = \Sigma_1 \left\{(a_{i_0} \cdots a_{i_{m'}}) * (a_{j_0} \cdots a_{j_{m'}})\right\}, \tag{20}$$

$$m = 2m'+1\text{时}: \varphi^m(K) = r_2 \Sigma_2 \left\{(a_{i_0} \cdots a_{i_{m'}}) * (a_{j_0} \cdots a_{j_{m'+1}})\right\}, \tag{20$'$}$$

同样 K 的 $\tilde{\Psi}_2$ 类 $\tilde{\Psi}_2^m(K)$(或 Ψ_2 类 $\Psi^m(K)$) 将各含有以下诸代表上闭链: $\tilde{\psi}^m(K) = \tilde{j}_{0(\rho)}^{\#}\tilde{\varphi}^m(K)$(或 $\psi^m(K) = j_0^{\#}\varphi^m(K)$), 这里 $\tilde{j}_0 : |\tilde{K}_2^{(0)}| \to |\tilde{K}_2^*|$(或 $j_0 : |K_2^{(0)}| \to |K_2^*|$) 为由定理 1 中式 $(3)'$ 所定义的确定映象, 而 $\tilde{j}_{0(\rho)}^{\#}$ 与 $j_0^{\#}$ 各如 (19) 所示.

证 [①]　试记组 $(\tilde{K}_2^*, t)$ 从 $\tilde{K}_2^*$ 到模复形 $K_2^* = \tilde{K}_2^*/t(t = t_K)$ 的自然投影为 $\pi = \pi_K$, 像第 2 章那样, 我们也将用 $\bar{\pi}$ 来表组的反投影, 于是在 $\tilde{K}_2^*$ 与 K_2^* 中有

$$t_{\#}((a_{i_0} \cdots a_{i_p}) \times (a_{j_0} \cdots a_{j_q})) = (-1)^{pq} \cdot ((a_{j_0} \cdots a_{j_q}) \times (a_{i_0} \cdots a_{i_p})), \tag{21}$$

$$\pi_{\#}((a_{i_0} \cdots a_{i_p}) \times (a_{j_0} \cdots a_{j_q})) = (a_{i_0} \cdots a_{i_p}) * (a_{j_0} \cdots a_{j_q}), \tag{22}$$

$$\begin{aligned}\bar{\pi}_{\#}((a_{i_0} \cdots a_{i_p}) * (a_{j_0} \cdots a_{j_q})) = {} & (a_{i_0} \cdots a_{i_p}) \times (a_{j_0} \cdots a_{j_q}) \\ & + (-1)^{pq} \cdot (a_{j_0} \cdots a_{j_q}) \times (a_{i_0} \cdots a_{i_p}).\end{aligned} \tag{23}$$

今依照下诸式定义上链 $\tilde{\varphi}_0^i \in C^i(\tilde{K}_2^*)$

$$\tilde{\varphi}_0^{2m-1}((a_{i_0} \cdots a_{i_{m-1}}) \times (a_{j_0} \cdots a_{j_m})) = \begin{cases} 1, & j_0 < i_0 < \cdots < j_m, \\ 0, & \text{其他情形}. \end{cases} \tag{24}$$

$$\tilde{\varphi}_0^{2m-1}((a_{i_0} \cdots a_{i_p}) \times (a_{j_0} \cdots a_{jq})) = 0, \quad p+q = 2m-1 \text{ 而 } (p,q) \neq (m-1,m) \text{ 时}, \tag{24$'$}$$

$$\tilde{\varphi}_0^{2m}((a_{i_0} \cdots a_{i_m}) \times (a_{j_0} \cdots a_{j_m})) = \begin{cases} 1, & i_0 < j_0 < \cdots < j_m, \\ 0, & \text{其他情形}. \end{cases} \tag{25}$$

$$\tilde{\varphi}_0^{2m}((a_{i_0} \cdots a_{i_p}) \times (a_{j_0} \cdots a_{jq})) = 0, \quad p+q = 2m\text{而}(p,q) \neq (m,m)\text{时}. \tag{25$'$}$$

我们将证 $\{\varepsilon_i \tilde{\varphi}_0^i\}$ 是 K_2^* 中单位上闭链 $1_{K_2^*}$ 的一个分解, 换言之, 即有

$$\bar{\pi}^{\#}\tilde{\varphi}_0^0 = 1_{K_2^*}, \tag{26}$$

① 我们将作以下规约: 凡提到单形 $(a_{r_0} a_{r_1} \cdots a_{r_q})$ 时, 恒设有 $r_0 < r_1 < \cdots < r_q$.

$$\delta\tilde{\varphi}_0^{2m-1} = s^{\#}\tilde{\varphi}^{2m}, \tag{27}$$

$$\delta\tilde{\varphi}_0^{2m} = (-1)^m \cdot d^{\#}\tilde{\varphi}_0^{2m+1}. \tag{27'}$$

其中 (26) 由定义甚为显然. 为证 (27), 试考虑一任意的 $2m$ 维胞腔 $(a_{i_0}\cdots a_{i_p})\times(a_{j_0}\cdots a_{j_q})\in\tilde{K}_2^*, p+q=2m$. 于是有

$$\delta\tilde{\varphi}_0^{2m-1}((a_{i_0}\cdots a_{i_p})\times(a_{j_0}\cdots a_{j_q})) = \Sigma_1+(-1)^p\Sigma_2, \tag{28}$$

这里

$$\Sigma_1 = \Sigma_r(-1)^r\cdot\tilde{\varphi}_0^{2m-1}((a_{i_0}\cdots\hat{a}_{i_r}\cdots a_{i_p})\times(a_{j_0}\cdots a_{j_q})), \tag{28$_1$}$$

$$\Sigma_2 = \Sigma_r(-1)^r\cdot\tilde{\varphi}_0^{2m-1}((a_{i_0}\cdots a_{i_p})\times(a_{j_0}\cdots\hat{a}_{j_r}\cdots a_{jq})). \tag{28$_2$}$$

为计算 (28) 试分几种不同情形来考虑.

情形 I $(p,q)\neq(m,m)$.

这时 $(p-1,q)\neq(m-1,m)$, 因而由 (24′) 有 $\Sigma_1=0$. 如果 $(p,q)\neq(m-1,m+1)$, 则由 (24′) 也有 $\Sigma_2=0$. 如果 $(p,q)=(m-1,m+1)$, 则应有一指数 s 使无一 i_k 能满足 $j_s<i_k<j_{s+1}$, 于是在 $r\neq s,s+1$ 时 $\tilde{\varphi}_0^{2m-1}((a_{i_0}\cdots a_{i_{m-1}})\times(a_{j_0}\cdots\hat{a}_{j_r}\cdots a_{j_q}))=0$, 而 $\tilde{\varphi}_0^{2m-1}((a_{i_0}\cdots a_{i_{m-1}})\times(a_{j_0}\cdots\hat{a}_{j_s}\cdots a_{j_q}))$ 与 $\tilde{\varphi}_0^{2m-1}((a_{i_0}\cdots a_{i_{m-1}})\times(a_{j_0}\cdots\hat{a}_{j_{s+1}}\cdots a_{j_m}))$ 必同时为 0 或同时为 1, 因之仍有 $\Sigma_2=0$ 而得

$$\delta\tilde{\varphi}_0^{2m-1}((a_{i_0}\cdots a_{i_p})\times(a_{j_0}\cdots a_{j_q}))=0,\quad (p,q)\neq(m,m)\text{且}p+q=2m\text{时}.$$

情形 II $(p,q)=(m,m)$.

由 (24′) 此时有 $\Sigma_2=0$.

如果有一指数 s 使无一 j_k 能满足 $i_s<j_k<i_{s+1}$, 则由 (24), 在 $r\neq s,s+1$ 时应有 $\tilde{\varphi}_0^{2m-1}((a_{i_0}\cdots\hat{a}_{i_j}\cdots a_{i_m})\times(a_{j_0}\cdots a_{j_m}))=0$, 而 $\tilde{\varphi}_0^{2m-1}((a_{i_0}\cdots\hat{a}_{i_s}\cdots a_{i_m})\times(a_{j_0}\cdots a_{j_m}))$ 与 $\tilde{\varphi}_0^{2m-1}((a_{i_0}\cdots\hat{a}_{i_{s+1}}\cdots a_{i_m})\times(a_{j_0}\cdots a_{j_m}))$ 将同时为 0 或同时为 1, 不论何时应有 $\Sigma_1=0$.

如果没有这样的指数 s, 则 $i_0<j_0<\cdots<i_m<j_m$ 或则 $j_0<i_0<\cdots<j_m<i_m$. 由 (24) 此时有

$$\begin{aligned}\tilde{\varphi}_0^{2m-1}((a_{i_0}\cdots\hat{a}_{i_r}\cdots a_{i_m})\times(a_{j_0}\cdots a_{j_m})) &= \begin{cases}1, & r=0\text{时}\\ 0, & r>0\text{时}\end{cases}\quad (i_0<j_0<\cdots<i_m<j_m)\\ &= \begin{cases}1, & r=m\text{时}\\ 0, & r<m\text{时}\end{cases}\quad (j_0<i_0<\cdots<j_m<i_m),\end{aligned}$$

由此得

$$\Sigma_1 = \begin{cases}1, & i_0<j_0<\cdots<i_m<j_m\text{ 时},\\ (-1)^m, & j_0<i_0<\cdots<j_m<i_m\text{ 时},\\ 0, & \text{其他情形}.\end{cases}$$

综合以上情形即得

$$\delta\tilde{\varphi}^{2m-1}((a_{i_0}\cdots a_{i_p})\times(a_{j_0}\cdots a_{j_q}))=\begin{cases}1, & p=q=m, i_0<j_0<\cdots<i_m<j_m \text{ 时},\\ (-1)^m, & p=q=m, j_0<i_0<\cdots<j_m<i_m \text{ 时},\\ 0, & \text{其他情形}.\end{cases} \tag{29}$$

另一面由 (21), (25) 与 (25′) 诸定理得

$$\begin{aligned}s^{\#}\tilde{\varphi}_0^{2m}((a_{i_0}\cdots a_{i_m})\times(a_{j_0}\cdots a_{j_m}))&=\tilde{\varphi}_0^{2m}((a_{i_0}\cdots a_{i_m})\times(a_{j_0}\cdots a_{j_m}))\\&\quad+(-1)^m\cdot\tilde{\varphi}_0^{2m}((a_{j_0}\cdots a_{j_m})\times(a_{i_0}\cdots a_{i_m}))\\&=\begin{cases}1, & i_0<j_0<\cdots<i_m<j_m \text{ 时},\\ (-1)^m, & j_0<i_0<\cdots<j_m<i_m \text{ 时},\\ 0, & \text{其他情形}.\end{cases}\end{aligned}$$

$s^{\#}\tilde{\varphi}_0^{2m}((a_{i_0}\cdots a_{i_p})\times(a_{j_0}\cdots a_{j_q}))=0, (p,q)\neq(m,m)$ 时. 与式 (29) 比较即得 (27).

为证 (27′), 试考虑任意 $2m+1$ 维胞腔 $(a_{i_0}\cdots a_{i_p})\times(a_{j_0}\cdots a_{j_q})\in\tilde{K}_2^*$, 这里 $p+q=2m+1$. 对此有

$$\delta\tilde{\varphi}_0^{2m}((a_{i_0}\cdots a_{i_p})\times(a_{j_0}\cdots a_{j_q}))=\Sigma_1+(-1)^p\cdot\Sigma_2, \tag{30}$$

$$\Sigma_1=\sum_r(-1)^r\cdot\tilde{\varphi}_0^{2m}((a_{i_0}\cdots\hat{a}_{i_r}\cdots a_{i_p})\times(a_{j_0}\cdots a_{j_q})), \tag{30_1}$$

$$\Sigma_2=\sum_r(-1)^r\cdot\tilde{\varphi}_0^{2m}((a_{i_0}\cdots a_{i_p})\times(a_{j_0}\cdots\hat{a}_{j_r}\cdots a_{j_q})), \tag{30_2}$$

情形 I $(p,q)\neq(m,m+1)$, 也 $\neq(m+1,m)$.

这时由 (25′) 有 $\Sigma_1=\Sigma_2=0$.

情形 II $(p,q)=(m,m+1)$.

由 (25) 有 $\Sigma_1=0$, 由 (25′) 依以前同样的推理有

$$\Sigma_2=\begin{cases}1, & j_0<i_0<\cdots<i_m<j_{m+1}\text{时},\\ 0, & \text{其他情形}.\end{cases}$$

情形 III $(p,q)=(m+1,m)$.

这时 $\Sigma_2=0$, 而

$$\Sigma_1=\begin{cases}(-1)^{m+1}, & i_0<j_0<\cdots<j_m<i_{m+1} \text{ 时},\\ 0, & \text{其他情形}.\end{cases}$$

综合以上诸情形得

$$\delta\tilde{\varphi}_0^{2m}((a_{i_0}\cdots a_{i_p})\times(a_{j_0}\cdots a_{j_q}))$$
$$=\begin{cases}(-1)^m, & (p,q)=(m,m+1),j_0<i_0<\cdots<i_m<j_{m+1}\text{时},\\(-1)^{m+1}, & (p,q)=(m+1,m),i_0<j_0<\cdots<j_m<i_{m+1}\text{时},\\0, & \text{其他情形}.\end{cases}\tag{31}$$

另一面由 (21), (24) 与 (24′) 诸式得

$$d^{\#}\tilde{\varphi}_0^{2m+1}((a_{i_0}\cdots a_{i_p})\times(a_{j_0}\cdots a_{j_q}))$$
$$=\tilde{\varphi}_0^{2m+1}((a_{i_0}\cdots a_{i_p})\times(a_{j_0}\cdots a_{j_q}))-(-1)^{pq}\cdot\tilde{\varphi}_0^{2m+1}((a_{j_0}\cdots a_{j_q})\times(a_{i_0}\cdots a_{i_p}))$$
$$=\begin{cases}1, & (p,q)=(m,m+1),j_0<i_0<\cdots<i_m<j_{m+1}\text{时},\\-1, & (p,q)=(m+1,m),i_0<j_0<\cdots<j_m<i_{m+1}\text{时},\\0, & \text{其他情形}.\end{cases}$$

以之与 (31) 比较, 即得 (27′).

今由 (26), (27) 与 (27′) 知 $r_{(i)}\varepsilon_i\pi^{\#}\tilde{\varphi}^i\in\Phi_2^i(K)$, 这里 $r_{(i)}$ 与第 2 章中同, 表示恒同或模 2 约化. 视 i 为偶或奇而定. 因 $2\Phi_2^{2m}(K)=0$, 而 $\Phi_2^{2m+1}(K)$ 的系数群是 I_2, 故 $\Phi_2^i(K)$ 有一代表上闭链 $r_{(i)}\pi^{\#}\tilde{\varphi}^i$. 从 (24), (24′), (25), (25′) 与 (23) 可见这一代表上闭链即是 (20) 与 (20′) 中的 $\varphi^i(K)$, 同样 ($\tilde{20}$) 与 ($\tilde{20}'$) 也直接由分解 (26), (27) 与 (27′) 得出, 这证明了本定理的第一部分, 定理的第二部分则可立即得出, 不赘述.

3.3 杂 例

例 1 对一 N 维单形 Δ^N 有

$$I_p(\Delta^N)=\tilde{I}_p(\Delta^N)=(p-1)N\tag{1}$$

以及

$$J_p(\Delta^N)=\tilde{J}_p(\Delta^N)=(p-1)N.\tag{2}$$

证 因 R^N 与 Δ^N 二者每个可视为另一个的子空间, 故由 3.1 节的定理 1、定理 2 有

$$I_p(R^N)=I_p(\Delta^N),\quad \tilde{I}_p(R^N)=\tilde{I}_p(\Delta^N),$$

以及

$$J_p(R^N)=J_p(\Delta^N),\quad \tilde{J}_p(R^N)=\tilde{J}_p(\Delta^N).$$

故由 3.1 节定理 4、定理 6 即得 (1), (2) 两式.

例 2 对一 n 维球 S^n 有

$$I_2(S^n) = \tilde{I}_2(S^n) = n+1, \tag{3}$$

$$J_2(S^n) = \begin{cases} n, & n = \text{奇数时}, \\ n+1, & n = \text{偶数时}. \end{cases} \tag{4}$$

证 因 S^n 可视为 R^{n+1} 的子空间, 故由 3.1 节定理 2 有

$$I_2(S^n) \leqslant \tilde{I}_2(S^n) \leqslant n+1, \tag{5}$$

对空间 $X = S^n$, 试考察它的二重去核积 $\tilde{X}_2^*$ 和其中的巡回变换 $t_X : (x,y) \to (y,x)$, 对任一点 $x \in X$ 命 $\bar{x}$ 为它的对极点, 则 $\tilde{X}_2^*$ 中所有点偶 $(x,\tilde{x}), x \in X$ 的集合是它的一个子空间, $\tilde{X}'$ 在对应 $(x,\bar{x}) \to x$ 之下与 S^n 拓扑等价, 这时 t_X 在 $\tilde{X}'$ 上的限制与 $\tilde{X}'$ 成一简单组 $(\tilde{X}', t_X)$, 其模空间自然地拓扑等价于 S^n/t', 这里 t' 是 S^n 的对极变换. 由 1.6 节的例 2 可知 $A^m(\tilde{X}', t_X) = 0$, 或 $\neq 0$, 视 $m > n$ 或 $m \leqslant n$ 而定. 命 $\tilde{i}$ 为 $\tilde{X}'$ 到 $\tilde{X}_2^*$ 中的恒同映象, 则 $\tilde{i} : (\tilde{X}', t_X) \to (\tilde{X}_2^*, t_X)$ 是一组映象, 导出一模空间的映象 $i : X' \to X_2^*$. 由于 $i^* A^n(\tilde{X}_2^*, t_X) = A^n(\tilde{X}', t_X) \neq 0$, 故更应有 $A^n(\tilde{X}_2^*, t_X) \neq 0$, 即 $I_2(S^n) > n$. 与 (5) 式相联即得 (3) 式.

今对任一点 $(x,y) \in \tilde{X}_2^*$, 命 $\theta(x,y)$ 为点 $x, y \in S^n$ 在 $\geqslant 0$ 与 $\leqslant \pi$ 间的角距离. 对任一 $\alpha > 0$ 与 $< \dfrac{\pi}{2}$, 试考察 $\tilde{X}_2^*$ 中由所有使 $0 < \theta(x,y) < 2\alpha$ 的点 (x,y) 所组成的子空间 $\tilde{U}_\alpha^*$, 又命 $\tilde{V}_\alpha^*$ 为使 $\theta(x,y) = \alpha$ 的所有点 (x,y) 所成的子空间. 显然 $\tilde{U}_\alpha^*$ 是 X 在 $\tilde{X}_2$ 中的一个不变去核邻域且拓扑等价于 $\tilde{V}_\alpha^*$ 与开线段 $L : 0 < \lambda < 2\alpha$ 的拓扑积, 而这一拓补等价映象 $\tilde{f}$ 可如下定义. 对 $(x,y) \in \tilde{U}_\alpha^*$, 命 $x', y' \in S^n$ 为过 x, y 的大圆上的点, 使 $\theta(x',y') = \alpha$, 而 $\theta(x,x') = \theta(y,y') < \theta(x,y') = \theta(x',y)$. 于是 $\tilde{f} : \tilde{U}_\alpha^* \equiv \tilde{V}_\alpha^* \times L$ 定义为 $\tilde{f}(x,y) = ((x',y'), \theta(x,y))$. 命 t' 为 $\tilde{V}_\alpha^* \times L$ 中的变换, 定义如 $t'((x,y),\lambda) = (t_X(x,y),\lambda)$, 这里 $(x,y) \in \tilde{V}_\alpha^*, \lambda \in L$ 任意, 则 $\tilde{f} : (\tilde{U}_\alpha^*, t_X) \to (\tilde{V}_\alpha^* \times L, t')$ 为一组映象, 因而

$$A^m(\tilde{U}_\alpha^*, t_X) = \tilde{f}^*[A^m(\tilde{V}_\alpha^*, t_X) \otimes \mathbf{1}_L],$$

这里 $\mathbf{1}_L$ 是 L 的单位上类, 由 1.6 节的例 8, 有

$$n = \text{奇数时}, A^m(\tilde{V}_\alpha^*, t') \begin{cases} = 0, & m \geqslant n, \\ \neq 0, & m < n. \end{cases}$$

$$n = \text{偶数时}, A^m(\tilde{V}_\alpha^*, t') \begin{cases} = 0, & m > n, \\ \neq 0, & m \leqslant n. \end{cases}$$

因 $\tilde{f}^*$ 是一同构, 故也有

$$n = 奇数时, A^m(\tilde{U}_\alpha^*, t_X)\begin{cases} = 0, & m \geqslant n, \\ \neq 0, & m < n; \end{cases}$$

$$n = 偶数时, A^m(\tilde{U}_\alpha^*, t_X)\begin{cases} = 0, & m > n, \\ \neq 0, & m \leqslant n, \end{cases}$$

因当 α 取一切 >0 而 $<\dfrac{\pi}{2}$ 的值时, 所有 $\tilde{U}_\alpha^*$ 所成的组在 X 在 $\tilde{X}_2$ 中的所有不变去核邻域系统中显然是同尾的, 故趋于极限可得

$$n = 奇数时, \Psi_2^m(S^n)\begin{cases} = 0, & m \geqslant n, \\ \neq 0, & m < n; \end{cases}$$

$$n = 偶数时, \Psi_2^m(S^n)\begin{cases} = 0, & m > n, \\ \neq 0, & m \leqslant n. \end{cases}$$

这些公式证明了 (4) 式.

附注 由 3.1 节的定理 5、定理 7, 可见 S^n 不能在 R^n 中实现, 且在 $n=$ 偶数时, S^n 也不能在 R^n 中局部实现, 但在 $n=$ 奇数时, 我们只能保证 S^n 不能在 R^{n-1} 中局部实现, 虽然用其他方法早已熟知它在这时也不能在 R^n 中局部实现, 像以后在第 7 章中所指出的那样, 即使考虑 S^n 的 $\tilde{I}_p$ 与 $\tilde{J}_p, p>2$, 仍不能获得预期结果, 这说明我们所用方法的重要缺陷, 特别在流形的情形, 而在考虑局部实现时这个缺陷将更为显著.

在以下我们将应用 3.3 节定理 2 所给出复形 Φ_2 类与 Ψ_2 类的明显公式, 来确定某些由 Van Kampen[53] 与 Flores[21] 所曾经考虑过的特殊复形的 I_2 指数与 J_2 指数, 这将使我们能证明对任一对整数 (N, n), 只需 $n+1 \leqslant N \leqslant 2n$, 即有能在 R^N 中实现但曾至不能在 R^{N-1} 中局部实现的 n 维复形的存在.

例 3 设 $N \geqslant n > 0$, 而 $a_0, \cdots, a_N$ 是 R^N 中 $N+1$ 个处于一般位置的点. 命 $K_{N,n}$ 是由顶点取自 $a_0, \cdots, a_N$ 而维数 $\leqslant n$ 的所有单形所构成的复形. 特别, $K_{n+1,n}$ 是一球而 $K_{n,n}$ 是一单形, 这时它们的 I_2 指数与 J_2 指数已由例 1 与例 2 给出. 在 $N \geqslant n+2$ 的情形, 我们将证明下面的定理.

$K_{N,n}$ 的 I_2 指数与 J_2 指数如下诸式所示

$$I_2(K_{N,n}) = \begin{cases} 2n+1, & N \geqslant 2n+2, \\ N-1, & 2n+1 \geqslant N \geqslant n+2. \end{cases} \tag{$6_{N,n}$}$$

$$J_2(K_{N,n}) = \begin{cases} 2n, & N \geqslant 2n+2, \\ N-1, & 2n+1 \geqslant N \geqslant n+2. \end{cases} \tag{$7_{N,n}$}$$

我们还有

$$K_{N,n}\begin{cases}\subset R^{2n+1}, & 但 \not\subset R^{2n}, N \geqslant 2n+2,\\ \subset R^{N-1}, & 但 \not\subset R^{N-2}, 2n+1 \geqslant N \geqslant n+2.\end{cases} \tag{$8_{N,n}$}$$

$$K_{N,n}\begin{cases}\propto\!\subset R^{2n}, & 但 \propto\!\not\subset R^{2n-1}, N \geqslant 2n+2,\\ \propto\!\subset R^{N-1}, & 但 \propto\!\not\subset R^{N-2}, 2n+1 \geqslant N \geqslant n+2.\end{cases} \tag{$9_{N,n}$}$$

这些论断显然与以下诸论断相当

$$K_{N,n} \propto\!\subset R^{2n}, \quad N任意, \tag{10}$$

$$\begin{cases}K_{N,n} \subset R^{2n+1}, & N任意,\\ K_{N,n} \subset R^{N-1}, & 2n+1 \geqslant N \geqslant n+2,\end{cases} \tag{$11_{N,n}$}$$

$$\varPhi_2^{2n}(K_{2n+2,n}) \neq 0, \tag{12}$$

以及

$$\varPsi_2^{N-2}(K_{N,n}) \neq 0, \quad 2n+1 \geqslant N \geqslant n+2. \tag{$13_{N,n}$}$$

(10) 与 (11) 的证明.

(11) 的第一部分得自这一经典性的结果：任一 n 维复形可在 R^{2n+1} 中实现. 而 (10) 则得自下面这一结果：任一 n 维复形可在 R^{2n} 中局部实现. 这个结果的证明将延至第 6 章, 为证 (11) 的第二部分, 其中 $N \geqslant n+2$, 试在 R^{N-1} 中取 N 个在一般位置的点 $a_1, \cdots, a'_N$, 它们张成一 $N-1$ 维单形 Δ'_{N-1}, 又在此单形内部取一点 a'_0. 命 $K'_{N,n}$ 为由项点取自 $a'_0, a'_1, \cdots, a'_N$ 而维数 $\leqslant n$ 的一切单形所构成的图形, 由于 $N \geqslant n+2$, 这确实成一复形, 于是对应 $f(a_i) = a'_i, i = 0, 1, \cdots, N$, 即引出一实现 $f: K_{N,n} \subset R^{N-1}$ 使 $f(K_{N,n}) = K'_{N,n}$. 这特别证明了在 $2n+1 \geqslant N \geqslant n+2$ 时的式 $(11_{N,n})$.

在以下关于 (12) 与 (13) 的证明中, 我们将假定 $K_{N,n}$ 的顶点已依 $a_0 < a_1 < \cdots < a_N$ 的次序排列, 而依 3.2 节定理 $2\,\varPhi_2^m(K_{N,n})$ 与 $\varPsi_2^m(K_{N,n})$ 中针对这一次序, 所得的代表上闭链将各记为 φ^m 与 ψ^m, 此外 $K_{N,n}$ 中的任一单形凡是写作 $(a_{i_0} \cdots a_{i_m})$ 形状时, 总假定依照次序 $i_0 < i_1 < \cdots < i_m$.

(12) 的证明.

试考虑 $(K_{2n+2,n})_2^*$ 中的下述整系数下链

$$z = \sum_{i_0 < j_0} (a_{i_0} \cdots a_{i_n}) * (a_{j_0} \cdots a_{j_n}) \tag{14}$$

或

$$z = \frac{1}{2} \cdot \sum \varepsilon_{i_0 j_0} (a_{i_0} \cdots a_{i_n}) * (a_{j_0} \cdots a_{j_n}), \tag{14'}$$

其中第一个和号 $\sum$ 展开于所有使 $i_0<j_0$ 的可能指数组上, 而第二个和号 $\sum$ 则展开于所有可能的指数组上, 其中 $\varepsilon_{i_0j_0}=+1$ 或 $(-1)^m$, 视 $i_0<j_0$ 或 $i_0>j_0$ 而定.

为计算 ∂z 试考虑任一胞腔 $(a_{k_0}\cdots a_{k_{n-1}})*(a_{l_0}\cdots a_{l_n})\in(K_{2n+2,n})_2^*$. 设 r,s 为从 $0,1,\cdots,2n+2$ 中除去 $k_0,\cdots,k_{n-1},l_0,\cdots,l_n$ 后所余下的两个指数, 假设 $r<s$, 而 $k_0<\cdots<k_{\alpha-1}<r<k_\alpha<\cdots<k_{\beta-1}<s<k_\beta<\cdots<k_{n-1}$, 则 ∂z 中 $(a_{k_0}\cdots a_{k_{n-1}})*(a_{l_0}\cdots a_{l_n})$ 只在 (14′) 的以下诸项中出现

$$\begin{aligned}&\partial(a_{k_0}\cdots a_{k_{\alpha-1}}a_r a_{k_\alpha}\cdots a_{k_{n-1}})*(a_{l_0}\cdots a_{l_n}),\\&\partial(a_{k_0}\cdots a_{k_{\beta-1}}a_s a_{k_\beta}\cdots a_{k_{n-1}})*(a_{l_0}\cdots a_{l_n}),\\&(a_{l_0}\cdots a_{l_n})*\partial(a_{k_0}\cdots a_{k_{\alpha-1}}a_r a_{k_\alpha}\cdots a_{k_{n-1}}),\\&(a_{l_0}\cdots a_{l_n})*\partial(a_{k_0}\cdots a_{k_{\alpha-1}}a_r a_{k_\alpha}\cdots a_{k_{n-1}}),\\&(a_{l_0}\cdots a_{l_n})*\partial(a_{k_0}\cdots a_{k_{\beta-1}}a_s a_{k_\beta}\cdots a_{k_{n-1}}).\end{aligned}$$

因之 ∂z 中 $(a_{k_0}\cdots a_{k_{n-1}})*(a_{l_0}\cdots a_{l_n})$ 的系数 λ 如下.

在 $k_0<r$ 时,

$$\begin{aligned}\lambda=&\frac{1}{2}[(-1)^\alpha\cdot\varepsilon_{k_0l_0}+(-1)^\beta\cdot\varepsilon_{k_0l_0}+(-1)^n\cdot(-1)^\alpha\cdot(-1)^{n(n-1)}\\&\cdot\varepsilon_{l_0k_0}+(-1)^n\cdot(-1)^\beta\cdot(-1)^{n(n-1)}\cdot\varepsilon_{l_0k_0}]\\=&[(-1)^\alpha+(-1)^\beta]\cdot\varepsilon_{k_0l_0}.\end{aligned}$$

在 $r<k_0<s$ 时,

$$\begin{aligned}\lambda=&\frac{1}{2}[\varepsilon_{rl_0}+(-1)^\beta\cdot\varepsilon_{k_0l_0}+(-1)^n\cdot(-1)^{n(n-1)}\cdot\varepsilon_{l_0r}\\&+(-1)^n\cdot(-1)^\beta\cdot(-1)^{n(n-1)}\cdot\varepsilon_{l_0k_0}]\\=&\varepsilon_{rl_0}+(-1)^\beta\cdot\varepsilon_{k_0l_0}.\end{aligned}$$

在 $r<s<k_0$ 时,

$$\begin{aligned}\lambda=&\frac{1}{2}[\varepsilon_{rl_0}+\varepsilon_{sl_0}+(-1)^n\cdot(-1)^{n(n-1)}\cdot\varepsilon_{l_0r}+(-1)^n\cdot(-1)^{n(n-1)}\cdot\varepsilon_{l_0s}]\\=&\varepsilon_{rl_0}+\varepsilon_{sl_0}.\end{aligned}$$

因之不论何时恒有 $\lambda\equiv0\mod2$ 而 r_2z 是一模 2 下闭链.

今对任意 $\geqslant0$ 而 $\leqslant2n+2$ 的 r 定义

$$\alpha(r,s)=\begin{cases}s, & 0\leqslant s\leqslant r-1,\\ s+1, & r\leqslant s\leqslant 2n+1.\end{cases}$$

则由 3.2 节定理 2, $\Phi_2^{2n}(K_{2n+2,n})$ 的一个代表上闭链 φ^{2n} 将是

$$\varphi^{2n} = \sum_{r=0}^{2n+2} \{(a_{\alpha(r,0)}a_{\alpha(r,1)}\cdots a_{\alpha(r,2n)}) * (a_{\alpha(r,1)}a_{\alpha(r,3)}\cdots a_{\alpha(r,2n+1)})\}.$$

故 $\varphi^{2n}(z) = 2n+3$ 而 $r_2\varphi^{2n}(r_2 z) \neq 0$. 由此知 $r_2\Phi_2^{2n}(K_{2n+2,n}) \neq 0$, 因而更有 $\Phi_2^{2n}(K_{2n+2,n}) \neq 0$, 即 (12).

$(13_{2n+1,n})$ 即 $\Psi_2^{2n-1}(K_{2n+1,n}) \neq 0$ 的证明.

在 $(K_{2n+1,n})_2^{(0)}$ 中试考虑下链

$$z = \sum [(a_0), (a_{i_0}\cdots a_{i_{n-1}}) * (a_0 a_{j_0}\cdots a_{j_{n-1}})]^{(0)},$$

其中 $\sum$ 展开于所有可能的指数组 (i,j) 上. 此外又有一映象 $j_0 : |(K_{2n+1,n})_2^{(0)}| \to |(K_{2n+1,n})_2^*|$, 使

$$j_{0\#}[\sigma, \sigma_1 * \sigma_2]^{(0)} = \begin{cases} 0, & \dim\sigma > 0\text{时}, \\ \sigma_1 * \sigma_2, & \dim\sigma = 0\text{时}, \end{cases}$$

而 $\psi^{2n-1} = j_0^*\varphi^{2n-1} \in \Psi_2^{2n-1}(K_{2n+1,n})$. 易见 $r_2 z$ 是一模 2 下闭链, 由 3.2 节定理 2, $\Phi_2^{2n-1}(K_{2n+1,n})$ 中对应选定顶点次序的代表上闭链 φ^{2n-1} 由下式

$$\varphi^{2n-1} = r_2 \sum \{(a_{i_0}\cdots a_{i_{n-1}}) * (a_{j_0}\cdots a_{j_{n-1}})\}$$

给出. 其中 $\sum$ 展开于使 $0 \leqslant j_0 < i_0 < j_1 < \cdots < j_n \leqslant 2n+1$ 的所有可能的指数组 (i,j) 上, 容易验证

$$\psi^{2n-1}(r_2 z) = \varphi^{2n-1}(j_{0\#} r_2 z) = 2n+1 \neq 0 \bmod 2.$$

因之 $\Psi_2^{2n-1}(K_{2n+1,n}) \neq 0$, 而 $(13_{2n+1,n})$ 得证.

$(13_{2n,n})$ 即 $\Psi_2^{2n-2}(K_{2n,n}) \neq 0$ 的证明.

试考虑下链

$$z = \sum [(a_0), (a_{i_0}\cdots a_{i_{n-1}}) * (a_{j_0}\cdots a_{j_{n-1}})]^{(0)}$$

其中 $\sum$ 展开于使 $0 \leqslant i_0 < j_0 \leqslant 2n$ 的所有可能的指数组 (i,j) 上. 易见 z 是 $(K_{2n,n})_2^{(0)}$ 的一个模 2 下闭链, 另一面, $\Phi_2^{2n-2}(K_{2n,n})$ 的一个代表上闭链 φ^{2n-2} 为

$$\varphi^{2n-2} = \sum \{(a_{i_0}\cdots a_{i_{n-1}}) * (a_{j_0}\cdots a_{j_{n-1}})\},$$

其中 $\sum$ 展开于使 $0 \leqslant i_0 < j_0 < i_1 < \cdots < i_{n-1} < j_{n-1} \leqslant 2n$ 的一切可能的指数组 (i,j) 上, 设 $j_0 : |(K_{2n,n})_2^{(0)}| \to |(K_{2n,n})_2^*|$ 如前, 可见 $\psi^{2n-2} = j_0^{\#}\varphi^{2n-2} \in \Psi_2^{2n-2}(K_{2n,n})$ 而 $r_2\psi^{2n-2}(r_2 z) = r_2\varphi^{2n-2}(j_{0\#} r_2 z) = 2n+1 \bmod 2 \neq 0$ 因之 $\Psi_2^{2n-2}(K_{2n,n}) \neq 0$, 而 $(13_{2n,n})$ 得证.

在 $2n+1 \geqslant N \geqslant n+2$ 时 $(13_{N,n})$ 的证明, 即

$$\Psi_2^{N-2}(K_{N,n}) \neq 0, \quad 2n+1 \geqslant N \geqslant n+2 \tag{15_n}$$

的证明.

$n=1$ 的情形即 $(13_{3,1})$ 是显然的, 因为这时 $K_{3,1}$ 以 $K_{2,1}$ 为子复形, 而由刚才所证的 $(13_{2,1})$ 已知有 $\Psi_2^1(K_{2,1}) \neq 0$. 今设 (15_{n-1}) 已经证明. 则因 $K_{N,n}$ 以 $K_{N,n-1}$ 为子复形而更应有 $\Psi_2^{N-2}(K_{N,n}) \neq 0$, 只需 $2n-1 \geqslant N \geqslant n+1$, 因 $(13_{2n+1,n})$ 与 $(13_{2n,n})$ 早已证明, 故得 (15_n).

至此我们的论断已全部证明.

例 4　对任意整数 $p \geqslant -1$ 与 $q \geqslant 0$, 试考虑由以下定义的复形 $A_{p\cdot q}$ 如次. 取 $p+1$ 个三点组 $A_i = \left\{a_i^{(0)}, a_i^{(1)}, a_i^{(2)}\right\}, i=0,1\cdots,p$, 又取 q 个点偶 $B_j = \left\{b_j^{(0)}, b_j^{(1)}\right\}, j=1,\cdots,q$, 又取 q 个单点组 $C_j=\{c_j\}, j=1,\cdots,q$. 今从 $p+q+1$ 个组 A_i, B_j(或 A_i, C_j) 中, 每组各取一点以定一 $p+q$ 维单形, 于是 $A_{p,q}$(或 $A'_{p,q}$) 将定义为所有这些单形以及它们的面所构成的复形, 在 $p=-1$ 时, $A_{-1,q}$(或 $A'_{-1,q}$) 显然是一 $(q-1)$ 维球 (或一 $q-1$ 维单形). 在 $p \geqslant 0, q=0$ 时, $A_{p,q}$ 为 Van Kampen 所引入, 并由他与 Flores 分别证明它是能在 R^{2p+1} 中但不能在 R^{2p} 中实现的一个复形. 我们则将证以下含义较广的定理

$A_{p,q}$(或 $A'_{p,q}$) 的 I_2 指数与 J_2 指数各为

$$I_2(A_{p,q}) = I_2(A'_{p,q}) = 2p+q+1, \quad p,q \geqslant 0, \tag{16}$$

$$J_2(A_{p,q}) = J_2(A'_{p,q}) = 2p+q+1, \quad p \geqslant 0, q>0. \tag{16'}$$

我们并有

$$A_{p,q} \subset R^{2p+q+1}, \quad p,q \geqslant 0, \tag{17}$$

$$A'_{p,q} \not\subset R_{2p+q}, \quad p \geqslant 0, q>0. \tag{17'}$$

这个定理的证明依赖于以下引理.

引理　设 L 是一有限单纯复形, 而 K 是 L 与一点 b 的联合复形, 则在 $r_2\Phi_2^{2m}(L) \neq 0$ 时应有 $\Psi_2^{2m+1}(K) \neq 0$, 因而更有 $\Phi_2^{2m+1}(K) \neq 0$. 又在 $r_2\Phi_2^{2m-1}(L) \neq 0$ 时应有 $r_2\Psi_2^{2m}(K) \neq 0$, 因而更有 $r_2\Phi_2^{2m}(K) \neq 0$.

证　试将 L 的顶点排成一定的次序 $a_0 \prec a_1 \prec \cdots$, 又将 K 的顶点排成次序 $b \prec a_0 \prec a_1 \prec \cdots$. 对这些顶点次序而言依 3.2 节定理 2 在 $\Phi_2^m(L)$ 与 $\Phi_2^m(K)$ 中的相应代表上闭链, 各如以下诸式所示

$$\varphi^{2m}(L) = \sum_1 \{(a_{i_0} \cdots a_{i_m}) * (a_{j_0} \cdots a_{j_m})\}, \tag{18}$$

$$\varphi^{2m-1}(L) = r_2 \sum_2 \{(a_{i_0} \cdots a_{i_{m-1}}) * (a_{j_0} \cdots a_{j_m})\}, \tag{18'}$$

$$\begin{aligned}\varphi^{2m+1}(K) = r_2 \sum_1 \{(a_{i_0} \cdots a_{i_m}) * (ba_{j_0} \cdots a_{j_m})\} \\ + r_2 \sum_3 \{(a_{i_0} \cdots a_{i_m}) * (a_{j_0} \cdots a_{j_{m+1}})\},\end{aligned} \tag{19}$$

$$\begin{aligned}\varphi^{2m}(K) = \sum_2 \{(ba_{i_0} \cdots a_{i_{m-1}}) * (a_{j_0} \cdots a_{j_m})\} \\ + \sum_1 \{(a_{i_0} \cdots a_{i_m}) * (a_{j_0} \cdots a_{j_m})\},\end{aligned} \tag{19'}$$

其中 $\sum\limits_1, \sum\limits_2, \sum\limits_3$ 各展开在满足以下诸条件的一切可能的指数组 (i, j) 上:

$$\left(\sum_1\right): i_0 < j_0 < i_1 < \cdots < i_m < j_m,$$

$$\left(\sum_2\right): j_0 < i_0 < j_1 < \cdots < i_{m-1} < j_m,$$

$$\left(\sum_3\right): j_0 < i_0 < j_1 < \cdots < i_m < j_{m+1}.$$

今对任一模 2 下链 $z = \sum\limits_i c_i(\sigma_i * \tau_i) \in C_r(L_2^*, I_2)$ 定义一模 2 下链 $\beta z \in C_{r+1}(K_2^{(0)}, I_2)$ 为

$$\beta z = \sum_i c_i[(b), \sigma_i * b\tau_i]^{(0)} + \sum_i c_i[(b), b\sigma_i * \tau_i]^{(0)}. \tag{20}$$

则 $\beta : C_r(L_2^*, I_2) \to C_{r+1}(K_2^{(0)}, I_2)$ 为一同态, 可见

$$\partial\beta z = \beta\partial z = 0 \bmod 2. \tag{21}$$

今对任意 r 维胞腔 $\sigma * \tau \in L_2^*, \dim\sigma + \dim\tau = r$ 以及任意下链 $c \in C_r(L_2^*, I_2)$, 显然有

$$r_2 j_0^{\#}\{\sigma * b\tau\}(\beta c) = r_2 j_0^{\#}\{b\sigma * \tau\}(\beta c) = r_2 j_0^{\#}\{\sigma * \tau\}(c), \tag{22}$$

其中 $j_0 : |K_2^{(0)}| \to |K_2^*|$ 即 3.2 节定理 2 所涉及的映象. 如前我们有 $\psi^i(K) = j_0^{\#}\varphi^i(K) \in \Psi_2^i(K)$.

今设 $r_2\Phi_2^{2m}(L) \neq 0$. 则在 L_2^* 中有一模 2 下闭链 $z \in Z_{2m}(L_2^*, I_2)$ 使 $r_2\varphi^{2m}(L)(z) \neq 0$. 由 (18), (19), (20) 与 (22) 即得

$$\psi^{2m+1}(K)(\beta z) = r_2\varphi^{2m}(L)(z) \neq 0.$$

因 βz 由于 (21) 是 $K_2^{(0)}$ 的一个模 2 下闭链, 故有 $\Psi_2^{2m+1}(K) \neq 0$. 同样可证在 $\Phi_2^{2m-1}(L) \neq 0$ 时有 $r_2\Psi_2^{2m}(K) \neq 0$.

(16) 式的证明.

试先考虑 $q=0$ 的情形, 将 $A_{p,0}$ 的顶点排成次序使 $a_i^{(k)} \prec a_j^{(l)}$ 意即 $i<j$ 或 $i=j$ 但 $k<l(i,j=0,1\cdots,p;k,l=0,1,2)$, 对此顶点次序而言, $A_{p,0}$ 的 Φ_2^{2p} 中的相应代表上闭链将为

$$\varphi^{2p}=\sum\{(a_0^{(i_0)}a_1^{(i_1)}\cdots a_p^{(i_p)})*(a_0^{(j_0)}a_1^{(j_1)}\cdots a_p^{(j_p)})\},$$

其中 $\sum$ 展开在使 $i_0<j_0,i_1<j_1,\cdots,i_p<j_p$ 的所有可能的指数组 (i,j) 上. 今考虑下链

$$z=\sum{}'(a_0^{(i_0)}a_1^{(i_1)}\cdots a_p^{(i_p)})*(a_0^{(j_0)}a_1^{(j_1)}\cdots a_p^{(j_p)}),$$

其中 $\sum'$ 展开在所有使 $i_0<j_0$ 的可能指数组 (i,j) 上, 易见 r_2z 是一模 2 下闭链而 $\varphi^{2p}(z)=3^{p+1}\neq 0 \bmod 2$. 因之 $r_2\Phi_2^{2p}(A_{p,0})\neq 0$. 因 $A'_{p,q}$ 是 $A'_{p,q-1}$ 与点 c_q 的联合复形, 而 $A_{p,q}$ 以 $A'_{p,q}$ 为一子复形, 故应用引理并使用归纳法可得

$$\Phi_2^{2p+q}(A_{p,q})\neq 0,\quad \Phi_2^{2p+q}(A'_{p,q})\neq 0,\quad p,q\geqslant 0, \tag{23}$$

$$\Psi_2^{2p+q}(A_{p,q})\neq 0,\quad \Psi_2^{2p+q}(A'_{p,q})\neq 0,\quad p\geqslant 0,q>0. \tag{23$'$}$$

另一面, 试在 R^{2p+q+1} 中取直角坐标系统 $(x_1,\cdots,x_{2p+q+1})$, 而命 R^{2p+1} 为子空间 $x_1=\cdots=x_q=0, R_i^1(i=1,2,\cdots,q)$ 为直线 $x_j=0,j\neq i$, 在每一直线 R_i^1 上取两点 $\bar b_i^{(0)}=(\underbrace{0,\cdots,0}_{i-1},1,0,\cdots,0)$ 与 $\bar b_i^{(1)}=(\underbrace{0,\cdots,0}_{i-1},-1,0,\cdots,0)$. 因 $A_{p,0}$ 为一 p 维复形, 故有一 (线性) 实现 $f:A_{p,0}\subset R^{2p+1}$, 今将 f 线性地推广为一映象 $f:A_{p,q}\to R^{2p+q+1}$, 使 $f(b_i^{(0)})=\bar b_i^{(0)}, f(b_i^{(1)})=\bar b_i^{(1)}, i=1,2,\cdots,q$, 则 f 为一 $A_{p,q}$ 到 R^{2p+q+1} 中的实现, 我们的定理显然是这一事实以及关系 (23) 与 (23$'$) 的推论.

3.4 同痕与同位

定义 1 设 f_0 与 f_1 是空间 X 到空间 Y 的两个实现, 并设 I 是线段 $[0,1]$. 如果有一连续映象 $F:X\times I\to Y$ 使 $F/X\times(0)\equiv f_0, F/X\times(1)\equiv f_1$, 且对每一 $t\in I, F/X\times(t)\equiv f_t/X$ 是一 X 到 Y 的实现, 则两实现 f_0 与 f_1 将称作是同痕的, 并称 F 是 f_0 与 f_1 间的一个同痕.

定义 2 设 f_0 与 f_1 是空间 X 到空间 Y 的两个局部实现. 如果有一连续映象 $F:X\times I\to Y$ 使 $F/X\times(0)\equiv f_0, F/X\times(1)\equiv f_1$, 且对每一 $t\in I, F/X\times(t)=f_t/X$ 是一 X 到 Y 的一个局部实现, 而这些局部实现又是在如下意义下对 t 是匀齐的, 即: 有 X 的一个开覆盖 $\tilde u=\{U_i\}$ 使对每一 $t\in I$ 映象 $f_t:X\to R^N$ 在每一 U_i 上是拓扑映象. 这时我们将说 f_0 与 f_1 是局部同痕的, 而且 F 是 f_0 与 f_1 间的一个局部同痕.

定义 3　设 f_0 与 f_1 是空间 X 到空间 Y 的两个实现 (或局部实现). 如果有一 Y 到它自身的拓扑变换 h 使 $hf_0 \equiv f_1$, 则该两实现 (或局部实现)f_0 与 f_1 将称作在 Y 中是同位的. 如果 Y 特别是一个欧氏空间 R^N, 则 f_0, f_1 将称为是保向同位(或反向同位) 的, 视有无 R^N 变为自身的保向 (或反向) 拓扑变换 h 使 $hf_0 \equiv f_1$ 而定.

附注　1° 上述两个概念 "同痕" 与 "同位", 虽然密切相关, 但并不是相同的, 即使在很特殊的情形, 例如 Y 是一欧氏空间, X 限制为某种类型的空间如可剖形或流形之类, 而所考虑的实现与局部实现也限制为某种特殊的映象, 如片断线性或可微等等之类时, 情况也是如此. 这两成伴侣的概念的相互关系如何, 目前似尚发掘不多.

2° 有这种可能, 一空间 X 到一欧氏空间中的两个实现 (或局部实现) 同时既是保向同位又是反向同位的. 例如一个线段在一欧氏平面中的通常的实现以及把一线段在 R 中成 $\propto$ 形状的那种局部实现都是如此, 因此我们将引入以下概念.

定义 4　一个空间 X 到 R^N 中的实现 f(或局部实现) 将称为是迷向的, 如果 f 与它自身反向同位. 在 R^N 中的一个子空间 X 将称为在 R^N 中处于迷向位置, 如果 X 到 R^N 中的恒同映象, 视作是一个实现时, 乃是迷向的.

在以下我们将把有关同痕与同位的研究完全限制在 $Y =$ 一个欧氏空间 R^N 的这一情形. 基于 $(\tilde{R}^N)^*_2$ 的考虑我们将引入一些不变量, 它们将给出同痕与同位的某些必要条件, 而在以后第 6 章中. 我们将指出这些条件在某些极端情形又恰恰是充分的.

命题 1　$(\tilde{R}^N)^*_2$ 以一 $N-1$ 维球为一伦移收缩核, 因而

$$H^{N-1}((\tilde{R}^N)^*_2) \approx I,$$

其中两个母元素可使之与 R^N 的两个定向相对应.

证　定理的第一部分是 3.1 节命题 1 的一个特殊情形, 在这个特殊情形中, $(\tilde{R}^N)^*_2$ 到一 $N-1$ 维球的伦移收缩也可用简易的方法得出如下, 考虑任意点 $(x_1, x_2) \in (\tilde{R}^N)^*_2$, 这里 $x_1, x_2 \in R^N$ 而 $x_1 \neq x_2$, 记线段 $\overline{x_1 x_2}$ 的中点为 ξ, 则点偶 (x_1, x_2) 将先沿从 ξ 到 R^N 的原点 O 的方向平移直至 ξ 到达 O, 以 O 为中心的伸缩变换, 又可使这一点偶继续伦移为 R^N 中以 O 为中心的单位球 S^{N-1} 上直径相对的点偶 $(\bar{x}_1, \bar{x}_2)$. 恒同 $(\bar{x}_1, \bar{x}_2)$ 为 S^{N-1} 上的点 $\bar{x}_1$, 即得所需的伦移收缩如定理第一部分所示, 从作法也可看出, $\bar{x}_2 = \tilde{j}(x_1, x_2)$ 乃是过 O 而平行于自 x_1 至 x_2 方向的半射线与 S^{N-1} 的交点, 因之有

$$\tilde{j}^* : H^{N-1}(S^{N-1}) \approx H^{N-1}((\tilde{R}^N)^*_2) \approx I.$$

由此 $H^{N-1}((\tilde{R}^N)^*_2)$ 的两个母元素与 $H^{N-1}(S^{N-1})$ 的两个母元素相对应, 而后者又恰与 R^N 的两个定向相对应.

记号 $H^{N-1}((\tilde{R}^N)_2^*)$ 中与 R^N 某一特定定向相对应的确定母元素在以后将记作 $\overset{N-1}{\tilde{\Sigma}}$.

命题 2 设 h 是将具有特定定向的 R^N 变为自身的一个拓扑变换, $\tilde{h}_2$ 是把 $(\tilde{R}^N)_2^*$ 变为自身的变换, 定义如 $\tilde{h}_2(x_1,x_2)=(h(x_1),h(x_2))$, 则

$$\tilde{h}_2^*: H^{N-1}((\tilde{R}^N)_2^*)\approx H^{N-1}((\tilde{R}^N)_2^*) \tag{1}$$

是一自同构, 使

$$\tilde{h}_2^*\tilde{\Sigma}^{N-1}=\begin{cases}+\tilde{\Sigma}^{N-1}, & h \text{ 保持定向时},\\ -\tilde{\Sigma}^{N-1}, & h \text{ 逆转定向时},\end{cases} \tag{2}$$

证 如果必要, 至多对 R^N 作一伦移, 即不妨假定 h 保持 R^N 的原点 O 不变, 命 $\tilde{i}: S^{N-1}\to(\tilde{R}^N)_2^*$ 是由 $\tilde{i}(x)=(-x,+x)$ 所定义的映象, 这里 $x\in S^{N-1}$, 而 $-x$ 是 x 在 S^{N-1} 上直径相对的点. 于是 $\tilde{i}^*\tilde{\Sigma}^{N-1}$ 即为 $H^{N-1}(S^{N-1})$ 中与协合于 R^N 定向的定向 S^{N-1} 相当的母元素, 今沿过 $-x$ 的半径伦移点 $-x$ 至 O, 则 $\tilde{i}$ 将同伦于映象 $\tilde{i}': S^{N-1}\to(\tilde{R}^N)_2^*$, 这里 $\tilde{i}'$ 由 $\tilde{i}'(x)=(0,x)$ 定义, 因而 $\tilde{i}^*\tilde{\Sigma}^{N-1}=\tilde{i}'^*\tilde{\Sigma}^{N-1}$. 对任一点 $x\in S^{N-1}$, 试将 $h(x)\neq 0$ 沿过 $h(x)$ 的半径伦移至一点 $y\in S^{N-1}$, 则由 $\tilde{i}''(x)=(0,y)$ 所定义的映象 $\tilde{i}'': S^{N-1}\to(\tilde{R}^N)_2^*$ 同伦于 $\tilde{h}_2\tilde{i}'$, 因而 $\tilde{i}''^*\tilde{\Sigma}^{N-1}=\tilde{i}'^*\tilde{h}_2^*\tilde{\Sigma}^{N-1}=\varepsilon\tilde{i}^*\tilde{\Sigma}^{N-1}$, 这里 $\tilde{h}_2^*\tilde{\Sigma}^{N-1}=\varepsilon\tilde{\Sigma}^{N-1}$. 另一面, 由 $\tilde{i}'''(x)=y$ 所定义的映象 $\tilde{i}''': S^{N-1}\to S^{N-1}$ 保向或反向与否视 h 保向与反向与否而定, 且 $\tilde{i}'\tilde{i}'''=\tilde{i}''$, 因之有 $\tilde{i}''^*\tilde{\Sigma}^{N-1}=+\tilde{i}^*\tilde{\Sigma}^{N-1}$ 或 $-\tilde{i}^*\tilde{\Sigma}^{N-1}$ 即 $\varepsilon=+1$ 或 -1, 全视 h 为保向或反向与否而定.

定义 5 设 R^N 有确定定向, $f: X\subset R^N$ 是一实现, 而 $\tilde{f}:\tilde{X}_2^*\to(\tilde{R}^N)_2^*$ 定义如 $\tilde{f}(x_1,x_2)=(f(x_1),f(x_2))$. 则上类 $\tilde{f}^*\tilde{\Sigma}^{N-1}\in H^{N-1}(\tilde{X}_2^*)$ 将称实现 f 对于 R^N 择定定向而言的同痕类, 记作

$$\tilde{\Theta}_f^{N-1}=\tilde{f}^*\tilde{\Sigma}^{N-1}\in H^{N-1}(\tilde{X}_2^*). \tag{3}$$

注意这一上类依赖于 R^N 所选择的定向, 而在 R^N 改变定向时改变它的符号.

定义 6 设 R^N 有确定定向, $f: X\propto R^N$ 是一局部实现, 因而有一 X 的开覆盖 $u=\{U_i\}$, 使 f 在每一开集 U_i 上都是拓扑映象. 命 $\tilde{W}_u$ 为 X 在 $\tilde{X}_2^*$ 中的去核邻域, 由所有点偶 (x_1,x_2) 所构成, 这里 $x_1\neq x_2$ 含于某同一 U_i 中, 于是由 $\tilde{f}(x_1,x_2)=(f(x_1),f(x_2))$ 所定的映象

$$\tilde{f}:\tilde{W}_u\to(\tilde{R}^N)_2^*$$

是有明确意义的, 且上类 $\tilde{f}^*\tilde{\Sigma}^{N-1}\in H^{N-1}(\tilde{W}_u)$ 在 $H^{N-1}(\tilde{X}_2^*/X,t)$ 中的极限类显然与覆盖 u 的选择无关, 我们将称此极限类为局部实现 f 的局部同痕类, 并将记作

$$\tilde{\Lambda}_f^{N-1}(X)=\mathrm{Lim}\tilde{f}^*\tilde{\Sigma}^{N-1}\in H^{N-1}(\tilde{X}_2^*/X,t). \tag{4}$$

与同痕类者相同, $\tilde{\Lambda}_f^{N-1}(X)$ 依赖于 R^N 中定向的选择, 而在 R^N 改变定向时改变它的符号.

定理 1 对于 R^N 的固定定向而言, 上类 $\tilde{\Theta}_f^{N-1}(X)$ 以及 $\tilde{\Lambda}_f^{N-1}(X)$ 各为实现 $f: X \subset R^N$ 或局部实现 $f: X \propto R^N$ 的同痕不变量或局部同痕不变量.

证 设 $f_0, f_1: X \subset R^N$(或 $f_0, f_1: X \propto R^N$) 是同痕的 (或局部同痕的), 而以 $F: X \times I \to R^N$ 为 f_0 与 f_1 间的一个同痕 (或局部同痕), 对任意 $t \in I$, 置 $f_t/X \equiv F/X \times (t)$, 则在实现的情形由 $\tilde{f}_t(x_1, x_2) = (f_t(x_1), f_t(x_2))$ 所定义的映象 $\tilde{f}_t: \tilde{X}_2^* \to (\tilde{R}^N)_2^*$ 给出了一个 $\tilde{f}_0$ 与 $\tilde{f}_1$ 间的同伦, 因而 $\tilde{f}_0^* \tilde{\Sigma}^{N-1} = \tilde{f}_1^* \tilde{\Sigma}^{N-1}$, 亦即 $\tilde{\Theta}_{f_\theta}^{N-1}(X) = \tilde{\Theta}_{f_1}^{N-1}(X)$, 或 $\tilde{\Theta}_f^{N-1}(X)$ 是实现 f 的同痕不变量, 在局部实现的情形可设 $\tilde{u} = \{U_i\}$ 是 X 的一个开覆盖, 使对每一 $t \in I, f_t$ 在每一 U_i 上都是拓扑映象. 如前命 $\tilde{W}_u$ 为 X 在 $\tilde{X}_2^*$ 中的去核邻域, 由一切点 $(x_1, x_2) \in \tilde{X}_2^*$ 所构成, 这里 x_1, x_2 含于某同一 U_i 中, 于是对每一 $t \in I$, $\tilde{f}_t(x_1, x_2) = (f_t(x_1), f_t(x_2))$ 在 $\tilde{W}_u$ 上有意义, 且给出了一个 $\tilde{f}_0$ 与 $\tilde{f}_1: \tilde{W}_u \to (\tilde{R}^N)_2^*$ 间的同伦, 因之

$$\tilde{f}_0^* \tilde{\Sigma}^{N-1} = \tilde{f}_1^* \tilde{\Sigma}^{N-1} \in H^{N-1}(\tilde{W}_u)$$

趋于极限即得 $\tilde{\Lambda}_{f_0}^{N-1}(X) = \tilde{\Lambda}_{f_1}^{N-1}(X)$. 这又证明了 $\tilde{\Lambda}_f^{N-1}(X)$ 在局部同痕下的不变性.

定理 2 对 R^N 的一个固定定向而言, 上类偶 $\pm\tilde{\Theta}_f^{N-1}(X)$(或上类 $\tilde{\Theta}_f^{N-1}(X)$) 是 X 在 R^N 中实现 f 的一个同位不变量 (或保向同位不变量).

证 设 f_0, f_1 是 X 在 R^N 中的实现, 而 h 是一 R^N 到它自身的一个 (保向) 拓扑变换, 使 $hf_0 \equiv f_1$, 因而 f_0 与 f_1 在 R^N 中是 (保向) 同位的. 由命题 2, 我们有

$$h^* \tilde{\Sigma}^{N-1} = \varepsilon \tilde{\Sigma}^{N-1},$$

这里 $\varepsilon = \pm 1$, 而在 h 保向时更有 $\varepsilon = \pm 1$, 像定理 1 的证明中那样, 定义 $\tilde{f}_i: \tilde{X}_2^* \to (\tilde{R}^N)_2^*$ 如 $\tilde{f}_i(x_1, x_2) = (f_i(x_1), f_i(x_2)), i = 0, 1$, 则有

$$\tilde{\Theta}_{f_i}^{N-1}(X) = \tilde{f}_i^* \tilde{\Sigma}^{N-1}, \quad i = 0, 1.$$

因 $h^* f_0^* = f_1^*$, 故得

$$\tilde{\Theta}_{f_0}^{N-1}(X) = \varepsilon \tilde{\Theta}_{f_1}^{N-1}(X), \tag{5}$$

这证明了定理.

定理 3 对 R^N 的一固定定向而言, 上类偶 $\pm\tilde{\Lambda}_f^{N-1}(X)$, 或上类 $+\tilde{\Lambda}_f^{N-1}(X)$ 是 X 到定向 R^N 中局部实现 f 的一个同位不变量 (或保向同位不变量).

证 设 f_0, f_1 是 X 到 R^N 中的两个局部实现, 设 $u^{(j)} = \left\{U_i^{(j)}\right\}, j = 0, 1$, 是 X 的两个开覆盖, 使 $f_j (j = 0, 1)$ 在每一 $U_i^{(j)}$ 上是拓扑映象, 命 $\tilde{W}^{(j)}$ 是 X 在 $\tilde{X}_2^*$

中的去核邻域, 由所有点 $(x_1,x_2)\in\tilde{X}_2^*$ 所构成, 这里 x_1,x_2 在某同一 $U_i^{(j)}$ 中. 置 $\tilde{W}=\tilde{W}^{(0)}\cap\tilde{W}^{(1)}$, 则 $\tilde{f}_j:\tilde{W}\to(\tilde{R}^N)_2^*$, 这里 $\tilde{f}_j(x_1,x_2)=(f_j(x_1),f_j(x_2))$, $j=0,1$ 将是有确定意义的两个映象, 今设 f_0, f_1 在 R^N 中是同位的 (或保向同位的). 则有一 R^N 到自身的拓扑变换 (或保向拓扑变换)h 使 $hf_0\equiv f_1$. 与定理 2 的证明同样进行可得

$$\tilde{f}_0^*\tilde{\Sigma}^{N-1}=\varepsilon\tilde{f}_1^*\tilde{\Sigma}^{N-1}\in H^{N-1}(\tilde{W}),$$

这里 $\varepsilon=+1$, 而在 h 保向时更有 $\varepsilon=+1$. 趋于极限即得

$$\tilde{\Lambda}_{f_0}^{N-1}(X)=\varepsilon\tilde{\Lambda}_{f_1}^{N-1}(X),$$

从而证明了定理.

定理 4 如果 f 是空间 X 在 R^N 中的一个迷向实现 (或迷向局部实现), 则有

$$2\tilde{\Theta}_f^{N-1}(X)=0\quad(\text{或}2\tilde{\Lambda}_f^{N-1}(X)=0).\tag{6}$$

证 在实现的情形, 可命 h 是一 R^N 到自身的一个反向拓扑变换, 而使 $hf\equiv f$, 则在 (5) 式中有 $\varepsilon=-1$, 因而由 (5) 可得 (6) 式. 局部实现的情形也同样证明.

杂例

1° 设 C 是一圆, 在 C 上任取三点 a_1,a_2,a_3, 则 $H_1(\tilde{C}_2^*)\approx I$ 有一母元素 z, 以下下闭链为一代表元素, 即

$$\begin{aligned}z=&a_1\times(a_2a_3)+a_2\times(a_3a_1)+a_3\times(a_1a_2)\\&+(a_2a_3)\times a_1+(a_3a_1)\times a_2+(a_1a_2)\times a_3.\end{aligned}$$

今在平面 R^2 中取一圆 D. 将任意 R^2 任意定向, 并取 D 的定向与之协合, 记此定向圆 D 为 $\overset{+}{D}$, 而取反向的 D 为 $\overset{-}{D}$. 同样记使 a_1,a_2,a_3 成正向次序的定向圆 C 为 $\overset{+}{C}$. 今定义两个实现 $f,f':C\subset R^2$ 使 $f(\overset{+}{C})=\overset{+}{D}$, $f'(\overset{+}{C})=\overset{-}{D}$, 则对上述 R^2 的定向而言, 将有

$$\tilde{\Theta}_f^1(C)\cdot Z=+1,$$

$$\tilde{\Theta}_{f'}^1(C)\cdot Z=-1.$$

故由定理 1 与定理 2, f 与 f' 既不能同痕也不能保向同位, 另一面, 显然可以看出 f 与 f' 是反向同位的.

2° 设 R^2,C,D 仍如例 1°, 而 f_k 为 C 到 R^2 中的一个局部实现, 使 $f_k(\overset{+}{C})$ 在 $\overset{+}{D}$ 上绕过 k 次, 这里 $k\neq0$ 可为任意正或负的整数, 因 $H^1(C_2^*/C)\approx I+I$, 以 Z^+ 与 Z^- 为二母元素, 且易见

$$\tilde{\Lambda}_{fk}^1(C)\cdot Z^+=k,\quad\tilde{\Lambda}_{fk}^1(C)\cdot Z^-=-k,$$

因之这些局部实现 f_k, 对 k 的不同值是彼此不局部同痕的.

3° 设 X 是由一圆 C 与一孤立的点 P 所构成的空间, 定向 C 并定义 Z 如例 1°, 则 $H_1(\tilde{X}_2^*)$ 有两个母元素, 其中之一是 Z, 另一为 Z', 以 $z' = P \times (\overset{+}{C})$ 为母元素, 在定向平面 R^2 中取一定向圆 $\overset{+}{D}$ 例如 1°, 此外又在 D 内取一点 Q, 而在 D 外取一点 Q'. 定义实现 $f_1, f_1', f_2, f_2' : X \subset R^2$, 使

$$f_1(\overset{+}{C}) = f_1'(\overset{+}{C}) = \overset{+}{D}, \quad f_2(\overset{+}{C}) = f_2'(\overset{+}{C}) = \overset{-}{D},$$

$$f_1(P) = f_2(P) = Q, \quad f_1'(P) = f_2'(P) = Q',$$

则对上述 R^2 的定向而言, 将有

$$\begin{aligned}
&\tilde{\Theta}_{f_1}^1(X) \cdot Z' = +1, \quad \tilde{\Theta}_{f_2}^1(X) \cdot Z' = -1,\\
&\tilde{\Theta}_{f_1'}^1(X) \cdot Z' = \tilde{\Theta}_{f_2'}^1(X) \cdot Z' = 0,\\
&\tilde{\Theta}_{f_1}^1(X) \cdot Z = \tilde{\Theta}_{f_1'}^1(X) \cdot Z = +1,\\
&\tilde{\Theta}_{f_2}^1(X) \cdot Z = \tilde{\Theta}_{f_2'}^1(X) \cdot Z = -1.
\end{aligned}$$

由这些关系可知 f_1 与 f_2(同样 f_1' 与 f_2') 虽然处于同位, 但并不处于保向同位, 而 f_1 与 f_2 则都不与 f_1' 或 f_2' 处于同位.

4° 设 K 是将三个线段 $(a_0a_1), (a_0a_2), (a_0a_3)$ 在 a_0 处粘合所得的复形, 而 $X = |K|$, 在 $\tilde{X}_2^*$ 中有一不同调于 0 的一维下闭链

$$\begin{aligned}
z =& a_1 \times (a_2a_0) + a_1 \times (a_0a_3) + a_2 \times (a_3a_0)\\
&+ a_2 \times (a_0a_1) + a_3 \times (a_1a_0) + a_3 \times (a_0a_2)\\
&+ (a_2a_0) \times a_1 + (a_0a_3) \times a_1 + (a_3a_0) \times a_2\\
&+ (a_0a_1) \times a_2 + (a_1a_0) \times a_3 + (a_0a_2) \times a_3.
\end{aligned}$$

下闭链 z 代表了 $H_1(\tilde{X}_2^*)$ 的一个母元素 Z.

在平面 R^2 中取四点 b_0, b_1, b_2, b_3 与三个简单弧 $\beta_1 = \widehat{b_0b_1}, \beta_2 = \widehat{b_0b_2}, \beta_3 = \widehat{b_0b_3}$, 使 $\beta_1, \beta_2, \beta_3$ 除在 b_0 外不再彼此相遇. 这样一个图形将称作一三弧形, 并记作 $[\beta_1, \beta_2, , \beta_3]$($X$ 也是一个三弧形). 今定义一实现 $f : X \subset R^2$, 使 $f(a_0) = b_0, f(a_0a_i) = \beta_i, i = 1, 2, 3$. 取一 R^2 的固定定向并对此定义同痕类, 试将 β_1 绕 b_0 先旋转至 β_2 再旋转至 β_3, 则在这个旋转与 R^2 所择定向协合时, 将有 $\tilde{\Theta}_f^1(X) \cdot Z = +1$, 否则将有 $\tilde{\Theta}_f^1(X) \cdot Z = -1$, 因之上述两种类型的实现不处于保向同位.

第 4 章　用上同调运算表达的嵌入与浸入的条件

4.1　在周期变换下具有不变子复形时的 Smith 理论

第 2 章曾详细地讨论了复形在周期变换下没有不变胞腔所成简单组的 Smith 理论, 本章将讨论一般情形.

定义 1　设 $\tilde{K}$ 是一 (抽象的) 胞腔复形, 而 T 是一由 $\tilde{K}$ 到自身的一对一胞腔映象 t 所组成的一个乘法群, 具有以下诸性质:

1° 对任意 $\tilde{\sigma}\in\tilde{K}, t_1, t_2\in T$, 有 $t_2(t_1\tilde{\sigma})=(t_2t_1)\tilde{\sigma}$, 而对任意 $\tilde{\sigma}\in\tilde{K}$ 有 $1\tilde{\sigma}=\tilde{\sigma}$, 这里 1 指 T 中的幺元素.

2° 如果一个胞腔 $\tilde{\sigma}\in\tilde{K}$ 在 T 的某一 $t\neq 1$ 下是不变的 (即 $t\tilde{\sigma}=\tilde{\sigma}$), 则它在任一 $t\in T$ 下都是不变的.

3° 若一胞腔 $\tilde{\sigma}\in\tilde{K}$ 在任一 $t\in T$ 下都是不变的, 则它的所有的面也是在任意 $t\in T$ 下是不变的.

对这样的一个组 $(\tilde{K},T)$ 来说, $\tilde{K}$ 中所有在任意 $t\in T$ 下都是不变的那些胞腔构成了 $\tilde{K}$ 的一个闭子复形 $\tilde{\Delta}$, 我们将称之为组的*不变子复形*.

定义 2　对于象定义 1 中那样的组 $(\tilde{K},T)$, 可将 $\tilde{K}$ 中的胞腔分成等价类, 使两个胞腔 $\tilde{\sigma}_1,\tilde{\sigma}_2\in\tilde{K}$ 在同一类中与否, 视有无 $t\in T$ 使 $t\tilde{\sigma}_1=\tilde{\sigma}_2$ 而定, 记含有 $\tilde{\sigma}\in\tilde{K}$ 的等价类为 $\pi(\tilde{\sigma})$, 则所有这些等价类的集体将构成一复形 (参阅 2.1 节命题 1), 如果我们定义任一类 σ 的维数为它所含任一 $\tilde{\sigma}\in\sigma$ 的维数, 又定义 $\sigma'\prec\sigma$, 视有无 $\tilde{\sigma}\in\sigma,\tilde{\sigma}'\in\sigma'$, 使 $\tilde{\sigma}'\prec\tilde{\sigma}$ 而定, 又在 $\dim\sigma'=\dim\sigma-1$ 时, 定义 $[\sigma,\sigma']=\sum\limits_{t\in T}[\tilde{\sigma},t\tilde{\sigma}']$ 或 $=[\tilde{\sigma},\tilde{\sigma}']$, 视 $\sigma'\in K-\Delta$ 或 $\in\Delta$ 而定, 这里 $\Delta=\pi(\tilde{\Delta})$. 这一复形 K 将称为组 $(\tilde{K},T)$ 的*模复形*, 并将记作 $\tilde{K}/T$. 胞腔映象 $\pi:\tilde{K}\to K$ 将称为组的*投影*. 同样, 在 T 有限时, 组的*反投影*将定义为由 $\bar{\pi}(\sigma)=\{\tilde{\sigma}/\pi(\tilde{\sigma})=\sigma\}$ 所定的胞腔对应 $\bar{\pi}:K\to\tilde{K}$.

附注 1　对一像定义 1 中所说那样的组 $(\tilde{K},T)$, 命 $\tilde{\Delta}$ 为其不变子复形时, $(\tilde{K}\text{-}\tilde{\Delta},T)$ 将是在 2.1 节定义 1 意义下的一个简单组, 且 $(\tilde{K}-\tilde{\Delta})/T=K-\Delta$.

附注 2　为证实 $K=\tilde{K}/T$ 确成一复形, 只需验证关系

$$S\equiv\sum[\sigma,\sigma']\cdot[\sigma',\sigma'']=0$$

即足, 其中 $\sigma,\sigma''\in K$ 有 $q=\dim\sigma=\dim\sigma''+2$, 而 $\sum$ 展开于所有使 $\dim\sigma'=q-1$

的 $\sigma' \in K$ 上, 为此先设 $\sigma \in \Delta$, 则 S 简化为一和, 展开于 $\sigma' \in \Delta$ 上, 因而 $S=0$ 是显然的, 次设 $\sigma'' \in K-\Delta$, 则有 $\sigma \in K-\Delta$, 而 S 简化为一和, 展开于 $\sigma' \in K-\Delta$ 上, 因而 $S=0$ 可由 2.1 节的命题 1 得出. 此外需要考虑的情形乃是 $\sigma \in K-\Delta, \sigma'' \in \Delta$, 今取固定的 $\tilde{\sigma} \in \sigma$ 与 $\tilde{\sigma}'' \in \sigma''$, 并对每一 σ' 取定一 $\tilde{\sigma}' \in \sigma'$. 将 S 中的和式分成两部分 $\sum\limits_1$ 与 $\sum\limits_2$, 各展开在 $q-1$ 维胞腔 $\sigma' \in K-\Delta$ 与 $\sigma' \in \Delta$ 之上, 则有

$$\begin{aligned} S &= \sum_1 \sum_{t \in T} [\tilde{\sum}, t\tilde{\sigma}'] \cdot [\tilde{\sigma}', \tilde{\sigma}''] + \sum_2 [\tilde{\sigma}, \tilde{\sigma}'] \cdot [\tilde{\sigma}', \tilde{\sigma}''] \\ &= \sum_1 \sum_{t \in T} [\tilde{\sigma}, t\tilde{\sigma}'] \cdot [t\tilde{\sigma}', \tilde{\sigma}''] + \sum_2 [\tilde{\sigma}, \tilde{\sigma}'] \cdot [\tilde{\sigma}', \tilde{\sigma}'']. \end{aligned}$$

因 $\tilde{K}$ 中的 $q-1$ 维胞腔全体, 恰由 $t \in T$ 与 $\sigma' \in K-\Delta$ 的所有胞腔 $t\tilde{\sigma}'$, 以及 $\sigma' \in \Delta$ 的所有胞腔 $\tilde{\sigma}'$ 所构成, 故有 $S = \sum\limits_0 [\tilde{\sigma}, \tilde{\sigma}'] \cdot [\tilde{\sigma}', \tilde{\sigma}'']$, 其中 $\sum\limits_0$ 展开于 $\tilde{K}$ 的全体 $q-1$ 维胞腔 $\tilde{\sigma}'$ 上, 因而 $S=0$, 如所欲证.

记号　在以下 $(\tilde{K}, t)$ 将指一固定的组, 以 $T \approx I_p$ 为变换群, t 是 T 的指定的母元素, 不变子复形为 $\tilde{\Delta}$, 模复形为 $K = \tilde{K}/t$, 而投影与反投影各为 π 与 $\bar{\pi}$, 如定义 1、定义 2 中所示, K 的子复形 $\pi(\tilde{\Delta})$ 与 $\tilde{\Delta}$ 在 π 下同构, 将记作 Δ, 与第 2 章相同, 我们将置

$$s = 1 + t + \cdots + t^{p-1},$$

$$d = 1 - t,$$

$$s_i = \begin{cases} s, & i = \text{偶数时}, \\ d, & i = \text{奇数时}, \end{cases}$$

$$\rho = s(\text{或} d),$$

于是

$$\bar{\rho} = d(\text{或} s).$$

对任意 $\rho = s$ 或 d 又记 ρ_i 表 ρ 或 $\bar{\rho}$, 视 i 为偶或奇而定.

设 $\tilde{L}$ 是 $\tilde{K}$ 的一个闭子复形, 包含了 $\tilde{\Delta}$ 中所有的胞腔, 且若 $\tilde{\sigma} \in \tilde{L}$, 则也有 $t\tilde{\sigma} \in \tilde{L}$, 于是 $(\tilde{K}-\tilde{L}, t)$ 是一在 2.1 节意义下的简单组, 在这时我们将用记号

$$\begin{aligned} C_q^{(\rho)}(\tilde{K}-\tilde{L}, t; G) &= C_q^{(\rho)}(\tilde{K}, \tilde{L}, t; G), \\ H_q^{(\rho)}(\tilde{K}-\tilde{L}, t; G) &= H_q^{(\rho)}(\tilde{K}, \tilde{L}.t; G), \end{aligned}$$

余类推, 于是在第 2 章中所发展了的理论即可应用来讨论这些 “相对” 群, 特别是特殊 Smith 同态

$$\tilde{\mu}_{i*} : H_q^{(\rho)}(\tilde{K}-\tilde{\Delta}, t; G) \to H_{q-i}^{(\rho i)}(\tilde{K}-\tilde{\Delta}, t; G),$$

在现用符号下将变为同态

$$\tilde{\mu}_{i*}: H_q^{(\rho)}(\tilde{K}, \tilde{\Delta}, t; G) \to H_{q-i}^{(\rho_i)}(\tilde{K}, \tilde{\Delta}, t; G). \tag{1}$$

同样也有 Smith 同态

$$\tilde{\mu}_{i*}: H_q(K, \Delta; I_p) \to H_{q-i}(K, \Delta; G'). \tag{2}$$

余类推, 其中 $G' = G$ 或 G/pG, 视 i 为偶或奇而定.

为了要把可能有的不变子复形 $\tilde{\Delta}$ 考虑进去, 我们将在以下引入各种 "绝对的" 与 "相对的" 群以及它们之间的一些同态, 自然这些都是 P. A. Smith 工作中所已有的, 为叙述上简单起见我们将使用下面的记号:

(a) 如果 S 是一复形 K 的一个胞腔的集合, 而 x 是 K 的一个下链, 则我们将用记号 $x \subset S$, 如果 x 可写成 $x = \Sigma g_i \sigma_i$ 形状, 这里 $\sigma_i \in S$, 同样, 一个 K 的上链 u, 如果对每一不在 S 中的胞腔 σ 都有 $u(\sigma) = 0$, 则我们将用记号 $u \subset S$.

(b) 设 $(\tilde{K}, t)$ 是以 $\tilde{\Delta}$ 为不变子复形的组, 则对任意 $\tilde{K}$ 中的下链 (或上链)$\tilde{c}$, 我们将置

$$\tilde{c} = \tilde{N}\tilde{c} + \tilde{D}\tilde{c},$$

这里 $\tilde{N}\tilde{c} \subset \tilde{K} - \tilde{\Delta}, \tilde{D}\tilde{c} \subset \tilde{\Delta}$, 同样, 对任意 $K = \tilde{K}/t$ 中的下链 (或上链)c, 我们将置

$$c = Nc + Dc,$$

这里 $Nc \subset K - \Delta, Dc \subset \Delta$.

定义 3 一个下链 $\tilde{x} \in C_r(\tilde{K}, G)$ 将称为是一个 ρ 下链, 如果有 $\rho_{\#}\tilde{x} = 0$. 这一 ρ 下链又将称为一 ρ 下闭链, 如果它又是一下闭链, 它将称为一 ρ 下边缘, 如果它又是一个 ρ 下链的边界, 它们所构成的群将各记为 $C_q^{(\rho)}(\tilde{K}, t; G), Z_q^{(\rho)}(\tilde{K}, t; G)$ 与 $B_q^{(\rho)}(\tilde{K}, t; G)$. 在 $\tilde{x}$ 是一 ρ 下边缘时有时我们也用记号 $\tilde{x} \underset{\rho}{\sim} 0$, 而在两个 ρ 下链 $\tilde{x}_1, \tilde{x}_2$ 有关系 $\tilde{x}_1 - \tilde{x}_2 \underset{\rho}{\sim} 0$ 时我们也用记号 $\tilde{x}_1 \underset{\rho}{\sim} \tilde{x}_2$. 因 $B_q^{(\rho)}(\tilde{K}, t; G) \subset Z_q^{(\rho)}(\tilde{K}, t; G)$, 故商群

$$H_q^{(\rho)}(\tilde{K}, t; G) = Z_q^{(\rho)}(\tilde{K}, t; G)/B_q^{(\rho)}(\tilde{K}, t; G)$$

有定义, 而将称为组 $(\tilde{K}, t)$ 在系数群 G 上的 ρ下同调群, 其元素则称为 ρ 下同调类. 若不论 $\rho = s$ 或 d 时, 它们将笼统地称为特殊下链、特殊下同调群等, 余类推, 对于上同调也同样定义.

引理 1 $\tilde{x} \in C_q^{(\rho)}(\tilde{K}, t; I_p)$ 的充要条件是 $\tilde{x}$ 可写作形状

$$\tilde{x} = \bar{\rho}_{\#}\tilde{y} + \tilde{y}', \tag{3}$$

其中 $\tilde{y} \subset \tilde{K} - \tilde{\Delta}, \tilde{y}' \subset \tilde{\Delta}$.

证 设 $\tilde{x} \in C_q^{(\rho)}(\tilde{K}, t; I_p)$, 则 $\rho_\# \tilde{N}\tilde{x} = \rho_\# \tilde{x} - \rho_\# \tilde{D}\tilde{x} = 0$, 因 $\tilde{N}\tilde{x} \subset \tilde{K} - \tilde{\Delta}$, 而 $(\tilde{K} - \tilde{\Delta}, t)$ 是 2.1 节意义下的简单组, 故由 2.2 节命题 1 可知, 应有 $\tilde{y} \subset \tilde{K} - \tilde{\Delta}$, 使 $\tilde{N}\tilde{x} = \bar{\rho}_\# \tilde{y}$. 于是 $\tilde{x} = \tilde{N}\tilde{x} + \tilde{D}\tilde{x}$ 即具有形状 (1). 因对任意 $\tilde{y}' \subset \tilde{\Delta}$, 由于系数群是 I_p 时恒有 $\rho_\# \tilde{y}' = 0$, 故其逆也显然成立.

引理 2 设 $\tilde{x} = \bar{\rho}_\# \tilde{y} + \tilde{y}' \in C_q^{(\rho)}(\tilde{K}, t; I_p)$ 为一 ρ 下链, 这里 $\tilde{y} \subset \tilde{K} - \tilde{\Delta}, \tilde{y}' \subset \tilde{\Delta}$, 则在 $\tilde{x}$ 是一下闭链时, $\bar{\rho}_\# \tilde{y}$ 与 $\tilde{y}'$ 二者都是下闭链, 又在 $\tilde{x}$ 是一 ρ 下边缘时, $\bar{\rho}_\# \tilde{y}$ 在 $\tilde{K} - \tilde{\Delta}$ 中将为一 ρ 下边缘, 而 $\tilde{y}'$ 则在 $\tilde{\Delta}$ 中为一下边缘.

证 我们有 $\partial \tilde{x} = \bar{\rho}_\# \partial \tilde{y} + \partial \tilde{y}'$, 故 $\partial \tilde{x} = 0$ 将蕴涵 $\partial \tilde{y}' = 0$, 而 $\partial(\bar{\rho}_\# \tilde{y}) = 0$, 即 $\bar{\rho}_\# \tilde{y}$ 与 $\tilde{y}'$ 都是下闭链. 如果 $\tilde{x} \underset{\rho}{\sim} 0$, 因而 $\tilde{x} = \partial(\bar{\rho}_\# \tilde{c} + \tilde{c}')$, 这里 $\tilde{c} \subset \tilde{K} - \tilde{\Delta}$, 而 $\tilde{c}' \subset \tilde{\Delta}$, 则将有 $\bar{\rho}_\#(\tilde{y} - \partial \tilde{c}) + (\tilde{y}' - \partial \tilde{c}') = 0$, 由此得 $\tilde{y}' - \partial \tilde{c}' = 0$ 与 $\bar{\rho}_\# \tilde{y} - \partial(\bar{\rho}_\# \tilde{c}) = \bar{\rho}_\#(\tilde{y} - \partial \tilde{c}) = 0$, 即 $\bar{\rho}_\# \tilde{y}$ 在 $\tilde{K} - \tilde{\Delta}$ 中 $\underset{\rho}{\sim} 0$, 而 $\tilde{y}'$ 在 $\tilde{\Delta}$ 中 ~ 0. 这证明了引理.

对于所设组 $(\tilde{K}, t)$ 的各种通常与特殊下同调群间的同态, 下面提出的一些对我们是有重要意义的, 我们将限制于系数群是 I_p 的情形, 虽然大多数同态都可推广到任意系数群的一般情形.

1° $\tilde{i}_{\rho *} : H_q(\tilde{\Delta}, I_p) \to H_q^{(\rho)}(\tilde{K}, t; I_p)$.

对任意 $\tilde{x} \in C_q(\tilde{\Delta}, I_p)$ 定义一对应 $\tilde{i}_\rho : \tilde{x} \to \tilde{x}$, 则因 $\rho_\# \tilde{x} = 0, \tilde{i}_\rho$ 将引出上述同态 $\tilde{i}_{\rho *}$.

2° $\tilde{\lambda}_{\rho *} : H_q(\tilde{K}, I_p) \to H_q^{(\rho)}(\tilde{K}, t; I_p)$.

这由对应 $\tilde{\lambda}_\rho : \tilde{x} \to \bar{\rho}_\# \tilde{x}$ 所引出, $\tilde{x} \in C_q(\tilde{K}, I_p)$ 任意.

3° $\tilde{\mu}_{\rho *} : H_q^{(\rho)}(\tilde{K}, t; I_p) \to H_{q-1}^{(\bar{\rho})}(\tilde{K}, t; I_p)$.

对任意 $\tilde{x} \in Z_q^{(\rho)}(\tilde{K}, t; I_p)$ 把它写成形式 (1): $\tilde{x} = \bar{\rho}_\# \tilde{y} + \tilde{y}'$, 于是 $\tilde{\mu}_{\rho *}$ 将由 (多值) 对应 $\tilde{\mu}_\rho : \tilde{x} \to \{\partial \tilde{y}\}$ 所引出, 其中 $\partial \tilde{y}$ 依引理 2 为 $\bar{\rho}$ 下闭链. 为说明这点, 试设另有 $\tilde{x} = \bar{\rho}_\# \tilde{z} + \tilde{z}'$, 这里 $\tilde{z} \subset \tilde{K} - \tilde{\Delta}, \tilde{z}' \subset \tilde{\Delta}$. 于是 $\bar{\rho}_\#(\tilde{y} - \tilde{z}) = -(\tilde{y}' - \tilde{z}') = 0$, 因而有某一 $\tilde{u} \subset \tilde{K} - \tilde{\Delta}$ 使 $\tilde{y} - \tilde{z} = \rho_\# \tilde{\mu}$, 而有 $\partial \tilde{y} - \partial \tilde{z} = \partial_{\rho \#} \tilde{u} \underset{\rho}{\sim} 0$. 因之 $\tilde{\mu}_\rho$ 引出一同态 $Z_q^{(\rho)}(\tilde{K}, t; I_p) \to H_{q-1}^{(\bar{\rho})}(\tilde{K}, t; I_p)$. 如果 $\tilde{x} \in B_q^{(\rho)}(\tilde{K}, t; I_p)$, 因而 $\tilde{x} = \partial(\bar{\rho}_\# \tilde{c} + \tilde{c}')$, 这里 $\tilde{c} \subset \tilde{K} - \tilde{\Delta}, \tilde{c}' \subset \tilde{\Delta}$, 则有 $\tilde{x} = \bar{\rho}_\# \tilde{N} \partial \tilde{c} + \partial \tilde{c}'$, 而 $\partial \tilde{N} \partial \tilde{c} = -\partial \tilde{D} \partial \tilde{c} \in B_{q-1}^{(\rho)}(\tilde{K}, t; I_p)$. 故 $\tilde{\mu}_\rho$ 将引出同态 $\tilde{\mu}_{\rho *}$, 如所欲证.

我们将置

$$\tilde{\mu}_{i*} = \tilde{\mu}_{i(\rho)*} = \tilde{\mu}_{\rho i-1*} \cdots \tilde{\mu}_{\rho 1*} \tilde{\mu}_{\rho *} : H_q^{(\rho)}(\tilde{K}, t; I_p) \to H_{q-i}^{(\rho^i)}(\tilde{K}, t; I_p).$$

4° $\tilde{v}_{\rho *} : H_q^{(\bar{\rho})}(\tilde{K}, t; I_p) \to H_q(\tilde{K}, I_p)$.

这一同态将由恒同对应 $\tilde{v}_\rho : \tilde{x} \to \tilde{x}$ 所引出, 这里 $\tilde{x} \in C_q^{(\bar{\rho})}(\tilde{K}, t; I_p)$ 任意.

5° $\tilde{\theta}_{\rho *} : H_q^{(\rho)}(\tilde{K}, t; I_p) \to H_q(\tilde{\Delta}, I_p)$.

定义 $\tilde{\theta}_\rho: C_q^{(\rho)}(\tilde{K},t;I_p)\to C_q(\tilde{\Delta},I_p)$ 为 $\tilde{\theta}_\rho(\tilde{x})=\tilde{y}'=\tilde{D}\tilde{x}$, 这里 $\tilde{x}$ 形如 (1) 式所示. 于是由于引理 2$\tilde{\theta}_\rho$ 将引出上述同态 $\tilde{\theta}_{\rho*}$. 我们也将定义

$$\theta_{\rho*}=\pi^*\tilde{\theta}_{\rho*}: H_q^{(\rho)}(\tilde{K},t;I_p)\to H_q(\tilde{\Delta},I_p)\to H_q(\Delta,I_p).$$

6° $\tilde{j}_{\rho*}: H_q^{(\rho)}(\tilde{K},t;I_p)\to H_q^{(\rho)}(\tilde{K},\tilde{\Delta},t;I_p)$

对任意 $\tilde{x}\in C_q^{(\rho)}(\tilde{K},t;I_p)$, 把它写成 (1) 的形式 $\tilde{x}=\bar{\rho}_\#\tilde{y}+\tilde{y}'$, 则由引理 2 在 $\tilde{x}$ 是一 ρ 下闭链时, $\bar{\rho}_\#\tilde{y}$ 是 $\tilde{K}-\tilde{\Delta}$ 中的一个 ρ 下闭链, 它在 $(\tilde{K}-\tilde{\Delta},t)$ 中的 ρ 下同调类只与 $\tilde{x}$ 的 ρ 下同调类有关. 因之定义 $\tilde{j}_\rho: C_q^{(\rho)}(\tilde{K},t;I_p)\to C_q^{(\rho)}(\tilde{K},\tilde{\Delta},t;I_p)$ 为 $\tilde{j}_\rho(\tilde{x})=\bar{\rho}_\#\tilde{y}=\tilde{N}\tilde{x}$ 时, $\tilde{j}_\rho$ 将引出上述的同态 $\tilde{j}_{\rho*}$. 同样我们将定义

$$j_{\rho*}=\pi_{\rho*}\tilde{j}_{\rho*}: H_q^{(\rho)}(\tilde{K},t;I_p)\to H_q^{(\rho)}(\tilde{K},\tilde{\Delta},t;I_p)\to H_q(K,\Delta;I_p),$$

其中 $\pi_{\rho*}$ 如 2.2 节命题 6′ 中对简单组 $(\tilde{K}-\tilde{\Delta},t)$ 那样定义. 注意 $j_{\rho*}$ 直接可由对应 $j_\rho:\tilde{x}\to\pi_\#\tilde{N}\tilde{x}$ 引出, 这里 $\tilde{x}\in C_q^{(\rho)}(\tilde{K},t;I_p)$ 任意.

$$7^\circ\quad \tilde{k}_{\rho*}=\tilde{j}_{\rho*}\tilde{\lambda}_{\rho*}: H_q(\tilde{K},I_p)\xrightarrow{\tilde{\lambda}_{\rho*}} H_q^{(\rho)}(\tilde{K},t;I_p)\xrightarrow{\tilde{j}_{\rho*}} H_q^{(\rho)}(\tilde{K},\tilde{\Delta},t;I_p),$$

以及

$$k_*=j_{\rho*}\tilde{\lambda}_{\rho*}: H_q(\tilde{K},I_p)\to H_q^{(\rho)}(\tilde{K},t;I_p)\to H_q(K,\Delta;I_p).$$

注意 k_* 这时与 $\rho=s$ 或 d 无关.

关于以上所定义各种同态之间的关系, 犹如以下诸命题所示

命题 1 在下述图像中

$$H_q^{(\bar{\rho})}(\tilde{K},t;I_p)\xrightarrow{\tilde{\nu}_{\rho*}} H_q(\tilde{K},I_p)\xrightarrow{\tilde{\lambda}_{\rho*}} H_q^{(\rho)}(\tilde{K},t;I_p)\xrightarrow{\tilde{\mu}_{\rho*}} H_{q-1}^{(\bar{\rho})}(\tilde{K},t;I_p)\xrightarrow{\tilde{\nu}_{\rho*}} H_{q-1}(\tilde{K},I_p)$$

$$\downarrow\tilde{\theta}_{\rho*}$$

$$H_q(\tilde{\Delta},I_p).$$

有以下诸关系

$$\mathrm{Im}\tilde{\nu}_{\rho*}=\mathrm{Ker}\tilde{\lambda}_{\rho*},\tag{4}$$

$$\mathrm{Im}\tilde{\lambda}_{\rho*}\subset\mathrm{Ker}\tilde{\mu}_{\rho*},\tag{5}$$

$$\mathrm{Im}\tilde{\mu}_{\rho*}=\mathrm{Ker}\tilde{\nu}_{\rho*},\tag{6}$$

再者, (6) 式还可增强为

$$\mathrm{Ker}\tilde{\nu}_{\rho*}=\tilde{\mu}_{\rho*}(\mathrm{Ker}\ \tilde{\theta}_{\rho*}).\tag{6′}$$

证 直接从诸同态的定义可知 $\mathrm{Im}\tilde{\nu}_{\rho*}\subset\mathrm{Ker}\tilde{\lambda}_{\rho*}$, $\mathrm{Im}\tilde{\lambda}_{\rho*}\subset\mathrm{Ker}\tilde{\mu}_{\rho*}$ 与 $\mathrm{Im}\tilde{\mu}_{\rho*}\subset\mathrm{Ker}\tilde{\nu}_{\rho*}$. 为证 (4) 式的另一部分, 可设 $\tilde{x}\in Z_q(\tilde{K},I_p)$ 而有 $\tilde{\lambda}_\rho\tilde{x}_{\tilde{\rho}}0$. 则有 $\bar{\rho}_\#\tilde{x}=\partial\tilde{c}$,

这里 $\tilde{c}=\bar{\rho}_\#\tilde{y}+\tilde{y}', \tilde{y}\subset\tilde{K}-\tilde{\Delta}$, 而 $\tilde{y}'\subset\tilde{\Delta}$, 由此得 $\bar{\rho}_\#(\tilde{x}-\partial\tilde{y})=\partial\tilde{y}'=0$, 而 $\tilde{x}-\partial\tilde{y}\in Z_q^{(\bar{\rho})}(\tilde{K},t;I_p), \tilde{\nu}_\rho(\tilde{x}-\partial\tilde{y})=\tilde{x}-\partial\tilde{y}\sim\tilde{x}$, 亦即 $\mathrm{Ker}\tilde{\lambda}_{\rho*}\subset\mathrm{Im}\tilde{\nu}_{\rho*}$. 为证 (6) 式的另一部分, 可设 $\tilde{X}\in H_{q-1}^{(\bar{\rho})}(\tilde{K},t;I_p)$ 而有 $\tilde{\nu}_{\rho*}\tilde{X}=0$. 任取 $\tilde{x}\in\tilde{X}$, 因而 $\tilde{\nu}_\rho\tilde{x}=\tilde{x}$ 在 $\tilde{K}$ 中 ~ 0, 于是 $\tilde{x}=\partial\tilde{c}$, 因 $\partial\bar{\rho}_\#\tilde{N}\tilde{c}=\partial\bar{\rho}_\#\tilde{c}=\bar{\rho}_\#\partial\tilde{c}=\bar{\rho}_\#\tilde{x}=0$, 故 $\bar{\rho}_\#\tilde{N}\tilde{c}$ 属于某下类 $\tilde{C}\in H_q^{(\rho)}(\tilde{K},t;I_p)$. 因 $\partial\tilde{N}\tilde{c}=\tilde{x}-\partial\tilde{D}\tilde{c}\underset{\bar{\rho}}{\sim}\tilde{x}$, 故有 $\tilde{\mu}_{\rho*}\tilde{C}=\tilde{X}$ 或即 $\mathrm{Ker}\tilde{\nu}_{\rho*}\subset\mathrm{Im}\tilde{\mu}_{\rho*}$. 因 $\tilde{D}(\bar{\rho}_\#\tilde{N}\tilde{c})=0$, 故有 $\tilde{\theta}_{\rho*}\tilde{C}=0$, 因而 (6) 的增强部分 (6′) 一式也同时得到了证明.

命题 2　下面的图像是可交换的:

$$\begin{array}{ccccccccc}\cdots\to H_q(\tilde{K},I_p) & \xrightarrow{\tilde{\lambda}_{\rho*}} & H_q^{(\rho)}(\tilde{K},t;I_p) & \xrightarrow{\tilde{\mu}_{\rho*}} & H_{q-1}^{(\bar{\rho})}(\tilde{K},t;I_p) & \xrightarrow{\tilde{\nu}_{\rho*}} & H_{q-1}(\tilde{K},I_p)\to\cdots \\ \downarrow\tilde{j}_* & & \downarrow\tilde{j}_{\rho*} & & \downarrow\tilde{j}_{\rho*} & & \downarrow\tilde{j}_* \\ \cdots\to H_q(\tilde{K},\tilde{\Delta};I_p) & \xrightarrow{\tilde{\lambda}_{\rho*}} & H_q^{(\rho)}(\tilde{K},\tilde{\Delta},t;I_p) & \xrightarrow{\tilde{\mu}_{\rho*}} & H_{q-1}^{(\bar{\rho})}(\tilde{K},\tilde{\Delta},t;I_p) & \xrightarrow{\tilde{\nu}_{\rho*}} & H_{q-1}(\tilde{K},\tilde{\Delta};I_p)\to\cdots\end{array}$$

其中 $\tilde{j}:\tilde{K}\subset(\tilde{K},\tilde{\Delta})$ 是包含映象, 而下一行是简单组 $(\tilde{K}-\tilde{\Delta},t)$ 的 Smith-Richardson 确列.

证　对 $\tilde{x}\in\tilde{X}\in H_q(\tilde{K},I_p)$ 有 $\tilde{\lambda}_\rho\tilde{j}_\#\tilde{x}=\tilde{\lambda}_\rho\tilde{N}\tilde{x}=\bar{\rho}_\#\tilde{N}\tilde{x}=\bar{\rho}_\#\tilde{x}$ 与 $\tilde{j}_\rho\tilde{\lambda}_\rho\tilde{x}=\tilde{j}_\rho\bar{\rho}_\#\tilde{x}=\bar{\rho}_\#\tilde{x}$, 故 $\tilde{\lambda}_\rho\tilde{j}=\tilde{j}_\rho\tilde{\lambda}_\rho$, 而左边的方形是可交换的.

对 $\tilde{x}=\bar{\rho}_\#\tilde{y}+\tilde{y}'\in\tilde{X}\in H_q^{(\rho)}(\tilde{K},t;I_p)$, 这里 $\tilde{y}\subset\tilde{K}-\tilde{\Delta},\tilde{y}'\subset\tilde{\Delta}$, 有 $\tilde{j}_\rho\tilde{x}=\bar{\rho}_\#\tilde{y}$ 与 $\tilde{N}\partial\tilde{y}=\partial_{\tilde{k}-\tilde{\Delta}}\tilde{y}\in\tilde{\mu}_{\rho*}\tilde{j}_{\rho*}\tilde{X}$, 另一面有 $\partial\tilde{y}\in\tilde{\mu}_{\rho*}\tilde{X}$ 与 $\tilde{N}\partial\tilde{y}\in\tilde{j}_{\bar{\rho}*}\tilde{\mu}_{\rho*}\tilde{X}$, 因之中间的方形也是可交换的.

设 $\tilde{x}=\rho_\#\tilde{y}+\tilde{y}'\in\tilde{X}\in H_{q-1}^{(\bar{\rho})}(\tilde{K},t;I_p)$, 这里 $\tilde{y}\subset\tilde{K}-\tilde{\Delta}$, 而 $\tilde{y}'\subset\tilde{\Delta}$, 则 $\tilde{\nu}_\rho\tilde{j}_{\bar{\rho}}\tilde{x}=\tilde{\nu}_\rho(\rho_\#\tilde{y})=\rho_\#\tilde{y}$, 而在 $\tilde{K}-\tilde{\Delta}$ 中有 $\tilde{j}_\#\tilde{\nu}_\rho\tilde{x}=\tilde{j}_\#(\rho_\#\tilde{y}+\tilde{y}')=\rho_\#\tilde{y}$, 因之右边的方形也是可交换的.

命题 3　下面的图像是可交换的:

$$\begin{array}{ccccccccc}\cdots\to H_q(\tilde{K},I_p) & \xrightarrow{\tilde{\lambda}_{\rho*}} & H_q^{(\rho)}(\tilde{K},t;I_p) & \xrightarrow{\tilde{\mu}_{\rho*}} & H_{q-1}^{(\bar{\rho})}(\tilde{K},t;I_p) & \xrightarrow{\tilde{v}_{\rho*}} & H_{q-1}(\tilde{K},I_p)\to\cdots \\ \downarrow\pi_* & & \downarrow j_{\rho*} & & \downarrow\theta_{\bar{\rho}*} & & \downarrow\pi_* \\ \cdots\to H_q(K,I_p) & \longrightarrow & H_q(K,\Delta;I_p) & \longrightarrow & H_{q-1}(\Delta,I_p) & \longrightarrow & H_{q-1}(K,I_p)\longrightarrow\cdots\end{array}$$

其中下一序列是偶 (K,Δ) 的正合下同调序列.

证　设 $\tilde{x}\in\tilde{X}\in H_q(\tilde{K},I_p)$, 则有 $j_\#\pi_\#\tilde{x}=N\pi_\#\tilde{x}=\pi_\#\tilde{N}\tilde{x}\subset K-\Delta$ 与 $j_\rho\tilde{\lambda}_\rho\tilde{x}=j_\rho\bar{\rho}_\#\tilde{x}=j_\rho\bar{\rho}_\#\tilde{N}\tilde{x}=\pi_\#\tilde{N}\tilde{x}$, 故左边的方形是可交换的. 其次设 $\tilde{x}=\bar{\rho}_\#\tilde{y}+\tilde{y}'\in\tilde{X}\in H_q^{(\rho)}(\tilde{K},t;I_p)$, 这里 $\tilde{y}\subset\tilde{K}-\tilde{\Delta},\tilde{y}'\subset\tilde{\Delta}$. 又设 $\partial\tilde{y}=\rho_\#\tilde{z}+\tilde{z}'$, 这里 $\tilde{z}\subset\tilde{K}-\tilde{\Delta},\tilde{z}'\subset\tilde{\Delta}$, 则 $\partial\tilde{y}\in\tilde{\mu}_{\rho*}\tilde{X}$, 而 $\pi_\#\tilde{z}'\in\theta_{\bar{\rho}*}\tilde{\mu}_{\rho*}\tilde{X}$. 另一面有 $j_\rho\tilde{X}=\pi_\#\tilde{y}$, 而 $\partial(j_{\rho\#}\tilde{x})=\partial\pi_\#\tilde{y}=\pi_\#\partial\tilde{y}=\pi_\#\tilde{z}'$, 故中间的方形也是可交换的, 再设 $\tilde{x}=\rho_\#\tilde{y}+\tilde{y}'\in$

$\tilde{X} \in H_q^{(\bar{\rho})}(\tilde{K},t;I_p)$, 则有 $\pi_{\#}\tilde{v}_\rho\tilde{x} = \pi_{\#}(\rho_{\#}\tilde{y}+\tilde{y}') = \pi_{\#}\tilde{y}'$ 与 $i_{\#}\theta_{\bar{\rho}}\tilde{x} = i_{\#}\pi_{\#}\tilde{y}' = \pi_{\#}\tilde{y}'$, 故右边的方形也是可交换的.

命题 4 下面的序列是正合的:

$$0 \to H_q(\tilde{\Delta},I_p) \xrightarrow{\tilde{i}_{\rho *}} H_q^{(\rho)}(\tilde{K},t;I_p) \xrightarrow{\tilde{j}_{\rho *}} H_q^{(\rho)}(\tilde{K},\tilde{\Delta},t;I_p) \to 0.$$

证 因每一 $\tilde{K}-\tilde{\Delta}$ 中的 ρ 下闭链 $\bar{\rho}_{\#}\tilde{y}$ 也自然是 $\tilde{K}$ 中的一个 ρ 下闭链, 故 $\tilde{j}_{\rho *}$ 是一满同态. 如果 $\tilde{x} \in \tilde{X} \in H_q^{(\rho)}(\tilde{K},t;I_p)$ 有形式 (1), 而在 $(\tilde{K}-\tilde{\Delta},t)$ 中有 $\tilde{j}_\rho\tilde{x} = \bar{\rho}_{\#}\tilde{y} \underset{\rho}{\sim} 0$, 因而 $\bar{\rho}_{\#}\tilde{y} = \partial'\bar{\rho}_{\#}\tilde{z}$, 这里 $\partial' = \partial_{\tilde{K}-\tilde{\Delta}}$, 而 $\tilde{z} \subset \tilde{K}-\tilde{\Delta}$, 则在 $(\tilde{K},t)$ 中有 $\tilde{x} = \partial'_{\bar{\rho}\#}\tilde{z}+\tilde{y}' = \partial_{\bar{\rho}\#}\tilde{z}+\tilde{y}' \underset{\rho}{\sim} \tilde{y}'$, 又有 $\tilde{i}_\rho\tilde{y}' \in \tilde{X}$, 故知 $\mathrm{Ker}\tilde{j}_{\rho *} \subset \mathrm{Im}\tilde{i}_{\rho *}$. 因 $\tilde{j}_{\rho *}\tilde{i}_{\rho *} = 0$ 是显然的, 故有 $\mathrm{Ker}\tilde{j}_{\rho *} = \mathrm{Im}\tilde{i}_{\rho *}$. 最后设 $\tilde{z} \in \tilde{Z} \in H_q(\tilde{\Delta},I_p)$, 而 $\tilde{i}_{\rho *}\tilde{Z} = 0$ 或即在 $\tilde{K}$ 中 $\tilde{i}_\rho\tilde{z} \underset{\rho}{\sim} 0$, 则依引理 2 将有 $\tilde{i}_\rho\tilde{z} \sim 0$(在 $\tilde{\Delta}$ 中), 故 $\tilde{i}_{\rho *}$ 是一无核同态.

命题 5 $\tilde{j}_{\rho *}: H_q^{(\rho)}(\tilde{K},t;I_p) \to H_q^{(\rho)}(\tilde{K},\tilde{\Delta},t;I_p)$ 在 $H_q^{(\rho)}(\tilde{K},t;I_p)$ 的子群 $\tilde{\lambda}_{\rho *}H_q(\tilde{K},I_p)$ 上是一无核同态.

证 如果 $\tilde{x} \in \tilde{X} \in H_q(\tilde{K},I_p)$, 而在 $(\tilde{K}-\tilde{\Delta},t)$ 中有 $\tilde{j}_\rho\tilde{\lambda}_\rho\tilde{x} = \bar{\rho}_{\#}\tilde{x} \underset{\rho}{\sim} 0$, 因而在 $\tilde{K}-\tilde{\Delta}$ 中有 $\bar{\rho}_{\#}\tilde{x} = \partial'\bar{\rho}_{\#}\tilde{c}$, 这里 $\partial' = \partial_{\tilde{K}-\tilde{\Delta}}$, 而 $\tilde{c} \subset \tilde{K}-\tilde{\Delta}$, 则在 $\tilde{K}$ 中将有 $\partial'\bar{\rho}_{\#}\tilde{c} = \partial\bar{\rho}_{\#}\tilde{c} = \bar{\rho}_{\#}\partial\tilde{c}$, 故在 $\tilde{K}$ 中也有 $\bar{\rho}_{\#}\tilde{x} = \partial\bar{\rho}_{\#}\tilde{c}$, 或即在 $(\tilde{K},t)$ 中有 $\tilde{\lambda}_\rho\tilde{x} \underset{\rho}{\sim} 0$, 故 $\tilde{j}_{\rho *}$ 在 $\tilde{\lambda}_{\rho *}H_q(\tilde{K},I_p)$ 上是无核同态.

现在考虑对组 $(\tilde{K},t)$ 来说有关上同调的一些群与同态. 因为 $(\tilde{K}-\tilde{\Delta},t)$ 是一简单组, 第 2 章的理论对它是完全适用的, 我们也将应用该章的符号, 例如

$$H^q_{(\rho)}(\tilde{K}-\tilde{\Delta},t;G) = H^q_{(\rho)}(\tilde{K},\tilde{\Delta},t;G),$$

等等. 于是 Smith 特殊同态

$$\tilde{\mu}^*_{i(\rho)}\text{或}\tilde{\mu}^*_i : H^q_{(\rho)}(\tilde{K}-\tilde{\Delta},t;G) \to H^{q+i}_{(\rho i)}(\tilde{K}-\tilde{\Delta},t;G),$$

其中 $\rho_i = \rho$ 或 $\bar{\rho}$, 视 i 为偶或奇而定, 将变为

$$\tilde{\mu}^*_{i(\rho)}\text{或}\tilde{\mu}^*_i : H^q_{(\rho)}(\tilde{K},\tilde{\Delta},t;G) \to H^{q+i}_{(\rho_i)}(\tilde{K},\tilde{\Delta},t;G).$$

同样有 Smith 同态

$$\mu^*_i : H^q(K,\Delta;G) \to H^{q+i}(K,\Delta;G'),$$

其中 $G' = G$ 或 G/pG, 视 i 为偶或奇而定, 但是, 简单组 $(\tilde{K}-\tilde{\Delta},t)$ 的下同调与上同调虽然是彼此对偶的, 对组 $(\tilde{K},t)$ 来说情况却并非如此, 因为这时 $\tilde{\Delta}$ 是 $\tilde{K}$ 的一个闭子复形. 因此我们不能期待对于下同调的同态 $1^\circ \sim 7^\circ$ 对上同调都有相应的同

态, 就我们的目标来说, 下面的一些同态将是有较重要意义的, 系数群则仍将限制为 I_p.

1^* $\tilde{\lambda}_\rho^*: H^q(\tilde{K}, I_p) \to H_{(\rho)}^q(\tilde{K}, t; I_p)$.

这由同态

$$\tilde{\lambda}_\rho^\#: C^q(\tilde{K}, I_p) \to C_{(\rho)}^q(\tilde{K}, t; I_p)$$

所引出, 这里 $\tilde{\lambda}_\rho^\#$ 定义如 $\tilde{\lambda}_\rho^\# \tilde{u}(\tilde{\sigma}) = \tilde{u}(\bar{\rho}_\# \tilde{\sigma}), \tilde{u} \in C^q(\tilde{K}, I_p), \tilde{\sigma} \in \tilde{K}$ 任意.

2^* $\tilde{k}_\rho^*: H^q(\tilde{K}, I_p) \to H_{(\rho)}^q(\tilde{K}, \tilde{\Delta}, t; I_p)$.

这由 $\tilde{k}_\rho^\#$ 所引出, 而 $\tilde{k}_\rho^\#$ 是 $\tilde{\lambda}_\rho^\#$ 再继以限制

$$j_\rho: C_{(\rho)}^q(\tilde{K}, t; I_p) \to C_{(\rho)}^q(\tilde{K}, \tilde{\Delta}, t; I_p)$$

所定, 这里 $\tilde{j}_\rho \tilde{u}(\tilde{\sigma}) = \tilde{u}(\tilde{\sigma}), \tilde{u} \in C_{(\rho)}^q(\tilde{K}, t; I_p), \tilde{\sigma} \in \tilde{K} - \tilde{\Delta}$ 任意. 注意 $\tilde{j}_\rho$ 并不与上边缘运算可交换, 因而 $\tilde{j}_\rho$ 并不引出特殊上同调群间的任何同态, 但直接验证可知 $\tilde{k}_\rho^\#$ 则确实引出 (特殊) 上同调群间的同态.

3^* $k^*: H^q(\tilde{K}, I_p) \to H^q(K, \Delta; I_p)$.

这将定义为

$$k^* = \bar{\pi}_\rho^* \tilde{k}_\rho^*: H^q(\tilde{K}, I_p) \to H_{(\rho)}^q(\tilde{K}, \tilde{\Delta}, t; I_p) \to H^q(K, \Delta; I_p),$$

其中 $\bar{\pi}_\rho^*$ 对简单组 $(\tilde{K}-\tilde{\Delta}, t)$ 像 2.2 节的命题 4、命题 6 中那样定义, 注意这一同态 k^* 与 ρ 之为 s 或 d 与否无关, 而可直接由对应 $k^\#: \tilde{u} \to \bar{\pi}^\# \tilde{N} \tilde{u} (\subset K-\Delta), \tilde{u} \in C^q(\tilde{K}, I_p)$ 来导出.

4^* $\tilde{\delta}_\rho^*; H^q(\tilde{\Delta}, I_p) \to H_{(\rho)}^{q+1}(\tilde{K}, \tilde{\Delta}, t; I_p)$.

对任意上闭链 $\tilde{u} \in Z^q(\tilde{\Delta}, I_p)$, 命 $\tilde{u}' \in C^q(\tilde{K}, I_p)$ 为这样的上链, 对此 $\tilde{u}'(\tilde{\sigma}) = \tilde{u}(\tilde{\sigma})$ 或 0 视 $\tilde{\sigma} \in \tilde{\Delta}$ 或 $\tilde{\sigma} \in \tilde{K} - \tilde{\Delta}$ 而定, 则 $\delta \tilde{u}'$ 可视为 $\tilde{K} - \tilde{\Delta}$ 中的上闭链, 对任意 $\tilde{\sigma} \in \tilde{K} - \tilde{\Delta}$ 有 $\delta \tilde{u}'(t\tilde{\sigma}) = t^\# \delta \tilde{u}'(\tilde{\sigma}) = \delta t^\# \tilde{u}'(\tilde{\sigma}) = \delta \tilde{u}'(\tilde{\sigma})$ 或 $d^\#(\delta \tilde{u}') = 0$, 于是更有 $\rho^\#(\delta \tilde{u}) = 0$, 不论 $\rho = s$ 或 d. 同态 $\tilde{\delta}_\rho^*$ 于是即由对应 $\tilde{\delta}_\rho: \tilde{u} \to \delta \tilde{u}'$ 所引出, 这里 $\delta \tilde{u}'$ 视作是一 ρ 上闭链.

命题 1^* 下面的图像是可交换的:

$$\begin{array}{ccc} H^q(\tilde{\Delta}, I_p) & \xrightarrow{\tilde{\delta}_\rho^*} & H_{(\rho)}^{q+1}(\tilde{K}, \tilde{\Delta}, t; I_p) \\ \uparrow \pi_\Delta^* & & \downarrow \bar{\pi}_\rho^* \\ H^q(\Delta, I_p) & \xrightarrow{a_{p,\rho} \cdot \delta^*} & H^{q+1}(K, \Delta; I_p) \end{array}$$

其中 δ^* 为上边缘同态, $\pi_\Delta: \tilde{\Delta} \to \Delta$ 为投影, 而

$$a_{p,\rho} = \begin{cases} 1, & \rho = d \text{ 或 } = 2, \\ 0, & \rho = s \text{ 以及 } p > 2. \end{cases}$$

证 设 $u \in U \in H^q(\Delta, I_p)$, 而 u' 为 K 中的上链, 在 $K-\Delta$ 的胞腔上取值 0, 而在 Δ 的胞腔上取值与 u 相同. 设 $\pi_\Delta^\# u = \tilde{u}$, 而 $\pi^\# u' = \tilde{u}'$, 因而 $\tilde{u}'$ 在 $\tilde{K}-\tilde{\Delta}$ 上取值 0, 而在 $\tilde{\Delta}$ 上取值与 $\tilde{u}$ 相同. 则 $\delta u' = v \in \delta^* U, \delta\tilde{u}' = s^\# \tilde{v}, \tilde{v} \subset \tilde{K}-\tilde{\Delta}$, 而 $s^\# \tilde{v}$ 既 $\in \tilde{\delta}_d^* \pi_\Delta^* U$, 也 $\in \tilde{\delta}_s^* \pi_\Delta^* U$. 命 $d' = 1 + 2t + \cdots + (p-1)t^{p-2}$ 致 $s^\# = d^\# d'^\# \bmod p$. 因 $\bar{\pi}^\# \tilde{v} = v$, 而 $\bar{\pi}^\#(d'^\# \tilde{v}) = \dfrac{p(p-1)}{2} \cdot v$, 故立得 $\bar{\pi}_\rho^* \delta_\rho^* \pi_\Delta^* U = a_{p,\rho} \cdot \delta^* U$, 如所欲证.

命题 2* 在下述图像中,

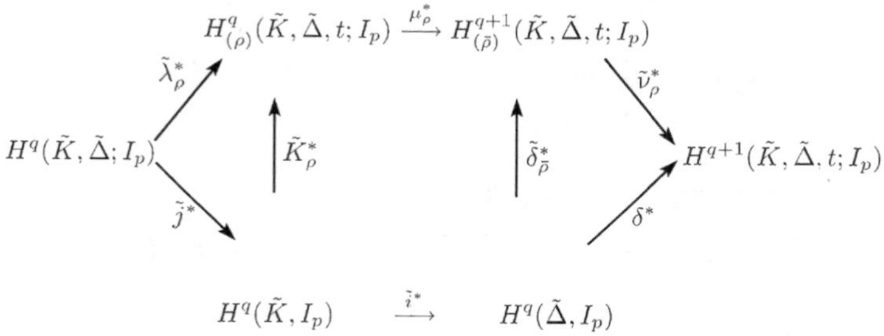

两个三角形都是可交换的, 而中间的方形则是反交换的, 即 $\tilde{\mu}_\rho^* \tilde{k}_\rho^* = -\tilde{\delta}_{\bar{\rho}}^* \tilde{i}^*$(下面的序列即复形偶 $(\tilde{K}, \tilde{\Delta})$ 的上同调正合序列, 而上面的序列是简单组 $(\tilde{K}-\tilde{\Delta}, t)$ 的 Smith-Richardson 正合序列).

证 试证例如中间方形的反交换性. 设 $\tilde{u} \in \tilde{U} \in H^q(\tilde{K}, I_p)$ 而 $\tilde{u}_0 = \tilde{i}^\# \tilde{u}$, 这里 $\tilde{i} : \tilde{\Delta} \subset \tilde{K}$ 为包含映象. 设 $\tilde{v}'$ 为 $\tilde{K}$ 中的上链, 在 $\tilde{K}-\tilde{\Delta}$ 上取值 0, 而在 $\tilde{\Delta}$ 上取值与 $\tilde{u}_0$ 相同, 并将 $\tilde{u}$ 写作 $\tilde{u} = \tilde{v} + \tilde{v}'$, 这里 $v' \subset \tilde{K}-\tilde{\Delta}$, 于是 $\bar{\rho}^\# \tilde{v} \in \tilde{k}_\rho^* \tilde{U}$, 而 $\delta\tilde{v} \in \tilde{\mu}_\rho^* \tilde{k}_\rho^* \tilde{U}$. 因 $\delta\tilde{v}' \in \tilde{\delta}_{\bar{\rho}}^* \tilde{i}^* \tilde{U}$, 而 $\delta\tilde{u} = 0$ 蕴涵了 $\delta\tilde{v} = -\delta\tilde{v}'$, 故得所证.

命题 3* 对 $U \in H^q(\Delta, I_p)$ 与 $\tilde{U} = \pi_\Delta^* U \in H^q(\tilde{\Delta}, I_p)$, 这里 $\pi_\Delta : \tilde{\Delta} \to \Delta$ 是投影, 有

$$\bar{\pi}_{(dk)}^* \tilde{\mu}_{k,(d)}^* \tilde{\delta}_d^* \tilde{U} = \mu_k^* \delta^* U, \tag{7}$$

而

$$\bar{\pi}_{(s_k)}^* \tilde{\mu}_{k,(s)}^* \tilde{\delta}_s^* \tilde{U} = \begin{cases} 0, & k = \text{偶数且 } p > 2 \text{ 时}, \\ \mu_k^* \delta^* U, & k = \text{奇数或 } p = 2 \text{ 时}. \end{cases} \tag{8}$$

因而对任意 k,

$$\bar{\pi}_{(d)}^* \tilde{\mu}_{k,(d_k)}^* \tilde{\delta}_{d_k}^* \tilde{U} = \mu_k^* \delta^* U. \tag{9}$$

证 由 2.3 节的命题 4 以及上面的命题 1*, 有

$$\bar{\pi}_{(d_k)}^* \tilde{\mu}_{k,(d)}^* \tilde{\delta}_d^* \tilde{U} = \mu_k^* \bar{\pi}_{(d)}^* \tilde{\delta}_d^* \pi_\Delta^* U = \mu_k^* \delta^* U,$$

这证明了 (7). 今取 $\tilde{u} \in \tilde{U}$, 而命 $\tilde{u}'$ 为 $\tilde{K}$ 中的上链, 在 $K-\Delta$ 上取值 0, 而在 Δ 上与 u 相同. 命 $\tilde{\delta} = \delta_{\tilde{K}}, \delta = \delta_K, \tilde{\delta}\tilde{u}' = s^\# \tilde{v}, \tilde{v} \subset \tilde{K}-\tilde{\Delta}, \bar{\pi}^\# \tilde{u}' = u', \bar{\pi}^\# \tilde{v} = v$, 则

有 $\delta u' = v \in \delta^* U, d^{\#} d'^{\#} \tilde{v} \in \tilde{\delta}_s^* \tilde{U}$, 这里 $d' = 1 + 2t + \cdots + (p-1)t^{p-2}$. 因 $s^{\#}\tilde{v}$ 是 $\tilde{K} - \tilde{\Delta}$ 中的上闭链, 故在 $\tilde{K} - \tilde{\Delta}$ 中有上链 $\tilde{v}_i$ 使 $\tilde{\delta}\tilde{v} = d^{\#}\tilde{v}_1, \tilde{\delta}\tilde{v}_k = s_{k+1}^{\#}\tilde{v}_{k+1}$, 或 $\tilde{\delta}(d'^{\#}\tilde{v}) = s^{\#}\tilde{v}_1, \tilde{\delta}(d'^{\#}\tilde{v}_{2i}) = s^{\#}\tilde{v}_{2i+1}, \tilde{\delta}\tilde{v}_{2i-1} = d^{\#}(d'^{\#}\tilde{v}_{2i})$. 由此得 $d^{\#}(d'^{\#}\tilde{v}_{2i}) \in \tilde{\mu}_{2i,(s)}^* \tilde{\delta}_s^* \tilde{U}, s^{\#}\tilde{v}_{2i+1} \in \tilde{\mu}_{2i+1,(s)}^* \tilde{\delta}_s^* \tilde{U}$. 对 k 是偶数且 $p > 2$ 时, 因之有 $\bar{\pi}_{(s)}^* \tilde{\mu}_{k,(s)}^* \tilde{\delta}_s^* \tilde{U} \ni \bar{\pi}^{\#} d'^{\#} \tilde{v}_k = 0$. 另一面在 k 是奇数或 $p = 2$ 时, 有 $\bar{\pi}^{\#}\tilde{v}_k \in \bar{\pi}_{(s_k)}^* \tilde{\mu}_{k,(s)}^* \tilde{\delta}_s^* \tilde{U}$, 因 $\{\tilde{v}, \tilde{v}_k\}$ 是 $v \in \delta^* U$ 的一个分解, 故又有 $\bar{\pi}^{\#}\tilde{v}_k \in \mu_k^* \delta^* U$, 而这证明了 (8).

命题 4* 对 $\tilde{U} \in H^q(\tilde{K}, I_p)$ 有

$$\mu_k^* k^* \tilde{U} = \begin{cases} 0, & pk = \text{奇数时}, \\ \mu_{k-1}^* \delta^* \pi_{\Delta}^{*-1} \tilde{i}^* \tilde{U}, & pk = \text{偶数时}. \end{cases} \tag{10}$$

其中 $\tilde{i} : \tilde{\Delta} \subset \tilde{K}$ 为包含映象, 而 δ^*, π_Δ 如前.

证 由上面的命题 2* 与命题 3* 以及 2.3 节的命题 4, 有

$$\begin{aligned} \mu_k^* k^* \tilde{U} &= \mu_k^* \bar{\pi}_{(d)}^* \tilde{k}_d^* \tilde{U} = \bar{\pi}_{(d_k)}^* \tilde{\mu}_{k,(d)}^* \tilde{k}_d^* \tilde{U} \\ &= \bar{\pi}_{(s)k-1}^* \tilde{\mu}_{k-1,(s)}^* \tilde{\mu}_d^* \tilde{k}_d^* \tilde{U} = -\bar{\pi}_{(s)k-1}^* \tilde{\mu}_{k-1,(s)}^* \tilde{\delta}_s^* \tilde{i}^* \tilde{U} \\ &= \begin{cases} 0, & k-1 = \text{偶数且 } p > 2 \text{ 时}, \\ -\mu_{k-1}^* \delta^* \pi_{\Delta}^{*-1} \tilde{i}^* \tilde{U}, & k-1 = \text{奇数或 } p = 2 \text{ 时}. \end{cases} \end{aligned}$$

由此即得 (10).

最后, 我们将提醒 Smith 同态 $\mu_i^*(\tilde{K}, \tilde{\Delta}, t_K)$ 都是拓扑不变的, 更详言之, 命

$$\lambda^* : H^q(K, \Delta; G) \approx \bar{H}^q(X^*, G) \tag{11}$$

为 1.1 节中所描述的确定同构, 这里 $\tilde{X} = \left|\tilde{K}\right|, \tilde{X}^* = \tilde{X} - \left|\tilde{\Delta}\right|, X^* = \tilde{X}^*/t_X$, 则有

$$\lambda^* \mu_i^* = \bar{\mu}_i'^* \lambda^*, \tag{12}$$

其中 μ_i^* 为组 $(\tilde{K}, \tilde{\Delta}, t_K)$ 的 Smith 同态, 而 $\bar{\mu}_i'^*$ 为组 $(\tilde{X}^*, t_X)$ 的紧致 Smith 同态, 证明可从定义直接导出, 从而略去, 要本节中所引入的其他许多同态也很容易阐述成拓扑不变的性质, 但我们都将略去不提.

4.2 在积复形中的特殊下同调

记号 K= 有限单纯复形, p= 质数, $\tilde{K}_p = p$ 重积复形 $\underbrace{K \times \cdots \times K}_{p}$, 带有通常的剖分. $\tilde{d}_K : |K| \to \left|\tilde{K}_p\right|$ 为对角映象. $\tilde{\Delta}_\sigma$= 当 $x \in |\sigma|$ 时, 所有 $\tilde{d}_K(x)$ 所成的点集,

这里 σ 是 K 的单形. $\tilde{\Delta} = \tilde{\Delta}_K =$ 由 $\sigma \in K$ 时, 所有胞腔 $\tilde{\Delta}_\sigma$ 所成的复形, 在对应 $\tilde{d}_K : \sigma \to \tilde{\Delta}_\sigma$ 下与 K 同构. $t = \left|\tilde{K}_p\right|$ 中由下式

$$t(x_1, \cdots, x_p) = (x_2, \cdots, x_p, x_1), \quad x_i \in |K|$$

所定义的巡回变换. $\omega\tilde{K}_p =$ 任一 $\tilde{K}_p$ 满足下两条件的胞腔剖分:

(a) $\omega\tilde{K}_p$ 含有 $\tilde{\Delta}_K$ 为子复形.

(b) $\omega\tilde{K}_p$ 在 t 下不变, 即 t 轮换 $\omega\tilde{K}_p$ 的胞腔, 因而引出一 $\omega\tilde{K}_p$ 中的广义胞腔映象, 仍将记之为 t. 注意这样的剖分总是存在的, 例如 1.2 节所引入 $\tilde{K}_p$ 的第一与第二标准剖分 $\omega_1\tilde{K}_p$ 与 $\omega_2\tilde{K}_p$, 即满足条件 (a) 与 (b). 对于这样的剖分我们将记

$$\omega_\# : C_r(\tilde{K}_p, G) \to C_r(\omega\tilde{K}_p, G)$$

为相应剖分所引起的链映象, 由剖分所引起的确定同构则将记为

$$\omega_* : H_r(\tilde{K}_p, G) \approx H_r(\omega\tilde{K}_p, G),$$

对任意 $z_i \in Z_i \in H_q(K, I_p), i = 1, \cdots, p$, 不论 $p = 2$ 或 $p > 2$ 都有

$$\begin{aligned} t_\#\omega_\#(z_1 \times \cdots \times z_p) =& \omega_\# t_\#(z_1 \times \cdots \times z_p) \\ =& (-1)^{q\cdot(p-1)q} \cdot \omega_\#(z_2 \times \cdots \times z_p \times z_1) \\ =& \omega_\#(z_2 \times \cdots \times z_p \times z_1). \end{aligned}$$

如果我们对任意 $z \in Z_q(K, I_p)$ 与 $Z \in H_q(K, I_p)$ 置

$$\otimes^p z = \underbrace{z \times \cdots \times z}_{p} \text{与} \otimes^p Z = \underbrace{Z \times \cdots \times Z}_{p}.$$

则有

$$t_\#\omega_\# \otimes^p z = \omega_\# \otimes^p z,$$

因而 $\omega_\# \otimes^p z$ 既是一 d 下闭链又是一 s 下闭链, 对任意 $z_1, z_2 \in Z_q(K, I_p)$ 又有

$$\omega_\# \otimes^p (z_1 + z_2) = \omega_\# \otimes^p z_1 + \omega_\# \otimes^p z_2 + s_\#\omega_\#\tilde{c},$$

这里 $\tilde{c}$ 是一由形如 $z_1 \times \underbrace{z_2 \times \cdots \times z_2}_{p-1}$ 这一类的项所组成的项, 因而 $\tilde{c}$ 总是一下闭链, 而在 z_1 或 z_2 是下边缘时又为一下边缘. 因之对应 $z \to \omega_\# \otimes^p z$ 将引出同态

$$\tilde{P}_\rho : H_q(K, I_p) \to H_{pq}^{(\rho)}(\omega\tilde{K}_p, t; I_p)/\tilde{\lambda}_{\rho*}H_{pq}(\omega\tilde{K}_p, I_p), \tag{1}$$

其中

$$\tilde{\lambda}_{\rho *}: H_r(\omega \tilde{K}_\rho, I_p) \to H_r^{(\rho)}(\omega \tilde{K}_p, t; I_p)$$

为 4.1 节中所引入的同态. 我们将以

$$\tilde{\eta}_{\rho *}: H_r^{(\rho)}(\omega \tilde{K}_p, t; I_p) \to H_r^{(\rho)}(\omega \tilde{K}_p, t; I_p)/\tilde{\lambda}_{\rho *} H_r(\omega \tilde{K}_p, I_p)$$

表自然投影. 因由 4.1 节命题 1 有 $\tilde{\mu}_{\rho *}\tilde{\lambda}_{\rho *} = 0$, 故有

$$\tilde{\mu}_{i*}^{(\rho)}: H_r^{(\rho)}(\omega \tilde{K}_p, t; I_p)/\tilde{\lambda}_{\rho *} H_r(\omega \tilde{K}_p, I_p) \to H_{r-i}^{(\rho_i)}(\omega \tilde{K}_p, t; I_p), \tag{2}$$

且

$$\tilde{\eta}_{\rho i^*}\tilde{\mu}_{i*}^{(\rho)}: H_r^{(\rho)}(\omega \tilde{K}_p, t; I_p) \to H_{r-i}^{(\rho_i)}(\omega \tilde{K}_p, t; I_p) \to H_{r-i}^{(\rho_i)}(\omega \tilde{K}_p, t; I_p)/\tilde{\lambda}_{\rho i^*} H_{r-i}(\omega \tilde{K}_p, I_p)$$

将引出同态

$$\begin{aligned}\tilde{M}_{i*}^{(\rho)}: & H_r^{(\rho)}(\omega \tilde{K}_p, t; I_p)/\tilde{\lambda}_{\rho *} H_r(\omega \tilde{K}_p, I_p) \\ & \to H_{r-i}^{(\rho_i)}(\omega \tilde{K}_p, t; I_p)/\tilde{\lambda}_{\rho i^*} H_{r-i}(\omega \tilde{K}_p, I_p).\end{aligned} \tag{2'}$$

同样, 由于在系数群 I_p 上从定义易见 (见 4.1 节)$\tilde{\theta}_{\rho *}\tilde{\lambda}_{\rho *} = 0$, 故 $\tilde{\theta}_{\rho *}$ 又将引出同态

$$\tilde{\Theta}_{\rho *}: H_r^{(\rho)}(\omega \tilde{K}_p, t; I_p)/\tilde{\lambda}_{\rho *} H_r(\omega \tilde{K}_p, I_p) \to H_r(\tilde{\Delta}, I_p). \tag{3}$$

此外我们又定义

$$\tilde{I}_{\rho *}: H_r(\tilde{\Delta}, I_p) \to H_r^{(\rho)}(\omega \tilde{K}_p, t; I_p)/\tilde{\lambda}_{\rho *} H_r(\omega \tilde{K}_p, I_p) \tag{3'}$$

为复合同态 $\tilde{I}_{\rho *} = \tilde{\eta}_{\rho *}\tilde{i}_{\rho *}$

命题 1　在 $r < p_q - q$ 时, 有

$$\tilde{\Theta}_{\rho r *}\tilde{M}_r^{(\rho)}\tilde{P}_\rho H_q(K, I_p) = 0. \tag{4}$$

证　对任意 $z \in Z \in H_q(K, I_p)$, 由 4.1 节引理 1 可得一序列

$$\begin{cases} \omega_\# \otimes^p z = \bar{\rho}_\# z_0 + z_0', \\ \partial z_i = \bar{\rho}_{i+1\#} z_{i+1} + z_{i+1}', \quad i \geqslant 0, \end{cases} \tag{5}$$

其中 $z_i \subset \omega \tilde{K}_p - \tilde{\Delta}$, $z_i' \subset \tilde{\Delta}$. 于是 $\bar{\rho}_i$ 下闭链 ∂z_i 是类 $\tilde{M}_{i+1*}^{(\rho)}\tilde{P}_\rho Z$ 中的一个代表元素, 而 z_{i+1}' 是 $\tilde{\Theta}_{\rho i+1*}\tilde{M}_{i+1*}^{(\rho)}\tilde{P}_\rho Z$ 中的代表元素, 命 L 为 K 中包含 z 的最小子复形, 则 L 是 q 维复形, 而 z_{i+1}' 在 $\tilde{d}_K L$ 中. 因 $\dim z_{i+1}' = pq - i - 1$, 故在 $pq - i - 1 > q$ 或即 $i + 1 < pq - q$ 时应有 $z_{i+1}' = 0$. 由此得 (4) 式.

命题 2_r 我们有下面的分解式：

$$H_r^{(\rho)}(\omega\tilde{K}_p, t; I_p)/\tilde{\lambda}_{\rho*}H_r(\omega\tilde{K}_p, I_p) = \sum \hat{M}_{pq-r*}^{(\rho_{pq-r})}\tilde{P}_{\rho_{pq-r}}H_q(K, I_p), \tag{6}$$

其中 $\sum$ 展开在以下 q 的间隔上：

$$R_r : \begin{cases} r \geqslant q \geqslant [(r+p-1)/p], \\ \text{或 } pq \geqslant r \geqslant q. \end{cases} \tag{6'}$$

命题 3_r 我们有

$$H_r(\tilde{\Delta}, I_p) = \tilde{\Theta}_{\rho*}\tilde{M}_{(p-1)r*}^{(\rho_{(p-1)r})}\tilde{P}_{\rho_{(p-1)r}}H_r(K, I_\rho). \tag{7}$$

命题 2、命题 3 的证明将分成若干步来完成它：

1° $\dim K = n$ 时命题 2_{pn} 的证明.

因在 $r > pn$ 时 $H_r^{(\rho)}(\omega\tilde{K}_p, t; I_p) = 0$, 故依 4.1 节命题 1 将有正合序列

$$0 \to H_{pn}^{(\rho)}(\omega\tilde{K}_p, t; I_p) \xrightarrow{\tilde{\upsilon}\bar{\rho}} H_{pn}(\omega\tilde{K}_p, I_p) \xrightarrow{\tilde{\lambda}_{\bar{\rho}*}} H_{pn}^{(\bar{\rho})}(\omega\tilde{K}_p, t; I_p).$$

今 $H_{pn}(\omega\tilde{K}_p, I_p)$ 系由上类 $\omega_*(Z_1\otimes\cdots\otimes Z_p)$ 所产生, 这里 $Z_i \in H_n(K, I_p)$, 而 $\mathrm{Ker}\tilde{\lambda}_{\bar{\rho}*}$ 易见系由 $\bar{\rho}^* H_{pn}(\omega\tilde{K}_p, I_p) = \tilde{\upsilon}_{\bar{\rho}*}\tilde{\lambda}_{\rho*}H_{pn}(\omega\tilde{K}_p, I_p)$ 中的类以及形如 $\omega_* \otimes^p Z$ 这样的类所组成, 因 $\tilde{\upsilon}_{\bar{\rho}*}$ 为一无核同态, 故立得 2_{pn}, 即

$$H_{pn}^{(\rho)}(\omega\tilde{K}_p, t; I_p)/\tilde{\lambda}_{\rho*}H_{pn}(\omega\tilde{K}_p, I_p) = \tilde{P}_\rho H_n(K, I_p).$$

2° 由 2_{r+1} 与 3_{r+1} 推出 2_r.

试考下面的可交换图像

$$\begin{array}{ccccccc}
 & & H_r(\omega\tilde{K}_p, I_p) & & & & \\
 & & \downarrow \tilde{\lambda}_{\rho*} & \searrow \bar{\rho}^* & & & \\
H_{r+1}^{(\bar{\rho})}(\omega\tilde{K}_p, t, I_p) & \xrightarrow{\tilde{\mu}_{\bar{\rho}*}} & H_r^{(\rho)}(\omega\tilde{K}_p, t; I_p) & \xrightarrow{\tilde{\upsilon}_{\bar{\rho}*}} & H_r(\omega\tilde{K}_p, I_p) & \xrightarrow{\tilde{\lambda}_{\bar{\rho}*}} & H_r^{(\bar{\rho})}(\omega\tilde{K}_p, t; I_p) \\
\downarrow \tilde{\theta}_{\bar{\rho}*} & & & & & \rho*\searrow & \downarrow \tilde{\upsilon}_{\rho*} \\
H_{r+1}(\tilde{\Delta}, I_p) & & & & & & H_r(\omega\tilde{K}_p, I_p)
\end{array}$$

其中中间横行由 4.1 节命题 1 是一正合序列, 且有

$$\mathrm{Ker}\tilde{\upsilon}_{\bar{\rho}*} = \tilde{\mu}_{\bar{\rho}*}(\mathrm{Ker}\tilde{\theta}_{\bar{\rho}*}) \subset H_r^{(\rho)}(\omega\tilde{K}_p, t; I_p). \tag{8}$$

今在 $H_r(\omega\tilde{K}_p, I_p)$ 中, $\mathrm{Ker}\tilde{\lambda}_{\bar{\rho}*}$ 包含于 $\mathrm{Ker}_{\rho*}$, 而后者系由 $\bar{\rho}_* H_r(\omega\tilde{K}_p, t; I_p)$ 中的类, 以及在 $r = pq$ 时并有形如 $\omega_* \otimes^p Z$, $Z \in H_q(K, I_p)$ 这些类所张成, 因为所有这些类

显然都在 $\mathrm{Ker}\tilde{\lambda}_{\bar{\rho}*}$ 中, 故有分解式 (非直和)

$$\mathrm{Ker}\tilde{\lambda}_{\bar{\rho}*} = \bar{\rho}_* H_r(\omega\tilde{K}_p, I_p) + [\omega_* \otimes^p H_q(K, I_p)]_{r=pq}, \tag{9}$$

最后一项意指由类 $\omega_* \otimes^p Z$, $Z \in H_q(K, I_p)$, 所产生的子群, 而该项只 $r = pq$ 时始有之, 从 (8), (9) 以及图像即得

$$\begin{aligned}
&H_r^{(\rho)}(\omega\tilde{K}_p, t; I_p)/\tilde{\lambda}_{\rho*} H_r(\omega\tilde{K}_p, I_p)\\
=&[\tilde{P}_\rho H_q(K, I_p)]_{r=pq} + \tilde{\mu}_{\bar{\rho}*}(\mathrm{Ker}\tilde{\theta}_{\bar{\rho}*})/\tilde{\lambda}_{\rho*} H_r(\omega\tilde{K}_p, I_p)\\
=&[\tilde{P}_\rho H_q(K, I_p)]_{r=pq} + \tilde{M}_{1*}^{(\bar{\rho})}\mathrm{Ker}\,\tilde{\Theta}_{\bar{\rho}*},
\end{aligned}$$

其中 $[\ \ ]_{r=pq}$ 意指相应子群, 只在 $r = pq$ 时始存在. 今由 2_{r+1} 有

$$\mathrm{Ker}\,\tilde{\Theta}_{\bar{\rho}*} \subset H_{r+1}^{(\bar{\rho})}(\omega\tilde{K}_p, t; I_p)/\tilde{\lambda}_{\bar{\rho}*} H_{r+1}(\omega K_p, I_p) = \Sigma' \tilde{M}_{p-qr-1^*}^{(\bar{\rho}_{pq-r-1})} \tilde{P}_{\bar{\rho}_{pq-r-1}} H_q(K, I_p),$$

其中 Σ' 展开于下述 q 的区间上:

$$R_{r+1} : r + 1 \geqslant q \geqslant [(r + p)/p] \quad \text{或} \quad pq \geqslant r + 1 \geqslant q,$$

而 $\bar{\rho}_{pq-r-1} = \rho_{pq-r}$. 又由命题 1,

$$\tilde{\Theta}_{\bar{\rho}*}\tilde{M}_{pq-r-1^*}^{(\rho_{pq-r})}\tilde{P}_{\rho_{pq-r}} H_q(K, I_p) = 0, \quad pq \geqslant r + 1 > q \text{ 时},$$

而由 3_{r+1}, $\tilde{\Theta}_{\bar{\rho}*}\tilde{M}_{pq-r-1}^{(\rho_{pq-r})}\tilde{P}_{\rho_{pq-r}}$ 在 $q = r + 1$ 时, 乃是 $H_q(K, I_p)$ 到 $H_{r+1}(\tilde{\Delta}, I_p)$ 上的一个同构, 由此得

$$\mathrm{Ker}\,\tilde{\Theta}_{\bar{\rho}*} = \Sigma'' \tilde{M}_{pq-r-1^*}^{(\rho_{pq-r})}\tilde{P}_{\rho_{pq-r}} H_q(K, I_p),$$

其中 Σ'' 展开于下述 q 的区间上:

$$R''_{r+1} : pq \geqslant r + 1 > q.$$

由此得

$$\begin{aligned}
&H_r^{(\rho)}(\omega\tilde{K}_p, t; I_p)/\tilde{\lambda}_{\rho*} H_r(\omega\tilde{K}_p, I_p)\\
=&[\tilde{P}_\rho H_q(K, I_p)]_{r=pq} + \tilde{M}_{1*}^{(\rho)} \Sigma'' \tilde{M}_{pq-r-1*}^{(\rho_{pq-r})}\tilde{P}_{\rho_{pq-r}} H_q(K, I_p)\\
=&[\tilde{P}_\rho H_q(K, I_p)]_{r=pq} + \Sigma'' \tilde{M}_{pq-r*}^{(\rho_{pq-r})}\tilde{P}_{pq^{\rho}-r} H_q(K, I_p)\\
=&\Sigma(\tilde{M}_{pq-r*}^{(\rho_{pq-r})}\tilde{P}_{\rho_{pq-r}} H_q(K, I_p),
\end{aligned}$$

其中 Σ 展开在这样的 q 的区间上, 即或则 $r = pq$ 或则 $q \in R''_{r+1}$, 也就是区间 R_r 故得 2_r.

3° 由 2_r 可得 3_r.

我们有

$$\begin{aligned}H_r(\tilde{\Delta}, I_p) &= \tilde{\theta}_{\rho*}\tilde{i}_{\rho*}H_r(\tilde{\Delta}, I_p)\\ &= \tilde{\Theta}_{\rho*}\tilde{I}_{\rho*}H_r(\tilde{\Delta}, I_p)\\ &= \tilde{\Theta}_{\rho*}H_r^{(\rho)}(\omega\tilde{K}_p, t; I_p)/\tilde{\lambda}_{\rho*}H_r(\omega\tilde{K}_p, I_p)\\ &= \tilde{\Theta}_{\rho*}\Sigma\tilde{M}_{pq-r*}^{(\rho_{pq-r})}\tilde{P}_{\rho_{pq-r}}H_q(K, I_p),\end{aligned}$$

其中 Σ 展开在使 $pq \geqslant r \geqslant q$ 的 q 区间上, 如 2_r 所示. 于是由命题 1, 即得 3_r.

依 1° ~ 3° 用归纳即得命题 2、命题 3 的证明.

命题 4　同态

$$\tilde{\Theta}_{\rho*}\tilde{M}_{pr-r*}^{(\rho_{pr-r})}\tilde{P}_{\rho_{pr-r^*}} = \tilde{\Theta}_{\rho*}\tilde{M}_{pr-r*}^{(\rho)}\tilde{P}_{\rho} : H_r(K, I_p) \to H_r(\tilde{\Delta}, I_p)$$

都是同构, 且

$$\tilde{\Theta}_{\rho*}\tilde{M}_{pr-r*}^{(\rho_{pr-r})}\tilde{P}_{\rho_{pr-r}} = \alpha_r \cdot \tilde{d}_{\Delta*},$$

这里 α_r 为一只与 r 有关的一模 p 整数, 而 $\tilde{d}_\Delta : |K| \equiv \tilde{\Delta}$ 为对角映象.

证　这些同态之为同构可立即从命题 3 推得. 为证这些同构是 $\tilde{d}_{K*}$ 的某一倍数, 试先假设 K 的维数恰为 r. 容易求一组 r 维下闭链 $z_i = \sum a_{ki}\sigma_k \in Z_i(\sigma_k \in K, a_{ki} \in I_p)$, 它们所属的下类 Z_i 为 K 在系数群 I_p 上的 r 维下同调群的一组基, 而对每一 i 有一指数 k_i, 使 $a_{k_i i} \neq 0$, 而 $j \neq i$ 时 $a_{k_i j} = 0$. 命 K_i 是 K 的闭子复形, 由所有使 $a_{ki} \neq 0$ 的胞腔 σ_k 以及它们的面所组成. 则下类 $\tilde{\Theta}_{\rho*}\tilde{M}_{pr-r*}^{(\rho_{pr-r})}\tilde{P}_{\rho_{pr-r}}Z_i$ 只含有一个下闭链位于 K_i 中, 因之必然是 Z_i 的一个倍数, 因 $\tilde{\Theta}_{\rho*}\tilde{M}_{pr-r*}^{(\rho_{pr-r})}\tilde{P}_{\rho_{pr-r}}$ 是一同态, 故这一倍数与指数 i 无关, 而可设为 α_r. 这证明了在 $\dim K = r$ 时的本定理. 一般情形则可由考虑 K 的 r 维骨架来推出.

在 4.1 节中曾定义了同态

$$\tilde{j}_{\rho*} : H_r^{(\rho)}(\omega\tilde{K}_p, t; I_p) \to H_r^{(\rho)}(\omega\tilde{K}_p, \tilde{\Delta}, t; I_p),$$

它们将引出同态

$$\begin{aligned}\tilde{J}_{\rho*} : &H_r^{(\rho)}(\omega\tilde{K}_p, t; I_p)/\tilde{\lambda}_{\rho*}H_r(\omega\tilde{K}_p, I_p)\\ &\to H_r^{(\rho)}(\omega\tilde{K}_p, \tilde{\Delta}, t; I_p)/\tilde{k}_{\rho*}H_r(\omega\tilde{K}_p, I_p).\end{aligned} \tag{10}$$

命题 5　有以下分解式:

$$H_r^{(\rho)}(\omega\tilde{K}_p, \tilde{\Delta}, t; I_p)/\tilde{k}_{\rho*}H_r(\omega\tilde{K}_p, I_p)$$

$$=\sum_{0}\tilde{J}_{\rho*}\tilde{M}_{pq-r*}^{(\rho_{pq-r})}\tilde{P}_{\rho_{pq-r}}H_q(K,I_p), \tag{11}$$

其中 $\sum\limits_{0}$ 展开于下面 q 的区间上:

$$R_r^0:\begin{cases} pq\geqslant r\geqslant q+1,\\ \text{或即}r-1\geqslant q\geqslant[(r+p-1)/p]. \end{cases} \tag{12}$$

附注　分解式 (11) 将在以下的定理 1 中证明是一个直和.

证　由 4.1 节命题 4 得正合序列:

$$0\to H_r(\tilde{\Delta},I_p)\xrightarrow{\tilde{i}_{\rho*}}H_r^{(\rho)}(\omega\tilde{K}_p,t;I_p)\xrightarrow{\tilde{j}_{\rho*}}H_r^{(\rho)}(\omega\tilde{K}_p,\tilde{\Delta},t;I_p)\to 0.$$

由此容易得出下正合序列:

$$\begin{aligned} &0\to H_r(\tilde{\Delta},I_p)\xrightarrow{\tilde{I}_{\rho*}}H_r^{(\rho)}(\omega\tilde{K}_p,t;I_p)/\tilde{\lambda}_{\rho*}H_r(\omega\tilde{K}_p,I_p)\\ &\xrightarrow{\tilde{J}_{\rho*}}H_r^{(\rho)}(\omega\tilde{K}_p,\tilde{\Delta},t;I_p)/\tilde{k}_{\rho*}H_r(\omega\tilde{K}_p,I_p)\to 0. \end{aligned} \tag{13}$$

今 $H_r^{(\rho)}(\omega\tilde{K}_p,t;I_p)/\tilde{\lambda}_{\rho*}H_r(\omega\tilde{K}_p,I_p)$ 可由 (6) 式给出, 因之由命题 1 与命题 4 可得

$$\begin{aligned} &\tilde{\Theta}_{\rho*}H_r^{(\rho)}(\omega\tilde{K}_p,t;I_p)/\tilde{\lambda}_{\rho*}H_r(\omega\tilde{K}_p,I_p)\\ =&\tilde{\Theta}_{\rho*}\tilde{M}_{pr-r*}^{(\rho_{pr-r})}\tilde{P}_{\rho_{pr-r}}H_r(K,I_p)\\ =&H_r(\tilde{\Delta},I_p)\\ =&\tilde{\Theta}_{\rho*}\tilde{I}_{\rho*}H_r(\tilde{\Delta},I_p). \end{aligned}$$

因 $\tilde{\Theta}_{\rho*}\tilde{I}_{\rho*}=$ 恒同同态, 故由命题 4 得

$$\tilde{I}_{\rho*}H_r(\tilde{\Delta},I_p)=\tilde{M}_{pr-r*}\tilde{P}_{\rho_{pr-r}}H_r(K,I_p).$$

故由 (6) 式与正合序列 (13) 可得本命题.

在 2.2 节中对简单组如 $(\omega\tilde{K}_p-\tilde{\Delta},t)$ 曾定义了一个配对

$$KI_\rho(H_r^{(\rho)}(\omega\tilde{K}_p,\tilde{\Delta},t;I_p),H_{(\rho)}^r(\omega\tilde{K}_p,\tilde{\Delta},t;I_p))\subset I_p, \tag{14}$$

具有下述性质: 对任意 $Z\in H_{r+i}^{(\rho_i)}(\omega\tilde{K}_p,\tilde{\Delta},t;I_p)$ 与 $U\in H_{(\rho_j)}^{r-j}(\omega\tilde{K}_p,\tilde{\Delta},t;I_p)$ 有

$$KI_\rho(\tilde{\mu}_{i*}^{(\rho_i)}Z,\tilde{\mu}_{j,(\rho_j)}^{*}U)=KI_{\rho_j}(\tilde{\mu}_{i+j*}^{(\rho_i)}Z,U)=KI_{\rho_i}(Z,\tilde{\mu}_{i+j,(\rho_j)}^{*}U). \tag{15}$$

命 $N_{(\rho)}^r(\omega\tilde{K}_p,\tilde{\Delta},t;I_p)$ 为 $H_{(\rho)}^r(\omega\tilde{K}_p,\tilde{\Delta},t;I_p)$ 的子群, 由与 $\tilde{k}_{\rho*}H_r(\omega\tilde{K}_p,I_p)$ 相垂直的那些上类所组成, 则上述配对将引出一配对

$$KI_\rho(H_r^{(\rho)}(\omega\tilde{K}_p,\tilde{\Delta},t;I_p)/\tilde{k}_{\rho*}H_r(\omega\tilde{K}_p,I_p),N_{(\rho)}^r(\omega\tilde{K}_p,\tilde{\Delta},t;I_p))\subset I_p. \tag{14'}$$

命题 6 有关系

$$\tilde{\mu}^*_{r-q-1}\tilde{\delta}^*_{\rho_{r-q-1}}H^q(\tilde{\Delta},I_p)\subset N^r_{(\rho)}(\omega\tilde{K}_p,\tilde{\Delta},t;I_p), \tag{16}$$

亦即

$$KI_\rho(\tilde{k}_{\rho*}H_r(\omega\tilde{K}_p,I_p),\tilde{\mu}^*_{r-q-1}\tilde{\delta}^*_{\rho_{r-q-1}}H^q(\tilde{\Delta},I_p))=0, \tag{16'}$$

其中 $\tilde{\delta}^*_\rho$ 为在 4.1 节中所定义的同态 4^*.

证 试考任意上类 $Z=\omega_*(Z_1\otimes\cdots\otimes Z_p)\in H_r(\omega\tilde{K}_p,I_p)$, 其中 $Z_i\in H_{r_i}(K,I_p)$, $\sum r_i=r$, 而 $U\in H^q(\tilde{\Delta},I_p)$. 以 $\tilde{j}:\omega\tilde{K}_p\subset(\omega\tilde{K}_p,\tilde{\Delta})$ 表包含映象, 则在 $H_r(\omega\tilde{K}_p,I_p)$ 上有 $\tilde{k}_{\rho*}=\tilde{j}_{\rho*}\tilde{\lambda}_{\rho*}=\tilde{\lambda}_{\rho*}\tilde{j}_*$. 故

$$\begin{aligned}&KI_\rho(\tilde{k}_{\rho*}Z,\tilde{\mu}^*_{r-q-1}\tilde{\delta}^*_{\rho_{r-q-1}}U)\\=&KI_\rho(\tilde{\lambda}_{\rho*}\tilde{j}_*Z,\tilde{\mu}^*_{r-q-1}\tilde{\delta}^*_{\rho_{r-q-1}}U)\\=&KI_{\rho_{r-q-1}}(\tilde{\mu}^{(\rho)}_{r-q-1*}\tilde{\lambda}_{\rho*}\tilde{j}_*Z,\tilde{\delta}^*_{\rho_{r-q-1}}U).\end{aligned}$$

如果 $r-q-1>0$, 则因 $\tilde{\mu}_{\rho*}\tilde{\lambda}_{\rho*}=0$, 故最后一式 =0. 次设 $r-q-1=0$, 则取 $z_i\in Z_i$, $u\in U$, 又命 $u'\in C^q(\omega\tilde{K}_p,I_p)$ 为在 $\omega\tilde{K}_p-\tilde{\Delta}$ 上取值 0, 而在 $\tilde{\Delta}$ 上与 u 重合的上链, 则将有

$$\begin{aligned}&KI_p(\tilde{k}_{\rho*}Z,\tilde{\delta}^*_\rho U)\\=&KI_\rho(\tilde{\lambda}_{\rho*}\tilde{j}_*Z,\tilde{\delta}^*_\rho U)\\=&KI_\rho(\bar{\rho}_\#\tilde{N}\omega_\#(z_1\times\cdots\times z_p),\delta u')\\=&KI(\tilde{N}\omega_\#(z_1\times\cdots\times z_p),\delta u')\\=&KI(\partial\tilde{N}\omega_\#(z_1\times\cdots\times z_p),u')\\=&0.\end{aligned}$$

由于关于剖分 ω 需满足条件 (b), 故对 $r>0$ 应有 $\tilde{N}\omega_\#(z_1\times\cdots\times z_p)=\omega_\#(z_1\times\cdots\times z_p)$, 而 $\partial\omega_\#(z_1\times\cdots\times z_p)=\omega_\#\partial(z_1\times\cdots\times z_p)=0$. 因之最后一式 =0. 而 (16) 得证.

命题 7 对任意 $Z\in H_k(K,I_p)$ 与 $\tilde{U}\in H^q(\tilde{\Delta},I_p)$ 在 $k\leqslant q$ 时有

$$\begin{aligned}&KI_\rho(\tilde{j}_{\rho*}\tilde{\mu}^{(\rho_{pk-r})}_{pk-r*}\tilde{P}_{\rho_{pk-r}}Z,\tilde{\mu}^*_{r-q-1,(\rho_{r-q-1})}\tilde{\delta}^*_{\rho_{r-q-1}}\tilde{U})\\=&KI_\rho(\tilde{J}_{\rho*}\tilde{M}^{(\rho_{pk-r})}_{pk-r*}\tilde{P}_{\rho_{pk-r}}Z,\tilde{\mu}^*_{r-q-1,(\rho_{r-q-1})}\tilde{\delta}^*_{\rho_{r-q-1}}\tilde{U})\\=&\begin{cases}0, & k<q,\\ KI(\alpha_q\cdot Z,\tilde{d}^*_\Delta\tilde{U}), & k=q,\end{cases}\end{aligned} \tag{17}$$

其中 $r \geqslant q+1$ 且 $\leqslant pk$ 而 α_q 是命题 4 中所提到的模 p 整数.

证 任取 $z \in Z$ 并作序列

$$\begin{cases} \omega_{\#} \otimes^p z = \bar{\rho}'_* z_0 + z'_0, \\ \partial z_i = \bar{\rho}'_{i+1*} z_{i+1} + z'_{i+1}, \quad i \geqslant 0, \end{cases} \tag{18}$$

其中 $z_i \subset \omega\tilde{K}_p - \tilde{\Delta}$, $z'_i \subset \tilde{\Delta}$, 而 $\rho' = \rho_{pk-r}$. 记 $\omega_{\#} \otimes^p z$ 的 ρ' 下同调类为 $\tilde{X}$, 则

$$\begin{aligned} &\partial z_i \in \tilde{\mu}^{(\rho')}_{i+1,*} \tilde{X} \in \tilde{M}^{(\rho')}_{i+1} \tilde{P}_{\rho'} Z, \\ &z'_{i+1} \in \tilde{\theta}_{(\rho'_{i+1})*} \tilde{\mu}^{(\rho')}_{i+1*} \tilde{X} \in \tilde{\Theta}_{(\rho'_{i+1})*} \tilde{M}^{(\rho')}_{i+1*} \tilde{P}_{\rho'} Z, \\ &\bar{\rho}'_{i+1*} z_{i+1} \in \tilde{j}_{\rho'_{i+1}*} \tilde{\mu}^{(\rho')}_{i+1*} \tilde{X} \in \tilde{J}_{\rho'_{i+1}*} \tilde{M}^{(\rho')}_{i+1*} \tilde{P}_{\rho'} Z. \end{aligned}$$

取 $\tilde{u} \in \tilde{U}$, 并命 $\tilde{u}'$ 为 $\omega\tilde{K}_p$ 在 $\omega\tilde{K}_p - \tilde{\Delta}$ 上取值 0 而在 $\tilde{\Delta}$ 上与 $\tilde{u}$ 重合的上链, 则

$$\begin{aligned} &KI_\rho(\tilde{J}_{\rho*} \tilde{M}^{(\rho')}_{pk-r*} \tilde{P}_{\rho'} Z, \tilde{\mu}^*_{r-q-1,(\rho_{r-q-1})} \tilde{\delta}^*_{\rho_{r-q-1}} \tilde{U}) \\ =&KI_\rho(\tilde{j}_{\rho*} \tilde{\mu}^{(\rho')}_{pk-r*} \tilde{X}, \tilde{\mu}^*_{r-q-1,(\rho_{r-q-1})} \tilde{\delta}^*_{\rho_{r-q-1}} \tilde{U}) \\ =&KI_\rho(\tilde{\mu}^{(\rho')}_{pk-r*} \tilde{j}_{\rho'*} \tilde{X}, \tilde{\mu}^*_{r-q-1,(\rho_{r-q-1})} \tilde{\delta}^*_{\rho_{r-q-1}} \tilde{U}) \\ =&KI_{\rho_{r-q-1}}(\tilde{\mu}^{(\rho')}_{pk-q-1*} \tilde{j}_{\rho'*} \tilde{X}, \tilde{\delta}^*_{\rho_{r-q-1}} \tilde{U}) \\ =&KI_{\rho_{r-q-1}}(\tilde{j}_{\rho_{r-q-1}*} \tilde{\mu}^{(\rho')}_{pk-q-1*} \tilde{X}, \tilde{\delta}^*_{\rho_{r-q-1}} \tilde{U}) \\ =&KI_{\rho_{r-q-1}}(\bar{\rho}'_{pk-q-1*} z_{pk-q-1}, \delta \tilde{u}') \\ =&KI(z_{pk-q-1}, \delta \tilde{\mu}') \\ =&KI(\partial z_{pk-q-1}, \tilde{u}') \\ =&KI(z'_{pk-q}, \tilde{u}') \\ =&KI(\tilde{\Theta}_{\rho_{q-r}*} \tilde{M}^{(\rho')}_{pk-q*} \tilde{P}_{\rho'} Z, \tilde{U}). \end{aligned}$$

于是 (17) 可自命题 1 与命题 4 得出.

命题 8 对任意 $Z \in H_k(K, I_p)$ 与 $\tilde{U} \in H^r(\omega\tilde{K}_p, I_p)$ 有

$$\begin{aligned} &KI_\rho(\tilde{j}_{\rho*} \tilde{\mu}^{(\rho_{pk-r})}_{pk-r*} \tilde{P}_{\rho_{pk-r}} Z, \tilde{k}^*_\rho \tilde{U}) \\ =&\begin{cases} 0, & k < r < pk, \\ -KI(\alpha_r \cdot Z, \tilde{d}^*_K \tilde{U}), & k = r < pk, \\ KI(\omega_* \otimes^p Z, \tilde{U}), & r = pk, k > 0. \end{cases} \end{aligned} \tag{19}$$

证 取 $\tilde{u} \in \tilde{U}$, $z \in Z$ 并作序列 (18), $\omega_{\#} \otimes^p z$ 的 ρ_{pk-r} 下同调类将记作 $\tilde{X}$, 以 $\tilde{L}$ 表 (19) 的左边, 则在 $r = pk$ 时, 因 $k > 0$ 有 $\tilde{D}\omega_{\#} \otimes^p z = 0$, 故

$$\tilde{L} = KI_\rho(\tilde{j}_\rho \omega_{\#} \otimes^p z, \tilde{j}^{\#}_\rho \bar{\rho}^{\#} \tilde{u})$$

$$
\begin{aligned}
&= KI(\tilde{N}\omega_{\#} \otimes^p z, \tilde{N}\tilde{u}) \\
&= KI(\omega_{\#} \otimes^p z, \tilde{u}) \\
&= KI(\omega_* \otimes^p Z, \tilde{U}).
\end{aligned}
$$

次设 $r < pk$, 则由上命题 7, 以及 4.1 节的命题 2^*, 有

$$
\begin{aligned}
\tilde{L} &= KI_\rho(\tilde{j}_{\rho *}\tilde{\mu}_{pk-r*}^{(\rho_{pk-r})}\tilde{X}, \tilde{k}_\rho^*\tilde{U}) \\
&= KI_{\rho_1}(\tilde{\mu}_{pk-r-1*}^{(\rho_{pk-r})}\tilde{j}_{\rho_{pk-r}*}\tilde{X}, \tilde{\mu}_1^*\tilde{k}_o^*\tilde{U}) \\
&= -KI_{\rho_1}(\tilde{j}_{\rho_1 *}\tilde{\mu}_{pk-r-1*}^{(\rho_{pk-r})}\tilde{X}, \tilde{\delta}_{\rho_1}^*\tilde{i}^*\tilde{U}) \\
&= \begin{cases} 0, & k < r, \\ -KI(\alpha_r \cdot Z, \tilde{d}_K^*\tilde{U}), & k = r. \end{cases}
\end{aligned}
$$

定理 1(Richardson-Smith) 特殊下同调群 $H_r^{(\rho)}(\omega\tilde{K}_p, \tilde{\Delta}, t; I_p)$ 可从 $H(K, I_p)$ 依命题 5 中的分解式 (11) 定出, 而这个分解式是一直和. 再者, 每一出现在 (11) 式右边的同态 $\tilde{J}_{\rho *}\tilde{M}_{pq-r*}^{(\rho_{pq-r})}\tilde{P}_{\rho_{pq-r}}$ 作用在相应的群上都是一无核同态.

证 只需证明分解式 (11) 是一直和已足. 为此, 试考虑任意一组非零上类 $Z^{(1)}, \cdots, Z^{(k)} \in H(K, I_p)$, 这里 $\dim Z^{(i)} = q_i \in R_r^0$ 而 $q_1 < \cdots < q_k$ 取 $U \in H^{q_k}(\tilde{\Delta}, I_p)$ 使 $KI(Z^{(k)}, \tilde{d}_\Delta^*\tilde{U}) \neq 0$, 则由命题 7 有

$$
\begin{aligned}
&KI_\rho\left(\sum_{i=1}^k \tilde{J}_{\rho *}\tilde{M}_{pqi-r}^{(\rho_{pqi-r})}\tilde{P}_{\rho_{pqi-r}}Z^{(i)}, \tilde{\mu}_{r-qk-1,(\rho_{r-qk-1})}^*\tilde{\delta}_{\rho_{r-q_k-1}}^*U\right) \\
=&KI(\alpha_{q_k} \cdot Z^{(k)}, \tilde{d}_\Delta^* U) \neq 0.
\end{aligned}
$$

因之 $\sum\limits_{i=1}^k \tilde{J}_{\rho *}\tilde{M}_{pq_i-r^*}^{(\rho_{pq_i-r})}\tilde{P}_{\rho_{pqi-r}}Z^{(i)} \neq 0$, 或即分解式 (11) 是一直和. 特别是定理末所提到的那些同态在相应的群上都是无核的.

记号 将 $H(K, I_p)$ 视作 I_p 上的向量空间而取一个固定的基

$$B = \{Z', \cdots, Z^\alpha\}, \tag{20}$$

并设

$$B^* = \{U', \cdots, U^\alpha\} \tag{20*}$$

是 $H^*(K, I_p)$ 中与它对偶的基, 今将满足 $1 \leqslant i_j \leqslant \alpha$ 且诸 i_j 不全彼此相等的指数集 $I = (i_1, \cdots, i_p)$ 的全体 Γ 依辞典式排成次序 $\prec$, 以 t 依等式 $t(i_1, \cdots, i_p) = (i_2, \cdots, i_p, i_1)$ 作用在 Γ 上. 命 Γ_r 为 Γ 的子集, 由一切满足 $n(I) = \sum il = r$ 以及对任意 $1 \leqslant i \leqslant p-1$ 有 $t^i I \prec I$ 的指数集 I 所组成. 在 $I = (i_1, \cdots, i_p)$ 时, 以 $\tilde{Z}^I$ 表 $\omega_*(Z^{(i_1)} \otimes \cdots \otimes Z^{(i_p)})$ 而以 $\tilde{U}^I$ 表 $\omega^*(U^{(i_1)} \otimes \cdots \otimes U^{(i_p)})$, 其中 $\omega_*: H(\tilde{K}_p, I_p) \approx$

$H(\omega\tilde{K}_p, I_p)$ 与 $\omega^*: H^*(\tilde{K}_p, I_p) \approx H^*(\omega\tilde{K}_p, I_p)$ 为由 $\tilde{K}_p$ 到 $\omega\tilde{K}_p$ 的剖分所产生的同构, 当 $I \in \Gamma_r$ 时, $H_r(\omega\tilde{K}_p, I_p)$ 中由 $\tilde{Z}_i$(或 $t_*^i\tilde{Z}^I$, $0 \leqslant i \leqslant p-2$) 所张成的子空间将记作 $\Gamma_r^{(d)}(\omega\tilde{K}_p, I_p)$(或 $\Gamma_r^{(s)}(\omega\tilde{K}_p, I_p)$), 同样, $H^r(\omega\tilde{K}_p, I_p)$ 中由 $\tilde{U}^I$(或 $t^{-i*}\tilde{U}^I$, $0 \leqslant i \leqslant p-2$) 当 $I \in \Gamma_r$ 时所张成的子空间将记作 $\Gamma^r_{(d)}(\omega\tilde{K}_p, I_p)$ 或 $\Gamma^r_{(s)}(\omega\tilde{K}_p, I_p)$.

命题 9 对 $H(K, I_p)$ 的固定基 (20) 来说有

$$\tilde{k}_{\rho*}H_r(\omega\tilde{K}_p, I_p) = \tilde{k}_{\rho*}\Gamma_r^{(\rho)}(\omega\tilde{K}_p, I_p), \tag{21}$$

而 $\tilde{k}_{\rho*}$ 在 (21) 右边出现的那些群上都是无核同态.

证 $H_r(\omega\tilde{K}_p, I_p) = \omega_* H_r(\tilde{K}_p, I_p)$ 有一组基, 系由当 $I \in \Gamma_r$, $0 \leqslant i \leqslant p-1$ 时的形如 $t_*^i\tilde{Z}^I$, 以及在 $r \equiv 0 \bmod p$ 时 $\dim Z^{(i)} = r/p$ 可能有的 $\omega_* \otimes^p Z^{(i)}$ 形状的那些类所组成, 由于关于剖分 ω 的条件 (b) 应有 $t_*\omega_* = \omega_* t_*$, 因而

$$\tilde{\lambda}_{\rho*}H_r(\omega\tilde{K}_p, I_p) = \tilde{\lambda}_{\rho*}\Gamma_r^{(\rho)}(\omega\tilde{K}_p, I_p),$$

而 $\tilde{\lambda}_{\rho*}$ 在右边的那些群上都是无核同态, 于是本命题可自 4.1 节的命题 5 得出

定理 1 于是也可依下形式来叙述:

定理 1′ 对于 $H(K, I_p)$ 的一个固定的基 (20) 来说, 有下面的直和分解:

$$H_r^{(\rho)}(\omega\tilde{K}_p, \tilde{\Delta}, t; I_p) = \tilde{k}_{\rho*}\Gamma_r^{(\rho)}(\omega\tilde{K}_p, I_p) + \sum_0 \tilde{j}_\rho * \tilde{\mu}_{pq-r*}^{(\rho_{pq-r})}\tilde{P}_{\rho_{pq-r}}H_q(K, I_p), \tag{22}$$

其中 $\sum\limits_0$ 展开在 q 的区间 R_r^0 上参阅 (12), 而且, 右边出现的诸同态 $\tilde{k}_{\rho*}$ 与 $\tilde{j}_{\rho*}\tilde{\mu}_{pq-r*}^{(\rho_{pq-r})}$ $\tilde{P}_{\rho_{pq-r}}$ 在相应的那些群上都是无核同态.

命题 10 对 $H(\omega\tilde{K}_p, I_p)$ 与 $H^*(\omega\tilde{K}_p, I_p)$ 的固定的基 (20) 与 (20*) 来说, 同态

$$\tilde{k}_\rho^*: H^r(\omega\tilde{K}_p, I_p) \to H^r_{(\rho)}(\omega\tilde{K}_p, \tilde{\Delta}, t; I_p)$$

在子群 $\Gamma^r_{(\rho)}(\omega\tilde{K}_p, I_p) \subset H^r(\omega\tilde{K}_p, I_p)$ 上是无核同态. 再者, 配对

$$KI_\rho(\tilde{k}_{\rho*}\Gamma_r^{(\rho)}(\omega\tilde{K}_p, I_p), \tilde{k}_\rho^*\Gamma^r_{(\rho)}(\omega\tilde{K}_p, I_p)) \subset I_p \tag{23_ρ}$$

在 $r > 0$ 时是对偶配对. 在 $r \equiv 0 \bmod p$ 时, 对 $q = r/p$ 的任意上类 $U \in H^q(\tilde{\Delta}, I_p)$ 又有

$$KI_\rho(\tilde{k}_{\rho*}\Gamma_r^{(\rho)}(\omega\tilde{K}_p, I_p), \tilde{k}_\rho^*\omega^* \otimes^p U) = 0. \tag{24_ρ}$$

证 试考虑例如 $\rho = s$ 这一情形. 任取 $z^{(i)} \in Z^{(i)}$ 与 $u^{(i)} \in U^{(i)}$, 命 $\omega_\#$: $C_q(\tilde{K}_p, I_p) \to C_q(\omega\tilde{K}_p, I_p)$ 与 $\omega^\#: C^q(\tilde{K}_p, I_p) \to C^q(\omega\tilde{K}_p, I_p)$ 为由剖分 ω 所定的下链与上链映象, 因而由条件 (b) 有 $t_\#\omega_\# = \omega_\# t_\#$. 对任意指数集 $I = (i_1, \cdots, i_p) \in$

Γ_r 与 $J=(j_1,\cdots,j_p)\in\Gamma$ 这里 $n(J)=r$ 置 $\tilde{z}^I=\omega_\#(z^{(i_1)}\times\cdots\times z^{(i_p)})\in\tilde{Z}^I$ 与 $\tilde{u}^J=\omega^\#(u^{(j_1)}\otimes\cdots\otimes u^{(j_p)})\in\tilde{U}^J$, 于是有

$$\begin{aligned}KI_s(\tilde{k}_{s*}t_*^i\tilde{Z}^I,\tilde{k}_s^*t^{-j*}\tilde{U}^J)=&KI_s(\tilde{j}_sd_\#t_\#^j\tilde{z}^I,\tilde{j}_s^\#d^\#t^{-j\#}\tilde{u}^J)\\=&KI(d_\#t_\#^i\tilde{z}^I,t^{-j\#}\tilde{u}^J)\\=&KI(d_\#t_\#^{i-j}\tilde{z}^I,\tilde{u}^J)\\=&KI(d_*t_*^{i-j}\tilde{Z}^I,\tilde{U}^J).\end{aligned}$$

从 Γ_r 的定义可见设 $J\in\Gamma_r$, 则在 $k\not\equiv0 \bmod p$ 时, 以及在 k 任意而 $I\neq J$ 时都有 $t^kI\neq J$ 因之对 $0\leqslant i,j\leqslant p-2$ 有

$$KI(d_*t_*^{i-j}\tilde{Z}^I,\tilde{U}^J)=\begin{cases}0, & I\in\Gamma_r,J=(j,\cdots,j),r=pj\equiv0 \bmod p,\\0, & I,J\in\Gamma_r,I\neq J\text{或}I=J,i\neq j,j-1,\\\pm1, & I,J\in\Gamma_r,I=J,i=j\text{或}j-1.\end{cases}$$

由此立得 (23_s) 与 (24_s), $\rho=d$ 的情形也类似地证明.

定理 2 对 $H^*(K,I_p)$ 的一个基 (20^*) 来说, 特殊上同调群 $H^r_{(\rho)}(\omega\tilde{K}_p,\tilde{\Delta},t;I_p)$ 可从 $H^*(K,I_p)$ 依下直和分解来得出

$$H^r_{(\rho)}(\omega\tilde{K}_p,\tilde{\Delta},t;I_p)=\tilde{k}_\rho^*\Gamma^r_{(\rho)}(\omega\tilde{K}_p,I_p)+\sum_0\tilde{\mu}^*_{r-q-1}\delta^*_{\rho_{r-q-1}}H^q(\tilde{\Delta},I_p),\tag{25}$$

其中 $\sum\limits_0$ 展开在 q 的区间 R_r^0 上 (见 (12) 式). 再者, 在 (25) 式右边出现的诸同态 $\tilde{k}_\rho^*$ 与 $\tilde{\mu}^*_{r-q-1}\delta^*_{\rho_{r-q-1}}$, 在相应的群上都是无核同态.

证 试考虑任意一组上类 $\tilde{U}\in\Gamma^r_{(\rho)}(\omega\tilde{K}_p,I_p)$ 与 $\tilde{U}^{(1)},\cdots,\tilde{U}^{(k)}\in H^*(\tilde{\Delta},I_p)$, 这里 $\dim\tilde{U}^{(i)}=q_i\in R_0^r$ 而 $q_1<\cdots<q_k$ 假设

$$\tilde{L}=\tilde{k}_\rho^*\tilde{U}+\sum\tilde{\mu}^*_{r-q_i-1}\tilde{\delta}^*\tilde{U}^{(i)}=0.\tag{26}$$

将左边与 $\tilde{k}_{\rho*}\Gamma_r^{(\rho)}(\omega\tilde{K}_p,I_p)$ 中的上类, 取 Kronecker 指数 KI_ρ 并应用命题 6、命题 10, 可从 (26) 得 $\tilde{U}=0$. 又对任意 $Z\in H_{q_1}(K,I_p)$ 应用命题 7 于 (26) 可得

$$KI_\rho(\tilde{J}_{\rho*}\tilde{M}^{(pq_1-r)}_{pq_1-r*}\tilde{P}_{\rho_{pq_1-r}}Z,\tilde{L})=KI(\alpha_{q_1}\cdot Z,\tilde{d}^*_\Delta\tilde{U}^{(1)})=0.$$

因 Z 是任意的, 故得 $\tilde{U}^{(1)}=0$, 依此逐次进行可得 $\tilde{U}^{(2)}=\cdots=\tilde{U}^k=0$, 因而 (25) 右边的分解式是一直和. 其次由上面的命题 10 与定理 1′ 以及 2.2 节的命题 10, 可得 (25) 式右边的维数为

$$\mathrm{Dim}\Gamma^r_{(\rho)}(\omega\tilde{K}_p,I_p)+\sum_0\mathrm{Dim}H^q(\tilde{\Delta},I_p)$$

$$
\begin{aligned}
&= \mathrm{Dim}\Gamma_r^{(\rho)}(\omega\tilde{K}_p, I_p) + \sum_0 \mathrm{Dim}H_q(\tilde{\Delta}, I_p) \\
&= \mathrm{Dim}H_r^{(\rho)}(\omega\tilde{K}_p, \tilde{\Delta}, t; I_p) \\
&= \mathrm{Dim}H^r_{(\rho)}(\omega\tilde{K}_p, \tilde{\Delta}, t; I_p).
\end{aligned}
$$

故得 (25) 式.

定理 2′　有以下的直和分解

$$
N^r_{(\rho)}(\omega\tilde{K}_p, \tilde{\Delta}, t; I_p) = \sum_0 \tilde{\mu}^*_{r-q-1,(\rho_{r-q-1})}\tilde{\delta}^*_{\rho_{r-q-1}} H^q(\tilde{\Delta}, I_p), \tag{27}
$$

其中 $\sum\limits_0$ 展开在 q 的区间 R_r^0 上. 再者, 配对 (14′) 是一对偶配对.

证　这从定理 2 与命题 10 得出.

依 2.2 节的命题 4、命题 6′, 有同构

$$
\pi_{d*}: H_r^{(d)}(\omega\tilde{K}_p, \tilde{\Delta}, t; I_p) \approx H_r(\omega K_p, \Delta; I_p)
$$

与

$$
\bar{\pi}_d^*: H^r_{(d)}(\omega\tilde{K}_p, \tilde{\Delta}, t; I_p) \approx H^r(\omega K_p, \Delta; I_p).
$$

故从上面的定理 1′ 与定理 2 以及 4.1 节的命题 3* 可得以下诸定理.

定理 3　对 $H(K, I_p)$ 的一组固定基 (20) 来说, 有下面的直和分解

$$
H_r(\omega K_p, \Delta; I_p) = k_*\Gamma_r^{(d)}(\omega\tilde{K}_p, I_p) + \sum_0 \tilde{j}_{d*}\tilde{\mu}^{(pq-r)}_{pq-r*}\tilde{P}_{d_{pq-r}} H_q(K, I_p), \tag{28}
$$

其中 $\sum\limits_0$ 展开在 q 的区间 R_r^0 上: $pq \geqslant r \geqslant q+1$ 或即 $r-1 \geqslant q \geqslant [(r+p-1)/p]$, 而 $j_{d*} = \pi_{d*}\tilde{j}_{d*}$.

定理 4　对 $H^*(K, I_p)$ 的一个固定的基 (20*) 来说, 有下面的直和分解

$$
H^r(\omega K_p, \Delta; I_p) = k^*\Gamma^r_{(d)}(\omega\tilde{K}_p, I_p) + \sum_0 \tilde{\mu}^*_{r-q-1}\delta^* H^q(\Delta, I_p), \tag{29}
$$

其中 δ^* 是复形偶 $(\omega K_p, \Delta)$ 的上边缘同态, 而 $\sum_0$ 展开在 q 的区间 R_r^0 上.

4.3　Smith 运算

定义 1　依据 4.2 节中的记号同态

$$
\tilde{d}_{\Delta*}^{-1}\tilde{\Theta}_{(\rho_i)*}\tilde{M}^{(\rho)}_{(p-1)r+i*}\tilde{P}_{(\rho)}: H_r(K, I_p) \to H_{r-i}(K, I_p), \tag{1}
$$

其中 $\tilde{d}_\Delta : |K| \to |\tilde{\Delta}|$ 为对角映象的限制, 将称为 K 中的 Smith运算, 并将记作 $Sm_{i,(\rho)}^{(p)} i \leqslant r$. 它们的对偶同态 $H^{r-i}(K, I_p) \to H^r(K, I_p)$ 将记作 $Sm_{(p)}^{i,(\rho)}$, 并且也将称为 K 中的 Smith运算. 在 $\rho = d$(或 $\rho = s$) 时, $\mathrm{Sm}_{i,(d)}^{(p)}$ 与 $Sm_{(p)}^{i,(d)}$ 有时也将记作 $Sm_i^{(p)}$ 与 $Sm_{(p)}^i$(或 $Sm_i'^{(p)}$ 与 $Sm'_{(p^i)}$).

命题 1 Smith 运算

$$Sm_i^{(p)} : H_r(K, I_p) \to H_{r-i}(K, I_p) \tag{2}$$

有以下诸性质:

1° $Sm_i^{(p)} = 0, i < 0$ 时.

2° $Sm_0^{(p)} = \alpha_r \cdot$ 恒同同态, 这里 α_r 为一只依赖于 p 与 r 的一个非零模 p 整数, 且 $\alpha_0 = 1$.

3° $Sm_r^{(p)} = 0, r > 0$ 时.

证 1° 与 2° 直接从 4.2 节的命题 1 与命题 4 得出. 为证 3°, 试考虑任意 $z \in Z \in H_r(K, I_p)$, 且作序列

$$\begin{cases} \omega_\# \otimes^p z = s_\# z_0 + z'_0, \\ \partial z_i = s_{i+1\#} z_{i+1} + z'_{i+1}, \quad i \geqslant 0, \end{cases} \tag{3}$$

这里 $z_i \subset \omega \tilde{K}_p - \tilde{\Delta}$, $z'_i \subset \tilde{\Delta}$. 由定义有 $\tilde{d}_{\Delta\#}^{-1} z'_{pr} \in Sm_r^{(p)} Z \in H_0(K, I_p)$. 0 维链 z'_{pr} 的指数, 也就是它的系数和是

$$\ln z'_{pr} = \ln \partial z_{pr-1} - \ln s_{pr\#} z_{pr} = 0 \bmod p.$$

故在 K 是连通复形时, 在 K 中有 $\tilde{d}_{\Delta\#}^{-1} z'_{pr} \sim 0 \bmod p$ 或 $Sm_r^{(p)} Z = 0$. 一般情形由以下事实推出: $Sm_r^{(p)}$ 为一同态, 且 $H_r(K, I_p)$ 为 $H_r(K_i, I_p)$ 的直和, 这里 K_i 是 K 的连通分支.

命题 1* Smith 运算

$$Sm_{(p)}^i : H^r(K, I_p) \to H^{r+i}(K, I_p)$$

有以下诸性质:

1* $Sm_{(p)}^i = 0, i < 0$ 时.

2* $Sm_{(p)}^0 = \alpha_r \cdot$ 恒同同态, 这里 α_r 同命题 1 中的 2°.

3* $Sm_{(p)}^i = 0, r = 0$ 且 $i > 0$ 时.

证 这从命题 1 根据对偶得出.

附注 试置

$$d'_k = \begin{cases} 1 + 2t + \cdots + (p-1)t^{p-2}, & k = \text{偶数时}, \\ 1, & k = \text{奇数时}, \end{cases}$$

因而 $d_k d'_k = s \bmod p$, k 任意, 对 $z \in Z \in H_r(K, I_p)$ 试作序列 (3), 则 (3) 也可表作下述形状

$$\begin{cases} \omega_{\#} \otimes^p z = d_{\#}\bar{z}_0 + \bar{z}'_0, \\ \partial \bar{z}_i = d_{i+1\#}\bar{z}_{i+1} + \bar{z}'_{i+1}, \quad i \geqslant 0, \end{cases} \tag{3'}$$

其中

$$\bar{z}_i = d'_i z_i,$$
$$\bar{z}'_i = \begin{cases} 0, & p_i = \text{奇数时}, \\ z'_i, & p_i = \text{偶数时}, \end{cases}$$

从定义可得

$$d_{\Delta}^{-1} z'_{(p-1)r+i} \in Sm_i^{(p)} Z,$$
$$d_{\Delta}^{-1} \bar{z}'_{(p-1)r+i} \in Sm_i^{'(p)} Z.$$

故有

$$Sm_i^{'(p)} = \begin{cases} 0, & p_i = \text{奇数时}, \\ Sm_i^{(p)} & p_i = \text{偶数时}. \end{cases}$$

对 $Sm'_{(p)i}$ 也同样.

命题 2　对任意 $Z \in H_k(K, I_p)$ 与 $\tilde{U} \in H^q(\tilde{\Delta}, I_p)$, 有

$$\begin{aligned} & KI_\rho(\tilde{j}_{\rho *}\tilde{\mu}_{pk-r*}^{(\rho_{pk-r})}\tilde{P}_{\rho_{pk-r}}Z, \tilde{\mu}^*_{r-q-1(\rho_{r-q-1})}\tilde{\delta}^*_{\rho_{r-q-1}}\tilde{U}) \\ =& KI_\rho(Sm^{(p)}_{k-q(\rho_{pk-r})}Z, \tilde{d}^*_\Delta \tilde{U}) \\ =& KI(Z, Sm^{k-q,(\rho_{pk-r})}_{(p)}\tilde{d}^*_\Delta \tilde{U}), \end{aligned} \tag{4}$$

其中 $r \geqslant q+1$ 且 $\leqslant pk$.

证　与 4.2 节中命题 7 的证明同样, 任取 $z \in Z$ 并作序列

$$\begin{cases} \omega_{\#} \otimes^p z = \bar{\rho}'_{\#} z_0 + z'_0, \\ \partial z_i = \bar{\rho}'_{i+1\#} z_{i+1} + z'_{i+1}, \quad i \geqslant 0, \end{cases} \tag{3'}$$

其中 $z_i \subset \omega\tilde{K}_p - \tilde{\Delta}$, $z'_i \subset \tilde{\Delta}$, 而 $\rho' = \rho_{pk-r}$. 于是由定义有

$$\tilde{d}^{-1}_{\Delta\#} z'_{pk-q} \in Sm^{(p)}_{k-q,(\rho^r)} Z.$$

与 4.2 节命题 7 证明中同样计算, 可得

$$KI_\rho(\tilde{J}_{\rho *}\tilde{M}^{(\rho')}_{pk-r*}\tilde{P}_{\rho'}Z, \tilde{\mu}^*_{r-q-1,(\rho_{r-q-1})}\tilde{\delta}^*_{r-q-1}\tilde{U}) = KI(z'_{pk-q}, \tilde{u}'),$$

这里 $\tilde{u} \in \tilde{U}$, 而 $\tilde{u}' \in C^q(\omega\tilde{K}_p, I_p)$ 在 $\omega\tilde{K}_p - \tilde{\Delta}$ 上取值, 而在 $\tilde{\Delta}$ 上与 $\tilde{u}$ 重合. 由此即得 (4) 式.

附注 本命题包括了 4.2 节的命题 7.

命题 3 设 $m \geqslant 1$, 则

$$\mu_{m-1}^* \delta^* H^q(\Delta, I_p) = 0 \tag{5}$$

的充要条件是

$$\text{在 } p_i + (p-1)q \geqslant m \geqslant i+1 \text{ 时,} \tag{6}$$

有

$$Sm_{(p)}^{i,(d_{i+m})} H^q(K, I_p) = 0. \tag{6'}$$

再者, 如果有 (5) 式而 q, i 在区间

$$pi + (p-1)q \geqslant m \tag{6''}$$

中, 即有 (6) 式.

证 由 4.1 节命题 3^*, (5) 式等价于

$$\tilde{\mu}_{m-1}^* \tilde{\delta}_{d_{m-1}}^* H^q(\tilde{\Delta}, I_p) = 0. \tag{$\tilde{5}$}$$

由 4.2 节的定理 1、定理 $2'$, 后者又等价于

$$KI_d(\tilde{J}_{d*} \tilde{M}_{pk-(q+m)*}^{(d_{pk-(q+m)})} \tilde{P}^{d_{pk-(q+m)}} H_k(K, I_p), \tilde{\mu}_{m-1}^* \tilde{\delta}_{d_{m-1}}^* H^q(\tilde{\Delta}, I_p)) = 0,$$

这里 $k \in R_{q+m}^0 : pk \geqslant q+m \geqslant k+1$ 或 $q+m-1 \geqslant k \geqslant [(q+m-p-1)/p]$. 故由命题 2, (5) 式等价于

$$KI(H_k(K, I_p), Sm_{(p)}^{k-q(d_{pk-(q+m)})} H^q(K, I_p)) = 0,$$

这里 $k \in R_{q+m}^0$ 任意, 或即等价于

$$Sm_{(p)}^{k-q,(d_{pk-(q+m)})} H^q(K, I_p) = 0, \quad k \in R_{q+m}^0 \text{任意}. \tag{7}$$

置 $k - q = i$, 即得 (6) 式. 最后一个论断也同样证明.

推论 Smith 运算具有下述性质, 对任意固定的 $m \geqslant 1$, 如果当 q, i 在区间 $(6')$ 中时 (6) 式成立, 则当 q, i 在区间 $(6'')$ 中时 (6) 式也成立.

定义 2 一组同态

$$\bar{S}m_{i,(\rho)}^{(p)} : H_r(K, I_p) \to H_{r-i}(K, I_p), \quad r \geqslant i \geqslant 0$$

可由下关系式所唯一确定

$$\sum_{j=0}^{i} Sm_{j,(\rho_{i-j})}^{(p)} \bar{S}m_{i-j,(\rho)}^{(p)} = \begin{cases} 0, & i > 0 \text{ 时}, \\ \text{恒同同态} & i = 0 \text{ 时}. \end{cases} \tag{8_1}$$

这些同态 $\overline{Sm}_{i,(\rho)}^{(p)}$ 以及它们的对偶同态

$$\overline{Sm}_{(p)}^{i,(\rho)}: H^{r-i}(K, I_p) \to H^r(K, I_p)$$

都将称为 K 中的反Smith 运算.

对 $\rho = d$(或 s), 我们有时也不写 $\overline{sm}_{i,(d)}^{(p)}$ 与 $\overline{Sm}_{(p)}^{i(d)}$(或 $\overline{Sm}_{i(s)}^{(p)}$ 与 $\overline{Sm}_{(p)}^{i(s)}$), 而写作 $\overline{Sm}_i^{(p)}$ 与 $\overline{Sm}_{(p)}^i$(或 $\overline{Sm'}_i^{(p)}$ 与 $\overline{Sm'}_{(p)}^i$), 于是从 (4) 有

$$\overline{Sm}_i^{(p)} = \begin{cases} 0, & pi = \text{奇数时}, \\ \overline{Sm}_i'^{(p)}, & pi = \text{偶数时}. \end{cases} \tag{$\overline{4}'$}$$

附注 在 4.5 节中, 这些同态将证明基本上与 Steenrod 巡回约化幂相重合.

命题 4 对定义 1、定义 2 中的 Smith 运算与反 Smith 运算 $Sm_{(p)}^{i,(\rho)}$, $\overline{Sm}_{i,(\rho)}^{(p)}$ 间除 (8_1) 外, 并有以下诸关系:

$$\sum_{j=0}^{i} \overline{Sm}_{(p)}^{i-j,(\rho)} Sm_{(p)}^{j,(\rho_{i-j})} = \begin{cases} 0, & i > 0 \text{ 时}, \\ \text{恒同同态}, & i = 0 \text{ 时}, \end{cases} \tag{8_2}$$

$$\sum_{j=0}^{i} \overline{Sm}_{i-j,(\rho j)}^{(p)} Sm_{j,(\rho)}^{(p)} = \begin{cases} 0, & i > 0 \text{ 时}, \\ \text{恒同同态}, & i = 0 \text{ 时}, \end{cases} \tag{8_3}$$

$$\sum_{j=0}^{i} Sm_{(p)}^{j,(\rho)} \overline{Sm}_{(p)}^{i-j,(\rho j)} = \begin{cases} 0, & i > 0 \text{ 时}, \\ \text{恒同同态} & i = 0 \text{ 时}. \end{cases} \tag{8_4}$$

证 因 (8_2) 与 (8_1) 对偶, 而 (8_4) 与 (8_3) 对偶, 故只需证明 (8_3) 即可记 (8_1) 与 (8_3) 的左边为 A_i 与 B_i, 并设 (8_3) 对于 $B_{i-1}, \cdots, B_1$ 与 B_0 都已证明, 其中 B_0 的成立是不足道的, 以 δ_i 表同态 0 或恒同, 视 $i > 0$ 或 i=0 而定, 则由 (8_1) 与关于 (8_3) 的归纳假设有

$$\begin{aligned}
\sum_{i \geqslant j > 0} \overline{Sm}_{i-j,(\rho j)}^{(p)} Sm_{j,(\rho)}^{(p)} \overline{Sm}_{0,(\rho)}^{(p)} &= -\sum_{i \geqslant j > 0} \left(\overline{Sm}_{i-j,(\rho j)}^{(p)} \sum_{j \geqslant k > 0} Sm_{j-k,(\rho k)}^{(p)} \overline{Sm}_{k,(\rho)}^{(p)} \right) \\
&= -\sum_{i \geqslant k > 0} \left(\sum_{i \geqslant j \geqslant k} \overline{Sm}_{i-j_2(\rho j)}^{(p)} Sm_{j-k,(\rho k)}^{(p)} \right) \overline{Sm}_{k,(\rho)}^{(p)} \\
&= -\sum_{i \geqslant k > 0} \delta_{i-k} \overline{Sm}_{k,(\rho)}^{(p)} \\
&= -\overline{Sm}_{i,(\rho)}^{(p)} \\
&= -\overline{Sm}_{i,(\rho)}^{(p)} Sm_{0,(\rho)}^{(p)} \overline{Sm}_{0,(\rho)}^{(p)}
\end{aligned}$$

或

$$B_i\overline{Sm}^{(p)}_{0,(\rho)}=0,\quad i>0 \text{ 时},$$

因 $\overline{Sm}^{(p)}_{0(\rho)}$ 已知是一同构, 故从最后等式得 (8_3).

定理 1 对任意 $Z\in H_r(K,I_p)$ 诸上类 $\overline{Sm}^{(p)}_i Z$, $0\leqslant i\leqslant[(p-1)r/p]$, 由以下任一等式所唯一决定

$$\sum_{i=0}^{[(p-1)r/p]}\tilde{J}_{\rho*}\tilde{M}^{(\rho_{(p-1)r-pi})}_{(p-1)r-pi*}\tilde{P}_{\rho(p-1)r-pi}\overline{Sm}^{(p)}_{i,(\rho)}Z=0, \tag{9}$$

$$\sum_{i=0}^{[(p-1)r/p]}j_{d*}\tilde{\mu}^{(d_{(p-1)r-pi})}_{(p-1)r-pi*}\tilde{P}^{d_{(p-1)r-pi}}\overline{Sm}^{(p)}_i Z=0, \tag{10}$$

这里 $\overline{Sm}^{(p)}_0 Z=\alpha_r^{-1}\cdot Z$, 则假定是已知的.

证 记 (9) 式的左边为 $\tilde{L}_\rho\in H^{(\rho)}_r(\omega\tilde{K}_p,\tilde{\Delta},t;I_p)$ 由 4.2 节的定理 $2'$, 为证 (9) 式, 只需证明

$$KI_\rho(\tilde{L}_\rho,\tilde{\mu}^*_{r-k-1}\tilde{\delta}^*_{\rho_{r-k-1}}\tilde{U})=0, \tag{11}$$

这里 $\tilde{U}\in H^k(\tilde{\Delta},I_p)$ 任意, 而 $k\in R^0_r: pk\geqslant r\geqslant k+1$. 但由命题 2 有

$$\begin{aligned}KI_\rho(\tilde{L}_\rho,\tilde{\mu}^*_{r-k-1}\tilde{\delta}^*_{\rho_{r-k-1}}\tilde{U})=&\sum_{i=0}^{[(p-1)r/p]}KI(\overline{Sm}^{(p)}_{i,(\rho)}Z,Sm^{r-i-k(\rho_{(p-1)r-pi})}_{(p)}\tilde{d}^*_\Delta\tilde{U})\\ =&KI\left(Z,\sum_{i=0}^{[(p-1)r/p]}\overline{Sm}^{i,(\rho)}_{(p)}Sm^{r-i-k,(\rho_{(\rho-1)r-pi})}_{(p)}\tilde{d}^*_k\tilde{U}\right),\end{aligned}$$

因 $k\in R^0_r$ 蕴涵 $r>k$, 而在 $i>[(p-1)r/p]$ 时并有 $r<i+k$, 故由命题 4 最后一式为 0, 因之 (9) 式得证. 而 (9) 中置 $\rho=d$ 并应用 π^*_d, 即得 (10) 式, 在 $\overline{Sm}^{(p)}_0 Z$ 假定为已知的情况下, 从 (9) 或 (10) 可唯一地确定 $\overline{Sm}^{(p)}_i U$, 这一点直接得自 4.2 节的定理 1 与定理 3.

定理 2 对任意 $U\in H^r(K,I_p)$, 诸上类 $\overline{Sm}^i_{(p)}U$, $0\leqslant i\leqslant(p-1)r$ 可由以下任一等式所唯一确定

$$\sum_{i=0}^{(p-1)r}\tilde{\mu}^*_{(p-1)r-i}\tilde{\delta}^*_{\rho_{(p-1)r-i}}\tilde{d}^{*-1}_\Delta\overline{Sm}^{i,(\rho_{i+1})}_{(p)}U=0, \tag{$\tilde{12}_\rho$}$$

$$\sum_{i=0}^{(p-1)r}\mu^*_{(p-1)r-i}\delta^*d^{*-1}_\Delta\overline{Sm}^i_{(p)}U=0, \tag{12}$$

其中 $\overline{Sm}^0_{(p)}U=\alpha_r^{-1}\cdot U$, 则假定为已知的.

证　记 (12) 的左边为 $\tilde{L}_\rho \in N_{(\rho)}^{pr+1}(\omega\tilde{K}_p, \tilde{\Delta}, t; I_p) \subset H_{(\rho)}^{pr+1}(\omega\tilde{K}_p, \tilde{\Delta}, t; I_p)$, 则由 4.2 节的定理 1、定理 2′, 为证 $\tilde{L}_\rho = 0$ 只需证对任意 $Z \in H_q(K, I_p)$, $q \in R_{pr+1}^0$ 或 $pr \geqslant q \geqslant r+1$ 时, 即有

$$KI_\rho(\tilde{J}_{\rho*}\tilde{M}_{pq-(pr+1)*}^{(\rho_{pq-(pr+1)})}\tilde{P}_{\rho_{pq-(pr+1)}}Z, \tilde{L}_\rho) = 0.$$

今由命题 2, 有

$$\begin{aligned}&KI_\rho(\tilde{J}_{\rho*}\tilde{M}_{pq-(pr+1)*}^{(\rho_{pq-(pr+1)})}\tilde{P}_{\rho pq-(pr+1)}Z, \tilde{L}_\rho)\\ =&KI\left(Z, \sum_{i=0}^{(p-1)r} Sm_{(p)}^{q-r-i,(\rho_{pq-(pr+1)})}\overline{Sm}_{(p)}^{i,(\rho_{i+1})}U\right),\end{aligned}$$

而末一式因 $pr \geqslant q > r$, 故由命题 1*, 4 为 0. 这证明了 $(\tilde{12}_\rho)$. 在 $(\tilde{12}_\rho)$ 中取 $\rho = d$, 并应用 $\bar{\pi}_d^*$ 即得 (12). 在 $\overline{Sm}_{(p)}^0 U$ 作为已知的假定之下, $\overline{Sm}_{(p)}^i U$ 可由 $(\tilde{12})$ 或 (12) 所唯一地确定, 这一点即由 4.2 节的定理 2、定理 4 得出.

定理 3　对任意 $U \in H^r(K, I_p)$ 有

$$\overline{Sm}_{(p)}^{i,(\rho)}U = 0, \quad i > (p-1)r \text{ 时}. \tag{13}$$

对偶地说, 对任意 $Z \in H_r(K, I_p)$, 有

$$\overline{Sm}_{i,(\rho)}^{(p)}Z = 0, \quad i > \ [(p-1)r/p] \text{ 时}. \tag{13′}$$

证　对任意整数 $j > 0$ 置

$$\tilde{L}_{\rho,j} \equiv \sum_{i=0}^{(p-1)r+j} \tilde{\mu}_{(p-1)r+j-i}^*\tilde{\delta}_{\rho_{(p-1)r+j-i}}^*\tilde{d}_\Delta^{*-1}\overline{Sm}_{(p)}^{i,(\rho_{i+j+1})}U \in N_{(\rho)}^{pr+j+1}(\omega\tilde{K}_p, \tilde{\Delta}, t; I_p).$$

像定理 2 的证明那样, 对任意 $Z \in H_q(K, I_p)$ 与 $q \in R_{pr+j+1}^0 : pr + j \geqslant q \geqslant r + 1 + [j/p]$, 有

$$\begin{aligned}&KI_\rho(\tilde{J}_{\rho*}\tilde{M}_{pq-(pr+j+1)*}^{(\rho_{pq-(pr+j+1)})}\tilde{P}_{\rho_{pq-(pr+j+1)}}Z, \tilde{L}_{\rho,j})\\ =&KI\left(Z, \quad \sum_{i=0}^{(p-1)r+j} \quad Sm_{(p)}^{q-r-i,(\rho_{pq-(pr+j+1)})}\overline{Sm}_{(p)}^{i,(\rho_{i+j+1})}U\right)\\ =&KI\left(Z, \sum_{i=0}^{q-r} Sm_{(p)}^{q-r-i,i(\rho_{q-r-j-1})}\overline{Sm}_{(p)}^{i,(\rho_{i+j+1})}U\right)\\ =&0, \quad \text{由命题1*、命题4}.\end{aligned}$$

故由 4.2 节的定理 1、定理 2′ 得 $\tilde{L}_{\rho,j}=0$, 应用 $\tilde{\mu}^*_{j,(\rho j)}$ 于 $(\tilde{12})_{\rho j}$ 的两边, 并由此减去方程 $\tilde{L}_{\rho,j}=0$ 即得

$$\sum_{i=(p-1)r+1}^{(p-1)r+j}\tilde{\mu}^*_{(p-1)r+j-i}\tilde{\delta}^*_{\rho_{(p-1)r+j-i}}\tilde{d}^{*-1}_{\Delta}\overline{Sm}^{i,(\rho_{i+j+1})}_{(p)}U=0\in H^{pr+j+1}_{(\rho)}(\omega\tilde{K}_p,\tilde{\Delta},t;I_p). \tag{14_j}$$

于是在$j=1$时即有$\tilde{\delta}^*_\rho\tilde{d}^{*-1}_\Delta\overline{Sm}^{(p-1)r+1,(\rho)}_{(p)}U=0$, 因之由 4.2 节定理 2 得 $\overline{Sm}^{(p-1)r+1,(\rho)}_{(p)}U=0$. 在 (14_j) 中依次令 j=2,3,$\cdots$ 即依次得 $\tilde{\delta}^*_p\tilde{d}^{*-1}_\Delta\overline{Sm}^{(p-1)r+j,(\rho)}_{(p)}U=0$ 与 $\overline{Sm}^{(p-1)r+j,(\rho)}_{(p)}U=0$, $j=2,3,\cdots$ 而这证明了 (13) .(13′) 则从 (13) 据对偶得出.

命题 5 设 f 是有限复形 L 到有限复形 K 的一个单纯映象, 则对 Smith 运算 (2) 有 $f_*Sm^{(p)}_i=Sm^{(p)}_if_*$ 与 $f^*Sm^i_{(p)}=Sm^i_{(p)}f^*$, 对于反 Smith 运算 $\overline{Sm}^{(p)}_i$ 与 $\overline{Sm}^i_{(p)}$ 也有同样关系.

证 试先考虑 L 是 K 的子复形, 而 f 是恒同映象这一特殊情形. 这时对任意 $z\in Z\in H_r(L,I_p)$ 作序列 (3) 时可得出一关于 $f_\# z\in f_*Z\in H_r(K,I_p)$ 的序列

$$\omega_\#\otimes^p f_\# z=s_\# f_\# z_0+f_\# z'_0,$$

$$\partial f_\# z_i=s_{i+1\#}f_\# z_{i+1}+f_\# z'_{i+1},\quad i\geqslant 0.$$

于是由定义立得 $f_*Sm^{(p)}_i=Sm^{(p)}_if_*$.

在一般情形可设 C_f 为 f 的映象柱, 它可剖分成一单纯复形, 仍记之为 C_f, 包含 L 与 K 为子复形. 命 $i:L\subset C_f$ 与 $j:K\subset C_f$ 为相应的包含映象, 则 $j_*:H_r(K,I_p)\approx H_r(C_f,I_p)$, 而 $f_*=j_*^{-1}i_*$ 因 i_*,j_* 由前一情形已知与 $Sm^{(p)}_i$ 可交换, 故在此情形仍得 $f_*Sm^{(p)}_i=Sm^{(p)}_if_*$.

从 f_* 与 $Sm^{(p)}_i$ 的可交换性即得 f_*(或 f^*) 与 $\overline{Sm}^{(p)}_i$(或 $Sm^i_{(p)}$ 与 $\overline{Sm}^i_{(p)}$) 的可交换性, 如所欲证.

定理 4 对任意 $U\in H^r(K,I_p)$ 有

$$\tilde{k}^*_\rho\omega^*\otimes^p U=\sum_{i=0}^{(p-1)r-1}\tilde{\mu}^*_{(p-1)r-i-1}\tilde{\delta}^*_{\rho_{(p-1)r-i-1}}\tilde{d}^{*-1}_\Delta\overline{Sm}^{i,(\rho_i)}_{(p)}U, \tag{$\tilde{15}_\rho$}$$

$$k^*\omega^*\otimes^p U=\sum_{i=0}^{(p-1)r-1}\mu^*_{(p-1)r-i-1}\delta^* d^{*-1}_\Delta\overline{Sm}^{i,(d_i)}_{(p)}U. \tag{15}$$

证 取定 $H^*(K,I_p)$ 与 $H(K,I_p)$ 的某些基, 则由 4.2 节定理 2, 应有某些上类 $\tilde{V}\in\Gamma^{pq}_{(\rho)}(\omega\tilde{K}_p,I_p)$ 与 $U_q\in H^q(K,I_p)$ 使

$$\tilde{k}^*_\rho\omega^*\otimes^p U=\tilde{k}^*_\rho\tilde{V}+\sum_0\tilde{\mu}^*_{pr-q-1}\tilde{\delta}^*_{\rho_{pr-q-1}}\tilde{d}^{*-1}_\Delta U_q, \tag{16_ρ}$$

其中 $\sum_0$ 展开在 q 的区间 R_{pr}^0 上: $pr-1 \geqslant q \geqslant r$. 对 (16) 取与 $\tilde{k}_{\rho *}\Gamma_{pr}^{(\rho)}(\omega\tilde{K}_p, I_p)$ 中任一下类的 Kronecker 指数, 并应用 4.2 节的命题 10 与命题 6 即得 $\tilde{k}_\rho^*\tilde{V}=0$. 其次取 (16) 与 $\tilde{j}_{\rho *}\tilde{\mu}_{0*}^{(\rho)}\tilde{P}_\rho Z$(这里 $Z\in H_r(K,I_p)$ 任意) 的 Kronecker 指数, 并应用 4.2 节的命题 7、命题 8 以及上面的命题 2 即得

$$KI(\otimes^p Z, \otimes^p U) = KI(Z, Sm_{(p)}^0 U_r),$$

或

$$KI(Z,U) = KI(Z, Sm_{(p)}^0 U_r).$$

末一式之所以成立是由于 $KI(\otimes^p Z, \otimes^p U) = [KI(Z,U)]^p = KI(Z,U)$, 比较两边即得 $U = Sm_{(p)}^0 U_r$, 或即

$$U_r = \overline{Sm}_{(p)}^0 U. \tag{17}$$

今将 $\tilde{\mu}_\rho^*$ 作用于 (16) 两边, 并应用 4.1 节的命题 2^* 即得

$$-\tilde{\delta}_{\bar{\rho}}^* \tilde{i}^* \otimes^p U = \sum_0 \tilde{\mu}_{pr-q}^* \tilde{\delta}_{\rho_{pr-q-1}}^* \tilde{d}_\Delta^{*-1} U_q,$$

或即

$$\sum_{i=0}^{(p-1)r} \tilde{\mu}_{(p-1)r-i}^* \tilde{\delta}_{\rho_{pr-r-i}}^* \tilde{d}_\Delta^{*-1} U_{r+i} = 0, \tag{18}$$

其中

$$U_{pr} = \tilde{i}^* \otimes^p U = \cup^p U. \tag{19}$$

比较 (18) 与 $(\tilde{12}_{\bar{\rho}})$ 并应用 (17), 即得

$$U_{r+i} = \overline{Sm}_{(p)}^{i,(\rho_i)} U, \quad (p-1)r \geqslant i \geqslant 0, \tag{20}$$

因而 (16_ρ) 变为 $(\tilde{15}_\rho)$, 如所欲证, 在 $(\tilde{15}_\rho)$ 中取 $\rho = d$ 并以 $\pi_{(d)}^*$ 作用于两边, 即得 (15).

定理 5　对任意 $U \in H^r(K, I_p)$ 有

$$\overline{Sm}_{(p)}^{(p-1)r,(\rho)} U = \cup^p U. \tag{21}$$

证　这从 (19) 与 (20) 得出.

定理 6　设 β_p^* 为曲正合序列 $0 \to I \to I \to I_p \to 0$ 的 Bockstein 同态继以模 p 约化的复合同态, 则对反 Smith 运算 $\overline{Sm}_{(p)}^k : H^r(K, I_p) \to H^{r+k}(K, I_p)$ 有

$$\begin{cases} \beta_p^* \overline{Sm}_{(p)}^{2i} = \overline{Sm}_{(p)}^{2i+1}, \\ \beta_p^* \overline{Sm}_{(p)}^{2i+1} = 0. \end{cases} \tag{22}$$

对偶地说, 我们也有 Bockstein 同态与反 Smith 运算 $\overline{Sm}_i^{(p)}$ 间的类似关系.

证 由定理 3、定理 5, 在 $2i$ 或 $2i+1>(p-1)r$ 时可见定理是成立的, 因之我们将限制 $2i$ 或 $2i+1$ 在 $\geqslant 0$ 与 $\leqslant (p-1)r$ 的区间内. 今由 2.3 节命题 6 有

$$\beta_p^*\mu_{2i}^* = \mu_{2i}^*\beta_p^*$$

与

$$\beta_p^*\mu_{2i-1}^* + \mu_{2i-1}^*\beta_p^* = \mu_{2i}^*.$$

此外又有

$$\beta_p^*\delta^* = -\delta^*\beta_p^*.$$

因之, 将 β_p^* 作用于关系式

$$\sum_{i=0}^{(p-1)r} \mu_{(p-1)r-i}^*\delta^* d_\Delta^{*-1}\overline{Sm}_{(p)}^i U = 0, \tag{13}$$

这里 $U\in H^r(K,I_p)$, 可得在 $(p-1)r$ 为偶数, 亦即 $p>2$ 或 $p=2$ 且 $r=$ 偶数时,

$$A \equiv \sum_{i=0}^{(p-1)r} \mu_{(p-1)r-i}^*\delta^* d_\Delta^{*-1} A_i = 0, \tag{23}$$

其中

$$A_i = \begin{cases} -\beta_p^*\overline{Sm}_{(p)}^i U + \overline{Sm}_{(p)}^{i+1} U, & i=\text{偶数时},\\ \beta_p^*\overline{Sm}_{(p)}^i U, & i=\text{奇数时}. \end{cases}$$

今 $A\in H^{pr+2}(K,I_p)$, 而 $q=\dim A_i = r+i+1$ 在区间 $R_{pr+2}^0 : pr+1\geqslant q\geqslant r+1$ 中, 因之由 4.2 节定理 4 有 $A_i=0$, 亦即在 $(p-1)r$ 为偶数时 (22) 式成立.

次设 $(p-1)r$ 为奇数, 即 $p=2$ 且 r 为奇数, 今将 β_p^* 作用于 (12) 两边即得

$$B \equiv \sum_{i=0}^{r+1} \mu_{r+1-i}^*\delta^* d_\Delta^{*-1} B_i = 0, \tag{24}$$

其中

$$B_i = \begin{cases} \beta_2^*\overline{Sm}_{(2)}^r U, & i\text{为偶数且} = r+1\text{时},\\ \beta_2^*\overline{Sm}_{(2)}^{j-1} U + \overline{Sm}_{(2)}^i U, & i\text{为偶数而} < r+1\text{时},\\ \beta_2^*\overline{Sm}_{(2)}^{i-1} U, & i\text{为奇数时}. \end{cases}$$

将 μ_1^* 作用于 (12) 两边即得

$$\sum_{i=0}^{r} \mu_{r+1-i}^*\delta^* d_\Delta^{*-1}\overline{Sm}_{(2)}^i U = 0. \tag{25}$$

将 (24) 与 (25) 相加即得

$$C \equiv \sum_{i=1}^{r+1} \mu_{r+1-i}^* \delta^* d_{\Delta}^{*-1} C_i = 0, \tag{26}$$

其中

$$C_i = \begin{cases} \beta_2^* \overline{Sm}_{(2)}^{i-1} U, & i = \text{偶数时}, \\ \beta_2^* \overline{Sm}_{(2)}^{i-1} U + \overline{Sm}_{(2)}^{i} U, & i = \text{奇数时}. \end{cases}$$

因 $C \in H^{2r+2}(K, I_2)$ 且 $q = \dim C_i = r + i$, $i > 0$, 在区间 $R_{2r+2}^0 : 2r+1 \geqslant q \geqslant r+1$ 中, 故由 4.2 节定理 4 有 $C_i = 0$. 因之 (22) 在这一情形也得到了证明.

定理 7　两组运算 $\{Sm_{(p)}^i\}$ 与 $\{\overline{Sm}_{(p)}^i\}$ 可与以下关系互相决定:

$$A^k = \sum_{j=0}^{k} Sm_{(p)}^{k-j} \overline{Sm}_{(p)}^{j} = \begin{cases} 0, & k > 0 \\ \text{恒同}, & k = 0 \end{cases} \left(\begin{array}{l} p = 2\text{或} \\ pk = \text{奇数时} \end{array} \right). \tag{27}$$

$$B^k = \sum_{j=0}^{k} Sm_{(p)}^{2k-2j} \overline{Sm}_{(p)}^{2j} = \begin{cases} 0, & k > 0 \\ \text{恒同}, & k = 0 \end{cases} \quad (p > 2\text{时}). \tag{28}$$

它们也可与以下诸关系相互决定:

$$\bar{A}^k = \sum_{j=0}^{k} \overline{Sm}_{(p)}^{k-j} Sm_{(p)}^{j} = \begin{cases} 0, & k > 0 \\ \text{恒同}, & k = 0 \end{cases} \left(\begin{array}{l} p = 2\text{或} \\ pk = \text{奇数时} \end{array} \right). \tag{29}$$

$$\bar{B}^k = \sum_{j=0}^{k} \overline{Sm}_{(p)}^{2k-2j} Sm_{(p)}^{2j} = \begin{cases} 0, & k > 0 \\ \text{恒同}, & k = 0 \end{cases} \quad (p > 2\text{时}). \tag{30}$$

对于 $\{Sm_i^{(p)}\}$ 与 $\{\overline{Sm}_i^{(p)}\}$ 两组运算也同样.

证　以上诸式即为 (8_3) 与 (8_2) 在 $\rho = d$ 时的情形, 只需注意在命题 2 与定义 2 以下的附注即可.

4.4　用 Smith 运算表达的实现条件

命题 1　对任意有限可剖形 X, 设

$$\delta^* : H^q(\Delta_X, I_p) \to H^{q+1}(X_p, \Delta_X; I_p) \tag{1}$$

为上边缘同态, 而

$$\mu_i^* : H^q(X_p, \Delta_X; I_p) \to H^{q+i}(X_p, \Delta_X; I_p) \tag{2}$$

为组 $(\tilde{X}_p, t)$ 的 Smith 同态, 则

$$\delta^* H^q(\Delta_X, I_p) \subset \mu_1^* H^q(X_p, \Delta_X; I_p), \quad p = 2 \text{ 时}, \tag{3}$$

$$\mu_1^* \delta^* H^q(\Delta_X, I_p) \subset \mu_2^* H^q(X_p, \Delta_X; I_p), \quad p > 2 \text{ 时}. \tag{3'}$$

证 因恒同映象 $\tilde{i}_K : \tilde{\Delta}_X \to \tilde{X}_p$ 引出一满同态 $\tilde{i}_X^* : H^q(\tilde{X}_p, I_p) \to H^q(\tilde{\Delta}_X, I_p)$, 从 4.1 节的命题 4* 立可得本命题.

命题 2 对任意有限可剖形 X, 若有

$$r_p \varPhi_p^m(X) = 0, \tag{4}$$

则有

$$\mu_{m-1}^* \delta^* H^q(\Delta_X, I_p) = 0, \quad pm = \text{偶数时}. \tag{5}$$

证 对任意 $U \in H^q(\Delta_X, I_p)$, 依命题 1 有 $V \in H^q(X_p, \Delta_X; I_p)$, 使

$$\delta^* U = \mu_1^* V, \quad p = 2 \text{ 时},$$

而

$$\mu_1^* \delta^* U = \mu_2^* V, \quad p > 2 \text{ 时}.$$

先设 $p = 2$. 则由假设得

$$\mu_{m-1}^* \delta^* U = \mu_{m-1}^* \mu_1^* V = \mu_m^* V = r_2 \varPhi_2^m(X) \cup V = 0.$$

次设 $p > 2$, 因之 m 为偶数, 则仍由假设有

$$\mu_{m-1}^* \delta^* U = \mu_{m-2}^* \mu_1^* \delta^* U = \mu_{m-2}^* \mu_2^* V = \mu_m^* V = r_p \varPhi_p^m(X) \cup V = 0.$$

命题 3 设 X 是一有限可剖形, 而有

$$r_p \varPsi_p^{m-1}(X) = 0. \tag{6}$$

则有

$$\mu_{m-1}^* \delta^* H^q(\Delta_X, I_p) = 0. \tag{7}$$

证 试取 X 的一个单纯剖分 K, 并作复形 $\tilde{K}_p^*$ 与 $K_p^* = \tilde{K}_p^*/t$ 如第 1 章. 命

$$\begin{aligned} \tilde{Y} &= \tilde{X}_p^* - |\tilde{K}_p^*|, \\ Y &= X_p^* - \left|K_p^*\right| = \tilde{Y}/t, \end{aligned}$$

于是 $\tilde{Y}$(或 Y) 是 X 在 $\tilde{X}_p$(或 X_p) 中的一个 p 重不变去核邻域 (或巡回不变去核邻域), 由假设 (6) 以及 $\Psi p^k(X)$ 的定义, 我们可取 X 的剖分 K 充分精致, 使有

$$r_pA^{m-1}(\tilde{Y},t)=0. \tag{6'}$$

设 $\bar{\mu}^*_{i,Y}:\bar{H}^r(Y,I_p)\to\bar{H}^{r+i}(Y,I_p)$ 是组 $(\tilde{Y},t)$ 的紧致 Smith 同态, 则由第 2 章, 对任意 $\bar{U}\in\bar{H}^*(Y,I_p)$ 有

$$\bar{\mu}^*_{i,Y}\bar{U}=r_pA^i(\tilde{Y},t)\cup\bar{U},$$

因之从 (6′) 可得

$$\bar{\mu}^*_{m-1,Y}=0. \tag{6''}$$

今设 $\tilde{j}:\tilde{Y}\subset\tilde{X}^*_p$ 与 $j:Y\subset X^*_p$ 为包含映象, 则 $\tilde{j}:(\tilde{Y},t)\to(\tilde{X}^*_p,t)$ 是一组映象, 而以 j 为导出映象. 因 Y(或 $\tilde{Y}$) 是 X^*_p(或 $\tilde{X}^*_p$) 的一个开集, 故 j 引出同态 $\bar{j}:\bar{H}^r(Y,I_p)\to\bar{H}^r(X^*_p,I_p)$, 使 $\bar{\mu}_i'^*\bar{j}^*=\bar{j}^*\bar{\mu}^*_{i,Y}$, 这里

$$\bar{\mu}_i'^*:\bar{H}^q(X^*_p,I_p)\to\bar{H}^{q+i}(X^*_p,I_p)$$

是组 $(\tilde{X}^*_p,t)$ 的紧 Smith 同态. 设

$$\lambda^*:H^q(X_p,\Delta_X;I_p)\approx\bar{H}^q(X^*_p,I_p)$$

与

$$\lambda^*_Y:H^q(X_p,\Delta_X\cup\left|K^*_p\right|;I_p)\approx\bar{H}^q(Y,I_p)$$

是由于 X_p 有以 $\Delta_X\cup K^*_p$ 为有限子复形的剖分而存在的确定同构, 则有

$$\lambda^*\mu^*_i=\bar{\mu}_i'^*\lambda^*,$$

这里 μ^*_i 是组 $(\tilde{X}_p,t)$ 的 Smith 同态, 该组以 $\tilde{\Delta}_X$ 为不变子复形, 于是下面的图像是可交换的, 其中 δ^*_Y,δ^* 都是上边缘同态:

$$\begin{array}{ccccc}
\bar{H}^{q+i}(Y,I_p) & \xrightarrow{\tilde{j}^*} & \bar{H}^{q+i}(X^*_p,I_p) & \underset{\approx}{\xleftarrow{\lambda^*}} & H^{q+i}(X_p,\Delta_X;I_p)\\
\uparrow{\scriptstyle \mu^*_{i,Y}} & & \uparrow{\scriptstyle \bar{\mu}_i'^*} & & \uparrow{\scriptstyle \mu^*_i}\\
\bar{H}^q(Y,I_p) & \xrightarrow{\tilde{j}^*} & \bar{H}^q(X^*_p,I_p) & \underset{\approx}{\xleftarrow{\lambda^*}} & H^q(X_p,\Delta_X;I_p)\\
\uparrow{\scriptstyle \lambda^*_Y} & & & \nearrow{\scriptstyle \delta^*} & \\
H^q(X_p,\Delta_X\cup\left|K^*_p\right|;I_p) & \xleftarrow{\delta^*_Y} & H^{q-1}(\Delta_X,I_p) & &
\end{array}$$

由 (6″), 于是有

$$\mu^*_{m-1}\delta^*H^q(\Delta_X,I_p)=\lambda^{*-1}\tilde{j}^*\bar{\mu}^*_{m-1,Y}\lambda^*_Y\delta^*_YH^q(\Delta_X,I_p)=0. \tag{8}$$

这证明了命题.

从上面的命题 2、命题 3 以及 4.3 节的命题 3 即得以下诸定理.

定理 1 设 X 是一有限可剖形有

$$r_p \Phi_p^m(X) = 0, \quad pm = \text{偶数}, \tag{9}$$

则有

$$Sm_{(p)}^{i,(d_i)} H^q(X, I_p) = 0, \quad pi + (p-1)q \geqslant m \text{ 时}, \tag{10}$$

特别有

$$H^q(X, I_p) = 0, \quad (p-1)q \geqslant m \text{ 时}, \tag{10$'$}$$

定理 2 设 X 是一有限可剖形, 有

$$r_p \Psi_p^{m-1}(X) = 0. \tag{11}$$

则仍有 (10) 式.

定理 3(Thom). 设 X 是一紧 Hausdorff 局部可缩空间, 而可实现于一 N 维欧氏空间 R^N 中, 则有

$$Sm_{(p)}^{i,(d_i)} H^q(X, I_p) = 0, \quad pi + (p-1)q \geqslant N(p-1). \tag{12}$$

特别是在 $i = 0$ 时, 有

$$H^q(X, I_p) = 0, \quad q \geqslant N \text{ 时}. \tag{13}$$

证 设 $f: X \subset R^N$ 是 X 在 R^N 中的一个实现, 取一 R^N 的单纯剖分, 并命 K 为这一剖分中与 $f(X)$ 有公共点的所有单形及其面所成的复形. 依据 Borsuk 的一个定理, 只需 R^N 的剖分取得足够上, X 即将是 $|K|$ 的一个收缩核, 这时包含映象 $i: f(X) \subset |K|$ 将引出一满同态

$$i^*: H^q(|K|, I_p) \to H^q(X, I_p),$$

因 $K \subset R^N$, 故由 3.4 节定理 1 有

$$\Phi_p^{N(p-1)}(|K|) = 0,$$

由上面的定理 1 即得

$$Sm_{(p)}^{i,(d_i)} H^q(|K|, I_p) = 0, \quad pi + (p-1)q \geqslant N(p-1). \tag{14}$$

因 i^* 是满同态且与 $Sm_{(p)}^{i,(\rho)}$ 可交换, 故从 (14) 得 (12) 式.

定理 4 设 X 是有限可剖形而可局部实现于 N 维欧氏空间 R^N 中, 则有

$$Sm_{(p)}^{i,(d_i)} H^q(X, I_p) = 0, \quad pi + (p-1)q \geqslant N(p-1) + 1. \tag{15}$$

证 这由第 3 章的一般定理以及上面的定理 2 立即得出.

4.5 Smith 运算与 Steenrod 幂的关系

在本节中我们将证明, 在 4.3 节中对一复形 K, 通过积复形 $K\times\cdots\times K$ 中周期变换的研究而引入的 Smith 运算, 实质上即是所谓 Steenrod 的巡回约化幂. 在以下我们将设 K 是一有限单纯复形, 而 $\omega\tilde{K}_p$ 是满足 4.2 节中条件 (a), (b) 的一个 $\tilde{K}_p=\underbrace{K\times\cdots\times K}_{p\text{次}}$ 的胞腔剖分, 4.2 节中的各种记号也将保持不变.

命题 1 对任意整数 q,j 有一组同态

$$\tilde{D}^j: C_q(\omega\tilde{K}_p)\to C_{q+1}(\tilde{K}_p) \tag{1}$$

满足以下诸条件:

$D1^\circ$ $\tilde{D}^j=0, j<0.$

$D2^\circ$ 对 $c\in C_0(\tilde{K}_p)$, 下链 $\tilde{D}_0c$ 与 c 有相同的系数和.

$D3^\circ$ 如果 $\tau\in[\omega(\sigma_1\times\cdots\times\sigma_p)], \sigma_i\in K$, 则 $\tilde{D}^j\tau\subset[\sigma_1\times\cdots\times\sigma_p]$①.

$D4^\circ$ $\partial\tilde{D}^{2j}=\tilde{D}^{2j}\partial+\sum\limits_{\partial=0}^{p-1}t_{\#}^{-\partial}\tilde{D}^{2j-1}t_{\#}^{\partial},$

$$\partial\tilde{D}^{2j+1}=-\tilde{D}^{2j+1}\partial+(t_{\#}^{-1}\tilde{D}^{2j}t_{\#}-D^{2j}).$$

证 与 Steenrod 在 [47] 中的原证相似.

今设 L 是 K 的一个闭子复形, $\tilde{L}_p$ 是 L 的 p 重积复形, 也是 $\tilde{K}_p$ 的闭子复形, 又命 $\omega\tilde{L}_p$ 内剖分 $\omega\tilde{K}_p$ 在 $\tilde{L}_p$ 上的部分. 由条件 $D3^\circ$, $\tilde{D}^j$ 映 $\omega\tilde{L}_p$ 中的下链为 $\tilde{L}_p$ 中的下链, 故对任意有单位元素的可交换环 $R, \tilde{D}^j$ 将引出对偶同态

$$\tilde{D}_j: C^{q+j}(\tilde{K}_p,\tilde{L}_p;R)\to C^q(\omega\tilde{K}_p,\omega\tilde{L}_p;R), \tag{2}$$

而取 L 为空复形时,

$$\tilde{D}_j: C^{q+j}(\tilde{K}_p,R)\to C^q(\omega\tilde{K}_p,R). \tag{3}$$

与 $D1^\circ\sim D4^\circ$ 相对应, $\tilde{D}_j$ 须满足以下条件:

$\bar{D}1^\circ$ $\tilde{D}_j=0,\quad j<0.$

$\bar{D}2^\circ$ 若 $u\in C^0(\tilde{K}_p,R)$ 在 $\tilde{K}_P$ 的所有顶点上都取定值 $\alpha\in R$, 则 $\tilde{D}_0u\in C^0(\omega\tilde{K}_p,R)$ 也在 $\omega\tilde{K}_p$ 的所有顶点上都取同一值 α.

$\bar{D}3^\circ$ $\tilde{D}_ju\subset\omega[u]$, 这里 $u\in C^q(\tilde{K}_p,\tilde{L}_p;R)$②.

---

① 对一复形 K 中的任意下链 $C=\sum a_i\sigma_i$(或任意一个胞腔集合 S), 我们将以 $[c]$(或 $[S]$) 表含有所有使 $a_i\neq 0$ 的 σ_i(或所有 S 中的胞腔) 的 K 的最小闭子复形.

② 这里 $[u]$ 意指 $\tilde{K}_p$ 的闭子复形, 由 u 在上取非零值的一切 q 维胞腔以及它们的面所构成, 而 $\omega[u]$ 指 $\omega\tilde{K}_p$ 的子复形, 它是 $\omega\tilde{K}_p$ 在 $[u]$ 上的部分.

$\bar{D}4^\circ \quad \tilde{D}_{2j}\delta = \delta\tilde{D}_{2j} + \sum_{\alpha=0}^{p-1} t^{\#\alpha}\tilde{D}_{2j-1}t^{\#-\alpha},$

$$\tilde{D}_{2j+1}\delta = -\delta\tilde{D}_{2j+1} + (t^{\#}\tilde{D}_{2j}t^{\#-1} - \tilde{D}_{2j}).$$

对任意上闭链 $u \in C^q(K, L; R)$, 设 u^p 是 $C^{pq}(\tilde{K}_p, R)$ 中的上闭链, 对 $\tilde{K}_p$ 中任意胞腔 $\sigma_1 \times \cdots \times \sigma_p$ 有 $u^p(\sigma_1 \times \cdots \times \sigma_p) = u(\sigma_1)\cdots u(\sigma_p)$, 于是有

命题 2 对任意 $C^q(K, L; R)$ 中的上闭链 u, 上链 $\tilde{d}_K^{\#}\tilde{D}_j u^p$ 为 $C^{pq-j}(K, L; R')$ 中的上闭链, 它在系数环 R' 上的上同调类只依赖于 u 在系数环 R 上的上同调类, 这里 $(k = (p-1)\,q - j)$,

$$R' = \begin{cases} R, & k = \text{奇数}, \\ R/pR = R_p, & k = \text{偶数}. \end{cases} \tag{4}$$

证 这易从 $\bar{D}1^\circ \sim \bar{D}4^\circ$ 得出.

定义 对任意上同调类 $U \in H^q(K, L; R')$ 任取 $u \in U$, 则在系数环 R' 上上闭链 $\tilde{d}_K^{\#}\tilde{D}_{(p-1)q-k}u^p$ 所定的上同调类称为 U 的 Steenrod**巡回约化幂**, 并将记作 $St_{(p)}^k U \in H^{q+k}(K, L; R')$.

上面 Steenrod 幂的定义系由 (1) 式中的同态 $\tilde{D}^j$ 利用 $\tilde{K}_p$ 满足 4.2 节中条件 (a), (b) 的任一剖分 $\omega\tilde{K}_p$ 所给出, 若使用特殊的剖分则可使 $\tilde{D}^j$ 满足以下诸性质:

引理 1 设

$$\omega_{\#} : C_q(\tilde{K}_p) \to C_q(\omega\tilde{K}_p) \tag{5}$$

为 $\tilde{K}_p$ 的剖分 ω 所定的链映象, 则有 $(\sigma_i \in K$ 任意$)$

$$\tilde{D}^0\omega_{\#}(\sigma_1 \times \cdots \times \sigma_p) = \sigma_1 \times \cdots \times \sigma_p. \tag{6}$$

证 若 $\sum \dim \sigma_i = 0$, 则由 $D2^\circ$ 与 $D3^\circ$ 知 (6) 式成立, 假设 (6) 式在 $\sum \dim \sigma_i < k$ 时已证明. 设 $\sigma_i \in K$, 而有 $\dim \sigma_i = d_i$, $d_1 + \cdots + d_i = r_i$ 与 $r_p = k$, 则由 $D3^\circ$ 应有 $\tilde{D}^0\omega_{\#}(\sigma_1 \times \cdots \times \sigma_p) = \lambda\sigma_1 \times \cdots \times \sigma_p$, 这里 λ 是某一整数. 由 $D4^\circ$ 的第一公式可得

$$\begin{aligned}
\lambda\partial(\sigma_1 \times \cdots \times \sigma_p) =& \partial\tilde{D}^0\omega_{\#}(\sigma_1 \times \cdots \times \sigma_p) \\
=& \tilde{D}^0\partial\omega_{\#}(\sigma_1 \times \cdots \times \sigma_p) \\
=& \tilde{D}^0\omega_{\#}\partial(\sigma_1 \times \cdots \times \sigma_p) \\
=& \sum (-1)^{r_{i-1}}\tilde{D}^0\omega_{\#}(\sigma_1 \times \cdots \times \partial\sigma_i \times \cdots \times \sigma_p),
\end{aligned}$$

末一式由归纳假设

$$= \sum (-1)^{r_{i-1}}\sigma_1 \times \cdots \times \partial\sigma_i \times \cdots \times \sigma_p$$

$$=\partial(\sigma_1\times\cdots\times\sigma_p).$$

因 $\partial(\sigma_1\times\cdots\times\sigma_p)\neq 0$, 故得 $\lambda=1$, 而 (6) 得证.

引理 2　设 $\omega\tilde{K}_p$ 为第 1 章中 $\tilde{K}_p$ 的第一标准剖分 $\omega_1\tilde{K}_p$, 则对任意 $c\in C_q(\tilde{K}_p)$ 有

$$\begin{cases}\tilde{D}^j(\omega_{\#}c)=0, & j>(p-1)q \text{ 时},\\ \tilde{D}^0(\omega_{\#}c)=c.\end{cases}\tag{7}$$

或对偶说来, 对任意 $u\in C^q(\tilde{K}_p,\tilde{L}_p,R)$ 有

$$\begin{cases}\tilde{D}_ju=0, & pj>(p-1)q \text{ 时},\\ \omega^{\#}\tilde{D}_0u=u,\end{cases}\tag{7'}$$

其中

$$\omega^{\#}:C^q(\omega\tilde{K}_p,\omega\tilde{L}_p;R)\to C^q(\tilde{K}_p,\tilde{L}_p;R)$$

为与 (5) 中下链映象 $\omega_{\#}$ 对偶的上链映象.

证　由第 1 章, 复形 $\omega_1\tilde{K}_P$ 系由以下三种胞腔所构成:

$T1°$　胞腔 $\sigma_1\times\cdots\times\sigma_p$, 这里 $\sigma_1,\cdots,\sigma_p\in K$ 分离.

$T2°$　胞腔 $\tilde{\Delta}_\sigma,\sigma\in K$.

$T3°$　胞腔 $[\sigma,\sigma_1\times\cdots\times\sigma_p]$, 这里 $\sigma,\sigma_i\in K,\sigma_1\times\cdots\times\sigma_p$ 是 1° 型胞腔, 而对每一 i,σ 与 σ_i 张成一 K 的单形 $\tau_i(\sigma,\sigma_i$ 可有公共顶点).

今对 3° 型胞腔 $[\sigma,\sigma_1\times\cdots\times\sigma_p]$ 有 $|[\sigma,\sigma_1\times\cdots\times\sigma_p]|\subset|\tau_1\times\cdots\times\tau_p|$, 设 $\dim\sigma=d,\dim\sigma_i=d_i$, $\dim[\sigma,\sigma_1\times\cdots\times\sigma_p]=q$. 而 $\dim(\tau_1\times\cdots\times\tau_p)=r$, 则 $q=d+d_1+\cdots+d_p+1$, $r\leqslant pd+d_1+\cdots+d_p+p$, 因之 $r\leqslant pq$. 由 $D2°$ 与 $D3°$ 可知对任意 3° 型的 q 维胞腔 $\xi\in\omega_1\tilde{K}_p$ 有 $\tilde{D}^j\xi=0,j>(p-1)q$ 时, 因 1° 与 2° 型胞腔同一结论成立, 故得 (7) 的第一等式. (7) 的第二等式则从引理 1 得出.

引理 3　设 $\omega\tilde{K}_p$ 是 $\tilde{K}_p$ 的第一标准剖分 $\omega_1\tilde{K}_p$, 则对任一上闭链 $u\in C^q(K,L;I_p)$ 应有 $(d=1-t)$

$$d^{\#}\tilde{D}_{(p-1)q}u^p=0.\tag{8}$$

证　因 u 的系数环为 I_p, 故不论 $p>2$ 或 $=2$, 都有 $t^{\#}u^p=(-1)^{(p-1)q\cdot q}u^p=u^p$. 设 p 是奇数, 则由 (7′) 以及 $\bar{D}4°$ 的第二等式有

$$d^{\#}\cdot\tilde{D}_{(p-1)q}u^p=-(t^{\#}\tilde{D}_{(p-1)q}t^{\#-1}-\tilde{D}_{(p-1)q})u^p=-\delta\tilde{D}_{(p-1)q+1}u^p=0.$$

若 $p=2$, 则有 $d^{\#}=s^{\#}=1+t^{\#}$, 故 (8) 仍由 (7′) 与 $\bar{D}4°$ 得出如前.

命题 3　对于有限单纯复形 K, Steenrod 巡回约化幂

$$St^i_{(p)}:H^q(K,I_p)\to H^{q+i}(K,I_p)\tag{9}$$

与 Smith 运算

$$Sm^i_{(p)}: H^q(K, I_p) \to H^{q+i}(K, I_p) \tag{10}$$

间有以下关系

$$A^k \equiv \sum_{j=0}^{k} (-1)^j Sm^{k-j}_{(p)} St^j_{(p)} = \begin{cases} 0, & k > 0 \text{ 时}, \\ \text{恒同同态}, & k = 0 \text{ 时} \end{cases} \left(\begin{array}{l} p = 2\text{或} \\ pk = \text{奇数} \end{array} \right). \tag{11}$$

$$B^k \equiv \sum_{j=0}^{k} Sm^{2k-2j}_{(p)} St^{2j}_{(p)} = \begin{cases} 0, & k > 0 \text{ 时}, \\ \text{恒同同态}, & k = 0 \text{ 时}, \end{cases} k > 2. \tag{12}$$

证 试考虑 K 的第一标准剖分 $\omega_1 \tilde{K}_p$, 先设 $p = 2$ 或 pk 为奇数, 命 q, r 为使 $q + k = r$ 的整数以致

$$s_{(p-1)r+k-j\#} = s_{(p-1)q-j+1\#}, \tag{13}$$

对任意 j 在系数群 I_p 上成立. 任设 $U \in H^q(K, I_P)$ 与 $Z \in H_r(K, I_p)$, 取 $u \in U$ 与 $z \in Z$ 并作序列

$$\begin{cases} \omega_\# \otimes^p z = s_\# z_0 + z'_0, \\ \partial z_i = s_{i+1\#} z_{i+1} + z'_{i+1}, \quad i \geqslant 0, \end{cases} \tag{14}$$

其中 $z'_i = 0, i < (p-1)r$ 时. 对一组满足 $\bar{D}1° \sim \bar{D}4°$ 的同态有

$$\delta \tilde{D}_i u^p = -s^\#_i \tilde{D}_{i-1} u^p. \tag{15}$$

因之有

$$\begin{aligned} KI(Sm^{k-j}_{(p)} St^j_{(p)} U, Z) =& KI(St^j_{(p)} U, Sm^{(p)}_{k-j} Z) \\ =& KI(\tilde{D}_{(p-1)q-j} u^p, z'_{(p-1)r+k-j}) \\ =& KI(\tilde{D}_{(p-1)q-j} u^p, \partial z_{(p-1)r+k-j-1} - s^\#_{(p-1)r+k-j} z_{(p-1)r+k-j}) \\ =& KI(\delta \tilde{D}_{(p-1)q-j} u^p, z_{(p-1)r+k-j-1}) \\ & - KI(s^\#_{(p-1)r+k-j} \tilde{D}_{(p-1)q-j} u^p, z_{(p-1)r+k-j}) \\ =& - KI(s^\#_{(p-1)q-j} \tilde{D}_{(p-1)q-j-1} u^p, z_{(p-1)r+k-j-1}) \\ & - KI(s^\#_{(p-1)q-j+1} \tilde{D}_{(p-1)q-j} u^p, z_{(p-1)r+k-j}). \end{aligned}$$

将这些方积乘以 $(-1)^j$, 并对 $0 \leqslant j \leqslant k$ 相加, 即得

$$\begin{aligned} KI(A^k U, Z) =& - KI(s^\#_{(p-1)q+1} \tilde{D}_{(p-1)q} u^p, z_{(p-1)r+k}) \\ & + KI(s^\#_{(p-1)q-k} \tilde{D}_{(p-1)q-k-1} u^p, z_{(p-1)r-1}). \end{aligned}$$

因由引理 3 有 $d^{\#}\tilde{D}_{(p-1)q}u^p=0$, 故应用 (14), (15) 于最后这一等式可逐步求得

$$\begin{aligned}KI(A^kU,Z)&=KI(s^{\#}_{(p-1)q-k}\tilde{D}_{(p-1)q-k-1}u^p,z_{(p-1)r-1})\\&=KI(\tilde{D}_{(p-1)q-k-1}u^p,s_{(p-1)r-1\#}z_{(p-1)r-1})\\&=KI(\tilde{D}_{(p-1)q-k-1}u^p,\partial z_{(p-1)r-2})\\&=KI(\delta\tilde{D}_{(p-1)q-k-1}u^p,z_{(p-1)r-2})\\&=-KI(s^{\#}_{(p-1)q-k-1}\tilde{D}_{(p-1)q-k-2}u^p,z_{(p-1)r-2})\\&\qquad\cdots\cdots\\&=-KI(s^{\#}_{-kp+1}\tilde{D}_{-kp}u^p,z_0)\\&=-KI(\tilde{D}_{-kp}u^p,s_{\#}z_0)\\&=-KI(\tilde{D}_{-kp}u^p,\omega_{\#}\otimes^p z).\end{aligned}$$

由 $\bar{D}1^\circ$ 与引理 2 故得

$$KI(A^kU,Z)=\begin{cases}0, & k>0\text{ 时}\\ KI(U,Z), & k=0\text{ 时}\end{cases}\left(\begin{array}{l}p=2\text{或}\\ pk=\text{奇数}\end{array}\right).$$

因 U,Z 是任意的故得 (11), (12) 一式也同样证明.

定理 1 对于一有限单纯复合形, 由 (9) 式所定义的 Steenrod 巡回约化幂以及反 Smith 运算

$$\overline{Sm}^i_{(p)}:H^q(K,I_p)\to H^{q+i}(K,I_p) \tag{16}$$

间只相差一符号

$$St^i_{(p)}=\begin{cases}+\overline{Sm}^i_{(p)}, & i=\text{偶数时},\\ -\overline{Sm}^i_{(p)}, & i=\text{奇数时}.\end{cases} \tag{17}$$

由此并可知 $St^i_{(p)}$ 都是同态.

证 这从 (11), (12) 与 4.3 节命题 4 比较可得.

定理 2 对 p 是奇质数有

$$\overline{Sm}^{2j}_{(p)}=0,\quad j\not\equiv 0 \bmod (p-1)\text{时}.$$

证 这从上面的定理 1 以及 Thom 关于 Steenrod 幂的一条著名定理得出.

附注 如何不经由 Steenrod 幂的考虑而直接在我们的系统下给出定理 2 的证明, 是颇有趣味的一个问题.

第 5 章　复形在欧氏空间中嵌入、浸入与同痕的阻碍理论

5.1　复形在一欧氏空间中的线性实现

在以下 K 是一有限单纯复形. 我们将视 K 为一充分高维欧氏空间中的欧氏复形, 这样作显然不有损于一般性.

定义 1　一个从 $|K|$ 到 R^N 中的连续映象 f 将称为复形 K 到 R^N 中的**线性映象**, 如果对 K 中每一单形 $\sigma, f/|\sigma|$ 都是线性的. 一个 K 到 R^N 中的线性映象 f 将称为**一般性线性映象**, 如果以 a_i 表 K 的顶点时, 诸 $f(a_i)$ 在 R^N 中处于一般位置. 一个 K 到 R^N 中的线性映象 f 将称为是 K 到 R^N 中的一个**线性实现或线性嵌入** (**以及线性浸入**), 如果它是 $|K|$ 到 R^N 中的一个实现或嵌入 (以及浸入).

定义 2　一个 $|K|$ 到 R^N 中的连续映象 f 将称为是 K 到 R^N 中通过 K 的单纯剖分 K_1 的一个**半线性映象** (**或一般性半线性映象、半线性实现或嵌入以及半线性浸入**), 如果它是 K_1 到 R^N 的一个线性映象 (或一般性线性映象、线性实现或嵌入以及线性浸入).

定义 3　所有 $|K|$ 到 R^N 中的连续映象在通常的距离

$$\tilde{\rho}(f,g)=\underset{x\in|K|}{\mathrm{Max}}\,\rho(f(x),g(x))$$

之下成一距离空间, 将记作 $C_N(|K|)$, 这里 ρ 指 R^N 中的距离. K 到 R^N 中的所有线性映象, 一般性线性映象与线性嵌入 (以及半线性映象等) 各构成 $C_N(|K|)$ 中的子空间, 将依次记为 $L_N(K), G_N(K)$ 与 $I_N(K)$(以及 $L_N^0(K), G_N^0(K)$ 与 $I_N^0(K)$).

引理 1　对任意 $f,g\in L_N(K)$, 距离 $\tilde{\rho}(f,g)$ 等于当 a 取 K 的顶点时, 诸距离 $\rho(f(a),g(a))$ 的最大值.

证　对任意 $c=\sum\limits_{i=0}^{r}\lambda_i a_i$, 这里 a_i 是 K 的顶点, 而 $(a_0\cdots a_r)\in K$, 以及 $0\leqslant\lambda_i\leqslant 1, \sum\limits_{i=0}^{r}\lambda_i=1$, 有

$$\rho(f(c),g(c))=\rho\left(\sum_{i=0}^{r}\lambda_i f(a_i),\sum_{i=0}^{r}\lambda_i g(a_i)\right)$$

$$
\begin{aligned}
&\leqslant \sum_{i=0}^{r} \lambda_i \rho(f(a_i), g(a_i)) \\
&\leqslant \operatorname*{Max}_{0\leqslant i\leqslant r} \rho(f(a_i), g(a_i)) \\
&\leqslant \operatorname*{Max}_{a} \rho(f(a), g(a)),
\end{aligned}
$$

在最后式中 a 取 K 中所有顶点, 由此即得引理.

引理 2 对 R^N 中任意一组处于一般位置的点 $a_0, \cdots, a_s$, 有一数 $\varepsilon > 0$ 使对任一组点 $a'_0, \cdots, a'_s$, 只需 $\rho(a_i, a'_i) < \varepsilon$, 即在 R^N 中处于一般位置.

证 在 $s = 0$ 时不需任何证明. 故设 $s > 0$. 设 a_i 在 R^N 中的坐标是 $a_{i1}, \cdots, a_{iN}$. 命 M 为一 s 行 N 列的矩阵. 其中第 j 行第 k 列的元素为 $a_{jk} - a_{0k}, 1 \leqslant j \leqslant s, 1 \leqslant k \leqslant N$. 于是所谓 a_i 在一般位置即等价于 M 的所有行列数 $= \mathrm{Min}(s, N)$ 的子行列式在 $s \leqslant N$ 时不能都 $= 0$, 而在 $s > N$ 时都不等于 0, 因而有一最小值 $\delta > 0$. 于是 $\varepsilon > 0$ 的存在即从这些行列式对 a_i 的连续依赖性立即推出.

命题 1 点集 $L_N^0(K)$ 在空间 $C_N(|K|)$ 中处处稠密.

证 设 $\varepsilon > 0$ 与 $f \in C_N(|K|)$ 已给, 因 K 是有限的, 故有一 $\delta > 0$ 使对任意 $x, y \in |K|$ 而有 $\rho(x, y) < \delta$ 时, 将有 $\rho(f(x), f(y)) < \varepsilon/2$, 这里 K 还理解为在一充分高维数欧氏空间中的欧氏复形. 今取一 K 的单纯剖分 K', 使 K' 的每一单形的直径都 $< \delta$. 试考虑由 $g(a') = f(a')$, (这里 a' 为 K' 的任意顶点) 所确定的映象 $g \in L_N(K') \subset L_N^0(K)$, 则必有 $\tilde{\rho}(g, f) < \varepsilon$. 盖对任一点 $x \in |K|$ 命 σ 为 K' 中任一含有 x 的单形. 而 a 为 σ 的任一顶点, 则有

$$
\begin{aligned}
&\rho(g(x), g(a)) \leqslant \mathrm{Diam}\, g(|\sigma|) < \varepsilon/2, \\
&\rho(f(x), g(x)) \leqslant \rho(f(x), f(a)) + \rho(g(x), g(a)) < \varepsilon/2 + \varepsilon/2 = \varepsilon.
\end{aligned}
$$

因之有 $\tilde{\rho}(g, f) < \varepsilon$, 而 $L_N^0(K)$ 在 $C_N(|K|)$ 中处处稠密.

命题 2 点集 $G_N(K)$ 是空间 $L_N(K)$ 中处处稠密的开集.

证 设 $\varepsilon > 0$ 已给, 而 $a_1, \cdots, a'_r$ 是 K 的顶点的全体. 假设在 R^N 中已取定 $a'_1, \cdots, a'_k (k < r)$ 在一般位置, 而 $\rho(f(a_i), a'_i) < \varepsilon, 1 \leqslant i \leqslant k$, 这里 $f \in L_N(K)$. 选择 a'_{k+1} 使 $\rho(a_{k+1}, a'_{k+1}) < \varepsilon$, 而 a'_{k+1} 不在任一由点 $a'_{i_0}, \cdots, a'_{s_s}, 1 \leqslant i_0, \cdots, i_s \leqslant k, s \leqslant N-1$ 所定的 s 维线性子空间上, 则 $a'_1, \cdots, a'_k, a'_{k+1}$ 在一般位置. 继续进行可得一 K 到 R^N 中的一般性线性映象 f' 使 $f'(a_i) = a'_i$, 而 $\rho(f(a_i), f'(a_i)) < \varepsilon, 1 \leqslant i \leqslant r$. 由引理 1 有 $\tilde{\rho}(f, f') < \varepsilon$, 因而 $G_N(K)$ 在 $L_N(K)$ 中处处稠密. $G_N(K)$ 之为开集则由引理 2 得出.

命题 3 点集 $I_N(K)$ 是空间 $L_N(K)$ 中的开集, 而在 $N \geqslant 2\dim K + 1$ 时, 又在 $L_N(K)$ 中处处稠密.

证 在 $I_N(K)$ 是空集时证明是不必要的. 设或不然, 而 $f\in I_N(K)$ 是任一 K 在 R^N 中的线性嵌入. 对任一对非对角型的单形 $\sigma,\tau\in K$, 命 $\delta_{\sigma,\tau}>0$ 为 $f(|\sigma|)$ 与 $f(|\tau|)$ 间的距离, 也就是所有距离 $\rho(x,y)$ 的最小值, 这里 $x\in f(|\sigma|)$, $y\in f(|\tau|)$, 于是所有这些数 $\delta_{\sigma,\tau}$ 的最小值 >0 而将记作 δf. 今考虑任一使 $\tilde{\rho}(f,g)<\frac{1}{2}\delta_f$ 的 K 到 R^N 中的线性映象 $g\in L_N(K)$, 我们将证 $g\in I_N(K)$.

为此首先注意对任一对非对角型单形 $\sigma,\tau\in K$ 点集 $g(|\sigma|)$ 与 $g(|\tau|)$ 必无公共点, 盖对任意点 $x\in|\sigma|,y\in|\tau|$ 都应有 $\rho(g(x),g(y))\geqslant\rho(f(x),f(y))-\rho(f(x),g(x))-\rho(f(y),g(y))\geqslant\delta_f-2\tilde{\rho}(f,g)>0$. 由此可知对任一 $\sigma\in K,g/\sigma$ 是一非退化的线性映象, 否则将有 σ 的面 σ_1,σ_2 彼此无公共顶点, 而有 $g(|\sigma_1|)\cap g(|\sigma_2|)\neq\varnothing$. 再者, 如果 $x\neq y\in|K|$ 使 $g(x)=g(y)$, 则 x,y 将各在两不同的单形 $\sigma\neq\tau$ 的内部, 而这二单形必有顶点公共, 命 O 是 σ,τ 的一个公共顶点, 而 σ',τ' 是它相对的面, 从 $g(0)$ 至 $g(x)=g(y)$ 的半射线 l, 将与 $g(|\sigma'|)$ 以及 $g(|\tau'|)$ 相遇. 假设 l 首先与 $g(|\sigma'|)$ 遇于点 z (或遇 $g(|\sigma'|)$ 与 $g(|\tau'|)$ 于同一点 z), 则 σ' 与 τ 将是 K 的一对非对角型单形而有 $z\in g(|\sigma'|)\cap g(|\tau|)\neq\varnothing$, 而 $\dim(\sigma'\cap\tau)<\dim(\sigma\cap\tau)$. 依此进行可得一对非对角型单形 σ_0,τ_0 使 $g(|\sigma_0|)\cap g(|\tau_0|)\neq\varnothing$, 与前面已证者相违. 因之 $x\neq y\in|K|$ 蕴含了 $g(x)\neq g(y)$, 而 $g\in I_N(K)$. 这证明了 $I_N(K)$ 是 $L_N(K)$ 中的开集, 最后一个论断则由命题 2 以及下面的事实得出: 如果 $N\geqslant 2\dim K+1$, 则 $G_N(K)\subset I_N(K)$, 即任一一般性线性映象是一线性嵌入.

命题 4 设 K 是一有限单纯复形, 以 L 为一子复形, 而 f 是 $|K|$ 在 R^N 中的一个连续映象, 使 $f/|L|$ 是一 L 到 R^N 中的一般性线性映象, 则对任意 $\varepsilon>0$, 有一 K 的单纯剖分 K_1, 以及一 K 通过 K_1 的一般性半线性映象 f' 使: $1^\circ\tilde{\rho}(f',f)<\varepsilon$, $2^\circ f'/|L|\equiv f$, 与 3°, 命 L_1 为 K 的子复形, 由 L 中与任一 $K-L$ 的单形无公共顶点的单形所构成, 则 K_1 以 L_1 为一子复形.

证 与命题 1 的证明相同, 可证有一 K 的剖分 K', 以 L 的某一剖分 L' 为子复形, 而使由 $f'(a')=f(a'),a'$ 为 K' 任意顶点所确定的线性映象 $f'\in L_N(K')\subset L_N^0(K)$ 与 f 在 $C_N(|K|)$ 中的距离 $\tilde{\rho}(f',f)<\varepsilon$. 今将 K' 的顶点只需不是 K 的顶点而又在 $|L_1|$ 上者都除去, 但保留其他顶点, 则可改写 K' 为另一 K 的剖分 K_1. 由于 $f'/|L|\equiv f$, 这一新的剖分 K_1 与映象 f' 可见符合命题中的所有条件.

5.2 欧氏空间中的交截与环绕

我们将把有关欧氏空间中的交截的一些定义与结果收集于本节之内, 以为本章后来之用.

设 R^N 是一定向的 N 维欧氏空间. 在 R^N 中任给两 p,q 维处于一般位置的欧氏定向单形 σ,τ, 这里 $p+q=N$, 可赋于一确定的整数 $\phi(\sigma,\tau)$, 称之为 σ,τ 在

定向 R^N 中的交截指数者如下. 在 $|\sigma| \cap |\tau| = \varnothing$ 时, 我们定义 $\varnothing(\sigma,\tau) = 0$. 在 $|\sigma| \cap |\tau| \neq \varnothing$ 时. $|\sigma|$ 与 $|\tau|$ 只能有一点公共, 设为 O, 而 O 在 $|\sigma|$ 的内部也在 $|\tau|$ 的内部. 设 $\sigma = (a_0, \cdots, a_p)$, $\tau = (b_0, \cdots, b_q)$, 而这里顶点的次序与 σ, τ 的定向相应, 则 $\xi = (0a_1 \cdots a_p b_1 \cdots b_q)$ 是一 $p+q=N$ 维的定向欧氏单形, 于是我们定义 $\phi(\sigma,\tau)$ 为 $+1$ 或 -1, 视 ξ 的定向与 R^N 的已给定向协合与否而定.

在 R^N 中若干有相同维数 p 的定向欧氏单形以一可交换群 G 的元素为系数的线性和, 称为 R^N 中在系数群 G 上的一个 p 维**单形链**. R^N 中一个 p 维定向欧氏单形或 p 维单形链的下边缘, 可自然地定义为一 $p-1$ 维单形链. 如果 $x = \sum a_i \sigma_i$ 是 R^N 中的一个单形链, 则相应于系数 $a_i \neq 0$ 的那些单形 $|\sigma_i|$ 作为点集时的并集. 将称为 x 的**支柱**而记作 $|x|$. 两个 R^N 中的整系数单形链 $x = \sum a_i \sigma_i$, $y = \sum b_j \tau_j$, 其维数各为 p, q 而 $p+q=N$ 时, 将称为**处于一般位置**, 如果有 $|\partial x| \cap |y| = \varnothing$ 与 $|x| \cap |\partial y| = \varnothing$. 如果必要, 至多作一微小伦移, 总可伦移这样两个单形链 x, y 为两单形链 $x' = \sum a_i \sigma_i'$, $y' = \sum b_j \tau_j'$, 使任一对相应系数 a_i, b_j 都 $\neq 0$ 的定向单形 σ_i', τ_j' 都在一般位置. 可证只需伦移充分小时, 数 $\sum\limits_{i,j} \phi(\sigma_i', \tau_j') a_i b_j$ 将与伦移的选择无关, 而称为 x 与 y 在定向 R^N 中的**交截指数**, 并将记作 $\phi(x,y)$.

这样定义的交截指数具有以下诸性质 (出现的单形链都在一般位置):

ϕ_1. $\phi(x,y)$ 是 x, y 的双线性函数.

ϕ_2. $\phi(x,y) = (-1)^{pq}\phi(y,x)$, 这里 $p = \dim x, q = \dim y, p \in q = N$.

ϕ_3. $\phi(\partial x, y) = (-1)^p \cdot \phi(x, \partial y)$, 这里 $\dim x = p, \dim y = q, p \in q = N+1$.

ϕ_4. $\phi(x,y) = 0$, 如果 x, y 都是下闭链, 而 $\dim x + \dim y = N$.

ϕ_5. 如果 R^N 改变定向, 则 $\phi(x,y)$ 改变符号.

今设 z_1, z_2 为定向 R^N 中的整系数单形下闭链, 其维数各为 p, q, 而 $p+q+1 = N$. 假设 z_1, z_2 是**分离的**, 即 $|z_1| \cap |z_2| = \varnothing$. 下闭链 z_1 必是 R^N 中某单形链的下边缘, 任取其一 x 使 $\partial x = z_1$, 则 x, z_2 在一般位置而 $\phi(x, z_2)$ 与链 x 的选择无关. 数 $\phi(x, z_2)$ 称为 z_1 与 z_2 的**环绕数**而将记作 $\mathscr{L}(z_1, z_2)$. 对此有以下诸性质 (z_1, z_2 为分离的下闭链, $\dim z_1 = p, \dim z_2 = q, p+q = N-1$):

$\mathscr{L}_1$. $\mathscr{L}(z_1, z_2) = \phi(x, z_2)$, 这里 $z_1 = \partial x$.

$\mathscr{L}_2$. $\mathscr{L}(z_1, z_2)$ 为 z_1 与 z_2 的双线性函数.

$\mathscr{L}_3$. $\mathscr{L}(z_1, z_2) = (-1)^{pq+1} \cdot \mathscr{L}(z_2, z_1)$.

$\mathscr{L}_4$. R^N 改变定向时, $\mathscr{L}(z_1, z_2)$ 改变符号.

在某一欧氏单纯复形中的一个下链 c 以及 $|c|$ 到 R^N 中的一个连续映象 φ 所成的偶, 乃是 R^N 中的一个**奇异下链**而将记作 φc, 又记 $|\varphi c| = \varphi|c|$. 特别是 R^N 中的任一单形下链 x(以及在 1.1 节在通常意义下的奇异下链) 都可看作是当前意义下的奇异下链. 两个 R^N 中的奇异下链 $\varphi_1 c_1, \varphi_2 c_2$ 将称为在 R^N 中处于一般位

置，如果 $\varphi_2|\partial c_2|$ 与 $\varphi_1|c_1|$ 不相遇，而 $\varphi_1|\partial c_1|$ 与 $\varphi_2|c_2|$ 也不相遇. 如果这样的两个链的系数群是整数群而维数之和是 N，则恒可作微小伦移，使它们伦移为对某剖分而言的两个单形下链 x_1, x_2，而且只需伦移充分小，所得的这两下链 x_1, x_2 可使处于一般位置且对定向 R^N 的交截指数与所选伦移无关. 此数即称为奇异下链 $\varphi_1 c_1, \varphi_2 c_2$ 在定向 R^N 中的交截指数，而仍将记作 $\phi(\varphi_1 c_1, \varphi_2 c_2)$. 同样也可定义两个整系数奇异下闭链 $\varphi_1 z_1, \varphi_2 z_2$ 在维数之和 $= N-1$ 时的环绕数 $\mathscr{L}(\varphi_1 Z_1, \varphi_2 Z_2)$，只需 $\varphi_1|z_1| \cap \varphi_2|z_2| = \varnothing$. 这样定义的交截指数与环绕数仍具有前面所说的那些性质.

设 S^{N-1} 是 R^N 中以 O 为中心的单位球，其定向与 R^N 的定向协合，而 e 是 S^{N-1} 的一个定点，对任一 S^{N-1} 上维数为 $N-1$ 的整系数奇异下链 c，只需 $|\partial c|$ 不含有 e，即可定一整数称为 c 在 e 的*局部覆盖度*，而将记作 $\mathrm{Deg}_e^{(N-1)} c$. 如果 c 是 S^{N-1} 中一个整系数奇异下闭链，而维数为 $N-1$，则并可定义一整数称为 c 的 Brouwer *度*，并将记作 $\mathrm{Deg}^{(N-1)} c$ (或 $\mathrm{Deg}_s^{(N-1)} c$)，且为下式

$$c \sim \mathrm{Deg}^{(N-1)} c \cdot S^{N-1}\ (\text{在 } S^{N-1} \text{ 中})$$

所唯一确定. 在式中的 S^{N-1} 视作由定向球 S^{N-1} 所负载的整系数奇异下闭链. 如果 c 是 R^N 中的一个 N 维整系数奇异下链，而 $|\partial c|$ 不含有 O，则又有一整数称为 c 在 O 的*局部覆盖度*，记作 $\mathrm{Deg}_O^{(N)} c$. 命 π_0 为以 O 为中心从 $R^N - 0$ 到 S^{N-1} 的中心投影，则在这些不同度数概念之间有以下诸关系：

D_1. 上面所定义的各种度数都是"加性"的，例如，设 $c = \sum n_i c_i$ 与 c_i 都是 S^{N-1} 中的 $N-1$ 维奇异下链，n_i 都是整数，而每一 $|\partial c_i|$ 都不含有 S^{N-1} 上的点 e，则

$$\mathrm{Deg}_e^{(N-1)} c = \sum n_i \mathrm{Deg}_e^{(N-1)} c_i.$$

D_2. 上面所定义的各种度数都是"同伦性"的，例如，设 c 是某单纯复形的 N 维整系数下链，φ_0, φ_1 是 $|c|$ 到 R^N 中的连续映象，而 $\varphi_0 \simeq \varphi_1$，且实现这一同伦的映象 $\varphi_t, 0 \leqslant t \leqslant 1$ 都使 $\varphi_t(|\partial c|)$ 恒不含有 O 点，则 $\mathrm{Deg}_O^{(N)} \varphi_0 c = \mathrm{Deg}_O^{(N)} \varphi_1 c$.

D_3. 如果 c 是 S^{N-1} 中的 $N-1$ 维整系数奇异下闭链，则对任意 $e \in S^{N-1}$ 有

$$\mathrm{Deg}^{(N-1)} c = \mathrm{Deg}_e^{(N-1)} c.$$

D_4. 如果 c 是 R^N 中的 N 维整系数奇异下链，而 $|\partial c|$ 不含 O 点，则

$$\mathrm{Deg}_O^{(N)} c = \mathrm{Deg}^{(N-1)} \pi_0 \partial_c.$$

D_5. 如果 S^{N-2} 是 S^{N-1} 与一过 O 的线性子空间 R^{N-1} 的交，V^{N-1} 是 R^{N-1} 中以球 S^{N-2} 为边界的实心球体. 命 $\overset{+}{S}$ 为 S^{N-1} 与 S^{N-2} 所分成的两个半球之一，

而 ω 为从 $\overset{+}{S}$ 到 V^{N-1} 上的垂直投影的逆变换, 协合地定向 $R^N R^{N-1}, S^{N-1}$ 使 ω 保持定向, 则对任意 R^{N-1} 中的整系数奇异下链 A, 如果 $|A| \subset V^{N-1}$, 而 $|\partial A|$ 不含有 O, 即有

$$\mathrm{Deg}_O^{(N-1)} A = \mathrm{Deg}_{w(O)}^{(N-1)} wA.$$

交截数, 因之而环绕数都可用度数概念来如下定义. 视 R^N 为一向量空间而对任意 $x, y \in R^N$ 置

$$s(x,y) = y - x \in R^N$$

与

$$j(x,y) = \pi_0(y-x) \in S^{N-1}\ (\text{在 } x \neq y \text{ 时}).$$

设 A', B' 是某欧氏单纯复形 K, L 中的整系数下链, φ, ψ 是 $|A'|, |B'|$ 到 R^N 中的连续映象, $A = \varphi A', B = \psi B'$ 是相应的整系数奇异下链, 我们将以 $s(A,B)$ 表 R^N 中由点集 $s(|A| \times |B|)$ 所负载的整系数下链 $s(\varphi \times \psi) Sd_\#(A' \times B')$, 又以 $j(A,B)$ 表 S^{N-1} 中由点集 $j\,(|A| \times |B|)$ 所负载的整系数奇异下链 $j(\varphi \times \psi) Sd_\#(A' \times B')$, 这里 $Sd_\#$ 指 $K \times L$ 到某单纯剖分的相应链映象, 于是有

D_6. $\phi(A,B) = (-1)^{\dim A} \cdot \mathrm{Deg}_O^{(N)} s(A,B)$,

这里 A, B 是 R^N 中的整系数奇异下链, $\dim A + \dim B = N, |\partial A| \cap |B| = \varnothing$, $|A| \cap |\partial B| = \varnothing$ 致 $\phi(A,B)$ 与 $\mathrm{Deg}_O^{(N)} s(A,B)$ 都有定义.

D_7. $\mathscr{L}(A,B) = (-1)^{\dim A+1} \cdot \mathrm{Deg}^{(N-1)} j(A,B)$.

这里 A, B 是 R^N 中的整系数下闭链, $\dim A + \dim B = N-1$, 而 $|A| \cap |B| = \varnothing$ 致 $\mathscr{L}(A,B)$ 与 $\mathrm{Deg}^{(N-1)} j(A,B)$ 都有定义.

D_8. $\mathrm{Deg}_O^{(N)} s(A,B) = \mathrm{Deg}_e^{(N-1)} j(\partial A, B) + (-1)^{\dim A} \cdot \mathrm{Deg}_e^{(N-1)} j(A, \partial B)$,

这里 A, B 是 R^N 中的整系数奇异下链, $\dim A + \dim B = N, |\partial A| \cap |B| = \varnothing$, $|A| \cap |\partial B| = \varnothing$, 又 $j(|\partial A|, |\partial B|)$ 不含有 e 致等式中每一项都有定义.

D_9. 设 $R^{N+1} = R^N \times L$, 这里 L 是直线 $-\infty < t < +\infty, S^N, S^{N-1}$ 是 R^{N+1} 与 $R^N \times (0)$ 中以原点为中心的单位球, 而 e 是 S^{N-1} 上一定点, 设 R^N 已定向, 于是定向 L 使正方向依 t 增加, 而 R^{N+1} 依 S^N 与 L 的积来定向, 其次再协合地定向 S^N 与 S^{N-1}, 设 σ, τ 为 p, q 维欧氏单形, $p + q = N-1$, 而 f, g 为 $|\sigma|$, 与 $|\tau| \times [-1,+1]$ 在 R^{N+1} 中的连续映象使 $f\,|\sigma| \subset R^N$, 而对任意 $y \in |\tau|$, $t \in [-1,+1]$ 有 $g(y,t) \in R^N \times (t)$, 则在诸相应度都有定义时, 有

$$\mathrm{Deg}_e^{(N)} j(f\sigma, g(\tau \times [-1,+1])) = \mathrm{Deg}_e^{(N-1)} j(f\sigma, g\tau).$$

命题 1 设 R^{N+1} 是一 $N+1$ 维欧氏空间, 以 $(\xi_0, \xi_1, \cdots, \xi_N)$ 为一坐标系统而 R_1^N, R_2^N 为 R^{N+1} 中由方程 $\xi_0 = 1$ 与 $\xi_0 = 2$ 所定的两个平行的 N 维线性子空间, 今依坐标次序 $(\xi_1, \cdots, \xi_N, \xi_0)$ 与 $(\xi_1, \cdots, \xi_N)$ 定向 R^{N+1} 与 R_i^N, 并记这些定向欧氏空间中的交截数为 ϕ 与 ϕ_i. 设 K 是由两单形 σ, τ 以及它们的面所构成的

复形, 其维数各为 p, q, 而 $p+q=N$, L 是积复形 $K\times[1,2]$ 的某一单纯剖分, L 在 $K\times(1)$ 与 $K\times(2)$ 上的部分各为 K_1 与 K_2. 设 h 是 $|L|$ 到 R^{N+1} 中的一个连续映象, 有 $h(|K_i|)\subset R_i^N$, 而对任意 $x\in|K|$, $1<\lambda<2$, $h|L|$ 中点 $h(x,\lambda)$ 的 ξ_0 坐标 >1 且 <2. 以 $Sd_\#$ 表 $K\times[1,2]$ 到 L 的相应剖分链映象, 又对 K 的任一链 c, 以 $\tilde{h}c$ 表奇异下链 $hSd_\#(c\times[1,2]))$(这里 $[1,2]$ 依自 1 至 2 的方向来定向). 同样, 命 $h/|K_i|=f_i:|K_i|\to R_i^N$ 并对任意 K_i 中的下链 c_i, 简记 $f_iSd_\#c_i$ 为 f_ic_i. 假设以下几对奇异下链在 R^{N+1} 中都处于一般位置: $(\tilde{h}\partial\sigma,\tilde{h}\tau)$, $(\tilde{h}\sigma,\tilde{h}\partial\tau)$, $(f_1\sigma,f_1\tau)$, $(f_2\sigma,f_2\tau)$. 则有

$$
\begin{aligned}
&\phi(\tilde{h}\sigma,\tilde{h}\partial\tau)+(-1)^{\dim\sigma}\cdot\phi(\tilde{h}\partial\sigma,\tilde{h}\tau)\\
=&\phi_1(f_1\sigma,f_1\tau)-\phi_2(f_2\sigma,f_2\tau).
\end{aligned}\tag{1}
$$

证 任取 $\varepsilon>0$, 并取积复形 $K\times[1-\varepsilon,2+\varepsilon]$ 的一个单纯剖分 L' 以 L 为一子复形. 定义一连续映象 $h':|L'|\to R^{N+1}$ 如次

$$
\begin{aligned}
&h'(x,\lambda)=h(x,\lambda),\quad 1\leqslant\lambda\leqslant 2,\\
&\xi_0[h'(x,\lambda)]=\lambda,\quad \lambda<1 \text{ 或 } >2\\
&\xi_j[h'(x,\lambda)]=\xi_j[h(x,2)],\quad \lambda>2, j=1,2,\cdots,N,\\
&\xi_j[h'(x,\lambda)]=\xi_j[h(x,1)],\quad \lambda<1, j=1,2,\cdots,N,
\end{aligned}
$$

其中 $x\in|K|$ 而 $\xi_i[z]$ 指点 $z\in^{N+1}$ 的 ξ_i 坐标, 如前简记 $h'Sd_\#(c\times[1-\varepsilon,2+\varepsilon])$ 为 $\tilde{h}'c$, 这里 c 是 K 的任意链, 又置 $h'/|K|\times(2+\varepsilon)\equiv f_2', h'/|K|\times(1-\varepsilon)\equiv f_1'$, 而 $f_i'Sd_\#$ 为 f_i', 可见

$$
\begin{aligned}
&\phi(\tilde{h}\partial\sigma,\tilde{h}\tau)=\phi(\tilde{h}'\partial\sigma,\tilde{h}\tau),\\
&\phi(\tilde{h}\sigma,\tilde{h}\partial\tau)=\phi(\tilde{h}'\sigma,\tilde{h}\partial\tau),\\
&\phi_1(f_1\sigma,f_1\tau)=(-1)^q\cdot\phi(\tilde{h}'\sigma,f_1\tau),\\
&\phi_2(f_2\sigma,f_2\tau)=(-1)^q\cdot\phi(\tilde{h}'\sigma,f_2\tau),\\
&\phi(f_1'\sigma,\tilde{h}\tau)=\phi(f_2'\sigma,\tilde{h}\tau)=0.
\end{aligned}
$$

此外又有

$$
\begin{aligned}
&\partial\tilde{h}'\sigma=\tilde{h}'\partial\sigma+(-1)^p\cdot f_2'\sigma-(-1)^p\cdot f_1'\sigma,\\
&\partial\tilde{h}\tau=\tilde{h}\partial\tau+(-1)^q\cdot f_2\tau-(-1)^q\cdot f_1\tau.
\end{aligned}
$$

因之有

$$
\begin{aligned}
\phi(\tilde{h}'\partial\sigma,\tilde{h}\tau)&=\phi(\partial\tilde{h}'\sigma,\tilde{h}\tau)+(-1)^p\cdot\phi(f_1'\sigma,\tilde{h}\tau)-(-1)^p\cdot\phi(f_2'\sigma,\tilde{h}\tau)\\
&=\phi(\partial\tilde{h}'\sigma,\tilde{h}\tau).
\end{aligned}
$$

$$\begin{aligned}\phi(\tilde{h}'\sigma, \tilde{h}\partial\tau) &= \phi(\tilde{h}'\sigma, \partial\tilde{h}\tau) + (-1)^q \cdot \phi(\tilde{h}'\sigma, f_1\tau) - (-1)^q \cdot \phi(\tilde{h}'\sigma, f_2\tau) \\ &= \phi(\tilde{h}'\sigma, \partial\tilde{h}\tau) + \phi_1(f_1\sigma, f_1\tau) - \phi_2(f_2\sigma, f_2\tau).\end{aligned}$$

因

$$\phi(\partial\tilde{h}'\sigma, \tilde{h}\tau) = (-1)^{p+1} \cdot \phi(\tilde{h}'\sigma, \partial\tilde{h}\tau),$$

故得 (1) 式.

5.3 复形嵌入欧氏空间中的阻碍

以下 R^N 是一 N 维的欧氏空间, 具有一固定的定向. 在这一定向对欧氏空间来说的交截数将用 ϕ 来表示.

设 K 是一有限单纯复形, $\tilde{K}^* = \tilde{K}_2^*$ 与 $K^* = K_2^*$ 是依 1.4 节那样定义的二重去核积复形与二重巡回去核积复形, 对 K 中任一对非对角型单形 σ, τ, 即有

$$\begin{cases} \sigma^*\tau = (-1)^{\dim\sigma\ \dim\tau} \cdot \tau^*\sigma, \\ t_\#(\sigma\times\tau) = (-1)^{\dim\sigma\ \dim\tau} \cdot \tau\times\sigma, \\ \pi_\#(\sigma\times\tau) = \sigma^*\tau, \end{cases} \tag{1}$$

其中 σ, τ 都已定向, $\sigma\times\tau$ 依乘积定向, 而 $\sigma^*\tau$ 的定向使投影 π 保持定向. 在 $\tilde{K}^*$ 与 K^* 中的下边缘运算则各如下式所示

$$\begin{cases} \partial(\sigma\times\tau) = \partial\sigma\times\tau + (-1)^{\dim\sigma} \cdot \sigma\times\partial\tau, \\ \partial(\sigma^*\tau) = \partial\sigma^*\tau + (-1)^{\dim\sigma} \cdot \sigma^*\partial\tau. \end{cases} \tag{2}$$

试考虑任一 K 通过某一单纯剖分 K' 到 R^N 中的一般性半线性映象 f. 依 5.1 节命题 2, 这样的映象是必然存在的, 记由 K 到 K' 的剖分链映象为 $Sd_\#$, 则对任一单形 $\sigma\in K$, $fSd_\#\sigma$ 是 R^N 中的一个奇异下链, 而将简记为 $f\sigma$. 对任意 N 维胞腔 $\sigma\times\tau\in\tilde{K}^*$, 因 f 是 K' 到 R^N 中的一般性线性映象, 故 $f\sigma, f\tau$ 是 R^N 中两个在一般位置的奇异下链. 因之 $\phi(f\sigma, f\tau)$ 与 $\phi(f\tau, f\sigma)$ 都有定义, 而由 5.2 节有

$$\phi(f\sigma, f\tau) = (-1)^{\dim\sigma\ \dim\tau} \cdot \phi(f\tau, f\sigma). \tag{3}$$

今以 $I_{(N)}$ 表整数群或模 2 整数群, 视 N 为偶数或奇数而定, 又以 $r_{(N)}: I\to I_{(N)}$ 表恒同同态或模 2 约化. 也视 N 为偶数或奇数而定, 则比较 (1) 与 (3), 可见

$$\varphi_f(\sigma^*\tau) = (-1)^{\dim\sigma} \cdot r_{(N)}\phi(f\sigma, f\tau), \quad \dim\sigma + \dim\tau = N, \tag{4}$$

无模棱地定义了一个 K^* 中以 $I_{(N)}$ 为系数群的一个上链 φ_f. 同样我们也可用下式定义一 $\tilde{K}^*$ 中的整系数上链 $\tilde{\varphi}_f$:

$$\tilde{\varphi}_f(\sigma \times \tau) = (-1)^{\dim \sigma} \cdot \phi(f\sigma, f\tau), \quad \dim \sigma + \dim \tau = N, \tag{$\tilde{4}$}$$

定理 1 由 (4) 与 ($\tilde{4}$) 所定义的上链 φ_f 与 $\tilde{\varphi}_f$ 各为一上闭链或 d_N- 上闭链, 这里

$$d_N = 1 - (-1)^N t. \tag{5}$$

证 设 $\xi \times \eta \in \tilde{K}^*$ 是一 $N+1$ 维胞腔, 则

$$\begin{aligned}
\delta\tilde{\varphi}_f(\xi \times \eta) &= \tilde{\varphi}_f(\partial\xi \times \eta) + (-1)^{\dim \xi} \cdot \tilde{\varphi}_f(\xi \times \partial\eta) \\
&= (-1)^{\dim \xi - 1} \cdot \phi(\partial f\xi, f\eta) + (-1)^{\dim \xi} \cdot (-1)^{\dim \xi} \cdot \phi(f\xi, \partial f\eta) \\
&= (-1)^{\dim \xi - 1} \cdot \phi(\partial f\xi, f\eta) + \phi(f\xi, \partial f\eta) \\
&= (-1)^{\dim \xi - 1} \cdot (-1)^{\dim \xi} \cdot \phi(f\xi, \partial f\eta) + \phi(f\xi, \partial f\eta) \\
&= 0,
\end{aligned}$$

即 $\tilde{\varphi}_f$ 是一上闭链, 其次由 (1), (3) 与 (4) 有

$$\begin{aligned}
t^{\#}\tilde{\varphi}_f(\sigma \times \tau) &= (-1)^{\dim \sigma \dim \tau} \cdot \tilde{\varphi}_f(\tau \times \sigma) \\
&= (-1)^{\dim \sigma \dim \tau} \cdot (-1)^{\dim \tau} \cdot \phi(f\tau, f\sigma) \\
&= (-1)^{\dim \tau} \cdot \phi(f\sigma, f\tau) \\
&= (-1)^{\dim \tau} \cdot (-1)^{\dim \sigma} \cdot \tilde{\varphi}_f(\sigma \times \tau) \\
&= (-1)^N \cdot \tilde{\varphi}_f(\sigma \times \tau).
\end{aligned}$$

故 $\tilde{\varphi}_f$ 为一 d_N- 上闭链, 对 φ_f 的证明也相似.

定义 1 由 (4) 或 ($\tilde{4}$) 所定义的上闭链 φ_f 或 d_N 上闭链 $\tilde{\varphi}_f$, 将称为 K 到 R^N 中一般性半线性映象 f 对已给 R^N 定向的示嵌上闭链或示嵌特殊上闭链.

如果 f 是 K 到 R^N 中的一个半线性的真正的实现. 则 φ_f 与 $\tilde{\varphi}_f$ 自然 $=0$. 因之在一般情形 φ_f(或 $\tilde{\varphi}_f$) 可作为 f 与一真正实现相距的一个初步测度, 这个概念的重要性则可从以下定理看出.

定理 2 对一有限单纯复形 K, 由 K 到定向 R^N 中一般性半线性映象 f 所确定的诸示嵌上闭链 φ_f 与示嵌特殊上闭链, 都在同一上类 $\varPhi_K^N \in H^N(K^*, I_{(N)})$ 或特殊上类 $\tilde{\varPhi}_K^N \in H^N_{(d_N)}(\tilde{K}^*, t)$ 中, 且二者间有以下关系

$$r_{(N)}\tilde{\pi}^*_{(d_N)}\tilde{\varPhi}_K^N = \varPhi_K^N, \tag{6}$$

其中 $\pi : \tilde{K}^* \to K^*$ 为自然投影, 而 $\tilde{\pi}^*_{(\rho)} : H^N_{(\rho)}(\tilde{K}^*, t) \to H^N(K^*, I_{(N)})$ 则为对组 $(\tilde{K}^*, t)$ 而言依 2.2 节命题 4、命题 6 所定义的同态.

证 设 f_1, f_2 是任二 K 到 R^N 中通过剖分 K_1 与 K_2 的一般性半线性嵌入, 对 R^N 的固定定向来说它们的示嵌特殊上闭链各为 $\tilde{\varphi}_{f_1} = \tilde{\varphi}_1$ 与 $\tilde{\varphi}_{f_2} = \tilde{\varphi}_2$, 在 R^N 任取一组坐标系 $(\xi_1', \cdots, \xi_N')$ 其所定定向恰与所给 R^N 定向相同, 试考虑 $N+1$ 维欧氏空间 R^{N+1}, 坐标系统为 $(\xi_0, \xi_1, \cdots, \xi_N)$, 而 $\xi_0 = 1$ 与 $\xi_0 = 2$ 所定的两平行 N 维子空间为 R_1^N 与 R_2^N, 我们将依坐标次序 $(\xi_1, \cdots, \xi_N, \xi_0)$ 与 $(\xi_1, \cdots, \xi_N)$ 来定向 R^{N+1} 与 R_i^N. 在这些定向欧氏空间中的交截数将各记为 ϕ 与 ϕ_i. 命 $t_i : R^N \equiv R_i^N, i = 1, 2$ 为由 $t_i(\xi_1', \cdots, \xi_N') = (i, \xi_1', \cdots, \xi_N'), i = 1, 2$ 所定义的 R^N 到 R_i^N 上的保向拓扑映象, 定义 $f_i' : |K| \to R_i^N$ 如 $f_i' = t_i f_i, i = 1, 2$, 则示嵌特殊上闭链 $\tilde{\varphi}_i$ 将由下式

$$\tilde{\varphi}_i(\sigma \times \tau) = (-1)^{\dim \sigma} \cdot \phi_i(f_i'\sigma, f_i'\tau) \tag{7}$$

给出, 这里 $\sigma \times \tau \in \tilde{K}^*$, 而 $\dim \sigma + \dim \tau = N$.

命 $[1, 2]$ 为线段 $1 \leqslant \lambda \leqslant 2$. 今定义一连续映象 $h' : |K| \times [1, 2] \to R^{N+1}$, 使对任意点 $x \in |K|$, h' 将 $(x) \times [1, 2]$ 线性地映为连接 $f_1'(x)$ 到 $f_2'(x)$ 的线段, 特别是 $h'(x, 1) = f_i'(x)$, $h'(x, 2) = f_2'(x)$. 应用 5.1 节命题 3, 可作 h' 的微小伦移 $h : |K| \times [1, 2] \to R^{N+1}$, 使对 h 以及任一对 K 中维数之和 $= N$ 的非对角型单形, 5.2 节 2 命题 1 的条件都能满足, 记从 $K \times [1, 2]$ 到剖分 L 的链映象为 $sd_\#$, 并对 K 的任意下链 c 简记奇异下链 $hsd_\#(c \times [1, 2])$ 为 $\tilde{h}c$ 则由 5.2 节命题 1, 对任意胞腔 $\sigma \times \tau \in \tilde{K}^*$, (这里 $\dim \sigma + \dim \tau = N$) 应有

$$\phi(\tilde{h}\sigma, \tilde{h}\partial\tau) + (-1)^{\dim \sigma} \cdot \phi(\tilde{h}\partial\sigma, \tilde{h}\tau) = \phi_1(f_1'\sigma, f_1'\tau) - \phi_2(f_2'\sigma, f_2'\tau). \tag{8}$$

今定义一 $\tilde{K}^*$ 中的 $N-1$ 维整系数上链 $\tilde{\psi}$ 为

$$\tilde{\psi}(\sigma' \times \tau') = \phi(\tilde{h}\sigma', \tilde{h}\tau'), \tag{9}$$

这里 $\sigma' \times \tau' \in \tilde{K}^*$ 为任一 $N-1$ 维胞腔. 容易验证 $\tilde{\psi}$ 是一 d_N 上链, 于是对任意 N 维胞腔 $\sigma \times \tau \in \tilde{K}^*$, 由 (7), (8) 与 (9) 可得

$$\begin{aligned} \delta\tilde{\psi}(\sigma \times \tau) &= \tilde{\psi}(\partial\sigma \times \tau) + (-1)^{\dim \sigma} \cdot \tilde{\psi}(\sigma \times \partial\tau) \\ &= \phi(\tilde{h}\partial\sigma, \tilde{h}\tau) + (-1)^{\dim \sigma} \cdot \phi(\tilde{h}\sigma, \tilde{h}\partial\tau) \\ &= (-1)^{\dim \sigma} \cdot [\phi_1(f_1'\sigma, f_1'\tau) - \phi_2(f_2'\sigma, f_2'\tau)] \\ &= \tilde{\varphi}_1(\sigma \times \tau) - \tilde{\varphi}_2(\sigma \times \tau). \end{aligned}$$

由此得 $\tilde{\varphi}_1 - \tilde{\varphi}_2 = \delta\tilde{\psi}$, 因而由 K 到 R^N 中任意一般性半线性嵌入 f 对 R^N 所给定向的示嵌特殊上闭链 $\tilde{\varphi}_f$, 都在同一特殊上类 $\tilde{\Phi}_K^N \in H_{(d_N)}^N(\tilde{K}^*, t)$ 中.

诸上闭链 $\tilde{\varphi}_f$ 必属于 K^* 上以 $I_{(N)}$ 为系数群的同一上同调类一事也可同样证明. 公式 (6) 则直接可由定义获得.

定理 3 依定理 2 对应 R^N- 固定定向所确定的上类 Φ_K^N 与 $\tilde{\Phi}_K^N$, 实际上与 R^N 的定向无关, 且有以下性质

$$2\Phi_K^N = 0, \tag{10}$$

$$2\tilde{\Phi}_K^N = 0. \tag{$\tilde{10}$}$$

证 设 α 为 R^N 到自身逆转定向的一个线性变换, 对任意 K 到 R^N 中的一般性半线性映象 f, 命 f^- 为 K 到 R^N 中的一般性半线性映象 $2f$, 记 f 对 R^N 所设定向以及相反定向的示嵌上闭链 (以及示嵌特殊上闭链) 为 $\varphi_f, \varphi_{\overline{f}}$(以及 $\tilde{\varphi}_f, \tilde{\varphi}_{\overline{f}}$). 同样也有 $\varphi_{f^-}, \varphi_{\overline{f}^-}, \tilde{\varphi}_{f^-}$ 与 $\tilde{\varphi}_{\overline{f}^-}$, 从定理 2 可得

$$\varphi_f \sim \varphi_{f^-}, \tag{11}$$

与

$$\tilde{\varphi}_f \underset{d_N}{\sim} \tilde{\varphi}_{f^-}. \tag{$\widetilde{11}$}$$

另一面, 记对 R^N 所给定向与相反定向的交截数为 ϕ 与 ϕ^-, 则对任意 N 维胞腔 $\sigma \times \tau \in \tilde{K}^*$, 有

$$\begin{aligned}
&\tilde{\varphi}_{\overline{f}}(\sigma \times \tau) = (-1)^{\dim \sigma} \cdot \phi^-(f\sigma, f\tau) = -(-1)^{\dim \sigma} \cdot \phi(f\sigma, f\tau),\\
&\tilde{\varphi}_{f^-}(\sigma \times \tau) = (-1)^{\dim \sigma} \cdot \phi(f^-\sigma, f^-\tau) = -(-1)^{\dim \sigma} \cdot \phi(f\sigma, f\tau),\\
&\tilde{\varphi}_f(\sigma \times \tau) = (-1)^{\dim \sigma} \cdot \phi(f\sigma, f\tau).
\end{aligned}$$

同样有关于 $\varphi_{\overline{f}}, \varphi_{f^-}$ 与 φ_f 的诸式. 由此得

$$\tilde{\varphi}_{\overline{f}} = \tilde{\varphi}_{f^-} = -\tilde{\varphi}_f, \tag{$\widetilde{12}$}$$

与

$$\varphi_{\overline{f}} = \varphi_{f^-} = -\varphi_f. \tag{12}$$

比较 (11), ($\widetilde{11}$) 与 (12), ($\widetilde{12}$) 即得 (10) 与 ($\tilde{10}$), 而 $\tilde{\Phi}_K^N, \Phi_K^N$ 与 R^N 的定向无关也因之得证.

定理 2, 3 说明了以下定义的合理性.

定义 2 对一有限单纯复形 K, 由 K 到 R^N 中任意一般性半线性映象 f 对 R^N 任意定向的示嵌上闭链 φ_f(或示嵌特殊上闭链 $\tilde{\varphi}_f$) 所唯一确定的上类, 将称为 K 的 N 维示嵌类 (或 N 维特殊示嵌类) 而将记作 $\Phi_K^N \in H^N(K^*, I_{(N)})$(或 $\tilde{\Phi}_K^N \in H_{(d_N)}^N(\tilde{K}^*, t)$).

附注 有限单纯复形 K 在一定向欧氏空间 R^N 中一个一般性半线性映象 f 所定的示嵌上闭链 φ_f 或示嵌特殊上闭链 $\tilde{\varphi}_f$ 这一概念, 也可稍加推广如次. 设 g 是 $|K|$ 到 R^N 中的任意连续映象, 使对 K 中满足 $\dim \xi + \dim \eta \leqslant N-1$ 任一对非对角型单形 ξ, η, 有 $g|\xi| \cap g|\eta| = \phi$ 则对这样的映象 g 与 (4)、($\tilde{4}$) 相类似的等式, 即

$$\tilde{\varphi}_g(\sigma \times \tau) = (-1)^{\dim \sigma} \cdot \phi(g\sigma, g\tau) \tag{$\tilde{4}'$}$$

与

$$\varphi_g(\sigma * \tau) = (-1)^{\dim \sigma} \cdot r_{(N)}\phi(g\sigma, g\tau), \tag{4'}$$

其中 $\sigma \times \tau \in \tilde{K}^*$ 而 $\dim\sigma + \dim\tau = N$, 将引出在 $\tilde{K}^*$ 与 K^* 中的确定的上链 $\tilde{\varphi}_g$ 与 φ_g, 对此有下述

命题　上面所定义的上链 $\tilde{\varphi}_g$ (或 φ_g) 都是 d_N 上闭链 (或上闭链), 且都属于 $\tilde{\Phi}_K^N$(或 Φ_K^N).

证　由 5.1 节命题 1, 在 $C_N(|K|)$ 的拓扑下可选择任意接近于 g 的 K 到 R^N 中的一般性半线性映象 f, 我们将取 f 与 g 充分接近, 使对任意一对满足 $\dim\xi + \dim\eta \leqslant N-1$ 的非对角型单形 ξ, η 仍有 $f|\xi| \cap f|\eta| = \varnothing$, 而对任意一对满足 $\dim\sigma + \dim\tau = N$ 的非对角型单形 σ, τ 有

$$\phi(f\sigma, f\tau) = \phi(g\sigma, g\tau),$$

于是 $\tilde{\varphi}_g$ (或 φ_g) 也就是由一般性半线性映象 f 所定的示嵌特殊上闭链 $\tilde{\varphi}_j$ (或示嵌上闭链 φ_f), 因之自然属于 $\tilde{\Phi}_K^N$ (或 Φ_K^N).

上述命题可使示嵌 (特殊) 上闭链的概念稍加推广犹如下述

定义 1′　对有限单纯复形 K 到一定向欧氏空间 R^N 中的任一连续映象 g, 如果对 K 中任一对维数之和 $\leqslant N-1$ 的非对角型单形 ξ, η 有 $g|\xi| \cap g|\eta| = \phi$, 则由 ($\tilde{4}'$)(或 (4′)) 所定义的 d_N 上闭链 (或上闭链) 将称为映象 g 的示嵌特殊上闭链 (或示嵌上闭链).

5.4　示嵌类中上闭链作为示嵌链的实现问题

设 K 是有限单纯复形. 对 K 到一定向 R^N 中的任一一般性半线性映象 f, 依下式

$$\varphi_f(\sigma^*\tau) = (-1)^{\dim \sigma} \cdot r_{(N)}\phi(f\sigma, f\tau). \tag{1}$$

$$\tilde{\varphi}_f(\sigma \times \tau) = (-1)^{\dim \sigma} \cdot \phi(f\sigma, f\tau) \tag{$\tilde{1}$}$$

所定义的上链已在 5.3 节定理 1、定理 2 中证明为一上闭链或一 d_N 上闭链, 且属于一确定的示嵌 (特殊) 上类 $\Phi_K^N \in H^N(K^*, I_{(N)})$ 或 $\tilde{\Phi}_K^N \in H^N_{(d_N)}(\tilde{K}^*, t)$ 中. 本节目的则在证明下面的.

定理 1　如果 $N > 1$ 则任一上闭链 $\varphi \in \Phi_K^N \in H^N(K^*, I_{(N)})$ 或 d_N 上闭链 $\tilde{\varphi} \in \tilde{\Phi}_K^N \in H^N_{(d_N)}(\tilde{K}^*, t)$ 都可实现为某 K 到 R^N 中一般性半线性映象 f 依 (1) 或 ($\tilde{1}$) 那样定义的示嵌上闭链.

附注 这一定理在 $N=1$ 时并不成立. 举例如下. 设 K 是一一维复形, 由三个顶点 a,b,c 与两一维单形 ab 与 ac 所构成, 因 K 可线性实现于 R^1 中, 故有 $\tilde{\Phi}_K^1=0$ 与 $\Phi_K^1=0$. 因之命 $\tilde{\psi}\in C_{(s)}^0(\tilde{K}^*,t)$ 与 $\psi\in C^0(K^*,I_2)$ 依下诸式定义:

$$\tilde{\psi}(b\times c)=-\tilde{\psi}(c\times b)=1,$$

$$\tilde{\psi}(a\times b)=\tilde{\psi}(b\times a)=\tilde{\psi}(a\times c)=\tilde{\psi}(c\times a)=0,$$

$$\psi(b*c)=1,$$

$$\psi(a*b)=\psi(a*c)=0,$$

则 $\delta\tilde{\psi}\in\tilde{\phi}_K^1=0$, $\delta\psi\in\phi_K^1=0$. 假设有一 K 到 R^1 中的一般性半线性映象 f, 使 $\tilde{\varphi}_f=\delta\tilde{\psi}$ 或 $\varphi_f=\delta\psi$. 命 $f(a)=a'$, $f(b)=b'$, $f(c)=c'$. 因 $\tilde{\varphi}_f(b\times(ac))=\delta\tilde{\psi}(b\times(ac))=\tilde{\psi}(b\times c)\neq 0$ 或 $\varphi_f(b*(ac))=\delta\psi(b*(ac))=\psi(b*c)\neq 0$, 故有 $\phi(b',f(ac))\neq 0$. 因之 b' 必在 a' 与 c' 之间, 同样有 $\tilde{\varphi}_f(c\times(ab))\neq 0$ 或 $\varphi_f(c*(ab))\neq 0$, 因而 c' 在 a', b' 之间, 但这是不可能的, 故 $\delta\tilde{\psi}\in\tilde{\Phi}_K^1$ 与 $\delta\psi\in\Phi_K^1$ 不能实现为任一示嵌 (特殊) 上闭链 $\tilde{\varphi}_f$ 或 φ_f.

定理 1 的证明.

试考虑任一 K 通过某单形剖分 K_0 在定向 R^N 中一般性半线性映象 f_0, 它的示嵌特殊上闭链是 $\tilde{\varphi}_{f_0}=\tilde{\varphi}_0\in\tilde{\Phi}_K^N$, 记 K 的单形 $\sigma_1,\sigma_2,\cdots,\sigma_i$ 的维数为 d_i. 任取一对胞腔 $\sigma_i\times\sigma_j,\sigma_j\times\sigma_i\in\tilde{K}^*$, 其维数设为 $N-1$, 即 $d_i+d_j=N-1$. 定义一 d_N 上链 $\tilde{\psi}_{ij}\in C_{(d_N)}^{N-1}(\tilde{K}^*,t)$ 为

$$\tilde{\chi}_{ij}(\sigma_k\times\sigma_l)=\begin{cases}0, & \sigma_k\times\sigma_l\neq\sigma_i\times\sigma_j \text{ 或 } \sigma_j\times\sigma_i,\\ 1, & \sigma_k\times\sigma_l=\sigma_i\times\sigma_j,\\ (-1)^{N+d_id_j}, & \sigma_k\times\sigma_l=\sigma_j\times\sigma_i,\end{cases}\tag{2}$$

其中 $\sigma_k\times\sigma_l\in\tilde{K}^*$, 且 $d_k+d_1=N-1$. 任给 $a=\pm1$, 我们将在以下指出: 如何改变 f_0 为另一 K 通过某单纯剖分 K_1 到定向 R^N 的一个一般性半线性映象, 使示嵌特殊上闭链 $\tilde{\varphi}_{f_1}=\tilde{\varphi}_1$ 由下式

$$\tilde{\varphi}_1=\tilde{\varphi}_0+a\cdot\delta\tilde{\chi}_{ij}\tag{3}$$

给出, 由于 $\sigma_i\times\sigma_j\in\tilde{K}^*$ 与 $a=\pm1$ 都是任意的, 故可从 $\tilde{\varphi}_0'$ 获得 $\tilde{\Phi}_K^N$ 中任一 d_N 上闭链 $\tilde{\varphi}$ 而证明本定理.

为了要改变 f_0 为 f_1 使 $\tilde{\varphi}_{f_1}=\tilde{\varphi}_1$ 如 (3) 式所示, 不妨首先假定 $d_i>0$, 由于 $N>1$ 这一假定无损于一般性, 设 τ_i,τ_j 是 K_0 的任意单形, 维数为 d_i,d_j, 而 $|\tau_i|\subset|\sigma_i|,|\tau_j|\subset|\sigma_j|$ 设 $\tau_i'=f_0\tau_i,\tau_j'=f_0\tau_j$, 取 τ_i 的一个内点 x_0, 又取 τ_j 的一个内点 x 使有

$$x_0'=f_0(x_0)\notin f_0\left|(K_0-St_0\tau_i)^{N-1}\right|,\tag{4}$$

$$x' = f_0(x) \notin f_0 \left|(K_0 - St_0\tau_j)^{N-1}\right|, \tag{5}$$

其中 St_0 表 K_0 中的星形, 设 L 为一过 x' 而与 τ_j' 垂直的 d_i+1 维线性子空间, 我们将定向 L 使

$$\phi(L, \tau_j') = (-1)^{d_i+1}a. \tag{6}$$

在 L 中试取一充分小的直角柱形 P, 含 x' 于其内部, 其底 Z_+ 与 Z_- 都与 τ_i' 相似, 相似比则为 $\varepsilon > 0$, 且 P 与 $f_0\left|(K - St_0\tau_i - St_0\tau_j)^{N-2}\right|$ 只遇于 x'. 命 L 中过 x' 而垂直于柱形底面的直线各遇此二底面于 x'_+ 与 x'_-, 定向 Z_+ 与 Z_- 犹如 τ_i', L 的定向将引出一 P 的定向, 使有代数式 (必要时交换 Z_+ 与 Z_-)

$$\partial P = Z_+ - Z_- + C,$$

其中 C 指 P 的侧面, 今作一简单折线 B, 顶点依次为 $x'_0, x'_1, \cdots, x'_n = x'_-$, 使以下诸条件能满足:

1° B 与 $f_0\left|(K_0 - St_0\tau_i)^{N-2}\right|$ 以及 $\left|\tau_j'\right|$ 都不相遇.

2° $x'_0x'_1$ 与 τ_i' 垂直且与 $f_0\left|K_0^{N-1}\right|$ 只遇于 x'_0.

3° $x'_{n-1}, x'_n = x'_-$ 与 x' 在一直线上, 且 x'_- 在 x' 与 x'_{n-1} 之间.

今设 T 是 R^N 到自身保持定向的一个正交变换, 把 x'_- 变为 x'_0, 方向 $x'_{n-1}x'_n$ 变为 $x'_0x'_1$, 而 τ_i' 的线性空间变为 τ_i' 的线性空间, 且定向依然保持. 今对任意 $\tau_k \in ClSt_0\tau_i$, 命 $\tau_{k,\varepsilon}$ 为 τ_k 以 x_0 为中心, 依 $\varepsilon : 1$ 这一比例的一个收缩. 特别是 $\tau_{k,\varepsilon}$ 是 τ_i' 中的一个单形, 与 Z_- 以及 Z_+ 合同, 今定义一 $|K|$ 到 R^N 中的映象 f_0' 如下, 对于不在任一 $\tau_{k,\varepsilon}$ 中, $\tau_k \in St_0\tau_i$ 的点 $y \in |K|$ 将置 $f_0'(y) = f_0(y)$, 对于 $y \in |\partial\tau_{k,\varepsilon}| - \mathrm{Int}\tau_{i,\varepsilon}, \tau_k \in St_0\tau_i$, f_0' 将把线段 yx_0 线性地映为折线 B_y, 这里 B_y 的顶点依次为 $y' = f_0(y), x'_0, x'_1, \cdots, x'_{n-1}, x'_n, y'_-, y'_+, x'_+$, 其中 y'_- 为在 T 下与 y' 对应的点, 而 $y'_-y'_+$ 平行且等于 $x'_-x'_+$, 依 5.1 节命题 3, f_0' 可逼近为一 K 通过某剖分 K_1 的一般性半线性映象 f_1, 使以下诸条件能满足:

4° 对不在任意 $\tau_{k,\varepsilon}, \tau_k \in St_0\tau_i$ 中的点, f_1 与 f_0' 以及 f_0 重合.

5° 对任意 $\tau_k \in St_0\tau_i, f_1\left|\tau_{k,\varepsilon}\right|$ 与 $f_1\left|(K - St_0\tau_i - St_0\tau_j)^{N-2}\right|$ 不相遇.

今比较 $\tilde{\varphi}_0$ 与 $\tilde{\varphi}_1 = \varphi_{f_1}$, 如下, 设 $\sigma_k \times \sigma_l$ 是 $\tilde{K}^*$ 的任一 N 维胞腔, 我们应该证明 (3) 式亦即

$$\tilde{\varphi}_1(\sigma_k \times \sigma_l) - \tilde{\varphi}_0(\sigma_k \times \sigma_l) = a\delta\tilde{\chi}_{ij}(\sigma_k \times \sigma_l)$$

或

$$\begin{aligned}&\phi(f_1\sigma_k, f_1\sigma_l) - \phi(f_0\sigma_k, f_0\sigma_l)\\ =&\, a \cdot \left[\tilde{\chi}_{ij}(\sigma_k \times \partial\sigma_l) + (-1)^{\dim\sigma_k} \cdot \tilde{\chi}_{ij}(\partial\sigma_k \times \sigma_l)\right].\end{aligned} \tag{3'}$$

如果 $\sigma_k, \sigma_l \notin St\sigma_i$, 则 f_1 与 f_0 在 $|\sigma_k|$ 与 $|\sigma_l|$ 上重合, 因而 (3′) 的两边都是 0. 如果 $\sigma_k \in St\sigma_i$, 则 $\sigma_l \notin St\sigma_i$, 因而 f_1 与 f_0 在 $|\sigma_l|$ 上重合, 而在 $|\sigma_k|$ 上, 二者只在 $|\tau_{k,\varepsilon}|$ 上有所不同, 此处 τ_k 为 K_0 的 σ_k 中与 τ_i 相关联的单形. 如果 $d_k \geqslant d_i+2$, 由 5°, (3′) 的两边都是 0, 则 $\phi(f_1\sigma_k, f_1\sigma_l) = \phi(f_0\sigma_k, f_0\sigma_l)$. 如果 $\sigma_l \in St\sigma_i$, 而 $d_l \geqslant d_j+2$ 时情况也相同, 最后试考虑, $\sigma_k \in St\sigma_i$, 而 $d_k = d_i+1$ 这一情形. 如果 $\sigma_l \neq \sigma_j$, $d_l = d_j \leqslant N-2$, 则由 5° $f_1|\tau_k,\varepsilon| \cap f_1|\sigma_l| = \varnothing$, 因之 (3′) 两边又为 0. 如果 $\sigma_l = \sigma_j$, 试考虑任一 $\sigma_m \in k$, 这里 $d_m = d_j+1$, 而 $\partial\sigma_m + \sigma_j + \cdots$ (在没有这样的 $\sigma_m \in k$ 时, 可在事先添加这样的一个单形于 K.) 因 $P \cap f_0\,|\partial\sigma_m - \sigma_j| = \varnothing$, $f_1\,|\tau_{k,\varepsilon}| \cap f_0\,|\partial\sigma_m - \sigma_j| = \varnothing$ 与 $f_1\,|\partial\tau_{k,\varepsilon} - \tau_{i,\varepsilon}| \cap f_0\,|\sigma_m| = \varnothing$, 故由 (4), 在取 $\varepsilon > 0$ 充分小时, 有 $(\partial\sigma_k = \eta_k\sigma_i + \cdots, \eta_k = \pm 1)$

$$\begin{aligned}
\phi(f_1\sigma_k, f_1\sigma_j) - \phi(f_0\sigma_k, f_0\sigma_j) &= \phi(f_1\sigma_k - f_0\sigma_k, f_0\sigma_j)\\
&= \phi(f_1\tau_{k,\varepsilon}, f_0\sigma_j)\\
&= \phi(f_1\tau_{k,\varepsilon}, f_0\partial\sigma_m)\\
&= (-1)^{d_k}\cdot\phi(\partial f_1\tau_{k,\varepsilon}, f_0\sigma_m)\\
&= (-1)^{d_k}\cdot\eta_k\cdot\phi(f_1\tau_{i,\varepsilon}, f_0\sigma_m)\\
&= (-1)^{d_k}\cdot\eta_k\cdot\phi(\partial P, f_0\sigma_m)\\
&= (-1)^{d_k+d_i+1}\cdot\eta_k\cdot\phi(P, \partial f_0\sigma_m)\\
&= \eta_k\cdot\phi(P, f_0\sigma_j)\\
&= (-1)^{d_i+1}\cdot\eta_k\cdot a \quad (\text{由 (6) 式}).
\end{aligned}$$

因为显然有

$$\tilde{\chi}_{ij}(\partial\sigma_k \times \sigma_j) + (-1)^{d_k}\cdot\tilde{\chi}_{ij}(\sigma_k \times \partial\sigma_j) = \eta_k,$$

故重得式 (3′) 余下来的情形也可同样处理, 因而得 (3) 式, 而这证明了对 $\tilde{\Phi}_K^N$ 时的定理. 在 Φ_K^N 的情形也可同样证明或可自 $\tilde{\Phi}_K^N$ 的情形推出.

5.5 有限单纯复形的示嵌类 Φ_K^N 与 Φ_2 类 $\Phi_2^N(K)$ 的一致性

在第 3 章中, 我们曾对任意 Hausdorff 空间 X 引入了一组类 $\tilde{\Phi}_p^N(X) \in H_{(d_N)}^N(\tilde{X}_p^*, t)$ 与一组类 $\Phi_p^N(X) \in H^N(X_p^*, I_{(N)})$, 这里 p 是任意质数, 而 $N \geqslant 0$ 是任意非负整数. 在 X 是一有限可剖形而 K 是它的一个单纯剖分时, $(\tilde{X}_p^*, t)$ 与 $(|\tilde{K}_p^*|, t)$ (以及 X_p^* 与 $|K_p^*|$) 有相同的同伦型, 因而可确定地恒同 $H_{(\rho)}^N(\tilde{X}_p^*, t_X; G)$ 与 $H_{(\rho)}^N(\tilde{K}_p^*, t_K; G)$ (以及 $H^N(X_p^*, G)$ 与 $H^N(K_p^*, G)$). 在 $p=2$ 时, 我们在 3.2 节曾给出了在 $\tilde{K}_2^*$ 与 K_2^* 中, 属于类 $\tilde{\Phi}_2^N(X) \in H_{(d_N)}^N(K_2^*, t_K)$ 与 $\Phi_2^N(X) \in H^N(K_2^*, I_{(N)})$ 的某些上闭链的明

显公式. 另一面, 在有限单纯复形 K 的情形, 我们又引入了类 $\tilde{\Phi}_K^N \in H_{(d_N)}^N(\tilde{K}_2^X, t)$ 与 $\Phi_K^N \in H^N(K_2^*, I_{(N)})$. 这一节将证明这两组类, 事实上是完全相同的, 即有下述.

定理 对一有限单纯复形 K, 示嵌类 $\tilde{\Phi}_K^N$ 与类 $\tilde{\Phi}_2^N(K)$ 重合.

证 设 R^{N+1} 为一 $N+1$ 维欧氏空间, 而 R^N 为 R^{N+1} 中过原点 O 的一个 N 维线性子空间, 设 S^N 为 R^{N+1} 中以 O 为中心的单位球, 被赤道球 $S^{N-1} = R^N \cap S^N$ 分成两个半球 $\overset{+}{S}$ 与 $\overset{-}{S}$, 以 π_0 表示 O 为中心, 从 $R^{N+1} - O$ 到 S^N 上的中心投影, 而以 ω 表从 $\overset{+}{S}$ 到 R^N 中以 S^{N-1} 为边界的实心球体 V^N 上垂直投影的逆变换. 协合地定向 $R^{N+1}, R^N, S^N, S^{N-1}, \overset{+}{S}$ 与 $\overset{-}{S}$, 使 $\overset{+}{S} - (-1)^N \overset{-}{S}$ 为由定向球所负载的下闭链, 而

$$\partial \overset{+}{S} = (-1)^N \partial \overset{-}{S} = S^{N-1}.$$

记 R^{N+1} 中对 O 的反射 $x \to -x$ 为 t_0, 则

$$t_{0\#} \overset{+}{S} = \overset{-}{S}, \quad t_{0\#} \overset{-}{S} = \overset{+}{S},$$

或对偶地说,

$$t_0^{\#}\{\overset{+}{S}\} = \{\overset{-}{S}\}, \quad t_0^{\#}\{\overset{-}{S}\} = \{\overset{+}{S}\},$$

这里设 S^N 已被剖分成由胞腔 $\overset{+}{S}, \overset{-}{S}$ 等所组成的一个胞腔复形, 而 $\{\overset{+}{S}\}$ (或 $\{\overset{-}{S}\}$) 为在 $\overset{+}{S}$ (或 $\overset{-}{S}$) 上取值 1, 但在 $\overset{-}{S}$ (或 $\overset{+}{S}$) 上取值 0 的 N 维上链, 依 2.5 节例 2 与例 6, 对简单组 (S^N, t_0) 有

$$H_{(d_N)}^N(S^N, t_0) \approx I_2,$$

这里

$$d_N = 1 - (-1)^N t_0 = \begin{cases} s, & N = \text{奇数时}, \\ d, & N = \text{偶数时}. \end{cases}$$

在 $N_{(d_N)}^N(S^N, t_0)$ 中的一个母元素由含有下述 d_N 上闭链:

$$\sum = \bar{d}_N\{\overset{+}{S}\} = \{\overset{+}{S}\} + (-1)^N\{\overset{-}{S}\} \tag{1}$$

的 d_N 上类给出, 且

$$\sum \in \tilde{A}^N(S^N, t_0). \tag{2}$$

今考虑任一 K 到 R^N 中的一般性线性映象 f, 对 $\tilde{K}_2^*$ 的 $N-1$ 维骨架 $(\tilde{K}_2^*)^{N-1}$ 所定空间的任意点 (x, y), 命

$$F(x, y) = \pi_0(f(y) - f(x)) = j(f(x), f(y)) \in S^{N-1},$$

这里 j 为 5.2 节中所考虑过的映象, 设 $\sigma \times \tau$ 与 $\tau \times \sigma$ 是 $\tilde{K}_2^*$ 中的任一对 N 维胞腔, 因而 $\sigma, \tau \in K$ 无顶点公共, 且 $f(|\partial\sigma|)$ 与 $f(|\tau|)$ 不相遇, 而 $f(|\sigma|)$ 与 $f(|\partial\tau|)$ 也

不相遇. 映象 F 在 $|\partial(\sigma\times\tau)|$ 上已有定义. 今试将 F 依下述方式推广至 $|\sigma\times\tau|$ 内部, 使其象位于 S^N 如下, 为此在 $\sigma\times\tau$ 与 $\tau\times\sigma$ 这一对中任择其一, 例如 $\sigma\times\tau$. 如果 $f\,|\sigma|\cap f\,|\tau|=\varnothing$, 则

$$\phi(f\sigma,f\tau)=(-1)^{\dim\sigma}\cdot \mathrm{Deg}_{S^{N-1}}F\partial(\sigma\times\tau)=0, \tag{3}$$

这里 ϕ 指定向 R^N 中的交截数, 因之 F 可推广至 $|\sigma\times\tau|$ 的内部, 使其象位于 S^{N-1} 上, 任取这样一个推广, 然后再推广 F 到 $|\tau\times\sigma|$ 的内部, 使

$$F(\tilde{z})=t_0Ft_K(\tilde{z}),\quad \tilde{z}\in\mathrm{Int}\,|\tau\times\sigma|. \tag{4}$$

若另一面有 $f\,|\sigma|\cap f\,|\tau|\neq\varnothing$, 则 $f\,|\sigma|$ 与 $f\,|\tau|$ 恰有一点公共, 设为 $f(x_0)=f(y_0)$, 这里 x_0 与 y_0 各在 σ 与 τ 的内部, 而

$$\phi(f\sigma,f\tau)=\pm1.$$

今将 σ,τ 表示为在两欧氏空间 R_σ,R_τ 中的非退化单形, 因而 $\sigma\times\tau$ 成为 $R_\sigma\times R_\tau$ 中的一个凸胞腔, 其边界为 $|\partial(\sigma\times\tau)|$, 于是 $|\sigma\times\tau|$ 的任一点可表作形状 $(x,y;t)$, 这里 $(x,y)\in|\partial(\sigma\times\tau)|$, $0\leqslant t\leqslant 1$, 而自 (x_0,y_0) 至 (x,y) 的线段被该点分成比例 $t:1-t$, 推广 F 至 $|\sigma\times\tau|$ 内部, 使

$$F(x,y;t)=\omega[tF(x,y)],\quad (x,y;t)\in|\sigma\times\tau|,$$

其次再推广 F 至 $|\tau\times\sigma|$ 内部, 使仍有 (4) 式. 对 $|\tilde{K}_2^*|$ 中的点 (x,y) 命

$$s_f(x,y)=s(f(x),f(y))=f(y)-f(x),$$

这里 s 是 5.2 节已提到过的映象, 于是映象 $\omega^{-1}F$ 与 s_f 在 $|\sigma\times\tau|$ 上显然同伦, 且在同伦过程中使 $|\partial(\sigma\times\tau)|$ 的象保持不过 O 点, 因之, 有

$$\begin{aligned}\phi(f\sigma,f\tau)&=(-1)^{\dim\sigma}\cdot\mathrm{Deg}_O^{(N)}s(f\sigma,f\tau)\\&=(-1)^{\dim\sigma}\cdot\mathrm{Deg}_O^{(N)}s_f(\sigma\times\tau)\\&=(-1)^{\dim\sigma}\cdot\mathrm{Deg}_O^{(N)}\omega^{-1}F(\sigma\times\tau),\end{aligned}$$

或

$$\phi(f\sigma,f\tau)=(-1)^{\dim\sigma}\cdot\mathrm{Deg}_e^{(N)}F(\sigma\times\tau),$$

这里 $e=\omega(O)\in S^N$, 而 $\mathrm{Deg}_e^{(N)}$ 指到 N 维球 S^N 的映象在 e 处的局部覆盖度 (见 5.2 节 D_5), 因

$$F_\#(\sigma\times\tau)=[\mathrm{Deg}_e^{(N)}F(\sigma\times\tau)]\cdot\overset{+}{S},$$

故得

$$F_{\#}(\sigma \times \tau) = (-1)^{\dim \sigma} \cdot \phi(f\sigma, f\tau) \cdot \overset{+}{S}. \tag{5}$$

于是从 (4) 可得

$$\begin{aligned} F_{\#}(\tau \times \sigma) &= t_{0\#} F_{\#} t_{K\#}(\tau \times \sigma) \\ &= (-1)^{\dim \sigma \dim \tau} \cdot t_{0\#} F_{\#}(\sigma \times \tau) \\ &= (-1)^{\dim \sigma \dim \tau + \dim \sigma} \cdot \phi(f\sigma, f\tau) \cdot t_{0\#} \overset{+}{S} \\ &= (-1)^{\dim \sigma} \cdot \phi(f\tau, f\sigma) \cdot \bar{S}, \end{aligned}$$

或因 $\dim \sigma + \dim \tau = N$,

$$F_{\#}(\tau \times \sigma) = (-1)^N \cdot (-1)^{\dim \tau} \cdot \phi(f\tau, f\sigma) \cdot \overline{S}. \tag{6}$$

在 $f|\sigma| \cap f|\tau| = \varnothing$ 时, (5) 与 (6) 的两边由于 (3) 式而都是 0, 因而仍能成立, 由此知对 $\tilde{K}_2^*$ 中任一对 N 维胞腔 $\sigma \times \tau$ 与 $\tau \times \sigma$ 有

$$\begin{aligned} F^{\#} \sum \cdot (\sigma \times \tau) &= [\{\overset{+}{S}\} + (-1)^N \cdot \{\bar{S}\}] \cdot F_{\#}(\sigma \times \tau) \\ &= (-1)^{\dim \sigma} \cdot \phi(f\sigma, f\tau) \end{aligned}$$

与

$$\begin{aligned} F^{\#} \sum \cdot (\tau \times \sigma) &= [\{\overset{+}{S}\} + (-1)^N \cdot \{\bar{S}\}] \cdot F_{\#}(\tau \times \sigma) \\ &= (-1)^{\dim \sigma} \cdot \phi(f\tau, f\sigma). \end{aligned}$$

故有

$$F^{\#} \sum = \tilde{\varphi}_f, \tag{7}$$

这里 $\tilde{\varphi}_f$ 是 $\tilde{\Phi}_K^N$ 中由 f 所定的示嵌特殊上闭链, 因 F 依作法是一组映象

$$F : (|(\tilde{K}_2^*)^{(N)}|, t_K) \to (S^N, t_0),$$

故由 (2) 得

$$F^{\#} \sum \in \tilde{A}^N(\tilde{K}_2^*, t_K) = \tilde{\Phi}_2^N(K). \tag{8}$$

从 (7) 与 (8) 即得 $\tilde{\Phi}_K^N = \tilde{\Phi}_2^N(K)$, 因而定理得证.

附注 1 作者本人 ([62]) 以及 Shapiro ([44]), 关于上述定理原来的证明与这里的证明完全不同, 但这些原证都依据着同样的原则: 作出 K 到 R^N 中特殊的一般性半线性映象, 定出它们示嵌上闭链的明显表示式, 并证明与 3.2 节中所给出的明显

表示式相同, 由此即得 $\Phi_2^N(K)=\Phi_K^N$ 等等, 如所欲证. 因为这些证明中的计算颇为繁复, 故我们仅简述作者原证于下. 为此先假设所设有限单纯复形 K 的顶点已排成一固定次序 $a_1<a_2<\cdots<a_r$. K 中的单形将表成 "规范形式"$\sigma=a_{i_0}\cdots a_{i_s}$, 使恒有 $i_0<i_1<\cdots<i_s$, 且诸单形将排成一次序 $\prec$ 使 $\sigma=a_{i_0}\cdots a_{i_s}\prec\tau=a_{j_0}\cdots a_{j_t}$ 与下事实相当：或则 $s<t$ 或则 $s=t$ 而有一 n 使 $i_0=j_0,\cdots,i_{n-1}=j_{n-1}$, 但 $i_n<j_n$. K 中单形 σ 的重心将记作 o_σ.

第二证明, 设 R^{2m} 是一 $2m$ 维欧氏空间, 以 $(x_1,\cdots,x_{2m})$ 为一坐标系统, R^s 是 R^{2m} 中由方程 $x_{s+1}=\cdots=x_{2m}=0$ 定义的线性子空间, 且将依坐标次序 $x_1,\cdots,x_s$ 来定向, R^s 中由 R^{s-1} 所分成的两部分 $x_s>0$ 与 $x_s<0$ 将各记为 R^s_+ 与 R^s_- 命 $l_s(1\leqslant s\leqslant m-1)$ 为直线 $x_1=\cdots=x_{2s}=1$, $x_{2s+2}=\cdots=x_{2m}=0$, 因而 $l_s\subset R^{2s+1},l_s\cap R^{2s-1}=\varnothing$, 而 l_s 与 R^{2s} 交于唯一点 $O_s=(\underbrace{1,\cdots,1}_{2s},\underbrace{0\cdots0}_{2m-2s})$ 命 A_i 为 R^1 上的点 $(i,\underbrace{0,\cdots,0}_{2m-1})$ 对每一 $s\geqslant1$ 与 $\leqslant m-1$, 试对任一规范形式下的单形 $\sigma=a_{i_0}\cdots a_{i_s}\in K$, 在 l_s 上取一点 $A_{i_0}\cdots i_s=A_\sigma$ 使 $x_{2s+1}(A_\sigma)>0$, 而对任意 $\sigma\prec\tau(\dim\sigma=\dim\tau=s,\sigma,\tau\in K)$, 有 $x_{2s+1}(A_\sigma)<x_{2s+1}(A_\tau)$, 或简记为 $A_\sigma\succ A_\tau$ (这里 $x_i(A)$ 指点 A 的 x_i 坐标). 今定义一 K 通过重心剖分 K_1 到 R^{2m} 中的一般性半线性映象 f, 使

$$\begin{aligned}&f(a_i)=A_i,\\&f(o_\sigma)=A_\sigma,\sigma\in K,\quad 0<\dim\sigma\leqslant m-1,\end{aligned}$$

而在 $\dim\sigma\geqslant m,\sigma\in K$ 时, $f(o_\sigma)=A_\sigma$ 将在 R^{2m}_+ 中适当选取. 另外又定义一 K 通过 K_1 到 R^{2m-1} 中的一般性半线性映象 f', 使

$$\begin{aligned}&f'(a_i)=f(a_i)=A_i,\\&f'(o_\sigma)=f(o_\sigma)=A_\sigma,\quad \sigma\in K,0<\dim\sigma\leqslant m-1,\end{aligned}$$

而在 $\dim\sigma\geqslant m,\sigma\in K_\sigma$ 时, $f'(o_\sigma)=A'_\sigma\in R^{2m-1}_+$, 它们的相应示嵌上闭链各为

$$\begin{aligned}&\varphi_f\in\Phi_K^{2m}\in H^{2m}(K^*),\\&\varphi_{f'}\in\Phi_K^{2m-1}\in H^{2m-1}(K^*,I_2).\end{aligned}$$

今引进一整系数上链 $\varphi_0\in C^{2m-1}(K^*)$ 为

$$\varphi_0(\sigma*\tau)=(-1)^m\cdot\phi^{2m-1}(f'\sigma,f'\tau),$$

其中 $\sigma*\tau\in K^*_,\dim\sigma+\dim\tau=2m-1,\dim\sigma<\dim\tau$, 而 ϕ^{2m-1} 指在依上面定向的 R^{2m-1} 中的交截数. 由直接计算可知

$$\varphi_{f'} = r_2 \varphi_0,$$

$$\delta \varphi_0 = 2\varphi_f.$$

因之有

$$\Phi_K^{2m} = \beta^* \Phi_K^{2m-1}, \tag{9}$$

这里 $\beta^* : H^{2m-1}(K_2^*, I_2) \to H^{2m}(K_2^*)$ 为 Bockstein 同态. 由直接计算又有

$$\varphi_{f'} = r_2 \sum \{(a_{i_0} \cdots a_{i_{m-1}}) * (a_{j_0} \cdots a_{j_m})\}, \tag{10}$$

这里 $\sum$ 展开于满足条件

$$j_0 < i_0 < j_1 < \cdots < i_{m-1} < j_m \tag{11}$$

的一切指数组 (i, j) 上. 以 (10), (11) 与 3.2 节相比较, 即得

$$\Phi_K^{2m-1} = \Phi_2^{2m-1}(K).$$

从 (9) 式并应用一般关系 $\Phi_2^{2m}(X) = \beta^* \Phi_2^{2m-1}(X)$ 于组 $(\tilde{K}_2^*, t)$, 更有

$$\Phi_K^{2m} = \Phi_2^{2m}(K),$$

关系 $\tilde{\Phi}_K^N = \tilde{\Phi}_2^N(K)$ 也可类似地证明, 其细则参阅 [62].

附注 2 下面简洁而美妙的证明是岳景中给出的. 将 K 嵌入一充分高维数的单形 Δ 以成 Δ 的一个子复形, 而命 $(\hat{j}, j) : (\tilde{K}_2^*, K_2^*) \to (\tilde{\Delta}_2^*, \Delta_2^*)$ 为自然包含映象, 于是 $\tilde{j}_{(d_N)}^* \tilde{\Phi}_2^N(|\Delta|) = \tilde{\Phi}_2^N(|K|)$. 试考虑一 Δ 到 R^N 中的半线性嵌入 f, 可见 f 对 K 的示嵌上闭链即为 f 对 Δ 的示嵌上闭链的限制, 因而有 $\tilde{j}_{(d_N)}^* \tilde{\Phi}_\Delta^N = \tilde{\Phi}_K^N$, 故只需定理对特殊复形 Δ 能证明成立即可. 今从 4.2 节与 2.5 节例 6 有 $H_{(d_N)}^N(\tilde{\Delta}_2^*, t_\Delta) \approx I_2$, 又已知在 $\dim \Delta > N$ 时有 $\tilde{\Phi}_2^N(|\Delta|) \neq 0$, 另一面 $\tilde{\Phi}_\Delta^N = 0$ 将蕴涵 $\tilde{\Phi}_K^N = 0$, 对任意 K 成立, 而这由简单的例子即可知是不成立的, 因之 $\tilde{\Phi}_\Delta^N = \tilde{\Phi}_2^N(|\Delta|)$ 代表了 $H_{(d_N)}^N(\tilde{\Delta}^*, t_\Delta)$ 中唯一不等于 0 的元素.

5.6 复形在欧氏空间中浸入的阻碍

设 K, R^N 等与以前诸节相同, 设 f 是 K 到 R^N 中的一个一般性线性映象. 则 f 与一浸入不同之处在于: K 中可能有某些单形对 σ_1, σ_2 只有单形 σ_0 为公共面, 但 $f|\sigma_1|$ 与 $f|\sigma_2|$ 却有 $f|\sigma_0|$ 以外的点公共, 因之为对这一差异作出初步的量度, 我们将引入一 $\tilde{K}_2^{(0)}$ 中的上链 $\tilde{\psi}_f$ 如次. 对于 K 中任一对非对角型的单形 σ_1, σ_2 以及一顶点 a, 假设 $\dim \sigma_1 + \dim \sigma_2 = N$, 而 a 与 σ_1 (也与 σ_2) 张成 K 的单形 (a 也可为 σ_1 的顶点或 σ_2 的顶点, 但不能同时为 σ_1 与 σ_2 的顶点), 此时命

$$\tilde{\psi}_f([a, \sigma_1 \times \sigma_2]^{(0)}) = (-1)^{\dim \sigma_1} \cdot \phi(f\sigma_1, f\sigma_2). \tag{1}$$

另一面, $\tilde{\psi}_f$ 在 $\tilde{K}_2^{(0)}$ 中一切不作上述 $[a,\sigma_1\times\sigma_2]^{(0)}$ 形状的 N 维胞腔上都取值 0. 于是容易验证 $\tilde{\psi}_f$ 是 $\tilde{K}_2^{(0)}$ 中的一个 d_N 上闭链, 这里

$$d_N = 1-(-1)^N t, \quad t = t_K. \tag{2}$$

定义 1 $\tilde{K}_2^{(0)}$ 中由 (1) 式定义的 d_N 上闭链 $\tilde{\psi}_f$, 将称为 K 到定向 R^N 中一般性线性映象 f 的示浸特殊上闭链.

在 3.2 节中, 我们曾定义了 K 的 $\tilde{\Psi}_p$ 与 Ψ_p 上类为

$$\tilde{\Psi}_p^N(K) = \tilde{A}^N(\tilde{K}_p^{(0)}, t_K) \in H_{(d_N)}^N(\tilde{K}_p^{(0)}, t_K) \tag{3}$$

与

$$\Psi_p^N(K) = A^N(\tilde{K}_p^{(0)}, t_K) \in H^N(K_p^{(0)}, I_{(N)}). \tag{4}$$

我们将证明下述定理, 这说明了在 $p=2$ 时, $\tilde{\Psi}_2^N(K)$ 与 $\Psi^N(K)$ 在某种意义下可以看作是一种阻碍:

定理 1 相应于任一 K 到 R^N (定向) 中一般性线性映象 f 所定特殊示浸上闭链 $\tilde{\psi}_f$ 所属的 d_N 上类, $\tilde{\Psi}_K^N$ 与 f 的选择无关, 且与 K 的 $\tilde{\Psi}_2$ 类恒同, 即

$$\tilde{\Psi}_K^N = \tilde{\Psi}_2^N(K). \tag{5}$$

证 在 3.2 节中曾定义了一个组映象

$$\hat{j}_0 : (\tilde{K}_2^{(0)}, t) \to (\tilde{K}_2^*, t),$$

使

$$\hat{j}_{0\#}[\sigma,\sigma_1,\times\sigma_2]^{(0)} = \begin{cases} 0, & \dim\sigma > 0 \text{ 时}, \\ \sigma_1\times\sigma_2, & \dim\sigma = 0 \text{ 时}, \end{cases} \tag{6}$$

这里 $[\sigma,\sigma_1\times\sigma_2]^{(0)} \in \tilde{K}_2^{(0)}$. 命 $\tilde{\psi}_f$ 为 K 到定向 R^N 中映象 f 的示嵌特殊上闭链, 致有

$$\tilde{\varphi}_f(\sigma_1\times\sigma_2) = (-1)^{\dim\sigma_1}\cdot\phi(f\sigma_1, f\sigma_2), \tag{7}$$

这里 σ_1,σ_2 是 K 的任一对非对角型胞腔, 而 $\dim\sigma_1+\dim\sigma_2 = N$, 以 (1) 与 (6) 比较, 可得

$$\hat{j}_0^{\#}\tilde{\varphi}_f = \tilde{\psi}_f.$$

由此知 $\tilde{\psi}_f$ 属于下面的 d_N 上类

$$\hat{j}_{0(d_N)}^*\tilde{\Phi}_k^N = \tilde{\Psi}_k^N, \tag{8}$$

而与 f 无关, 今由 3.2 节有

$$\hat{j}^*_{0(d_N)}\tilde{\Phi}^N_2(K)=\tilde{\Psi}^N_2(K), \tag{9}$$

而由 5.5 节定理又有

$$\tilde{\Phi}^N_K=\tilde{\Phi}^N_2(K), \tag{10}$$

从 (8), (9) 与 (10) 即得 (5) 式, 如所欲证.

定义 2　由上述定理已证明其存在的 d_N 上类 $\tilde{\Psi}^N_K$ 将称为 K 的示浸特殊上类.

同样我们也可定义复形 K 的示浸上闭链与示浸类, 这些都是 $K^{(0)}_2$ 中的通常的上闭链与上同调类, 犹如 K 的示嵌上闭链与示嵌类之定义为 K^*_2 中通常上闭链与上同调类者亦然.

(特殊) 示浸类在浸入问题中所起的作用由下述可以显然.

定义 3　设 K 是有限单纯复形, 则 $|K|$ 到 R^N 中的一个映象 f 将称为一 K 到 R^N 中的线性 (或半线性) 浸入, 如果它是 K 到 R^N 中的线性 (或半线性) 映象又是 $|K|$ 到 R^N 中的浸入.

定理 2　一个有限单纯复形 K 可半线性浸入于 R^N 中的一个必要条件是 $\tilde{\Psi}^N_K=0$ 与 $\Psi^N_K=0$.

证　这由定义, 定理 1 与由第 3 章中的一般定理推出.

5.7　欧氏空间中嵌入间同痕的阻碍

记号 $R^N=$ 定向 N 维欧氏空间, 坐标系统 $x_1,\cdots,x_N,L=(-\infty,+\infty)$ 坐标为 t 而依 t 的增加定向 $R^{N+1}=R^N\times L$ 以 $x_1,\cdots,x_N,t$ 为坐标, 定向如积空间 $R^N_t=R^N\times(t)$. 由 $(x_1,\cdots,x_N,t)\to(x_1,\cdots,x_N)$ 定义的投影 $R^{N+1}\to R^N$ 记为 π. 对任意点 $\tilde{a}\in R^{N+1},x_i(\tilde{a})$ 与 $t(\tilde{a})$ 各指 $\tilde{a}$ 的 x_i 坐标与 t 坐标. 最后, 所有的复形都假定是有限单纯的, 且为充分高维数欧氏空间中的欧氏单纯复形. 又对任意复形 $K,\tilde{K}^*_2$ 将径写作 $\tilde{K}^*$.

定义 1　对任一空间 X, 一个 $X\times[0,1]$ 到 R^{N+1} 中的映象 F 将称为是可允许的, 如果对任意 $x\in X$ 与 $t\in[0,1]$ 有

$$F(x,t)\in R^N_t.$$

定义 2　对空间 X 到 R^N 中的任两映象 f,g 定义一可允许映象 $F:X\times[0,1]\to R^{N+1}$ 为

$$F(x,t)=(tf(x)+(1-t)g(x),t)\in R^N_t,$$

则 F 将称为与 f, g 关联的标准可允许映象.

定义 3 $C_{N+1}(|K| \times [0,1])$ 中由一切可允许映象所构成的子空间将记作 $\tilde{C}_N(|K|)$. 在 $\tilde{C}_N(|K|)$ 中, 由一切 $K\times[0,1]$ 通过某单纯剖分到 R^{N+1} 中的可允许半线性映象, 一般性半线性映象与半线性嵌入等所构成的子空间将各记为 $\tilde{L}_N^0(K), \tilde{G}_N^0(K)$ 与 $\tilde{I}_N^0(K)$.

命题 1 集 $\tilde{L}_N^0(K)$ 在 $\tilde{C}_N(|K|)$ 中处处稠密.

证 与 5.1 节中命题 1 的证明相似. 对任意 $\varepsilon > 0$ 与 $F \in \tilde{C}_N(|K|)$ 试定一 $\delta > 0$, 使对任意两点 $\tilde{x}, \tilde{y} \in |K| \times [0,1]$, 只需 $\rho(\tilde{x}, \tilde{y}) < \delta$, 即有 $\rho(F(\tilde{x}), F(\tilde{y})) < \varepsilon/2$. 对任一 $M = K \times [0,1]$ 的单纯剖分 M', 只需每一单形的直径 $< \delta$, 由 $G(\tilde{a}') = F(\tilde{a}')$($\tilde{a}'$ 是 M' 的任意顶点) 所确定的 M' 到 R^{N+1} 中的线性映象 G, 即为一可允许的映象 $\in \tilde{L}_N^0(K)$ 且有 $\tilde{\rho}(F, G) < \varepsilon$.

附注 从证明可见, 如果 $F \in \tilde{C}_N(|K|)$ 在 $K \times (0)$ 与 $K \times (1)$ 上的限制早已是它们到 R_0^N 与 R_1^N 中的半线性映象, 则 $G \in \tilde{L}_N^0(K)$ 将使 $G \equiv F/|K| \times (i), i = 0, 1$.

定义 4 设 f, g 是 K 到 R^N 中的两个线性嵌入. 一个 $M = K \times [0,1]$ 的某单纯剖分 M' 到 R^{N+1} 中的线性映象 F, 将称为是 f, g 的一个线性联结映象, 如果 $F(x,0) = (f(x), 0), F(x,1) = (g(x), 1), F(x,t) \subset R_t^N$, 这里 $x \in |K|, t \in [0,1]$. 这个映象将称为是精致的, 如果对 $\tilde{K}^*$ 中任一维数 $\leqslant N-2$ 的胞腔 $\xi \times \eta$, $F(|\xi| \times [0,1])$ 与 $F(|\eta| \times [0,1])$ 恒不相遇.

定义 5 两个 K 到 R^N 中的线性嵌入 f, g 将称为是线性同痕的, 如果有一 f, g 的线性联结映象 F 使对任意 $t \in [0,1]$, 由 $(F_t(x), t) = F(x,t)$ 所定义的映象 $F_t : |K| \to R^N$ 都是一个 $K \times [0,1]$ 到 R^N 中 (一般是半线性的) 的嵌入.

显然线性同痕是一等价关系.

命题 2 设 f_0, f_1 是一对 K 到 R^N 中的线性嵌入, 而 F 是 $|K|\times[0,1]$ 到 R^{N+1} 中的一个可允许连续映象, 对此有 $F(x,i) = (f_i(x), i), i = 0, 1, x \in |K|$, 则任意接近于 F 有 f_0, f_1 的精致的线性联结映象.

证 对任意 $\varepsilon > 0$, 可依命题 1 取一 $M = K \times [0,1]$ 的单纯剖分 M' 与 $-M'$ 到 R^{N+1} 中的可允许线性映象 G, 使 $\tilde{\rho}(F, G) < \varepsilon/2, G \equiv F/|K| \times (i), i = 0, 1$. 命 $\tilde{a}_1, \cdots, \tilde{a}_r$ 是 M' 中的全体项点. 在 R^{N+1} 中逐步决定点 $\tilde{a}'_1, \cdots, \tilde{a}'_r$, 使 $t(\tilde{a}'_i) = t(G(\tilde{a}_i)), \rho(\tilde{a}'_i, G(\tilde{a}_i)) < \varepsilon/2$ 如下. 假设 $\tilde{a}'_1, \cdots, \tilde{a}'_k$ 已经选定, 如果 $\tilde{a}_{k+1} \in |K| \times (0)$ 或 $|K|\times(1)$ 即取 $\tilde{a'}_{k+1} = G(\tilde{a}_{k+1}) = F(\tilde{a}_{k+1})$. 否则命 $t = t(G(\tilde{a}_{k+1}))$, 而在 R_t^N 中取 $\tilde{a}'_{k+1}$, 使既不在任意由 $\tilde{a}'_{i_0}, \cdots, \tilde{a}'_{i_s}$ (这里 $t(\tilde{a'}_{ij}) = t, 1 \leqslant i_j \leqslant k, j = 0, 1, \cdots, s, s \leqslant N-1$) 所定的任一线性子空间上, 也不在由 $\tilde{a}'_{i_0}, \cdots, \tilde{a}'_{i_s}$ (这里 $1 \leqslant i_j \leqslant k, j = 0, 1, \cdots, s, s \leqslant N$, 而 $j = 0, 1, \cdots, s$ 时诸 $t(\tilde{a}'_{i_j})$ 不全 $= t$) 所定的任一线性子空间上, 于是由 $F'(\tilde{a}_i) = \tilde{a}'_i, 1 \leqslant i \leqslant r$ 所定的 M' 到 R^{N+1} 中的线性映象 F', 显然是 f_0, f_1 的一个精致的线性联结映象, 且有 $\tilde{\rho}(F, F') < \varepsilon$.

定理 1 设 f 是 K 到 R^N 中的一个线性嵌入, 则在 $C_N(|K|)$ 的拓扑中任一充分接近于 f 的 K 到 R^N 中的线性嵌入都与 f 线性同痕.

证 与 5.1 节命题 3 的证明中相同, 对线性嵌入 f 可定一数 $\delta_f > 0$, 使对任意 $g \in L_N(K)$ 只需 $\tilde{\rho}(f,g) < \dfrac{1}{2}\delta_f$, 即有 $g \in I_N(K)$. 我们将证任一这样的 $g \in I_N(K)$ 必与 f 线性同痕, 为此设 K 的顶点是 $a_1, \cdots, a_r$, 定义 $f_i : |K| \to R^N$($j \leqslant i$ 时, $f_i(a_j) = g(a_j)$, 而 $j > i$ 时, $f_i(a_j) = f(a_j)$, 为所定的线性映象, 则显然有 $\tilde{\rho}(f, f_i) < \dfrac{1}{2}\delta_f$, 因而 $f_i \in I_N(K)$. 今定义 $F_i : |K| \times [0,1] \to R^N$ 如下, 取 $-K \times [0,1]$ 的单纯剖分 K_i', 使其顶点全体适为 $(a_j) \times (0), (a_j) \times (1), j$ 任意以及 $(a_k) \times \left(\dfrac{1}{2}\right), k \neq i$, 则 F_i 是 K_i' 到 R^N 的可允许线性映象, 由以下诸式所定

$$\begin{aligned}\pi F_i\left((a_j) \times \left(\frac{1}{2}\right)\right) &= \pi F_i((a_j) \times (0)) = \pi F_i((a_j) \times (1)) = f_i(a_j) \\ &= \begin{cases} f(a_j), & j > i \text{ 时}, \\ g(a_j), & j < i \text{ 时}, \end{cases}\end{aligned}$$

以及

$$\begin{aligned}\pi F_i((a_i) \times (0)) &= f_{i-1}(a_i) = f(a_i), \\ \pi F_i((a_i) \times (1)) &= f_i(a_i) = g(a_i).\end{aligned}$$

易见 F_i 是 f_{i-1} 与 f_i 间的一个线性同痕, 而 $F_1, \cdots, F_r$ 集体构成了一个 f 与 g 间的线性同痕.

定理 2 对 K 到定向 R^N 中两个线性嵌入 f, g 的任意精致的线性联结映象 F 定义一上链 $\tilde{\theta}_F^{N-1} \in C^{N-1}(\tilde{K}^*)$ 为

$$\tilde{\theta}_F^{N-1}(\sigma \times \tau) = \phi(\tilde{F}\sigma, \tilde{F}\tau), \tag{1}$$

其中 ϕ 指定向 $R^{N+1} = R^N \times L$ 中的交截数, $\sigma \times \pi$ 为 $\tilde{K}^*$ 的任意 $N-1$ 维胞腔, 而 $\tilde{F}\xi$ 指奇异下链 $FSd_{\#}(\xi \times [0,1]), Sd_{\#}$ 则为从 $M = K \times [0,1]$ 到 M'(F 在 M' 上是线性的) 的相应链映象, 于是 $\tilde{\theta}_F^{N-1}$ 是 $\tilde{K}^*$ 的一个 d_N 上闭链, 这里

$$d_N = 1 - (-1)^N t, \quad t = t_K. \tag{2}$$

而且, $\tilde{\theta}_F^{N-1}$ 的 d_N 上类与精致线性联结映象 F 的选择无关, 并在 R^N 改变定向时改变它的记号.

证 对 $\tilde{K}^*$ 中任意 $N-1$ 维胞腔 $\sigma \times \tau, \dim\sigma = r, \dim\tau = s, r + s = N-1$ 有

$$\begin{aligned}t^{\#}\tilde{\theta}_F^{N-1}(\sigma \times \tau) &= \tilde{\theta}_F^{N-1}t_{\#}(\sigma \times \tau) = (-1)^{rs}\tilde{\theta}_F^{N-1}(\tau \times \sigma) \\ &= (-1)^{rs} \cdot \phi(\tilde{F}\tau, \tilde{F}\sigma)\end{aligned}$$

$$= (-1)^{rs} \cdot (-1)^{(r+1)(s+1)} \cdot \phi(\tilde{F}\sigma, \tilde{F}\tau)$$
$$= (-1)^N \cdot \tilde{\theta}_F^{N-1}(\sigma \times \tau),$$

故 $d_N^{\#}\tilde{\theta}_F^{N-1} = 0$ 又对 $\tilde{K}^*$ 的任意 N 维胞腔 $\xi \times \eta, \dim\xi = p, \dim\eta = q, p+q = N$ 有

$$\begin{aligned}\delta\tilde{\theta}_F^{N-1}(\xi \times \eta) &= \tilde{\theta}_F^{N-1}(\partial\xi \times \eta) + (-1)^p \cdot \tilde{\theta}_F^{N-1}(\xi \times \partial\eta)\\ &= \phi(\tilde{F}\partial\xi, \tilde{F}\eta) + (-1)^p \cdot \phi(\tilde{F}\xi, \tilde{F}\partial\eta).\end{aligned}$$

因 $F(|\xi| \times (0)) \cap F(|\eta| \times [0,1]) = \varnothing$, 等等, 故有

$$\begin{aligned}\delta\tilde{\theta}_F^{N-1}(\xi \times \eta) =&\phi(F\partial(\xi \times [0,1]), F(\eta \times [0,1]))\\ &+ (-1)^p \cdot \phi(F(\xi \times [0,1]), F\partial(\eta \times [0,1]))\\ =&\phi(\partial\tilde{F}\xi, \tilde{F}\eta) + (-1)^p \cdot \phi(\tilde{F}\xi, \partial\tilde{F}\eta)\\ =&(-1)^{p+1} \cdot \phi(\tilde{F}\xi, \partial\tilde{F}\eta) + (-1)^p \cdot \phi(\tilde{F}\xi, \partial\tilde{F}\eta)\\ =&0.\end{aligned}$$

因之 $\tilde{\theta}_F^{N-1}$ 是一 d_N 上闭链.

今试考 f, g 的任两精致线性联结映象 F_0 与 F_1, 其相应 d_N 上闭链各为 $\tilde{\theta}_0^{N-1}$ 与 $\tilde{\theta}_1^{N-1}$, 无损于一般性, 不妨设 F_0, F_1 是 $M = K \times [0,1]$ 的同一单纯剖分 M' 到 R^{N+1} 中的可允许线性映象, 且 F_0 与 F_1 都是 M' 到 R^{N+1} 中的线性映象, 其相应示嵌上闭链 $\tilde{\varphi}_0^{N+1}$ 与 $\tilde{\varphi}_1^{N+1} \in \tilde{\Phi}_M'^{N+1} \in H_{(d'_{N+1})}^{N+1}(\tilde{M}'^*, t')$ 是有确定定义的, 这里 $d'_{N+1} = 1 - (-1)^{N+1}t', t' = t'_M$ 在 $\tilde{M}'^*$ 中定义. 命 $\omega_{\#}$ 为从 M 到 M' 的剖分链映象, 则由定义对 $\tilde{K}^*$ 的任意 $N-1$ 维胞腔 $\sigma \times \tau$ 将有

$$\begin{aligned}\tilde{\theta}_0^{N-1}(\sigma \times \tau) =&\phi(\tilde{F}_0\sigma, \tilde{F}_0\tau)\\ =&(-1)^{\dim\sigma+1} \cdot \tilde{\varphi}_0(\omega_{\#}(\sigma \times [0,1]) \times \omega_{\#}(\tau \times [0,1]))\end{aligned} \tag{3}$$

与

$$\tilde{\theta}_1^{N-1}(\sigma \times \tau) = (-1)^{\dim\sigma+1} \cdot \tilde{\varphi}_1(\omega_{\#}(\sigma \times [0,1]) \times \omega_{\#}(\tau \times [0,1])). \tag{4}$$

由 5.3 节定理 1, $\tilde{\varphi}_0$ 与 $\tilde{\varphi}_1$ 在 $\tilde{M}'^*$ 中 d'_{N+1} 同调, 故有一 d'_{N+1} 上链 $\tilde{\psi}' \in C^N(\tilde{M}'^*)$, 使

$$\delta\tilde{\psi}' = \pm(\tilde{\varphi}_0 - \tilde{\varphi}_1) \tag{5}$$

且

$$d'^{\#}_{N+1}\tilde{\psi}' = 0. \tag{6}$$

为显明地定义这样一个上链 $\tilde{\psi}'$, 试取一欧氏空间 $R^{N+2} = R^{N+1} \times L'$, 这里 L' 是一直线 $-\infty < t' < +\infty$, 并定义 $F_0', F_1' : |M'| \to R^{N+2}$ 为 $F_i'(x') = (F_i'(x'), i), i =$

$0, 1, x' \in |M'|$, 其次定义一映象 $H' : |M'| \times [0,1] \to R^{N+2}$ 使对任意 $x' \in |M'|, (x') \times [0,1]$ 将线性地映象为联结 $F_0'(x')$ 到 $F_1'(x')$ 的线段. 取一 $M' \times [0,1]$ 通过某单纯剖分 M'' 到 R^{N+2} 中的一般性半线性映象 H 使与 H' 充分接近, 于是定义 $\tilde{\psi}'$ 为

$$\tilde{\psi}'(\sigma' \times \tau') = \phi(\tilde{H}\sigma', \tilde{H}\tau'),$$

其中 $\sigma' \times \tau' \in \tilde{M}'^*$, $\dim\sigma' + \dim\tau' = N$, 对任意 M' 中下链 c, $\tilde{H}c = HSd_\#(c \times [0,1])$, $Sd_\#$ 为从 $M' \times [0,1]$ 到 M'' 的剖分链映象, 而 ϕ 指 R^{N+2} 适当定向后的交截数, 于是与 5.3 节定理 1 的证明相仿, $\tilde{\psi}'$ 将满足 (5) 与 (6). 从 H' 的作法并可知对任意 $N-1$ 维胞腔 $\sigma \times \tau \in \tilde{K}^*$, 应有

$$\tilde{\psi}'(\omega_\#(\sigma \times (i)) \times \omega_\#(\tau \times [0,1])) = 0, \tag{7}$$

$$\tilde{\psi}'(\omega_\#(\sigma \times [0,1]) \times \omega_\#(\tau \times (i)) = 0, \quad i = 0, 1 \tag{8}$$

只需 H 充分接近于 H' 即可.

今定义一 $\tilde{K}^*$ 中的 $N-2$ 维上链 $\tilde{\psi}$ 使对 $\tilde{K}^*$ 中任意 $N-2$ 维胞腔 $\xi \times \eta$, 这里 $\dim\xi = p, \dim\eta = q, p + q = N - 2$, 有

$$\tilde{\psi}(\xi \times \eta) = (-1)^p \cdot \tilde{\psi}'(\omega_\#(\xi \times [0,1]) \times \omega_\#(\eta \times [0,1])),$$

于是

$$\begin{aligned} t^\#\tilde{\psi}(\xi \times \eta) &= (-1)^{pq} \cdot \tilde{\psi}(\eta \times \xi) \\ &= (-1)^{pq} \cdot (-1)^q \cdot \tilde{\psi}'(\omega_\#(\eta \times [0,1]) \times \omega_\#(\xi \times [0,1])) \\ &= (-1)^{pq} \cdot (-1)^q \cdot (-1)^{(p+2)(q+2)} \cdot \tilde{\psi}'(\omega_\#(\xi \times [0,1]) \times \omega_\#(\eta \times [0,1])) \\ &= (-1)^{pq} \cdot (-1)^q \cdot (-1)^{(p+2)(q+2)} \cdot (-1)^p \cdot \tilde{\psi}(\xi \times \eta) \\ &= (-1)^N \cdot \tilde{\psi}(\xi \times \eta), \end{aligned}$$

因之 $\tilde{\psi}$ 是一 d_N 上链. 其次对 $\tilde{K}^*$ 中任意 $N-1$ 维胞腔 $\sigma \times \tau$ 这里 $\dim\sigma = r, \dim\tau = s, r + s = N - 1$ 有

$$\begin{aligned} \delta\tilde{\psi}(\sigma \times \tau) =& \tilde{\psi}(\partial\sigma \times \tau) + (-1)^r \cdot \tilde{\psi}(\sigma \times \partial\tau) \\ =& (-1)^{r-1} \cdot \tilde{\psi}'(\omega_\#(\partial\sigma \times [0,1]) \times \omega_\#(\tau \times [0,1])) \\ & + \tilde{\psi}'(\omega_\#(\sigma \times [0,1]) \times \omega_\#(\partial\tau \times [0,1])), \end{aligned}$$

由 (7), (8),

$$\begin{aligned} =& (-1)^{r-1} \cdot \tilde{\psi}'(\partial\omega_\#(\sigma \times [0,1]) \times \omega_\#(\tau \times [0.1])) \\ & + \tilde{\psi}'(\omega_\#(\sigma \times [0,1]) \times \partial\omega_\#(\tau \times [0.1])) \end{aligned}$$

$$=(-1)^{r-1}\cdot\tilde{\psi}'(\partial\omega_{\#}(\sigma\times[0,1])\times\omega_{\#}(\tau\times[0,1]))$$
$$=(-1)^{r-1}\cdot\delta\tilde{\psi}'(\omega_{\#}(\sigma\times[0,1])\times\omega_{\#}(\tau\times[0,1])),$$

由 (5) 式,

$$=\pm(-1)^{r-1}\cdot(\tilde{\varphi}_0-\tilde{\varphi}_1)(\omega_{\#}(\sigma\times[0,1])\times\omega_{\#}(\tau\times[0,1])),$$

由 (3), (4),

$$=\pm\left[\tilde{\theta}_0^{N-1}(\sigma\times\tau)-\tilde{\theta}_1^{N-1}(\sigma\times\tau)\right].$$

因之 $\tilde{\theta}_0^{N-1}$ 与 $\tilde{\theta}_1^{N-1}$ 是 d_N 上同调的. 定理的最后一个论断则是显然的.

定义 6 定理 2 中的 d_N 上闭链 $\tilde{\theta}_F^{N-1}$ 将称为精致线性联结映象 F 的同痕上闭链. $\tilde{\theta}_F^{N-1}$ 的 d_N 上同调类将称为 K 到定向 R^N 中线性嵌入 f,g 的同痕类, 并将记作 $\tilde{\Theta}_{f,g}^{N-1}(K)\in H_{(d_N)}^{N-1}(\tilde{K}^*,t)$.

定理 3 如果 K 到定向 R^N 中的线性嵌入 f,g 是线性同痕的, 则有

$$\tilde{\Theta}_{f,g}^{N-1}(K)=0. \tag{9}$$

证 对 f,g 的任意线性同痕 $F:|K|\times I\to R^{N+1}$ 显然有 $\tilde{\theta}_F^{N-1}=0$. 因之有

$$\tilde{\Theta}_{f,g}^{N-1}(K)=0.$$

定理 4 对 K 到定向 R^N 中的任意线性嵌入 f,g 与 h 有以下诸关系:

$$\tilde{\Theta}_{f,f}^{N-1}(K)=0, \tag{10}$$

$$\tilde{\Theta}_{f,g}^{N-1}(K)=-\tilde{\Theta}_{g,f}^{N-1}(K), \tag{11}$$

$$\tilde{\Theta}_{f,g}^{N-1}(K)+\tilde{\Theta}_{g,h}^{N-1}(K)=\tilde{\Theta}_{f,h}^{N-1}(K). \tag{12}$$

证 因 f 与自身线性同痕, 故 (10) 得自定理 3. 为证 (11) 与 (12) 可设 $F:|K|\times[0,1]\to R^{N+1}$ 与 $G:|K|\times[0,1]\to R^{N+1}$ 各为 f,g 与 g,h 的两个精致线性联结映象. 定义 $F':|K|\times[0,1]\to R^{N+1}$ 与 $H:|K|\times[0,1]\to R^{N+1}$ 各为

$$F'(x,t)=(\pi F(x,-t),t),$$

$$H(x,t)=\begin{cases}(\pi F(x,2t),t), & 0\leqslant t\leqslant\dfrac{1}{2},\\ (\pi G(x,2t-1),t), & \dfrac{1}{2}\leqslant t\leqslant 1,\end{cases}$$

其中 π 为 R^{N+1} 到 R^N 上的自然投影. 显然 F' 与 H 各为 g,f 与 f,h 的精致线性联结映象, 而对 $\tilde{K}^*$ 的任意 $N-1$ 维胞腔 $\sigma\times\tau$ 有

$$\phi(\tilde{F}'\sigma,\tilde{F}'\tau)=-\phi(\tilde{F}_\sigma,\tilde{F}_\tau)$$

与

$$\phi(\tilde{H}\sigma, \tilde{H}\tau) = \phi(\tilde{F}\sigma, \tilde{F}\tau) + \phi(\tilde{G}\sigma, \tilde{G}\tau),$$

即

$$\tilde{\theta}_{F'}^{N-1} = -\tilde{\theta}_F^{N-1},$$
$$\tilde{\theta}_H^{N-1} = \tilde{\theta}_F^{N-1} + \tilde{\theta}_G^{N-1}.$$

故得 (11) 与 (12).

定理 5　对 K 到定向 R^N 中的任两线性嵌入 f, g 有

$$\tilde{v}_{s_N}^* \tilde{\Theta}_{f,g}^{N-1}(K) = \tilde{\Theta}_f^{N-1}(K) - \tilde{\Theta}_g^{N-1}(K). \tag{13}$$

其中 $\tilde{\Theta}_f^{N-1}$, $\tilde{\Theta}_g^{N-1}$ 依 3.4 节定义 5, 而 $\tilde{v}_\rho^*: H_{(\overline{\rho})}^r(\tilde{K}^*, t) \to H^r(\tilde{K}^*)$ 为自然同态把每一 $\overline{\rho}$ 上类对应为包含它的通常的上类.

证　设 S^{N-1} 与 S^N 各为 R_0^N 与 $R^{N+1} = R^N \times L$ 中的单位球, 以原点为中心, 而定义 j 与 i 如 5.2 节. 命 $F: |K| \times [0,1] \to R^{N+1}$ 为 f 与 g 的任一精致线性联结映象, 则对任意 $\sigma\times\tau, \xi\times\eta \in \tilde{K}^*$, 这里 $\dim\sigma+\dim\tau \leqslant N-3$ 而 $\dim\xi+\dim\eta \leqslant N-2$ 时, 点集 $j(F(|\sigma|\times[0,1]), F(|\tau|\times[0,1]))\cap S^{N-1}$ 与 $j(F(|\xi|\times(i)), F(|\eta|\times(i))), i=0,1$ 的维数都 $\leqslant N-2$. 故可在 S^{N-1} 中取一点 e 不在任一这样的点集之内. 定向 S^{N-1} 与 S^N 使与 R^N 以及 R^{N+1} 的已给定向协合. 记 $H^{N-1}((\tilde{R}^N)_2^*) \approx H^{N-1}(S^{N-1})$ 中与 S^{N-1} 这一定向相对应的母元素为 Σ (见 3.4 节), 则对由 $\tilde{f}_2(x,y) = (f(x), f(y)), \tilde{g}_2(x,y) = (g(x), g(y)), (x,y) \in \left|\tilde{K}^*\right|$ 所定义的 $\tilde{f}_2, \tilde{g}_2: \left|\tilde{K}^*\right| \to \tilde{R}_2^{N*}$ 有 $\tilde{f}_2^*\tilde{\Sigma} = \tilde{\Theta}_f^{N-1}(k)$ 与 $\tilde{g}_2^*\tilde{\Sigma} = \tilde{\Theta}_g^{N-1}(k)$, 且二者各含有上闭链 $\tilde{\theta}_f, \tilde{\theta}_g \in Z^{N-1}(\tilde{K}^*)$, 对此有

$$\tilde{\theta}_f(\sigma\times\tau) = \mathrm{Deg}_e^{(N-1)} j(f\sigma, f\tau),$$

$$\tilde{\theta}_g(\sigma\times\tau) = \mathrm{Deg}_e^{(N-1)} j(g\sigma, g\tau)$$

$$(\sigma\times\tau\in\tilde{K}^*, \dim\sigma+\dim\tau = N-1),$$

另一面对应于 F 的同痕上闭链 $\tilde{\theta}_F^{N-1}$ 有

$$\tilde{\theta}_F^{N-1}(\sigma\times\tau) = \phi(\tilde{F}\sigma, \tilde{F}\tau).$$

今依下式定义一上链 $\tilde{\psi} \in C^{N-2}(\tilde{K}^*)$:

$$\tilde{\psi}(\xi\times\eta) = (-1)^{\dim\xi}\cdot\mathrm{Deg}_e^{(N)} j(\tilde{F}\xi, \tilde{F}\eta),$$

其中 $\xi\times\eta\in\tilde{K}^*, \dim\xi+\dim\eta = N-2$. 我们将证

$$\tilde{\theta}_F^{N-1} = \delta\tilde{\psi} + \tilde{\theta}_f - \tilde{\theta}_g, \tag{14}$$

由此即可得 (13).

为证 (14) 试取一线段 $I'=[-\varepsilon,1+\varepsilon]$, 这里 $\varepsilon>0$ 任意, 并置 $\tilde{F}'\xi=F'Sd_{\#}(\xi\times[-\varepsilon,1+\varepsilon]),\xi$ 为 K 的任意胞腔. 于是对任意 $N-1$ 维胞腔 $\sigma\times\tau\in\tilde{K}^*$, 有

$$\begin{aligned}(-1)^{\dim\sigma+1}\cdot\tilde{\theta}_F^{N-1}(\sigma\times\tau)&=(-1)^{\dim\sigma+1}\cdot\phi(\tilde{F}\sigma,\tilde{F}'\tau)\\&=\mathrm{Deg}_O^{(N+1)}s(\tilde{F}\sigma;\tilde{F}'\tau).\end{aligned}$$

由 5.2 节,

$$\begin{aligned}D_8=&\mathrm{Deg}_e^{(N)}j(\partial\tilde{F}\sigma,\tilde{F}'\tau)+(-1)^{\dim\sigma+1}\cdot\mathrm{Deg}_e^{(N)}j(\tilde{F}\sigma,\partial\tilde{F}'\tau)\\=&\mathrm{Deg}_e^{(N)}j(\tilde{F}\partial\sigma,\tilde{F}'\tau)+(-1)^{\dim\sigma+1}\cdot\mathrm{Deg}_e^{(N)}j(\tilde{F}\sigma,\tilde{F}'\partial\tau)\\&+(-1)^{\dim\sigma}\cdot\mathrm{Deg}_e^{(N)}j(F(\sigma\times(1)-\sigma\times(0)),\tilde{F}'\tau)\\&+(-1)^{N}\cdot\mathrm{Deg}_e^{(N)}j(\tilde{F}\sigma,F(\tau\times(1+\varepsilon)-\tau\times(-\varepsilon))).\end{aligned}$$

末一式中的最后一项显然为 0, 而首两项在易 $[-\varepsilon,1+\varepsilon]$ 为 $[0,1]$ 时其值并不改变, 由 5.2 节的 D_9 又有

$$\begin{aligned}\mathrm{Deg}_e^{(N)}j(F(\sigma\times(i)),\tilde{F}'\tau)&=\mathrm{Deg}_e^{(N-1)}j(F(\sigma\times(i));F(\tau\times(i)))\\&=\begin{cases}\mathrm{Deg}_e^{(N-1)}j(g\sigma,g\tau), & i=1,\\ \mathrm{Deg}_e^{(N-1)}j(f\sigma,f\tau), & i=0.\end{cases}\end{aligned}$$

故得

$$\begin{aligned}(-1)^{\dim\sigma+1}\cdot\tilde{\theta}_F^{N-1}(\sigma\times\tau)=&\mathrm{Deg}_e^{(N)}j(\tilde{F}\partial\sigma,\tilde{F}\tau)\\&+(-1)^{\dim\sigma+1}\cdot\mathrm{Deg}_e^{(N)}j(\tilde{F}\sigma,\tilde{F}\partial\tau)\\&+(-1)^{\dim\sigma}\cdot\mathrm{Deg}_e^{(N-1)}j(g\sigma,g\tau)\\&-(-1)^{\dim\sigma}\cdot\mathrm{Deg}_e^{(N-1)}j(f\sigma,f\tau)\end{aligned}$$

或

$$\begin{aligned}\tilde{\theta}_F^{N-1}(\sigma\times\tau)=&\tilde{\psi}(\partial\sigma\times\tau)+(-1)^{\dim\sigma}\cdot\tilde{\psi}(\sigma\times\partial\tau)\\&+\tilde{\theta}_f(\sigma\times\tau)-\tilde{\theta}_g(\sigma\times\tau)\\=&\delta\tilde{\psi}(\sigma\times\tau)+\tilde{\theta}_f(\sigma\times\tau)-\tilde{\theta}_g(\sigma\times\tau).\end{aligned}$$

因 $\sigma\times\tau$ 是任意的, 故得 (14) 式, 而定理也因之得证.

附注 3.4 节定理证明了 $\tilde{\Theta}_f^{N-1}(K)=\tilde{\Theta}_g^{N-1}(K)$ 或即 $\tilde{v}_{s_N}^*\tilde{\Theta}_{f,g}^{N-1}(K)=0$ 是 f,g 同痕, 自然也是线性同痕的必要条件. 因之定理 5 中的条件 $\tilde{\Theta}_{f,g}^{N-1}(K)=0$ 比以前所给的条件要强一些 (至少在线性同痕的情形).

定理 6 (Van Kampen) 对一 n 维的有限单纯复形 K, 任两 K 到 R^N 中的线性嵌入只需 $N \geqslant 2n+2$ 即都是线性同痕的.

证 由定理 1, 无损于一般性, 不妨假设当 a_i 跑过 K 的所有顶点时, $f(a_i)$ 与 $g(a_i)$ 的全体都处于一般位置, 且任两由 $f(a_i), g(a_i)$ 中不同顶点所定的线性子空间, 只需维数之和 $\leqslant 2n+2$, 即不相平行. 取 $M = K \times [0,1]$ 的任一单纯剖分 M', 其唯一顶点为诸 $(a_i) \times (0)$ 与 $(a_i) \times (1)$, 则由 $F(a_i \times (0)) = (f(a_i), 0), F(a_i \times (1)) = (g(a_i), 1)$ 所定义 M' 到 R^{N+1} 中的线性映象即为 $-f$ 与 g 的精致线性联结映象. 容易看出 F 也是 M' 到 R^{N+1} 中的一个线性嵌入. 由此知 f, g 线性同痕而定理得证.

第 6 章　欧氏空间中嵌入、浸入与同痕的充分性定理

6.1　一些简单的充分定理

下面的定理是熟知的，证明可参阅如 Hurewicz-Wallman Dimension Theroy, 1941, 第五章 §6.

定理 1　一个有可数基的 n 维正规空间必可在一 $2n+1$ 维的欧氏空间中实现.

同样, 对复形有

定理 1′　有可数个顶点的 n 维局部有限单纯复形必可在一 $2n+1$ 维欧氏空间中线性实现.

对于局部实现只有部分的类似结果, 即

定理 2　一个 n 维可剖形必可在一 $2n$ 维欧氏空间中局部实现

证　设 K 是 P 的一个单纯剖分, 因而 P 是 K 的空间. 由定理 1′ 有一 K 到一 $2n+1$ 维欧氏空间 R^{2n+1} 的一个线性嵌入. 命 (σ,τ) 为 K 的任一对有顶点公共的单形, 而 $P(\sigma,\tau)$ 为由 $f(\sigma)$ 与 $f(\tau)$ 所张成的线性子空间. 同样对 $\sigma\in K$ 命 $P(\sigma)$ 为由 $f(\sigma)$ 所定的线性子空间. 因为这些线性子空间 $P(\sigma)$ 与 $P(\sigma,\tau)$ 的维数都 $\leqslant 2n$ 且只有可数多个, 故可在 R^{2n+1} 中找到一直线 l 不与任一这样的线性子空间平行. 命 R^{2n} 是 R^{2n+1} 中与 l 垂直的一个 $2n$ 维线性子空间, 而 π 是 R^{2n+1} 到 R^{2n} 上的垂直投影, 则 πf 显然是 K 到 R^{2n} 中的一个局部实现而定理得证.

从证明并可知已蕴涵了下述

定理 2′　一个只有可数个顶点的 n 维局部有限单纯复形必可在一 R^{2n} 中局部线性实现.

别证　设复形 K 的顶点为 $a_1,a_2,\cdots$ 在 R^{2n} 中取一组点 $a_1',a_2',\cdots$ 使处于一般位置而定义一 K 到 R^{2n} 中的线性映象 f 使 $f(a_i)=a_i'$, 则 f 即为一 K 到 R^{2n} 中的局部线性实现. 若设不然, 则将 K 中一对单形 $\sigma,\tau,\sigma\cap\tau=\xi\neq\varnothing$ 而有点 $x\in|\sigma|-|\xi|,y\in|\tau|-|\xi|$ 使 $f(x)=f(y)$. 取任一点 $O\in|\xi|$ 而命 $f(O)=O'$ 从 O' 到 $f(x)\doteq f(y)$ 的半射线将遇 $f\,|\sigma'|$ 与 $f\,|\tau'|$ 于点 x',y', 而设 x' 不晚于 y'. 这里 σ',τ' 是 σ,τ 的真面, 则 $f\,|\sigma'|$ 与 $f\,|\tau|$ 将遇于点 x', 但因 $\dim\sigma'+\dim\tau\leqslant 2n-1$, 故 $f\,|\sigma'|$ 与 $f\,|\tau|$ 需在 R^{2n} 中处于一般位置, 而前述是不可能的.

附注　如果在定理 2 中易可剖形为有可数基的正规空间, 则即使假定是紧致

的定理也不真确. 例如, 设 X_1 为 $2n+1$ 维欧氏空间中的一个 n 维紧致子集, 而 X_1 不能在 $2n$ 维欧氏空间中实现. 这样的空间在 3.4 节中已经证明是存在的. 今设 X_1 的直径 $=1$ 且位于超平面 $x_1=1$ 与 $x_1=2$ 之间, 这里 $(x_1,\cdots,x_{2n+1})$ 是 R^{2n+1} 的一组坐标系统. 命 X_i 为从 X_1 由以 R^{2n+1} 原点 O 为中心依 $1{:}2^i$ 比例的中心投射所得的子集. 记 X 为所有这些子集 $X_i, i\geqslant 1$ 以及 O 点的并集. 则 X 是 R^{2n+1} 中的一个 n 维紧致子集而在 R^{2n} 中不能局部实现. 至于定理对局部可缩的 Hausdorff 空间是否可证其成立, 则作者未能断定.

前已证明 $\Phi_2^N(X)=0$ 是一空间 X 能实现于一 N 维空间 R^N 中的一个必要条件, 对于某种类型空间, 则这一条件在一些极端情形例如 $N=1,2$ 则同时也是充分的, 见下.

定理 3 一个 Peano 连续统 (即局部连通的绵续统) X 可在直线上实现的充要条件是 $\Phi_2^1(X)=0$.

证 假设 X 是一 Peano 绵续统而 $\Phi_2^1(X)=0$. 如 X 有次 >2 的点, 则由 K.Menger 的一个定理, X 将含有一子集 Y, 由三个简单弧 O_a, O_b, O_c 粘于一点 O 所成 (参阅例如 Kuratowski,Topologie II, 1950, 203 页) 但容易验证 $\Phi_2^1(Y)\neq 0$, 因而更有 $\Phi_2^1(X)\neq 0$, 与假设相违. 因之 X 只能有次为 1 或 2 的点而只能为一简单弧或简单闭曲线 (Kuratowski, 同前, 217—220 页). 末一情形必须除去, 因为一个简单闭曲线的 Φ_2^1 容易知道 $\neq 0$. 因之 X 必为一简单弧而能在一直线中实现. 必要性是显然的.

下面的定理可认为是 Kuratowski 关于某种 Peano 绵续统是平面图形条件的有名定理 ([29]) 的一个 "定量" 的重述.

定理 4 一个只含有限多个简单闭曲线的 Peano 绵续统 X 在平面中可实现的充要条件是 $\Phi_2^2(X)=0$.

证 由上面提到的 Kuratowski 定理, X 可在平面中实现的充要条件是 X 不能含有子空间与下面图像 Y_1 或 Y_2 之一同拓:

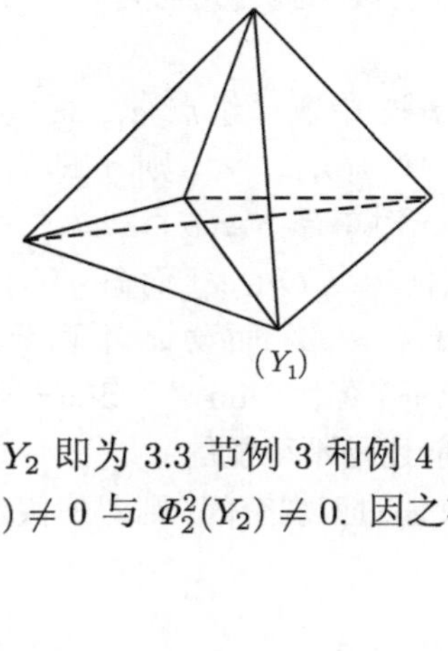

(Y_1)

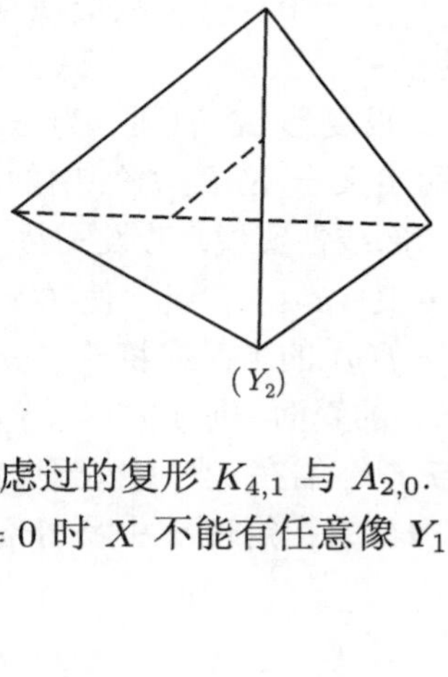

(Y_2)

但 Y_1 与 Y_2 即为 3.3 节例 3 和例 4 中所早已考虑过的复形 $K_{4,1}$ 与 $A_{2,0}$. 由该节已知 $\Phi_2^2(Y_1)\neq 0$ 与 $\Phi_2^2(Y_2)\neq 0$. 因之在 $\Phi_2^2(X)=0$ 时 X 不能有任意像 Y_1 与 Y_2 那

样的子集而依 Kuratowski 定理能在平面中实现. 这证明了定理的充分部分. 必要部分是显然的.

附注 一般地说条件 $\Phi_2^N(X)=0$ 对于 X 之实现于 R^N 中远远不是充分的. 即使局限于有限可剖形也是如此.

在 3.4 节中已曾证明为使一空间 X 到 R^N 中的两个实现 f 与 f' 同位. 必须有 $\tilde{\Theta}_f^{N-1}(X)=\pm\tilde{\Theta}_{f'}^{N-1}(X)$. 对某种类型的空间来说, 上述条件在某些极端情形同时又是充分的. 下面两个定理即是这样的例子, 它们也可看作是 MacLane-Adkisson 某些已知定理的 "定量" 的重述 ([36] 定理 2).

定理 5 设 Peano 绵续统 M 可在平面中实现. 则任两 M 在 R^2 中的实现 f,f' 同位的充要条件是 $\tilde{\Theta}_f^1(M)=\pm\tilde{\Theta}_{f'}^1(M)$ (对 R^2 的同一固定定向而言).

证 为简单起见将依 [36] 称将三个简单弧 r_1,r_2,r_3 在一端粘合所成的空间称为一三弧形并记之为 $[r_1,r_2,r_3]$. 设 $A=[\alpha_1,\alpha_2,\alpha_3]$ 与 $B=[\beta_1,\beta_2,\beta_3]$ 为 M 中的任两三弧形, 如果是有的话. 命 α_i (或 β_i) 的端点为 x_0 与 x_i (或 y_0 与 y_i). 设 α 为 $H_1(\tilde{M}_2^*)$ 中含有下面形状代表下闭链的下类:

$$\begin{aligned}u=&(x_1)\times(x_2x_0)+(x_1)\times(x_0x_3)+(x_2)\times(x_3x_0)\\&+(x_2)\times(x_0x_1)+(x_3)\times(x_1x_0)+(x_3)\times(x_0x_2)\\&+(x_2x_0)\times(x_1)+(x_0x_3)\times(x_1)+(x_3x_0)\times(x_2)\\&+(x_0x_1)\times(x_2)+(x_1x_0)\times(x_3)+(x_0x_2)\times(x_3).\end{aligned}$$

同样命 β 为 $H_1(\tilde{M}_2^*)$ 中含有代表下闭链 v 的下类, 这里 v 与 u 类似只是 x 易为 y 而已. 试考虑 $\tilde{\Theta}_f^1(M)$ 在 α,β 上的值 a,b 以及 $\tilde{\Theta}_{f'}^1(M)$ 在 α,β 上的值 a',b', 这里 a,b,a',b' 都 $=\pm1$. 由 3.4 节例 3 可见, 若 $f'f^{-1}$ 保持 $f(\alpha)$ 与 $f(\beta)$ 的相对旋向 (见 [36]), 则或则有 $a'=a,b'=b$, 或则有 $a'=-a,b'=-b$. 在相反情形将有 $a'=+a,b'=-b$ 或 $a'=-a,b'=+b$. 由此知 $\tilde{\Theta}_f^1(M)=\pm\tilde{\Theta}_{f'}^1(M)$ 时, $f'f^{-1}$ 将保持 $f(M)$ 中任一对三弧形的相对旋向.

由 [36] 的定理 10 与定理 11, 可见如果 k 是 $f(M)$ 一个余域的边界, 则 $f'f^{-1}(k)$ 也是 $f'(M)$ 的一个余域的边界, 反之亦然. 假设 k 是 $f(M)$ 的无限处余域的边界, 而 $f'f^{-1}(k)$ 是 $f'(M)$ 的一个有限处余域的边界, 则除了 M 本身是一简单闭曲线这一不足道的情形外, M 中将有一简单闭曲线 C 以及不在 C 上的一点, P 使 $f(C)\subset k, f(p)$ 在 $f(C)$ 的外部, 而 $f'(p)$ 在 $f(C)$ 的内部. 由 3.4 节例 2, 对 $X=C+(p)$ 而言, 应有 $\tilde{\Theta}_f^1(X)\neq\pm\tilde{\Theta}_{f'}^1(X)$, 因之更有 $\tilde{\Theta}_f^1(M)\neq\pm\tilde{\Theta}_{f'}^1(M)$ (对 R^2 的同一固定定向而言). 但这与假设相违, 故知 $f'f^{-1}$ 将保持 $f(M)$ 的有限处余域的边界. 由 [36] 的定理 2, 这时我们可将从 $f(M)$ 到 $f'(M)$ 的拓扑映象 $f'f^{-1}$ 推广到整个平面上. 记此推广了的拓扑映象为 h, 则 $hf=f'$ 而 f,f' 同位, 即所欲证.

再者, 由 3.4 节例 1、例 2, 并可知对平面的同一固定定向而言, $\tilde{\Theta}_f^1(M) = +\tilde{\Theta}_{f'}^1(M)$ 也是 f, f' 同向同位的充要条件而 $\tilde{\Theta}_f^1(M) = -\tilde{\Theta}_{f'}^1(M)$ 是 f, f' 反向同位的充要条件.

定理 6　假设 Peano 绵续统 M 可在球 S^2 中实现, 而 f, f' 是任两这样的实现, 对任一点 $p \notin f(M)$, 我们可把 f 看作 M 到 $R_p^2 = S^2 - (p)$ 中的一个实现, 取一 S^2 的固定定向并协合地定向 R_p^2. 对此定向 R_p^2 定义 $\tilde{\Theta}_{f_p}^1(M)$. 同样对 $p \notin f'(M)$ 定义上类 $\left\{\tilde{\Theta}_{f'_{p'}}^1(M)\right\}$ (S^2 定向如前). 于是 f 与 f' 同位的充要条件是集合 $\left\{\tilde{\Theta}_{f_p}^1(M)\right\}$ 与 $\left\{\pm\tilde{\Theta}_{f'_{p'}}^1(M)\right\}$ 间有一一对应, 或更简单地说, 或则有 $f(M) = f'(M) = S^2$, 或则有一点 $p \notin f(M)$ 与一点 $p' \notin f'(M)$ 使 $\tilde{\Theta}_{f_p}^1(M) = \pm\tilde{\Theta}_{f'_{p'}}^1(M)$.

证　只需考虑充分部分即可. 如果 $f(M)$ 或 $f'(M) = S^2$, 则 f 与 f' 都是 M 到 S^2 上的拓扑映象, 而置 $h = f'f^{-1}$ 时将有 $f' = hf$ 或 f, f' 同位. 如果有 $p \notin f(M)$ 与 $p' \notin f'(M)$ 使 $\tilde{\Theta}_{f_p}^1(M) = \pm\tilde{\Theta}_{f'_{p'}}^1(M)$, 则由定理 5, 将有一 $S^2 - (p)$ 到 $S^2 - (p')$ 上的拓扑映象使 $f' = hf/M$. 推广 h 到 S^2 上使 $h(p) = p'$, 则 h 变为一 S^2 到 S^2 上的拓扑变换, 而 f, f' 仍同位.

6.2　有关 C^∞ 映象的一些基础知识

定义 1　设 n 维欧氏空间 R^n 与 N 维欧氏空间 R^N 的坐标系统各为 $(x_1 \cdots, x_n)$ 与 $(y_1, \cdots, y_n)$, f 是 R^n 中一开集 D 到 R^N 中的一个连续映象, 由 $f(x) = (f^1(x), \cdots, f^N(x)), x \in D$ 给出, 如果 f 在一点 $x^0 \in D$ 的任意级偏导数都存在且连续, 则称 f 在 x^0 处属于类 ∞, 在 $x^0 \in D$ 的 N 行与 n 列的 Jacobi 矩阵 $\left\|\dfrac{\partial f^i}{\partial x_j}\right\|$ 将记作 $\mathrm{Jac}_{x^0} f$, 而 $\mathrm{Jac}_{x^0} f$ 的秩称作 f 在 x^0 的秩并记作 $\mathrm{Rank}_{x^0} f$, 映象 f 在 x^0 属于类 ∞ 时, 将称为在 x_0 处正则或非正则, 视 $\mathrm{Rank}_{x^0} f = n$ 或 $< n$ 而定, 又称在 x^0 处正常或非正常, 视 $\mathrm{Rank}_{x^0} f = N$ 或 $< N$ 而定, 又称在 x^0 处奇或非奇, 视 $\mathrm{Rank}_{x^0} f <$ 或 $= \min(n, N)$ 而定, 注意这些概念都不依赖于 R^n 与 R^N 中坐标系统的选择.

定义 2　一个 R^n 中的开集 D 到 R^N 中的连续映象称为是一 C^∞ 映象(或正则映象、正常映象、非奇映象等), 如果它在 D 的每一点都属于类 ∞ (或正则, 正常, 非奇等) 它称为一个微拓映象如果它是一 C^∞ 映象, 在 D 的每一点正则且是 D 到 $f(D)$ 上的一个拓扑映象, R^n 中一个闭集 D 到 R^N 中的连续映象 f 则将称为 C^∞ 映象或一微拓映象, 如果推广为 R^n 中包含 D 的某一开集到 R^N 的一个 C^∞ 映象或微拓映象.

定义 3　设 R^n (以及 R^N) 是一 n 维欧氏空间 (现一 N 维欧氏空间), 以 $(x_1, \cdots, x_n)$ (与 $(y_1, \cdots, y_N)$) 为一坐标系统, 而以 $\xi_1, \cdots, \xi_n$ (与 $\eta_1, \cdots, \eta_N$) 为相

应的向量基, 则 R^n 中一个开集 D 到 R^N 中任一在 $x \in D$ 属于类 ∞ 的映象将引出一 R^n 到 R^N 作为向量空间的同态 $\dot{f}_x$, 如下式所示:

$$\dot{f}_x(\xi_i) = \sum_{j=0}^{N} \frac{\partial f^j(x)}{\partial x_i} \cdot \eta_j, \tag{1}$$

其中 $x = \sum\limits_{i=1}^{n} x_i \xi_i$, 而 $f(x) = (f^1(x), \cdots, f^N(x)) = \sum\limits_{j=0}^{N} f^j(x) \cdot \eta_j$ 注意同态 $\dot{f}_x$ 又与 R^n 与 R^N 中坐标系统 (x) 与 (y) 的选择无关. R^N 中通过 $f(x)$ 而由 $\dot{f}_x(\xi_i), i = 1, \cdots, n$ 所张成的线性子空间, 称作象集 $f(D)$ 在 $f(x)$ 处的**切空间**. 如果 f 在 x 处正则, 则这一切空间的维数是 n 这时 R^N 中通过 $f(x)$ 而与在 $f(x)$ 处切空间完全垂直的线性子空间称作象集 $f(D)$ 在 $f(x)$ 处的**法空间**. 以 $f(x)$ 为起点而在该处切空间或法空间中的向量各称为 $f(D)$ 在 x 处的**切向量**或**法向量**.

命题 1 设 f 是 R^n 中一开集到 R^N 中的 C^∞ 映象而在一点 $x^0 \in D$ 处正则, 设 l 是 R^N 中不与 $f(D)$ 在 $f(x^0)$ 处相切的一个方向, 命 R^{N-1} 为 R^N 中不与 l 平行的一个 $N-1$ 维线性子空间, 而 π 是 R^N 沿方向 l 到 R^{N-1} 上的投影则 πf 是 D 到 R^{N-1} 的一个 C^∞ 映象且在 x^0 处正则.

证 在 R^N 中试取坐标系统 $y_1, \cdots, y_N$, 使其相当向量基 $\eta_1, \cdots, \eta_N$ 的 η_N 在 l 方向, 而 $\eta_1, \cdots, \eta_{N-1}$ 在 R^{N-1} 中. 命 $x_1, \cdots, x_n$ 为 R^n 的一组坐标而其相当向量基为 $\xi_1, \cdots, \xi_n$ 如果 f 由 $f(x) = (f'(x), \cdots, f^N(x)), x \in D$ 给出. 则 πf 将由 $\pi f(x) = (f^1(x), \cdots, f^{N-1}(x))$ 给出, 这里 R^{N-1} 的坐标系统是 $y_1, \cdots, y_{N-1}$, 由此知 f 是 C^∞ 映象时 πf 亦然. f 在 x^0 处的正则性蕴涵了 n 个向量 $\dot{f}_{x^0}(\xi_i) = \sum\limits_{j=1}^{N} \dfrac{\partial f^j(x^0)}{\partial x_i} \cdot \eta_j$ 线性无关, 如果 πf 在 x^0 处是非正则的, 则 n 个向量

$$(\pi f)_{x^0}(\xi_i) = \sum_{j=1}^{N-1} \frac{\partial f^j(x^0)}{\partial x_i} \cdot \eta_j = \dot{f}_{x^0}(\xi_i) - \frac{\partial f^N(x^0)}{\partial x_i} \cdot \eta_N$$

将线性相关, 因而有不全为 0 的 α_i 使 $\sum\limits_{i=1}^{n} \alpha_i (\pi f)_{x^0} \cdot (\xi_i) = 0$, 因 $\sum\limits_{i=1}^{n} \alpha_i \dot{f}_{x^0}(\xi_i) \neq 0$, 故应有 $\sum\limits_{i=1}^{n} \alpha_i \dfrac{\partial f^N(x^0)}{\partial x_i} = \alpha \neq 0$, 于是 $\eta_N = \dfrac{1}{\alpha} \cdot \sum\limits_{i=1}^{n} \alpha_i \dot{f}_{x^0}(\xi_i)$ 而 η_N 将位于 $f(D)$ 在 $f(x^0)$ 处的切空间中, 与假设相违.

命题 2 设 R^n, R^N 各以 $x_1, \cdots, x_n$ 与 $y_1, \cdots, y_N$, 为坐标系统, f 是 R^n 中一闭区域 D 到 R^N 中的一个微拓映象, 则必有一数 $\eta > 0$ 使对任意 D 到 R^N 中的 C^∞ 映象 g 只需 g 与 f 在 D 的边界的某一领域 N_g (依赖于 g) 上重合, 且

$$\left|\partial g^k(x) - \partial f^k(x)\right| < \eta, \quad x \in \operatorname{Int} D, \quad k = 1, \cdots, N$$

必为 D 到 R^N 中的一个微拓映象, 其中 ∂ 代表或则恒同算子, 或则其级 $\leqslant 2$ 的偏微算子 $\dfrac{\partial}{\partial x_i}, \dfrac{\partial^2}{\partial x_i \partial x_j}$, 而 $f(x)=(f^1(x),\cdots,f^N(x))$ 与 $g(x)=(g^1(x),\cdots,g^N(x))$ 依 R^N 中的坐标系统 $y_1,\cdots,y_N$ 表示.

证 设 U 是 R^N 中包含 D 的一个开集, 使 f 可推广为 U 到 R^N 中的一个微拓映象, 仍记之为 f. 对任一点 $a\in U$, 有一 a 在 U 中的闭凸邻域 $\bar{U}_a$ 使对任意点 $x\in\bar{U}_a$, 有

$$f(x)=f(a)+\sum_{i=1}^{n}(x_i-a_i),$$

这里

$$a_i(x)=\int_0^1 f_{x_i}(\lambda x+(1-\lambda)a)d\lambda.$$

对于点 $x,x'\in\bar{U}_a$, 于是在 U_a 中有依赖于 x,x' 的点 x^*, 使

$$a_i(x)-a_i(x')=\sum_{k=1}^{n}\left[\int_0^1 \lambda f_{x_i x_k}(\lambda x^*)d\lambda\cdot(x_k-x'_k)\right]$$

且

$$f(x)-f(x')=\sum_{i=1}^{n}[\alpha_i(x,x')]\cdot(x_i-x'_i),$$

这里

$$\alpha_i(x,x')=a_i(x')+\sum_{k=1}^{n}\int_0^1 \lambda f_{x_i x_k}(\lambda x^*)d\lambda\cdot(x_k-a_k).$$

对任意 D 到 R^N 中与 f 在某 D 边界的领域 N_g 上重合的 C^∞ 映象 g, 试推广 g 至 U 到 R^N 中的 C^∞ 映象, 使在 $U-D$ 上与 f 重合, 而仍记此推广后的映象为 g, 于是对任意 $x,x'\in\bar{U}_\omega$ 将有

$$g(x)-g(x')=\sum_{i=1}^{n}\beta_i(x,x')\cdot(x_i-x'_i),$$

其中 $\beta_i(x,x')$ 与 $\alpha_i(x,x')$ 有类似的表示式, 只是 $f_{x_i}f_{x_ix_j}$ 易为 $g_{x_i},g_{x_ix_j}$ 而 x^* 易为 $\bar{U}_0$ 中某一点 x'^* 而已, 因矩阵 $\left[\dfrac{\partial f^j(a)}{\partial x_i}\right]_{\substack{i=1,\cdots,n\\ j=1,\cdots,N}}$ 为 n, 因而在 $(x,x')=(a,a')$ 处, 秩 $[\alpha_i^j(x,x')]=n$, 这里 α_i^j 为 α_j 的第 j 个分量, 故有一 a 在 U 中的闭邻域 $\bar{V}_a\subset U_a$ 以及一数 $\eta_a>0$, 使只需 $x,x'\in\bar{V}_a$ 且在 $\bar{V}_a$ 上 $\left|\partial g^k(x)-\partial f^k(x)\right|<\eta_a$, 这里 ∂ 是恒同算子或级 $\leqslant 3$ 的偏导算子, 即有

$$\text{Rank}\left[\beta_i^j(x,x')\right]=n,$$

其中 β_i^j 指 β_i 的第 j 个分量, 于是在 $\bar{V}_a$ 中 $x \neq x'$ 时将有 $g(x) \neq g(x')$, 因而 g 是 $\bar{V}_a$ 到 R^N 中的一个一对一的正则映象, 为简单起见, 我们将记满足以上条件的 C^∞ 映象 g 的集合为 G_{a,η_a}.

今取一开集 $V \supset D$ 而 $\bar{V} \subset U$, 将 $\bar{V}$ 用有限个集合 $V_{a_i} = V_i$ 覆盖之, 使任意 $g \in G_{a_i,\eta_i}$ 对某 $\eta_i > 0$ 在 $\bar{V}_i$ 上一对一正则, 对 $\bar{V}$ 的覆盖 $\{V_i'\}$, 这里 $V_i' = V_i \cap \bar{V}$ 应用它的 Lebesgue 数可作一 $\bar{V}$ 的有限开覆盖 $\{W_j\}$, 使对任意 W_{j_1}, W_{j_2} 如果闭包相遇即有 $(\bar{W}_{j1} \cap \bar{W}_{j2}) \cap \bar{V} \subset$ 某 V_i 内, 对任一对闭包不相遇的 W_i, W_j 试定数 $\eta_{ij} > 0$ 使对任意 U 到 R^N 中的映象 g 只需 $\left|g^k(x) - f^k(x)\right| < \eta_{ij}, x \in D$, 即有 $g(\bar{W}_i) \cap g(\bar{W}_j) = \varnothing$. 于是诸 η_i 与 η_{ij} 的最小值即易见能满足本命题中的要求.

词汇 R^n 中一个同拓于一闭单形的点集将简称为一 n 维胞 R^n 中由离一定点 O 的矩离 $\leqslant r(> 0)$ 的一切点所构成的点集将称为一以 O 中心 r 为半径的 n 维碟.

命题 3 设 B 是 R^n 中的一个 n 维胞 O 是 B 内部的一个定点, 而 f 是 B 到 R^N 中的一个微拓映象, 这里 $N \geqslant n$. 于是在 $C_N(B)$ 的拓扑中任意接近于 f 必有一 B 到 R^N 中的微拓映象 g, 它在 O 的某一邻域内是线性的, 在 B 的边界 $|\partial B|$ 的某一邻域上与 f 重合, 且在 O 处 $\dot{g}_0 = \dot{f}_0$.

证 在 R^n 中取坐标 $(x_1, \cdots, x_n)$ 以 O 为原点, 则在 B 中 O 点有一邻域 V 其中 f 可表成形状

$$f(x) = f(0) + \sum_{i=1}^{n} \frac{\partial f(0)}{\partial x_i} \cdot x_i + \sum_{i,j=1}^{n} a_{ij}(x) x_i x_j, \quad x \in V \subset B,$$

这里

$$a_{ij}(x) = a_{ji}(x) = \int_0^1 (1-\lambda) f_{x_i x_j}(\lambda x) d\lambda.$$

设 $\rho_\varepsilon(x)$ 是 R^n 上一 C^∞ 函数, 有 $0 \leqslant \rho_\varepsilon(x) \leqslant 1, \|x\| \leqslant \varepsilon$ 时, $\rho_\varepsilon(x) = 0$, 而在 $\|x\| \geqslant \eta$ 时 $\rho_\varepsilon(x) = 1$, 这里 $\eta > \varepsilon > 0$ 充分小以致以 O 为中心 η 为半径的 n 维碟全在 V 中. 由下式定义一 B 到 R^N 中的 C^∞ 映象 g.

$$g(x) = \begin{cases} f(0) + \displaystyle\sum_{i=1}^{n} \frac{\partial f(0)}{\partial x_i} \cdot x_i + \rho_\varepsilon(x) \cdot \sum_{i,j=1}^{n} a_{ij}(x) \cdot x_i x_j, & x \in V, \\ f(x), & x \in B - V. \end{cases}$$

易见 g 在 O 处是线性的, 与 f 在 $|\partial B|$ 的某邻域上重合, 且取 $\varepsilon > 0$ 充分小时, g 与 f 可任意接近. 此外由命题 2 并知取 $\varepsilon > 0$ 充分小以及适当的 ρ_ε 时, 可使 g 是 B 到 R^N 中的一个微拓映象. 至于 $\dot{g}_0 = \dot{f}_0$ 则是显然的.

下面的引理是所谓 Sard 定理的一个特殊情形, 在有关 C^∞ 映象的各种问题中是基本的, 我们将仅叙述而不证.

引理　对于 R^n 中一个开集 D 到 R^N 的任一 C^∞ 映象 f, 在 R^N 中所有使 $f^{-1}(y)=\varnothing$ 或只含 f 正常点的一切点 y 的集合在 R^N 中处处稠密, 特别是在 $N>n$ 时, R^N 中使 $f^{-1}(y)=\varnothing$ 的一切点 y 的集合在 R^N 中处处稠密.

定义 4　设 f (以及 g) 是 R^p(与 R^q) 中一开集 D(与 E) 在 R^N 中的一个微拓映象, 于是 f 与 g 将称为在一般位置, 如果 $f(D)$ (与 $g(E)$) 的闭包与 $\overline{g(E)}-g(E)$(与 $\overline{f(D)}-f(D)$) 不相遇, 且在 $N\geqslant p+q$ 时, 对每一 $f(D)$ 与 $g(E)$ 可能有的公共点 $c, f(D)$ 与 $g(E)$ 在 c 的切空间将交于一维数为 $N-p+q$ 的线性子空间, 而在 $N<p+q$ 时, $f(D)$ 与 $g(E)$ 不相遇.

定义 5　设 f (与 g) 是 R^p(与 R^q) 中一闭区域 D (与 E) 到 R^N 中的微拓映象, 如果 f 与 g 在 D 与 E 的内部上的限制在一般位置, 我们就说 f 与 g 在一般位置.

命题 4　设 f 是 R^n 中一开集 U 到 R^N 中的 C^∞ 映象而 $N>2n+1$, 则与 R^N 中某给定方向任意接近, 必有方向使沿此方向的任意直线既不与 $f(U)$ 相切也不遇 $f(U)$ 于两点以上.

证　设 T 为直线 $-\infty<\tau<+\infty$. 定义一 $U\times U\times T$ 到 R^N 中的映象 f_1 为 $f_1(x,y,\tau)=\tau\cdot(f(x)-f(y))$, 这里 $x,y\in U,\tau\in T$. 又定义一 $U\times R^n$ 到 R^N 的映象 f_2 为 $f_2(x,u)=\dot{f}_x(u)$, 这里 $x\in U, u\in R^n$. 因 $U\times U\times T$ 与 $U\times R^n$ 各为 $R^n\times R^n\times R$ 与 $R^n\times R^n$ 中的开集, f_1 与 f_2 是到 R^N 中的 C^∞ 映象, 而 $N>2n+1$, 故由 Sard 定理, R^N 中不在 f_1 与 f_2 象集上的点在 R^N 中处处稠密. 任取这样一个不同于 R^N 原点的点, 则过此的方向即具有命题中所要求的性质, 且可使与一已给方向任意接近.

命题 5　设 f 是一 n 维胞腔 B 到 R^N 中的一连续映象, 而在 B 的边界的某一邻域 N 上是微拓映象. 如果 $N\geqslant 2n+1$, 则任意接近于 f (在 $C_N(B)$ 的拓扑下) 有 B 到 R^N 中的微拓映象 g, 而 g 与 f 在 B 的边界的某一闭包含于 N 中的已给邻域上与 f 重合.

证　由 Weierstrass 逼近定理, 不妨设 f 是 R^N 中包含 B 的某开集 D 上的 C^∞ 映象并在 $N^*=N+(D-B)$ 上微拓. 设 N',N'' 是 B 的边界在 D 中的邻域, 而 $N'\subset\bar{N}'\subset N''\subset\bar{N}''\subset N^*$ 容易作一 B 到某一 R^m (这里 $m>n$) 中的 C^∞ 映象 h 使 $h(\bar{N}')=R^m$ 的原点 O, h 在 $B-\bar{N}''$ 上微拓, 且 $h(B-\bar{N}'')$ 不含 O 点, 命 g_m 为由 $g_m(x)=(f(x),h(x))$ 所定义的 B 到 $R^N\times R^m$ 中的映象, 则 g_m 是一微拓映象, 且若将 R^N 恒同于 $R^N\times R^m$ 中的 $R^N\times$(R^m 原点) 时, g_m 与 f 在 N' 上重合, 命 $R^{N+1}\subset R^{N+2}\subset\cdots\subset R^{N+m}=R^N\times R^m$ 为 $R^N\times R^m$ 中包含 R^N 的线性子空间序列, 而 l_{N+k} 为 R^{N+k} 中过原点而与 R^{N+k-1} 垂直的方向, 因 $N+m>2n+1$, 故由命题 4 可知, 在 R^{N+m} 中任意接近于 l_{N+m} 有方向使沿此方向的 R^{N+m} 中任意直线都既不与 $g_m(D)$ 相切也不与 $g_m(D)$ 遇于两点或两点以上, 命 π_m 为 R^{N+m} 到 R^{N+m-1} 沿这样一个方向, 例如 l'_{N+m} 的投影, 则由命题 1, $g_{m-1}=\pi_m g_m$ 将

是 D 到 R^{N+m-1} 中的一个微拓, 而在 $N'\cap B$ 上与 f 重合. 依此进行可逐次求得 D 到 $R^{N+m-2},\cdots,R^N$ 中的微拓映象 $g_{m-2}=\pi_{m-1}g_{m-1},\cdots,g_0=\pi_1 g_1$, 其中 $\pi_i, i=1,\cdots,m-1$ 为从 R^{N+i} 到 R^{N+i-1} 上沿任意接近于 l_{N+i} 的某方向 l'_{N+i} 的投影, 于是 $g=g_0$ 是 B 到 R^N 中的一微拓映象, 与 f 在 $N'\cap B$ 上重合, 且若取逐次的投影方向充分接近于 l_{N+k} 则在 $C_N(B)$ 拓扑下 g 可使任意接近于 f.

命题 6 设 σ,τ 是 p 维与 q 维胞腔, f,g 是 σ,τ 到一欧氏空间 R^N 中的微拓映象, 使在 $|\partial\tau|$ 的某一 τ. 中邻域 N 上 $g(N)$ 不与 $f|\sigma|$ 相遇, 而 $f|\partial\sigma|$ 也不与 $g|\tau|$ 相遇, 则在 $C_N(|\tau|)$ 的拓扑下任意接近于 g 有 τ 到 R^N 中的微拓映象 g', 使 g' 与 $|\partial\tau|$ 在 τ 中的某已给邻域 $N'(\bar N'\subset N)$ 上与 g 重合, 而 f,g' 在一般位置, 特别, $f|\sigma|$ 与 $g'|\tau|$ 在 $p+q<N$ 时将不相遇, 而在 $p+q=N$ 时将只交于有限个点 z_i, 且在每一交点 z_i 处 $f|\sigma|$ 与 $g'|\tau|$ 的切空间也只交于点 z_i (在后一情形我们说 f 与 g' 在 z_i 处 "横截").

证 试视 σ 与 τ 为 R^p 与 R^q 的点集, 其中坐标系统各为 $x_1,\cdots,x_p$ 与 $y_1,\cdots,y_q$. 在 R^N 中取坐标系统使 $f(x)=(f^1(x),\cdots,f^N(x)), g(y)=(g^1(y),\cdots,g^N(y)), x\in|\sigma|, y\in|\tau|$. 点集 $\sigma\times\tau$ 是 $R^p\times R^q$ 中的一个 $p+q$ 维胞腔, 而由 $h(x,y)=f(x)-g(y)$ 所定义的 $\sigma\times\tau$ 到 R^N 中的映象 h 是一 C^∞ 映象. 由 Sard 定理, 任意接近于 R^N 的原点 O 有点 c 使 $h^{-1}(c)=\varnothing$ 或 $h^{-1}(c)$ 中的点都是 h 的正常点, 在 τ 上作一 C^∞ 函数 $\rho(y)$ 使 $\rho(y)$ 在 N' 上 $=0$, 在 $|\tau|-N$ 上 $=1$, 而对任意 $y\in|\tau|$ 有 $0\leqslant\rho(y)\leqslant 1$. 今定义一 τ 到 R^N 中的 C^∞ 映象 g' 为 $g'(y)=g(y)+\rho(y)\cdot c$. 如果取 c 充分接近于 O, 则 $f|\sigma|, g'|\tau|$ 只能在 $g'(|\tau|-N)$ 处相交, 且取适当 ρ 时, g' 依命题 2 是 τ 到 R^N 中的微拓映象. 这些微拓映象 f 与 g' 将符合命题中的要求. 事实上, 在 $p+q<N$ 时, 应有 $h^{-1}(c)=\varnothing$ 故没有点 $a\in|\sigma|, b\in|\tau|$ 能使 $h(a,b)=c=f(a)-g(b)$, 或 $f(a)=g'(b)$, 亦即 $f|\sigma|$ 与 $g'|\tau|$ 不相遇因而 f',g' 在一般位置. 如果 $p+q\geqslant N$ 而设 $a\in|\sigma|, b\in|\tau|$ 使 $h(a,b)=c$ 或 $f(a)=g'(b)$. 这时 $h(|\sigma\times\tau|)$ 在 (a,b) 的切空间系由以下 $p+q$ 个向量所张成:

$$u_j=\frac{\partial f}{\partial x_j},\quad j=1,\cdots,p$$

与

$$v_k=\frac{\partial g}{\partial y_k},\quad k=1,\cdots,q,$$

其中每一导数都在 a 或 b 处计算. 因为 (a,b) 是 h 的正常点, 故这些 $p+q$ 个向量中有 N 个是线性无关的. 因 p 个向量 u_j (与 q 个向量 v_k) 张成了 $f(|\sigma|)$ 在 a(与 $g'(|\tau|)$ 在 b) 的切空间 U (与 V), 可见 U 与 V 将遇于一 $p+q-N$ 维线性子空间. 这说明 $f(|\sigma|)$ 与 $g'(|\tau|)$ 在一般位置而命题得证.

定义 6 设 f 是空间 X 到空间 Y 的一个连续映象. 一点 $y \in Y$ 将称为 f 的一个 k 重点, 如果 X 中至少有 k 个不同的点 x_i 使 $f(x_i) = y, i = 1, \cdots, k$.

命题 7 设 K 是一 n 维有限欧氏胞腔复形, 而 f 是 $|K|$ 到 R^{2n} 中的一个连续映象, 在 K 的 $n-1$ 维骨架 $K^{(n-1)}$ 的某一邻域 N 上是拓扑映象, $f(|K^{(n-1)}|)$ 与每一 K 中 n 维胞腔 σ 的象 $f(|\sigma|)$ 的内部不相遇, 且在每一这样的 n 维胞腔上是一微拓映象. 于是在 $C_{2n}(|K|)$ 的拓扑下, 任意接近于 f 都有连续映象 f' 与 f 在 $K^{(n-1)}$ 的某邻域上重合, 满足与 f 相同的那些条件. 且无三重点.

证 设 $\sigma_1, \cdots, \sigma_r$ 是 K 中 n 维胞腔的全体, 而 K_i 为 K 中由 $\sigma_1, \cdots, \sigma_i$ 以及它们的面所构成的子复形. 对每一 i 取一 n 维欧氏胞腔 τ_i 使 $|\tau_i| \subset |\sigma_i|, |\partial\tau_i| \subset N \cap |\sigma_i|$, 且使 f 的所有二重点只能是某一 τ_i 内部的点的象. 假设已定义了 $|K_i|$ 到 R^{2n} 中的映象 f_i, 在 $C_{2n}(|K_i|)$ 的拓扑下与 $f/|K_i|$ 充分接近. 且满足以下条件: 1°. f_i 与 f 在 K_i 的 $n-1$ 维骨架 $K_i^{(n-1)}$ 的包含 $|\partial\tau_1|, \cdots, |\partial\tau_i|$, 的某邻域上重合. 2°. f_i 在每一 $\sigma_1, \cdots, \sigma_i$ 上都是微拓映象. 3°. f_i 没有三重点. 4°. $f_i(|\tau_1|, \cdots, f_i|\tau_i|)$ 彼此都在一般位置. 于是依命题 6, f_i 只能有有限多个二重点, 且可定义一 $|\sigma_{i+1}|$ 到 R^{2n} 中的映象 f_{i+1}, 使在 $C_{2n}(|\sigma_{i+1}|)$ 的拓扑下 f_{i+1} 与 f 任意接近. 在包含 $|\partial\tau_{i+1}|$ 的某个 $|\partial\sigma_{i+1}|$ 的邻域上与 f 重合, 在 $|\sigma_{i+1}|$ 上是微拓映象, $f_{i+1}(|\sigma_{i+1}|)$ 与每一 $f_i(|\sigma_1|), \cdots, f_i(|\sigma_i|)$ 都在一般位置, 且不过任一 $f_i/|K_i|$ 的二重点, 推广 $f_{i+1}/|\sigma_{i+1}|$ 为 $f_{i+1}/|K_{i+1}|$ 使 $f_{i+1}/|K_i| \equiv f_i$ 即得一 $|K_{i+1}|$ 到 R^{2n} 中的映象 f_{i+1} 满足与 $|K_i|$ 到 R^{2n} 中映象 f_i 相同的那些条件. 由归纳即得一映象 f' 合于命题中的要求.

命题 8 设 f 是一欧氏 n 维胞腔 σ 到 R^N 中的微拓映象. 设 $v_i(x), \cdots, v_r(x)$ $(r \leqslant N-n, x \in |\sigma|)$ 是 R^N 中在 $f(|\sigma|)$ 上的 r 个向量场. 其类为 ∞ (即每一分量是 $|\sigma|$ 上的 C^∞ 函数), 在每一点 $f(x)(x \in |\sigma|)$ 处线性无关, 且在每一点 $f(x)$ 处与 $f(|\sigma|)$"横截"(即与 $f(|\sigma|)$ 在 $f(x)$ 的切空间[①]线性无关). 命 D^r 为以 e_i 为向量基的 R^r 中半径为 $\varepsilon > 0$ 的 r 维碟 $\left\{\sum\limits_{i=1}^r a_i e_i \Big/ \sum\limits_{i=1}^r a_i^2 \leqslant \varepsilon^2\right\}$, 则当 $\varepsilon > 0$ 充分小时, 由下式

$$g(x, e) = f(x) + \sum_{i=1}^r a_i v_i(x)$$

所定义的 $|\sigma| \times D^r$ 到 R^N 中的映象 g 是一微拓映象.

证 显然对任意坐标系统 g 在 $|\sigma| \times (D^r$ 中心 $O)$ 的任一点 $(x, 0)$ 处的 Jacobi 矩阵 $\mathrm{Jac}_{(x,0)} g$ 不退化 (σ 看作是某 R^n 中的点集). 于是应用一紧致性的推理即得本命题.

为应用于研究同痕问题, 上面的多数命题必须推广直到 $R^N = R^{N-1} \times L$ 中的可允许映象, 这里 $L = \{-\infty < t < +\infty\}$ 等如 5.7 节那样定义. 我们将列举以后所

① 对 σ 边界上的点 x, 这个切空间将定义为 $\tilde{f}(|\sigma|)$ 在 $\tilde{f}(x)$ 的切空间, 这里 $\tilde{f}$ 是任一包含 $|\sigma|$ 的开集 U 上到 R^N 中的微拓映象, 而 $\tilde{f}$ 与 f 在 $|\sigma|$ 上相合. 容易验证这个切空间与 U 以及 $\tilde{f}$ 的选择是无关的.

需要的一些相应命题, 但详细的证明则将略去. 因为它们与通常的那些证明是相仿的. 只在有必要改变证法之处我们才指出来.

命题 $\tilde{3}$ 在命题 3 中如果 $B=B'\times I, I=[0,1]$, B' 是 R^{n-1} 中的 $n-1$ 维胞腔, $O=(O',t_0)$. 这里 O' 是 B' 的内点. 而 $0<t_0<1$. 又 B 到 $R^N=R^{N-1}\times L$ 中的微拓映象 f 又是可允许的, 则命题 3 中已证明其存在的映象 g 也可取为可允许的.

证 与命题 3 的证明相同, 不需任何改变.

命题 $\tilde{4}$ 在命题 4 中设 $U=U'\times I, I=[0,1]$, U' 为 R^{n-1} 中开集, 又设 U 到 $R^N=R^{N-1}\times L, N>2n+1$ 中的 C^∞ 映象 f 是可允许的, 则命题 4 中已证明其存在的方向可取为与 (R^{N-1} 原点)$\times L$ 垂直的一个方向.

证 首先推广 f 为一 $U=U'\times I'$ 到 R^N 中的可允许 C^∞ 映象, 这里 I' 是包含 I 的一个开区间. 定义 $U'\times U'\times I\times T$ 与 $U\times R^{n-1}$ 到 $R_0^{N-1}=R^{N-1}\times(0)$ 的映象 f_1 与 f_2 为 $f_1(x',y',t,\tau)=\tau\,[f(x',t)-f(y',t)]$ 与 $f_2(x',t,u)=\dot{f}_{(x',t)}(u,0)$, 这里 $x',y'\in U', t\in I', \tau\in T, u\in R^{n-1}$, T 与命题 4 的证明中者相同. 因 $U'\times U'\times I'\times T$ 与 $U\times R^{n-1}$ 各为 $2n$ 与 $2n-1$ 维欧氏空间中的开集, 而 $2n$ 与 $2n-1$ 都 $<N-1$, 故任意接近于 R_0^{N-1} 任一方向有不过 f_1 与 f_2 象点的方向, 而这样的方向将符合命题中的要求.

命题 $\tilde{5}$ 在命题 5 中设 $B=B'\times I, I=[0,1]$, B' 是 R^{n-1} 中 $n-1$ 维胞腔, 而 B 在 $R^N=R^{N-1}\times L, N\geqslant 2n+1$ 中的微拓映象是可允许的, 则命题 5 中已证明其存在的映象 g 可取为可允许的.

证 证明与命题 5 相同, 唯一的改变如下, 在开始时不妨仍依 Weierstrass 定理假定 f 是一可允许的 C^∞ 映象. 为作 R^{N+i} 到 R^{N+i-1} 上沿方向 l'_{N+i} 的投影, 我们将依命题 $\tilde{4}$ 选取 l'_{N+i} 为与 (R^{N+i-1} 原点) $\times L$ 垂直的方向.

命题 $\tilde{6}$ 在命题 6 中设 $\sigma=\sigma'\times I, \tau=\tau'\times I, I=[0,1]$, σ',τ', 各为 $p-1$ 维与 $q-1$ 维胞腔. 而 $|\sigma|,|\tau|$ 到 $R^N=R^{N-1}\times L$ 中的微拓映象 f,g 都是可允许的. 则命题 6 中已证明其存在的映象 g' 也可取为可允许的.

证 与命题 6 者相同, 唯一的改变如下 $\sigma\times\tau$ 到 R^N 中的映象 h 将易为一 $\sigma\times\tau'\times I$ 到 R_0^{N-1} 中的映象 h, 这里 $h(x',y',t)=f(x',t)-g(y',t)$.

附注 如果易 τ 为一包含于 $\tau'\times I$ 的一个 q 维欧氏胞腔 τ^0 而 g 依下面的意义是 "可允许" 的, 则命题仍然真确: 如果 $(x',t),(x'',t)\in\tau^0$, 这里 $x',x''\in\tau', t\in I$, 则 $g(x',t)$ 的 t 坐标与 $g(x'',t)$ 的 t 坐标相同. 在证明时只需作下述改变: h 在 $\sigma'\times\tau^0$ 而不在 $\sigma'\times\tau'\times I$ 上定义.

命题 $\tilde{7}$ 在命题 7 中设 $K=K'\times I, K'$ 是一 $n-1$ 维有限欧氏胞腔复形, 而 f 是一 $|K|$ 到 $R^N=R^{N-1}\times L$ 中的可允许映象, 则在命题 7 已证明其存在的映象 f' 可取为可允许的.

证 与命题 7 者相同, 只需在证明中不用命题 6 而改用命题 $\tilde{6}$.

6.3 一些辅助的几何作法

为了证明本章中的几个主要定理, 我们需要下面所提到的某些辅助作法. 关于纤维丛理论的某些初步知识可在标准的著作如 Steenrod 书中查到, 在本节中将假定已知.

6.3.1 管状作法

设 C 是 R^N 中的一个 C^∞ 简单弧以 a_0, a_1 为端点, 也即是 $[0,1]$ 到 R^N 中一个微拓映象的象集, $a_0 = f(0), a_1 = f(1)$. 设 L_0^n 与 L_1^n 是 R^N 中与 C 在 a_0 与 a_1 处完全垂直 (即与 C 在该处的切线相垂直) 的两个 n 维线性子空间, E_0^n 与 E_1^n 为 L_0^n 与 L_1^n 中, 以 a_0, a_1 为中心, 充分小 $\varepsilon_0, \varepsilon_1 > 0$ 为半径的 n 维碟, 它们的边界球各为 S_0^{n-1} 与 S_1^{n-1}. 假设 E_0^n 与 E_1^n 二者都已任意定向. 命 U 为包含 C 的一个开集, 则在 $N \geqslant n+2$ 时可作一 $[0,1] \times E^n (E^n =$ 以 O 为中心的一个 n 维碟) 到 R^N 中的一个微拓映象 g 使其象 T 全在 U 中, $g/(0) \times E^n \equiv E_0^n, g/(1) \times E^n \equiv E_1^n, g/[0,1] \times (0) \equiv f$. 而且, 在 T 适当定向时. 将有 $\partial T = E_1^n - E_0^n - S$ 这里 S 是由协合定向部分 $g([0,1] \times S^{n-1})$ 所负载的奇异下链, S^{n-1} 则为 E^n 的边界. 这样一个 g 的微拓象 T 将称为以 C 为 "轴" 的一个微拓 "管".

为证此, 设 L_t^{N-1} 是 C 在 $a_t = f(t)$ 处的 $N-1$ 维法空间而 $\tilde{G}_t$ 由 L_t^{N-1} 中过 a_t 的所有定向 n 维面所成的格拉斯曼流形, 于是 $\tilde{G}_t$ 全体构成一 C 上的纤维丛, 全空间设为 L, 投影为 $\pi : L \to C$ 而 $\pi^{-1}(a_t) = \tilde{G}_t$. 因 C 是一简单弧, 故这一丛是不足道的, 又因 $(N-1) - n \geqslant 1$, $\tilde{G}_t$ 是弧连通的, 因之任一在 a_0, a_1 的截面可拓广为 C 上的一个截面. 特别是截面 $h(a_0) = L_0^n$, $h(a_1) = L_1^n$, 这里 L_0^n 与 L_1^n 已与 E_D^n, E_1^n 协合定向, 可扩充为 C 上的截面 $h(a_t) = L_t^n$. 由 Steenrod 定理 ([10] 第一章 §6, 7 中定理), 这一截面 h 并可取为类 ∞ 的, 设 ε_t 是 $[0,1]$ 上的一个充分小 C^∞ 函数. 而在 0, 1 处取值 $\varepsilon_0, \varepsilon_1$. 命 E_t^n 是 L_t^n 中以 a_t 为中心 ε_t 为半径的 n 维碟, 则当 $\varepsilon_t > 0$ 充分小时, 由所有 $E_t^n, 0 \leqslant t \leqslant 1$ 所组成的空间即为一合于所求的微拓管 (参阅 6.2 节命题 8).

6.3.2 Whitney 作法

所谓 Whitney 作法是把一个 n 维复形到 R^{2n} 中的映象在某种条件下移去奇点以获得一真正的嵌入的主要步骤. 为说明这一作法, 首先将引入一些

记号 命 E^{2n} 为一 $2n$ 维欧氏空间, 以 $(x_0, \cdots, x_{2n-1})$ 为坐标系统, 而以 $e_0, e_1, \cdots, e_{2n-1}$ 为相应的向量基, 又命 E^2 为 E^{2n} 中的 (x_0, x_1) 平面. 命 $\tilde{A}_0$ 为 x_0

轴, $\tilde{A}_1$ 为 C^∞ 弧 $x_1 = \lambda(x_0), x_2 = \cdots = x_{2n-1} = 0$, 这里 $x_0 < 0$ 或 > 1 时 $\lambda(x_0) < 0$, 而 $0 < x_0 < 1$ 时 $\lambda(x_0) > 0$, 又在 $x_0 = 0$ 或 1 附近是线性的且其方向与 x_0 轴斜交. 记 $\tilde{A}_0, \tilde{A}_0$ 在 $r = (0, \cdots, 0)$ 与 $r' = (1, 0, \cdots, 0)$ 间的部分为 A_0, A_1. 以 E_0 与 E_1 各表 n 维空间 $x_0 = 0, x_{n+1} = \cdots = x_{2n-1} = 0$ 与柱面 $x_1 = \lambda(x_0), x_2 = \cdots = x_n = 0$. 命 τ 为 E^2 中的一个二维胞腔, 由闭曲线 $A = A_0 \cup A_1$ 的一个充分小邻域与 A 的内部所构成, 置 $\tilde{A}_0 \cap \tau = A_0'$ 与 $\tilde{A}_1 \cap \tau = A_1'$.

命题 1 设 σ_0, σ_1 为两欧氏 n 维胞腔, 而 f_0, f_1 为 σ_0, σ_1 到 R^{2n} 中的微拓映象 (这里 $n > 2$), 满足以下诸条件:

(i) $f_0\,|\sigma_0|$ 与 $f_1\,|\sigma_1|$ 只在两个内点 q 与 q' 相交.

(ii) f_0 与 f_1 在 q 与 q' 的附近都是线性的, 且在 q(以及 q') 附近的象只遇于 q(以及 q').

命 B_0 与 B_1 各为 $f_0\,|\sigma_0|$ 与 $f_1\,|\sigma_1|$ 中联结 q 到 q' 的两个 C^∞ 简单弧, 彼此除在端点外不再相遇且在该处附近是线性的, 于是有 E^2 中某 τ 到 R^{2n} 中的微拓映象 ψ 使 $\psi(r) = q$, $\psi(r') = q'$, $\psi(A_0) = B_0$, $\psi(A_1) = B_1$ (见前记号), 且使 $\psi(\tau)$ 与 $f_0\,|\sigma_0|$(以及 $f_1\,|\sigma_1|$) 只遇于 $\psi(A_0') = B_0'$ (以及 $\psi(A_1') = B_1'$), 而在每 $-\psi(A_0') = B_0'$ (以及 $\psi(A_1') = B_1'$) 的点处, $\psi(\tau)$ 与 $f_0\,|\sigma_0|$ (以及与 $f_1\,|\sigma_1|$) 的切空间只在 B_0' (以及 B_1') 的切线处相交, 为简单起见, 我们将说这时 $\psi(\tau)$ 与 $f_0\,|\sigma_0|$ 以及 $f_1\,|\sigma_1|$ 各沿 B_0' 与 B_1' 横截.

再者, 如果 g_i 是有限个 m 维欧氏胞腔 ξ_i 到 R^{2n} 中的一组微拓映象. 而 $m \leqslant n$, 且 $g_i\,|\xi_i|$ 与 B_0, B_1 都不相遇, 则 ψ 并可选取使 $\psi(\tau)$ 与所有 $g_i\,|\xi_i|$ 都不相遇.

证 由于条件 (ii) B_0 与 B_1 在 q (与 q') 附近的线性部分的方向是线性无关的, 因之可定义 r 的某邻域 U(以及 r' 的某邻域 U') 到 R^{2n} 中的一线性的自然更是微拓的映象 φ 使 φ 映 r 为 q(并映 r' 为 q'), 又映 A_0 与 A_1 在 U 中邻近 r 的部分 (以及 U' 中邻近 r' 的部分) 为 B_0 与 B_1 在 $\varphi(U)$ 中邻近 q 的部分 (以及 $\varphi(U')$ 中邻近 q' 的部分). 拓广 φ 为一 $U + U' + A_0' + A_1'$ 到 R^{2n} 中的一映象. 仍记之为 φ, 使 $\varphi(A_0) = B_0, \varphi(A_1) = B_1$. 当 $x \in A_0' \cap (U + U')$, $y = \varphi(x)$ 时, 在 $\varphi(A_0') \cap [\varphi(U) + \varphi(U')]$ 上的向量场 $\dot{\varphi}_x(e_L) = u_y^0$ 横截于 $f_0\,|\sigma_0|$ (即处与 $f_0\,|\sigma_0|$ 的切空间线性无关), 因之可拓广为一在 $\varphi(A_0')$ 上与 $f_0\,|\sigma_0|$ 横截的 C^∞ 向量场 u_y^0. 同样, 对 $x \in A_1' \cap (U + U'), y = \varphi(x)$, 在 $\varphi(A_1') \cap [\varphi(U) + \varphi(U')]$ 上的向量场 $\dot{\varphi}_x(e_1) = u_y^1$ 可拓广为一在 $\varphi(A_1')$ 上与 $f_1\,|\sigma_1|$ 横截的 C^∞ 向量场 u_y^1. 对充分小的 $\varepsilon > 0$, 可拓广 φ 为 τ 到 R^{2n} 中的一连续映象, 仍记之为 φ 者, 如下, 对 $x \in A_0' + A_1'$ 与 $|a| \leqslant \varepsilon$, 置

$$\varphi(x + a \cdot e_1) = \varphi(x) + a \cdot u_y^0, \quad 这里\ y = \varphi(x), x \in A_0', \tag{1}$$

$$\varphi(x + a \cdot e_1) = \varphi(x) + a \cdot u_y^1, \quad 这里\ y = \varphi(x), x \in A_1'. \tag{2}$$

因这一 φ 与 $U+U'$ 上原来的映象 φ 重合, 故它有明确定义且在 ε 充分小时是 $U+U'$ 以及 $A_0'+A_1'$ 某邻域上的微拓映象, 且可拓广为某一 τ 到 R^{2n} 中的一连续映象, 在 ε 充分小且 $|\partial\tau|$ 与 $A_0'+A_1'$ 充分接近时, 这一拓广 φ 将是 $|\partial\tau|$ 某一包含 $A_0'+A_1'$ 的邻域上的微拓映象, 且这一邻域的象将与 $f_0\,|\partial\sigma_0|, f_1\,|\partial\sigma_1|$ 以及所有可能有的 $g_i\,|\xi_i|$ 都不相遇. 因 $2n \geqslant 2\dim\tau+1$, 故依 6.2 节命题 5, 在 $C_{2n}(\tau)$ 的拓扑下任意接近于 φ 有 τ 到 R^{2n} 中的微拓映象 φ' 使与 φ 在 $|\partial\tau|$ 某个包含 A_0' 与 A_1' 的邻域上重合. 因 $2n>\dim\tau+n$, 故依 6.2 节命题 6, 又可在 $C_{2n}(\tau)$ 的拓扑下任意接近于 φ', 取一 τ 到 R^{2n} 中的映象 φ, 使与 φ' 在 $|\partial\tau|$ 某个包含 A_0' 与 A_1' 的邻域上重合, 又使 $\varphi(\tau)$ 与所有 $g_i\,|\xi_i|$ 不相遇且与 $f_0\,|\sigma_0|, f_1\,|\sigma_1|$ 只在 $\varphi(A_0'),\varphi(A_1')$ 处相交, 这一映象即符合命题中的所有要求.

命题 2　设 σ_0,σ_1 为两 n 维欧氏胞腔 $(n>2)$, 而 f_0,f_1 为 σ_0,σ_1 到 R^{2n} 中的微拓映象. 满足以下诸条件:

(i) $f_0\,|\sigma_0|$ 与 $f_1\,|\sigma_1|$ 只在两点 q 与 q' 处相遇.

(ii) f_0 与 f_1 在 q 与 q' 的附近是线性的.

(iii) 对有确定定向的 σ_0,σ_1 与 R^{2n} 而言, 奇异下链 $f_0\,|\sigma_0|$ 与 $f_1\,|\sigma_1|$ 在 q 与 q' 处的交截数各为 $+1$ 与 -1.

命 ψ' 为 τ 到 R^{2n} 中的一个微拓映象, 使 $\psi(r')=q,\psi(\gamma')=q'$, 而 $\psi(\tau)$ 与 $f_0\,|\sigma_0|$ 以及 $f_1\,|\sigma_1|$ 各沿 $\psi(A_0')=B_0'$ 与 $\psi(A_1')=B_1'$ 处横截, 则

映象 ψ 可拓广为 τ 在 E^{2n} 中的某一邻域到 $\psi(\tau)$ 在 R^{2n} 中某一邻域的微拓映象, 仍记之为 ψ 而使 $\psi(E_0)$(以及 $\psi(E_1)$) 与 $f_0\,|\sigma_0|$(以及 $f_1\,|\sigma_1|$) 在 B_0'(以及 B_1') 的每一点处有相同的切空间. 此外又有一 σ_1 到 R^{2n} 中的微拓映象 f_1' 与 f_1 只在 $C_1=f_1^{-1}\psi(A_1)$ 在 σ_1 中的一个任意小邻域 U_1 上有所不同, 而象集 $f_1'(U_1)$ 与 $f_0(|\sigma_0|)$ 不相遇, 且位于 $\psi(\tau)$ 在 R_n^2 中的一个任意小邻域中.

证　可证 (其详参阅 Whitney[57]§11) 在 $\psi(\tau)=\sigma$ 上可定义一组类为 ∞ 的向量场 $w_0(q^*),\cdots,w_{2n-1}(q^*)$, 使 $\|w_i(q^*)\|=1, i=0,1,\cdots,2n-1$ 在每一点 $q^*\in\sigma$ 处线性无关, 且满足以下诸条件:

(a) $w_0(q^*)=\psi_{q^*}(e_0), w_1(q^*)=\dot{\psi}_{q^*}(e_1)$.

(b) 诸向量 $w_2(q^*),\cdots,w_n(q^*)$ 在 $q^*\in B_0'$ 时都与 $f_0\,|\sigma_0|$ 相切.

(c) 诸向量 $w_{n+1}(q^*),\cdots,w_{2n-1}(q^*)$ 在 $q^*\in B_1'$ 时都与 $f_1\,|\sigma_1|$ 相切.

今对 $r^*\in\tau$ 定义

$$\psi\left(r^*+\sum_{i=2}^{2n-1}a_ie_i\right)=\psi(r^*)+\sum_{i=2}^{2n-1}a_iw_i(\psi(r^*)).$$

于是由 6.2 节命题 8, ψ 为 $-\tau$ 在 E^{2n} 中某充分小邻域 U 到 σ 在 R^{2n} 中某邻域 V 上的微拓映象, 满足命题中的诸条件. 为证 f_1' 的存在, 试在 σ_i 中取一

$C_i' = |\sigma_i| \cap f_i^{-1}(B_i')$ 的充分小邻域 M_i 使 $f_i(M_i) \subset V, i = 0,1$. 命 π 为投影 $(x_0, x_1, \cdots, x_{2n-1}) \to (x_0, 0, x_2, \cdots, x_{2n-1})$ 而 $N_i = \psi^{-1}(f_i(M_i)), i = 0,1,$, 则 M_i 可取足够小使 $\pi(N_0)$ 与 $\pi(N_1)$ 只在 x_0 轴上相遇, 由于 (a), (b), (c) 这总是可能的.

取 $\varepsilon > 0$ 充分小并作一实 C^∞ 函数 $\nu(x_0)$ 使

$$|\nu(x_0)| \leqslant 1, \nu(0) = 1, \text{ 而 } \nu(x_0) = 0 \text{ 在 } |x_0| \geqslant \varepsilon^2.$$

又作一实 C^∞ 函数 $x_1 = \mu(x_0) \geqslant 0$ 使

$$\varepsilon > \mu(x_0) - \lambda(x_0) > 0, \quad 0 \leqslant x_0 \leqslant 1 \text{ 时},$$

$$\mu(x_0) = 0, \quad x_0 < -\varepsilon \text{ 或 } x_0 > 1 + \varepsilon \text{ 时},$$

其中 $\lambda(x_0)$ 即在前面 "记号" 中所提到的函数. 对任一点 $(x_0, x_1, \cdots, x_{2n-1}) = r^* \in N_1$, 命

$$\theta(r^*) = r^* - \nu(x_2^2 + \cdots + x_{2n-1}^2) \cdot \mu(x_0) \cdot e_1.$$

则 $\theta(N_1)$ 不与 N_0 相遇. 今改变 f_1 为 f_1' 使 f_1' 与 f_1 在 $|\sigma_1| - M_1$ 上重合, 而在 M_1 上

$$f_1'/M_1 \equiv \psi\theta\psi^{-1} f_1.$$

于是当 $\varepsilon > 0$ 充分小时, f_1' 显然为一 σ_1 到 R^{2n} 中的微拓映象, 符合命题中的要求.

所需要的 Whitney 作法. 即包含于下面的

定理 1 设 σ_1, σ_2 是一 n 维单纯复形 K 中一对非对角型的 n 维单形, 这里 $n > 2$, 而 $f: |K| \to R^{2n}$ 是一连续映象满足以下诸条件:

1° f 在 K 的每一 n 维单形上是一微拓映象.

2° $f|\sigma_0|$ 与 $f|\sigma_1|$ 只在它们的内部交于偶数个点 $q_1, \cdots, q_r, q_1', \cdots, q_r'$ 在每一这样的点处 $f|\sigma_0|$ 与 $f|\sigma_1|$ 的切空间只交于该点. 对 R^{2n} 的一个固定定向以及 σ_0, σ_1 的确定定向而言, $f|\sigma_0|$ 与 $f|\sigma_1|$ 在每一 q_i 处的交截数是 $+1$, 而在每一 q_i' 处的交截数是 -1.

3° $f(|K| - \mathrm{Int}\,|\sigma_0| - \mathrm{Int}\,|\sigma_1|)$ 与 $f(\mathrm{Int}\,|\sigma_0|)$ 以及 $f(\mathrm{Int}\,|\sigma_1|)$ 只遇于孤立的一些点, 且每个这样的点都与 q_i 或 q_i' 不同.

于是可改变 f 为一连续映象 $f': |K| \to R^{2n}$, 使满足以下诸条件:

1° f' 在 σ_0 与 σ_1 上都是微拓映象.

2° $f'|\sigma_0|$ 与 $f'|\sigma_1|$ 不相遇.

3° f' 与 f 只在 σ_0 与 σ_1 的某开集上有所不同, 而这些开集在 f' 下的象与 $|K| - \mathrm{Int}\,|\sigma_0| - \mathrm{Int}\,|\sigma_1|$ 在 f 下的象不相遇.

换言之, 上述 Whitney 作法可使在上面提到的那些条件下把某一对非对角型 n 维单形中的 "二重点" 全部移去, 而其余的二重点或更复杂的奇点则保持不变.

证　由 6.2 节命题 3 我们不妨假设 $f|\sigma_0|$ 与 $f|\sigma_1|$ 在每一 q_i 与 q_i' 的附近都是线性的, 而无损于一般性. 因 $n>2$, 故可将每一对点 q_i 与 q_i' 在 $f(\sigma_i)$ 中用一 C^∞ 简单弧 B_{ij}, $i=0,1,j=1,\cdots,r$ 相连使诸 B_{ij} 除在端点外不再彼此相遇, 且也与 $f(|K|-\mathrm{Int}\,|\sigma_0|-\mathrm{Int}\,|\sigma_1|)$ 不相遇. 由命题 1 可作 τ 在 R^{2n} 中的微拓映象 ψ_j 使 $\psi_j(r)=q_i,\psi_j(r')=q_j',\psi_j(A_i)=B_{ij}$, 且与 $f|\sigma_i|$ 沿 $B_{ij}'=\psi_j(A_i')$ 处横截. 因 $N=2n\geqslant 5$ 且 $N>n+2$, 故 ψ_j 依 6.2 节命题 6 并可选取使诸象集 $\psi_j(\tau)$ 彼此不相遇, 也与 $f(|K|-\mathrm{Int}\,|\sigma_0|-\mathrm{Int}\,|\sigma_1|)$ 不相遇. 由命题 2, 即可易 f 为一 f', 与 f 只在 $C_j'=f^{-1}(B_{1j}')$ 的某些充分小邻域上有所不同, 而使 f' 符合定理中的要求.

6.3.3　推广 Whitney 作法

为了同痕问题的研究在 6.3.2 小节中的 Whitney 作法需像下面定理所说那样稍作推广.

定理 $\tilde{1}$　在 6.3.2 小节的定理 1 中设 $K=K'\times I,\sigma_0=\sigma_0'\times I,\sigma_1=\sigma_1'\times I$, 这里 $I=[0,1]$, K' 是一 $n-1$ 维单纯复形, $n-1>1$, 而 σ_0',σ_1' 是 K' 的一对非对角型 $n-1$ 维单形, 又设 f 是 $|K|$ 到 $R^{2n}=R^{2n-1}\times L$, 这里 L 为直线 $-\infty<t<+\infty$ 的一个可允许映象, 则在定理 1 中已证明其存在的映象 f' 可取为可允许的.

证　与定理 1 的证明相同, 只需在应用 B 的命题 1、命题 2 以及 6.2 节的命题 6 处, 改为应用下面的命题 $\tilde{1}$、命题 $\tilde{2}$ 以及 6.2 节的命题 $\tilde{6}$ 即可.

命题 $\tilde{1}$　设在 6.3.2 小节的命题 1 中 $\sigma_0=\sigma_0'\times I,\sigma_1=\sigma_1'\times I$, 这里 $I=[0,1]$, σ_0',σ_1' 是两欧氏 $n-1$ 维胞腔而 $n-1>1$, 次设 f_0,f_1 都是 $|\sigma_0|,|\sigma_1|$ 到 $R^{2n}=R^{2n-1}\times L$ 中的可允许映象, 又设在 B_0 与 B_1 上的参数线性地依赖于其上相应点的 t 坐标, 致在特殊情形如 q,q' 有相同 t 坐标 $=s$ 时, B_0 与 B_1 将全在 $R_s^{2n-1}=R^{2n-1}\times(s)$ 中. 于是 6.3.2 小节的命题 1 中已证明其存在的 τ 到 R^{2n} 中的映象 ψ, 更可取为 "可允许的", 这里 "可允许" 的意义是: 对任意 $x=(x_0,x_1)\in\tau$, $\psi(x)$ 的 t 坐标将只依赖于且线性依赖于 x_0. 在特殊情形当 q 与 q' 的 t 坐标相同设 $=s$ 时. 这意味着 $\psi(\tau)$ 将全在 R_s^{2n-1} 中.

证　与 6.3.2 小节中命题 1 的证明相同, 只需作下面的适当改变即可. 在 $\varphi(A_0')$ 与 $\varphi(A_1')$ 上的 C^∞ 向量场 u_y^0 与 u_y^1 将如此选取使当 $\varphi(A_0')$ 与 $\varphi(A_1')$ 上的点 y 的 t 坐标为 t 时, u_y^0 与 u_y^1 将位于 R_t^{2n-1} 中. φ 连续推广为 τ 到 R^{2n} 中的映象, 仍记为 φ, 即容易选取为 "可允许" 的. 把 φ 逼近为 φ' 与 ψ 时, 如果 q 与 q' 的 t 坐标不相等, 则可不用 6.2 节的命题 4 与命题 6, 而改用该节的命题 $\tilde{4}$ 与命题 $\tilde{6}$(以及其下的附注). 在 q 与 q' 有相同 t 坐标设 $=s$ 的这一特殊情况下. 将有 $\varphi(U+U'+A_0'+A_1')\subset R_s^{2n-1}$ 与 $\varphi(\tau)\subset R_s^{2n-1}$, 这时在作 φ 的逼近 φ' 与 ψ 时. 可依 6.2 节命题 4 与命题 6 在 $C_{2n-1}(\tau)$ 的拓扑下选取. 由于 $2n-1\geqslant 2\dim\tau+1$ 与 $2n-1>\dim\tau+(n-1)$, 这总是可能的.

命题 $\tilde{2}$ 设在 6.3.2 小节的命题 2 中 $\sigma_0=\sigma_0'\times I,\sigma_1=\sigma_1'\times I$, 这里 σ_0',σ_1' 是两欧氏 $n-1$ 维胞腔, 次设 f_0,f_1 是 $|\sigma_0|,|\sigma_1|$ 到 $R^{2n}=R^{2n-1}\times L$ 中的可允许映象, 又设 q,q' 的 t 坐标不相等, 且 ψ 在与命题 $\tilde{1}$ 相同的意义下是可允许的, 则命题 2 中已证明其存在的 f_1 的逼近 f_1' 并可取为可允许的.

证 与命题 2 的证明相同, 只需作下述改变. 对 $q^*\in|\tau|$, 诸向量 $w_2(q^*),\cdots,w_{2n}(q^*)$ (以及 $w_{n+1}(q^*),\cdots,w_{2n-1}(q^*)$) 将在 $R^{2n-1}_{t^*}=R^{2n-1}\times(t^*)$ 中选取, 这里 t^* 是 $\phi(q^*)$ 的 t 坐标.

6.3.4 Van Kampen 作法

设 σ_1,σ_2 是一 n 维单纯复形 K 中两个有顶点公共的 n 维单形, 这里 $n>2$, 而 $f:|K|\to R^{2n}$ 是一连续映象满足以下诸条件:

1° f 是 K 通过某单纯剖分 K' 的半线性映象.

2° 命 K' 在 σ_1 与 σ_2 上的部分为 K_1',K_2' 又命由 σ_1 (与 σ_2) 以及它的面所构成 K 的子复形为 K_1 (与 K_2) , 则 f 在 K_1 (与 K_2) 上的限制是 K_1 通过 K_1' (与 K_2 通过 K_2') 的半线性实现.

3° f 只有二重点但无三重点.

这时某一 Van Kampen 的作法 (见 Van Kampen [54] 中引理 2 的证明) 可使 f 改变为一连续映象 $f':|K|\to R^{2n}$ 满足以下诸条件:

1′° f' 是 K 到 R^{2n} 中通过 K 某剖分的半线性映象.

2′° 命 K 中由 σ_1,σ_2 以及它们的面所构成的子复形为 K_{12}, 则 f' 在 K_{12} 上的限制是 K_{12} 到 R^{2n} 中通过上述 K 的剖分在 K_{12} 上部分的半线性实现.

3′° f' 与 f 在 $|K|-\text{Int}\sigma_1-\text{Int}\sigma_2$ 上重合, 且与 f 有相同的二重点, 只是公共于 $f(\sigma_1)$ 与 $f(\sigma_2)$ 的二重点已被除去.

基于 Van Kampen 原来的作法, 我们将把 f' 的作法叙述如下:

设 $x_i=f(x_{1i})=f(x_{2i}),i=1,\cdots,r,x_{1i}\in\text{Int}\sigma_1,x_{2i}\in\text{Int}\sigma_2$, 是公共于 $f(\sigma_1)$ 与 $f(\sigma_2)$ 的二重点. 我们将逐步改变 f 以减少公共于 $f(\sigma_1)$ 与 $f(\sigma_2)$ 的二重点的个数, 最后得一满足 1′° ~ 3′° 的映象

为此, 设 O 是 σ_1,σ_2 的一个公共顶点, 而 τ_1 是 K_1 中位于 σ_1 上且以 O 为顶点的一个 n 维单形. 在 $f(\sigma_1)$ 中试作一折线 l_1 联结 x_1 至 $f(\tau_1)$ 的一个内点 x_1', 而不经过 $f(\sigma_1)$ 中的任一二重点. 又以 l_1 为轴作一线性管 C_1, 使 C_1 的一端为 $f(\sigma_2)$ 中的一个小区域 V_1 的边界, 另一端是与 $f(\tau_1)$ 只遇于 x_1' 的一 n 维凸区域 V_1', 且 C_1 不含有任一 f_1 的二重点并有 $C_1\cap f(\sigma_1)=\varnothing,C_1\cap f(\sigma_2)=|\partial V_1|$. 改变 f 为 f_1, 使 f_1 映 $f^{-1}(V_1)\cap|\sigma_2|$ 为 C_1+V_1', 而在 $|K|-\text{Int}(f^{-1}(V_1)\cap|\sigma_2|)$ 上与 f 重合, 则 f_1 仍满足 1° ~ 3°, 但其二重点 $x_1,\cdots,x_r$ 已变为 $x_1',x_2,\cdots,x_r$ 同样的作法可应用于 $x_2,\cdots,x_r$. 因之在一开始就不妨假定所有的点 x_{1i} 都在 τ_1 中, 且诸线段 $\overline{f(O)x_i}$

除 x_i 外不含有 f 的任何二重点. 再者, 由 5.1 节, 我们并不妨假定 f 也满足以下二条件:

4° 对任意不以 O 为顶点的 $\tau' \in K_2'$, 由 $f(\tau')$ 所定的线性空间不含有 $f(O)$.

5° 对任意 $\tau \in K'$, 以及任意不以 O 为顶点, 且不与 τ 相遇的 $\tau' \in K_2'$. 由 $f(O)$ 与 $f(\tau)$ 所定的线性子空间以及由 $f(\tau')$ 所定的线性子空间在一般位置.

今设 ξ_1 是 K_2' 中含有 x_{21} 为其内点的 n 维单形, 则 O 显然不是 ξ_1 的顶点, 在 K_2' 中有一序列的 n 维单形 $\xi_1, \xi_2, \cdots, \xi_s$ 使每一对相继单形 $\xi_i, \xi_{i+1} (i = 1, \cdots, s-1)$ 有一 $n-1$ 维单形 η_i 公共, 而 O 是 ξ_i, 但不为其他任一 $\xi_i (i < s)$ 的顶点. 由 5°, 可见对任意 $\neq \xi_1$ 的 $\tau \in K'$, 如果 τ 与 ξ_1 不相遇或与 ξ_1 只有一顶点公共时. 由 $f(O)$ 与 $f(\tau)$ 所定的线性子空间 $f(O, \tau)$ 与由 $f(\xi_1)$ 所定的线性子空间 $L(\xi_1)$ 将至多交于一线段 $S(\tau)$, 如果在 τ 与 ξ_1 有一维数 $\geqslant 1$ 的面公共时, $L(O, \tau)$ 与 $L(\xi_1)$ 将只在这一面所定的线性子空间处相交. 因假定 $n > 2$, 故过 x_1 可在 $f(\xi_1)$ 中作一直线 $f(\eta_1)$ 于其内部, 与所有 $S(\tau)$ 除 x_1 外不再相遇, 且除 x_1 外不再经过任何 f 在 $f(\xi_1)$ 中的二重点. 设这一直线与 $f(\eta_1)$ 交于 y_1 又遇 $f(\xi_1)$ 的另一 $n-1$ 维面 $f(\eta_0)$ 于 y_0. 仍由 4° 与 5°, 对任意不同于 ξ_2 的 $\tau \in K'$, 由 $f(O)$ 与 $f(\tau)$ 所定的线性子空间将与 $f(\xi_2)$ 至多遇于一线段或遇于 $f(\xi_2)$ 的一真面. 因 $n > 2$, 故过 y_1 可在 $f(\xi_2)$ 的内部作一直线不与任一这样的线段相遇, 也不经过 f 的任一二重点, 并遇 $f(\eta_2)$ 于其内部一点 y_2 继续这一作法可得一折线 $l = y_0 y_1 \cdots y_{s-1}$, 这里 y_i 是 $f(\eta_i)$ 的某一内点. 今在 $f(\eta_0)$ 中取一充分小 $n-1$ 维单形 η_0', 以 y_0 为其内点. 过任一点 $y_0' \in |\partial \eta_0'|$ 作一直线与 $y_0 y_1$ 平行而交 $f(\eta_1)$ 于 y_1', 过 y_1' 又作一直线与 $y_1 y_2$ 平行而交 $f(\eta_2)$ 于 y_2', 依次进行以得点 $y_0', \cdots, y_{s-1}'$. 对每一 $i = 1, 2, \cdots, s-1$, 诸点 y_i' 的全体构成 $f(\eta_i)$ 中一个 $n-1$ 维单形 η_i' 的边界. 而诸线段 $y_{i-1}' y_i'$ 构成 $f(\xi_i)$ 中以 $y_{i-1} y_i$ 为轴的一个管形 ξ_i'. 命 $\xi' = \xi_1' + \cdots + \xi_{s-1}', C = \xi' + \eta_0'$, 于是由作法, 由条件 4°, 5° 以及线段 $f(O) x_1$ 不含任一除 x_1 外的二重点这一假定. 可见在 η_0' 充分小时, C 将不含 f 的任意二重点, 且从 $f(O)$ 作中心投影从 C 所得的锥形 $\tilde{C}$ 为一 n 维胞腔. 与 $f(|K|)$ 只遇于 $C + O \left| \partial \eta_{s-1}' \right|$, 又与 $f(|K_1|)$ 只遇于 $f(O)$.

命 $f(\xi_1 + \cdots + \xi_{s-1})$ 中由 $\xi' + \eta_0' + \eta_{s-1}'$ 所围成的部分为 $I(\xi')$. 今改变 f 为 f_1 使 f_1 与 f 在 $|K| - |\sigma_2| \cap \mathrm{Int} f^{-1}(I(\xi') + O \left| \eta_{s-1}' \right|)$ 上重合, 而映 $|\sigma_2| \cap f^{-1}(I(\xi') + O \left| \eta_{s-1}' \right|)$ 为 $\tilde{C}$, 于是 f_1 是连续映象而仍满足 $1^\circ \sim 3^\circ$, 但此时 x_1 已不再是 f_1 的二重点, 而此外 f_1 与 f 的二重点彼此相同.

逐次应用同样方法于 $x_2, \cdots, x_r$, 可最后获得一映象 f' 满足 $1'^\circ \sim 3'^\circ$, 如所要求.

6.3.5 推广 Van Kampen 作法

在 6.3.4 小节 Van KamPen 作法中, 设 K 是一积复形 $L \times I$, 这里 L 是一有限

单纯复形, 其维数为 $n-1$ 而 $n>2$, I 为线段 $[0,1]$, 又设 $\sigma_1=\zeta_1\times I, \sigma_2=\zeta_2\times I$, 这里 ζ_1,ζ_2 为 L 中一对有顶点公共的 $n-1$ 维单形, 如果 $f:|K|\to R^{2n}=R^{2n-1}\times(-\infty,+\infty)$ 是一连续映象满足 6.3.4 小节中的条件 $1^\circ\sim3^\circ$, 且依 5.7 节意义下是可允许的, 则 f 可改变为一映象 $f':|K|\to R^{2n}$ 使不仅满足 6.3.4 小节中的条件 $1'^\circ\sim3'^\circ$, 而且是可允许的.

事实上应用与 6.3.4 小节中同样记号可取一 ζ_1 与 ζ_2 的公共顶点 O' 而命 $O_i=(O',t_i)$, 这里 t_i 是二重点 $x_i=f(x_{1i})=f(x_{2i})$ 的 t 坐标. 与 6.3.4 小节中证明的开首部分相同, 我们不妨一开始就假设点 x_{1i} 就在 K_1' 的一 n 维单形 τ_{1i} 的内部, 而 O_i 在 τ_{1i} 的边界上, 且任一线段 $f(O_i)x_i$ 都除 x_i 外不再含有任何 f 的二重点, 并设 6.3.4 小节中的 4° 与 5° 仍然满足. 像 6.3.4 小节中证明的第二部分进行而仅作下面的改动：至多在 K' 的一个剖分后, ξ_i 将在 $R^{2n-1}_{t_i}=R^{2n-1}\times(t_i)$ 中全有内点, 且折线 $l=y_0y_1\cdots y_{s-1}$ 将如此选取使全在 $R^{2n-1}_{t_i}$ 中, 即可得一映象 f' 与 6.3.4 小节中者相同而更是可允许的, 如所要求.

6.3.6 Cairns 作法

对一 r 维欧氏单形 σ 试以 $\theta(\sigma)$ 表它的任一 $r-1$ 维面与过对顶点任一棱的诸夹角中的最小值, 对一有限欧氏单纯复形 K 将以 $\theta(K)$ 表所有 $\theta(\sigma),\sigma\in K$ 的最小值. 易见 K 有任意精致的单纯剖分 K' 使 $\theta(K')=\theta(K)$. 设 B 是欧氏空间 R^n 中的一个欧氏胞腔, K 是 B 的一个单纯剖分, 而 f 是 B 到 R^N 中的一个连续映象, f 在 B 的边界的某一邻域上是线性的, 而在 B 的内部是微拓的, 则根据 Cairns 的一个较广的定理所蕴涵的那样 ([15]), 对任意 $\varepsilon>0$ 有 $\delta>0$, 使对任意 K 的单纯剖分 K', 只需 $\theta(K')=\theta(K)$ 与每一 $o'\in K'$ 的直径都 $<\delta$, 由 $f'(a')=f(a')$, a' 是 K' 的任意顶点, 所定义 K 到 R^N 通过 K' 的半线性映象 f' 必是一 K 到 R^N 中通过 K' 的一个半线性实现, 它在 $C_N(B)$ 中的距离下与 f 相距 $<\varepsilon$, 且在 B 的边界的某邻域上与 f 重合. 这一事实的证明可参阅 Cairns 原文. 注意若 B 是 R^{n-1} 中一欧氏胞腔 B' 与线段 $I=[0,1]$ 的积, 而 f 是 B 到 $R^N=R^{N-1}\times(-\infty,+\infty)$ 中依 5.7 节意义下的可允许映象时, 上面所作的映象 f' 显然也是可允许的.

6.3.7 光滑化作法

设 $S_1\supset S_2$ 是 R^n 中在一欧氏 n 维胞腔 D 中的两个同心的 $n-1$ 维球围成 n 维闭碟 $D_1\supset D_2$, 设 f 是 D 到 R^N 中的一个拓扑映象使 f 在每一部分 $\overline{D-D_1}$ $\overline{D_1-D_2}$, 与 D_2 上都是微拓映象. 则 f 可在空间 $C_N(D)$ 的拓扑下任意逼近为一 D 到 R^N 中的微拓映象 g, 这是一个很一般的定理, 使 g 仅在 S_1 与 S_2 在 D 中的任意小邻域上与 f 有所不同的很特殊的情形. 它的证明基于所谓“磨光法”, 其详可见例如 Milnor [38]. 如果 $D=D'\times(-\infty,+\infty)$, 这 D' 是一欧氏 $n-1$ 维胞

腔, $R^N = R^{N-1} \times (-\infty, +\infty)$, 而 f 更是依 5.7 节意义下可允许的, 则 g 也同样可取作是可允许的.

6.4 嵌入的主要定理——$n > 2$ 时 $K^n \subset R^{2n}$ 的充要条件

本节目的在证明：如果 $n > 2$, 则为使一 n 维有限单纯复形 K 能半线性实现于 R^{2n} 中, 第 5 章所给出的条件 $\tilde{\Phi}_2^{2n}(K) = 0$ 不仅是必要的, 而且也是充分的. 我们将从下述引理的证明开始.

引理 设 K 是一 n 维有限单纯复形, 而 f 是 $|K|$ 到 R^{2n} 中的连续映象, 满足以下诸条件:

(i) 对 K 中任一 n 维单形 σ' 与一 $n-1$ 维单形 $\tau' f$ 在 $|\sigma'| \cup |\tau'|$ 上是拓扑映象, 且在 τ' 上是线性映象.

(ii) f 在 K 的每一 $n-1$ 维单形上是线性映象, 且每一 n 维单形上是微拓映象.

于是任给 K 中一对 n 维与 $n-1$ 维的非对角型单形 σ, τ 以及数 $\lambda = \pm 1$, 必有一 $|K|$ 到 R^{2n} 中的映象 g, 满足以下诸条件:

(i)′ g 在 K 的每一 n 维单形上是微拓映象.

(ii)′ g 与 f 不同之处, 只在某一已给点 $p \in \operatorname{Int}|\sigma|$ 的已给邻域上, 而 $f(p)$ 非 f 的二重点.

(iii)′ 定义 f 与 g 的示嵌特殊上闭链 $\tilde{\varphi}_f, \tilde{\varphi}_g$ 如

$$\tilde{\varphi}_f(\xi \times \eta) = (-1)^{\dim \xi} \cdot \phi(f\xi, f\eta),$$

$$\tilde{\varphi}_g(\xi \times \eta) = (-1)^{\dim \xi} \cdot \phi(g\xi, g\eta),$$

其中 ϕ 指对一 R^{2n} 的指定定向的交截数, ξ, η 为任两 K 中非对角型的 n 维单形, 而 $f\xi$ 等为 R^{2n} 中相应的奇异下链, 则有

$$\tilde{\varphi}_g = \tilde{\varphi}_f + \lambda \cdot \delta \tilde{\chi}_{\sigma,\tau}, \tag{1}$$

这里 $\tilde{\chi}_{\sigma,\tau}$ 为 $\tilde{K}_2^*$ 中的 $2n-1$ 维 d 上闭链, 使 $\tilde{\chi}_{\sigma,\tau}(\sigma \times \tau) = \tilde{\chi}_{\sigma,\tau}(\tau \times \sigma) = 1$, 而 $\tilde{\chi}_{\sigma,\tau}(\sigma' \times \tau') = \tilde{\chi}_{\sigma,\tau}(\tau' \times \sigma') = 0$, 这里 (σ', τ') 是任一对不同于 (σ, τ) 的 n 维单形 σ' 与 $n-1$ 维单形 τ'.

证 任取 σ 的内点 p 与 τ 的内点 q 使 $f(p), f(q)$ 不同于任一 f 的二重点. 由 6.2 节命题 3 可无损于一般性而假定 f 在 p 附近是线性的. 命 S^{n-1} 是 $f|\sigma|$ 中以 $\overline{p} = f(p)$ 为中心充分小 $\varepsilon > 0$ 为半径的 $n-1$ 维球. 由 S^{n-1} 所围成的 n 维实心球将记为 $E^n \subset f|\sigma|$.

命 p^{n+1} 为过 $\bar{q}=f(q)$ 而与 $f|\tau|$ 垂直的一 $n+1$ 维线性子空间. 又命 H^n 为 p^{n+1} 中以 q' 为中心, $\varepsilon>0$ 为半径含 $\bar{q}$ 于其内部, 而底部为一以 S'^{n-1} 为边界的 n 维胞腔的一个 n 维半球面. 我们将取 H^n 与 $\varepsilon>0$ 充分小使 S'^{n-1} 与 $f(|K|)$ 不相遇, E'^n 与所有 $\notin St\tau$ 的 n 维单形不相遇, $q'\notin f(|K|)$, 且 E'^n 不含有任何二重点. 命 E^n, S^{n-1} 与 σ 协合定向. 又定向 S'^{n-1} 使如果 E'^n 协合地定向, 然后定向 H'^n 与 p^{n+1} 满足 $\partial(H'^n-E'^n)=-S'^{n-1}$ 时, 将有

$$\phi(p^{n+1},f\tau)=(-1)^n\cdot\lambda. \tag{2}$$

今以一 C^∞ 简单弧 c 连接 $\bar{p}$ 至 q' 使 c 在 $c(0)=\bar{p}$ 处与 E^n 垂直, 而在 $c(1)=q'$ 处与 E'^n 垂直, 又与 $f(|K|)$ 只遇于 $\bar{p}$, 而与由 H'^n 围成的实心半球体只遇于 q'. 由 6.3 节的管形作法, 可作一 C^∞ 系的 n 维实心球体 E^n_s, 由 $n-1$ 维球 S^{n-1}_s 所围成, $0\leqslant s\leqslant 1$, 而中心为 $c(s)$, 半径为 $\varepsilon>0$, 使 $S^{n-1}_0=S^{n-1}, S^{n-1}_1=S'^{n-1}$, 且 $T^{n+1}=\sum E^n_s$ 为一以 c 为轴的微拓管形. 再者, 当 T^{n+1} 取适当定向时, 将有 $\partial T^{n+1}=E'^n-E^n-S$, 这里 S 是由所有 $n-1$ 维球 S^{n-1}_s 的并集所负载的奇异下链. 我们将设半径 $\varepsilon>0$ 充分小, 致管形 T^{n+1} 只遇 $f|K-St\tau|$ 于 $E^n_0=E^n$. 容易作一 $|S|\cup(H'^n-\mathrm{Int}E'^n)$ 到 E^n 上的拓扑映象使在 S^{n-1} 上是恒同映象, 而在 S 与 $H'^n-\mathrm{Int}E'^n$ 上都是微拓映象. 置

$$f_1\equiv\begin{cases} f, & 在\ |K|-f^{-1}(E^n)\ 上,\\ h^{-1}f, & 在\ f^{-1}(E^n)\ 上.\end{cases}$$

由 6.3.7 小节的磨光作法可易 $f_1/|\sigma|$ 为一微拓映象, 设为 f_1' 在 $C_{2n}(|\sigma|)$ 的拓扑下, f_1' 与 f_1 将任意接近, 而在 $|\partial\sigma|$ 的某邻域上与 f_1 重合. 今定义 $|K|$ 到 R^{2n} 中的映象 g 如下:

$$g\equiv\begin{cases} f_1, & 在\ |K|-f_1^{-1}(|\sigma|)\ 上,\\ f_1', & 在\ f_1^{-1}(|\sigma|)\ 上,\end{cases}$$

则 g 显然满足 (i)$'$ 与 (ii)$'$. 再者, 如果 $\varepsilon>0$ 充分小, 且 f_1' 充分接近于 f_1 将对 $\tilde{K}_2^*$ 的任意 $2n$ 维胞腔 $\xi\times\eta$ 有

$$\tilde{\varphi}_g(\xi\times\eta)=(-1)^n\cdot\phi(g\xi,g\eta)=(-1)^n\cdot\phi(f_1\xi,f_1\eta)=\tilde{\varphi}f_1(\xi\times\eta),$$

$$\tilde{\varphi}_g(\xi\times\eta)-\tilde{\varphi}_f(\xi\times\eta)=(-1)^n\cdot[\phi(f_1\xi,f_1\eta)-\phi(f\xi,f\eta)].$$

如果 ξ,η 都不同于 σ, 则依作法有 $f_1\equiv f/|\xi|\cup|\eta|$, 因之 $\tilde{\varphi}_{f_1}(\xi\times\eta)=\tilde{\varphi}_f(\xi\times\eta)$. 同时有 $\delta\tilde{\chi}_{\sigma,\tau}(\xi,\eta)=0$, 因之 (1)$'$ 平凡地成立. 同样, 如果 ξ,η 都不在 $St\tau$ 中, 则由作法 $\phi(f_1\xi,f_1\eta)=\phi(f\xi,f\eta)$, 而 $\delta\tilde{\chi}_{\sigma,\tau}(\xi\times\eta)=0$, 因而 (1)$'$ 仍然成立. 余下需要考虑的情形是或则 $\xi=\sigma,\eta\in St\tau$, 或则 $\xi\in St\tau,\eta=\sigma$. 试考虑前一情形而设 $\partial\eta=a\tau+\cdots$, 其中 $\cdots$ 指不含 τ 的项, 于是有

$$\begin{aligned}(-1)^n \cdot [\tilde{\varphi}_{f_1}(\sigma \times \eta) - \tilde{\varphi}_f(\sigma \times \eta)] =&\phi(f_1\sigma, f_1\eta) - \phi(f\sigma, f\eta)\\ =&\phi(f_1\sigma - f\sigma, f\eta).\end{aligned}$$

为计算最后一个交截数, 可命 H'^n 等如前面那样定向, 于是有代数式

$$\partial H^n = 0, \quad \partial E'^n = S'^{n-1}, \quad \partial S = S^{n-1} - S^{n-1} \quad \partial E^n = S^{n-1},$$

因之有

$$\partial(-H'^n + E'^n - S - E^n) = 0,$$

$$h^{-1}E^n = -H'^n + E'^n - S,$$

其中各项都是奇异下链. 记由 H'^n 所围成, 而与 H'^n 协合定向的实心半球体为 H''^{n+1}, 致有代数式

$$\partial H''^{n+1} = H'^n,$$

则有

$$\begin{aligned}f_1\sigma - f\sigma =& - H'^n + E'^n - S - E^n\\ =& - \partial(H''^{n+1} - T^{n+1}).\end{aligned}$$

故得

$$\begin{aligned}\phi(f_1\sigma - f\sigma, f\eta) &= -\phi(\partial(H''^{n+1} - T^{n+1}), f\eta)\\ &= (-1)^n \cdot \phi(H''^{n+1} - T^{n+1}, \partial f\eta)\\ &= (-1)^n \cdot \phi(H''^{n+1} - T^{n+1}, af\tau + \cdots)\\ &= (-1)^n \cdot a\phi(H''^{n+1}, f\tau)\\ &= (-1)^n \cdot a\phi(P^{n+1}, f\tau)\\ &= a\lambda, \quad \text{由 (2) 式}.\end{aligned}$$

另一面有

$$\begin{aligned}\delta\tilde{\chi}_{\sigma,\tau}(\sigma \times \eta) &= \tilde{\chi}_{\sigma,\tau}(\partial\sigma \times \eta) + (-1)^n \cdot \tilde{\chi}_{\sigma,\tau}(\sigma \times \partial\eta)\\ &= (-1)^n a.\end{aligned}$$

故

$$\tilde{\varphi}_g(\sigma \times \eta) = \tilde{\varphi}_f(\sigma \times \eta) + a\delta\tilde{\chi}_{\sigma,\tau}(\sigma \times \eta).$$

另一情形 $\xi \in St\tau, \eta = \sigma$ 也相类似. 因之对任意 $\xi \times \eta \in \tilde{K}_2^*$ 恒有 (1)′ 式, 而 (1) 式也由此证明.

定理 1　如果 $n > 2$, 则一 n 维有限单纯复形 K 能在 R^{2n} 中半线性实现的充要条件是 $\tilde{\Phi}_2^{2n}(K) = 0$.

证 已知条件 $\tilde{\Phi}_2^{2n}(K)=0$ 是必要的, 故只需证明其充分性如下. 复形 K 则将假定是一充分高 N 维欧氏空间 R^N 中的一欧氏复形.

依 6.1 节定理 2′, 已知有一 K 到 R^{2n} 中的局部线性实现 f. 设 $\tilde{\varphi}_f$ 为 f 对 R^{2n} 一固定定向而言的示嵌特殊上闭链, 则 $\tilde{\varphi}_f \in \tilde{\Phi}_2^{2n}(K)=0$ 将 d 上同调于 0. 故在 $\tilde{K}^*$ 中有一 $2n-1$ 维 d 上链 $\tilde{\chi}$ 使

$$\delta\tilde{\chi}=\tilde{\varphi}_f.$$

因 f 显然满足引理中的条件 (i) 与 (ii), 故应用引理有限多次, 即可定义一 $|K|$ 到 R^{2n} 中的映象 f' 满足以下诸条件:

(i)′ f 在 K 的每一 n 维单形上是微拓映象.

(ii)′ f' 与 f 除在 K 的某些 n 维单形内部某些点的邻域上者外重合.

(iii)′ f' 的示嵌特殊上闭链为

$$\tilde{\varphi}_{f'}=\tilde{\varphi}_{f'}-\delta\tilde{\chi}=0.$$

由 6.2 节的命题 6、命题 7, 我们可任意逼近 f' 为一 $|K|$ 到 R^{2n} 的映象 f'' 使满足以下诸条件:

(i)″ f'' 在 K 的每一 n 维单形上是微拓映象.

(ii)″ f'' 与 f' 因之也与 f 在 $|K^{n-1}|$ 的某一邻域上重合.

(iii)″ 对 K 中任一对 n 维单形 $\sigma_1,\sigma_2, f''|\sigma_1|$ 与 $f''|\sigma_2|$ 只在它们内部的有限多个点处相交, 且在每一这样的交点处 $f''|\sigma_1|$ 与 $f''|\sigma_2|$ 的切空间只在该点相交.

(iv)″ 对任三个 n 维单形 $\sigma_1,\sigma_2,\sigma_3$ 不能有点公共于 $f''|\sigma_1|$, $f''|\sigma_2|$ 与 $f''|\sigma_3|$ 的内部.

从 (iii)′ 又有

(v)″ f'' 的示嵌特殊上闭链为

$$\tilde{\varphi}''_f=0.$$

今试考虑 K 中任一对非对角型 n 维单形 σ_1,σ_2. 由 (ii)″ 与 (v)″, $f''|\sigma_1|$ 与 $f''|\sigma_2|$ 只能交于偶数个点 $q_i,q_i',i=1,\cdots,r$, 且在每一 q_i 处, $f''|\sigma_1|$ 与 $f''|\sigma_2|$ 的交截数为 $+1$, 而在每一 q_i' 处交截数为 -1. 因 $n>2$, 故 6.3 节的 Whitney 作法可使定义一 $|K|$ 到 R^{2n} 上的映象 f''', 在 K 的每一 n 维单形上微拓. 而与 f'' 的不同之处只能在 σ_1 中连接 $f''^{-1}(q_i)\cap|\sigma_1|$ 与 $f^{n-1}(q_i')\cap|\sigma_1|$ 的某些弧 C_i 的任意小邻域上, 且 $f'''|\sigma_1|$ 与 $f'''|\sigma_2|$ 不相遇. 由 (iv)″, 我们可选取 C_i 与 f''' 使 $f'''|\sigma_1|$ 与 $f'''|\sigma_2|$ 将与 $f'''|\sigma|$ ($\sigma=K$ 中与 $\sigma_1\sigma_2$ 不同的 n 维单形) 只能相遇于 f''' 与 f'' 重合之处. 在 $|K|$ 中使 $x\neq y$, 而 $f'''(x)=f'''(y)$ 的点偶 (x,y) 的个数因之较 f'' 的

原有者为少. 应用这一手续于 K 中每一对非对角型 n 维单形即可最后得一 $|K|$ 到 R^{2n} 中的映象. 设为 g, 使 g 与 f'' 因之也与 f 在 $\left|K^{n-1}\right|$ 的某一邻域上重合, 在 K 的每一对 n 维非对角型单形上都是拓扑映象, 且在每一 K 的 n 维单形上都是微拓映象. 由 6.3 节的 Cairns 作法, 即可从 g 得一 K 到 R^{2n} 中的一般性半线性映象 g', 与 f 在 $\left|K^{n-1}\right|$ 的某一邻域上重合, 而在 K 的每一对非对角型 n 维单形上都是拓扑映象, 于是 g' 的唯一奇点只能出现为 $g'|\sigma_1|$ 与 $g'|\sigma_2|$ 的二重点. 这里 σ_1, σ_2 是 K 中有顶点公共的 n 维单形. 由 6.3 节的 Van Kampen 作法即可易 g' 为一 K 到 R^{2n} 中的半线性实现, 而这证明了定理.

定理 2 如果 $n>2$, 则任一 n 维有限单纯复形 K 可半线性实现于 R^{2n} 中的充要条件是 $\Phi_2^{2n}(K)=0$.

证 这从定理 1 以及 k 为偶数时 $\tilde{\Phi}_2^k(K)=0$ 与 $\Phi_2^k(K)=0$ 二者等价这一事实立即得出.

6.5 浸入的主要定理 ——$n>3$ 时 $K^n \circ\!\!\subset R^{2n-1}$ 的充要条件

在以下设 K 是一有限单纯复形. 命 $\tilde{\Psi}_K^N \in H_{(d_N)}^N(\tilde{K}_2^{(0)}, t)$ 是 K 依 5.6 节那样定义的示浸特殊上类, 这里

$$d_N=1-(-1)^N t, \quad t=t_K \tag{1}$$

在那里已经证明, $\tilde{\Psi}_K^N$ 可恒同为在第 3 章中所定义的 $\tilde{\Psi}_2$ 类 $\tilde{\Psi}_2^N(K) \in H_{(d_N)}^N(\tilde{K}_2^{(0)}, t)$. 今由定义, $\tilde{\Psi}_K^N=0$ 是 K 可线性浸入 R^N 中的必要条件. 另一面, K 的维数是 n 时, 依 6.1 节定理 2′ 恒可线性浸入于 R^{2n} 中, 因之需要研讨的临界情形是 n 维复形 K 可线性 (或不如说半线性) 浸入 R^{2n-1} 中的充要条件. 这一问题至少在 n 充分大时由下面的定理所回答:

定理 如果 $n>3$, 则 n 维有限单纯复形 K 可半线性浸入 R^{2n-1} 中的充要条件是

$$\tilde{\Psi}_K^{2n-1}=0 \quad \text{或} \quad \tilde{\Psi}_2^{2n-1}(K)=0. \tag{2}$$

只有充分部分需要证明, 为此我们将先作一些准备.

对 K 的任一顶点 a, 我们将以 K_a 表由 K 中所有以 a 为顶点的单形以及它们的面所组成的子复形. 又以 L_a 表由 K 中所有顶点都与 a 不相同, 但都与 a 张成 K 中单形的所有那些单形所成的子复形, 因而 K_a 即 a 与 L_a 的联合复形. 对每一 a 试定义一下链群 $C_r((\tilde{L}_a)_2^*)$ 到 $C_{r+1}((\tilde{K}_a)_2^{(0)})$ 中同态 $j_{a\#}$ 者如下:

$$j_{a\#}(\sigma_1 \times \sigma_2)=(-1)^{r_1+r_2+1} \cdot[a, a\sigma_1 \times \sigma_2]^{(0)}+(-1)^{r_2} \cdot[a, \sigma_1 \times a\sigma_2]^{(0)}, \tag{3}$$

其中 $\dim\sigma_1 = r_1, \dim\sigma_2, \sigma_1\times\sigma_2 \in (\tilde{L}_a)_2^*$.

引理 1 $j_{a\#}$ 与下边缘运算可交换. 且有 $j_{a\#}t_{a\#} = -t_{a\#}j_{a\#}$ 这里 t_a 为 $(\tilde{L}_a)_2^*$ 与 $(\tilde{K}_a)_2^{(0)}$ 中的巡回变换.

证 对 $\sigma_1\times\sigma_2 \in (\tilde{L}_a)_2^*$ 有

$$\begin{aligned}\partial j_{a\#}(\sigma_1\times\sigma_2) =&(-1)^{r_1+r_2+1}\cdot\partial\,[a, a\sigma_1\times\sigma_2]^{(0)} + (-1)^{r_2}\cdot\partial\,[a,\sigma_1\times a\sigma_2]^{(0)}\\ =&(-1)^{r_1+r_2+1}\cdot\Big([a,\sigma_1\times\sigma_2]^{(0)} - [a, a\partial\sigma_1\times\sigma_2]^{(0)}\\ &+(-1)^{r_1+1}\cdot[a,a\sigma_1\times\partial\sigma_2]^{(0)}\Big) + (-1)^{r_2}\cdot\Big([a,\partial\sigma_1\times a\sigma_2]^{(0)}\\ &+(-1)^{r_1}\cdot[a,\sigma_1\times\sigma_2]^{(0)} - (-1)^{r_1}\cdot[a,\sigma_1\times\partial a,\sigma_2]^{(0)}\Big)\\ =&(-1)^{r_1+r_2}\cdot[a,a\partial\sigma_1\times\sigma_2]^{(10)} + (-1)^{r_2}\cdot[a,\partial\sigma_1\times a\sigma_2]^{(0)}\\ &+(-1)^{r_2}\cdot[a,a\sigma_1\times\partial\sigma_2]^{(0)} - (-1)^{r_1+r_2}\cdot[a,\sigma_1\times a\partial\sigma_2]^{(0)}\\ =&j_{a\#}(\partial\sigma_1\times\sigma_2) + (-1)^{r_1}\cdot j_{a\#}(\sigma_1\times\partial\sigma_2)\end{aligned}$$

或

$$\partial j_{a\#}(\sigma_1\times\sigma_2) = j_{a\#}\partial(\sigma_1\times\sigma_2),$$

这证明了引理的第一部分.

其次有

$$\begin{aligned}j_{a\#}t_{a\#}(\sigma_1\times\sigma_2) =&(-1)^{r_1r_2}\cdot j_{a\#}(\sigma_2\times\sigma_1)\\ =&(-1)^{r_1r_2}\cdot\Big((-1)^{r_1+r_2+1}\cdot[a,a\sigma_2\times\sigma_1]^{(0)}\\ &+(-1)^{r_1}\cdot[a,\sigma_2\times a\sigma_1]^{(0)}\Big)\\ =&(-1)^{r_1r_2}\cdot\Big((-1)^{r_1+r_2+1}\cdot(-1)^{(r_2+1)r_1}\cdot t_{a\#}\,[a,\sigma_1\times a\sigma_2]^{(0)}\\ &+(-1)^{r_1}\cdot(-1)^{r_2(r_1+1)}\cdot t_{a\#}\,[a,a\sigma_1\times\sigma_2]^{(0)}\Big)\\ =&t_{a\#}\Big((-1)^{r_1+r_2}\cdot[a,a\sigma_1\times\sigma_2]^{(0)} + (-1)^{r_2+1}\cdot[a,\sigma_1\times a\sigma_2]^{(0)}\Big)\\ =&-t_{a\#}j_{a\#},\end{aligned}$$

这证明了引理的第二部分.

今试考虑一 K 到原点为 O 的 R^{2n-1} 中的任一一般性线性映象 f. 容易看出我们总可选取这样的 f, 使对所有 K 的顶点 $a, f(a)$ 都在 R^{2n-1} 的单位球 S^{2n-2} 上. 对每一顶点 a 今命 R_a^{2n-2} 为过半径 $Of(a)$ 上充分接近于 $f(a)$ 的一点 a', 而与 $Of(a)$ 垂直的 $2n-2$ 维线性子空间. 对任一点 $x\in|L_a|$, 命 $f_a(x)$ 为线段 $f(x)f(a)$ 与 R_a^{2n-2} 的交点. 则 f_a 将定义一复形 L_a 到 R_a^{2n-2} 中的一般性线性映象. 今任

意定向 R^{2n-1} 然后定向每一 R_a^{2n-2} 使定向直线 $Of(a)$ 使自 O 至 $f(a)$ 为正向时，R^{2n-1} 的定向将积空间 $\overline{Of(a)} \times R_a^{2n-2}$ 的定向相同. 记 ϕ 与 ϕ_a 为这些定向 R^{2n-1} 与 R_a^{2n-2} 中的交截数, 则有

引理 2 设 $\tilde{\psi}_f$ 是 K 到定向 R^{2n-1} 中 f 的示浸特殊上闭链, 而 $\tilde{\varphi}_a = \tilde{\varphi}_{fa}$ 是 L_a 到定向 R_a^{2n-2} 中 f_a 的示嵌特殊上闭链. 命 i_a 为 $(\tilde{K}_a)_2^{(0)}$ 到 $\tilde{K}_2^{(0)}$ 中的包含映象, 而 $j_a^{\#}$ 为由 (3) 式所定义 $j_{a\#}$ 的对偶同态, 它把维数降低 1, 则有

$$j_a^{\#} i_a^{\#} \tilde{\phi}_f = -\tilde{\varphi}_a. \tag{4}$$

证 设 $\sigma_1 \times \sigma_2$ 是 $(\tilde{L}_a)_2^*$ 的任一 $2n-2$ 维胞腔, 致 σ_1, σ_2 是 L_a 中一对非对角型的 $n-1$ 维胞腔. 由 (3) 以及第 5.6 节, 可得

$$j_a^{\#} i_a^{\#} \tilde{\psi}_f(\sigma_1 \times \sigma_2) = \tilde{\psi}_f(-[a, a\sigma_1 \times \sigma_2]^{(0)} + (-)^{n-1} \cdot [a, \sigma_1 \times a\sigma_2]^{(0)})$$

或

$$j_a^{\#} i_a^{\#} \tilde{\psi}_f(\sigma_1 \times \sigma_2) = (-1)^{n-1} \cdot \phi(fa\sigma_1, f\sigma_2) + \phi(f\sigma_1, fa\sigma_2). \tag{5}$$

我们将证

$$(-1)^{n-1} \cdot \phi(fa\sigma_1, f\sigma_2) + \phi(f\sigma_1, fa\sigma_2) = (-1)^n \cdot \phi_a(f_a\sigma_1, f_a\sigma_2). \tag{6}$$

盖设 $f\,|a\sigma_1|$ 与 $f\,|\sigma_2|$ 以及 $f\,|\sigma_1|$ 与 $f\,|a\sigma_2|$ 都彼此不相遇, 则 $f_a\,|\sigma_1|$ 与 $f_a\,|\sigma_2|$ 也将不相遇, 而 (6) 是平凡地成立的. 设或不然, 则或有

$$\phi(fa\sigma_1, f\sigma_2) = \varepsilon = \pm 1, \quad \text{而 } \phi(f\sigma_1, fa\sigma_2) = 0,$$

或有

$$\phi(f\sigma_1, fa\sigma_2) = \eta = \pm 1, \quad \text{而 } \phi(fa\sigma_1, f\sigma_2) = 0.$$

不难看出在前一情形将有 $\phi_a(f_a\sigma_1, f_a\sigma_2) = -\varepsilon$, 而在后一情形有 $\phi_a(f_a\sigma_1, f_a\sigma_2) = (-1)^n \cdot \eta$, 因之 (6) 式在任何情形都成立, 而 (5) 式变为

$$\begin{aligned} j_a^{\#} i_a^{\#} \tilde{\psi}_f(\sigma_1 \times \sigma_2) &= (-1)^n \cdot \phi_a(f_a\sigma_1, f_a\sigma_2), \\ &= -\tilde{\varphi}_a(\sigma_1 \times \sigma_2). \end{aligned}$$

这证明了 (4) 式.

定理的证明 设 f 与 f_a 与前一引理中相同, 而线段 $\overline{Of(a)}$ 上的点 a' 若是选取充分接近于 $f(a)$, 使诸空间 R_a^{2n-2} 只能彼此在 S^{2n-2} 外相交. 当 b 取所有 K 中 $\neq a$ 的顶点时, 诸空间 R_b^{2n-2} 如果不与 R_a^{2n-2} 平行, 将与之交于一组 $2n-3$ 维子空间, 而在 R_a^{2n-2} 中围成一区域 D_a^{2n-2}. 由于空间 R_a^{2n-2} 的选择. D_a^{2n-2} 将含有 $f_a\,|L_a|$ 于其内部. 今从假设 $\tilde{\Psi}_K^{2n-1} = 0$ 可得 $\tilde{\Psi}_{L_a}^{2n-1} = 0$, 因而在 $(\tilde{K}_a)_2^{(0)}$ 中

$i_a^{\#}\tilde{\psi}_f \underset{s}{\sim} 0$. 从引理 1 与定理 2 可知在 $(\tilde{L}_a)_2^*$ 中有 $\tilde{\varphi}_a \underset{d}{\sim} 0$ 或 $\tilde{\Phi}_{L_a}^{2n-2}=0$. 因 $n-1>2$, 故由 6.2 节中关于嵌入的主要定理, 可改变 f_a 为一 L_a 到 R_a^{2n-2} 中的半线性实现 f_a', 使 f_a' 与 f_a 在 L_a 的 $n-2$ 维骨架在 $|L_a|$ 中某一邻域 N_a 上重合, 而 $f_a'|L_a|$ 全在 D_a^{2n-2} 的内部.

今试改变 f 为一 K 到 R^{2n-1} 中的半线性浸入 f' 者如下. 为此试考虑 K 的任一 n 维单形 $\sigma=(a_0a_i\cdots a_n)$, 并将 $|\sigma|$ 分成以下诸部分：记 $B_{a_i}(\sigma)$ 为集合 $f^{-1}(f|K_{a_i}|\cap R_{a_i}^{2n-2})\cap|\sigma|$, 而记 $C_{a_i}(\sigma)$ 为 $|\sigma|$ 中含有 a_i 且界以 $B_{a_i}(\sigma)$ 的角上部分. 记当 σ 取 K 的所有 n 维单形, 而 a_i 取 σ 所有顶点时一切 $C_{a_i}(\sigma)$ 的并集为 C, 则 f 显然为 $\left|K^{(n-1)}\right|-C$ 的某一邻域 N 上的嵌入, 这里 $K^{(n-1)}$ 是 K 的 $n-1$ 维骨架, 记 N 与 $|\sigma|$ 的交的闭包为 $N(\sigma)$ 又记集合 $|\sigma|-\sum\limits_{i=0}^{n}C_{a_i}(\sigma)-N(\sigma)$ 为 $I(\sigma)$. 我们将假定诸空间 R_a^{2n-2} 已选取充分接近于 $f(a)$, 且 N 也充分小, 致对每一 K 的 n 维胞腔 σ, 诸 $C_{a_i}(\sigma)$ 彼此不相遇. 其次诸 $C_{a_i}(\sigma)$ 与 $N(\sigma)$ 都不含 σ 的重心 O_σ 且 $I(\sigma)$ 是单形 σ 中的一个凸集.

于是 $|K|$ 到 R^{2n-1} 中的映象 f' 将定义如次.

试考虑任一 K 的 n 维单形 $\sigma=(a_0a_1\cdots a_n)$, 于是 $f'/N(\sigma)$ 将定义为 f, 对 $C_{a_i}(\sigma)$ 中的点, f' 将线性地映每一从 a_i 到 $B_{a_i}(\sigma)$ 中一点 x 的线段为 R_a^{2n-2} 中从 $f(a_i)$ 到 $f_{a_i}'(x)$ 的线段. 对 $I(\sigma)$ 中的点, f' 将线性地映每一从 O_σ 到 $I(\sigma)$ 边界上一点 x 的线段为从 O 到 $f(x)$ 或 $f_{a_i}'(x)$ 的线段, 视 x 在 N 的边界上或 $C_{a_i}(x)$ 的边界上而定, 对于不在任何 K 的 n 维单形中的点, $f'(x)$ 将与 $f(x)$ 相同, 这一映象 f' 容易看出是 $|K|$ 到 R^{2n-1} 中的一个浸入. 且是 K 到 R^{2n-1} 通过 K 的某单纯剖分的半线性映象. 这证明了定理.

6.6 同痕的主要定理 ——$n>1$ 时 $f,g:K^n\subset R^{2n+1}$ 同痕的充要条件

在本节中, K 是一已统一的维数 >1 的有限单纯复形 R^{2n+1} 是一有确定定向的 $2n+1$ 维欧氏空间, I 为线段, $0\leqslant t\leqslant 1, L$ 为直线, $-\infty<t<+\infty$, 依 t 的增加定向, $R^{2n+2}=R^{2n+1}\times L$ 依积空间定向, 而 π 为 R^{2n+2} 到 L 上的自然投影.

本节的目的即在于证明下述关于同痕的主要定理：

定理 1 如果 $n>1$, 则 n 维有限单纯复形 K 到 R^{2n+1} 中的两个线性实现 f 与 g 线性同痕的充要条件是

$$\tilde{\Theta}_{f,g}^{2n}(K)=0. \tag{1}$$

首先试考虑满足以下诸条件的一个或几个的 $|K|\times I$ 到 R^{2n+2} 中的可允许映

象 F:

(i) 记 F_t 为由 $F(x,t)=(F_t(x),t)$ 所定义的 $|K|$ 到 R^{2n+1} 中的映象, 这里 $x\in|K|,t\in I$, 则 $F_0\equiv f, F_1\equiv g$.

(ii) F 对每一 $\sigma\in K$ 是 $|\sigma|\times I$ 到 R^{2n+2} 中的微拓映象.

(iii) 对任一对 K 的非对角型单形 σ,τ, 只需 $\dim\sigma+\dim\tau\leqslant 2n-1$, 点集 $F(|\sigma|\times I)$ 与 $F(|\tau|\times I)$ 即不相遇.

(iv) 对任一对 K 的单形 σ,τ, 如果 $|\sigma|\cap|\tau|=|\xi|\neq\varnothing$, 则 $F(|\sigma|\times I)\cap F(|\tau|\times I)=F(|\xi|\times I)$.

(v) 在 (iii) 满足的条件下, 对任一对 K 中非对角型的 n 维单形 σ,τ 有 $\phi(\tilde{F}\sigma,\tilde{F}\tau)=0$, 这里 $\tilde{F}\sigma,\tilde{F}\tau$ 各表奇异下链 $F(\sigma\times I),F(\tau\times I)$.

因为从 5.6 节定理 2 知条件 (1) 是必要的, 故只需就充分部分进行证明. 这一证明将分成三个阶段完成之. 首先, f,g 将微小偏移至 f',g', 使 f',g' 的 $K\times I$ 到 R^{2n+2} 中的标准可允许映象 F' 满足条件 (i)~(iv). 其次, F' 在条件 (1) 下将改为一映象 F''. 使满足条件 (i)~(v). 最后, 应用 6.2 节中所发展了的技巧把 F'' 的奇点移去以得一 f',g' 间的同痕, 因之也得一 f,g 间的同痕, 而这一同痕可使之成为一线性的同痕.

为叙述证明中的第一步将引入以下一些概念:

设 K 是充分高维数欧氏空间中的一有限单纯复形. 两个 K 到 R^N 中的线性嵌入 f,g 将称为对于 K 中一对非对角型单形 σ,τ 来说是正规的, 如果 (i) $f(|\sigma|)$ 与 $f(|\tau|)$ 不相遇, 同样 $g(|\sigma|)$ 与 $g(|\tau|)$ 也不相遇, (ii) 对任意点 $x\in|\sigma|,y\in|\tau|$, 连接 $g(x)$ 与 $g(y)$ 的直线不与连接 $f(x)$ 与 $f(y)$ 的直线平行, 两个 K 到 R^N 中的线性嵌入 f,g 将称为对 $L\subset K$ 是正规的, 如果它们对于 L 中任一对使 $\dim\sigma+\dim\tau\leqslant N-2$ 的非对角型单形 σ,τ 来说都是正规的.

引理 1 如果 (f,g) 是有限单纯复形 K 到 R^N 的一对正规的线性嵌入, 则在 $L_N(K)$ 的拓扑下与 f,g 充分接近的任两 K 到 R^N 中的线性嵌入 f',g' 都是正规的.

证 这直接从定义得出.

引理 2 设 K 是由两个不相遇单形 $\sigma=(a_0\cdots a_p)$ 与 $\tau=(b_0\cdots b_q)$ 以及它们的面所构成的复形. 设 f,g 是 K 到 R^N 中的两个线性嵌入而 $N\geqslant p+q+2$, 如果 f 与 g 对于单形偶 σ 与 $\xi=(b_1\cdots b_q)$ 已是正规的, 则任意接近于 $f(b_0)$ 有点 b_0', 使定义一 K 到 R^N 中的线性嵌入为 $f'(a_i)=f(a_i),f'(b_i)=f(b_i),j\neq0$, 而 $f'(b_0)=b_0'$ 时, f' 与 g 将对 (σ,τ) 是正规的.

证 由假设 $g(|\sigma|)$ 与 $g(|\tau|)$ 以及 $f(|\sigma|)$ 与 $f(|\tau|)$ 都是不相遇的. 对 $x\in|\sigma|,y\in|\tau|$, 命 $L_{x,y}$ 为过 $f(x)$ 而平行于 $g(x)$, $g(y)$ 联线的直线. 任给 $x\in|\sigma|,z\in|\xi|,1\geqslant\mu>0$, 命 $M_{x,z,\mu}$ 为所有使 $\mu u+(1-\mu)f(z)\in L_{x,y}$ 的一切点 $u\in R^N$ 所成的点集,

这里 $y = \mu b_0 + (1-\mu)z$. 于是 $M_{x,z,\mu}$ 也是一切点 u 的集合, 这些点 u 使有 c 能满足

$$\mu u + (1-\mu)f(z) - f(x) = c\,[g(y) - g(x)]$$

或

$$u = \frac{c}{\mu}\,[\mu g(b_0) + (1-\mu)g(z) - g(x)] - \frac{1}{\mu}\cdot[(1-\mu)f(z) - f(x)]. \tag{2}$$

所有 $M_{x,z,\mu}$ 的并集易见是一维数 $\leqslant p+q+1 < N$ 的点集. 因之任意接近于 $f(b_0)$ 可取点 $b_0' \notin M$, 并使由 $f'(a_i) = f(a_i), f'(b_j) = f(b_j)$, $j \neq 0$, 而 $f'(b_0) = b_0'$ 定义的 K 到 R^N 中的线性映象 f' 是一线性嵌入. 如果 f', g 对 σ, τ 是不正规的, 则将有 $x \in |\sigma|, y \in |\tau|$ 使 $f'(x) = f(x)$ 与 $f'(y)$ 的联线平行于 $g(x)$ 与 $g(y)$ 的联线, 或即 $f'(y) \in L_{x,y}$, 由假设 f, g 因之 f', g 都是对 σ, ξ 正规的, 故应有 $y \notin |\xi|$. 由此知有 $z \in |\xi|$ 与 $\mu, 1 \geqslant \mu > 0$, 使 $y = \mu b_0 + (1-\mu)z$, 于是应有 $f'(y) = \mu b_0 + (1-\mu)f(z) \in L_{x,y}$. 或 $b_0' \in M_{x,z,\mu} \subset M$ 与前述不同. 故 f', g 对 σ, τ 正规, 如所欲证.

引理 3 任意接近于 K 到 R^N 中的两个线性嵌入 f, g(在 $L_N(K)$ 的拓扑下) 有一对 K 到 R^N 中的正规线性嵌入 f', g', 且各与 f, g 线性同痕.

证 设已给 $\varepsilon > 0$. 命 $\delta > 0$ 是这样的数, 使对任意 $f', g' \in L_N(K)$ 只需 $\tilde{\rho}(f, f') < \delta$, $\tilde{\rho}(g, g') < \delta$, 即有 $f', g' \in L_N(K)$, 且 f', g' 各线性同痕于 f, g. 依 5.1 节命题 3 的证明, 我们知道 $\delta = \min\left(\frac{1}{2}\delta_f, \frac{1}{2}\delta_g\right)$ 即是这样的一个数, 今将 K 中单形的全体排成一次序

$$\sigma_0 \prec \sigma_1 \prec \cdots \prec \sigma_r,$$

其中低维的单形排在高维单形之前, 此外任意. 命 K_i 为 K 中由单形 $\sigma_0, \sigma_1, \cdots, \sigma_i (i \leqslant r)$ 所构成的子复形. 今逐步定义 K 到 R^N 中的线性映象 f_i 使 $\tilde{\rho}(f_{i-1}, f_i) < \min\left(\frac{1}{r}\delta, \frac{1}{r}\varepsilon\right)$, 而 f_i, g 对 K_i 正规者如次. 取 $f_0 = f$, 对此 f_0 与 g 对 $K_0 = (\sigma_0)$ 是平凡地正规的. 假设 $f_0, f_1, \cdots, f_{j-1}$ 已经定义又符合所要求的条件. 命 a_j 为 σ_j 的任一顶点, 由上两引理可取一点 $a_j' \in R^N$, 使 $\rho(a_j, a_j') < \min\left(\frac{1}{r}\delta, \frac{1}{r}\varepsilon\right)$ 而依 $f_j(a_j) = a_j', f_j(a) = f_{j-1}(a)$, a 为 $\neq a_j$ 的 K 的顶点, 定义 K 到 R^N 中的线性映象 f_j 时, f_j, g 将是对 K_j 为正规的. 依此进行, 最后即得一映象 $f' = f_r$, 使 f', g 对 K_r, K 正规, 而 $\tilde{\rho}(f, f') \leqslant \sum_{i=1}^{r} \tilde{\rho}(f_{i-1}, f_i) < \min(\delta, \varepsilon)$. 于是 f' 与 $g' = g$ 即符合引理中所要求的条件.

引理 4 如果 f, g 是 n 维有限单纯复形 K 到 R^{2n+1} 中一对正规的线性嵌入, 则 f, g 的标准可允许映象满足条件 (i)~(iv).

证 满足 (i) 是显然的.

如果 (ii) 不满足, 则将有某单形 $\sigma = (a_0 \cdots a_k) \in K$, 点 $x = \sum \alpha_i a_i, y = \sum \beta_i a_i \in |\sigma|$, 这里 $x \neq y, \alpha_i \beta_i \geqslant 0$, $\sum \alpha_i = \sum \beta_i = 1$, 以及某 $t > 0$ 与 < 1, 使 $F(x,t) = F(x,t)$ 或

$$t \cdot \sum \alpha_i f(a_i) + (1-t) \cdot \sum \alpha_i g(a_i) = t \cdot \sum \beta_i f(a_i) + (1-t) \sum \beta_i g(a_i). \quad (3)$$

在 $\{0,1,\cdots,k\}$ 中命 I 为使 $\alpha_i \geqslant \beta_i$ 的那些指数 i 所成的子集, 而 J 为其余集. 则 $x \neq y$ 蕴涵 $I \neq \varnothing$, $J \neq \varnothing$, $\lambda = \sum\limits_{i \in I} (\alpha_i - \beta_i) > 0$, $\lambda = \sum\limits_{i \in J} (\beta_i - \alpha_i) > 0$, 置 $\alpha_i' = (\alpha_i - \beta_i)/\lambda, i \in I$ 时, $\beta_i' = (\beta_i - \alpha_i)/\lambda, j \in J$ 时, 又置 $x' = \sum\limits_{i \in I} \alpha_i' a_i$, $y' = \sum\limits_{j \in J} \beta_j' a_j$, 则 (3) 式变为

$$tf(x') + (1-t)g(x') = tf(y') + (1-t)g(y'),$$

而 $\overline{f(x')f(y')}$ 平行于 $\overline{g(x')g(y')}$. 今 x', y' 各在由 $i \in I$ 的顶点 a_i 以及由 $j \in J$ 的顶点 a_j 所张成的单形内, 而二者构成一非对角型的一对单形. 其维数之和 $\leqslant n-1$. 因这与 (f,g) 的正规性相违, 故 (ii) 也满足.

如果 (iii) 不能满足, 则在 K 中将有一对非对角型的 p 维单形 σ 与 q 维单形 τ, 这里 $p + q \leqslant 2n-1$, 以及点 $x \in |\sigma|, y \in |\tau|$, 与 $t \in I$, 使 $F(x,t) = F(y,t)$ 或 $tf(x) + (1-t)g(x) = tf(y) + (1-t)g(y)$. 于是线段 $\overline{f(x)f(y)}$ 与 $\overline{g(x)g(y)}$ 将互相平行, 仍与 f, g 的正规性相违.

如果 (iv) 不满足, 则在 K 中将有一对有公共顶点的单形 σ, τ, 这里 $|\sigma| \cap |\tau| = |\xi| \neq \varnothing$, 以及点 $x \in |\sigma| - |\xi|, y \in |\tau| - |\xi|$, 与 $t \in I$, 使 $F(x,t) = F(y,t)$. 命 o 为 ξ 的任一顶点, 而 σ', τ' 为 σ, τ 与 o 相对的面. 命直线 ox 与 oy 各交 $|\sigma'|$ 与 $|\tau'|$ 于 x', y'. 假设例如 $\overline{oy} : \overline{oy'} \geqslant \overline{ox} : \overline{ox'}$, 而 x'' 为 $\overline{ox'}$ 上使 $\overline{ox} : \overline{ox''} = \overline{oy} : \overline{oy'}$ 的点, 则线段 $\overline{f(x)f(y)}$ 与 $\overline{f(x'')f(y'')}$ 将互相平行, 而线段 $\overline{g(x)g(y)}$ 与 $\overline{g(x'')g(y')}$ 也互相平行, 从 $F(x,t) = F(y,t)$ 将得出线段 $\overline{f(x)f(y)}$ 与 $\overline{g(x)g(y)}$ 也相平行, 于是 σ, τ' 将是一对单形, 其维数之和为 $\dim \sigma + \dim \tau' < \dim \sigma + \dim \tau$, 而含有点 $x'' \in |\sigma|, y' \in |\tau'|$ 使 $\overline{f(x'')f(y')}$ 与 $\overline{g(x'')g(y')}$ 平行, 依此进行可得一对非对角型单形与 (iii) 相违. 这又证明了 (iv).

从引理 1～ 引理 4 即得下面的命题, 而这完成了主要定理证明的第一步:

命题　任意接近于任两 n 维有限单纯复形 K 到 R^{2n+1} 中线性嵌入 f, g 都有 K 到 R^{2n+1} 的正规线性嵌入 f', g', 使 f', g' 间的标准可允许映象 F' 满足 (与 f', g' 相应的) 条件 (i)～(iv).

对任意 $K \times I$ 到 R^{2n+2} 中满足 (i)～(iv) 的可允许映象 F, 在 $\tilde{K}^*$ 中有一有确定意义的 $2n$ 维上链 $\tilde{\theta}_F$ 使

$$\tilde{\theta}_F(\sigma\times\tau)=\varnothing(\tilde{F}\sigma,\tilde{F}\tau),\tag{4}$$

其中 $\sigma\times\tau$ 是 $\tilde{K}^*$ 的任一 $2n$ 维胞腔, 而 $\tilde{F}\sigma,\tilde{F}\tau$ 是奇异下链 $FSd_{\#}(\sigma\times I)$ 与 $FSd_{\#}(\tau\times I)$, 由 5.7 节命题 2, 在 $\tilde{C}_N(|K|)$ 的拓扑下任意接近于 F 可作 f,g 的精致线性连结映象 F'. 在 F' 充分逼近于 F 时, 对 $\tilde{K}_2^*$ 的任意 $2n$ 维胞腔 $\sigma\times\tau$ 将有 $\varnothing(\tilde{F}'\sigma,\tilde{F}'\tau)=\varnothing(\tilde{F}\sigma,\tilde{F}\tau)$, 因而 $\tilde{\theta}_F=\tilde{\theta}'_F$ 是 $\tilde{\Theta}^{2n}_{f,g}(K)\in H^{2n}_{(s)}(\tilde{K}_2^*,t)$ 中的一个同痕上闭链. 这里 $s=1+t,t=t_K$ 于是对主要定理证明的第二步将由下面的引理 5 与引理 6 完成之.

引理 5 设 c 是 $R_t^{2n+1}=R^{2n+1}\times(t)$ 中的 C^∞ 简单弧. 参数 s 从 0 到 1. 命 S_s^{n-1}, $0\leqslant s\leqslant 1$ 是 R_t^{2n+1} 中的一 C^∞ 族 $n-1$ 维球, 以 $c(s)$ 为中心. 半径 $\varepsilon(s)>0$ 线性依赖于 $s,\varepsilon(0)>\varepsilon(1)$, 而 S_s^{n-1} 的线性子空间与 c 在 $c(s)$ 处垂直. 设 $\tilde{p}_+,\tilde{q}_+\in R^{2n+1}$ 有 $t_+>t'_+>t$, 这里 $t_+=\pi(\tilde{p}_+),t'_+=\pi(\tilde{q}_+)$, 而线段 $\tilde{p}_+c(0)$ 与 $\tilde{q}_+c(1)$ 各与 S_0^{n-1}, S_1^{n-1} 的线性子空间垂直, 且 $\tilde{p}_+c(0)$ 与 $\tilde{q}_+c(1)$ 的长各等于 $\varepsilon(0)$ 与 $\varepsilon(1)$, 于是有一从 $\tilde{p}_+$ 到 $\tilde{q}_+$ 的 C^∞ 弧, 其参数 s 线性依赖于 $\pi c_+(s)$, 而 $c_+(s)c(s)$ 与 S_t^{n-1} 的线性子空间垂直, 且其长为 $\varepsilon(s)$, 在 $\varepsilon(s)$ 充分小时, 这一弧 c_+ 并将是一 C^∞ 简单弧.

证 命 S_s^{n+1} 为以 $c(s)$ 为中心, $\varepsilon(s)$ 为半径, 而其线性子空间与 S_s^{n-1} 垂直的 $n+1$ 维球. 命 $t(s)$ 为 s 的线性函数, 使 $t(0)=t_{-1},t(1)=t'_+$, 而 Σ_s^n 为 $R^{2n+1}_{t(s)}$ 与 S_s^{n+1} 相交所得的 n 维球, 有时亦可缩成一点. 记 Σ_s^n 的中心 (或在 Σ_s^n 缩成一点时即该点) 为 $o(s)$, 并命 $\overline{\Sigma}_s^n$ 为与 Σ_s^n 同心而以 1 为半径的 n 维球. 在 Σ_s^n 缩为一点时. 则即以该点为中心, 其面与 S_s^{n+1} 相切而半径 $=1$ 的 n 维球. 于是所有点 (x,s), 这里 $0\leqslant s\leqslant 1$, $x\in\overline{\Sigma}_s^n$, 所成的点集将是 c 上的一个 C^∞ 球丛, 其投影为 $(s,x)\to c(s)$. 熟知这样的丛必有一 C^∞ 截面 $\bar{c}(s)$, $0\leqslant s\leqslant 1$, 这里 $\bar{c}(s)$, $\bar{c}(1)$ 在 $\overline{\Sigma}_0^n$ 与 $\overline{\Sigma}_1^n$ 可以是任意的, 例如可取为 $\tilde{p}_+$ 与 $\tilde{q}_+$ 的半径上的点. 过 $\bar{c}(s)$ 的 $\overline{\Sigma}_s^n$ 的半径将遇 Σ_s^n 于一点 $c_+(s)$, 于是这一弧 c_+ 即符合引理中的要求.

引理 6 设 f,g 是 n 维有限单纯复形 K 到 R^{2n+1} 中的一对线性嵌入, 而 F 是 $|K|\times I$ 到 R^{2n+2} 的一个可允许映象满足条件 (i)~(iv). 设 σ,τ 是 K 中任一对非对角型单形, 而 $\dim\sigma=n,\dim\tau=n-1$. 又设 $\tilde{\chi}$ 为 $\tilde{K}_2^*$ 中的 s 维上链, 由 $\tilde{\chi}(\sigma\times\tau)=-\tilde{\chi}(\tau\times\sigma)=+1,\tilde{\chi}(\xi\times\eta)=0$, $\xi\times\eta$ 非 $\sigma\times\tau$ 或 $\tau\times\sigma$ 的 $2n-1$ 维胞腔时所定义, 则可改变可允许映象 F 为一可允许映象 F' 使 (i)~(iv) 仍满足, 此外并有

$$\tilde{\theta}_{F'}=\tilde{\theta}_F+\lambda\delta\tilde{\chi},\tag{5}$$

这里 $\lambda=\pm 1$ 是预先给定的数.

证 试选取 σ 的内点 p,τ 的内点 q, 以及 t, $0<t<1$, 使 $\tilde{p}=F(p,t),\tilde{q}=F(q,t)$ 都非 F 的二重点. 由 6.2 节命题 $\tilde{3}$, 不妨假定 F 在 $\tilde{p}$ 附近是线性的, 而无损于一般

性. 命 S^n 为一 n 维球, 中心为 $\tilde{p}$ 半径 $\varepsilon > 0$ 充分小, 位于 $F(|\sigma| \times I)$ 中, 而其最高点即 S^n 中 t 坐标最大的点为 $\tilde{p}_+ = F(p_+, t_+)$ 这里 $t_+ > t$. 由 S^n 所围成的实心球体将记为 $E^{n+1} \subset F(|\sigma| \times I)$.

命 p^{n+2} 为一过 q 的 $n+2$ 维线性子空间, 与 $F(|\tau| \times (t))$ 垂直, 与 $F(|\tau| \times I)$ 在 $\tilde{q}$ 处横截, 而与 R_t^{2n+1} 交于一 $n+1$ 维线性子空间 p^{n+1}. 命 H'^{n+1} 为一 p^{n+2} 中充分小的 $n+1$ 维半球面, 含 $\tilde{q}$ 于其内部, 其底部为以 S'^n 为边界的一 $n+1$ 维胞腔, S'^n 的中心为 $\tilde{q}'$ 在 p^{n+1} 中, 半径为 $\varepsilon' > 0$, 而与 p^{n+1} 交于一 $n-1$ 维球 S'^{n-1}, S'^n 的最高点设为 $\tilde{q}'_+ = (q'_+, t'_+)$. 我们将取 H'^{n+1} 与 $\varepsilon' > 0$ 充分小, 使 $t'_+ < t_+$ 且 S'^n 与 $F(|K| \times I)$ 不相遇. 我们可用一 C^∞ 简单弧 c 连接 $\tilde{p}$ 与 $\tilde{q}'$, 这里 c 位于 R_t^{2n+1} 中, $c(0) = \tilde{p}, c(1) = \tilde{q}'$, c 与 $S^{n-1} = S^n \cap R_t^{2n+1}$ 的线性子空间垂直, 且 c 与 $F(|K - St\tau| \times I)$ 只遇于 $\tilde{p}$, 又与以 H'^{n+1} 围成的实心半球体只遇于 $\tilde{q}'$. S'^{n+1} 的任一定向将自然地引出 E'^{n+1}, H'^{n+1} 与 p^{n+2} 的定向使 $\partial(H'^{n+1} - E'^{n+1}) = -S'^n$. 我们将定向 S'^{n-1} 使

$$\phi(p^{n+2}, \tilde{F}\tau) = \lambda.$$

由 6.3 节的管形作法, 可在 R_t^{2n+1} 中作一 C^∞ 族 n 维实心球体 E_s^n, 由 R_t^{2n+1} 中的 $n-1$ 维球 S_s^{n-1} 所围成, $0 \leqslant s \leqslant 1$, 中心为 $c(s)$, 半径 $\varepsilon(s) > 0$, 使 $S_0^{n-1} = S^{n-1}, S_1^{n-1} = S'^{n-1}, \varepsilon(0) = \varepsilon, \varepsilon(1) = \varepsilon'$, $\varepsilon(s)$ 线性依赖于 s, 且在 $\varepsilon, \varepsilon' > 0$ 取充分小时, $T^{n+1} = \sum E_s^n$ 将为一以 c 为轴的微拓管, 在适当定向下, 有 $\partial T^{n+1} = E_1^n - E_0^n - S$, 这里 S 为由 S_s^{n-1} 的并集适当定向后的奇异下链, E_0^n 的定向使能引出 E_0^{n+1} 定向与所给 $F(\sigma \times I)$ 上的定向相合.

在 R^{2n+2} 中依引理 5 可作一 C^∞ 简单弧 c_+ 连接 $\tilde{p}_+$ 与 $\tilde{q}'_+$ 使 $c_+(0) = \tilde{p}_+, c_+(1) = \tilde{q}'_+$, $c_+(s)$ 的 t 坐标线性依赖于 s, 且 $\overline{c(s)c_+(s)}$ 与 S_s^{n-1} 的线性子空间垂直而其长 $= \varepsilon(s)$. 命 S_s^n 为以 $c(s)$ 为中心, $\varepsilon(s)$ 为半径经过 $c_+(s)$ 并与 R_t^{2n+1} 交于 S_s^{n-1} 的 n 维球. 置 $V^{n+1} = \sum S_s^n$. 我们将取 $\varepsilon > \varepsilon' > 0$ 充分小, 使所有由 $s_s^n, 0 \leqslant s \leqslant 1$ 围成的 $n+1$ 维实心球体的并集成为一以 c 为轴的拓扑实心管形, 且 V^{n+1} 与 $F(|K| \times I)$ 只遇于 S^n. 因之, 我们可定义一 $|K| \times I$ 到 R^{2n+2} 中的可允许映象 F_1, 使 $F_1 \equiv F/[|K| \times I - F^{-1}(E^{n+1}) \cap /(|\sigma| \times I)]$, 而 $F_1 F^{-1}$ 对每一 $< t_+$ 与 $\geqslant t'_+$ 的 s, 依显然的方式把 E^{n+1} 中与 S_0^n 同心, 最高点在 R_s^{2n+1} 中的球映为 $S_{s'}^n, s' = (t_+ - s)/(t_+ - t'_+)$, 又把相当于 $s = t'_+$ 的这个球的内部映为 $H'^{n+1} - E'^{n+1}$. 于是作为点集有 $F_1(E^{n+1}) = V^{n+1} + (H'^{n+1} - E'^{n+1})$, 而 F_1 满足所有条件 (i)~(iv), 只是在 S^n 与 S'^n 处 F_1 不必为正则映象而已.

由 6.3 节中的磨角法可在 $\tilde{C}_{2n+1}(|K|)$ 的拓扑下任意逼近 F_1 为一可允许映象 F', 使 (i)~(iv) 都能满足而不再有例外. 只需 F' 与 F_1 充分接近即对任一 $\tilde{K}_2^*$ 中的 $2n$ 维胞腔 $\xi \times \eta$ 都有

$$\tilde{\theta}_{F'}(\xi \times \eta) = \phi(\tilde{F}'\xi, \tilde{F}'\eta) = \phi(\tilde{F}'_1\xi, \tilde{F}'_1\eta).$$

由此得

$$\tilde{\theta}_{F'}(\xi\times\eta)-\tilde{\theta}_F(\xi\times\eta)=\phi(\tilde{F}_1\xi,\tilde{F}_1\eta)-\phi(\tilde{F}\xi,\tilde{F}\eta).$$

应用与 6.4 节引理中同样的计算即可得 (5) 式, 如所欲证.

定理证明的最后一步将应用推广 Whitney 作法以完成之如下.

定理 1 的证明 由上面的命题 1 以及 5.7 节定理 1 可取 K 到 R^{2n+1} 中的一对正规的线性嵌入 f',g', 使其相应的标准可允许映象 F' 满足条件 (i)~(iv)(对 f',g' 而言), 而 f',g' 各线性同痕于 f,g. 由 5.7 节定理 3、定理 4 可以 (1) 式得

$$\tilde{\Theta}^{2n}_{f',g'}(K)=0,\tag{1'}$$

因之 $\tilde{\theta}'_F\tilde{s}0$ 或 $\tilde{\theta}_{F'}=\delta\bar{x}$, 这里 $\bar{x}$ 是某一 $\bar{K}^*_2$ 中的 $2n-1$ 维 s 上链. 逐次应用引理 6 于是可得一 $K\times I$ 到 R^{2n+2} 中的可允许映象, 满足对于 f',g' 的条件 (i)~(iv), 而有 $\tilde{\theta}_{F''}=0$, 亦即 (v). 由 6.2 节的命题 $\tilde{6}$、命题 $\tilde{7}$ 我们可易 F'' 为一可允许映象 F''' 除满足对 f',g' 的条件 (i)~(iv) 外, 并满足以下诸条件:

(vi) F''' 无三重点, 即在 $|K|\times I$ 中不能有三个互不相同的点 $\tilde{x},\tilde{y},\tilde{z}$ 使 $F'''(\tilde{x})=F'''(\tilde{y})=F'''(\tilde{z})$.

(vii) F''' 只有有限多个二重后 $F'''(x_i,t_i)=F'''(y_i,t_i)=\tilde{z}_i$, 这里 $x_i\in\text{Int}\,|\sigma_i|$, $y_i\in\text{Int}\,|\tau_i|,t_i\in\text{Int}I,\sigma_i,\tau_i$ 是非对角型的 n 维单形, 而在每一点处 $F'''\,|\sigma_i|$ 与 $F'''\,|\tau_i|$ 的切空间只交于该点 $\tilde{z}_i$.

(viii) F''' 充分接近于 F'' 致对任一对非对角型的 n 维单形 σ,τ 有 $\phi(\tilde{F}'''\sigma,\tilde{F}'''\tau)=\phi(\tilde{F}''\sigma,\tilde{F}''\tau)=\phi(\tilde{F}'\sigma,\tilde{F}'\tau)$, 因之而有

$$\tilde{\theta}'''_F=\tilde{\theta}'_F=0.$$

今对 K 的任一对非对角型 n 维单形 σ,τ 有 $\phi(\tilde{F}'''\sigma,\tilde{F}'''\tau)=0$, 因之 $F'''\,(|\sigma|\times I)$ 与 $F'''\,(|\tau|\times I)$ 只能交于偶数个点, 设为 $\tilde{z}_i^+=F'''(x_i^+,t_i^+)=F'''(y_i^+,t_i^+)$ 与 $\tilde{z}_i^-=F'''(x_i^-,t_i^-)=F'''(y_i^-,t_i^-)$ 这里 $x_i^\pm\in\text{Int}\,|\sigma|\,,y_i^\pm\in\text{Int}\,|\tau|\,,t\in\text{Int}I$, 而 $\tilde{F'''}\sigma$ 与 $\tilde{F'''}\tau$ 在每一 $\tilde{z}_i^+$ 与 $\tilde{z}_i^-$ 的交截数各力 $+1$ 与 -1.

依据 6.2 节中的推广 Whitney 作法, 于是可易 F''' 为一 $|K|\times I$ 到 R^{2n+2} 中的可允许映象 $F^{(\text{iv})}$, 使在每一 K 的 n 维单形 σ 上是一微拓映象, 而在 K 的非对角型单形偶的象集上不出现二重点, 依据 6.3 节中的推广 Cairns 作法与推广 Van Kampen 作法, 于是可逼近 $F^{(\text{iv})}$ 为一 $K\times I$ 到 R^{2n+2} 中的半线性映象 F 而这给出 f',g' 间的一个线性同痕. 由于 f,g 各与 f',g' 线性同痕, 故 f,g 也线性同痕而定理至此完全证明.

第7章　流形在欧氏空间中的嵌入、浸入与同痕

7.1　组合流形中的周期变换

设 Δ^n 是由一 n 维单形与它的面所构成的复形. 一个单纯复形称为一 n 维组合胞腔, 如果它与 Δ^n 组合等价, 即如果它有一单纯剖分与 Δ^n 的一个单纯剖分同构. 一个单纯复形 K 称为一 n 维组合流形, 如果对 K 的每一顶点 a, 复形 $ClSt(a)$ 是一 n 维组合胞腔. 这时 K 的空间 $|K|$ 是一拓扑流形, 而 K 将称为闭的、连通的、可定向的或已定向的. 视 $|K|$ 是否如此而定.

设 $\tilde{K}$ 是一已定向的闭 m 维组合流形, 它的 q 维单形的全体是 $\tilde{\sigma}_i^q, i \in \vartheta^q$. 对 $\tilde{K}$ 的已给定向而言, 有一 $\tilde{K}$ 的 "对偶复形", $\tilde{K}'$ 其中与 $\tilde{\sigma}_i^q$ 对偶的胞腔将记为 $\tilde{\tau}_i^{m-q}$, 于是 $\tilde{K}, \tilde{K}'$ 中的下边缘关系可写作以下形状 $(a_{ij}^q = \pm 1)$

$$\begin{cases} \partial \tilde{\sigma}_i^q = \sum\limits_j a_{ij}^q \tilde{\sigma}_j^{q-1}, \\ \partial \tilde{\tau}_j^{m-q+1} = (-1)^q \cdot \sum\limits_i a_{ij}^q \tilde{\tau}_i^{m-q}. \end{cases} \tag{1}$$

对任意 $\tilde{K}$ 中下链 $\tilde{x} = \sum g_i \tilde{\sigma}_i^q \in C_q(\tilde{K}, G)$ 定义 $\tilde{K}'$ 中上链 $\tilde{\mathscr{D}}\tilde{x} \in C^{m-p}(\tilde{K}', G)$ 为 $\tilde{\mathscr{D}}\tilde{x} \in (\tilde{\tau}_i^{m-q}) = g_i$, 则 $\tilde{\mathscr{D}}$ 为一同构

$$\tilde{\mathscr{D}} : C_q(\tilde{K}, G) \approx C^{m-q}(\tilde{K}', G).$$

由 (1) 式得

$$\delta \tilde{\mathscr{D}} \tilde{x} = (-1)^q \cdot \tilde{\mathscr{D}} \partial \tilde{x}, \tilde{x} \in C_q(\tilde{K}, G). \tag{2}$$

故 $\tilde{\mathscr{D}}$ 引出一同构

$$\tilde{D} : H_q(\tilde{K}, G) \approx H^{m-q}(\tilde{K}', G). \tag{3}$$

今设 $\tilde{K}$ 中依 2.1 节定义 1 有一变换群 T. 置 $t\tilde{\sigma}_i^q = \tilde{\sigma}_{t(i)}^q$ 这里 $t \in T$. 又定义 $t\tilde{\tau}_i^{m-q} = \tilde{\tau}_{t(i)}^{m-q}$, 于是 t 变为 $\tilde{K}'$ 中的一个一对一的胞腔对应. 从 (1) 式可得

$$\partial t_\# \tilde{\sigma}_i^q = \partial \tilde{\sigma}_{t(i)}^q = \sum_j a_{t(i),t(j)}^q \tilde{\sigma}_{t(j)}^{q-1},$$

$$t_\# \partial \tilde{\sigma}_i^q = t_\# \sum a_{ij}^q \tilde{\sigma}_j^q = \sum_j a_{ij}^q t_\# \tilde{\sigma}_j^{q-1} = \sum_j a_{ij}^q \tilde{\sigma}_{t(j)}^{q-1}.$$

因 T 是 $\tilde{K}$ 的变换群, 故 t 是 $\tilde{K}$ 的一对一胞腔映象, 而有 $\partial t_{\#}\tilde{\sigma}_i^q = t_{\#}\partial\tilde{\sigma}_i^q$. 由此即得 $a_{ij}^q = a_{t(i),t(j)}^q$ 同样从 (1) 式得

$$\partial t_{\#}\tilde{\tau}_j^{m-q+1} = \partial\tilde{\tau}_{t(j)}^{m-q+1} = (-1)^q \cdot \sum_i a_{t(i),t(j)}^q \tilde{\tau}_{t(i)}^{m-q},$$

$$t_{\#}\partial\tilde{\tau}_j^{m-q+1} = (-1)_q \cdot t_{\#} \cdot \sum_i a_{ij}^q \tilde{\tau}_i^{m-q} = (-1)^q \cdot \sum_i a_{ij}^q \tilde{\tau}_{t(i)}^{m-q}.$$

从 $a_{ij}^q = a_{t(i),t(j)}^q$即得 $\partial t_{\#}\tilde{\tau}_j^{m-q+1} = t_{\#}\partial\tilde{\tau}_j^{m-q+1}$, 故 t 是 $\tilde{K}'$ 的一对一胞腔映象, 而 T 由此可见是 $\tilde{K}'$ 中的一个变换群. 再者, 在 $(\tilde{K},T)$ 是在 2.1 节定义 1 意义下的简单组时 $(\tilde{K}',T)$ 显然也是一简单组.

我们将称 $(\tilde{K},T)$ 与 $(\tilde{K}',T)$ 为对偶组.

今试考虑 $T \approx I_p$, 并有一指定的母元素 t 的情形, 并设 $(\tilde{K},t)$ 或 $(\tilde{K}',t)$ 是 2.1 节定义 1 意义下的强简单组, 我们并假设 t 是保持定向的, 于是 $K = \tilde{K}/T$ 与 $K' = \tilde{K}'/T$ 也是一可定向 m 维闭组合流形的材偶剖分, 再者 $\tilde{K}$ 的已给定向将引出 K 的一个定向, 使投影 $\pi = \pi(\tilde{K},t)$ 是保持定向的, 对这一 K 的定向而言如前可定义对偶同构

$$\mathscr{D} : C_r(K,G) \approx C^{m-r}(K',G),$$

$$D : H_r(K,G) \approx H^{m-r}(K',G).$$

详言之, 设 $\{\tilde{\sigma}_\lambda^q\}, \lambda \in \vartheta^q$ 是 $(\tilde{K},t)$ 的一个基本域, 则 $\{\tilde{\tau}_\lambda^{m-q}\}, \lambda \in \vartheta^q$ 也是 $(\tilde{K}',t)$ 的一个基本域. 设 $\pi(\tilde{\sigma}_\lambda^q) = \tilde{\sigma}_\lambda^q \in K, \pi'(\tilde{\tau}_\lambda^{m-q}) = \tau_\lambda^{m-q} \in K'$, 这里 $\pi' = \text{Proj.}(\tilde{K}',t)$, 则 K 与 K' 中的下边缘运算由下式给出:

$$\begin{cases} \partial\sigma_\lambda^q = \displaystyle\sum_\mu \left(\sum_{i=0}^{p-1} a_{\lambda,t^i(\mu)}^q\right) \sigma_\mu^{q-1}, \\ \partial\tau_\mu^{m-q+1} = (-1)^q, \displaystyle\sum_\lambda \left(\sum_{i=0}^{p-1} a_{ti(\lambda)\mu}^q\right) \tau_\lambda^{m-q}. \end{cases} \tag{4}$$

对任意下链 $x \in \sum\limits_\lambda g_\lambda\sigma_\lambda^q \in C_q(K,G), \mathscr{D}x \in C^{m-q}(K',G)$ 将由 $\mathscr{D}x(\tau_\lambda^{m-q}) = g_\lambda$ 给出.

容易验证以下诸关系:

$$\begin{cases} \tilde{\pi}^{\#}\tilde{\mathscr{D}} = \mathscr{D}\pi_{\#} : C_q(\tilde{K},G) \to C^{m-q}(K',G), \\ (t^{-1})^{\#}\tilde{\mathscr{D}} = \tilde{\mathscr{D}}t_{\#} : C_q(\tilde{K},G) \to C^{m-q}(\tilde{K}',G), \\ \tilde{\mathscr{D}}s_{k\#} = s_k^{\#}s'^{\#}_k\tilde{\mathscr{D}} : C_q(\tilde{K},G) \to C^{m-q}(\tilde{K}',G), \end{cases} \tag{5}$$

这里

$$\begin{cases} s'_k = \begin{cases} 1, & k = \text{偶数时}, \\ 1+t+\cdots+t^{p-2}, & k = \text{奇数时}, \end{cases} \\ \pi^{\#} s'^{\#}_k = (-1)^k \cdot \pi^{\#} \cdot \text{mod} p. \end{cases} \tag{6}$$

我们有

命题 1 如前设 $\tilde{K}, \tilde{K}'$ 是一定向闭组合流形的对偶剖分, 而 $(\tilde{K}, t)$ 是一强简单组, 以 $(\tilde{K}', t)$ 为其对偶组, 设 $\mu_k = \mu_k(\tilde{K}, t)$ 与 $\mu'^*_k = \mu^*_k(\tilde{K}', t)$ 是它们相应的 Smith 同态, 则有

$$D\mu_k X = (-1)^{k(q+1)} \cdot \mu'^*_k DX, X \in H_q(k, I_q). \tag{7}$$

证 依 2.3 节取一 $x \in X$ 的分解 $(\tilde{x}_k)$ 致有

$$\pi_{\#}\tilde{x}_0 = x, \partial\tilde{x}_k = s_{k+1\#}\tilde{x}_{k+1}, \quad q > k \geqslant 0. \tag{8}$$

从 (5), (6) 与 (8) 可得

$$\begin{aligned} \pi_{\#}\tilde{\mathscr{D}}\tilde{x}_0 = {} & \mathscr{D}\pi_{\#}\tilde{x}_0 = \mathscr{D}x \in DX, \\ \delta(s'^{\#}_1 \cdots s'^{\#}_k \tilde{\mathscr{D}}\tilde{x}_k) = {} & s'^{\#}_1 \cdots s'^{\#}_k \delta\tilde{\mathscr{D}}\tilde{x}_k = (-1)^{q-k} \cdot s'^{\#}_1 \cdots s'^{\#}_k \tilde{\mathscr{D}}\partial\tilde{x}_k \\ = {} & (-1)^{q-k} \cdot s'^{\#}_1 \cdots s'^{\#}_k \tilde{\mathscr{D}} s_{k+1\#}\tilde{x}_{k+1} \\ = {} & (-1)^{q-k} \cdot s'^{\#}_{k+1}(s'^{\#}_1 \cdots s'^{\#}_k s'^{\#}_{k+1} \tilde{\mathscr{D}}\tilde{x}_{k+1}), \\ \pi^{\#}(s'^{\#}_1 \cdots s'^{\#}_k \mathscr{D}\tilde{x}_k) = {} & (-1)^{1+2+\cdots+k} \cdot \bar{\pi}^{\#}\tilde{\mathscr{D}}\tilde{x}_k = (-1)^{1+2+\cdots+k} \cdot \mathscr{D}\pi_{\#}\tilde{x}_k. \end{aligned}$$

由定义 $r_{(k)}\pi_{\#}\tilde{x}_k \in \mu_k X$, 而 $\mu'^*_k DX$ 含有上闭链 $(-1)^{q+(q-1)+\cdots+(q-k+1)} \cdot r_{(k)}\bar{\pi}^{\#}(s'^{\#}_1 \cdots s'^{\#}_k \tilde{\mathscr{D}}x_k) = (-1)^{q(q+1)} \cdot \mathscr{D}\pi_{\#}\tilde{x}_k$. 这证明了命题.

在 $t^2 = 1$ 或 $p = 2$ 的情形, 对干不必可定向的组合流形, 只需把系数群限制在模 2 约化时, 上面的推理即仍然可用. 此时有

命题 2 设 $\tilde{K}$ 与 $\tilde{K}'$ 是一闭组合流形的对偶剖分, $(\tilde{K}, t)$ 是一强简单组, $(\tilde{K}', t)$ 是它的对偶组, 而 $t^2 = 1$. 记 $K = \tilde{K}/t$ 中的对偶同构为 D, 而在系数群 I_2 上的 Smith 同态为 $\mu k, \mu'^*_k$, 则有

$$D\mu_k X = \mu'^*_k DX, X \in H_q(K, I_2).$$

7.2 组合流形的一些充分性定理

定理 1 设 K 是一 n 维有限连通组合流形, 则

$$H^{2n}_{(\rho)}(\tilde{K}^*_2, t_k; G) = 0. \tag{1}$$

证 任一 $(\tilde{K}_2^*, t_k)$ 在系数群 G 上的 ρ 上闭链可写作

$$z = \sum g_{ij}\bar{\rho}^{\#}\{\sigma_i \times \sigma_j\}, \quad g_{ij} \in G,$$

这里 $\sum$ 展开在 $\tilde{K}_2^*$ 的所有 $2n$ 维胞腔 $\sigma_i \times \sigma_j$ 上, 而 $\{\sigma_i \times \sigma_j\}$ 为在 $\sigma_i \times \sigma_j$ 上取值 1 在其余 $\tilde{K}_2^*$ 的 $2n$ 维胞腔上取值 0 的初等上链. 试考虑任一这样的上链 $z_{ij} = \{\sigma_i \times \sigma_j\}$. 因 K 是连通的故有一序列 n 维单形 $\xi_1 = \sigma_i, \xi_2, \cdots, \xi_r$ 使每一对 ξ_i, ξ_{i+1} 有一 $n-1$ 维单形 τ_i 为一公共面, 每一 $\xi_i, \cdots, \xi_{r-1}$ 都与 σ_j 构成一对非对用型单形, 而 ξ_r 与 σ_j 有公共顶点. 将 ξ_i, τ_i 适当定向后, 可假定在 K 中有

$$\delta\{\tau_i\} = \{\xi_i\} - \{\xi_{i+1}\}, \quad i = 1, \cdots, r-1.$$

因 $\xi_r \times \sigma_j$ 不在 $\tilde{K}_2^*$ 中, 故在 $\tilde{K}_2^*$ 中有

$$z_{ij} = \delta c_{ij},$$

这里 $c_{ij}(\tau_k \times \sigma_j) = 1, k = 1, 2, \cdots, r-1$, 而对 $\tilde{K}_2^*$ 中其他 $2n-1$ 维胞腔有 $c_{ij}(\eta) = 0$. 于是在 $\tilde{K}_2^*$ 中有

$$z = \delta \sum g_{ij}\bar{\rho}^{\#} c_{ij} \tilde{e} 0,$$

这证明了 (1) 式.

附注 1 从证明可知若易 K 为任一 n 维有限单纯复形 K, 其中每一 $n-1$ 维单形为至多两个 n 维单形的面, 且仅两 n 维单形可连以一 n 维单形的序列, 其中每两相继单形都有一 $n-1$ 维单形为公共面, 例如在 Alexandroff-Hopf[1]5.1 节所谓不可约 n 维闭复形时, 定理仍然真确.

与定理 1 的证明同样而只需稍作修改即可得下面更一般的

定理 1′ 设 K 是一 n 维有限连通组合复形, 则对任意质数 p 都有

$$H_{(\rho)}^{p_n}(\tilde{K}_p^*, t_K; G) = 0. \tag{1′}$$

附注 2 定理 1 与定理 1′ 也容易从简单组 $(\tilde{K}_p^*, t_K)$ 的 Smith-Richardson 正合序列推出.

定理 2 设 K 是一 n 微有限组合流形, 则对 $\tilde{\Psi}_2^{2n-1}(K) \in H_{(s)}^{2n-1}(\tilde{K}_2^{(0)}, t_K)$ 有

$$\tilde{\Psi}_2^{2n-1}(K) = 0. \tag{2}$$

证 依第 1 章, $\tilde{K}_2^{(0)}$ 有一标准剖分, 它含有 $2n-1$ 维胞腔作形状 $[a, \sigma_i \times a\sigma_j]^{(0)}$ 或 $[a, a\sigma_i \times \sigma_j]^{(0)}$, 其中 σ_i, σ_j 成一对 K 中非对角形的 $n-1$ 维单形, 而每一 σ_i, σ_j 都与顶点 a 张成 K 的一个 n 维单形 $a\sigma_i, a\sigma_j$. 由 3.2 节定理 2, $\tilde{\Psi}_2^{2n-1}(K)$ 中含有下述形状的 s 上闭链:

$$z=\sum g'_{ij}d^{\#}\{a,\sigma_i\times a\sigma_j\}^{(0)}$$
$$+\sum g''_{ij}d^{\#}\{a,a\sigma_i\times\sigma_j\}^{(0)},\quad g'_{ij},\ g''_{ij}\in K,$$

其中 $\{a,\sigma_i\times a\sigma_j\}^{(0)}$ 为在 $[a,\sigma_i\times a\sigma_j]^{(0)}$ 上取值 1, 而在其余 $2n-1$ 维胞腔上取值 0 的初等上链, $\{a,a\sigma_i\times\sigma_j\}^{(0)}$ 也同样, 而 $\sum$ 展开在所有这种可能的 $2n-1$ 维初等上链上, 今试考虑任一这样的初等上链例如 $z'_{ij}=\{a,\sigma_i\times a\sigma_j\}^{(0)}$. 命 K_a 为 K 中由以 a 为顶点的所有单形以及它们的面所构成的子复形, 而 B_a 为 K_a 中所有不以 a 为顶点的单形所构成的子复形, 因 B_a 为一 $n-1$ 维组合球, 故在 B_a 中有一序列 $n-1$ 维单形 $\xi_1=\sigma_i,\xi_2,\cdots,\xi_r$ 使任一对 ξ_i,ξ_{i+1} 有一 $n-2$ 维单形 τ_i 为其公共面, 每一 $\xi_1,\cdots,\xi_{r-1}$ 与 σ_j 成一对非对角型胞腔, 而 ξ_r 与 σ_j 有公共顶点. 将 ξ_i 与 τ_i 适当定向可假设在 B_a 中有

$$\delta\{\tau_i\}=\{\xi_i\}-\{\xi_{i+1}\},\quad i=1,\cdots,r-1.$$

于是在 $\tilde{K}_2^{(0)}$ 中有

$$\delta\{a,\tau_i\times a\sigma_j\}^{(0)}=\{a,\xi_i\times a\sigma_j\}^{(0)}-\{a,\xi_{i+1}\times a\sigma_j\}^{(0)},\quad i=1,\cdots,r-2,$$

而

$$\delta\{a,\tau_{r-1}\times a\sigma_j\}^{(0)}=\{a,\xi_{r-1}\times a\sigma_j\}^{(0)}.$$

若置

$$c'_{ij}=\sum_{i=1}^{r-1}\{a,\tau_i\times a\sigma_j\}^{(0)},$$

则在 $\tilde{K}_2^{(0)}$ 中有 $\delta c'_{ij}=z'_{ij}$. 同样对 $z''_{ij}=\{a,a\sigma_i\times\sigma_j\}^{(0)}$ 有某一 c''_{ij} 使 $z''_{ij}=\delta c''_{ij}$. 由此得在 $\tilde{K}_2^{(0)}$ 中有

$$z=\delta d^{\#}\left(\sum g'_{ij}c'_{ij}+\sum g''_{ij}c''_{ij}\right)\tilde{s}0.$$

这证明了 (2) 式.

定理 3　任意 n 维的有限组合流形 K 必可半线性实现于 R^{2n} 中.

证　设 K 是连通的, 则由定理 1 有 $\tilde{\Phi}_2^{2n}(K)=0$. 因之在 $n>2$ 时由 6.4 节定理 1 知 K 必可半线性实现于 R^{2n} 中, 对于非连通的 K, 因为每一连通分支可在 R^{2n} 中半线性实现, 故 K 亦然. 在 $n=1$ 或 $n=2$ 的情形, 因为 K 的拓扑分类已很清楚, 故可直接得知能半线性实现于 R^{2n} 中.

附注 3　由附注 1 可知本定理对该附注中所提到的那种有限 n 维单纯复形也仍然成立. 这个较一般的定理是 Van Kampen 所建立的 (Van Kampen[53]), 但他的第一次的证明, 其思路即如 6.4 节所示, 有一严重的缺陷. 但 Van Kampen 后来的证明 ([54]), 则已不依赖于这一一般定理.

定理 4 任一维数 $n>3$ 的有限组合流形 K 必可半线性浸入于 R^{2n-1} 中.

证 由定理 2 得 $\tilde{\Psi}_2^{2n-1}(K)=0$. 故由 6.5 节定理 1 在 $n>3$ 时 K 可半线性浸入于 R^{2n-1} 中.

定理 5 一个维数 $n>1$ 的有限组合流形 K 到 R^{2n+1} 中的任两线性实现 f,g 必线性同痕.

证 因 $\tilde{\Theta}_{f,g}^{2n}(K)\in H_{(s)}^{2n}(\tilde{K}_2^*,t_K)$, 故由 6.1 节定理 1 与上面的定理 1 即得本定理.

附注 4 本节诸定理可追溯到 Van Kampen 远在 1932 年的工作 (Van Kampen[53]), 他首先证明了附注 3 中的定理. Van Kampen 所考虑的是组合流形 (以及复形) 的线性实现, 而 Whitney 则从 1936 年以来发展了考虑微分流形的微分嵌入、微分浸入以及微分同痕的问题 (Whitney[55]). 丢开与示性类有关的定理不论, 他的主要结果可综述如下.

Ⅰ. 任一 n 维微分流形必可微分嵌入于 R^{2n}(Whitney[57]).

Ⅱ. 任一 n 维微分流形 $(n\geqslant 2)$ 必可微分浸入于 R^{2n-1}(Whitney[58]).

Ⅲ′. 任一 n 维微分流形到 R^{2n+2} 中的任两微分嵌入必微分同痕 (Whitney[55]).

上面的定理 I 与 II 在 Whitney1936 年的论文 [55] 中, 早已有其前身, 即

Ⅰ′. 任一 n 维微分流形必可微分嵌入于 R^{2n+1} 中.

Ⅱ′. 任一 n 维微分流形必可微分浸入于 R^{2n} 中.

一个对 III′ 的相应的改进, 则直至 1958 年时始由作者本人给出, 即

Ⅲ. 一个维数 $n>1$ 的微分流形在 R^{2n+1} 中的任两微分嵌入都是微分同痕的 (吴文俊 [68]).

本节中的定理 3~定理 5 可视为这些定理 I~定理 III 的组合的类似结果.

7.3 组合流形的嵌入问题

在以下若非另有声明 M 将指一维数为 $n\geqslant 1$ 的闭可剖分流形, 即一闭组合流形的空间. 在 p 是一质数时, $\tilde{M}_p$ 与 M_p 中的对角形将各记为 $\tilde{\Delta}$ 与 Δ, 而自然映象 $\Delta\subset M_p,\tilde{\Delta}\subset\tilde{M}_p,\tilde{M}_p\to M_p$ 与 $\tilde{\Delta}\to\Delta$ 将各记为 $i,\tilde{i},\pi$ 与 π_Δ 由 4.2 节定理 4, 于是有

$$H^r(M_p,\Delta;I_p)=K^*\Gamma_{(d)}^r+\sum{}_0\mu_{r-q-1}^*\delta^*H^q(\Delta,I_p), \tag{1}$$

其中

$$\Gamma_{(d)}^r=\Gamma_{(d)}^r(\tilde{M}_p,I_p)\subset H^r(\tilde{M}_p,I_p) \tag{2}$$

系对 $H^*(M,I_p)$ 中一选定的基像 4.2 节中那样定义, 而 $\sum_0$ 展开于下面 q 的区

间上：

$$q \in R_r^0 : \begin{cases} pq \geqslant r \geqslant q+1, \\ \text{或即} r-1 \geqslant q \geqslant [(r+p-1)/p]. \end{cases} \tag{3}$$

今 M_p^* 显然是一 pn 维流形或 M_p 是一相对于 Δ 的闭流形, 假设凡 $p>2$ 时 M 总是可定向的, 因而凡 $p>2$ 时 M_p^* 总是可定向的. 于是不论 $p=2$ 或 $p>2$ 恒有

$$\bar{H}^{pn}(M_p^*, I_p) \approx I_p, \tag{4}$$

其中 $\bar{H}$ 指紧奇异上同调群, 而 Poincaré-Aiexander 对偶定理将给出由上积确定的对偶配对

$$H^k(M_p^*, I_p) \bigcup \bar{H}^{pn-k}(M_p^*, I_p) \subset \bar{H}^{pn}(M_p^*, I_p) \approx I_p, \tag{5}$$

如果考虑到标准同构

$$\bar{H}^r(M_p^*, I_p) \approx H^r(M_p, \Delta; I_p), \tag{6}$$

则 (5) 式亦即下面的对偶配对

$$H^k(M_p^*, I_p) \bigcup H^{pn-k}(M_p, \Delta; I_p) \subset H^{pn}(M_p, \Delta; I_p) \approx I_p. \tag{5'}$$

对于 M 的约化 I_p 指数依 3.1 节定理 1、定理 4 以及 7.1 节定理 1′ 有

$$(p-1)n \leqslant I_p^0(M) \leqslant pn. \tag{7}$$

指数 $I_p^0(M)$ 的精确确定将应用 M 中的 Smith 运算以完成之, 犹如以下诸定理所示.

定理 1　若 $p=2$, 则

$$I_2^0(M^n) \leqslant m \text{ 或即 } r_2 \varPhi_2^m(M^n) = 0 \tag{8}$$

的充要条件是

$$k \geqslant m-n \text{ 时有} \tag{9'}$$

$$Sm_{(2)}^k H^{n-k}(M^n, I_2) = 0. \tag{9}$$

证　由对偶配对 (5′) 可见 (8) 等价于

$$r_2 \varPhi_2^m(M) \bigcup H^{2n-m}(M_2, \Delta; I_2) = 0$$

或

$$\mu_m^* H^{2n-m}(M_2, \Delta; I_2) = 0.$$

由 (1), 这又等价于

$$\begin{cases} \mu_m^* K^* T_{(d)}^{2n-m} = 0 \text{与} \\ \mu_{2n-q-1}^* \delta^* H^q(\Delta, I_2) = 0, q \in R_{2n-m}^0 : 2q \geqslant 2n-m \geqslant q+1. \end{cases} \tag{10}$$

因由 4.1 节命题 4* 有 $\mu_m^* K^* = \mu_{m-1}^* \delta^* \pi_\Delta^{*-1} \tilde{i}^*$, 以及 $i^* T_{(d)}^r = H^r(\tilde{\Delta}, I_2)$, 故 (10) 式又等价于

$$\mu_{2n-q-1}^* \delta^* H^q(\Delta, I_2) = 0, \tag{11}$$

$$\text{在} q \in R_{2n-m} : 2q \geqslant 2n - m \geqslant q \text{时}. \tag{11$'$}$$

由 4.3 节命题 3, (11) 与 (11)′ 又等价于

$$Sm_{(2)}^k H^q(M, I_2) = 0, \tag{12}$$

$$\text{在} 2k + q \geqslant 2n - q \geqslant k + 1 \text{与} 2q \geqslant 2n - m \geqslant q \text{时}. \tag{12$'$}$$

从 (12)′ 可得 $k + q \geqslant n$. 因 (12) 在 $k + q > n = \dim M$ 时是平凡地成立的, 故上述条件 (12) 与 (12)′ 也可写作 (9), 其中 k 在下述区间中:

$$k \geqslant m - n \quad \text{与} \quad \leqslant m/2. \tag{9$''$}$$

因 $r_2 \Phi_2^m(M) = 0$ 蕴涵了对所有 $r > m$ 时 $r_2 \Phi_2^r(M) = 0$, 故可见 (9) 与 (9)″, 因之也是 (8), 都与 (9) 及 (9)′ 等价. 这证明了定理.

推论 如果 (9) 对区间 (9)″ 中的 k 成立, 则 (9) 也对区间 (9)′ 中的 k 成立.

命题 1 假设 M 可定向而 $P > 2$. 如果 m 是奇数, 则

$$r_p \Phi_p^m(M) = 0 \text{或即} I_p^0(M) \leqslant m \tag{13}$$

的充要条件是

$$Sm_{(p)}^{2k(p-1)} H^{n-2k(p-1)}(M, I_p) = 0, \text{当} k \text{在下述区间中时:} \tag{14}$$

$$2k(p-1) \geqslant m + 1 - (p-1)n. \tag{15$_m$}$$

证 与定理 1 的证明同样, (13) 等价于

$$r_p \Phi_p^m(M) \bigcup H^{pn-m}(M_p, \Delta; I_p) = 0$$

或

$$\mu_m^* H^{pn-m}(M_p, \Delta; I_p) = 0,$$

或

$$\begin{cases} \mu_m^* K^* \Gamma_{(d)}^{pn-m} = 0, \\ \mu_m^* \mu_{pn-m-q-1}^* \delta^* H^q(\Delta, I_p) = 0, \quad q \in R_{pn-m}^0. \end{cases} \tag{16}$$

今由 4.1 节命题 4* 有 $\mu_m^* K^* = 0$(m 是奇数), 又由 2.3 节命题 5, 有

$$\mu_m^* \mu_{pn-m-q-1}^* = \begin{cases} 0, & pn - m - q - 1 \text{是奇数或即} n + q \text{是奇数}, \\ \mu_{pn-q-1}^*, & pn - m - q - 1 \text{是偶数或即} n + q \text{是偶数}. \end{cases}$$

因之 (16) 等价于

$$\mu^*_{pn-q-1}\delta^* H^q(\Delta, I_p) = 0, \quad \text{当 } q \text{ 在下述区间中时,} \tag{17}$$

$$\begin{cases} q \in R^0_{pn-m:} : pq \geqslant pn - m \geqslant q+1, \\ \text{且 } n+q \text{ 是偶数.} \end{cases} \tag{17$'$}$$

由 4.3 节命题 3, (17) 与 (17)′ 又等价于

$$Sm^{i(d_i)}_{(p)} H^q(M, I_q) = 0, \text{当 } i, q \text{ 在下述区间中时,} \tag{18}$$

$$\begin{cases} pi + (p-1)q \geqslant pn - q \geqslant i+1, \\ pq \geqslant pn - m \geqslant q+1, \\ n+q \text{ 为偶数} \end{cases} \tag{18$'$}$$

因 (18) 只在 $i+q \leqslant n$ 始有实际效果, 故由 (18′) 应有 $q = n - i$ 而得等价条件

$$Sm^{2j}_{(p)} H^{n-2j}(M, I_p) = 0, \text{当 } j \text{ 在下述区间中时,} \tag{19}$$

$$2jp \leqslant m \text{ 且 } 2j \geqslant m+1-(p-1)n. \tag{19$'$}$$

由 Thom 的一个已知定理 (4.5 节定理 2)(19) 与 (19′) 即自然地变为 (14), 其中 k 满足下述条件

$$2k(p-1) \geqslant m+1-(p-1)n \text{ 且 } \leqslant m/p. \tag{15$'$}$$

因 $r_p\Phi^m_p(M) = 0$ 蕴涵了在 $r > m$ 时有 $r_p\Phi^r_p(M) = 0$, 故这些条件又可易为 (14) 与 (15_m), 而这证明了命题.

推论　设 M 可定向而 $p > 2$. 如果 (14) 当 k 在区间 (15′) 中时成立, 则 (14) 当 k 在区间 (15_m) 中时也成立.

命题 2　假设 M 可定向而 $p > 2$. 如果 m 是偶数而

$$r_p\Phi^m_p(M^n) = 0, \tag{20}$$

则有

$$r_p\Phi^{m-1}_p(M^n) = 0. \tag{21}$$

证　从 (20) 有

$$\mu^*_m H^{pn-m}(M_p, \Delta; I_p) = 0,$$

由 (1) 式, 这又等价于

$$\begin{cases} \mu^*_m k^* \Gamma^{pn-m}_{(d)} = 0, \\ \mu^*_m \cdot \mu^*_{pn-m-q-1}\delta^* H^q(\Delta) = 0, \quad q \in R^0_{pn-m} : pq \geqslant pn - m \geqslant q+1. \end{cases} \tag{22}$$

因在 m 是偶数时有 $\mu_m^*\mu_r^* = \mu_{m+r}^*$, 且由 4.1 节命题 4*, 有 $\mu_m^* k^* = \mu_{m-1}^*\delta^*\pi_\Delta^{*-1}\tilde{i}^*$, 又有 $\tilde{i}^*\Gamma_{(d)}^r = H^r(\tilde{\Delta}, I_p)$, 故 (22) 可写作

$$\mu_{pn-q-1}^*\delta^* H^q(\Delta) = 0, \text{当 } q \text{ 在下述区间中时:} \tag{23}$$

$$pq \geqslant pn - m \geqslant q, \tag{23'}$$

于是对 q 在用 m 代替 $m-1$ 的区间 (17′) 中时, 更应有 (23). 因之由命题 1 即得 (21).

定理 2 假设 M 可定向, 而 $p > 2$, 则

$$I_p^0(M) \equiv 1 + n(p-1) \mod 2(p-1), \tag{24}$$

且下式

$$I_p^0(M^n) \leqslant (n+2\lambda)(p-1)+1 \tag{25}$$

的充要条件是

$$Sm_{(p)}^{2k(p-1)} H^{n-2k(p-1)}(M^n, I_p) = 0, \quad k \geqslant \lambda+1\text{时}. \tag{26}$$

证 由命题 2, $I_p^0(M)$ 必须为奇数. 如果 $I_p^0(M) \leqslant (n+2j)(p-1)+1+2\alpha$, 这里 $0 < \alpha < p-1$, 则由命题 1 知在下述区间中 (14) 一式成立:

$$2k(p-1) \geqslant 2j(p-1) + 2(1+\alpha).$$

但这一 k 的区间与下述区间相同,

$$2k(p-1) \geqslant 2j(p-1) + 2\alpha,$$

因之仍由命题 1 将有 $I_p^0(M) \leqslant (n+2j)(p-1)+1+2(\alpha-1)$. 这证明了 (24), 因之也证明了 (25) 与 (26).

附注 本定理可与 3.1 节定理 4 以及 3.3 节例 1 相比较, 后者指出了在开流形或有边流形 (24) 是不成立的, 但在开流形或有边流形时 $I_p^0(M) \equiv n(p-1) \mod 2(p-1)$ 这一推测或许是可能成立的.

定理 3 设 M 是 n 维闭可剖分流形, 则对固定的 $\geqslant n$ 与 $\leqslant 2n$ 的 m,

$$Sm_{(2)}^k H^{n-k}(M, I_2) = 0, \quad k \geqslant m-n \text{ 时} \tag{9}$$

将蕴涵

$$Sm_{(2)}^k H^q(M, I_2) = 0, \quad 2k+q \geqslant m \text{ 时}. \tag{27$_2$}$$

证　由定理 1(9) 式蕴涵 (8) 式以致有

$$r_2 \Phi_2^m(M) \bigcup H^r(M_2, \Delta; I_2) = 0$$

或

$$\mu_m^* H^r(M_2, \Delta; I_2) = 0,$$

对任意 $r \geqslant 0$ 成立, 或由 (1) 式

$$\begin{cases} \mu_m^* k^* P_{(d)}^r = 0, \\ \mu_{m+r-q-1}^* \delta^* H^q(\Delta, I_2) = 0, \quad q \in R_r^0 : 2q \geqslant r \geqslant q+1, \end{cases}$$

或即

$$\mu_{m+r-q-1}^* \delta^* H^q(\Delta, I_2) = 0, \quad 2q \geqslant r \geqslant q \text{ 时}$$

因之由 4.3 节命题 3 得 (27_2).

定理 3′　设 M 可定向而 $p > 2$. 设 $\lambda \geqslant 0$ 是一固定整数, 则

$$Sm_{(p)}^{2k(p-1)} H^{n-2k(p-1)}(M, I_p) = 0, \quad k \geqslant \lambda + 1 \text{ 时} \tag{26}$$

将蕴涵

$$Sm_{(p)}^{2k(p-1)} H^q(M, I_p) = 0, \quad 2kp + q \geqslant n + 2\lambda + 1 \text{ 时} \tag{27_p}$$

证. 由定理 2 从 (26) 得

$$r_p \Phi_{(p)}^{(n+2\lambda)(p-1)+1}(M) = 0,$$

因之有

$$r_p \Phi_{(p)}^{(n+2\lambda)(p-1)+1}(M) \bigcup H^r(M_p, \Delta; I_p) = 0$$

或

$$\mu_{(n+2\lambda)(p-1)+1}^* H^r(M_p, \Delta; I_p) = 0,$$

对任意 $r \geqslant 0$ 成立. 由 (1), 后者等价于 $(m = (n+2\lambda)(p-1)+1)$

$$\mu_{m+r-q-1}^* \delta^* H^q(\Delta, I_p) = 0,$$

当

$$\begin{cases} q \in R_r^0 : pq \geqslant r \geqslant q+1 \\ \text{与} r - q - 1 = \text{偶数时}. \end{cases}$$

由 4.3 节命题 3, 这蕴涵了 (27_p). 至于 (27_p) 与 ($27'_\mathrm{p}$) 的等价则由 Thom 定理得出.

附注 最后两定理以及定理 1 的推论与命题 1 指出 Smith 运算, 或等价地说即 Steenrod 幂, 在流形的情形具有某些特殊的性质.

定义 对任意 n 维闭流形 M 由下式

$$\bar{W}^k(M)\bigcup X^{n-k}=Sm_{(2)}^k X^{n-k}, \tag{28_2}$$

其中 $X^{n-k}\in H^{n-k}(M,I_2)$ 任意, 所确定的上同调类 $\bar{W}^k(M)=\bar{W}^k_{(2)}(M)\in H^k(M,I_2)$ 将称为 M 的 $\bar{W}$ 或 $\bar{W}_{(2)}$上类. 如果 M 又是可定向的, 则对任意奇质数 p, 由下式

$$\bar{W}_{(p)}^{2k(p-1)}(M)\bigcup X_{(p)}^{n-2k(p-1)}=Sm_{(p)}^{2k(p-1)}X_{(p)}^{n-2k(p-1)}, \tag{28_p}$$

其中 $X_{(p)}^{n-2k(p-1)}\in H^{n-2k(p-1)}(M,I_p)$ 任意, 所确定的上同调类 $\bar{W}_{(p)}^{2k(p-1)}(M)\in H^{2k(p-1)}(M,I_p)$ 将称为 M 的 $\bar{W}_{(p)}$上类.

附注 诸上类 $\bar{W}^k(M)$ 事实上即 M 的模 2 对偶 Whitney 类, 它与 M 的模 2Stiefel-Whitney 类 $W^k(M)\in H^k(M,I_2)$ 间有以下 Whitney 关系式:

$$\sum_{i+j=k}W^i(M)\bigcup\bar{W}^j(M)=\begin{cases}\mathbf{1}_2, & k=0\text{ 时},\\ 0, & k>0\text{ 时},\end{cases}$$

其中 $\mathbf{1}_2$ 为 M 的模 2 单位类, 至于上类 $\bar{W}_{(p)}^{2k(p-1)}(M)$ 则可证明其可以 M 的模 p Pontrjagin 类用上积为乘法的多项式表示出来.

应用上面这些词汇定理 1~定理 3 即可重述如下:

定理 4 对任意维数 $n\geqslant 1$ 的闭可剖分流形 M 有

$$I_2^0(M)\leqslant m \tag{28}$$

的充要条件为

$$\bar{W}^k(M)=0,\quad k\geqslant m-n\text{ 时}. \tag{29}$$

如果 M 更是可定向, 而 p 是一奇质数, 则有

$$I_p^0(M)\leqslant (n+2\lambda)(p-1)+1 \tag{25}$$

的充要条件为

$$\bar{W}_{(p)}^{2k(p-1)}(M)=0,\quad k\geqslant\lambda+1\text{ 时}. \tag{30}$$

定理 5 设 M 是一 n 维闭可定向可剖分流形, 则对任一整数 $\lambda\geqslant 0$ 与任一奇质数 p, (30) 将蕴涵 (27) 与 (27′).

从定理 1 的推论以及命题 1 又可得

定理 6　若 $\bar{W}^k(M)=0$, 在 $m/2 \geqslant k \geqslant m-n$ 时, 则在 $k \geqslant m-n$ 时仍有 $\bar{W}^k(M)=0$. 设 M 更是可定向而 p 是奇质数, 如果有 $\bar{W}_{(p)}^{2k(p-1)}(M)=0$ 在 $(n+2\lambda)/2p \geqslant k \geqslant \lambda+1$ 时. 则在 $k \geqslant \lambda+1$ 时仍有 $\bar{W}_{(p)}^{2k(p-1)}(M)=0$.

在第 3 章中的基本定理也给出了下面的

定理 7　若一 n 维闭可剖分流形 M 可实现于一欧氏空间 R^N 中, 则应有

$$\bar{W}^k(M)=0, \quad k \geqslant N-n \text{ 时},$$

以及

$$Sm_{(2)}^k H^q(M,I_p)=0, \quad 2k+q \geqslant N \text{ 时}.$$

如果 M 又是可定向的, 则对任意奇质数 p, 也有用 $\bar{W}_{(p)}^{2k(p-1)}(M)$ 与 $Sm_{(p)}^{2k(p-1)}H^q(M,I_p)$ 表达的类似结论.

定理 8　设 M 是一 n 维闭可剖分流形, 而 $H_j(M,I_2)=0, 1 \leqslant j \leqslant k$ 时, 则有 $I_2^0(M) \leqslant 2n-k$, 或 $r_2\varPhi_2^{2n-k}(M)=0$.

证　由流形对偶定理从假设可得

$$H^{n-j}(M,I_2)=0, \quad 1 \leqslant j \leqslant k \text{ 时},$$

因之更有

$$\bar{W}^{n-j}(M)=0, \quad 1 \leqslant j \leqslant k \text{ 时}.$$

由一 Whitney 的著名定理 (Whitney[55]) 又有

$$\bar{W}^n(M)=0.$$

于是本定理直接自定理 4 推得.

附注　本定理可与 Penrose-Whitehead-Zeeman 的一个定理相比较 (见 [42]). 这一定理可叙述如下: 如果一个 n 维闭可剖分流形是连通的, 且有 $\pi_1(M)=\cdots=\pi_k(M)=0$, 这里 $0<2(k+1) \leqslant n$, 则 M 可实现于 R^{2n-k} 中. 在这时由我们的一般理论将有 $\varPhi_2^{2n-k}(M)=0$.

7.4　组合流形的浸入

本节中将证明对于一闭组合流形 K 在欧氏空间中浸入用约化浸入类 $r_p\varPsi_p^m(K) \in H^m(K_p^{(0)},I_p)$ 表达的条件, 也可以像嵌入的情形那样, 用 K 的古典不变量来表达. 其原因是由于 $K_p^{(0)}$ 这时也是一组合流形, 它的模 p 上同调可用 K 的模 p 上同调表达出来, 为此我们将从 $K_p^{(0)}$ 的研讨开始.

设 K 是任意有限单纯复形, 对 K 的任一单形 σ, 命 K_σ 为由一切使 $\sigma \prec \tau$ 的单形 τ 以及它们的面所构成的子复形, 也就是复形 $Clst\sigma$. 设 p 是一质数, 依第

1 章, $\tilde{K}_p^{(0)}$ 是一胞腔复形, 其胞腔是 $[\sigma, \sigma_1 \times \cdots \times \sigma_p]^{(0)}$, 这里 σ 跑过 K 的所有单形, $(\sigma_1, \cdots, \sigma_p)$ 是 K 的一组非单角型单形, 而每一 σ_i 都与 σ 张成 K 的一小单形, 或即 $\sigma_i \in K_\sigma$. 因之对固定的 $\sigma \in K$, 使$[\sigma, \sigma_1 \times \cdots \times \sigma_p]^{(0)} \in \tilde{K}_p^{(0)}$ 的那些胞腔 $\sigma_1 \times \cdots \times \sigma_p$ 构成了复形 $(\tilde{K}_\sigma)_p^*$. 今每一点 $\tilde{x} \in |\tilde{K}_p^{(0)}|$ 是一唯一的线段 $\tilde{x}_0\tilde{x}_1$ 的中点, 这里 $\tilde{x}_1 \in |\tilde{K}_p^*|$, 而 $\tilde{x}_0 \in |\tilde{\Delta}_k|, \tilde{\Delta}_k$ 则是 $|\tilde{K}_p| = \underbrace{|K| \times \cdots \times |K|}_{p}$ 中的对角形. 命 $\tilde{d}_k : |K| \to |\tilde{\Delta}_K|$ 为对角映象, 则对应 $\tilde{x} \to \tilde{d}_K^{-1}(\tilde{x}_0)$ 定义了一个映象 $\tilde{g}_0 : |\tilde{K}_p^{(0)}| \to K$. 又置 $\tilde{x}_1 = \tilde{g}_1(\tilde{x})$. 对任意点 $x \in |K|$, 命 $C(x)$ 为 x 的载子, 即 K 中含有 x 的维数最小的单形. 由前面即可见 $\tilde{g}_0^{-1}|C(x)|$ 恰为一子复形的空间, 这一子复形由一切胞腔 $[C(x), \xi]^{(0)}$ 所构成, 其中 $\xi \in \widetilde{(K_{c(x)})}_p^*$. 又在 $\tilde{g}_1$ 之下, $\tilde{g}_0^{-1}(x)$ 与 $|\widetilde{K_{c(x)}}|_p^*$ 拓扑等价, 对任一以 $C(x)$ 为一面的单形 τ 命 $\tau(x)$ 为从 τ 由以 x 为中心, 1/2 为比例的伸缩变换所得到的单形. 命 $N(x)$ 为 $|K|$ 中所有 $\tau(x)$ 的并集, 这里 τ 是任一 K 中以 $C(x)$ 为面的单形, 对任意 $y \in N(x)$, 于是有 $C(y) \succ C(x), K_{c(y)} \subset K_{c(x)}$, 因而 $\widetilde{(K_{c(y)})}_p^*$ 是 $\widetilde{(K_{c(x)})}_p^*$ 的一个子复形. 对任意点 $\tilde{y} \in \tilde{g}_0^{-1}(y) \subset \tilde{g}_0^{-1}N(x)$, 设 $\tilde{y}$ 为线段 $\tilde{y}_0\tilde{y}_1$ 的中点, 这里 $\tilde{y}_0 = \tilde{d}_K(y), \tilde{y}_1 \in |\widetilde{(K_{c(y)})}_p^*|$, 于是线段 $\tilde{y}_1\tilde{x}_0$ 的中点 $\tilde{y}'$ 属于 $\tilde{g}_0^{-1}(x)$, 而 $\tilde{y} \to \tilde{y}'$ 定义了一个映象 $\tilde{s}_x : \tilde{g}_0^{-1}N(x) \to \tilde{g}_0^{-1}(x)$, 且 $\tilde{s}_x$ 在 $\tilde{g}_0^{-1}(x)$ 上的限制是恒同映象, 因 $\tilde{g}_0$ 与 $|\tilde{K}_p^*|$ 中的巡回变换 t_K 可交换, 故 $\tilde{g}_0$ 与 $\tilde{s}_x$ 将引出映象

$$g_0 : |K_p^{(0)}| \to |K|$$

与

$$s_x : g_0^{-1}N(x) \to g_0^{-1}(x).$$

其中 $x \in |K|$ 任意.

直到现在为止, K 完全是任意的. 今设 K 是一 n 维闭组合流形, 于是对每一 $x \in |K|$, $|K_{c(x)}|$ 拓扑等价于一 n 维闭胞腔. 由 3.1 节, 组 $(\tilde{g}_0^{-1}(x), t_K)$ 与 $(|\widetilde{K_{c(x)}}|_p^*, t_K)$ 拓扑等价, 因而与组 $(S^{(p-1)n-1}, t)$ 有相同的同伦型, 其中 $S^{(p-1)n-1}$, 是一 $(p-1)n-1$ 维球, 而 t 是它的一个周期为 p 而无定点的变换. 由此知 $H^*(g_0^{-1}(x), I_p)$ 在 $p > 2$ 时由以下诸上类所加法地产生:

$$U_x^m = r_p A^m(\tilde{g}_0^{-1}(x), t_K) \in H^m(g_0^{-1}(x), I_p), \quad 0 \leqslant m \leqslant (p-1)n - 1,$$

这些上类服从以下诸关系:

$$U_x^r \bigcup U_x^s = \begin{cases} 0, & r, s \text{ 都是奇数}, \\ U_x^{r+s}, & r, s \text{ 至少有一是偶数}, \end{cases}$$

其中已作规约:

$$U_x^m = 0, \quad m \geqslant (p-1)n \text{ 时},$$

因 $\tilde{g}_0^{-1}N(x)$ 可形变收缩为 $|\widetilde{K_{c(x)}}|_p^{(0)}$, 而这一收缩与 t_K 可交换, 且 $|K_{c(x)}|$ 为一 n 维闭胞腔, 故仍由 3.1 节知 $H^*(g_0^{-1}N(x), I_p)$ 系由以下诸上类所加法地产生:

$$V_x^m = r_p A^m(\tilde{g}_0^{-1}N(x), t_K) \in H^m(g_0^{-1}N(x), I_p), \quad 0 \leqslant m \leqslant (p-1)n-1,$$

这些上类在 $p > 2$ 时服从以下诸关系

$$V_x^r \bigcup V_x^s = \begin{cases} 0, & r, s \text{ 都是奇数}, \\ V_x^{r+s}, & r, s \text{ 至少有一是偶数}, \end{cases}$$

其中已作规约:

$$V_x^m = 0, \quad m \geqslant (p-1)n \text{ 时},$$

因 $\tilde{s}_x : (\tilde{g}_0^{-1}N(x), t_K) \to (\tilde{g}_0^{-1}(x), t_K)$ 是组映象, 故

$$s_x^* U_x^m = V_x^m,$$

由此知 $H^*(g_0^{-1}N(x), I_p)$, 同构于 $H^*(g_0^{-1}(x), I_p)$, 依照 Fary[78] 一文的判准 3 知 g_0: $|K_p^{(0)}| \to |K|$ 是一所谓没有临界点的映象, 于是 Fary 定理给出了下面的

命题 1　对一闭组合流形 K 有一谱序列 $\{E_r\}$, 其中

$$E_2 = H^*(|K|, \mathscr{F}),$$

这里 $\mathscr{F}$ 是由 $H^*(g_0^{-1}x, I_p), x \in |K|$ 组成的局部定束, 而 E_∞ 是 $H^*(|K|, I_p)$ 适当滤分后的相关分级代数.

如果更设在 $p > 2$ 时 M 是可定向的, 则不论 $p > 2$ 或 $p = 2$, 束 $\mathscr{F}$ 不仅是局部定, 且将是一定束. 再者, 对 $x \in |K|$, 命 $\tilde{j}_* : \tilde{g}_0^{-1}(x) \to |\tilde{K}_p^{(0)}|$ 为包含映象, 而 $j_x : g_0(x) \to |K_p^{(0)}|$ 为由 $\tilde{j}$ 导出的映象, 则有 $j_x^* r_p \Psi^m(K) = U_x^m$, 因而对每一 $x \in |K| j_x^* : H^*(|K_p^{(0)}|, I_p) \to H^*(g_0^{-1}(x), I_p)$, 是一满同态. 由关于纤维丛谱序列一条熟知的 Leray-Hirsch 定理, 这一定理在连续映象的谱序列也同样成立, 可得

命题 2　设 p 是一质数, 而 K 是一 n 维闭组合流形, 在 $p > 2$ 时更设 K 可定向. 设 $g_0 : |K_p^{(0)}| \to |K|$ 为如上定义的自然映象, 则 $H^*(K_p^{(0)}, I_p)$ 有一加法基, 系由形如 $r_p \Psi_p^i(K) \bigcup g_0^* X_a, 0 \leqslant i \leqslant (p-1)n-1$ 等上类所组成, 这里 X_a 跑过 $H^*(K, I_p)$ 的一个加法基.

定理 1　设 K 是一 n 维闭组合流形. 如果有

$$r_2 \Phi_2^m(K) = 0, \tag{1}$$

则也有

$$r_2 \Phi_2^{2m-1}(K) = 0. \tag{2}$$

证 复形 $\tilde{K}_2^{(+)}$ 是一以 $\tilde{K}_2^{(0)}$ 为边界的 $2n$ 维组合流形. 今取 $\tilde{K}_2^{(+)}$ 的两个模型 $\tilde{K}_{2,i}^{(+)}, i=1,2$, 其边界各为 $\tilde{K}_{2,i}^{(0)}$, 而 $|\tilde{K}_{2,i}^{(+)}|$ 在 h_i 下与 $|\tilde{K}_2^{(+)}|$ 拓扑等价. 今将 $|\tilde{K}_{2,i}^{(0)}|$ 的边界粘合使对每一 $x\in|\tilde{K}_2^{(0)}|$, 点 $\tilde{h}_i^{-1}(x), i=1,2$ 恒同为一, 于是从 $|\tilde{K}_{2,i}^{(+)}|$ 的并集得一复形 $\tilde{M}$, 而 $\tilde{M}$ 为一 $2n$ 维闭组合流形, 在 $|\tilde{M}|$ 中定义一周期变换 t 为

$$t(\tilde{x}_i)=\tilde{h}_{i+1}^{-1}t_K\tilde{h}_i(\tilde{x}_i),\quad \tilde{x}_i\in|\tilde{K}_{2,i}^{(0)}|,\quad i=1,2(\tilde{h}_3=\tilde{h}_1),$$

其中 t_K 为 $|\tilde{K}|_2^*$ 中的周期变换. 命 $M=\tilde{M}/t$, 则 $|M|$ 自然地拓扑等价于从 $|\tilde{K}_2^{(+)}|$ 将 $|\tilde{K}_2^{(0)}|$ 中由 t_K 互相变换而得的点, 恒同为一时所得的空间, 因而 M 是一个 $2n$ 维闭组合流形. 在系数群 I_2 上于是有 $H^{2n}(M,I_2)\approx I_2$, 其母元素设为 Z. 今定义 $\tilde{h}:|\tilde{M}|\to|\tilde{K}_2^{(+)}|$ 为 $\tilde{h}(\tilde{x}_i)=h_i(\tilde{x}),\tilde{x}_i\in|\tilde{K}_{2,i}^{(+)}|$, 则 $\tilde{h}$ 为一组映象 $(|\tilde{M}|,t)\to(|\tilde{K}_2^{(+)}|,t_K)$, 而导出一映象 $h:|M|\to|K_2^{(+)}|$. 因之有

$$r_2A^m(\tilde{M},t)=r_2h^*A^m(\tilde{K}_2^{(+)},t_K)=r_2h^*\varPhi_2^m(K)=0.$$

对任意 $U\in H^{2n-m}(M,I_2)$, 于是有

$$\mu_m^*(\tilde{M},t)\cdot U=r_2A^m(\tilde{M},t)\bigcup U=0,$$

以致对任意 U 有

$$KI(U,\mu_m(\tilde{M},t)Z)=KI(\mu_m^*(\tilde{M},t)U,Z)=0.$$

由此得

$$\mu_m(\tilde{M},t)Z=0.\tag{3}$$

命 $z\in Z$ 为 M 中的模 2 基本下闭链, 而 $\tilde{z}\in\tilde{Z}\in H^{2n}(\tilde{M},I_2)$ 为 $\tilde{M}$ 的模 2 基本下闭链, 则可写成 $\tilde{z}=\tilde{z}_1+\tilde{z}_2$, 这里 $\tilde{z}_i\subset\tilde{K}_{2,i}^{(+)}$, 于是有 $t_\#\tilde{z}_1=\tilde{z}_2,\pi_\#\tilde{z}_1=\pi_\#\tilde{z}_2=z,\partial\tilde{z}_1=\partial\tilde{z}_2=(1+t)_\#\tilde{c}$, 而 $\pi_\#\tilde{c}=$ 流形 $K_2^{(0)}$ 的基本下闭链 Z_0, 这里 $\pi:\tilde{M}\to M$ 为自然投影, 由此得 $\mu_1(\tilde{M},t)Z=j_*Z_0$, 这里 Z_0, 是 $H^{2n-1}(K_2^{(0)},I_2)$ 的母元素, 而 $j:K_2^{(0)}\to M$ 为由包含映象 $\hat{j}:\tilde{K}_2^{(0)}\to\tilde{M}$ 所导出的包含映象, 于是 (3) 式给出了

$$\mu_{m-1}(\tilde{M},t)j_*Z_0=0$$

或

$$j_*\mu_{m-1}(\tilde{K}_2^{(0)},t_K)Z_0=0.$$

暂设

$$j_*:H_k(K_2^{(0)},I_2)\subset H_k(M,I_2),\tag{4}$$

即 j_* 是无核同态, 则在 $K_2^{(0)}$ 中有

$$\mu_{m-1}(\tilde{K}_2^{(0)},t_K)Z_0=0.$$

由 7.1 节定理 2 末一式等价于

$$r_2 A^{m-1}(\tilde{K}_2^{(0)}, t_K) = 0,$$

亦即 (2) 式.

因之只需再证明 (4) 式即可. 为此试先定义一连续映象

$$\tilde{g} : |\tilde{M}| \to |\tilde{K}_2| = |K| \times |K|$$

如下. 任一点 $\tilde{x} \in |\tilde{K}_2^{(0)}|$ 是一线段 $\tilde{x}'\tilde{x}''$ 的中点, 这里 $\tilde{x}' \in |\tilde{K}_2^*|$, 而 $\tilde{x}'' \in |\tilde{\Delta}| = \tilde{d}_K|K|$. 对线段 $\tilde{x}'\tilde{x}$ 上的任一分之成比 $t : 1-t$ 的点 $\tilde{y}$, 命 $\tilde{g}'(\tilde{y})$ 为 $\tilde{x}'\tilde{x}''$ 上分之成同一比值 $t : 1-t$ 的点. 今定义 $\tilde{g}$ 使 $\tilde{x}_i \in |\tilde{K}_{2,i}^{(+)}|$, 且 $\tilde{h}_i(\tilde{x}_i) \in |\tilde{K}_2^{(+)}| - |\tilde{K}_2^*|$ 时, $\tilde{g}(\tilde{x}_i) = \tilde{g}'\tilde{h}_i(\tilde{x}_i)$, 而在 $\tilde{x}_i \in |\tilde{K}_{2,i}^{(+)}|$, 且 $\tilde{h}_i(\tilde{x}_i) \in |\tilde{K}_2^*|$ 时, $\tilde{g}(\tilde{x}_i) = \tilde{h}(\tilde{x}_i)$, 因对 $\tilde{x} \in h_i^{-1}|\tilde{K}_2^{(0)}|$ 有 $\tilde{g}(\tilde{x}) = \tilde{g}t(\tilde{x}) \in |\tilde{\Delta},|$ 故可见 $\tilde{g}$ 将引出一连续映象 $g : |M| \to |\tilde{K}_2|$. 再者, 对 $\tilde{g}$ 在 $\tilde{h}_i^{-1}|\tilde{K}_2^{(0)}|$ 上的限制, 或更精确地说, 映象 $d_K^{-1}\tilde{g}\tilde{h}_i^{-1}$ 即为命题 1 中所考虑过的映象 $\tilde{g}_0 : |\tilde{K}_2^{(0)}| \to |K|$, 因之有变换关系

$$\tilde{d}_K g_0 = gj : |K_2^{(0)}| \to |K|.$$

今由命题 2 $H^*(K_2^{(0)}, I_2)$ 系由诸上类 $r_2\varPsi_2^i(K)$ 以及 $g_0^*H^*(H, I_2)$ 所产生. 因

$$j^*A^i(\tilde{M}, t) = r_2 A^i(\tilde{K}_2^{(0)}, t_K) = r_2\varPsi_2^i(K),$$

且对任意 $U \in H^*(K, I_2)$, 有

$$j^*g^*(1 \otimes U) = g_0^*\tilde{d}_K^*(1 \otimes U) = g_0^*U,$$

故同态 $j^* : H^*(M, I_2) \to H^*(|K_2^{(0)}|, I_2)$ 是一满同态, 对偶地说, 这一事实即等价于说 j^* 是一无核同态, 因之 (4) 式成立而定理也由此得证.

定理 1 的证明对 $p > 2$ 的情形是不适用的, 因之需用其他方法来考虑. 为此设 K 是一 n 维闭组合流形, 假设可定向的, 且设 p 是一奇质数, 由命题 2 于是有上类 $V_p^i \in H^i(K, I_p), 0 \leqslant i \leqslant (p-1)n-1$, 使

$$r_p\varPsi_p^{(p-1)n}(K) = \sum_{i \geqslant 1} r_p\varPsi_p^{(p-1)n-i}(K) \bigcup g_0^* V_p^j, \tag{5}$$

其中 $g_0 : |K_p^{(0)}| \to |K|$ 为命题 2 中所引入的映象. 上类 V_p^i 系由 (5) 式所唯一决定, 而我们将作以下假定

$$V_p^i = 0, \quad i = \text{奇数时}. \tag{6}$$

附注 如果 $|K|$ 是一微分流形, 则假定 (6) 总是满足的. 盖在此时可取 K 为一光滑剖分, 于是 $|\tilde{K}_p^{(0)}|$ 可恒同为 $|K|$ 的切丛 ξ 的 $p-1$ 重 Whitney 和 $(p-1)\xi$ 的丛空

间. 在 p 是奇数时这个丛已知是在 Ehresmann 意义下的近复丛, 因而可从复格拉斯曼流形 $C_{N,n}$ 上的宇宙丛 γ 由一映象 $h:|K|\to C_{N,n}$ 诱导而得 (N 充分大), 记 γ 的 $p-1$ 重 Whitney 和 $(p-1)\gamma$ 的丛空间为 $\tilde{\Gamma}_p$, 又命 $(\tilde{h}_p,h):(|\tilde{K}_p^{(0)}|,|K|)\to(\tilde{\Gamma}_p,C_{N,n})$ 为从 $(p-1)\gamma$ 诱导出 $(p-1)\xi$ 的丛映象, 在 $\tilde{\Gamma}_p$, 中有一自然的变换群 $T\approx I_p$ 使当 $|\tilde{K}_P^{(0)}|$ 中的 t_K 恒同为 T 中一元素时, $\tilde{h}_p$ 将为 2.1 节意义下的一个组映象 $\tilde{h}_p:(|\tilde{K}_p^{(0)}|,t)\to(\tilde{\Gamma}_p,t)$, 置 $\Gamma_p=\tilde{\Gamma}_p/t$ 与 $A^i(\tilde{\Gamma}_p,t)=A_p^i$. 则 Γ_p, 实为 $C_{N,n}$ 上的一个透镜空间丛的丛空间, 其投影设为 ω. 由 Leray-Hirsch 的著名定理即知在 Γ_p 中有一下面形状的关系

$$r_pA_p^{(p-1)n}=\sum_{i\geqslant 1}r_pA_p^{(p-1)n-i}\cup\omega^*U_p^i,\tag{7}$$

其中 $U_p^i\in H^i(C_{N,n},I_p)$ 由 (7) 式所唯一确定. 因已知 $C_{N,n}$ 中奇数维的同调群都是 0, 故有

$$U_p^i=0,\quad i=\text{奇数时}.\tag{8}$$

应用 h_p^* 至 (7′) 的两边并与 (5) 式比较, 则由于 $h_p^*A_p^i=\Psi_p^i,h_p^*\omega^*=g_0^*$, 故 (8) 即变为 (6). 较详的论证可参阅例如吴文俊 [66], 其中并给出了 U_p^i 用 $|K|$ 的 Pontrjagin 上类表示的明显公式. 至于假设 (6) 是否在组合流形的情形也恒能成立, 则作者未能断定.

定理 2 设 p 是一奇质数, 而 K 是一 n 维闭组合流形, 假设可定向且满足 (6) 式, 则

$$r_p\Phi_p^m(K)=0\tag{9}$$

将蕴涵

$$r_p\Psi_p^{m-1}(K)=0.\tag{10}$$

证 由 7.2 节定理 2, $I_p^0(K)$ 作形状

$$I_p^0(K)=(n+2\lambda)(p-1)+1.$$

如果 $m>(n+2\lambda)(p-1)+1$, 则必有 $r_p\Phi_p^m(K)=0$, 因而也有 $r_p\Psi_p^{m-1}(K)=0$, 故可设 $m=(n+2\lambda)(p-1)+1$, 因 $m-1$ 是偶数, 故从 (5) 与 (6) 由归纳可得 $r_p\Psi_p^{m-1}(K)$ 必然有形状

$$r_p\Psi_p^{m-1}(K)=\sum_{i\geqslant 0}r_p\Psi_p^{(p-1)n-2i}(K)\cup g_0^*Z_i,\tag{5′}$$

其中 Z_i 是 $H^{m-(p-1)n+2i-1}(K,I_p)$ 中的某些上类. 将 (5′) 两边乘以 $r_p\Psi_p^1(K)$ 即得

$$r_p\Psi_p^m(K)=\sum_{i\geqslant 0}r_p\Psi_p^{(p-1)n-2i+1}(K)\cup g_0^*Z_i,$$

由 (9) 此式为 0, 故由命题 2 得 $Z_i = 0$ 因而 (10) 由 (5′) 得出.

定理 3 设 K 是一 n 维闭组合流形, 在 $p > 2$ 时并设 K 是可定向且满足 (6), 则对任一质数 $p \geqslant 2$, 条件

$$r_p \Phi_p^m(K) = 0 \tag{9}$$

与条件

$$r_p \Psi_p^{m-1}(K) = 0 \tag{10}$$

等价.

证 由定理 1、定理 2 可见 (9) 蕴涵了 (10). 今设 (10) 式成立, 于是由 4.4 节定理 2 有

$$Sm_{(p)}^{i(d_i)} H^q(K, I_p) = 0, \quad pi + (p-1)q \geqslant m\text{时}. \tag{11}$$

对 $p = 2$, 特别有

$$Sm_{(2)}^k H^{n-k}(K, I_2) = 0, \quad k \geqslant n - m\text{时},$$

由 7.3 节的定理 1, 在 $p = 2$ 时即得 (9) 式. 如果 $p > 2$ 而 m 是偶数, 则 (11) 特别给出了

$$Sm_{(p)}^{2k(p-1)} H^{n-2k(p-1)}(K, I_p) = 0, \quad 2k(p-1) \geqslant m - (p-1)n\text{时},$$

故由 7.3 节命题 1 可得 $r_p \Phi_p^{m-1}(K) = 0$, 因而更应有 (9) 式. 在 $p > 2$ 而 m 是奇数的情形也相类似, 因之 (9) 与 (10) 的等价得证.

定理 4 设 K 是一 n 维闭可定向组合流形满足条件 (6), 则对任意质数 $p > 2$ 有

$$J_p^0(K) \equiv (p-1)n \bmod 2(p-1).$$

证 这从 7.3 节的定理 2 得出.

7.5 一般理论在微分流形时的一个推广

在本节中所谓一个流形总是假定无边的, 因之是一 Hausdorff 有可数基的局部欧氏空间. 这样的一个流形将称为是一 n 维可微分流形, 如果 M 有一开覆盖 $\mathscr{U} = \{U_\lambda\}_{\lambda \in \Lambda}$ 以及一组拓扑映象 $h_\lambda : U_\lambda \equiv R^n$, 这里 R^n 是一以 $(x_1, \cdots, x_n)$ 为坐标的 n 维欧氏空间, 使下述两条件能满足:

1° 对任两相交的 $U_\lambda, U_\mu \in \mathscr{U}$, 映象 $h_\mu h_\lambda^{-1} : h_\lambda(U_\lambda \bigcap U_\mu) \to R^n$ 是一依 6.2 节意义下的 C^∞ 映象.

2° 覆盖 $\mathscr{U}$ 对性质 1° 说来是 "最大" 的.

在这时覆盖 $\mathscr{U}$ 中的诸开集 U_λ 以及拓扑映象 h_λ 将称为定义了一个在可微分流形 M 上的 C^∞构造或微分构造, 而 M 带有了这样一组 $\mathscr{D} = \{U_\lambda, h_\lambda\}$, 即称为一

C^∞流形或微分流形, 或一带有微分构造$\mathscr{D}$ 的流形. Milnor, Kervaire 等的最近工作已证明并不是每一流形都是可微分的, 而如果流形可微分时, 又有赋予种种不同的微分构造.

如果 M, M' 是 n 维与 n' 维带有微分构造 $\mathscr{D} = \{U_\lambda, h_\lambda\}_{\lambda\in\Lambda}$ 与 $\mathscr{D}' = \{U'_{\lambda'}, h'_{\lambda'}\}_{\lambda'\in\Lambda'}$ 的微分流形时, 一个 M' 到 M 的映象 f 将称为一 C^∞映象或微分映象, 如果对任意 $U_\lambda, U'_{\lambda'}$ 只需 $f(U'_{\lambda'})\bigcap U_\lambda \neq \varnothing$, 映象

$$h_\lambda f h_{\lambda'}^{-1} : h_{\lambda'}(f^{-1}(U_\lambda)\bigcap U'_{\lambda'}) \to R^n$$

即为一在 4.2 节意义下的 C^∞ 映象. 映象 f 将称为一 C^∞浸入或一微分浸入(以及一 C^∞ 嵌入或一微分嵌入), 如果 f 除为一微分映象外, 同时也是在第 3 章意义下作为拓扑空间的一个浸入 (以及一嵌入).

笼统地说, 微分流形是一些欧氏空间用 C^∞ 映象相互拼合起来的流形. 因此, 在 6.2 节所讨论过的欧氏空间的 C^∞ 映象, 只需加上一些适当的拼合的手续, 即可提供微分流形间微分映象的种种情况. 事实上, 6.2 节中的所有命题, 在微分流形的情形都有相应的命题, 但我们对这些推广不想再作进一步的讨论, 而把这方面的基本知识仅指出一些有关的文献如下: Pontrjagin 著作 [8] 的第一章, Milnor 的著作 [38] 与 [39], Whitney 的原著特别是 [55] 以及 Munkres, Lang, Anslander 新出版关于微分拓扑的著作等.

本节目的在于指出把第 3 章与第 7 章的一般理论作为微分流形的微分嵌入与微分浸入的一个推广, 为此, 设 R^2 是一以 (y_1, y_2) 为坐标的定向欧氏平面, $\tilde{D}$ 为碟形 $y_1^2 + y_2^2 \leqslant 1$, 以 $c = (0, 0)$ 为中心, 而 e_1, e_2 各为 $\tilde{D}$ 上的点 $(y_1, y_2) = (1, 0)$ 与 $(0, 1)$. 对任意微分流形 M 一个 $\tilde{D}$ 到 M 中的映象 f 将称为是一个微分映象(或一微分嵌入), 如果它能推广为一包含 $\tilde{D}$ 的某一 R^2 中的 $\tilde{\pi}$ 集 U, 自然地视作微分流形时到 M 的一个微分映象 (或微分嵌入), 对每一点 $e \in \tilde{D}$ 将 U 在 e 的切空间恒同为 R^2, 则 f 将引出一 R^2 到 M 在 $f(e)$ 的切空间的映象 $\dot{f}_e$ 因之也引出一 $\tilde{D} \times R^2$ 到 M 的所有切向量所成空间 $T(M)$ 的一个连续映象 $\dot{f}$. 命 $\tilde{\Omega}(M)$ 为 $\tilde{D}$ 到 M 中的所有微分嵌入 f 所成的空间. 所用的拓扑使它成为 $\tilde{D} \times R^2$ 到 $T(M)$ 中所有连续映象在紧开拓扑下所成空间的子空间. 命 O 为平面 R^2 中绕 $c = (0, 0)$ 的旋转群, 它的元素可记作 $\rho_\theta, 0 \leqslant \theta \leqslant 2\pi(\rho_0 = \rho_{2\pi})$. 于是 O 将依下方式作用 $\tilde{\Omega}(M)$ 中: $(\rho_\theta \tilde{h})(y) = \tilde{h}(\rho_\theta(y))$, 这里 $y \in \tilde{D}, \tilde{h} \in \tilde{\Omega}(M)$. 记 $\tilde{\Omega}(M)$ 对 O 的商空间为 $\Omega(M)$, 则 $\tilde{\Omega}(M)$ 是在 $\tilde{\Omega}(M)$ 上以 O 为纤维的一个主纤维丛①, 于是有一示性类 $\Pi^2(M) \in H^2(\Omega(M), \pi_1(0))$, 由于 O 拓扑等价于圆 $\partial\tilde{D}$, 而 $\pi_1(O)$ 确定地同构整数加法群 I 只需 $\partial\tilde{D}$ 与 R^2 协合地定向, 因之 $\Pi^2(M)$ 也可视为是 $H^2(\Omega(M))$ 的一个元素. 与 $\Pi^2(M)$ 相应的实系数分类将记作 $\Pi_0^2(M)$.

① 对纤维丛与示性类的理论可参阅例如以下诸书: Steenrod[10], Milnor[7] 以及吴文俊 [11].

定义 1　使 $\varPi^2(M)$(或 $\varPi_0^2(M)$) 与自身的 k 重上积 $=0$ 的最小整数 k, 如果存在的话, 将记作 $\pi(M)$(或 $\pi_0(M)$), 否则将置 $\pi(M)=+\infty$(或 $\pi_0(M)=+\infty$).

设 $f: M\to M'$ 是一微分流形 M 到另一微分流形 M' 的一个微分嵌入, 则 f 将自然地引出一映象 $\tilde{F}: \tilde{\varOmega}(M')\to\tilde{\varOmega}(M')$ 与一映象 $F: \varOmega(M)\to\varOmega(M')$, 对此 $\tilde{F}$ 与群 O 的运算可交换, 而 $\tilde{F}, F$ 与相应丛的投影可交换, 由此得 $F^*\varPi^2(M')=\varPi^2(M)$, 因而有下述:

定理 1　为使一微分流形 M 可微分嵌入于一微分流形 M', 必须有

$$\pi(M)\leqslant\pi(M') \tag{1}$$

以及

$$\pi_0(M)\leqslant\pi_0(M'). \tag{1'}$$

由上述定理, 可见为获得一微分流形 M 能微分嵌入于一欧氏空间 R^N 中的条件, 首先需决定 $\pi(R^N)$. 为此命 V_2^{N-2} 为 R^N 中由一切互相垂直单位向量有序偶所成的 Stiefel 流形, 而 $\hat{R}_2^{N-2}$ 为 R^N 中一切过原点 O 的定向平面所成的 Grassmann 流形, 这里 N 将假定 >2. 显然 V_2^{N-2} 是 $\hat{R}_2^{N-2}$ 上的一个圆丛, 其示性类设为 $X^2\in H^2(\hat{R}_2^{N-2})=H^2(\hat{R}_2^{N-2},\pi_1(C))$, 这里 C 是丛中的圆纤维, 依自然定向因而 $\pi_1(C)$ 可依确定方式恒同为整数群 I. V_2^{N-2} 与 $\hat{R}_2^{N-2}$ 的同调结构是熟知的, 例如有

$$\bigcup^{N-1}(X^2)=0,\quad \bigcup^{N-2}(X^2)\neq 0, \tag{2}$$

$$\bigcup^{N-1}(X_0^2)=0,\quad \bigcup^{N-2}(X_0^2)\neq 0, \tag{3}$$

其中 X_0^2 是由 X^2 把系数约化为实数时所得. 此外又有 ($R=$ 实数域)

$$H^*(\hat{R}_2^{N-2},R)\text{由}X_0^2\text{所产生}(N=\text{奇数且}>2). \tag{4}$$

$$f^*X^2=-X^2, \tag{5}$$

这里 $f:\hat{R}_2^{N-2}\to\hat{R}_2^{N-2}$ 为将 $\hat{R}_2^{N-2}$ 中一定向平面映为定向相反的同一平面这样的拓扑变换.

命 $\tilde{\varOmega}_0^N$ 为 $\tilde{\varOmega}(R^N)$ 的子空间, 由使 $\tilde{h}(c)=0$ 的一切 $\tilde{h}\in\tilde{\varOmega}(R^N)$ 所构成, 而 $\varOmega_0^N$ 为 $\varOmega(R^N)$ 的子空间. 即 $\tilde{\varOmega}_0^N$ 对 O 的商空间. 对任意元素 $(v_{1,},v_{2,})\in V_2^{N-2}$ 可定义一 "正规" 映象 $\tilde{h}: \tilde{D}\to R^N$ 属于 $\tilde{\varOmega}_0^N$, 使 $\tilde{h}(e_1)=v_1, \tilde{h}(e_2)=v_2$, 而 $\tilde{h}$ 是线性的, 于是对应 $(v_1,v_2)\to\tilde{h}$ 定义了一个 $\hat{V}_2^{N-2}$ 到 $\tilde{\varOmega}_0^N$ 中的嵌入 $\tilde{j}$. 因 $\tilde{j}$ 与群 O 中的运算可交换, 故又引出一 $\hat{R}_2^{N-2}$ 到 $\varOmega_0^N$ 中的嵌入 j, 以致 $\tilde{g}, j$ 与相应丛 $V_2^{N-2}\to\hat{R}_2^{N-2}$ 与 $\tilde{\varOmega}_0^N\to\varOmega_0^N$ 的投影可交换. 今对 $\tilde{\varOmega}_0^N$ 的任意紧致子集 K, 可找得一 $\varepsilon>0$ 充分小, 使先将 $\tilde{D}$ 收缩为一半径为 ε 的同心碟形 $\tilde{D}_\varepsilon$, 再将 $\tilde{h}(\tilde{D}_\varepsilon)(\tilde{h}\in K)$ 投影至它在

O 的切平面上, 然后在平面中将映象正规化的, 可得一 K 到 V_2^{N-2} 中的伦移. 对于 Ω_0^N 的情形也相同. 因 $\tilde{\Omega}(R^N)$ 以及 $\Omega(R^N)$ 各与 R^N 与 $\tilde{\Omega}_0^N$ 以及 Ω_0^N 的拓扑积拓扑等价, 故得以下

引理 1 $\hat{j}^*H^*(\tilde{\Omega}(R^N),G)\approx H^*(V_2^{n-2},G)$,

$$\hat{j}^*H^*(\Omega(R^N),G)\approx H*(\hat{R}_2^{n-2},G).$$

由上引理与公式 (2)~(4), 即得

定理 2 $\pi(R^N)=\pi_0(R^N)=N-1$.

推论 一个微分流形 M 可微分嵌入 N 维欧氏空间 R^N 中的一个必要条件是

$$\pi(M)\leqslant N-1.$$

我们的第二步在于给出计算 $\pi(M)$ 或不如说 $\pi_0(M)$ 的方法. 为此试考虑一纤维结构 $\mathscr{F}$, 从空间为 E, 底空间为 B, 投影为 $\pi, x\in B$ 上的纤维为 R_x^n 与一 n 维欧氏空间拓扑等价, 而构造群是由 R^n 到自身的所有微拓变换所成的群. 我们将设 $\mathscr{F}$ 有一横截面 φ: $B\to E$ 使 $\pi\varphi=$ 恒同映象. 对 $x\in B$ 点 $\varphi(x)$ 将记为 o_x. 因 $\mathscr{F}$ 的构造群为 $\mathscr{D}$, 故每一纤维 R_x^n 可赋与一确定的微分构造使空间 $\tilde{\Omega}(R_x^n)$ 以及由满足 $\tilde{h}(c)=o_x$ 的一切 $\tilde{h}\in\tilde{\Omega}(R_x^n)$ 所成的子空间 $\Omega_0(R_x^n)\subset\tilde{\Omega}(R_x^n)$ 有明确意义, 同样 $\Omega(R_x^n)$ 与 $\Omega_0(R_x^n)\subset\Omega(R_x^n)$ 也可明确定义. 命 $\tilde{\Omega}_0(\mathscr{F})$ 与 $\Omega_0(\mathscr{F})$ 为与 $\mathscr{F}$ 相关, 而以 $\tilde{\Omega}_0(R_x^n)$ 与 $\Omega_0(R_x^n)$ 为纤维的丛, 其丛空间将各记为 $\tilde{\Omega}_0^*(E)$ 与 $\Omega_0^*(E)$, 因群 O 以显然方式在 $\tilde{\Omega}_0^*(E)$ 中作用, 且其商空间即为 $\Omega_0^*(E)$, 故 $\tilde{\Omega}_0(E)$ 是 $\Omega_0(E)$ 上的一个主纤维丛, 其纤维拓扑等价于圆 C, 且可自然定向. 对此定向而言, $\pi_1(C)$ 可自然地恒同为整数群, 因而从 $\tilde{\Omega}_0^*(E)\to\Omega_0^*(E)$ 的示性类可视为 $H^2(\Omega_0^*(E))$ 的一个元素, 记之为 $\Pi^2(\mathscr{F})$, 在实系数上的相应约化上类则记之为 $\Pi_0^2(\mathscr{F})\in H^2(\Omega_0^*(E),R)$. 命 $\tilde{i}_x:\tilde{\Omega}_0(R_x^n)\subset\tilde{\Omega}_0^*(E)$ 与 $i_x:\Omega_0(R_x^n)\subset\Omega_0^*(E)$ 为相应空间的包含映象, 则 $i_x^*\Pi^2(\mathscr{F})$ 即前面已考虑过的丛 $\tilde{\Omega}_0(R_x^n)\to\Omega_0(R_x^n)$ 的示性类, 而 $i_x^*\Pi_0^2(\mathscr{F})$ 即相应的实系数类.

今设 $n=$ 奇教 >2. 由 (3), (4) 与引理 1, 已知 $\Omega_0(R_x^n)$ 的实系数上同调环由 $i_x^*\Pi_0^2(\mathscr{F})$ 所产生, 且有 $\bigcup^{n-1}[i_x^*\Pi_0^2(\mathscr{F})]=0,\bigcup^{n-2}[i_x^*\Pi_0^2(\mathscr{F})]\neq 0$. 由此见丛 $\Omega_0(\mathscr{F})$ 的纤维全不下同调于 0, 而由 Leray-Hirsch 的熟知定理知 $\Omega_0^*(E)$ 的实系数上同调环的加法群由形为 $\pi^*X\bigcup[\bigcup^i(\Pi_0^2(\mathscr{F}))]$ 的元素所产生, 这里 $X\in H^*(B,R), 0\leqslant i\leqslant n-2$, 而 π: $\Omega_0^*(E)\to B$ 是从 $\Omega(\mathscr{F})$ 的投影, 且 π^* 是无核同态. 特别知 $\bigcup^{n-1}[\Pi_0^2(\mathscr{F})]$ 是这样形式元素的一个线性和, 因之有下

定理 3 设 $n>2$ 是奇数, 则有唯一的一组上类 $\check{P}_0^{2i}(\mathscr{F})\in H^{2i}(B,R), 0\leqslant i\leqslant n-1$, 其中 $P_0^0=$ 实系数单位类, 使在空间 $\Omega_0(E)$ 中有下述关系

$$\bigcup^{n-1}[\Pi_0^2(\mathscr{F})]+\pi^*\check{P}_0^2(\mathscr{F})\bigcup[\bigcup^{n-2}(\Pi_0^2(\mathscr{F}))]+\cdots+\pi^*\check{P}_0^{2n-2}(\mathscr{F})=0. \qquad (6)$$

定理 4　对 (6) 中的上类 $\check{P}_0^{2i}(\mathscr{F})$ 有

$$\check{P}_0^{2i}(\mathscr{F})=0,\quad i=\text{奇数时}. \tag{7}$$

证　设 r 是平面 R^2 中 $\tilde{D}$ 对含有向量 e_1 的直线的反射, 对任意 $\tilde{h}\in\tilde{\Omega}_0(R_x^n), x\in B$, 命 $\tilde{f}(\tilde{h})\in\tilde{\Omega}_0(R_x^n)$ 为映象 $\tilde{h}r:\tilde{D}\to R_x^n$, 则 $\tilde{f}$ 定义了 $\tilde{\Omega}_0^*(E)$ 到它自身上的一个拓扑变换, 因 $\tilde{f}_{\rho\theta}={}_{\rho-\theta}\tilde{f}$ 对任意 $\rho\theta\in O$ 成立, 故 $\tilde{f}$ 为从 $\tilde{\Omega}_0^*(E)\to\Omega_0^*(E)$ 到它自身的一个丛映象而将引出一映象 $f:\Omega_0^*(E)\to\Omega_0^*(E)$, 从 (5) 式易见

$$f^*\Pi^2(\mathscr{F})=-\Pi^2(\mathscr{F})$$

与

$$f^*\Pi_0^2(\mathscr{F})=-\Pi_0^2(\mathscr{F}).$$

另一面又有 $\pi f=\pi:\Omega_0^*(E)\to B$, 因而应用 f^* 于 (6) 式的两边时. 可得

$$\bigcup^{n-1}[\Pi_0^2(\mathscr{F})]-\pi^*\check{P}_0^2(\mathscr{F})\bigcup[\bigcup^{n-2}(\Pi_0^2(\mathscr{F}))]+\cdots\pm\pi^*\check{P}_0^{2n-2}(\mathscr{F})=0. \tag{6$'$}$$

比较 (6) 式与 (6′) 式, 则从 Leray-Hirsch 定理即可得 (7) 式.

定义　如果 $n>2$ 是奇教, 则由 (6) 唯一决定的类 $\check{P}_0^{4i}(\mathscr{F}), 0\leqslant 2i\leqslant n-1$ 就称为束 $\mathscr{F}$ 的 Pontrjagin 示性类. 如果 $n>2$ 是偶数, 让我们做一个 Whitney 乘积 $\mathscr{F}'=\mathscr{F}\bigcup\mathscr{L}$, 即对给定的束 $\mathscr{F}$ 乘以 B 上的单束 $\mathscr{L}$, 此单束的纤维是与一直线等价. 这个已经定义的 Signed Pontrjagin 类 $\check{P}_0^{4i}(\mathscr{F}'), 0\leqslant 2i\leqslant n$, 也将称为 $\mathscr{F}$ 的 pontrjagin 示性类, 而直接表示成 $\check{P}_0^{4i}(\mathscr{F})$.

上面的定义由于有下面的定理可见是合理的.

定理 5　如果在一可剖形上的丛 $\mathscr{F}$ 有一以正交群 O_n 为构造群的附属丛构造 $\mathscr{G}$, 则 $(-1)^i\check{P}_0^{4i}(\mathscr{F})=$ 通常实系数上的 Pontrjagin 示性类.

这一定理是定理 3 与下面引理的一个直接推论, 这一引理的证明与关于 Stiefel-Whitney 示性类以及陈省身示性类的相应定理的证明相仿, 参阅例如吴文俊 [71].

引理　设 $\mathscr{G}$ 是一纤维丛, 其底空间为一可剖形 B, 丛空间为 E, 纤维为欧氏空间 R_x^n, 而 $n>2$ 为奇数, 又构造群为正交群 O_n. 作 $\mathscr{G}$ 的相关丛各以 R_x^n 中的 Stiefel 流形 $V_{2,(x)}^{n-2}$ 与定向平面所成 Grassmann 流形 $\hat{R}_{2,(x)}^{n-2}$ 为纤维, 而其丛空间设为 $\tilde{A}$ 与 A, 于是圆丛 $\tilde{A}\to A$ 有一示性类 $C^2\in H^2(A)$, 后者由于纤维 C 有自然定向 $\pi_1(C)$ 可确定地恒同为整数群, 故已与 $H^2(A,\pi_1(C))$ 恒同为一, 于是从 $\mathscr{G}$ 的实系数 Pontrjagin 示性类 $P_0^{4k}(\mathscr{G})$ 可由下方程所唯一地确定, 其中 C_0^2 是 C^2 的相应约化实系数类, 而 ω 是从 $A\to B$ 的投影

$$\bigcup^{n-1}(C_0^2)-\omega^*P_0^4(\mathscr{G})\bigcup[\bigcup^{n-3}(C_0^2)]+\cdots\pm\omega^*P_0^{2(n-1)}(\mathscr{G})=0. \tag{8}$$

今试考虑一维数 n 为 >2 的奇数的微分流形 M 以及 $M\times M$ 中对角形 Δ 在 $M\times M$ 中的一个邻域 V, 这一邻域假定具有这样的性质: 对任意 $x\in M, V_x=\{x'/\in M,(x,x')\in V\}$ 与一 n 维欧氏空间拓扑等价, 于是 V 是一纤维丛 $\mathscr{F}_V$ 的从空间. 其底空间为 M, 纤维为 V_x, 构造群为 $\mathscr{D}_n$, 且此丛有一由对角映象所定义的截面. 置 $\Pi_V^2(M)=\Pi^2(\mathscr{F}_V)$ 与 $\Pi_{0,V}^2(M)=\Pi_0^2(\mathscr{F}_V)$, 则由定理 3 有一组上类 $\check{P}_0^{4i}(\mathscr{F}_V)\in H^{4i}(M,R), 0\leqslant 2i\leqslant n$ 由以下关系所唯一确定

$$\bigcup^{n-1}[\Pi_{0,V}^2(M)]+\pi_V^*\check{P}_0^1(\mathscr{F}_V)\bigcup[\bigcup^{n-3}(\Pi_{0,V}^2(M))]+\cdots+\pi_V^*\check{P}_0^{2n-2}(M)=0, \quad (9)$$

其中 $\pi_V^*: V\to M$ 为丛 $\mathscr{F}_V$ 的投影, 试比较 $M\times M$ 中对角形 Δ 的两个使 $V'\subset V$ 的这样的邻域 V_x 与 V', 即可见诸上类 $\check{P}_0^{4i}(\mathscr{F}_V)$ 事实上与邻域 V 的选择无关. 今试取一 M 的 Riemann 度量, 并取一对角形在 $M\times M$ 中的邻域 V, 使对任意点 $(x,(x')\in V, x, x'$ 可在 M 中用唯一的一条测地线相联, 则 $\mathscr{F}_V$ 有一以 O_n 为构造群的附属构造, 且同构 M 的切丛 $\tau(M)$, 因之诸上类 $\check{P}_0^{4i}(\mathscr{F}_V)$ 事实上即是 $\tau(M)$ 的实系数 Pontrjagin 示性类, 亦即微分流形 M 的实系数示性类 $P_0^{4i}(M)$, 至多相差一符号而已, 所以

$$\check{P}_0^{4i}(\mathscr{F}_V)=(-1)^iP_0^{4i}(M),$$

于是关系式 (9) 可写作

$$\bigcup^{n-1}[\Pi_{0,V}^2(M)]-\pi_V^*P_0^4(M)\bigcup[\bigcup^{n-3}(\Pi_{0,V}^2(M))]+\cdots\pm\pi_V^*P_0^{2n-2}(M)=0. \quad (9')$$

定理 6 如果 n 维微分流形 M 可微分嵌入于 R^N 中。则

$$\bar{P}_0^{4k}(M)=0, \quad 2k\geqslant N-n+1 \text{ 时}, \quad (10)$$

这里 $\bar{P}_0^{4k}(M)$ 是微分流形 M 在实系数上的对偶 Pontrjagim 示性类, 由以下诸关系所完全定义:

$$\sum_{i+j=k}P_0^{4i}(M)\bigcup\bar{P}_0^{4j}(M)=\begin{cases}0, & k>0 \text{ 时},\\ \text{单位类}, & k=0 \text{ 时}.\end{cases} \quad (11)$$

证 定理在 $n\leqslant 2$ 时是不足道的, 今先设 $n>2$ 是奇数, 于是对任一对角形 Δ 在 $M\times M$ 中的邻域 V, 这里 V_x 与 n 维欧氏空间拓扑等价, 即有一关系式如 (9′). 今从结构 $\tilde{\Omega}_0(\mathscr{F}_V)$ 与 $\Omega_0(\mathscr{F}_V)$ 的丛空间 $\tilde{\Omega}_0^*(V)$ 与 $\Omega_0^*(V)$ 各可视为 $\tilde{\Omega}(M)$ 与 $\Omega(M)$ 的子空间, 这里 $\tilde{\Omega}_0^*(V)$ 到 $\tilde{\Omega}(M)$ 中的包含映象 $\tilde{j}$ 即由 $(x,x')\to x', x\in M,(x,x')\in V_x$, 这一映象 $V\to M$ 所引出, 而因 $\tilde{j}$ 与 O 中每一 ρ_θ 都可交换, 故 $\Omega_0(\mathscr{F}_V)$ 到 $\Omega(M)$ 中的包含映象 j 又由 $\tilde{j}$ 所引出, 由此得 $j^*\Pi_0^2(M)=\Pi_{0,V}^2(M)$. 由假设从定理 2 的推论可得 $\pi(M)\leqslant N-1$, 因之 $\bigcup^{N-1}[\Pi_{0,V}^2(M)]=0$. 经过一容易的计算即从 (9′) 得 (10) 式.

次设 $n > 2$ 是偶数, 如果 M 可微分嵌入于 R^N 中, 则积流形 $M \times L$, 这里 L 是一直线, 也将微分嵌入于 R^{N+1} 中, 故从前一情形得

$$\bar{P}_0^{4k}(M \times L) = 0, \quad 2k \geqslant N - n + 1 \text{ 时},$$

因 $\bar{P}_0^{4k}(M \times L) = \bar{P}_0^{4k}(M) \otimes 1_L$, 这里 1_L 是 L 的实系数单位类, 故仍得 (10) 式.

例 设 $P_n(C)$ 为复 n 维的复投影空间. 记 $P_n(C)$ 中与自然定向超平面所定下同调类相对偶的二维实系数上同调类为 X_0, 则对 $P_n(C)$ 的自然微分构造而言, $P_n(C)$ 的实系数 Pontrjagin 示性类为

$$P_0^{4k}(P_n(C)) = \begin{pmatrix} n+1 \\ k \end{pmatrix} \bigcup^{2k}(X_0),$$

而 $P_n(C)$ 的实系数对偶 Pontrjagin 示性类为

$$\bar{P}_0^{4k}(P_n(C)) = (-1)^k \cdot \begin{pmatrix} n+k \\ k \end{pmatrix} \cdot \bigcup^{2k}(X_0).$$

因 $2k > n$ 时 $\bar{P}_0^{4k}(P_n(C)) = 0$, 而 $2k \leqslant n$ 时 $\bar{P}_0^{4k}(P_n(C)) \neq 0$, 故由定理 6 知 $P_n(C)$ 不能微分嵌入于 R^{3n-1} 中. 注意 Whitney 的一个定理指出 $P_n(C)$ 总可在 R^{4n} 中微分嵌入. 另一面, 有关 $P_n(C)$ 不能嵌入 R^N 中的要好得多的结果已由许多作者用更精致的方法所获得, 特别可以提到 Massey, Atiyah, Hirzebruch 等.

附注 1 定理 6 事实上是某些关于 Pontrjagin 示性类的所谓对偶定理的直接推论, 虽然这些对偶定理从未明确地在文献中说出, 但可参阅 Milnor 与吴文俊的著作 [7] 与 [11].

附注 2 上面所说的方法也可用以讨论一微分流形在另一微分流形中的微分浸入. 因为所得结果与微分嵌入实际上相同, 故我们不再深入讨论.

附注 3 如果不考虑碟形 $\tilde{D}$ 到微分流形的微分嵌入, 而考虑碟形 $\tilde{D}$ 在一空间 (或一复形)M 的拓扑(或半线性) 嵌入时, 我们也可得出像定理 4 中那样的拓扑(或半线性) 嵌入的条件. 但是, 这个方法尽管形式上 "可行", 要使它真正 "有用", 首先需找到在各具体情形下计算同样定义的数 $\pi(M)$ 的方法才行, 特别是需能计算欧氏空间的数 $\pi(M)$ 才行.

历史性注释

本书是作者从 1953 年以来在嵌入与有关问题的工作的一个总结, 它又可以看作是作者在 1957 年关于这一理论的打印本基础上的扩大与修订本 ([12]), 从那时以来, 这一理论已扩展到了同痕问题的研究 (吴文俊 [68~70]), 且仍在继续扩展之中, 特别是由于 Haefliger 与岳景中的工作, 但由于写作上的困难, 作者不得不把内容局限于在早期大部分已发表了的工作, 他也不得不舍弃许多重要的主题, 例如 Zeeman 有关球嵌入同痕问题的理论, Smale-Hirsch-Haefliger 关于微分流形微分嵌入等的理论, 更不用说 Atiyah-HirZebruch 与 Massey 等许多人的理论了, 这些理论尽管它们是特出的, 由于它们的方向都很分歧, 且与本书所用的方法相距甚远, 只能割爱.

第 1 章. 可剖形新型拓扑不变量的发现首见于吴文俊 [61], 所谓新型是指这些不变量一般是非同伦性的. 事实上, 1.1 节至 1.4 节即为该文一部分的翻版. 原则上 $\tilde{K}_p^*, \tilde{K}_p^{(0)}$, 等等的任一同伦不变量都是 X 的一个新型不变量. 但是, 用这种方式所导出而在具体问题上已显出重要应用的不变量, 就作者所知, 到目前还只是本书中所提到的所谓示嵌类, 示浸类与示痕类等而已. 另一值得注意的问题是: 如果我们局限于流形时, 是否仍有这一类非同伦性的不变量? 这种不变量的发现将自然地导致于流形拓扑分类问题的重要后果.

第 2 章. 空间在周期变换下的理论是 P. A. Smith 所创立的 ([45, 46]), 所谓特殊同调群以及本书所称之为 Smith 同态者都是他所引进的, 因为周期变换有定点时的情形较无定点的情形要复杂得多, 所以我们把这一理论的介绍有意识地分成两部分, 把一般情形留于第 4 章.

对于一个空间 $\tilde{X}$ 带有以质数 p 为周期且无定点的周期变换 t 时, 组 $(\tilde{X}, t)$ 的 Smith 上类也即是以 I_p 为构造群的某一纤维丛的示性类, 它们是在 Eilenberg-MacLane 复形 $K(I_p,1)$ 上宇宙丛的某些上类的逆象. 其详可参阅例如 Seminaire Cartan, t. 3(1950/1), 但我们并没有采取这一看来很简单的观点是基于下面这些原因: 首先, 这样一个宇宙丛的方法在当组 $(\tilde{X}, t)$ 确实具有定点时是不适用的. 其次, 对于特殊 “下” 同调群间的 Smith 同态与特殊 “上” 同调群间的 Smith 同态一样. 也值得同样注意, 但对前者即使是在所谓没有定点的简单组情况下, 也必须从组 $(\tilde{X}, t)$ 本身来进行考虑, 而不能从宇宙组导出一切.

本章中的取材除 P. A. Smith 的原著外, 还有其他许多来源. 例如, 关于简单组 $(\tilde{X}, t)$ 的特殊同调群可恒同为底空间 $X = \tilde{X}/t$ 的通常同调群 (系数群是通常的或局部的), 这一点归于 Thom([51]). 同样, Smith 原来的理论是用 “下同调” 的语言来叙述的, 经过 Thom(同上) 以及 Bott([13]) 的改造变为用 "上同调" 的语言来表达, 这个上同调语言的优越之处, 可从作者把 Smith 同态作为与 Smith 上类的上积这一解释 ([60]) 中看出, 而在第 5 章中更为显著, 我们也从廖山涛的工作 ([33, 34]) 中借用了特殊群间的特殊 Kronecker 指数这一概念, 依赖它得以考虑这些特殊群间的对偶关系, 它们在第 4 章与第 7 章中起了重要的作用.

第 3 章. 这一章是全书的核心部分. 它是由于作者在发现第 1 章中所描述那种非同伦性拓扑不变量后, 寻求在各种非同伦性拓扑问题上的应用这一努力所产生的. 这种非同伦性拓扑问题中一个典型的问题即是嵌入问题. Van Kampen1932 年的论文 ([53, 54]) 即在此时引起了作者的注意, 该文的分析导致了作者关于 "示嵌类" 的发现 ([62]). 在那时示嵌类是作为阻碍像第 5 章那样定义的, 也由 Shapiro 在 [44] 中以同样的方式引入. 在 3.2 节中这些类的具体表达也同样为作者在 [62] 中以及 Shapiro 在 [44] 中所得到, 通过对这些具体表达式的观察显示了这些类与 smith 周期变换理论的联系, 而这导致作者建立了一个研究嵌入及其有关问题的一个一般原理, 并使作者得以把整个理论建立在更一般的基础上. 本书以及它的前身 [12] 即是以这一方式来叙述的. 特别是使我们可以对任意质数 p 都引入 $\tilde{\varPhi}_p$ 类作为 Smith 类来定义, 而不仅是只在 $p=2$ 时来定义示嵌类, 浸入与同痕的研究则首见于作者的 [63], 并在 [12] 与 [68~70] 得到了发展.

第 4 章. 本章主要定理通过 Steenrod 平方以表达嵌入的条件 (4.4 节) 是 Thom 所给出的 (Thom[52] 定理 3.25). Thom 定理及其各种推广之可以从 3.2 节一般定理导出, 并因此而可置之于本书范畴之内, 这一事实首先由作者在 [63] 中所给出.

在 Thom 条件中所出现的那些运算是由 Thom 只是 "形式" 地引进的, 这些运算同时也由作者从关于乘积复形的 Smith 理论的联系方面引进, 并因此而称之为 Smith 运算, 记之为 $Sm^i_{(p)}$, 见吴文俊 [60]. 在 4.5 节中所证这些运算与 Steenrod 巡回约化积的等价性, 首见于作者的 [60](以及 [65]), 且由此可引起这样一个论点: 如果 Richardson-Smith 能在他们 1938 年的著作 [43] 中就注意到他们的工作中已隐含了这些运算, 那么 1947 年以来, 对于代数拓扑影响如此重大的所谓 Steenrod 幂的发现将可以提早十年! 因为 Smith 理论是本书结构中的基本支柱之一, 所以我们有意识地把重点从 Steenrod 幂转移到 Smith 运算上, 而把这两者间的等价性后移到 4.5 节中讨论.

4.2 节中所给出 $\omega\tilde{K}_p$ 中特殊同调的研究是 Richardson-Smith 所创立的 ([43]) 他们也给出了定理 1 或定理 1′ 以及定理 3 中的分解. Bott[13] 与 Thom[51] 已把他们的理论改造成上同调的形式, 如定理 2 与定理 4 所示. Thom 原来的证明曾由 Nakaoka([40, 41]) 予以整理后详细写出, 乃是极其繁复的, 而且还用到了一些艰涩的概念, 这些概念在其他场合又无甚用处, 我们这里基本上采取了 Richardson-Smith 的原证, 它们的上同调的相应理论则依据对偶性推出, 这种对偶性考虑之所以可能,则是由于应用了廖山涛所引进的特殊 Kronecker 指数之故.

第 5 章. 本章中的中心思想来自 Van Kampen 的论文 [53]. 示嵌类的引入, 则见于吴文俊 [62] 与 Shapiro[44]. 示浸类与示痕类作为阻碍的类似概念则系吴文俊在 [63] 与 [69, 70] 中所引入.

像在 5.5 节中所证明那样, 可以有两种方式来引进示嵌类, 一种是作为组 $(|\tilde{K}|_2^*, t_K)$ 的 Smith 类, 另一种是作为嵌入的阻碍. A. Haefliger 曾指出了定义这些类的第三种方式, 把它们作为与 $|\tilde{K}|_2^*$ 在 $|K|_2^*$ 上二叶复迭空间某些相关球纤维丛的截面阻碍来引入, 参阅例如 Haefliger 的 [24, 25] 以及他在 *Math.Rev*, **23**(1962)A 1381 中的评论. 其中提出了关于同痕类的类似的定义. 这三种定义方式通过 Haefliger 的工作已在流形的情形产生了重要的成果, 参阅 Haefliger, *Comm.Math.Helv.*, **37**(1962) 155~176 以及岳景中与作者的某些短文. 但我们遗憾地未能把这些成果纳入于本书之中.

Shapiro 在 [44] 中曾宣称他的阻碍理论可拓广至二阶阻碍的情形, 但直到现在未见有所发表, 另一面岳景中 ([74, 75]) 引入了二阶示嵌类的概念, 这在流形的情形正可作为二阶阻碍之用, 参阅前面所提到的一些文献.

第 6 章. 关于 6.4 节中嵌入的主要定理原来是属于 Van Kampen 的 ([53, 54]), 但他的原证含有一个严重的缺陷, 直至以后很久才为 Shapiro([44] 与作者 [12, 64]) 所弥补. 这个弥补之所以可能是由于某些 Whitney 关于使微分映象的奇点正规化并给出除去这种标准奇点的方法. 这一方法已被 Haefliger 作了深远的推广, 由此关于微分流形的微分嵌入问题上得到了强得多的结果. 把这一 Haefliger 的理论推广到复形的线性嵌入上面去, 应该是极为需要的. 但这方面已出现了 Weber 的工作.

6.6 节中同痕的主要定理是吴文俊在 [68~70] 中所给出的, 6.5 节中关于浸入的主要定理也是作者所得, 但在这里尚系第一次发表.

第 7 章. 微分流形上示性类的引入以及它们在嵌入问题上的应用, 最早是 Whitney 的而且已经成为经典了. 从我们的一般理论以导出 Whitney 流形的嵌入与浸入条件首见于作者的 [63] 中, 其中只考虑了 $p=2$ 的情形, 但在稍后又推广到任意质数 p. 在流形情形下各种条件的等价问题, 即 Thom 用 Steenrod 幂表达的条件 Whitney 用示性类表达的条件. 以及作者用示嵌类与示浸类表达的条件等, 这一问题首次由作者在 1956 年北京举行的某次会议上提出. 这些条件的等价, 在 $p=2$ 的情形由吴振德首先获得了部分证实. 一般情形曾经过不少的研究, 其中有 Fuks-Schwarz[23], Haefliger[25], 等. 但完全的解答只见于岳景中文 [72,73]. 本章中的处理方法则更接近于吴振德与作者的早先工作, 而与后夹 Haefliger 与岳景中的处理方法不同. 作为我们所用方法的副产品, 特别可以提到 7.3 节的定理 6, 这可与 Brown, Patterson 等最近关于微分流形示性类间存在关系所得的结果相比较.

7.5 节中的结果也是作者的, 而在这里是首次发表.

参考文献

[1] Alexandroff, P. S. and Hopf, H. Topologie, I. Berlin, 1935.

[2] Cartan, H., Algebraic topology, Harvard University, 1949.

[3] Seminaire, H. Cartan, t. 3, Paris, 1950–1951.

[4] Eilenberg, S. and Steenrod, N. E., Foundations of algebraic topology, Princeton, 1952.

[5] Kuratowski, C., Topologie. I. II, Warsaw, 1950.

[6] Lefschetz, S., Algebraic topology, New York, 1942.

[7] Milnor, J., Lectures on characteristic classes, Princeton, 1957.

[8] Pontrjagin, L, Smooth manifolds and their applications in homotopy theory, Moscow, 1955.

[9] Seifert, H. and Tkrelfall. W., Lehrbuch der Topologic, Berlin, 1935.

[10] Steenrod, N. E., The topology of fiber bundles, Princeton, 1951.

[11] Wu, W. T., Sur les classes caractéristiques des espaces fibrés, Paris, 1952.

[12] Wu,W.T.,A theory of imbedding and immersion of polytopes in a enclidean space(Mimeographed). Peking, 1957.

[13] Bott, R., On symmetric products and the Steenrod squares, *Ann. of Math.,* 57 (1953), 579–590.

[14] Cairns, S. S., Triangulated manifolds and differentiable manifolds, *Michigan Lectures in Topology,* Ann Arbor (1941), 143–157.

[15] Cairns, S, S., Polyhedral approximations to regular loei, *Ann. of Math.,* 37 (1936), 409–415.

[16] De Rham, Georges, Sur 1'analysis situs des variétès à n dimensions, *Joural de Math.,* 10 (1931), 115–200.

[17] De Rham, Georges, Sur les compleres avec automorphismes, *Comm. Math. Helv.,* 12 (1939), 191–211.

[18] Eilenberg, S., Singular homology theory, *Ann. of Math.,* 45 (1944), 407–447.

[19] Eilenberg, S., Homology of spaces with operators, I, *Trans. Amer. Math. Soc.,* 61 (1947), 378–417.

[20] Eilenberg, S., Homology of spaces with operators, II. *Trans. Amer. Math, Soc.,* 65(1949), 49–99.

[21] Flores, A. I., Über die Existenz n-dimensionaler Komplexe, die nicht in den R^{2n} topologisch einbettbar sind, *Erg. Math. Kolloqu.,* 5 (1933), 17–24.

[22] Flores, A. I., Über n-dimensionaler Komplexe, die im R absolut selbstverschlungen sind, *Erg. Math. Kolloqu.,* 6(1935), 4–6.

[23] Fuks, D. B. and Schwarz, A. S., Cyclic powers of polyhedrons and problem of imbedding, *Dok. SSSR,* 125 (1959), 285–288.

[24] Haefliger, A., Differentiable imbeddings, *Bull. Amer. Math. Soc.,* 67 (1961), 109–112.

[25] Haefliger, A., Points multiples d'une application et produit cyclique réduit, *Amer. J. Math.,* 83 (1961), 57–70.

[26] Hopf, H., Systems symmetrischer Bilinearformen und enklidische Modelle der projektiven Raume, *Vierteljahr. Naturforsch. Ges. Zurech,* 83(1940), 165–177.

[27] Hopf, H., Eine Verallgemeinerung bekannter Abbildungs und Überdeckungssätze, *Port. Math.,* 4 (1944), 129–139.

[28] Kiang, T. H., The manifolds of linear elements of an n-sphere. *Bull. Amer. Math. Soc.,* 51 (1945), 417–428.

[29] Kuratowski, C., Sur le problēme des courbes gauches en topologie, *Fund. Math.,* 15 (1950), 271–283.

[30] Lee, K. C., Über die Eindeutigkeit von einigen kombinatorischen Invarianten endliches Komplexes, *Science Record, New Ser.,* 1 (1957), 3–5.

[31] Lee, K. C., Kombinatorische Invarianten von endlichen Komplex, *Scientia Sinica,* 8 (1959), 449–460.

[32] Liao, D. S., On the topology of cyclic products of spheres, *Trans. Amer. Math. Soc.,* 77 (1954), 520–551.

[33] Liao, D. S., Periodic transformations and fixed point theorems , I. Cup Products and special cohomology , *Acta Scientiarum Naturalium Universitatis Pekinensis,* 3 (1957), 1–38.

[34] Liao, D. S., Periodic transformations and fixed point theorems, I. Cup products and special cohomology, *Science Record, New Ser.,* 1(1957), 21–24.

[35] Liao, D. S., Periodic transformations and fixed point theorems, II. Manifolds. *Science Re-cord, New Ser.,* 1 (1957), 25–28.

[36] MacLane, S. A structural characterization of planar combinatorial graphs, *Duke Math. J.,* 3 (1937), 460–492.

[36a] MacLane, S. and Adkisson, V. W., Extensions of homeomorphisms on the sphere, Michigan Lectures in Topology, *Ann Arbor.* 1974, 223–236.

[37] Mayer, W., A new homology theory, *Ann. of Math.,* 43 (1942), 594–605

[38] Milnor, J., On the relationship between differentiable manifolds and combinatorial manifolds, Mimeographed, Princeton, 1956.

[39] Milnor, J., Differential topology, Mimeographed, Princeton, 1959.

[40] Nakaoka, M., Cohomology of the p-fold cyclic products, *proc. Japan Academy,* 31 (1955), 665–669.

[41] Nakaoka, M., Cohomology theory of a complex with a transformation of prime period and its applications, *J. Osaka City Univ.,* 7 (1956), 56–102.

[42] Penrose, R., Whitehead, J. H. C., and Zeeman, E. C., Imbedding of manifolds in euclidean space, *Ann. of Math.,* 73 (1961), 613–623.

[43] Richardson, M. and Smith, P.A., Periodic transformations of complexes, *Ann. of Math.,* 39 (1938), 611–633.

[44] Shapiro, A., Obstructions to the imbedding of a complex in a euclidean space, I. The first obstruction, *Ann. of Math.,* 66 (1957), 256–269.

[45] Smith, P. A., Fixed points of periodic transformations, Appendix B in S. Lefschetz Algebraic Topology, 1942.

[46] Smith, P. A., Periodic and nearly periodic transformations, Michigan Lectures in Topology, Ann. Arbor, 1941, 159–190.

[47] Steenrod, N. E., Reduced powers of cohomology classes, Cours de Collège de France, Paris, 1951.

[48] Steenrod, N. E., Reduced powers of cohomology classes, *Ann. of Math.,* 51(1952), 47–67.

[49] Steenrod, N. E., Homology groups of symmetric groups and reduced power operations, *Proc. Nat. Acad. Sci.,* 39 (1953), 213–217.

[50] Steenrod, N. E., Cyclic reduced powers of cohomology classes, *ibid.,* 217–223.

[51] Thom, R., Une théorie intrinsique des puissances de Steenrod, Colloque de Topologie de Strasbourg, 1951.

[52] Thom, R., Espaces fibrčs en sphères et carrés de Steenrod, *Ann. Ec. Norm. Sup.,* 69 (1952), 110–182.

[53] Van Kampen, E. R., Komplexe in euklidische Raumen, *Abh. Math. Sem. Hamburg.,* 9 (1932), 72–78.

[54] Van Kampen, E. R., Beriehtigung dazu, *ibid.,* 152–153.

[55] Whitney, H., Differentiable manifolds, *Ann. of Math.,* 37 (1936), 645–680.

[56] Whitney, H., On the topology of differentiable manifolds, Michigan Lectures in Topology, Ann Arbor (1941), 101–141.

[57] Whitney, H., The self-intersections of a smooth n-manifold in $2n$-space, *Ann. of Math.,* 45 (1944), 220–246.

[58] Whitney, H., The singularities of a smooth n-manifold in $(2n-1)$-space, *Ann. of Math.,* 45 (1944), 247–293.

[59] Wu, T. D., On mod 2 imbedding classes of a triangulable compact manifold, *Science Record, New Ser.,* 2 (1958), 435–438.

[60] Wu, W. T., Sur les puissances de Steenrod, Colloque de Topologie de Strasbourg, 1951.

[61] Wu, W. T., 有限可剖分空间的新拓扑不变量, 数学学报, 3 (1953), 261–291.

[62] Wu, W. T., 复合形在欧氏空间中的实现问题, 数学学报, 5 (1955), 505-552; 中国科学, 7 (1958), 251–297.

[63] Wu, W. T., 一, II, 数学学报, 7 (1957), 79–101; 中国科学, 7 (1958), 365–398.

[64] Wu, W. T., 一, III, 数学学报, 8 (1958), 79–94; 中国科学, 8 (1959), 133–150.

[65] Wu, W. T., On the relations between Smith operations and Steenrod powers, *Fund. Math.,* 44 (1957), 262–269.

[66] Wu, W. T., 论 Pontrjagin 示性类 IV, V, 数学学报, 5 (1955), 37–63; 401–410.

[67] Wu, W. T., On the reduced produets and the reduced cyclic products of a space, *Jahres, D. M. V.,* 61 (1958), 65–75.

[68] Wu, W. T., On the isotopy of C^∞-manifolds of dimension n in euclidean $(2n+1)$-space, *Science Record; New Ser.,* 2 (1958), 271–275.

[69] Wu, W. T., On the isotopy of complexes in a euclidean space, I, II, *Science Record, New Ser.,* 8 (1959), 342–347; 348–351.

[70] Wu, W. T., On the isotopy of complexes in a euclidean space I, Science Sinica, 9 (1960), 21–46.

[71] Wu, W. T., On the notion of imbedding classes, *Scientia Sinica,* 13 (1964), 681–682.

[72] Yo, G. T., Cohomology operations and duality in a manifold, *Scientia Sinica,* 12 (1963), 137.

[73] Yo, G. T., Cohomology mod p of a deleted cyclic product of a manifold, *ibid.,* 138–139.

[74] Yo, G. T., Secondary imbedding elasses, *Scientia Sinica,* 14 (1965), 157–166.

[75] Yo, G. T., Secondary imbedding classes of a. manifold, *Scientia Sinica,* 14 (1965), 167–173.

[76] Zeeman, E. C, Unknotting spheres in five dimensions, *Bull. Amer. Math. Soc.,* 66 (1960), 198.

[77] Zeeman, E. C, Unknotting spheres, *Ann. of Math.,* 72 (1960), 350–361.

[78] T. R. Brahana, On a class of isotopy invariants, Topology of 3-manifolds and related topics, (1962), 235–237.

[79] Fary, I., Valeurs critiques et algèbres spectrales d'une application, *Ann. of Math.,* 63 (1956), 437–490.

[80] Guggenheim, V. K. A. M., Piecewise linear isotopy, *Proc. Lond. Math. Soc.,* 3 (1953), 29–53, 129–152.

[81] Hu, S. T., Isotopy invariants of topological spaces, *Proc. Royal Soc.* (A), 225(1960), 331–336.

[82] Hu, S. T., Homotopy and isotopy properties of topological spaces, *Canad. J. Math.,* 13 (1961), 167–176.

[83] Kupka, M. I., La théorle du plongement, Notes prises au cours de Wu Wen-tsün, Paris, 1962.

[84] Mazur, B., The definition of equivalence of combinatorial imbeddings, *Publ. Math.*, No. 3 (1959), 5–17.

[85] Mazur, B., On the structure of certain semi-groups of spherical knot classes, *loc. cit.*, 19–27.

[86] Mazur, B., Orthotopy and spherical knots, *loc. cit.*, 29–48.

[87] Patty, C. W., Homotopy groups of certain deleted product spaces, *Proc. Amer. Math. Soc.*, 12 (1961), 369–373.

[88] Patty, C. W., The homology of deleted products of trees, *Duke Math. J.*, 29 (1962), 413–428.

[89] Patty, C. W., The fundamental group of certain deleted product spaces, *Trans. Amer. Math. Soc*, 105 (1962), 314–321.

[90] Zeeman, E. C, Isotopies and knots in manifolds, Topology of 3-manifolds and related topics, 1962, 187–193.

附录　印刷电路与集成电路中的布线问题

前　　言

作为本书示嵌类理论的一个实际应用，本附录介绍了印刷电路与集成电路的布线问题. 集成电路是 20 世纪 60 年代的产物, 70 年代则发展为大规模的集成电路 (LSI), 它的出现改变了电子计算机的设计思想. 在应用分离元件的时代, 一个主要的设计要求是力求采用最少量的元件与电路, 而现在则已认识到主要矛盾在于 LSI 间的连接而非元件与电路的数量. 丢开有关元件与电路图形的几何尺寸以及性能与工艺等因素不计, 则连接问题或所谓布线问题在数学上可归结为一个线图在一个或几个平面中的嵌入与相连的问题. 国外有些专著把这一问题视为未来新型计算机设计成败的关键, 虽言之过甚, 但自 60 年代初以至最近, 国外每年都有不少文献探讨这一数学问题, 这决不是偶然的. 就作者查到的文献来说, 国外远未解决这一已化成数学形式的问题, 更不用说需要考虑性能工艺以及多快好省等其他许多因素了.

作者在 1966—1967 年间, 从示嵌类理论入手, 部分解决了上述问题, 至 1973 年算是彻底解决了数学方面的问题,并脱离了示嵌类理论这一框框,所得结论与使用方法曾用简报形式发表于科学通报 1974 年第 5 期 226~228 页, 题目是“线性图的平面嵌入”, 本附录是这一简报的详细论述. 欢迎有关同志把本附录与国外类似文献进行分析比较, 以资鉴别, 并提出批评意见. 由于作者接触实际少, 更乏实践经验, 同时写作时间仓促,在问题的提法与解法要求上与实际情况有所出入是很自然也是难免的, 亟盼有关同志指出缺点错误, 并提出新的问题, 以便作更进一步的深入考虑.

I 问题的提出

1. 问题的背景与来历

集成电路的出现产生了第三代计算机系统, 而大规模集成电路的迅速发展又促进了第四代计算机的出现, 印刷电路或集成电路以及大规模集成电路把大量元件或/与门电路构成于一块半导体片上. 在这些元件或/与门电路间用导线相连, 即所谓布线或互连. 由于这些导线不能相互交叉, 因此, 即使在极简单的情形, 要在一个平面上实现布线也往往是不可能的. 为此, 元件或/与门电路间的相互布线一般说来至少需要两层才行. 这样就必须采用多层布线, 利用通孔将不同两层上的布线连接起来, 或则采取跨接与穿接的办法来避免不应有的交叉.

究竟元件或 / 与门电路应如何配置, 各层上的导线应如何布设, 不同层间应如问通孔连接, 或应在何处跨接穿接, 即现在所称布线问题的主要内容. 自然, 在这里我们将元件或 / 与门电路的形状大小, 以及导线的粗细长短与是否过密等这一类内容已略去不加考虑, 更不用说牵涉到电路性能这一类内容了.

作为一个简单的实例说明, 试考虑图 I(1) 所示一个通用的触发器电路. 电路中有

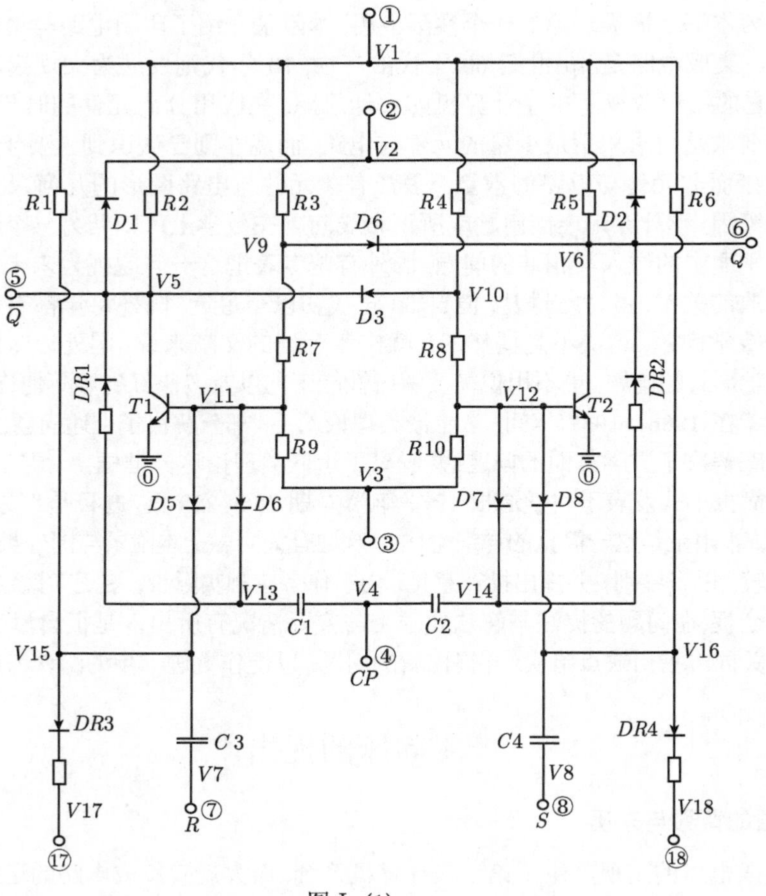

图 I (1)

晶体管 2($T1$—2),

二极管 8($D1$—8),

电　阻 10($R1$—10),

电　容 4($C1$—2),

以及电阻二极管元件组 4($DR1$—4).

各端⓪指地, ①~③为固定电源, ⑤, ⑥为输出端 Q 与 $\bar{Q}$, CP 为打入端, S 与 R 各为置位与复位端.

显然这样一个电路要配置在同一平面层上是不可能的. 由于电源与地线一般布设在与逻辑线不同的平面层上, 因而可把这些端线以及直接相连的元件略去而只考虑所得如图 I(2) 所示简化后的电路即可.

粗略看来, 如果我们将原给电路图 I(1) 或简化后图 I(2) 中的所有横向导线布设在一平面上, 所有纵向导线布设在另一平面上, 再按导线相接处用通孔相连, 则理论上任何复杂的电路图只需用两个 (或三个) 平面层就可完成布线了. 但这样通孔数目将不必要地过多, 而通孔正是使集成电路性能与成品率大为降低的重要因素之一. 因之这种做法不能符合实际需求而需另觅途径. 这正是问题之困难所在.

仍回到前面图 I(2). 注意各输人输出端需配置在平面层的边缘上, 又在彼此相连且无元件阻隔的导线上电位到处相同, 这些电位在图中记作 $V4\sim 14$(在原电位图 I(1) 中电位为 $V0\sim 18$). 由于不考虑元件的几何形状与大小, 我们可把这一简化电路图改成图 I(3) 那样的线图, 其中各元件与电位都用点表示, B 点则代表边缘, 容易看出, 简化电路的布线问题与这一线图的布线问题完全等价. 解决了后一问题, 即可获得原来问题的解决方法. 较详细的说明可参阅例如 “Goldstein-Schweikert, Bell System Technical Journal, 52(1973), 135”.

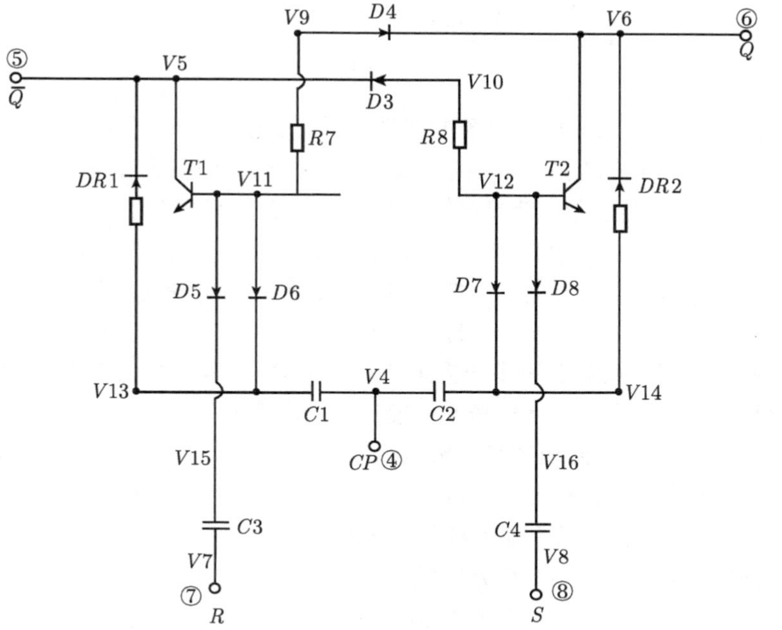

图 I (2)

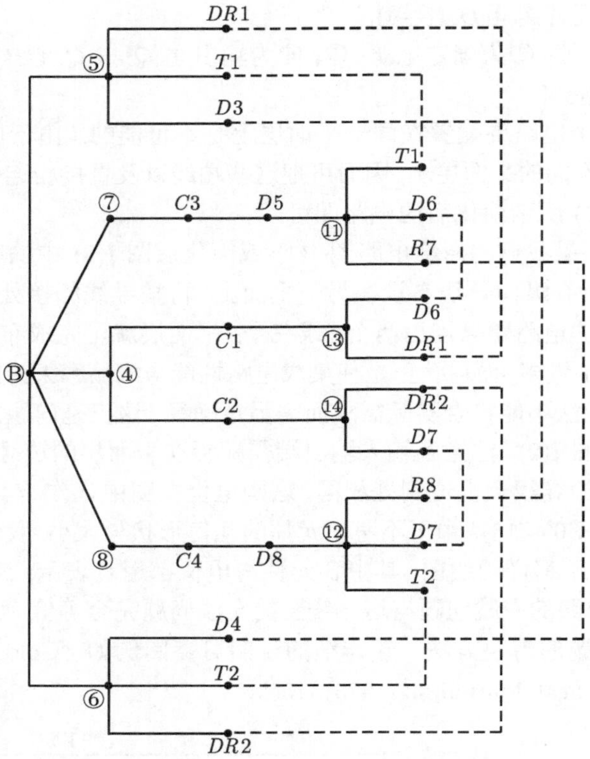

图 I (3)

显然, 即使像图 I(3) 那样简单的线图, 要布设在同一平面层中也是不可能的. 为了避免出现不应有的交叉, 必须放弃若干连线, 把它们布设在另一个 (必要时另几个) 平面层上, 再用通孔或跨接穿接与其他部分连上. 但究竟应放弃哪些连线, 使余下的部份可布设在同一平面层上, 且其具体的布设方法如何, 致使通孔或跨接穿接的数目尽量减少, 则决不是一个简单的问题. 像上面这种简单的实例, 固然不难通过尝试与错误 (trial and error) 的办法来做出布线方案, 但对于一个包括成百上千个元件或 / 与门电路甚至更多的复杂情形, 则如果没有一个切实可行的方法指导系统地进行布线, 盲目的尝试将是不可能的. 就作者所知, 至少从国外公开发表的资料看来, 文献虽多, 但问题远没有解决.

本附录的目的, 在于给出彻底解决上述布线问题的一个切实可行的方法, 所用通孔数目也将大量减少, 虽不能保证达到最小限度.

众所周知, 多层布线技术是大规模集成电路中较关键的技术, 导线布设是印刷电路板设计最中心的问题, 大规模集成电路技术的最后成败将取决于这方面的进展和革新. 而且, 由于大规模集成电路互连的复杂性, 还需要一定的自动布线方法.

自动化布线问题的解决, 将使一台大型计算机的设计工作, 只要把一些必需的逻辑方程式送入一台较小的计算机, 就可坐而待成, 而且能高速度地把设计方案传送出来, 我们认为, 本附录不仅提供了这样做的原则与方法, 而且这个方法是切实可行的. 我们希望在不久将来看到这个方法的具体实施.

2. 问题的数学形式

从上节已知集成电路的布线问题可化为把线图布线于平面中的数学问题, 本节将这一数学问题以较明确的形式重述于下, 首先说明用到的一些词汇与符号.

所谓一个线图G, 是指一些点 (称为顶点) 以及这些顶点之间的某些连线 (称为棱, 所连的顶点称为棱的端点) 所构成的图形. 在试图将 G 画入平面中时, 规定每一棱都画成一个线段或一个不自交也不首尾相接的折线. 例如, 一个棱可画成如图 I(4) 的形状.

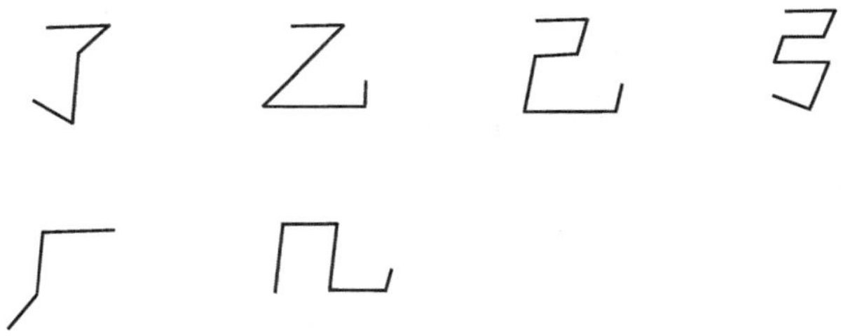

图 I (4)

我们规定, 将 G 画入平面时限于下面的方式: 对 G 中任意两棱, 画入平面后的折线除原来可能有公共端点之外只能在相遇处相截, 即相遇之处不在折线的转折处, 而在折线中段, 且在该相遇处相交成角. 记画入的方式为 f, 则称 f 为 G 在平面中的一个浸入, 记作 $f: G \propto\!\!\subset$ 平面.

所谓线图 G 在平面中布线, 是指将 G如实地画在平面之中, 即不相遇 (或只有端点公共) 的棱画入后的折线也不相遇 (或只有相应端点公共). 这一般是不可能的. 如果可能, 我们就说 G 能在平面中布线, 或 G 能嵌入平面, 或说 G 具有平面性. 仍把画入的方式记作 f, 则称 f 是 G 在平面中的一个嵌入, 并用记号 $f: G \subset$ 平面来表示. 显然嵌入也是一个浸入, 但浸入不必是嵌入.

如果 T 是 G 的一个子图, 在把 G 画入平面成为一个浸入时, 对 T 来说是一个嵌入, 但对于在 G 中而不在 T 中的那些棱来说, 画入后至多除原有可能的公共端点外都不再与 T 相遇, 则称这一画法 f 为相对于 T 的浸入, 记作 $f: G \underset{T}{\propto\!\!\subset}$ 平面.

设线图 G 具有平面性而 f, g 是两个嵌入. 如果在 f, g 下各棱画成的折线形状长短各不相同, 但相互位置关系相仿, 则我们将迳直视 f, g 为相同的嵌入而不加区别. 例如, 有四个顶点 0, 1, 2, 3 以及三个棱 01, 02, 03 的入字形线图, 可以嵌入成以下各种图形：

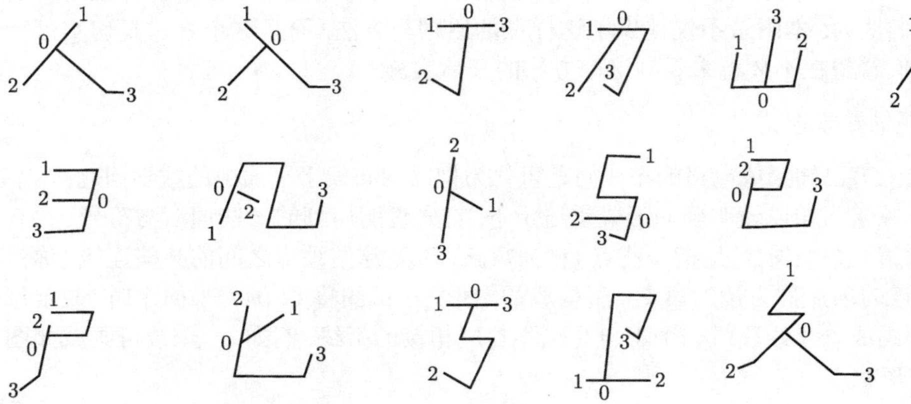

图 I (5)

这些嵌入都可视为与下面的两嵌入相同：

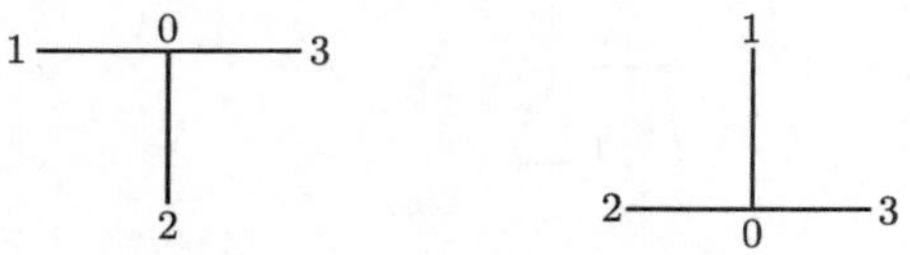

图 I (6)

但如果把以上各图中的 1, 2 两顶点互易, 则所得诸嵌入彼此相同, 而与以前诸嵌入相异. 易知入字形线图的不同嵌入恰有这样两种.

设 T 是 G 的子图而 f,g 是 G 相对于 T 的两个浸入, 如果在上面意义下 f,g 限制在 T 的嵌入是相同的, 则称 f,g 相对于 T 是相同的浸入.

若 f,g 是 G 的相同嵌入, 则记作 $f \sim g$. 若 f,g 相对于 T 是相同的浸入, 则记作 $f \underset{T}{\sim} g$.

就本附录有关的布线或嵌入问题来说, 不妨对线图 G 作以下限制, 以后不再交待：

限制 1. G 是连通的, 即 G 不能分解成两个没有顶点公共的子图, 或即对任两顶点在 G 中至少有首尾相继的一组棱构成一个连接这两顶点的通道.

限制 2. G 不能分解成两个只有一个顶点公共的子图.

限制 3. G 中连接两个顶点的棱至多只有一个.

于是, 以印刷电路或集成电路布线为背景的数学问题可概括为关于线图的以下几个问题：

(1) 平面化问题.

从线图 G 的诸棱中挑出一部分 (称为非平面性部分), 使所余部分所成线图 G'(称为平面性部分) 可布线, 即嵌入于平面中.

(2) 具体布线或具体嵌入问题.

对于已知可嵌入于同一平面中即已知有平面性的线图 G', 给出在平面中具体嵌入的方法.

(3) 布线或嵌入分类问题.

对能嵌入的线图, 将所有可能的不同嵌入方法列举出来进行分类.

为解决以上诸问题, 须先在理论上给出一个线图可在平面上布线或具有平面性的判准. 这样的判准还须是切实可行的, 即可表达成带有程序性的算法, 以致所有挑出非平面性部分以及将所余部分具体布线的方法都可编成程序, 因而得以在电子计算机上给出具体方案. 最后这一步将称为机器化问题.

上述整个问题可表达成下图所概括的几个部分, 解决办法见以后各章节.

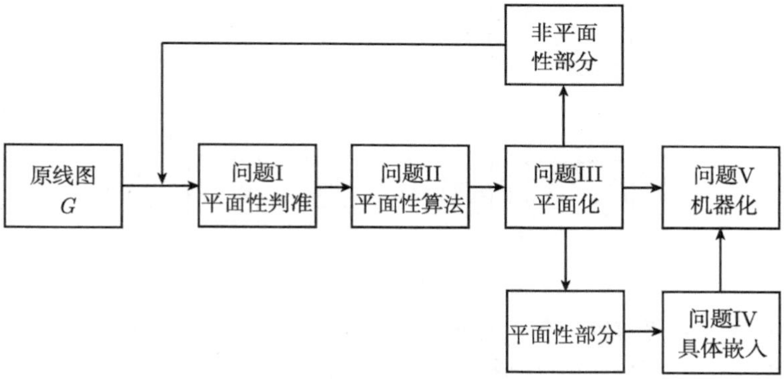

图 I (7)

诸问题的解决途径约略可说明如下.

一个没有回路(也称闭圈) 的线图称为一个树形. 树形之能嵌入平面是显然的, 而一个一般线图 G 之所以不能嵌入平面主要是由于 G 中有着众多回路所引起, 因之我们的方法在于在 G 中任意选择一个尽可能大的树形 T, 称 T 中的棱为树棱, T 外的棱为外棱, 先将 T 用例如方式 f 任意嵌入平面, 再将诸外棱逐一添入以考查是否能扩充为整个 G 的嵌入. 必要时放弃若干外棱并改变 T 的原来嵌入 f, 以使扩充成为可能.

在附录II中我们对树形的嵌入进行了分类. 附录III分析了一般线图 G 在所择树形 T 已嵌入后扩充为 G 的嵌入时所遇到的矛盾, 由此获得 G 具有平面性的判准与算法, 并给出了图 I(7) 中问题 I, II, III 的解答. 附录IV则给出将所余平面性部分嵌入平面的具体作法, 即解答图 I(7) 中问题 IV. 最后, 附录V列举了所有可能的具体嵌入.

我们的解决方法都切实可行且带有程序性, 因而可据以机器化. 其中一部分已由数学研究所吴方同志帮助编成程序并在 DJS-21 机上试过, 其余部分则尚在编试中.

II 树形的嵌入问题

1. 树形的嵌入

问题 若 T 是一树形, 则 T 必可嵌入平面, 但可有多种不同的嵌入方法. 例如一个 H 图形可如图 II(1) 有四种不同的嵌入法, 依次记为 f^1, f^2, f^3, f^4:

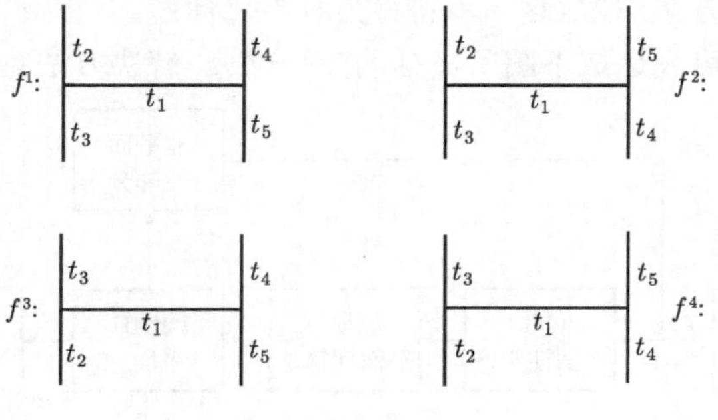

图 II(1)

又如一个 X 图形如图 II(2) 有六种不同的嵌入法, 依次记为 $g^1, \cdots, g^6$.

问对任一树形 T, 如何确定它的不同嵌入方法.

剖析 考虑 T 的任一顶点 v 与以 v 为端点的任三 (依一定次序排列的) 树棱 t_i, t_j, t_k. 这称为一个三棱组, 记作 $\langle t_i, t_j, t_k\rangle$. 例如在 H 图形中, 有三棱组 $\langle t_1, t_2, t_3\rangle$ 与 $\langle t_1, t_4, t_4\rangle$, 在 X 图形中有三棱组 $\langle t_1, t_2, t_3\rangle, \langle t_1, t_2, t_4\rangle, \langle t_1, t_3, t_4\rangle, \langle t_2, t_3, t_4\rangle$. 其余的三棱组都由这些组中三个棱改变排列次序而得, 可以不再考虑.

给定一个嵌入 $f: T \subset$ 平面. 一个三棱组 $\langle t_i, t_j, t_k\rangle$ 的三个棱 t_i, t_j, t_k 在 f 下绕 v 旋转的次序可以是反钟向也可以是顺钟向的, 例如对 H 图形的嵌入 $f^1, \cdots, f^4$, 各三棱组旋向的顺反可列表如下:

H 图形三棱组旋向顺反表

三棱组 \ 嵌入	f^1	f^2	f^3	f^4
$\langle t_1, t_2, t_3\rangle$	反	反	顺	顺
$\langle t_1, t_4, t_5\rangle$	顺	反	顺	反

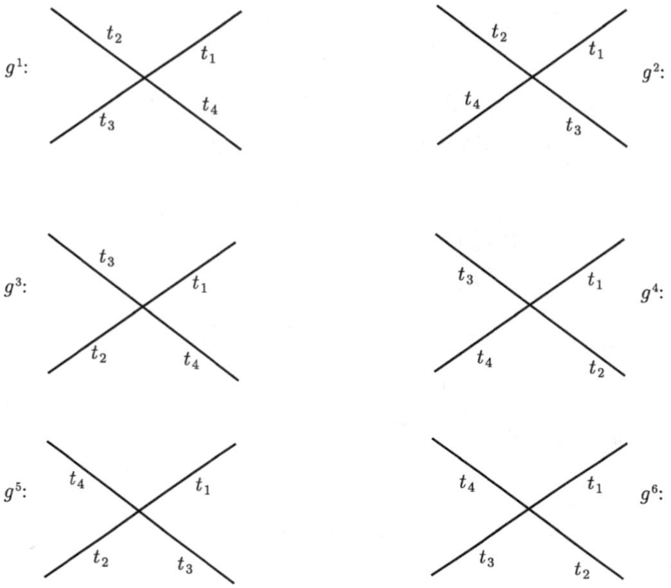

图 II(2)

同样对 X 图形有下表:

X 图形三棱组旋向顺反表

三棱组 \ 嵌入	g^1	g^2	g^3	g^4	g^5	g^6
$\langle t_1,t_2,t_3\rangle$	反	反	顺	顺	反	顺
$\langle t_1,t_2,t_4\rangle$	反	反	反	顺	顺	顺
$\langle t_1,t_3,t_4\rangle$	反	顺	反	反	顺	顺
$\langle t_2,t_3,t_4\rangle$	反	顺	顺	反	反	顺

显然两个嵌入 $f:T\subset$ 平面与 $f':T\subset$ 平面是否相同可由各三棱组在 f 下与在 f' 下的旋向是否相同来加以区别. 由于旋向恰有顺反两种不同情形, 故可用一个模 2 数 (0 或 1) 来标志其不同. 为此, 对任一嵌入 $f:T\subset$ 平面与三棱组 $\langle t_i,t_j,t_k\rangle$ 引入一旋向数f_{ijk} 使

$$f_{ijk}=\begin{cases}0, & t_i,t_j,t_k\text{在 } f \text{ 下依反钟向旋转时},\\ 1, & t_i,t_j,t_k\text{在 } f \text{ 下依顺钟向旋转时}.\end{cases}$$

对 (i,j,k) 的一个排列 $P=\begin{pmatrix} i & j & k\\ i' & j' & k'\end{pmatrix}$, 显然有

$$f_{i'j'k'}=f_{ijk}+\varepsilon_P,$$

这里

$$\varepsilon_P = \begin{cases} 0, & P\text{是偶排列时}, \\ 1, & P\text{是奇排列时}. \end{cases}$$

对于所有的三棱组 $\langle t_i, t_j, t_k \rangle$, 这些相应的旋向数或简称旋数 f_{ijk} 构成一个模 2 数组. 在 H 图形为 (相差一排列的诸三棱组只保留其中一个, 下同):

$$(f_{123}, f_{145}).$$

对于嵌入 $f^1, \cdots, f^4$, 这一数组依次为

$$(0,1), (0,0), (1,1), (1,0).$$

同样, 对 X 图形在嵌入 $g: X \subset$ 平面下有一相应旋数组

$$(g_{123}, g_{124}, g_{134}, g_{234}).$$

对于嵌入 $g^1, \cdots, g^6$, 这一数组依次为

$$\begin{aligned} &(0,0,0,0), \quad (0,0,1,1), \\ &(1,0,0,1), \quad (1,1,0,0), \\ &(0,1,1,0), \quad (1,1,1,1). \end{aligned}$$

显然, 对于一个确定的树形 T, 不同的嵌入将有不同的旋数组. 例如 H 图形的不同嵌入恰与不同的旋数组相对应, 其种数为 $2^2 = 4$. 但并不是每一个数组都是某一嵌入的旋数组, 例如对 X 图形, 数组 $(g_{123}, g_{124}, g_{134}, g_{234})$ 可取 $2^4 = 16$ 种不同的组值, 但实际上只有 6 种组值才能成为嵌入的相应旋数组. 这说明这些旋数间必须满足某种制约关系. 从上表可知, 一个关系是:

$$g_{123} + g_{124} + g_{134} + g_{234} = 0$$

或

$$g_{123} = g_{124} + g_{134} + g_{234}.$$

因而 g_{123} 由 $g_{124}, g_{134}, g_{234}$ 完全确定. 这反应了如下事实: 把 t_4 的位置固定, 则 t_1, t_2, t_3 中任两棱与 t_4 的旋向如果已定, 即 $g_{124}, g_{134}, g_{234}$ 的值已定时, t_1, t_2, t_3 的旋向完全确定, 即 g_{123} 的值也因之而定. 但除了上述关系外, $(g_{124}, g_{134}, g_{234})$ 的值也不是完全任意的, 因为它们有 $2^3 = 8$ 种不同的组值, 而嵌入的方法只有 6 种, 这说明 $g_{124}, g_{134}, g_{234}$ 还有其他必须满足的关系. 在解决这一问题之前, 我们先引入树根的概念, 以使问题简化如下:

任取树形 T 的一个自由端 O, 称之为树根, 于是任一不同于 O 的顶点 v, 在树形中自 v 至 O 恰有一通道, 记之为 P_v. 在通道 P_v 上以 v 为端点的树棱记为 t_v. 设 t_i, t_j, t_k 为 T 中以 v 为前端(即自 O 出发到 t_i 时先到达的端点) 的任意三棱 (见附图 II(3)), 由前知, f_{ijk} 由 $f_{vij}, f_{vik}, f_{vjk}$ 完全决定:

$$f_{ijk} = f_{vij} + f_{vik} + f_{vjk}.$$

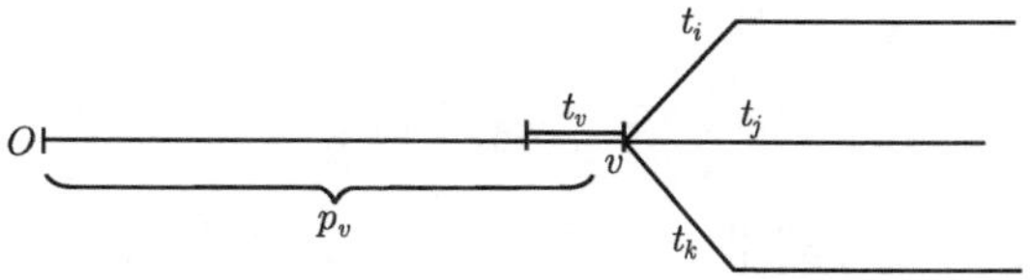

图 II(3)

因而对于刻画树形的嵌入, 可易数组 (f_{ijk}) 为个数较少的数组 (f_{vij}). 为此, 我们将 f_{vij} 简化记号为

$$f_{vij} = f_{ij},$$

这里

$$f_{ij} = f_{ji} + 1$$

且

$$f_{ij} = \begin{cases} 0, & t_v, t_i, t_j \text{在 } f \text{ 下反钟向排列时}, \\ 1, & t_v, t_i, t_j \text{在 } f \text{ 下顺钟向排列时}. \end{cases}$$

仍称 f_{ij} 为旋数(相对于选定的树根 O 而言). 这些旋数构成一个旋数组(f_{ij}), 在组中每一对以同一顶点作为前端的两个树棱 t_i, t_j 保留了一个旋数 f_{ij} 或 f_{ji}. 例如, 在 H 图中取 t_2 的自由端为树根 O, 在 X 图中取 t_1 的自由端为树根 O, 则对嵌入 $f : H \subset$ 平面与 $g : X \subset$ 平面的旋数组可各取为

$$(f_{13}, f_{45}) \quad \text{与} \quad (g_{23}, g_{24}, g_{34}).$$

综合上述, 于是有下面的结论.

嵌树术 对于树根为 O 的树形 T, 任一嵌入 f 确定一组旋数 (f_{ij}). 两个嵌入 $f, g : T \subset$ 平面是否相同可视相应旋数组 (f_{ij}) 与 (g_{ij}) 的完全相同与否而定:

$$\boxed{f \sim g \Leftrightarrow (f_{ij}) = (g_{ij})}$$

以下假定 T 的树根 O 已选定, 所有旋数均对选定的树根 O 而言.

2. 旋数关系 (特殊情形)

问题 设 t_i, t_j, t_k 为以同一顶点 v 为前端的任三树棱, 由于 f_{ij}, f_{jk}, f_{ki} 的每一数均可为 0 或 1, 故数组 (f_{ij}, f_{jk}, f_{ki}) 可有 8 种不同的组值, 但 t_i, t_j, t_k 在 f 下的不同旋向只有 6 种, 因而 (f_{ij}, f_{jk}, f_{ki}) 的 8 种组值中至少有两种实际上不可能出现. 换言之, 在 f_{ij}, f_{jk}, f_{ki} 间必然存在某种关系作为制约, 试求这种关系的具体表达形式.

(特殊) 旋数术. 若树棱 t_i, t_j, t_k 以同一顶点为前端, 则置

$$Q_{ijk}(f) = f_{ij} f_{ik} + f_{jk} f_{ji} + f_{ki} f_{kj}$$

时, 必有

$$\boxed{Q_{ijk}(f)=1}$$

且满足这一关系的不同数组 (f_{ij},f_{jk},f_{ki}) 恰有 6 个, 各与 t_i,t_j,t_k 在平面中 6 个不同的确定旋向相对应.

注释　如前记自 v 至树根 O 通道 P_v 上以 v 为端点的树棱为 t_v. 在嵌入 f 下自 t_v 起作反钟向旋转时 t_i,t_j,t_k 的次序可有 6 种不同方式, 记其相应 f_{ij} 等值列作下表.

情　形	f 下反钟向次序	f_{ij}	f_{jk}	f_{ki}
(1)	t_v,t_i,t_j,t_k	0	0	1
(2)	t_v,t_i,t_k,t_j	0	1	1
(3)	t_v,t_j,t_k,t_i	1	0	0
(4)	t_v,t_j,t_i,t_k	1	0	1
(5)	t_v,t_k,t_i,t_j	0	1	0
(6)	t_v,t_k,t_j,t_i	1	1	0

从表中可看出, (f_{ij},f_{jk},f_{ki}) 不能取的数组为

情　形	f 下反钟向次序	f_{ij}	f_{jk}	f_{ki}
(7)	不可能出现	0	0	0
(8)	不可能出现	1	1	1

今尝试作 f_{ij},f_{jk},f_{ki} 的代数式 F(系数是模 2 数), 使对前 6 组值都有 $F=1$ 而对后二不可能取的数组有 $F=0$. 显然 F 不能取为 f_{ij},f_{jk},f_{ki} 的一次式. 其次对二次式进行尝试, 此时二次项

$$f_{ij}^2=f_{ij},\quad f_{jk}^2=f_{jk},\quad f_{ki}^2=f_{ki}.$$

而对上 8 个数组的二次项 $f_{ij}f_{ik}$ 等值依次可列成下表:

情　形	f_{ij}^2	f_{jk}^2	f_{ki}^2	$f_{ij}f_{ik}$	$f_{jk}f_{ji}$	$f_{ki}f_{kj}$
(1)	0	0	1	0	0	1
(2)	0	1	1	0	1	0
(3)	1	0	0	1	0	0
(4)	1	0	1	0	0	1
(5)	0	1	0	0	1	0
(6)	1	1	0	1	0	0
(7)	0	0	0	0	0	0
(8)	1	1	1	0	0	0

由表知合于条件的一个代数式是

$$f_{ij}f_{ik}+f_{jk}f_{ji}+f_{ki}f_{kj}.$$

术文中的 $Q_{ijk}(f)$ 即由此而来. 据以上分析, 自然得出术文.

3. 旋数关系 (一般情形)

(一般) 旋数术 设 $t_1,\cdots,t_s$ 为以同一顶点 v 为前端的任意树棱. 由前 (特殊) 旋数术知, 对其中任意三棱 t_i,t_j,t_k, 在嵌入 $f:T\subset$ 平面下应有

$$Q_{ijk}(f)\equiv f_{ij}f_{ik}+f_{jk}f_{ji}+f_{ki}f_{kj}=1.$$

换言之, 引入一组 (模 2) 未知数 $(i,j=1,\cdots,s;i\neq j)$

$$\varphi_{ij}=\varphi_{ji}+1,$$

并置 $(i,j,k=1,\cdots,s$ 且互不等)

$$Q_{ijk}(\varphi)=\varphi_{ij}\varphi_{ik}+\varphi_{jk}\varphi_{ji}+\varphi_{ki}\varphi_{kj},$$

则数组 (f_{ij}) 应是方程组

(Q) $$Q_{ijk}(\varphi)=1$$

的一个解答.

不仅如此, 这组方程的不同解答恰与 f 下 $t_1,\cdots,t_s$ 的不同旋向次序相对应.

注释 在 $s=3$ 时, 方程组 (Q) 只有一个方程 $Q_{123}(\varphi)=1$. 这时已知 (Q) 的解答与 f 下 t_1,t_2,t_3 的旋向次序相对应. 在 $s>3$ 时, 方程组 (Q) 的方程个数为 $\begin{pmatrix} s \\ 3 \end{pmatrix}$, 旋数 $f_{ij}(=f_{ji}+1)$ 的个数为 $\begin{pmatrix} s \\ 2 \end{pmatrix}$, 旋向次序则有 $s!$ 种. 因而虽然对每一旋向次序有一确定的方程组的解答, 但反之是否对每一组解答有一确定的旋向次序与之相当, 并不显然. 本附录指出答案是正面的, 即解答与旋向次序完全对应. 为此对 s 用归纳法验证如次.

设 $(\varphi_{ij})=(c_{ij})(c_{ij}=c_{ji}+1,i,j=1,\cdots,s)$ 是方程组 (Q) 的一组解答. 如前记通道 P_v 上以 v 为端点的树棱为 t_v, 又记由 $t_v,t_1,\cdots,t_k$ 所构成的星状树形为 T_k, 由归纳假设已知, 有嵌入 $f:T_{s-1}\subset$ 平面使

$$f_{ij}=c_{ij},\quad i,j=1,\cdots,s-1.$$

设在 f 下 $t_v,t_1,\cdots,t_{s-1}$ 依反钟向旋转时次序为 $t_v,t_{i_1},\cdots,t_{i_{s-1}}$, 这里 $(i_1,\cdots,i_{s-1})$ 是 $(1,\cdots,s-1)$ 的一个排列. 于是有

$$f_{i_mi_n}=0,\quad m<n,m,n=1,\cdots,s-1.$$

设 $c_{i_1s},c_{i_2s},\cdots,c_{i_{s-1}s}$ 中最早一个 $\neq 0$ 的是 $c_{i_{p+1}s}$, 即

$$c_{i_1s}=\cdots=c_{i_ps}=0,$$

$$c_{i_{p+1}s} = 1.$$

由于对 $q > p+1 (c_{ij})$ 满足方程 $Q_{i_{p+1}i_q s}(\varphi) = 1$, 故有等式

$$c_{i_{p+1}i_q}c_{i_{p+1}s} + c_{i_q s}c_{i_q i_{p+1}} + c_{si_{p+1}}c_{si_q} = 1.$$

因

$$\begin{aligned} c_{i_{p+1}i_q} &= f_{i_{p+1}i_q} = 0, \\ c_{i_q i_{p+1}} &= f_{i_q i_{p+1}} = 1, \\ c_{si_{p+1}} &= 0, \end{aligned}$$

故得

$$c_{i_q s} = 1.$$

今作嵌入 $f: t_s \subset$ 平面使在 f 下 t_s 位于 t_{i_p} 与 $t_{i_{p+1}}$ 之间, 则显然有

$$f_{si} = c_{si}, \quad i = 1, \cdots, s-1,$$

即有嵌入 (见图 II(4)):

$$f: T_s \subset \text{平面},$$

使原来解答 $(\varphi_{ij}) = (c_{ij})$ 与在 f 下反钟向的旋向次序

$$t_v, t_{i_1}, \cdots, t_{i_p}, t_s, t_{i_{p+1}}, \cdots, t_{i_{s-1}}$$

相对应, 至此验证完毕.

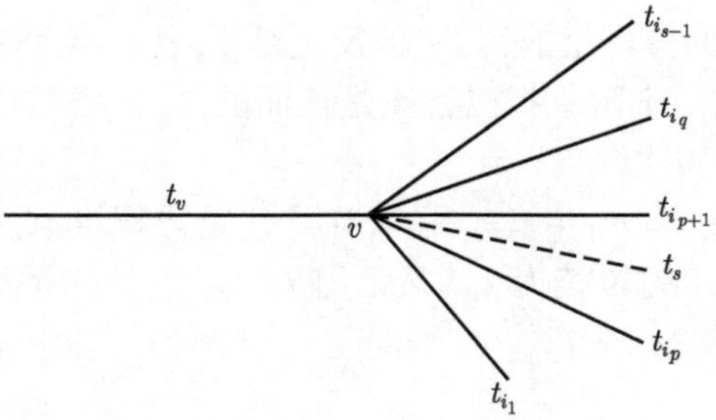

图 II(4)

4. 树形嵌入的比较

问题 为对树形 T 的所有嵌入进行分类, 首先需对任两嵌入 $f: T \subset$ 平面与 $g: T \subset$ 平面进行比较, 试考虑比较的方法.

树形比嵌术 设 $f: T \subset$ 平面, $g: T \subset$ 平面. 对以同一顶点 v 为前端的任两树棱 t_i, t_j, 置

$$\varepsilon_{ij} = f_{ij} + g_{ij},$$

则仍以 t_v 表通道 P_v 上以 v 为端点的树棱时, 有

$$\varepsilon_{ij}=\begin{cases}0, & \text{在 } f,g \text{ 下 } t_v,t_i,t_j \text{ 旋向相同},\\ 1, & \text{在 } f,g \text{ 下 } t_v,t_i,t_j \text{ 旋向相反}.\end{cases}$$

显然, 数组 (ε_{ij}) 足以比较 f,g 两嵌入的异同:

$$\boxed{f\sim g\Leftrightarrow \text{所有}\varepsilon_{ij}=0}$$

注意, 与 $f_{ij}=f_{ji}+1, g_{ij}=g_{ji}+1$ 不同, 在诸 ε 间有关系

$$\varepsilon_{ij}=\varepsilon_{ji}.$$

从这些数的几何意义可看出其理由.

5. 树形嵌入的分类

问题 设 T 是树形, 则 T 必可嵌入平面. 试对不同的嵌入进行分类.

剖析 由比嵌术, 两个不同的嵌入

$$f:T\subset\text{平面},\quad g:T\subset\text{平面}$$

可由诸数

$$\varepsilon_{ij}=\varepsilon_{ji}=f_{ij}+g_{ij}$$

确定, 因而若任取一嵌入 $f:T\subset$ 平面, 则任一其他嵌入将由数组 (ε_{ij}) 唯一确定. 然而诸数 ε_{ij} 不能是任意的, 因为依旋数关系, 对于任三以同一顶点 v 为前端的树棱 t_i,t_j,t_k, 应有

$$Q_{ijk}(f)\equiv f_{ij}f_{ik}+f_{jk}f_{ji}+f_{ki}f_{kj}=1$$

以及

$$Q_{ijk}(g)\equiv g_{ij}g_{ik}+g_{jk}g_{ji}+g_{ki}g_{kj}=1.$$

后者也可写作

$$(f_{ij}+\varepsilon_{ij})(f_{ik}+\varepsilon_{ik})+(f_{jk}+\varepsilon_{jk})(f_{ji}+\varepsilon_{ji})+(f_{ki}+\varepsilon_{ki})(f_{kj}+\varepsilon_{kj})=1.$$

换言之, 若引入一些 (模 2) 未知数

$$x_{ij}=x_{ji},$$

则 (ε_{ij}) 应是下面一组方程的解:

$$(f_{ij}+x_{ij})(f_{ik}+x_{ik})+(f_{jk}+x_{jk})(f_{ji}+x_{ji})+(f_{ki}+x_{ki})(f_{kj}+x_{kj})=1.$$

反之, 若 $(x_{ij})=(\varepsilon_{ij})$ 是上组方程的一个解答, 则

$$(\varphi_{ij})=(f_{ij}+\varepsilon_{ij})$$

满足方程组

(Q) $$\varphi_{ij}\varphi_{ik}+\varphi_{jk}\varphi_{ji}+\varphi_{ki}\varphi_{kj}=1.$$

因而由一般旋数术, 对于任一顶点 v, 有一嵌入使通道 P_v 上的 t_v 以及以 v 为前端的诸树棱在此嵌入下有一确定旋向使相应旋数即为上述诸数 $f_{ij}+\varepsilon_{ij}$. 今作嵌入 $g:T\subset$ 平面使在 g 下每一顶点处诸棱的旋向都恰如上述, 则显然有

$$g_{ij}=f_{ij}+\varepsilon_{ij}.$$

由此得到下述结论.

嵌树术 设 $f:T\subset$ 平面是树形 T 的一个固定嵌入, 则 T 在平面中的所有不同嵌入与下述方程组的解答 $(x_{ij}=x_{ji})$:

$$(x_{ij})=(\varepsilon_{ij})$$

一一对应:

$$\boxed{Q_{ijk}(f,x)=1}$$

其中

$$\begin{aligned}Q_{ijk}(f,x)=&(f_{ij}+x_{ij})(f_{ik}+x_{ik})\\&+(f_{jk}+x_{jk})(f_{ji}+x_{ji})\\&+(f_{ki}+x_{ki})(f_{kj}+x_{kj}).\end{aligned}$$

诸方程则与以同一顶点为前端的三棱组 $\langle t_i,t_j,t_k\rangle$ 相对应.

III线图的嵌入问题

1. 交截数

举例 已知任一树形必可嵌入平面, 但若线图中有闭圈 (或称回路), 嵌入就不一定可能. 或者即使可能, 若将线图中所含树形嵌入后, 是否可将嵌入扩充至所余诸棱, 也当视树形的嵌入是否适当而定.

例如设线图 G 有五个顶点 $v_0,v_1,\cdots,v_4$ 和六个棱 $t_1,\cdots,t_4,e_{12},e_{34}$, 其中 t_i 连接 v_0 与 $v_i(i=1,\cdots,4)$, e_{12} 与 e_{34} 各连接 v_1,v_2 与 v_3,v_4. 命 $t_1,\cdots,t_4$ 所成树形为 T. 若嵌入 T 在反钟向旋转时依次为 t_1,t_3,t_2,t_4, 则可有三种不同的方式扩充这一嵌入至整个线图 G, 见附图 III(1). 但若嵌入 T 在反钟向旋转时依次为 t_1,t_2,t_3,t_4, 如附图 III(2), 即不能将这一嵌入扩充至 G, 原因甚为显然: 若先扩充 e_{12} 的嵌入, 则不论嵌入成图 III(3) 或图 III(3)$'$, e_{12} 与 t_1,t_2 所围成的闭圈将把平面分成内外两部分 v_3 与 v_4 必一在闭圈之内而另一在闭圈之外. 因而将连结 v_3, v_4 的 e_{34} 嵌入平面时必将与闭圈相交而不能得一扩充至整个线图 G 的嵌入.

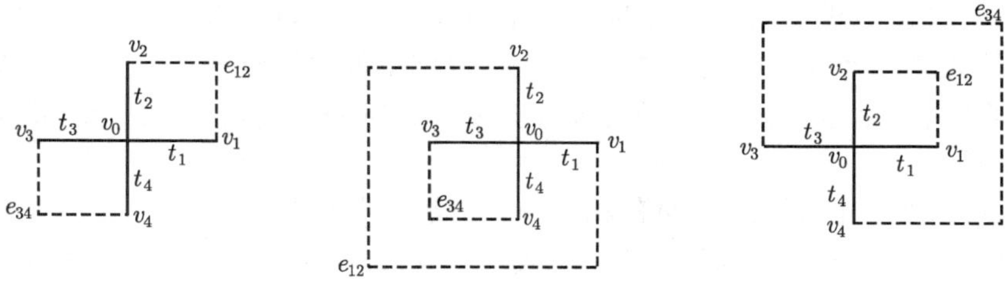

图 III(1)

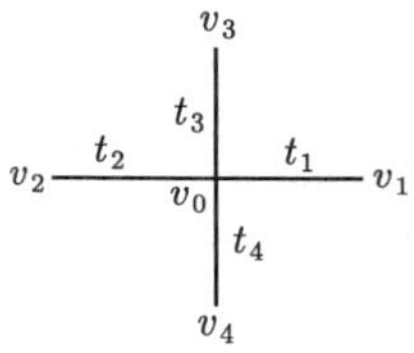

图 III(2)

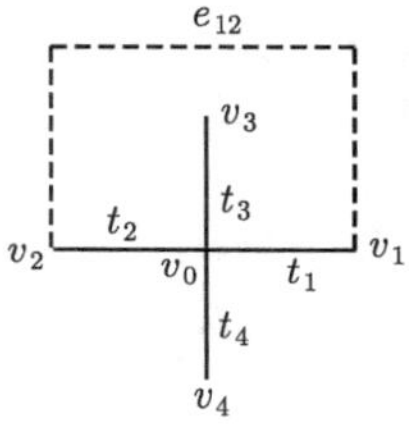

图 III(3)

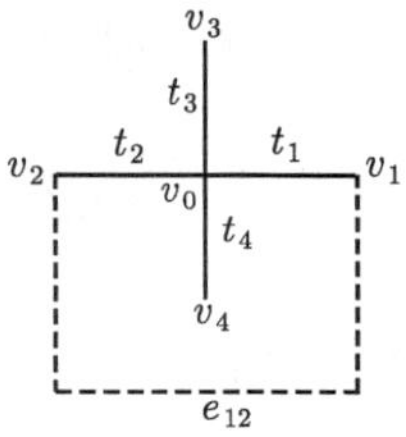

图 III(3)′

上面提到了这样一个事实：平面上的任一闭圈把平面分成内外两部分. 同在内部 (或同在外部) 的任意两点都可用完全处于内部 (或外部) 的折线相连接. 但若两点一在内部而另一在外部, 则任一连线必与圈线相遇.

这一事实国外通称 Jordan*定理*. 我们认为可径直称之为 Jordan*公理*. 作为定理来加以证明, 不是绝对必要的. 事实上, 在平面拓扑学中这也是作为平面公理系统的公理之一来引入的. 即使在 Hilbert 的初等几何学公理系统中, 也有好几条颇为烦琐的平面次序公理, 其作用犹如这一 Jordan 公理.

以下将上述直观的经验事实称为*闭圈原理*. 它是线图有时不能嵌入平面的根本原因, 也是布线之所以成为问题的根本原因.

以后, 我们还需要下面较一般的形式, 例见图 III(4)：

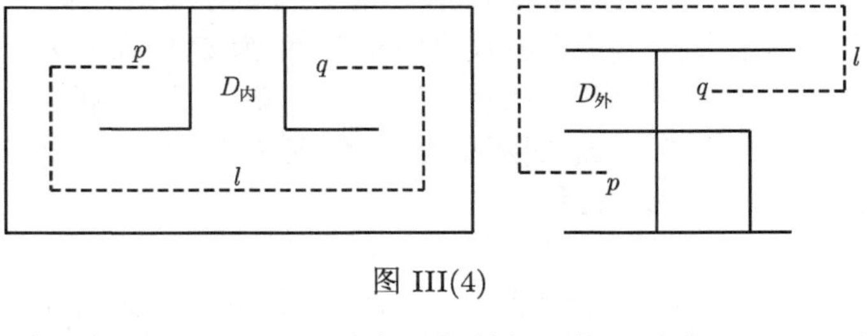

图 III(4)

设平面上有一闭圈 C 以及 C 内部 (与外部) 若干通向 C 而互不相遇的折线, 则平面上不在 C 与这些折线上的点构成两个区域 $D_内$ 与 $D_外$, 各以 C 以及这些分

别在 C 内与 C 外的折线为其边界集, 记作 $\dot{D}_{内}$ 与 $\dot{D}_{外}$. 同在 $D_{内}$ 与 $\dot{D}_{内}$ 或同在 $D_{外}$ 与 $\dot{D}_{外}$ 的任意两点 p, q, 可用一折线 l 在 C 内部或外部相连, 而这一折线 l 至多除 p, q 外都不与 $\dot{D}_{内}$ 和 $\dot{D}_{外}$ 相遇. 但若 p, q 分处 $D_{内}$ 与 $D_{外}$, 则任一连接 p, q 的折线必与 C 相遇.

此外, 我们并将引入交截数的概念, 使闭圈原理有定量的描述.

交截术　平面上一圈线 C 分平面成内外两部分. 若折线 l 的两端 P, q 都不在 C 上, 而 l 与 C 在每一可能有的交点处相截, 则 P, q 同在 C 内部或同在 C 外部时, l 与 C 的交截点数必为偶数. 反之, 若 P, q 一在 C 内而另一在 C 外时, l 与 C 的交截点数必为奇数. 这一基本事实也可用公式表达如下：

引入 l 与 C 的模 2 交截数(简称交截数)：

$$交(l, C) = \begin{cases} 0, & l与C交截点数为偶数时, \\ 1, & l与C交截点数为奇数时. \end{cases}$$

又引入模 2 数：

$$次_P C = \begin{cases} 0, & P在C外部时, \\ 1, & P在C内部时, \end{cases}$$

则

$$交(l, C) = 次_P C + 次_Q C.$$

又平面中只在可能有的交点处相截的任两线图 l_1, l_2 也可定一 (模 2)交截数, 记作交 (l_1, l_2). 且这些交截数是**加法性**的, 例如

$$交(l_1, l_2 \bigcup l_3) = 交(l_1, l_2) + 交(l_1, l_3).$$

2. 方法概述

G 是一遵守 $I2$ 中那些限制的线图, 需要考虑 G 在平面中能否嵌入的问题. 在 G 无闭圈即为一树形时, 嵌入问题已由 II 完全解决. 前节例中已指出, 对于一般的线图 G, 嵌入问题的困难乃是由闭圈所引起. 这些考虑导致我们采用下述方法.

在 G 中选择一个含有 G 中所有顶点的树形, 称为 G 的最大树, 记为 T. 相对于一固定的 T 来说, T 中的棱称为树棱, 记为 t_i, t_j, 等. G 中不属于 T 的棱将称为外棱, 记作 e_α, e_β 等. 若外棱 e_α 的两端为 a, a', 则在 T 中有一唯一的通道连结 a 与 a', 记作 P_α. 闭圈 $e_\alpha \bigcup P_\alpha$. 记作 C_α.

我们的方法可概述如下.

先将 T 任意嵌入平面, 记嵌入为 $f: T \subset$ 平面. 然后考虑将 f 扩充至诸外棱 e_α. 一般说来, 这是不可能的. 我们将引入一 (模 2) 数组来定量描述这一不可能的程度. 这种不可能或者是由于原来嵌入 f 的选择不适当所引起 (见前举例), 或者由

于线图 G 的内在矛盾所引起. 我们将引入另一 (模 2) 数组来定量刻画这些内在矛盾, 这两数组间关系的确定, 导致能否改变原来的嵌入 $f:T\subset$ 平面, 使扩充至整个 G 的嵌入成为可能.

在描述树形 T 的嵌入时, 由 II 知, 若事先选一树根可有许多方便, 又由于在尝试将 $f:T\subset$ 平面扩充至诸外棱 e_α,e_β 等时, 需要考虑 e_α,e_β 嵌入平面后的交截数. 若 e_α,e_β 有公共端点, 则嵌入时交截数的叙述较为烦琐. 为了避免出现两个外棱有公共顶点这种情形, 以及为了树根的引入, 特先将线图 G 与最大树 T 加以适当改造. 先举两例如次 (实线为最大树, 虚线为外棱):

例 1 Kuratowski 线图 K_1(图 III(5)).

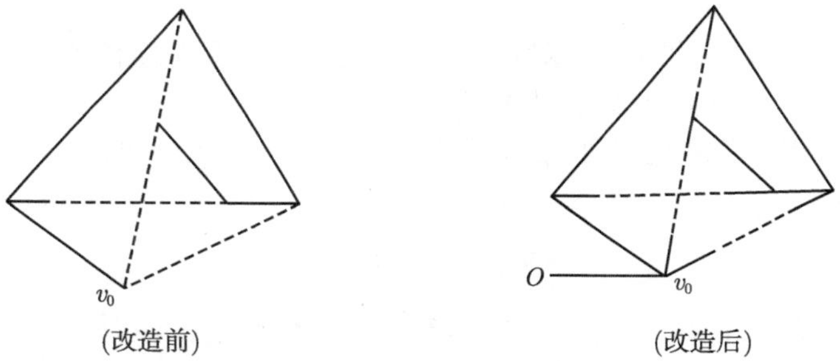

图 III(5)

例 2 Kuratowsiki 线图 K_2(图 III(6)).

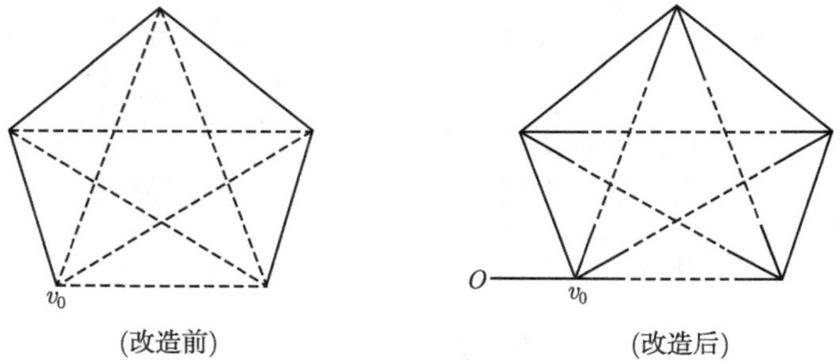

图 III(6)

总的说来, 线图的**改造**包括两个方面:

(1) 将任一外棱 e_α 分成三段. 在 e_α 两端的两段归入最大树 T, 中间的一段则作为新的外棱. 若 e_α 的某一端不再有其他外棱, 则这一端的一段也可省去.

(2) 在 T 中任取一点 v_0(不必为顶点) 并添入一顶点 O 作为树根以及自根 O 至 v_0 的一个树棱.

显然, 第一种改造对于线图的嵌入无丝毫影响. 对于第二种改造, 如果 v_0 是一个 k叉点, 即在 v_0 处恰有 k 个棱, 对原线图的每一嵌入, 改造后的线图恰有 k 个不同嵌入与之相当, 因而解决了改造后线图的嵌入问题, 同时也就解决了原来线图的嵌入问题.

由于上述, 我们就已经改造的线图 (仍记之为 G) 与最大树 (仍记之为 T) 进行讨论, 引入的树根记作 O, 这时 G,T 等具有以下诸性质:

(1) 自最大树 T 的任一自由端出发, 至多只有一个外棱.

(2) 任两外棱均无公共端点.

(3) 在树根 O 处无外棱.

以下假定 G,T 与根 O 已固定, 不再声明.

3. 矛盾数

问题　设 $f: T \subset$ 平面. 一般说来, f 不能扩充为整个线图 G 的嵌入 $\tilde{f}: G \subset$ 平面, 使 $\tilde{f}|T \equiv f$. 问如何刻画这种不可能的程度.

扩充术　设任意扩充 f 为相对于 T 的浸入 $\tilde{f}: G \underset{T}{\propto}$ 平面, 使 $\tilde{f}|T \equiv f$. 对 T 外的任两外棱 e_α, e_β,

$$\text{交}(\tilde{f}(e_\alpha), \tilde{f}(e_\beta))$$

与扩充方式 $\tilde{f}$ 无关, 而由 $\tilde{f}|T$ 即 f 完全确定, 记之为 $f_{\alpha\beta}$. 于是

$$\boxed{f: T \subset \text{平面可扩充为 } \tilde{f}: G \subset \text{平面, 使 } \tilde{f}|T \equiv f \Leftrightarrow \text{一切 } f_{\alpha\beta} = 0}$$

由此知, 数组 $(f_{\alpha\beta})$ 可作为能否扩充 $f: T \subset$ 平面为整个 G 的嵌入的一种量度. 换言之, 使 f 不能扩充为 G 的嵌入的内部矛盾暴露于外时可通过数组 $(f_{\alpha\beta})$ 表现出来. 为此, $f_{\alpha\beta}$ 将称为相应于 $f: T \subset$ 平面的*矛盾数*, $(f_{\alpha\beta})$ 称为*矛盾数组*.

注析　设 $\tilde{f}': G \underset{T}{\propto}$ 平面是 $f: T \subset$ 平面的另一扩充. 不妨设 $\tilde{f}'(e_\alpha)$ 与 $\tilde{f}(e_\beta)$ 相截 (一般情形容易归结于此), 因树 T 与 e_α 在 $\tilde{f}$ 与 $\tilde{f}'$ 下都不相遇, 故

$$\text{交}(\tilde{f}(e_\alpha), \tilde{f}(e_\beta)) = \text{交}(\tilde{f}(e_\alpha), \tilde{f}(C_\beta)),$$

$$\text{交}(\tilde{f}'(e_\alpha), \tilde{f}(e_\beta)) = \text{交}(\tilde{f}'(e_\alpha), \tilde{f}(C_\beta)).$$

又折线 $\tilde{f}(e_\alpha), \tilde{f}'(e_\alpha)$ 有相同端点, 故由交截术 (III 1) 知, 右端两式相等. 由此得

$$\text{交}(\tilde{f}(e_\alpha), \tilde{f}(e_\beta)) = \text{交}(\tilde{f}'(e_\alpha), \tilde{f}(e_\beta)).$$

同样有

$$\text{交}(\tilde{f}'(e_\alpha), \tilde{f}'(e_\beta)) = \text{交}(\tilde{f}'(e_\alpha), \tilde{f}(e_\beta)),$$

故

$$\text{交}(\tilde{f}'(e_\alpha), \tilde{f}'(e_\beta)) = \text{交}(\tilde{f}(e_\alpha), \tilde{f}(e_\beta)),$$

即交 $(\tilde{f}(e_\alpha), \tilde{f}(e_\beta))$ 与扩充方式 $\tilde{f}$ 无关. 这说明了符号 $f_{\alpha\beta}$ 的合理性.

显然, 在 $f: T \subset$ 平面可扩充为整个 G 的嵌入时应有一切 $f_{\alpha\beta} = 0$. 反之也容易由归纳法验证如下:

将一切外棱任意排列成一次序 $e_1, \cdots, e_L$, 将树添入 $e_1, \cdots, e_k$(对 $k = 1, \cdots, L$) 后所得线图记作 G_k. 又置 $G_0 = T$. 设 $f: T \subset$ 平面已扩充为一嵌入 ($\tilde{f}_0 \equiv f: G_0 \subset$ 平面):

$$\tilde{f}_k : G_k \subset \text{平面},$$
$$\tilde{f}_k | T \equiv f,$$

试考虑继续扩充到 G_{k+1} 的可能性. 按 $\tilde{f}(G_k)$ 分割平面成若干区域, 设为 $D_1, \cdots, D_r$. 设 e_{k+1} 的两端为 a_{k+1}, a'_{k+1}, 而 $\tilde{f}_k(a_{k+1}) = p_{k+1}, \tilde{f}_k(a'_{k+1}) = p'_{k+1}$. 将 p_{k+1}, p'_{k+1} 在平面中任以一折线 l 相连而使 l 除 p_{k+1}, p'_{k+1}外不与 $\tilde{f}_k(T)$ 相遇且与每一 $\tilde{f}_k(e_i)$ 至多相截. 每一区域 D_i 的边界集 $\dot{D}_i$ 由一闭圈 C_i 以及若干在 C_i 内通向 C_i 而互不相遇的折线所构成, 而 C_i 又由 $\tilde{f}_k(T)$ 的一部分以及若干 $\tilde{f}_k(e_j)(1 \leqslant j \leqslant k)$ 所组成, 设为 $\tilde{f}_k(e_{ij}), j = 1, \cdots, s(i)$, 折线则全由树棱所组成.

由假设知 (下面符号指 $f_{\alpha\beta}$, 应不致混淆为 f_{ij}):

$$f_{k+1,1} = \cdots = f_{k+1,k} = 0,$$

因而

$$\text{交}(l, C_i) = \sum_{j=1}^{s(i)} \text{交}(l, \tilde{f}_k(e_{ij})) = \sum_{j=1}^{s(i)} f_{k+1,ij} = 0.$$

由此据一般形式的闭圈原理知: 若 p_{k+1} 在某一区域 D_i 的边界且在闭圈 C_i 的内部, 则 p'_{k+1} 也将同在 C_i 的内部, 因而在 C_i 内部可将 p_{k+1}, p'_{k+1} 用一折线 l_{k+1} 连结使 l_{k+1} 与树形 $\tilde{f}_k(T)$除 p_{k+1}, p'_{k+1} 外不相遇, 且 l_{k+1} 不与任一 $\tilde{f}_k(e_1), \cdots, \tilde{f}_k(e_k)$ 相遇, 故可将 $\tilde{f}_k$ 扩充至 e_{k+1} 得 $\tilde{f}_{k+1}: G_{k+1} \subset$ 平面使

$$\tilde{f}_{k+1}(e_{k+1}) = l_{k+1},$$
$$\tilde{f}_{k+1} | G_k \equiv \tilde{f}_k.$$

依次进行即可将 f 扩充为整个 G 的嵌入

$$\tilde{f} : G \subset \text{平面},$$
$$\tilde{f}/T \equiv f.$$

验证完毕.

4. 基本关系式

问题 设 $f: T \subset$ 平面, 则 f 能否扩充为嵌入 $\tilde{f}: G \subset$ 平面使 $\tilde{f}|T \equiv f$ 的可能程度由矛盾数组 $(f_{\alpha\beta})$ 刻画. 另一方面, 矛盾的产生导源于 T 的嵌入 f, 而这一嵌

入可由数组 (f_{ij}) 该画 (见附录 II). 在外部表现 $(f_{\alpha\beta})$ 与内在原因 (f_{ij}) 之间必有关系, 试求这些关系的明确表达式.

基本关系术　对于 T 的任两自由端 a 与 b, 命 T 中连接 a,b 与根 O 的通道 P_a,P_b 首次相遇的顶点为 v. 命在 T 中连结 v 与 a,b 的通道 P_{va},P_{vb} 上以 v 为前端的树棱为 t_i,t_j. 引入记号

$$f_{ab}=f_{ij},$$

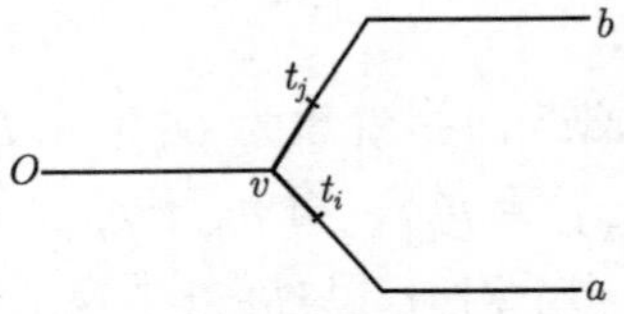

图 III(7)

显然有

$$f_{ab}=f_{ba}+1.$$

例如在附图 III(7) 中有

$$f_{ab}=f_{ij}=0$$

设外棱 e_α 的两端为 $a,a':e_\alpha=\widehat{aa'}$,

外棱 e_β 的两端为 $b,b':e_\beta=\widehat{bb'}$,

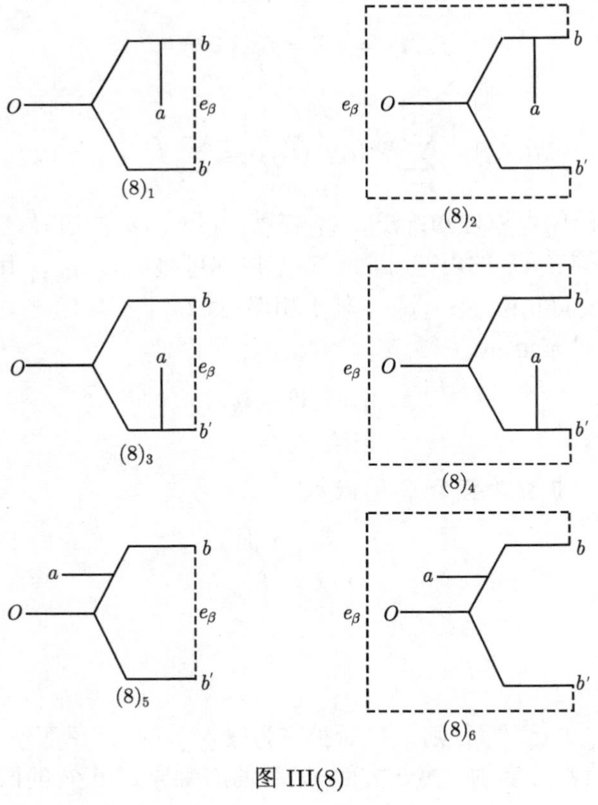

图 III(8)

则有**基本关系式**:

$$\boxed{f_{\alpha\beta} = f_{ab} + f_{ab'} + f_{a'b} + f_{a'b'}}$$

式中右边与 a, a' 的次序无关, 也与 b, b' 的次序无关. 又两边都与 α, β 的次序无关.

注析 任意扩充 $f: T \subset$ 平面为 $\tilde{f}: G \underset{T}{\subset}$ 平面, 就 $\tilde{f}$ 下 O 在圈线 $C_\beta = e_\beta \bigcup P_\beta$ 的内外以及 P_α 与 C_β 的相对位置关系可有以下几种如图 III$(8)_{1-12}$ 所示的不同情形, 其他情形可由交换 b, b' 而得.

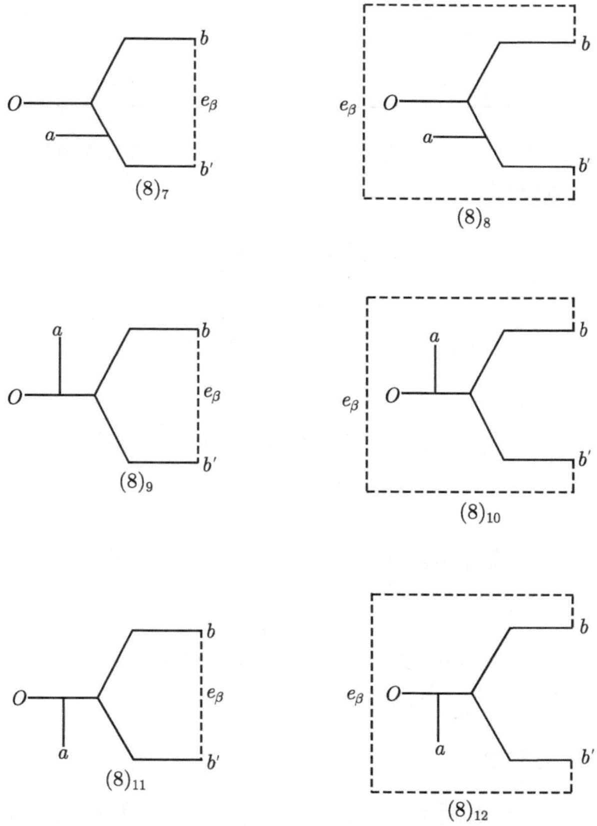

图 III(8)′

引入记号

$$f_{a\beta} = f_{ab} + f_{ab'},$$

则依据这些情形可列成下表:

情　形	f_{ab}	$f_{ab'}$	$f_{\alpha\beta}$	次 $_a\tilde{f}(C_\beta)$	次 $_o\tilde{f}(C_\beta)$
1	0	1	1	1	0
2	0	1	1	0	1
3	0	1	1	1	0
4	0	1	1	0	1
5	1	1	0	0	0
6	1	1	0	1	1
7	0	0	0	0	0
8	0	0	0	1	1
9	1	1	0	0	0
10	1	1	0	1	1
11	0	0	0	0	0
12	0	0	0	1	1

上表中 $f_{bb'}=1$. 若 $f_{bb'}=0$, 则只需将 $f_{ab}, f_{ab'}$ 的值互易即可, 此外勿须变更.

由表可知, 不论何时都有

$$f_{a\beta}=\text{次}_a\tilde{f}(C_\beta)+\text{次}_o\tilde{f}(C_\beta).$$

同样有

$$f_{a'\beta}=\text{次}_{a'}\tilde{f}(C_\beta)+\text{次}_o\tilde{f}(C_\beta).$$

相加得

$$f_{a\beta}+f_{a'\beta}=\text{次}_a\tilde{f}(C_\beta)+\text{次}_{a'}\tilde{f}(C_\beta).$$

由 III1 交截数,

$$\text{上式}=\text{交}(\tilde{f}(e_\alpha),\tilde{f}(C_\beta))=\text{交}(\tilde{f}(e_\alpha),\tilde{f}(e_\beta))=f_{\alpha\beta}.$$

故

$$f_{\alpha\beta}=f_{a\beta}+f_{a'\beta}=f_{ab}+f_{ab'}+f_{a'b}+f_{a'b'}.$$

此即基本关系式.

5. 线图嵌入第一基本定理

问题　试从 $f:T\subset$ 平面所定数组 (f_{ij}) 求 f 可改变为 $g:T\subset$ 平面而 g 可扩充为整个 G 的嵌入的充要条件.

剖析　任两嵌入 $f,g:T\subset$ 平面的异同可由一数组 (ε_{ij}) 确定 (见 II 中的树形比嵌术与嵌树术), 此处

$$\varepsilon_{ij}=\varepsilon_{ji}=f_{ij}+g_{ij}.$$

又对 $g:T\subset$ 平面由 III3 扩充术已知 g 可扩充为整个 G 的嵌入的充要条件. 由此易得 $f:T\subset$ 平面可改变为 $g:T\subset$ 平面而 g 可扩充为整个 G 的嵌入的充要条件.

详言之, 设 $f,g:T\subset$ 平面任意, 对 T 的任两自由端 a,b, 命 a,b 到根 O 的通道 P_a,P_b 最初相遇的顶点为 v. 连接 v 与 a,b 的通道 P_{va},P_{vb} 上以 v 为前端的树棱设为 t_i,t_j, 则置

$$\varepsilon_{ab}=\varepsilon_{ij}.$$

又对任两外棱 $e_\alpha=\widehat{aa'},e_\beta=\widehat{bb'}$, 置

$$\varepsilon_{a\beta}=\varepsilon_{ab}+\varepsilon_{ab'},$$
$$\varepsilon_{\alpha b}=\varepsilon_{ab}+\varepsilon_{a'b},$$
$$\varepsilon_{\alpha\beta}=\varepsilon_{ab}+\varepsilon_{ab'}+\varepsilon_{a'b}+\varepsilon_{a'b'},$$

则显有

$$\varepsilon_{ab}=\varepsilon_{ba},$$
$$\varepsilon_{a\beta}=\varepsilon_{\beta a},$$
$$\varepsilon_{\alpha b}=\varepsilon_{b\alpha},$$
$$\varepsilon_{\alpha\beta}=\varepsilon_{\beta\alpha}=\varepsilon_{a\beta}+\varepsilon_{a'\beta}=\varepsilon_{\alpha b}+\varepsilon_{\alpha b'}.$$

由

$$g_{ij}=f_{ij}+\varepsilon_{ij}$$

依据诸符号的意义以及III 4 的基本关系术可得

$$g_{ab}=f_{ab}+\varepsilon_{ab},$$
$$g_{\alpha\beta}=f_{\alpha\beta}+\varepsilon_{\alpha\beta}.$$

因而由扩充术, 若 f 可改变为 $g:T\subset$ 平面而 g 可扩充为整个 G 的嵌入, 则 $g_{\alpha\beta}=0$, 或即

$$\varepsilon_{\alpha\beta}=f_{\alpha\beta}.$$

今依 II5 引入一组 (模 2) 未知数 $x_{ij}=x_{ji}$, 又对任两 T 的自由端 a,b 与任两外棱 $e_\alpha=\widehat{aa'}$, $e_\beta=\widehat{bb'}$, 置 (i,j 意义同前)

$$x_{ab}=x_{ij},$$
$$x_{a\beta}=x_{ab}+x_{ab'},$$
$$x_{\alpha b}=x_{ab}+x_{a'b},$$
$$x_{\alpha\beta}=x_{ab}+x_{ab'}+x_{a'b}+x_{a'b'},$$

则显然有

$$x_{ab}=x_{ba},$$
$$x_{a\beta}=x_{\beta a},$$
$$x_{\alpha b}=x_{b\alpha},$$
$$x_{\alpha\beta}=x_{\beta\alpha}=x_{a\beta}+x_{a'\beta}=x_{\alpha b}+x_{\alpha b'}.$$

于是上述 $g:T\subset$ 平面可扩充为整个 G 的嵌入的条件可表为: (ε_{ij}) 应为下方程组:

$$(\mathrm{I})_f \qquad x_{\alpha\beta}=f_{\alpha\beta}$$

的解. 又据 II5 嵌树术, (ε_{ij}) 还应满足以下方程组:

$$(\mathrm{II})_f \qquad Q_{ijk}(f,x)=1,$$

其中 $Q_{ijk}(f,x)$ 为一与以同一顶点为前端的三棱组 t_i,t_j,t_k 相对应的二次式.

反之, 若 (ε_{ij}) 满足这两方程组, 则依 $(\mathrm{II})_f$ 与嵌树术可据 ε_{ij} 以改变 f 为一嵌入 $g:T\subset$ 平面使

$$g_{ij}=f_{ij}+\varepsilon_{ij},$$

其次依 $(\mathrm{I})_f$ 有

$$g_{\alpha\beta}=0.$$

因而由扩充术可将 g 扩充为一整个 G 的嵌入.

综合上述可得出问题的完全解答如下:

线图嵌入术 (第一基本定理)　对于以任意同一顶点为前端的任两树棱 t_i,t_j 引入一模 2 未知数 $x_{ij}=x_{ji}$, 又对 T 的任两自由端 a,b 与任两外棱 e_α,e_β 引入

$$x_{ab}=x_{ij},$$
$$x_{\alpha\beta}=x_{ab}+x_{ab'}+x_{a'b}+x_{a'b'},$$

其中 t_i,t_j 为自 a,b 至 o 的通道 P_a,P_b 上以初次相遇的顶点为前端的两树棱, 而 $e_\alpha=\widehat{aa'},e_\beta=\widehat{bb'}$. 对每一对外棱 e_α,e_β 引入方程

$$(\mathrm{I})_f \qquad x_{\alpha\beta}=f_{\alpha\beta},$$

又对每三以同一顶点为前端的树棱 t_i,t_j,t_k 引入方程

$$(\mathrm{II})_f \qquad Q_{ijk}(f,x)=1,$$

此处

$$\begin{aligned}Q_{ijk}(f,x)=&(f_{ij}+x_{ij})(f_{ik}+x_{ik})\\&+(f_{jk}+x_{jk})(f_{ji}+x_{ji})\\&+(f_{ki}+x_{ki})(f_{kj}+x_{kj}),\end{aligned}$$

则 $f:T\subset$ 平面可改变为 $g:T\subset$ 平面而 g 可扩充为整个 G 的嵌入的充要条件为方程组 $(\mathrm{I})_f$, $(\mathrm{II})_f$ 有解.

简言之有

$$\boxed{G \text{ 能嵌入平面} \Leftrightarrow (\mathrm{I})_f,\ (\mathrm{II})_f \text{ 有解}}$$

这一结论将称为线图嵌入第一基本定理.

若已得 $(\mathrm{I})_f$, $(\mathrm{II})_f$ 的一组解答 $(x_{ij})=(\varepsilon_{ij})$, 则视 $\varepsilon_{ij}=1$ 或 0 而确定是否改变 t_i,t_j 的旋向, 即可从 f 得一确定的嵌入 $g:T\subset$ 平面而 g 可扩充为整个 G 的嵌入, 如扩充术所示.

6. 不能嵌入平面的线图实例

问题 举出一些不能在平面中嵌入的简单线图.

Kuratowski 实例. Kuratowski(波兰数学家) 在 1930 年曾举出过两个这样的线图, 记作 K_1, K_2, 见图 III(5), (6). 我们将依据前面线图嵌入术对 K_1, K_2 进行分析并证实 K_1 与 K_2 不能嵌入平面.

先考虑 K_1. 为此选一最大树 T 并依 III2 改造 K_1 且作 $f: K_1 \underset{T}{\subset}$ 平面如图 III(9)(参阅图 III(5)).

相当于方程组 $(\mathrm{I})_f$ 有 0

$$
\begin{aligned}
(e_1,e_2):&\quad x_{8,13}+x_{23}+x_{13}+x_{12}=0,\\
(e_1,e_3):&\quad x_{8,13}+x_{45}=0,\\
(e_2,e_3):&\quad x_{9,12}+x_{45}=1,\\
(e_1,e_4):&\quad x_{8,13}+x_{67}=0,\\
(e_2,e_4):&\quad x_{10,11}+x_{67}=0,\\
(e_3,e_4):&\quad x_{9,12}+x_{67}=0.
\end{aligned}
$$

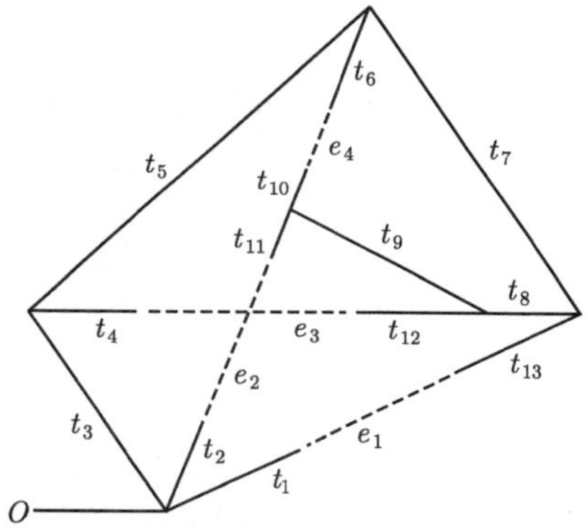

图 III(9)

易见上述方程组无解, 因而 K_1 不能嵌入平面, 但若弃去 e_4(因而也同时弃去 t_6, t_{10}), 对余下的线图 K_1'(见图 III(10)) 在 f 下的相应方程组 $(\mathrm{I})_f$ 只含有前面三个, 这时 $(\mathrm{I})_f$ 显然可解. 因 $(\mathrm{II})_f$ 并不存在, 故知 K_1' 必可嵌入平面.

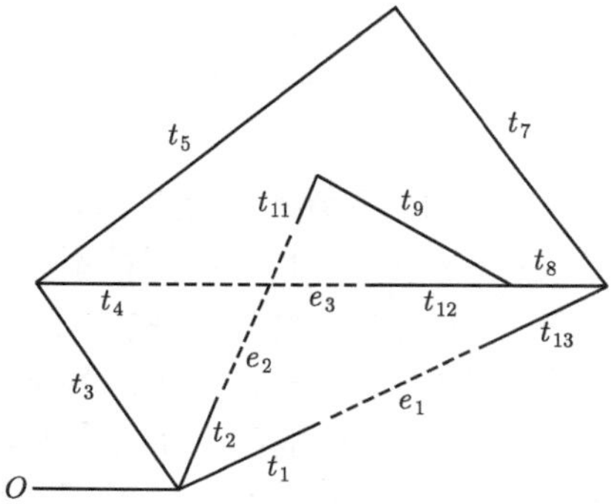

图 III(10)

为求得 K_1' 的不同嵌入, 可先求得 $(\mathrm{I})_f$ 的一般解答如下:

$$
x_{23}+x_{13}+x_{12}=x_{8,13}=x_{45},
$$
$$
x_{9,12}=x_{45}+1.
$$

无损于一般性, 不妨设

$$
x_{12}=x_{13}=0,
$$

于是有两组不同解答如下:

(1) $\quad x_{12}=x_{13}=x_{23}=x_{45}=x_{8,13}=0, \quad x_{9,12}=1,$

(2) $\quad x_{12}=x_{13}=x_{9,12}=0, \quad x_{23}=x_{45}=x_{8,13}=1.$

相应的树形嵌入见图 III(11), 图 III(12).

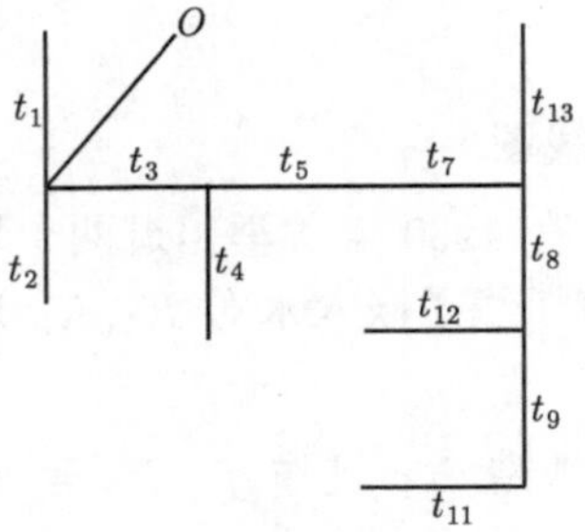

图 III(11)

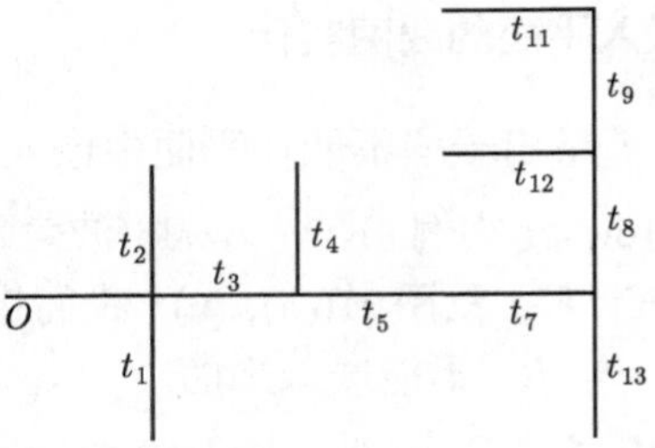

图 III(12)

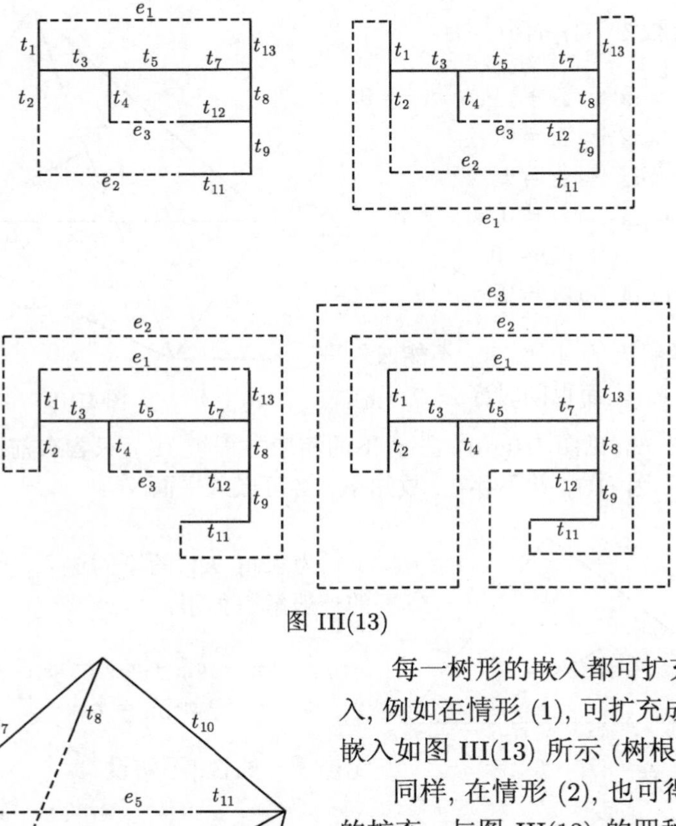

图 III(13)

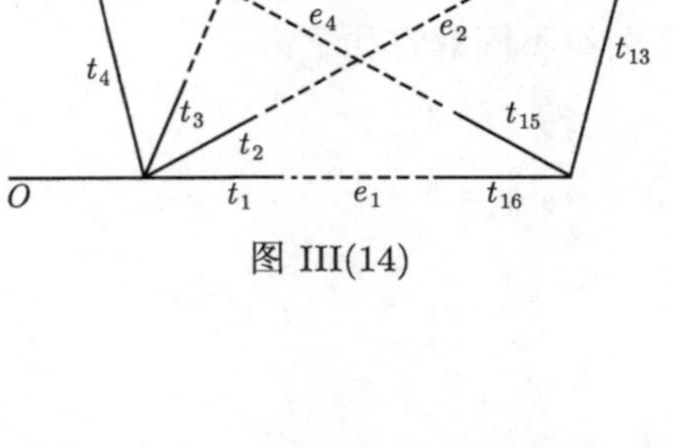

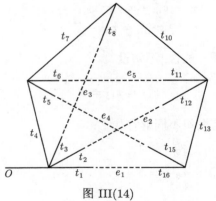

图 III(14)

每一树形的嵌入都可扩充为 K_1' 的嵌入, 例如在情形 (1), 可扩充成四种不同的嵌入如图 III(13) 所示 (树根已省去).

同样, 在情形 (2), 也可得出四种不同的扩充. 与图 III(13) 的四种扩充一起共 8 种, 概括了 K_1'(即 K_1 除去 e_4 后所余线图) 在平面中一切可能的不同嵌入.

其次考虑第二种 Kuratowski 线图 K_2(参阅图 III(6)). 为此, 取树形 T 并改造 K_2 且作 $f: K_2 \underset{T}{\propto}$ 平面如图 III(14).

方程组 $(\mathrm{I})_f$, 含有 15 个方程如下：

$$
\begin{aligned}
(e_1,e_2):&\quad x_{12}+x_{14}+x_{24}+x_{12,13}=0,\\
(e_1,e_3):&\quad x_{13}+x_{14}+x_{34}+x_{8,10}=0,\\
(e_2,e_3):&\quad x_{23}+x_{24}+x_{34}+x_{8,10}=0,\\
(e_1,e_4):&\quad x_{57}+x_{15,16}=0,\\
(e_2,e_4):&\quad x_{57}+x_{12,13}=1,\\
(e_3,e_4):&\quad x_{57}+x_{8,10}=1,\\
(e_1,e_5):&\quad x_{67}+x_{11,13}=0,\\
(e_2,e_5):&\quad x_{67}+x_{11,12}=0,\\
(e_3,e_5):&\quad x_{67}+x_{8,10}=1,\\
(e_4,e_5):&\quad x_{56}+x_{57}+x_{67}+x_{11,13}=0,\\
(e_1,e_6):&\quad x_{9,10}+x_{14,16}=0,\\
(e_2,e_6):&\quad x_{9,10}+x_{12,13}=1,\\
(e_3,e_6):&\quad x_{89}+x_{8,10}=0,\\
(e_4,e_6):&\quad x_{9,10}+x_{14,15}=0,\\
(e_5,e_6):&\quad x_{9,10}+x_{11,13}=1.
\end{aligned}
$$

易见上述方程组无解, 因而 K_2 不能嵌入平面. 但若弃去 e_6(因而也弃去 t_9,t_{14}), 即易 K_2 为图 III(15)、(16) 的 K_2', 并取最大树 T' 与浸入 $f:K_2'\underset{T'}{\propto}$ 平面如前, 则相应的方程组 $(I)_f$ 系由前面 10 个所组成. 易见此时 $(\mathrm{I})_f$, 有解.

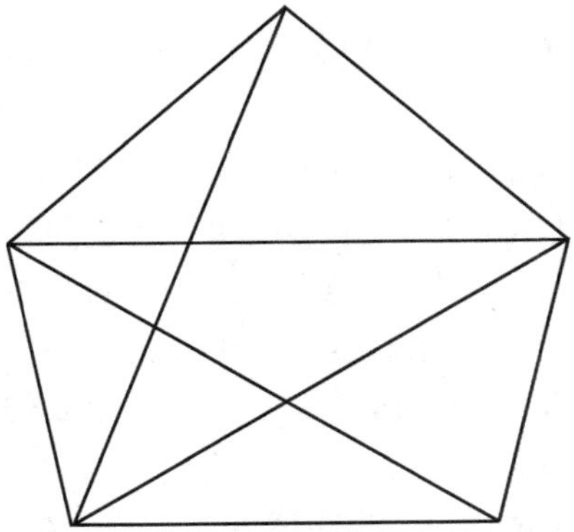

图 III(15)

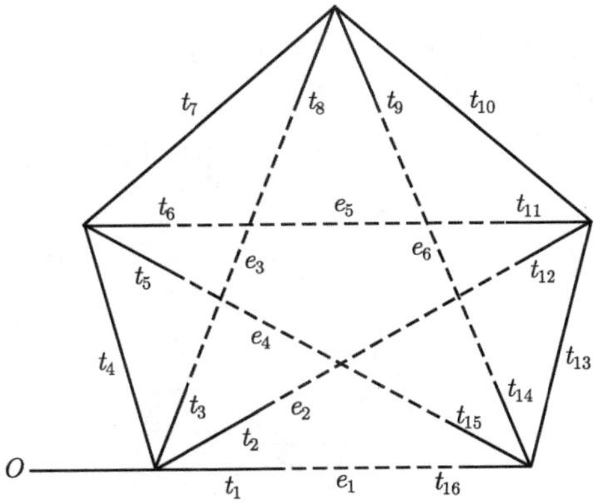

图 III(16)

无损于一般性, 可设

$$x_{12}=x_{13}=x_{14}=0,$$

此时方程组 $(\mathrm{I})_f$ 的一般解答为

$$x_{23} = x_{24} = x_{34} = x_{8,10} = x_{12,13},$$
$$x_{56} = x_{57} = x_{67} = x_{11,12} = x_{11,13} = x_{15,16},$$
$$x_{56} = x_{23} + 1.$$

对于方程组 $(\mathrm{II})_f$, 此时有相应于

$$(i, j, k) = (123), (124), (134), (234), (567), (11, 12, 13)$$

等共 6 个方程, 注意当 $i < j < k$ 时, 由于

$$f_{ij} = f_{ik} = f_{jk} = 0,$$

相应方程变为

$$x_{ij}x_{ik} + x_{ij}x_{jk} + x_{ik}x_{jk} + x_{ik} = 0,$$

不难验证, 由于 $(\mathrm{I})_f$, 的解答需采取前面所述形式, 诸方程 $(\mathrm{II})_f$ 都自然满足, 因之 K_2' 必能嵌入平面.

由此知方程组 $(\mathrm{I})_f$, $(\mathrm{II})_f$ 的解答实质上只有以下两组 (在无损于一般性的假定 $x_{12} = x_{13} = x_{14} = 0$下):

(1) $x_{12} = x_{13} = x_{14} = x_{23} = x_{24} = x_{34} = x_{8,10} = x_{12,13} = 0,$
$x_{56} = x_{57} = x_{67} = x_{11,12} = x_{11,13} = x_{15,16} = 1,$

(2) $x_{12} = x_{13} = x_{14} = x_{56} = x_{57} = x_{67} = x_{11,12} = x_{11,13} = x_{15,16} = 0,$
$x_{23} = x_{24} = x_{34} = x_{8,10} = x_{12,13} = 1.$

因而 T' 在平面中只有两个不同的嵌入. 从这两个 T' 的嵌入不难获得 K_2' 在平面中的所有不同嵌入方法.

不仅 K_1, K_2 不能嵌入平面, 凡含有 K_1 型或 K_2 型子图的线图都不能嵌入平面, 而且 Kuratowski 还证明了其逆, 即下述定理 (证明从略, 可参阅 Kuratowski, Sur le problème des courbes gauches en topologie, Fund. Math., 15(1930)271—283) 或线图理论的一般书籍.

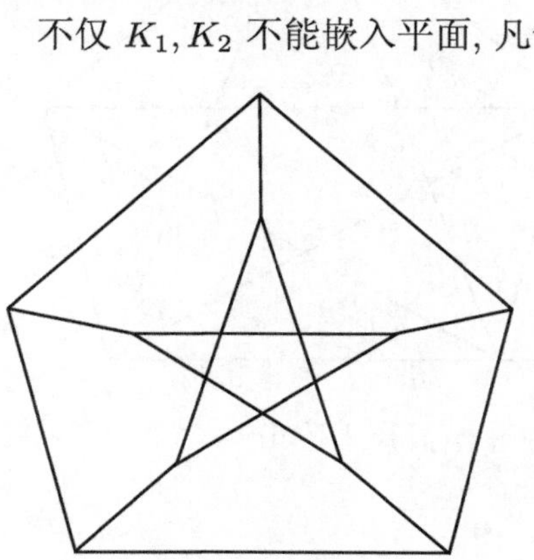

图 III(17)

Kuratowski 线图嵌入术　若一线图 G 含有一子图如 K_1 或 K_2, 例如图 III(17) 中以粗黑线表出的子图即为一 K_1 型线图, 则由上述 G 显然不能嵌入平面. 反之, 若 G 不含有任意 K_1 或 K_2 型的子图, 则 G 必能嵌入平面, 即

$$\boxed{G\text{ 能嵌入平面 }\Leftrightarrow G\text{ 不含有 }K_1\text{ 或 }K_2\text{ 型子图}}$$

7. 线图嵌入第二基本定理

问题 Kuratowski 嵌入术给出了一个线图 G 能嵌入平面的充要条件, 但这种判准并不是切实可行的, 因为线图比较复杂时, 难以判断是否有 K_1 或 K_2 型子图隐藏其中 (参阅图 III(17)). 另一方面, III5 中的线图嵌入术 (第一基本定理) 给出了另一个切实可行的判准, 把判断 G 能否嵌入平面归结为某方程组 $(\mathrm{I})_f$ 与 $(\mathrm{II})_f$ 是否有解答, 并可得出根据解答的具体嵌入方法. 但方程组中 $(\mathrm{I})_f$ 是线性的, 容易处理, $(\mathrm{II})_f$ 则是二次的, 比较难办. 试简化方程组以获得较简易的嵌入判准.

剖析 由 Kuratowski 嵌入术与实例的注释可知: 设 G 中有一 K_1 或 K_2 型的子图 G', 在 G 中可选最大树形 T 以 G' 的最大树形 T' 为子树. 不妨设 G, G' 都已改造使 T, T' 具有相同树根. 任作 $f: T \subset$ 平面, 并置 $f|T' \equiv f'$, 则相应于 G, T 与 f 的方程组 $(\mathrm{I})_f$ 含有 G' 相应于 T' 与 f' 的方程组 $(\mathrm{I})_{f'}$ 为其子组. 因 $(\mathrm{I})_{f'}$ 无解, 故 $(\mathrm{I})_f$ 也无解. 由此知, 当 $(\mathrm{I})_f$ 有解时, G 必不能含有任一 K_1 或 K_2 型的子图. 仍由 Kuratowski 嵌入术知, 此时 G 必能嵌入平面. 由第一基本定理并知此时不仅 $(\mathrm{I})_f$ 有解, 且 $(\mathrm{I})_f$, $(\mathrm{II})_f$ 联立起来的方程组也必有解. 但需注意, 并不是 $(\mathrm{I})_f$ 的任一解答都可作为 $(\mathrm{I})_f$, $(\mathrm{II})_f$ 联立起来的解.

总结上述, 有下面的结论:

线图嵌入术 (第二基本定理). 设线图 G, 最大树形 T 与树根 O 如前. 任作嵌入 $f: T \subset$ 平面, 并作相应方程组

$(\mathrm{I})_f$ $\qquad x_{\alpha\beta} = f_{\alpha\beta},$

$(\mathrm{II})_f$ $\qquad Q_{ijk}(f, x) = 1,$

则

$$\boxed{G\text{ 能嵌入平面 }\Leftrightarrow(\mathrm{I})_f\text{ 有解}}$$

由此并知

$$\boxed{(\mathrm{I})_f\text{ 有解 }\Rightarrow(\mathrm{I})_f,(\mathrm{II})_f\text{ 有解}}$$

Ⅳ (平面性) 线图的具体嵌入

1. 问题说明与方法概述

问题 仍设线图 G 与最大树形 T 如前, 其中 G 满足 I2 中的限制条件, 而 G, T 已改造如 III2, 树根为 O. 任作嵌入 $f: T \subset$ 平面. 从 f 可作两方程组:

$(\mathrm{I})_f$ $\qquad x_{\alpha\beta} = f_{\alpha\beta},$

$(\mathrm{II})_f$ $$Q_{ijk}(f,x)=1.$$

由 III7 线图嵌入术 (第二基本定理) 已知方程组 $(\mathrm{I})_f$ 有解时, $(\mathrm{I})_f$, $(\mathrm{II})_f$ 联立起来的方程组也有解, 因而依据 III5 的线图嵌入术 (第一基本定理), 可改变 f 为另一嵌入 $g:T\subset$ 平面并扩充 g 为 G 的一个嵌入. 但是, 在建立 III7 这一结果的过程中需借助于 Kuratowski 嵌入术 (III6), 而后者只是一纯理论的结果, 并非切实可行, 为此提出下面的问题: 重新建立 III7 的线图嵌入术使不依赖于 Kuratowski 的结果, 且从 $(\mathrm{I})_f$ 的一组解答获得 $(\mathrm{I})_f$, $(\mathrm{II})_f$ 的解答时, 应该依照确定步骤进行, 因而切实可行, 即可编成程序使用电子计算机以获得所需解答.

方法概述　为了解决上述问题, 使得从一个只满足 $(\mathrm{I})_f$ 的解出发能获得一个同时满足 $(\mathrm{I})_f$, $(\mathrm{II})_f$ 的解, 我们将把 f 以及 $(\mathrm{I})_f$ 的解 $\varepsilon=(\varepsilon_{ij})$ 逐步改变某些 ε_{ij} 的值, 使满足 $(\mathrm{II})_f$ 中的方程逐步增多, 而改变后的 ε_{ij} 仍满足 $(\mathrm{I})_f$. 为此先引入以下的符号与概念.

设有 $f:T\subset$ 平面与数组 $\varepsilon=(\varepsilon_{ij}).e_\alpha$ 是一外棱, 两端为 a,a'. 在树形 T 中, 连接 a,a' 与树根 O 的通道为 $P_a,P_{a'}$, 连结 a,a' 的通道为 P_α. 记 $P_a,P_{a'}$ 的公共部分在 P_α 上的顶点为 v_α, 即 $P_a\bigcap P_{a'}=P_{v_\alpha}$. 顶点 v_α 将称为 P_α 的**歧点**(有时也称为 e_α 的**歧点**), 记 P_{v_α} 上以 v_α 为端点的树棱为 t_{v_α}.

我们称 (f,ε) 对 e_α**合格**, 如果以下诸条件满足:

条件 1　对任一不同于 e_α 的外棱 $e_\beta,\varepsilon=(\varepsilon_{ij})$ 满足 $(\mathrm{I})_f$ 中与 (e_α,e_β) 相应的方程, 即有 $f_{\alpha\beta}=\varepsilon_{\alpha\beta}$.

条件 2　对以 P_α 上同一不等于 v_α 的顶点为前端的任三树棱 t_i,t_j,t_k, 若其中之一在 P_α 上, 则 $\varepsilon=(\varepsilon_{ij})$ 即满足 $(\mathrm{II})_f$ 中与 (t_i,t_j,t_k) 相应的方程: $Q_{ijk}(f,x)=1$.

条件 3　对以 P_α 上同一顶点 v_α 为前端的任三树棱 t_i,t_j,t_k, 若其中两个在 P_α 上, 则 $\varepsilon=(\varepsilon_{ij})$ 即满足 $(\mathrm{II})_f$ 中与 (t_i,t_j,t_k) 相应的方程: $Q_{ijk}(f,x)=1$.

如果数组 $\varepsilon=(\varepsilon_{ij})$ 又是 $(\mathrm{I})_f$ 的解答且满足上述三条件, 则称 ε 是 f 下对 e_α 的**合格解**.

于是, 我们的方法可概述如下:

将诸外棱排成一适当次序如下:

$$e_1,e_2,\cdots,e_\alpha,\cdots,e_L,$$

从 $f:T\subset$ 平面以及 $(\mathrm{I})_f$ 的任一解 $\varepsilon=(\varepsilon_{ij})$ 出发, 逐步改变为数组

$$\varepsilon^1=(\varepsilon^1_{ij}),\quad \varepsilon^2=(\varepsilon^2_{ij}),\quad \cdots,\quad \varepsilon^\alpha=(\varepsilon^\alpha_{ij}),\quad \cdots,\quad \varepsilon^L=(\varepsilon^L_{ij}),$$

使每一 ε^α 都是 $(\mathrm{I})_f$ 的解, 而 (f,ε^1) 对 e_1 合格, (f,ε^2) 除对 e_1 合格外, 又对 e_2 合格, 依此类推. 最后, 所得 $\varepsilon^L=(\varepsilon^L_{ij})$ 即为同时满足 $(\mathrm{I})_f$, $(\mathrm{II})_f$ 的一组解答.

方法的改进 上述方法中嵌入 $f:T\subset$ 平面是固定的, 只是逐步改变数组 $\varepsilon=(\varepsilon_{ij})$ 的值. 但在 f 下诸棱的相互位置与 ε 及其改变之间并无显著关系. 为此有必要不仅改变 ε, 且改变嵌入 f, 使改变后的嵌入 g 与数组 $\eta=(\eta_{ij})$ 满足 (f,ε) 所满足的那些相应的方程, 而 g 与 η 间却有比较简单直观的相互关系. 这可以帮助原来问题的解决.

为此先引入以下的符号与概念.

设将 $f:T\subset$ 平面改变为 $g:T\subset$ 平面. 对于 $(\mathrm{I})_f$ 的数组 $\varepsilon=(\varepsilon_{ij})$, 有 $(\mathrm{I})_g$ 的一个**相应**数组 $\eta=(\eta_{ij})$ 使

$$\eta_{ij}+g_{ij}=\varepsilon_{ij}+f_{ij}.$$

此时我们简记作

$$(f,\varepsilon)\sim(g,\eta).$$

注意 $\varepsilon_{ij}=\varepsilon_{ji}$, $\eta_{ij}=\eta_{ji}$, 而 $f_{ij}=f_{ji}+1$, $g_{ij}=g_{ji}+1$. 由于对任意外棱 e_α,e_β, 依据 III5 引入的 $\varepsilon_{\alpha\beta},\eta_{\alpha\beta}$ 显然满足

$$\eta_{\alpha\beta}+g_{\alpha\beta}=\varepsilon_{\alpha\beta}+f_{\alpha\beta},$$

故有以下断言:

设 $(f,\varepsilon)\sim(g,\eta)$:

(1) 若 $\varepsilon=(\varepsilon_{ij})$ 是 $(\mathrm{I})_f$ 的解, 则 $\eta=(\eta_{ij})$ 也是 $(\mathrm{I})_g$ 的解.

(2) 对以同一顶点为前端的任三树棱 t_i,t_j,t_k, 若 ε 满足 $(\mathrm{II})_f$ 中与 (t_i,t_j,t_k) 相应的方程, 则 η 也满足 $(\mathrm{II})_g$ 中与 (t_i,t_j,t_k) 相应的方程.

由此不难看出:

(3) 若 (f,ε) 对某一外棱 e_α 合格, 则 (g,η) 也对 e_α 合格.

(4) 若 ε 是 f 下对 e_α 的合格解, 则 η 也是 g 下对 e_α 的合格解.

由于 (1)~(4), 可将原来方法改进为以下更一般的形式:

仍将诸外棱排成一适当次序

$$e_1,e_2,\cdots,e_\alpha,\cdots,e_L,$$

从 $f:T\subset$ 平面以及 $(\mathrm{I})_f$ 的任一解 $\varepsilon=(\varepsilon_{ij})$ 出发, 逐步改变 f 为嵌入

$$g^1,g^2,\cdots,g^\alpha,\cdots,g^L:T\subset\text{平面},$$

以及 ε 为数组

$$\eta^1=(\eta^1_{ij}),\quad \eta^2=(\eta^2_{ij}),\quad \cdots,\quad \eta^\alpha=(\eta^\alpha_{ij}),\quad \cdots,\quad \eta^L=(\eta^L_{ij}),$$

使每一 η^α 都是 $(\mathrm{I})_{g\alpha}$ 的解, 而 (g^1,η^1) 对 e_1 合格, (g^2,η^2) 除对 e_1 合格外, 又对 e_2 合格, 依次类推. 最后所得 $\eta^L=(\eta^L_{ij})$ 即为同时满足 $(\mathrm{I})^L_g$, $(\mathrm{II})^L_g$ 的一组解答. 作数组 $\varepsilon^L=(\varepsilon^L_{ij})$ 使

$$(f,\varepsilon^L)\sim(g,\eta^L),$$

则 ε^L 也是同时满足 $(\mathrm{I})_f$, $(\mathrm{II})_f$ 的一组解答.

以下各节将解释逐次改变嵌入与数组的细节, 也将说明诸外棱排成适当次序的方法.

2. 旋数的改变

问题　上节提出的方法主要在于改变一个数组 $\varepsilon=(\varepsilon_{ij})$ 的值使满足 $(\mathrm{II})_f$ 的方程个数越来越多, 为此, 试检查改变前后的数组对满足 $(\mathrm{II})_f$ 与否的影响.

剖析　对 II4 的树形, 比嵌术中从嵌入 $f:T\subset$ 平面的旋数组 (f_{ij}) 改变为另一嵌入的旋数组时, 引入了改变值的数组 (ε_{ij}). 由于对以同一顶点 v 为前端的任三树棱 t_i,t_j,t_k, 数组 $(\varepsilon_{ij},\varepsilon_{ik},\varepsilon_{jk})$ 可取的值有 8 种, 而将 t_i,t_j,t_k 在 f 下的排列次序改变时的方式却只有 6 种, 这说明作为旋数改变的 $(\varepsilon_{ij},\varepsilon_{ik},\varepsilon_{jk})$ 三数是不能任意的. 其间的制约关系由 $(\mathrm{II})_f$ 中的方程

$$Q_{ijk}(f,x)=1$$

表达, 即三数须满足这一方程. 由这一方程的几何意义容易解答了上述问题.

为此, 不妨设在 f 下从 t_v 起依反钟向排列的次序为 t_v,t_i,t_j,t_k, 于是有下表:

改变后反钟向排列次序	ε_{ij}	ε_{ik}	ε_{jk}
t_v,t_i,t_j,t_k	0	0	0
t_v,t_i,t_k,t_j	0	0	1
t_v,t_j,t_k,t_i	1	1	0
t_v,t_j,t_i,t_k	1	0	0
t_v,t_k,t_i,t_j	0	1	1
t_v,t_k,t_j,t_i	1	1	1

由表知, $(\varepsilon_{ij},\varepsilon_{ik},\varepsilon_{jk})$ 不能取的值为 (0, 1, 0) 与 (1, 0, 1). 且知从这两组改变三数中的任意一个或两个, 所得新数组即与表中某一确定排列的数组相当, 这一结论显然与原先 f 下 t_v,t_i,t_j,t_k 的排列次序无关, 因而有下述结论:

旋数改变术　设有嵌入 $f:T\subset$ 平面, 数组 $\varepsilon=(\varepsilon_{ij})$, 以及以同一顶点为前端的三树棱 t_i,t_j,t_k, 若三数 $\varepsilon_{ij},\varepsilon_{ik},\varepsilon_{jk}$ 不满足 $(\mathrm{II})_f$ 中与 (t_i,t_j,t_k) 相应的方程: $Q_{ijk}(f,x)=1$, 则任意改变其中一个或两个的值, 新得到的三数 $\varepsilon'_{ij},\varepsilon'_{ik},\varepsilon'_{jk}$ 即能满足这一方程.

3. 树形嵌入的调整

问题 依据 IV1 中的要求, 试将嵌入 $f:T\subset$ 平面改变为嵌入 $g:T\subset$ 平面, 又相应改变数组 $\varepsilon=(\varepsilon_{ij})$ 为数组 $\eta=(\eta_{ij})$ 使 $(f,\varepsilon)\sim(g,\eta)$ 而在 g 下 η 较为简单易于处理.

改变方法 改变将对一确定的外棱 e_α 进行. 设 P_α 上以歧点 v_α 为前端的两树棱为 t_p,t_q. 必要时交换 p,q 记号, 故恒可假设 $f_{pq}+\varepsilon_{pq}=0$. 又简记 t_{v_α} 为 t_0.

若 $\varepsilon_{pq}=1$, 则改变 f 为 g 时, 将交换 t_p,t_q 的位置, 否则 t_p,t_q 的相互位置保持不变. 以下设这一步骤已首先完成, 故不妨设在 g 下与在 f 下 t_o,t_p,t_q 都依反钟向排列, 于是有

$$g_{pq}=0,\quad \eta_{pq}=0.$$

设 v' 为 P_α 上或 P_{v_α} 上任一不同于歧点 v_α 的顶点, t_r 为 P_α 或 P_{v_α} 上以 v' 为前端的树棱, 而 t_k 为以 v' 为前端但不在 P_α 或 P_{v_α} 上的任一树棱. 若 $\varepsilon_{k_r}=0$, 则在 g 下将保持 f 下 t_k,t_r 的旋向. 否则改变旋向, 即从 f 改变为 g 时, t_k 将移置 t_r 的另一侧. 于是不论何时都有

$$\eta_{k_r}=0.$$

次设 t_k 为以歧点 v_α 为前端而不同于 t_p,t_q 的树棱. 若 t_k 在 f 下位于 t_0 与 t_p 之间, 即在 f 下依反钟向排列次序为 $t_0(=t_{v_\alpha}),t_k,t_p,t_q$ 时, 将改变 f 为 g 使在 g 下 t_k 的位置依次如下:

(i) $(\varepsilon_{kp},\varepsilon_{kq})$=(0, 0) 时, t_k 在 g 下仍在 t_0,t_p 之间.

(ii) $(\varepsilon_{kp},\varepsilon_{kq})$=(1, 1) 时, t_k 在 g 下位于 t_0,t_q 之间.

(iii),(iv) $(\varepsilon_{kp},\varepsilon_{kq})$=(1, 0) 或 (0, 1) 时, t_k 在 g 下位于 t_p,t_q 之间.

参阅附图 IV(1), 其中波状线为 t_k 改变后在 g 下的位置.

若 t_k 仍为以歧点 v_α 为前端而不同于 t_p,t_q 的树棱, 但在 f 下位于 t_0 与 t_q 之间, 则改变方法与上相似. 若在 f 下位于 t_p,t_q 之间, 则在 $(\varepsilon_{kp},\varepsilon_{kq})$=(0, 0) 或 (1, 1) 时, 在 g 下 t_k 仍置于 t_p,t_q 之间, 而在 $(\varepsilon_{kp},\varepsilon_{kq})=(0,1)$ 或 (1, 0) 时, t_k 将依次移置 t_0,t_q 与 t_0,t_p 之间.

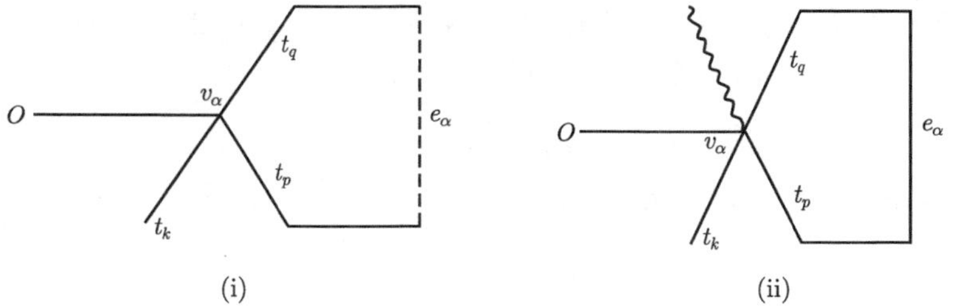

图 IV(1)

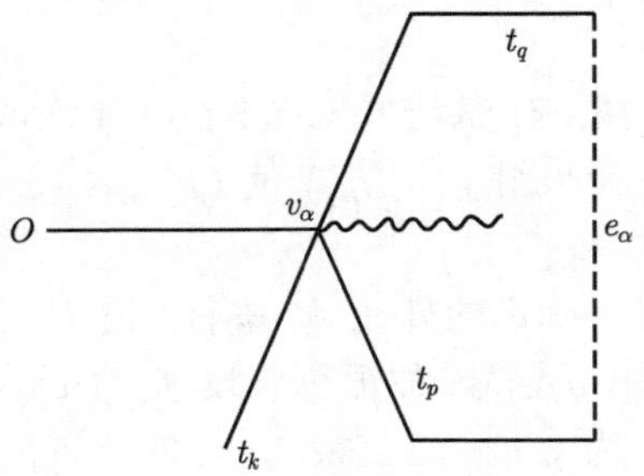

(iii), (iv)

图 IV(1) (续)

最后, 设顶点 v' 既不在 P_α 上也不在 P_{v_α} 上, 则以 v' 为前端的诸棱间的旋向将保持不变, 即对任两以 v' 为前端的树棱 t_i, t_j, 有

$$g_{ij} = f_{ij}, \quad \eta_{ij} = \varepsilon_{ij}.$$

由于对以 P_α 或 P_{v_α} 上顶点为前端而不在 P_α 与 P_{v_α} 上的任两树棱, 其相互位置改变与否除已可归结为以上改变者外并无明确规定, 故依据以上诸规则所得嵌入 g 不必是唯一的. 但任一这样改变所得的 (g, η) 都将称为 (f, ε) 对 e_α 的一个调整, 简记为

$$(f, \varepsilon) \underset{e_\alpha}{\widetilde{\longrightarrow}} (g, \eta).$$

易见经嵌入调整所得 g, η 具有以下简单特征.

嵌入调整术　设 $(f, \varepsilon) \underset{e_\alpha}{\widetilde{\longrightarrow}} (g, \eta)$, 则:

(1) 若 v' 是 P_α 或 P_{v_α} 上 $\neq$ 歧点 v_α 的顶点, t_r 是 P_α 或 P_{v_α} 上以 v' 为前端的树棱, 而 t_k 为以 v' 为前端的另一树棱, 则

$$\eta_{k_r} = 0.$$

(2) 若 t_p, t_q 是 P_α 上以 v_α 为前端的两树棱, 而 t_{v_α}, t_p, t_q 在 g 下依反钟向排列, 则

$$\eta_{pq} = 0.$$

(3) 若 t_p, t_q 如前, 而 t_k 为以 v_α 为前端而不同于 t_p, t_q 的任一树棱, 则

在 g 下 t_k 位于 t_0, t_p 或 t_0, t_q 之间时, 都有

$$\eta_{kp} = \eta_{kq} = 0.$$

在 g 下 t_k 位于 t_p, t_q 之间时, 或

$$\eta_{kp} = \eta_{kq} = 0$$

或

$$\eta_{kp}=\eta_{kq}=1.$$

(4) 在 (3) 中除最后情形外, $\eta_{kp},\eta_{kq},\eta_{pq}$ 三数都满足 $(\mathrm{II})_g$ 中与 (t_k,t_p,t_q) 相应的方程, 亦即原来数组 $\varepsilon=(\varepsilon_{ij})$ 满足 $(\mathrm{II})_f$ 中与 (t_k,t_p,t_q) 相应的方程.

(5) 若 $e_\alpha=\widehat{aa'}$, b 是 T 的任一不同于 a,a' 的自由端. 则由 (1)~(4), 或 $\eta_{ab}=\eta_{a'b}=0$ 或 $\eta_{ab}=\eta_{a'b}=1$, 而后者只在 P_b 通过 v_α 且在 g 下 t_p,t_q 为 P_b 所隔开的情形下始能出现. 因而不论何时都有

$$\eta_{\alpha b}=0.$$

(6) 由 (5) 知, 对任一不同于 e_α 的外棱 e_β, 都有

$$\eta_{\alpha\beta}=0.$$

4. 方程组 $(\mathrm{I})_f$ 解答的调整

问题 设有 $f:T\subset$ 平面, $(\mathrm{I})_f$ 的解 $\varepsilon=(\varepsilon_{ij})$, 以及外棱 e_α, 求将 ε 改变为数组 $\varepsilon'=(\varepsilon'_{ij})$, 使 (f,ε') 对 e_α 合格, 且 ε' 仍满足方程组 $(\mathrm{I})_f$, 因而 ε' 为 f 下对 e_α 的合格解.

数组调整术 依以下规则可将数组 $\varepsilon=(\varepsilon_{ij})$ 改变为数组 $\varepsilon'=(\varepsilon'_{ij})$, 使 ε 是 $(\mathrm{I})_f$ 的解答时, ε' 为 f 下对 e_α 的合格解.

规则 1 设 v' 为 P_α 上任一不同于歧点 v_α 的顶点, t_r 为 P_α 上以 v' 为前端的树棱, t_i,t_j 为以 v' 为前端而不同于 t_r 的任两树棱, 若 ε 不满足 $(\mathrm{II})_f$ 中与 (t_r,t_i,t_j) 相应的方程, 则改变 ε_{ij} 的值为

$$\varepsilon'_{ij}=\varepsilon_{ij}+1.$$

否则置

$$\varepsilon'_{ij}=\varepsilon_{ij}.$$

此外, 又置

$$\varepsilon'_{ir}=\varepsilon_{ir},\quad \varepsilon'_{jr}=\varepsilon_{jr}.$$

规则 2 设 t_p,t_q 为 P_α 上以歧点 v_α 为前端的两树棱, t_k 为以 v_α 为前端而不同于 t_p,t_q 的任一树棱. 若 ε 不满足 $(\mathrm{II})_f$ 中与 (t_k,t_p,t_q) 相应的方程, 则改变 $\varepsilon_{kp},\varepsilon_{kq}$ 为

$$\varepsilon'_{kp}=\varepsilon_{kp}+1,\quad \varepsilon'_{kq}=\varepsilon_{kq}+1.$$

否则仍置

$$\varepsilon'_{kp}=\varepsilon_{kp},\quad \varepsilon'_{kq}=\varepsilon_{kq}.$$

此外, 又置

$$\varepsilon'_{pq}=\varepsilon_{pq}.$$

规则 3 设 t_p, t_q 如规则 2, 而 t_i, t_j 为以 v_α 为前端而不同于 t_p, t_q 的任两树棱. 若 $\varepsilon = (\varepsilon_{ij})$ 恰能满足 $(\mathrm{II})_f$ 中与 $(t_i, t_j, t_p), (t_i, t_j, t_q)$ 相应的两方程之一, 则改变 ε_{ij} 为

$$\varepsilon'_{ij} = \varepsilon_{ij} + 1.$$

否则置

$$\varepsilon'_{ij} = \varepsilon_{ij}.$$

规则 4 设 t_i, t_j 为以不在 P_α 上的同一顶点为前端的任两树棱, 则置

$$\varepsilon'_{ij} = \varepsilon_{ij}.$$

以上由数组 $\varepsilon = (\varepsilon_{ij})$ 依据规则 1—4 改变为数组 $\varepsilon' = (\varepsilon'_{ij})$ 的方法称为在 f 下对 e_α 的**数组调整**, 简记为

$$(f, \varepsilon) \underset{e_\alpha}{\longrightarrow} (f, \varepsilon').$$

在 $\varepsilon = (\varepsilon_{ij})$ 是 $(\mathrm{I})_f$ 的解答时, 如此所得数组 $\varepsilon' = (\varepsilon'_{ij})$ 即为 f 下对 e_α 的一个合格解.

注析 为验证术文中的结论, 先改变 (f, ε) 为较易处理的嵌入 g 与数组 η, 即依嵌入调整术作

$$(f, \varepsilon) \underset{e_\alpha}{\overset{\sim}{\longrightarrow}} (g, \eta).$$

命 $\eta' = (\eta'_{ij})$ 为 f 改变为 g 时与 ε' 相应的数组, 即

$$(f, \varepsilon') \sim (g, \eta'),$$

于是 η' 是 η 在 g 下对 e_α 的数组调整, 即

$$(g, \eta) \underset{e_\alpha}{\longrightarrow} (g, \eta'),$$

而与术文中由 ε 改变为 ε' 的诸规则相应, η 改变为 η' 所遵循的规则可重述如下:

规则 1′ 设 v' 为 P_α 上任一不同于 v_α 的顶点, t_r 为 P_α 上以 v' 为前端的树棱, t_i, t_j 为以 v' 为前端的任两不同于 t_r 的树棱. 若 η 不满足 $(\mathrm{II})_g$ 中与 (t_r, t_i, t_j) 相应的方程, 即 t_i, t_j 在 g 下位于 t_r 的两侧, 且 $\eta_{ij} = 1$, 则改变 η_{ij} 的值为

$$\eta'_{ij} = \eta_{ij} + 1.$$

否则置

$$\eta'_{ij} = \eta_{ij}.$$

此外, 又置

$$\eta'_{ir} = \eta_{ir}, \quad \eta'_{jr} = \eta_{jr},$$

即

$$\eta'_{ir} = 0, \quad \eta'_{jr} = 0.$$

规则 2′ 设 t_p, t_q 为 P_α 上以歧点 v_α 为前端的两树棱, 而在 g 下 $t_0(=t_{v_\alpha})$, t_p, t_q 依反钟向排列, t_k 为以 v_α 为前端而不同于 t_p, t_q 的任一树棱. 若 η 不满足 $(\mathrm{II})_g$ 中与 (t_k, t_p, t_q) 相应的方程, 即 t_k 在 g 下位于 P_α 的与 O 不同的一侧, 且 $\eta_{kp}=\eta_{kq}=1$, 则改变 η_{kp}, η_{kq} 为

$$\eta'_{kp}=\eta_{kp}+1, \quad \eta'_{kq}=\eta_{kq}+1,$$

否则仍置

$$\eta'_{kp}=\eta_{kp}, \quad \eta'_{kq}=\eta_{kq}.$$

此外, 又置

$$\eta'_{pq}=\eta_{pq},$$

即

$$\eta'_{pq}=0.$$

规则 3′ 设 t_p, t_q 如规则 2′, 而 t_i, t_j 为以 v_α 为前端但不同于 t_p, t_q 的任两树棱, 若 $\eta=(\eta_{ij})$ 恰能满足 $(\mathrm{II})_g$ 中 (t_i, t_j, t_p), (t_i, t_j, t_q) 相应的两方程之一, 即有下两情形之一, 则改变 η_{ij} 为

$$\eta'_{ij}=\eta_{ij}+1.$$

否则置

$$\eta'_{ij}=\eta_{ij}.$$

两情形如下:

(一) t_i, t_j 在 g 下位于 t_p, t_q 之间, 或

$$\eta_{ip}=\eta_{iq}=1, \quad \eta_{jp}=\eta_{jq}=0$$

或

$$\eta_{ip}=\eta_{iq}=0, \quad \eta_{jp}=\eta_{jq}=1.$$

(二) t_i, t_j 在 g 下与 t_p, t_q 相隔离, 且有

$$\eta_{ij}=1.$$

规则 4′ 设 t_i, t_j 为以不在 P_α 上的同一顶点为前端的任两树棱, 则置

$$\eta'_{ij}=\eta_{ij}.$$

从 g, η, η' 的作法不难验证以下诸简单性质:

性质 1 以 P_α 或 P_{v_α} 上同一顶点为前端的任两树棱 t_i, t_j, 只需至少有一在 P_α 或 P_{v_α} 上, 即有

$$\eta'_{ij}=0.$$

性质 2　设 T 的两自由端 c,d 在 g 下位于 P_α 的异侧, 则必有

$$\eta'_{cd}=0.$$

性质 3　设 T 的两自由端 c,d 与树根 O 在 g 下都位于 P_α 的同侧, 则必有

$$\eta'_{cd}=\eta_{cd}.$$

性质 4　设自 T 的两自由端 c,d 至树根 O 的通道 P_c,P_d 首次相遇的顶点不在 P_α 上, 则必有

$$\eta'_{cd}=\eta_{cd}.$$

性质 5　设树棱 t_i,t_j,t_k 均以 v_a 为前端, 且三者或为 t_p,t_q, 或在 g 下位于 P_α 的与 O 不同的一侧, 则在 $(\eta'_{ij},\eta'_{ik},\eta'_{jk})$ 三数中与相应三数 $(\eta_{ij},\eta_{ik},\eta_{jk})$ 不相等的个数或为 0, 或为 2.

今设 ε 是 $(\mathrm{I})_f$ 的解, 验证 (f,ε') 对 e_α 合格如下.

首先, 依据 IV2 旋数改变术以及改变 ε 为 ε' 的规则 1~规则 3, 可见 (f,ε') 满足对 e_α 合格的条件 2 与条件 3.

为验证 (j,ε') 也满足对 e_α 合格的条件 1, 可注意依 IV3 的嵌入调整术, 对任一不同于 e_α 的外棱 e_β 有 $\eta_{\alpha\beta}=0$. 由于 ε 是 $(\mathrm{I})_f$ 的解, 而 $(f,\varepsilon)\sim(g,\eta)$, 故 η 也是 $(\mathrm{I})_g$ 的解, 特别需满足 $(\mathrm{I})_g$ 中与 (e_α,e_β) 相应的方程, 故有 $g_{\alpha\beta}=\eta_{\alpha\beta}=0$. 由关于 (g,η,η') 的性质 1, 显然有 $(e_\beta=\widehat{bb'})$:

$$\eta'_{ab}=\eta'_{a'b}=\eta'_{ab'}=\eta'_{a'b'}=0,$$

故 $\eta'_{\alpha\beta}=0$. 因而 $g_{\alpha\beta}=0$ 也可写成 $g_{\alpha\beta}=\eta'_{\alpha\beta}$, 即 η' 满足 $(\mathrm{I})_g$ 中与 (e_α,e_β) 相应的方程. 于是 ε' 也满足 $(\mathrm{I})_f$ 中与 (e_α,e_β) 相应的方程, 即 (f,ε') 满足对 e_α 合格的条件 1.

由以上验证并知: 若 ε 是 $(\mathrm{I})_f$ 的解或 η 是 $(\mathrm{I})_g$ 的解, 则 (g,η,η') 还具有以下性质.

性质 6　对任一不同于 e_α 的外棱 e_β, 有

$$g_{\alpha\beta}=\eta'_{\alpha\beta}=0,$$

因而 e_β 的两端在 g 下必位于 P_α 的同侧.

我们称从 (f,ε) 依据嵌入调整术获得的嵌入 g 以及任一数组 $\eta'=(\eta'_{ij})$ 对 e_α **简单合格**, 如果 η' 对 e_α 合格且满足前面性质 1、性质 2 与性质 6, 特别是在 ε 满足方程组 $(\mathrm{I})_f$ 时, 嵌入 g 以及由规则 1′ ~规则 4′ 所得数组 η' 对 e_α 简单合格.

术文中 ε 满足 $(\mathrm{I})_f$ 时 (f,ε) 对 e_α 合格这一部分已验证完毕. 其次, 需再验证在 ε 满足 $(\mathrm{I})_f$ 时 ε' 也满足 $(\mathrm{I})_f$. 或只需再验证在 η 满足 $(\mathrm{I})_g$ 时 η' 也满足 $(\mathrm{I})_g$, 即对任两外棱 e_β, e_r, η' 必满足 $(\mathrm{I})_g$ 中与 (e_β, e_r) 相应的方程.

在 e_β, e_r 中有一为 e_α 时, 已知这一结论成立, 故可设 e_β, e_r 都不同于 e_α. 以下就各种不同情形分别讨论之.

(i) 设 e_β, e_r 中有一, 例如 e_β, 其歧点 v_β 不在 P_α 上也不在 P_{v_α} 上. 命 e_β 的两端为 b 与 $b' : e_\beta = \widehat{bb'}$, 而 c 为 T 的任一不同于 b, b' 的自由端, 则当 P_c 不经过 v_β 时, 显然有

$$\eta_{bc} = \eta_{b'c}, \quad \eta'_{bc} = \eta'_{b'c}.$$

当 P_c 经过 v_β 时, b, b', c 必都在 P_α 同侧, 故由关于 (g, η, η') 的性质 3 有

$$\eta'_{bc} = \eta_{bc}, \quad \eta'_{b'c} = \eta_{b'c}.$$

不论何时都有 $\eta'_{\beta c} = \eta_{\beta c}$, 因而

$$\eta'_{\beta\gamma} = \eta_{\beta\gamma}.$$

由于 η 满足 $(\mathrm{I})_g$ 中与 (e_β, e_γ) 相应的方程, 即有 $g_{\beta\gamma} = \eta_{\beta\gamma}$, 故 $g_{\beta\gamma} = \eta'_{\beta\gamma}$, 即 η' 也满足 $(\mathrm{I})_g$ 中与 (e_β, e_γ) 相应的方程.

(ii) 设 e_β, e_γ 中有一, 例如 e_β, 其两端 b, b' 在 g 下与树根 O 都位于 P_α 的同侧, 则当 e_γ 的两端 c, c' 在 g 下与 O 位于 P_α 的同侧时, 由 (g, η, η') 的性质 3 有

$$\eta'_{bc} = \eta_{bc}, \quad \eta'_{bc'} = \eta_{bc'}, \quad \eta'_{b'c} = \eta_{b'c}, \quad \eta'_{b'c'} = \eta_{b'c'},$$

故 $\eta'_{\beta\gamma} = \eta_{\beta\gamma}$. 与 (i) 相同, 知 η' 满足 $(\mathrm{I})_g$ 中与 (e_β, e_γ) 相应的方程. 反之, 当 c, c' 在 g 下与 O 位于 P_α 的异侧时, 由关于 (g, η, η') 的性质 2, 有

$$\eta'_{bc} = \eta'_{bc'} = \eta'_{b'c} = \eta'_{b'c'} = 0,$$

因而 $\eta'_{\beta\gamma} = 0$. 另一方面, 又显然有 $g_{\beta\gamma} = 0$, 故 $g_{\beta\gamma} = \eta'_{\beta\gamma} (= 0)$, 即 η' 仍满足 $(\mathrm{I})_g$ 中与 (e_β, e_γ) 相应的方程.

(iii) 设 e_β, e_γ 诸端点在 g 下都位于 P_α 的与 O 不同的一侧, 且 P_β, P_γ 的歧点都在 P_α 上, 又设歧点之一, 例如 $v_\beta \neq v_\alpha$. 命 $e_\beta = \widehat{bb'}$, $e_\gamma = \widehat{cc'}$, 易见或

$$\eta'_{bc} = \eta_{bc}, \quad \eta'_{b'c} = \eta_{b'c}$$

或

$$\eta'_{bc} = \eta'_{b'c}, \quad \eta_{bc} = \eta_{b'c},$$

因而不论何时都有 $\eta'_{\beta c}=\eta_{\beta c}$. 同样 $\eta'_{\beta c'}=\eta_{\beta c'}$, 故 $\eta'_{\beta\gamma}=\eta_{\beta\gamma}$. 与 (i) 相同, 知 η' 仍满足 $(\mathrm{I})_g$ 中与 (e_β,e_γ) 相应的方程.

(iv) 最后设 $e_\beta=\widehat{bb'}$, $e_\gamma=\widehat{cc'}$ 的诸端点在 g 下仍位于 P_α 的与 O 不同的一侧, 但 P_β,P_γ 的歧点都在 v_α 处: $v_\beta=v_\gamma=v_\alpha$, 若自 b,c 至 O 的通道首次相遇的顶点不在 v_α 处, 则由关于 (g,η,η') 的性质 1、性质 4, 显然有

$$\eta'_{bc}=\eta_{bc}\quad \eta'_{b'c}=\eta'_{bb'},\quad \eta_{b'c}=\eta_{bb'}.$$

因而有

$$\eta'_{bc}+\eta'_{b'c}+\eta'_{bb'}=\eta_{bc}+\eta_{b'c}+\eta_{bb'}.$$

若自 b',c 至 O 的通道首次相遇的顶点不在 v_α 时也同样. 若自 b,c 至 O 以及自 b',c 至 O 的通道首次相遇的顶点都是 v_α, 则由性质 5, 仍得上式. 同样不论何时都有

$$\eta'_{bc'}+\eta'_{b'c'}+\eta'_{bb'}=\eta_{bc'}+\eta_{b'c'}+\eta_{bb'}.$$

二式相加即得

$$\eta'_{\beta\gamma}=\eta_{\beta\gamma}.$$

于是与 (i) 同样知 η' 仍满足 $(\mathrm{I})_g$ 中与 (e_β,e_γ) 相应的方程.

至此, 已知在各种情形下 $\eta'=(\eta'_{ij})$ 都满足 $(\mathrm{I})_g$ 中所有方程, 调整术验证完毕.

5. 线图嵌入第三基本定理

问题　上节数组调整术给出了从任一 $(\mathrm{I})_f$ 的解答 $\varepsilon=(\varepsilon_{ij})$ 改变成对一固定外棱 e_α 合格解的方法. 在应用 IV1 中的方法从 ε 获得同时满足 $(\mathrm{I})_f$, $(\mathrm{II})_f$ 的解答时, 关键的一点在于诸外棱需排列成一适当次序, 使依调整术逐次改变数组时, 对先前诸棱的合格性不致因新的改变而丧失. 试求这种能符合要求的适当排列次序.

剖析　为求得适当的外棱排列次序, 需先就对两个外棱处于较简单关系的情况下, 调整对合格性的影响并进行较细致的分析. 为此考虑外棱 e_α,e_β, 与 P_α,P_β 的歧点 v_α,v_β. 假设下两条件能满足:

(1) v_α 在通道 P_{v_β} 上.

(2) P_β 与 P_α 至少有一树棱公共.

今设已知嵌入 $g:T\subset$ 平面与 $(\mathrm{I})_g$ 的解 $\eta=(\eta_{ij})$ 对 e_α 简单合格, 试考虑依调整术

$$(g,\eta)\underset{e_\beta}{\widetilde{\longrightarrow}}(h,\zeta)\underset{e_\beta}{\longrightarrow}(h,\zeta')$$

以获得对 e_β 简单合格的嵌入 $h:T\subset$ 平面与数组 $\zeta'=(\zeta'_{ij})$ 时对 e_α 合格性的影响.

由于 P_α,P_β 至少有一树棱公共, 且 (g,η) 对 e_α 简单合格, 可知依据嵌入调整术以获得 h 时, 交换 g 下 P_β 上以 v_β 为前端的两树棱位置这一步是不必要的.

以下将对嵌入与数组的各改变步骤逐一检查, 注意只有下面两种改变可能引起丧失对 e_α 的合格性:

(i) 顶点 w 在 P_α 或 P_{v_α} 上, 树棱 t_k 以 w 为前端而不在 P_α 或 P_{v_α} 上, 由 g 调整为 h 时, t_k 在 g 下对 P_α 或 P_{v_α} 所位侧向的改变.

(ii) 顶点 w 在 P_α 上, 树棱 t_i, t_j 以 w 为前端, 由 ζ 调整为 ζ' 时, ζ_{ij} 的改变.

下面检查这两种改变的影响.

(i)$'$ 因 (g,η) 已对 e_α 简单合格, 故对前端在 P_α 或 P_{v_α} 上的任一树棱 t_k, t_k 在 g 下位于 P_α 的某一侧时, 在 h 下仍将保持在这一侧.

(ii)$'$ 从上节数据调整术的注析中, 关于 (g,η,η') 的性质 6 已知 e_β 的两端在 g 下, 因而也在 h 下, 必须位于 P_α 的同侧. 又知 (g,η) 对 e_α 简单合格, 故对前端 w 同在 P_α 上的任两树棱 t_i, t_j, 在必须改变 ζ_{ij} 为 $\zeta'_{ij} = \zeta_{ij} + 1$ 时, 应有:

$w = P_a, P_\beta$ 公共部分的两端之一;

t_i, t_j 与 e_β 两端在 h 下位于 P_α 同侧;

t_i, t_j 在 h 下位于 P_β 的异侧;

$\zeta_{ij} = 1$.

由以上分析易见, 所得 (h,ζ') 不仅对 e_β 简单合格, 且对 e_α 也依然保持简单合格.

同样可知, 设 e_α, e_β 如前, 而对另一外棱 e_γ, P_γ 的歧点不在 P_β 上而原来 (g,η) 对 e_γ 简单合格, 则 (h,ζ') 也依然对 e_γ 简单合格.

由此易得排列诸外棱的一种合适方法, 以为Ⅳ 1 中所说改进方法之用.

由于 I2 中关于线图 G 的限制, 可将诸外棱 e_α 排成次序

$$e_1, e_2, \cdots, e_\alpha, \cdots, e_L,$$

使对每一外棱 $e_\alpha, \alpha > 1$, 有下二性质:

1° P_α 至少与 $\beta < \alpha$ 的某一 P_β 有一树棱公共.

2° 若外棱 e_β 的歧点 v_β 在 P_{v_α} 上且 $\neq v_\alpha$, 则 e_β 必已出现于 $e_1, e_2, \cdots, e_{\alpha-1}$ 中.

今从嵌入 $f: T \subset$ 平面与满足 $(\mathrm{I})_f$ 的解答 $\varepsilon = (\varepsilon_{ij})$ 出发, 依据嵌入调整术与数组调整术逐步改变 (f,ε) 为

$$\begin{aligned}
&(f,\varepsilon) \underset{e_1}{\longrightarrow} (g^1,\eta^1) \sim (f,\varepsilon^1),\\
&(g^1,\eta^1) \underset{e_2}{\longrightarrow} (g^2,\eta^2) \sim (f,\varepsilon^2),\\
&\qquad\qquad \cdots\cdots\\
&(g^{L-1},\eta^{L-1}) \underset{e_L}{\longrightarrow} (g^L,\eta^L) \sim (f,\varepsilon^L).
\end{aligned}$$

于是, 最后所得 ε^L 同时满足 $(\mathrm{I})_f$, $(\mathrm{II})_f$ 两方程组.

这给出了线图嵌入第二基本定理的又一证明, 而这一证明不仅不再依赖于 Kuratowski 嵌入术, 而且由于每一 ε^α 都系在 f 下从 $\varepsilon^{\alpha-1}(\varepsilon^0=\varepsilon)$ 依数据调整术中规则 1~规则 4 获得, 因而切实可行, 不难使之机器化. 因之可将以前的嵌入术加强成下面形式.

线图具体嵌入术 (第三基本定理)　设有线图 G, 最大树形 T 如前, 任作嵌入 $f:T\subset$ 平面, 设 $\varepsilon=(\varepsilon_{ij})$ 是方程组

$(\mathrm{I})_f$　　$x_{\alpha\beta}=f_{\alpha\beta}$

的任一解答, 则可将诸外棱 e_α 排列成一适当次序

$$e_1,e_2,\cdots,e_\alpha,\cdots,e_L,$$

并可作数组

$$\varepsilon^1=(\varepsilon^1_{ij}),\quad \varepsilon^2=(\varepsilon^2_{ij}),\quad \cdots,\quad \varepsilon^\alpha=(\varepsilon^\alpha_{ij}),\quad \cdots,\quad \varepsilon^L=(\varepsilon^L_{ij}),$$

使每一 ε^α 在 f 下对 $e_1,\cdots,e_\alpha$ 都合格, 且 ε^α 从 $(f,\varepsilon^{\alpha-1})$ 依数组调整术中诸规则获得 $(\varepsilon^0=\varepsilon)$. 特别有：数组 $\varepsilon^L=(\varepsilon^L_{ij})$ 不仅满足 $(\mathrm{I})_f$ 且同时满足 $(\mathrm{II})_f$, 因而从 ε^L 可依 III5 中线图嵌入第一基本定理具体作出整个线图 G 的嵌入：

$$g:G\subset \text{平面}.$$

V (平面性) 线图嵌入的分类

1. 树形嵌入的扩充

问题　在 II5 的嵌树术中, 解决了树形嵌入的分类问题. 在 III3 扩充术与 III5, IV7 的线图嵌入术中, 解决了一个线图 G 的最大树形 T 应如何嵌入才有可能扩充到整个线图 G 的嵌入的问题. 但是, 当已有嵌入 $g:T\subset$ 平面并知 g 可扩充为 G 的嵌入时, 这种扩充的方法仍可不止一种. 在 III1 交截数以及 III6 诸节中, 已有例说明此事, 见图 III(1) 与 III(13). 这些事例导致下面的问题：

设 $g:T\subset$ 平面可扩充为 G 的嵌入, 问如何区别并完全定出各种不同的扩充类型.

剖析　已有嵌入 $g:T\subset$ 平面而要扩充到某一外棱 e_α, 显然有两种可能方法, 视嵌入后 $e_\alpha\bigcup P_\alpha=C_\alpha$ 含树根于其内部或外部而定. 为此我们对每一外棱 e_α 引入一模 2 数 u_α 以表示 e_α 的嵌入方式：

$$u_\alpha=\begin{cases}0, & e_\alpha\text{嵌入后使树根在}C_\alpha\text{之外},\\ 1, & e_\alpha\text{嵌入后使树根在}C_\alpha\text{之内}.\end{cases}$$

每一个扩充到 G 的嵌入都有一确定的数组 (u_α) 与之对应, 但并不是任意一个数组都有一相应的扩充. 例如在图 III(13) 的例中 (树根位于 t_1, t_3 之间, 未在图中标出), (u_1, u_2, u_3) 所能取的值只能是

$$(1,0,0),(1,1,0),(1,1,1),(0,0,0)$$

四种, 而不能取另外的四种. 其原因是: 当一外棱 e_α 已嵌入而再要嵌入另一外棱 e_β 时, 其方式可能有两种, 也可能只有一种. 例如图 III(13) 中, 若 e_1 已嵌入使 $u_1 = 1$, 则再嵌入 e_2 时有两种方式使 $u_2 = 0$ 或 1, 其次在 e_1, e_2 已嵌入使 $u_1 = 1, u_2 = 1$ 再嵌入 e_3 时可有两种方式使 $u_3 = 0$ 或 1. 但若 e_1, e_2 已嵌入使 $u_1 = 1$, $u_2 = 0$, 则再嵌入 e_3 时, 只能再有一种方式, 即 $u_3 = 0$.

这说明对任两外棱 e_α, e_β 来说, u_α, u_β 的取值是不能任意的, 数组 (u_α) 的取值更不能任意. 由此可知, 为解决原来的问题, 首先应求得对任两外棱 e_α, e_β 来说, 数 u_α 与 u_β 之间的制约关系.

为此, 记 e_α 的两端为 a, a', e_β 的两端为 b, b'. 由于已知 $g: T \subset$ 平面可扩充为 G 的嵌入, 故由III 3 扩充术知

$$g_{\alpha\beta} = 0.$$

因而若 e_α 已嵌入平面, 则 b, b' 将同在 $C_\alpha = e_\alpha \bigcup P_\alpha$ 之内或同在其外. 同样, 若 e_β 已嵌入平面, 则 a, a' 也将同在 $C_\beta = e_\beta \bigcup P_\beta$ 之内或同在其外. 又

$$g_{\alpha\beta} = 0或1$$

视 a 与树根在 g 下位于 P_α 同侧或异侧而定. 在 g 扩充至 e_α 后, 则视是否同在 C_α 之内外或一在内而另一在外而定. 故其值与嵌入 $g: T \subset$ 平面有关而与 g 的扩充无关. 对 $g_{b\alpha}$ 亦然. 由这些几何意义可知, 应有

$$g_{a\beta} g_{b\alpha} = 0,$$

即 $g_{a\beta}, g_{b\alpha}$ 不能同时为 1.

今任将 $g: T \subset$ 平面扩充为 G 的一个嵌入, 则就 C_α, C_β 以及根的相互内外位置关系而言可概括为图 V(1) 中的 9 种类型 (实际嵌入都可归入这些类型之中, 只是某些点线可能重合).

对于这些不同情形, u_α 等所取的值可列表如下:

数组

$$(u_\alpha, u_\beta, g_{a\beta}, g_{b\alpha})$$

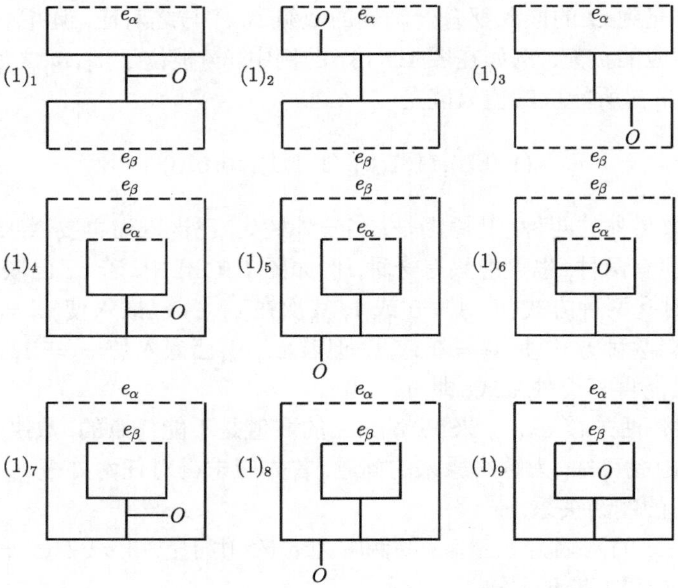

图 V(1)

情　形	u_α	u_β	$g_{a\beta}$	$g_{b\alpha}$
1	0	0	0	0
2	1	0	0	1
3	0	1	1	0
4	0	1	0	0
5	0	0	1	0
6	1	1	0	1
7	1	0	0	0
8	0	0	0	1
9	1	1	1	0

所能取的不同组值为 $2^4=16$. 但由于

$$g_{a\beta}g_{b\alpha}=0,$$

实际上所能取的组值只有 12 个. 在此 12 个组值中, 只有上表所示的 9 个解为某一嵌入所实现, 其他 3 组则不可能. 我们现在的目的, 在寻觅一个 $u_\alpha, u_\beta, g_{a\beta}, g_{b\alpha}$ 间的代数式 Y, 使对上表中 9 种情形都有 $Y=0$, 而对其他 3 种情形则有 $Y=1$. 这样 $Y=0$ 将为 e_α, e_β 各种可能嵌入的制约关系.

显然 Y 不能取为 $u_\alpha, u_\beta, g_{a\beta}, g_{b\alpha}$ 间的一次式. 为对符合要求的各种二次式进行尝试, 先列出一表如下:

情	形	数组 $(u_\alpha, u_\beta, g_{a\beta}, g_{b\alpha})$	$u_\alpha u_\beta$	$u_\alpha g_{a\beta}$	$u_\beta g_{b\alpha}$
	1	(0,0,0,0)	0	0	0
可	2	(1,0,0,1)	0	0	0
	3	(0,1,1,0)	0	0	0
能	4	(0,1,0,0)	0	0	0
	5	(0,0,1,0)	0	0	0
情	6	(1,1,0,1)	1	0	1
	7	(1,0,0,0)	0	0	0
形	8	(0,0,0,1)	0	0	0
	9	(1,1,1,0)	1	1	0
不可能情形	10	(1,0,1,0)	0	1	0
	11	(0,1,0,1)	0	0	1
	12	(1,1,0,0)	1	0	0

由上表可见, 一个合适的代数式是

$$Y = u_\alpha u_\beta + u_\alpha g_{a\beta} + u_\beta g_{b\alpha}.$$

因此, 数组 (u_α) 相应于一真正扩充到 G 的嵌入的必要条件是对任两外棱 e_α, e_β 都有

$$u_\alpha u_\beta + u_\alpha g_{a\beta} + u_\beta g_{b\alpha} = 0.$$

容易验证, 这个条件也是充分的. 我们把这一结论表达于下, 并于其后的验证中证实这一结论的真实性.

树形嵌入扩充分类术 设 $g : T \subset$ 平面, 已知 g 可扩充为 G 的嵌入. 对每一外棱 e_α, 引入一 (模 2) 未知数 y_α, 则扩充为 G 的嵌入的不同方式与下述 (模 2) 方程组 (a 是 e_α 的任一端, b 是 e_β 的任一端):

$(Y)_g$ $\qquad\qquad Y_{\alpha\beta}(g) = 0$

的不同 (模 2) 解答 $(y_\alpha) = (u_\alpha)$ 相对应, 其中

$$Y_{\alpha\beta}(g) = y_\alpha y_\beta + y_\alpha g_{a\beta} + y_\beta g_{b\alpha}.$$

验证 在 "剖析" 中已说明每一扩充到 G 的嵌入必相应于 $(Y)_g$ 的一组解答, 反之, 设

$$(y_\alpha) = (u_\alpha)$$

是 $(Y)_g$ 的一组解答, 试用归纳法验证必有一扩充到 G 的嵌入与之相应如下.

将 G 的外棱任意排成一次序 $e_1, e_2, \cdots, e_L$, 设已将 $g : T \subset$ 平面扩充为一嵌入

$$\tilde{g} : T \bigcup e_1 \bigcup \cdots \bigcup_{ek} \subset \text{平面},$$

使

$$u_\beta = 次_o\tilde{g}(C_\beta), \quad \beta = 1, \cdots, k.$$

试考虑

$$e_\alpha = e_{k+1}.$$

按 $(Y)_g$, 有

$$u_\alpha(u_\beta + g_{a\beta}) = g_{b\alpha}u_\beta, \quad \beta = 1, \cdots, k.$$

若对每一 $\beta = 1, \cdots, k$ 都有

$$u_\beta + g_{a\beta} = 0,$$

亦即

$$次_a\tilde{g}(C_\beta) = 0,$$

由此知 e_α 的任一端 a, 因而两端 a, a' 都在诸 $\tilde{g}(C_\beta)$ 之外. 因而可有两种方式扩充为 e_α 的嵌入. 我们可选取 $\tilde{g}(e_\alpha)$ 使

$$次_o\tilde{g}(C_\alpha) = 给定的u_a.$$

其次, 设在 $\beta = 1, \cdots, k$ 中至少有一, 设为 β_0, 使

$$u_{\beta_0} + g_{a\beta_0} = 1,$$

则仍按 $(Y)_g$ 有

$$u_\alpha = g_{b\alpha}u_{\beta_0}.$$

由于已给 u_{β_0} 而 $g_{b\alpha}$ 由 $g : T \subset$ 平面完全确定, 故由上式知, u_α 已由 g 及其扩充 $\tilde{g} : T \bigcup e_1 \bigcup \cdots \bigcup e_k \subset$ 平面唯一确定. 因已知 $g_{\alpha\beta} = 0, \beta = 1, \cdots, k$, 故知 $\tilde{g}$ 必可扩充至 e_α, 且知扩充所得的数

$$次_o\tilde{g}(C_\alpha)$$

只能是上面唯一确定的 u_α.

因之, 由归纳法知, 必有扩充

$$\tilde{g} : G \subset 平面$$

使诸外棱 e_α 所定数组

$$(次_o\tilde{g}(C_\alpha))$$

即为方程组 $(Y)_g$ 预先给定的解答 (u_α). 至此验证完毕.

2. (平面性) 线图嵌入的分类 (第四基本定理)

问题 上面树形嵌入扩充分类术是对一确定且已知可扩充到 G 的嵌入 $g:T\subset$ 平面而言. 试对任意已知可扩充到 G 的嵌入 $f:T\subset$ 平面作出相应的结论.

剖析 对于任一嵌入 $f:T\subset$ 平面, 由 III5 与 IV5 中的线图嵌入术 (第一, 第三基本定理) 知, f 能否改变为 $g:T\subset$ 平面使 g 可扩充为 G 的嵌入系由方程组

$(\mathrm{I})_f$ $\qquad x_{\alpha\beta}=f_{\alpha\beta},$

$(\mathrm{II})_f$ $\qquad Q_{ijk}(f,x)=1$

所定, 且这样的嵌入 $g:T\subset$ 平面与方程组 $(\mathrm{I})_f$, $(\mathrm{II})_f$ 的解答

$$(x_{ij})=(\varepsilon_{ij})$$

相对应, 使

$$g_{ij}=f_{ij}+\varepsilon_{ij}.$$

对于一个确定的、可扩充至 G 的嵌入 $g:T\subset$ 平面, 亦即对于一组确定的 $(\mathrm{I})_f$, $(\mathrm{II})_f$ 的解答 $(x_{ij})=(\varepsilon_{ij})$, g 扩充到整个 G 的可能的嵌入依树形嵌入扩充分类术又与方程组

$(Y)_g$ $\qquad Y_{\alpha\beta}(g)=0$

的解答相对应, 而 $Y_{\alpha\beta}(g)$ 中

$$g_{a\beta}=f_{a\beta}+\varepsilon_{a\beta},$$

$$g_{b\alpha}=f_{b\alpha}+\varepsilon_{b\alpha}.$$

由此立得下述结论:

线图嵌入分类术 (第四基本定理) 任作 $f:T\subset$ 平面, 则 G 可嵌入平面的类型与下方程组 $(\mathrm{I})_f$, $(\mathrm{II})_f$, $(\mathrm{III})_f$ 的解答数相对应:

$(\mathrm{I})_f$ $\qquad x_{\alpha\beta}=f_{\alpha\beta},$

$(\mathrm{II})_f$ $\qquad (x_{ij}+f_{ij})(x_{ik}+f_{ik})+(x_{jk}+f_{jk})(x_{ji}+f_{ji})+(x_{ki}+f_{ki})(x_{kj}+f_{kj})=1,$

$(\mathrm{III})_f$ $\qquad y_\alpha y_\beta+(x_{a\beta}+f_{a\beta})y_\alpha+(x_{b\alpha}+f_{b\alpha})y_\beta=0.$

总　结

在 II—V 各章中, 对布线诸问题的解决作了详细说明. 现将所用方法与所得结论重新概述如下.

首先在已给线图 G 中任选一最大树 T 并添加一树根 O. G 限制如 I2, 且 G,T 已改造如 II2 中所示.

将 T 任意嵌入平面, 嵌入方式记为 f, 即作

$$f: T \subset 平面,$$

于是对任两以同一顶点为前端的树棱 t_i, t_j, 依 f 下 t_i, t_j 旋向的顺反可定一模 2 数

$$f_{ij} = f_{ji} + 1.$$

又任意扩充 f 为一相对于 T 的浸入

$$\tilde{f}: G \underset{T}{\propto\!\!\subset} 平面,$$

则对每两外棱 e_α, e_β, 由 $\tilde{f}$ 下 e_α, e_β 的交截情况可定一与扩充 $\tilde{f}$ 无关的模 2 数

$$f_{\alpha\beta} = f_{\beta\alpha} + 1.$$

在数组 $(f_{\alpha\beta})$ 与 (f_{ij}) 间有基本关系式

$$f_{\alpha\beta} = f_{ab} + f_{ab'} + f_{a'b} + f_{a'b'},$$

此处 $e_\alpha = \overset{\frown}{aa'}$, $e_\beta = \overset{\frown}{bb'}$, 而 f_{ab} 等由 f_{ij} 等确定如 III4 中所示.

原来 T 的嵌入 f 一般不可能扩充到整个 G, 而需先将 f 变为另一 T 的嵌入

$$g: T \subset 平面$$

始有此可能. 又在能扩充为 G 的嵌入时, 每一外棱 e_α 在嵌入后与树形是否共同包含树根 O 于其内部又有两种可能情况. 为此, 我们引入两个模 2 未知数组

$$(x_{ij})与(y_\alpha),$$

其中 $x_{ij} = x_{ji}$ 描述以同一顶点为前端的两树棱 t_i, t_j 在 f 下的旋向是否需要改变, 而 y_α 则描述外棱 e_α 嵌入后是否应与树形共同包含根 O 于其内部.

我们确定了三组方程 (符号意义见相应章节):

$(\mathrm{I})_f$　　$x_{\alpha\beta}=f_{\alpha\beta}$,

$(\mathrm{II})_f$　　$(x_{ij}+f_{ij})(x_{ik}+f_{ik})+(x_{jk}+f_{jk})(x_{ji}+f_{ji})+(x_{ki}+f_{ki})(x_{kj}+f_{kj})=1$,

$(\mathrm{III})_f$　　$y_\alpha y_\beta+(x_{a\beta}+f_{a\beta})y_\alpha+(x_{b\alpha}+f_{b\alpha})y_\beta=0$,

这些方程的几何意义分别如下:

方程 $(\mathrm{II})_f$ 代表将 $f:T\subset$ 平面改为另一 T 的嵌入时旋向的改变值 (x_{ij}) 必须满足的制约关系. 方程 $(\mathrm{I})_f$ 代表将 f 依 (x_{ij}) 改变为另一 T 的嵌入后, 可扩充至外棱 e_α,e_β, 使在此嵌入下不相遇的条件. 方程 $(\mathrm{III})_f$ 则代表 f 已依 (x_{ij}) 改变为另一嵌入后, 为扩充至 G 诸外棱在嵌入下必须遵守的相互缠绕的制约关系.

我们获得的结果如下:

(一) G 可嵌入的充要条件是方程组 $(\mathrm{I})_f$ 有解 ——III7 线图嵌入术 (第二基本定理).

(二) 方程组 $(\mathrm{I})_f$ 有解时, 联立的方程组 $(\mathrm{I})_f$, $(\mathrm{II})_f$ 也有解, 且从 $(\mathrm{I})_f$ 的解可依确定步骤获得 $(\mathrm{I})_f$, $(\mathrm{II})_f$ 的解 ——IV5 线图具体嵌入术 (第三基本定理).

(三) 可以扩充到整个 G 的不同嵌入 $g:T\subset$ 平面恰与 $(\mathrm{I})_f$, $(\mathrm{II})_f$ 的不同解答 (x_{ij}) 相对应 ——III5 线图嵌入术 (第一基本定理).

(四) G 的所有不同嵌入:

$$g:G\subset \text{平面}$$

恰与 $(\mathrm{I})_f$, $(\mathrm{II})_f$, $(\mathrm{III})_f$ 联立方程组的不同解答

$$(x_{ij},y_\alpha)$$

相对应 ——V2 线图嵌入分类术 (第四基本定理).

以上 (一)~(四) 解答了图 I(7) 中的全部问题, 只是机器化程序的编试尚待进行. 但这些结果都通过选取一最大树 T 以及任择一嵌入 $f:T\subset$ 平面而获得, 而 T 与 f 的选取都带有极大的任意性. 为此, 可提出下述问题: 考虑一种由 G 本身而不依赖于 T 与 f 的选取的解决方法, 这个方法可由本书的示嵌类理论提供. 按 G 可作一、二维模 2 示嵌类 $\Phi^2(G)$. 我们的一般理论指出

$$\boxed{G\ \text{可嵌入平面}\Leftrightarrow\Phi^2(G)=0}$$

这一结果称为线图嵌入的第五基本定理. 若选择一最大树 T 与任意嵌入 $f:T\subset$ 平面, 容易验明

$$\boxed{\Phi^2(G)=0\Leftrightarrow(\mathrm{I})_f\ \text{有解}}$$

由此即得上面的结果 (一). 由于这些结论是纯理论性的, 与本附录宗旨不尽相符, 故论证一概从略.

附记　(1977 年 12 月) 方程组 $(\mathrm{I})_f$ 的每一个方程一般说来可以有 4 个含未知数的项. 最近数学所的刘彦佩同志证明, 若适当选择最大树, 可使 $(\mathrm{I})_f$ 的每一方程都只含 2 个有未知数的项. 这使判断 $(\mathrm{I})_f$ 有解与否也即 G 能否嵌入平面与否变得极为简单. 这是本理论的一个重要进展. 刘彦佩同志的论文"模 2 规划与平面嵌入"将发表于应用数学学报.

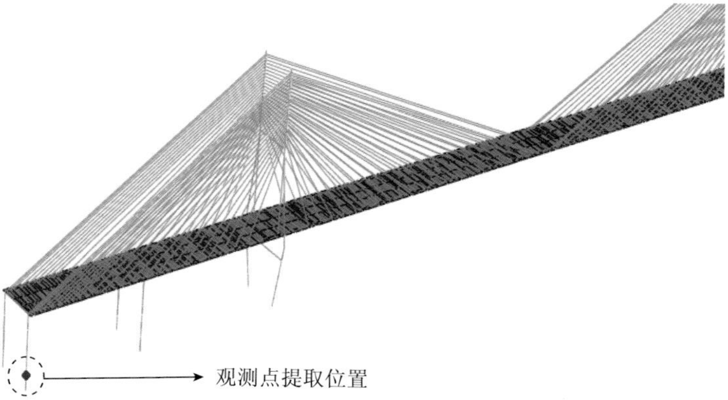

图 8.15　桥墩观测点说明图

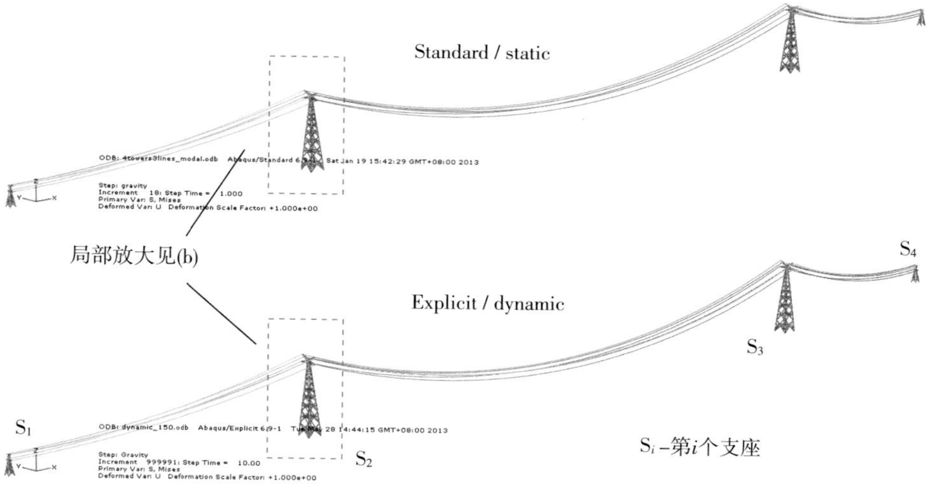

(a) 整体模型

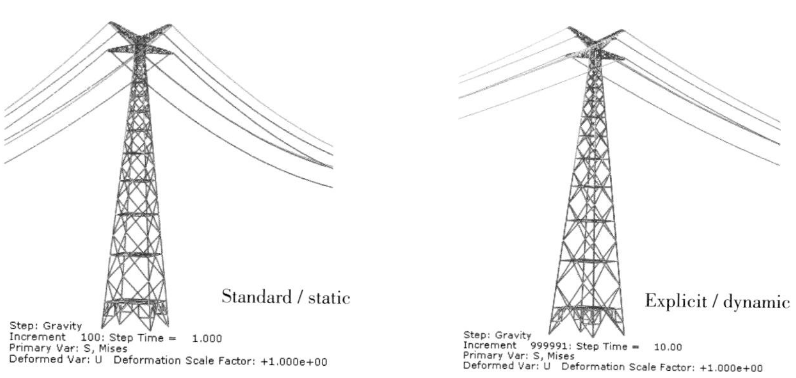

(b) 局部放大图

图 9.1　Mises 应力对比图

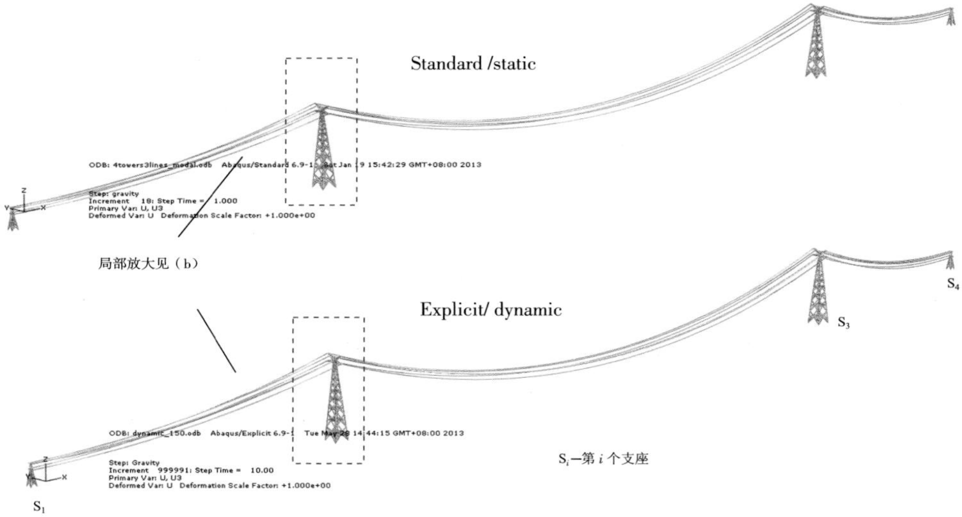

(a)整体模型

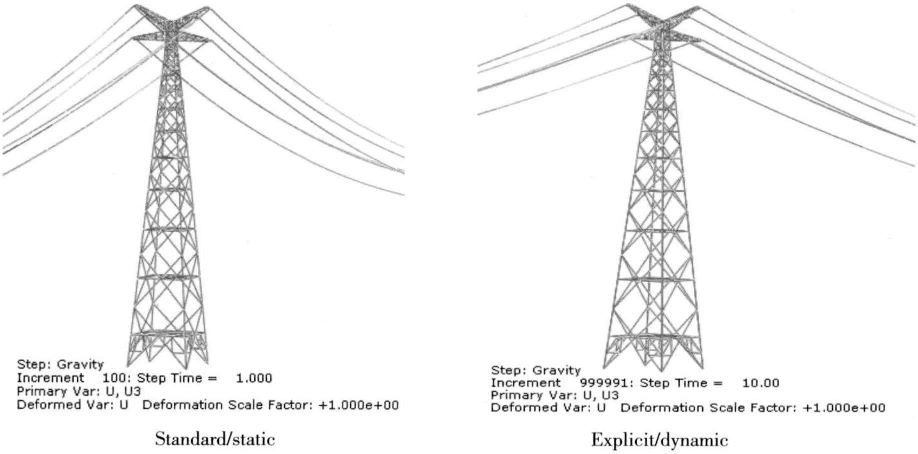

(b)局部放大图

图 9.2 竖向变形对比图